数学の杜 4

対称群の表現とヤング図形集団の解析学

――漸近的表現論への序説

洞 彰人 著

関口次郎・西山 享・山下 博 編

数学書房

数学の杜にようこそ
シリーズ刊行にあたって

本シリーズは，数学を専門に学び始めた大学院生や意欲のある学部学生など，数学の研究に関心のある人たちに，セミナーのためのテキストあるいは自習書として使用できる教材を提供するために企画された.

現代数学は高度に発展し，分野も多様化している．このような現状では現代数学のすべての分野を網羅することは困難であろう．そこで，シリーズ『数学の杜』では分野にこだわらずに話題を選択し，その方面で特色ある研究をされている専門家に執筆を依頼した.

シリーズの各巻においては，大学の数学科の授業で学ぶような知識を仮定して，ていねいに理論の解説をすることに力点が置かれている．執筆者の方には，仮定された知識についてはきちんと参考書をあげるなどの配慮をこころがけ，読者が戸惑うことがないようお願いした.

本シリーズだけで数学の面白いトピックスがすべてカバーできるわけでない．しかし，この緑陰の杜には，数学がこれほど面白いということを読者に伝えるに十分な話題が用意されている．ぜひ自分の手を動かし，自ら考えながらじっくり味わっていただきたいと思う.

2010 年 10 月

編集委員一同

はじめに

数学の杜に漸近的表現論と呼ばれるようになった小景がある. 分野で言えば, 表現論と確率論とが重なりあい混じりあうところである. ここに多少は通い慣れた筆者が筆者なりに感得したこの地の魅力を綴ってみたものが本書である. 具体的には, 主に対称群の表現を題材にし, 確率論の技法を用いて近寄ったり離れたりしながら, いろいろなショットを届けようと思う.

事物の対称性を論じる際, 文字の置換というのは最も素朴な操作であろう. 対称群の表現論とは, そのような置換の根本的な規則を分類し, 置換に関する保型性や不変性を通して物事の対称性の本質に迫ろうという学問である. 群の概念が確立するはるか以前まで含めるとその歴史は長く, 現代に至るまで数多くの美しい精緻な結果が得られている. 本書でとり扱おうとする漸近的表現論では, 置換される文字の個数が膨大な場合を考え, 群のサイズが巨大になった状況を想定して, 表現の中にどのような統計的な法則や漸近的な構造美が浮かび上がるかを問題にする. ある面では, せっかく組み上がった精緻な構造をわざと崩したりぼかしたりして大づかみに捉えるという作業でもあるが, そのような違和感もまた新鮮味のひとつと言えよう. いずれにせよ, 群とその双対をセットにして扱ういわゆる調和解析の考え方が基盤になる. 一方では, 有限のあるいは離散的な対象の精密な考察を必要とするため, 組合せ論の色彩も強い. そして一貫して確率論の問題意識が底流にある.

Young 図形は図 1 のように箱 (セル) を積んで表示される. 箱数 n の Young 図形が n 次対称群 $\mathfrak{S}_n$ の既約表現とどう関係するかは本文をみていただくことにし, ここでは, 何らかの意味でランダムに箱を積んでいくことによって対称群の表現の何らかの漸近的な性質を観察し得るとしよう. Young 図形はどんどん大きくなる訳であるが, 今, 箱数 n のものを縦横 $1/\sqrt{n}$ 倍すると, 面積が一定に保たれ, $n \to \infty$ につれてたとえば図 1 のような変化の様子が見られる. このとき, 最右図に太線で描かれている境界のような部分 (プロファイル) が, 表現のある漸近的な性質を表すものとみなせる. 今度は, 同じく何らかの意味でランダムに箱を積んでいくのであるが, 箱数 n の Young 図形の行や列の長さが漸近的に n のオーダーになるような状況にしてみる. そうすると, 図 1 のような描像ではなく, 強いて言えば非常に薄っぺらい図形になっていって, 極限は全体的な形状としてはつかまらない. しかしこの場合も実は, 行や列の長さの n に対する比率が表現の漸近的な性質

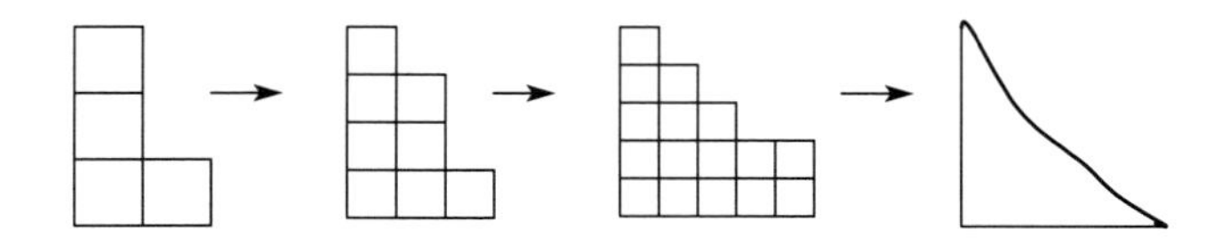

図 1　Young 図形の成長と「極限」

を浮かび上がらせる. どちらの漸近挙動を扱う場合でも, 本書のほとんどの文脈では, 箱を積む際のランダムネスは表現の分岐則に由来している.

ストーリー展開をある程度明確にするため, 本書では, 対称群の表現における上記 2 種類の漸近挙動からそれぞれとった次の 2 つの問題を最後まで解ききるという目的意識を保つようにした:

問題 1　Young 図形の Plancherel 集団における極限形状の出現を確率論の大数の強法則として定式化し, 証明を与えること,

問題 2　無限対称群の指標および Young グラフ上の極小調和関数の分類を与え, Young グラフ上の一般の調和関数に対する超対称な Schur 関数を核にもつ Martin 積分表示を証明すること.

ただし, 目的地に突き進むのではなく, 寄り道をしながら関連するいろいろな風景を紹介していく. 寄り道の途中ゆえ, 概念や定理の提示は特殊な場合に限定して述べることになりがちで, 導入の仕方が系統的でないことが多い.

本書を著すにあたり, 予備知識の足りなさのために学部上級生や大学院生に敬遠されることは避けたいと思った. あらかじめ必要なのは, 微積分と線型代数の他, 複素関数, 測度と積分, 距離と位相, そして群に関する基礎的事項である. 専門分野の方向性がまだ固まっていない方々のことを考慮し, 多少専門的と思えることはなるべく説明を加えたり, かなり遡って証明をつけたりした. 既知の場合はどんどん飛ばされるとよい. そうは言っても, 数学科の基礎課程で教育されるような数学的思考法へのなれは期待したい.

対称群の表現を扱うのに, 上に挙げた測度と積分が要るのを意外に感じられるかもしれない. しかしながら, 有限と無限を行き来しつつ漸近理論を展開する本書の立場では, 影の主役は測度であると言ってよい. 極限描像をどのような枠組の中で捉えるかを思案すると, 測度というのは極限操作に関してほどよく柔軟でかつ直観的なイメージも持ちやすい概念である面があり, われわれにとって好都合である. また, Young グラフの経路空間上の測度を意識することが, 本書における確率論的方法の要でもある.

本書の構成は以下のとおりである. 1 章で有限群の表現の一般論を Fourier 解析の視点からざっと見渡す. 2 章で, Okounkov–Vershik の方法にしたがって対称群の既約表現の Young 図形を用いた分類と分岐則の紹介を行う. はじめから前面に現れる Young 基底が自然に経路空間上の測度につながっていくところが以後の流れに適合するので, この導入法を採った. 3 章は, Schur–Weyl 双対性と対称群の指標に対する Frobenius の公式の証明にあてられる. 本書に述べたような仕方でなくても, 何らかの標準的な方法で対称群の既約表現の Young 図形によるラベルづけを学んだことがあり, Frobenius の指標公式を知っている人は, 3 章までを読み飛ばして大丈夫であろう. 4 章では確率論の準備的な事項について述べる. 特に, 詳しい説明を収録した本が案外少ないと思われるキュムラントの組合せ論的性質やグラフ上の Markov 連鎖に関連する Martin 境界についても, 説明を加えた. ここも既知の場合は飛ばされるとよい. この 1 章から 4 章までが第 I 部である.

5 章から 7 章までの第 II 部は, 上記の問題 1 を主題に据える. 5 章で, 以後主要な役割を果たす Young グラフ上の調和関数や経路空間上の測度を導入する. それに先立ち, 5.1 節でウォーミングアップを兼ねて Pascal 三角形上で幾つかの話題を予習しておく. 6 章の主題は, Kerov–Olshanski によって導入された Young 図形のいろいろな座標に関する多項式関数のなす代数の構造を調べることである. 本書で採った漸近的な方法の支柱を与える技術的に重要な章である. 問題 1 の解答は 7 章で与えられる.

8 章以降の第 III 部では, 上記の問題 2 を念頭に置く. 8 章は無限対称群の表現に関する基本事項の説明にあてられる. 9 章で問題 2 の解答を与える. Young グラフ上の調和関数, 経路空間上の測度の両面から考察を進める. 10 章は 2, 3 の発展的な話題の紹介を含む. 本文中では証明を飛ばした結果についてかなりの程度まで自己充足的な説明を補うため, 付録の章を設ける.

対称群の漸近的表現論に関わる内容をもった名著として, 筆者は次の 2 冊を読者にも薦めたいと思う:

- P. Diaconis, Group Representations in Probability and Statistics.
- S. V. Kerov, Asymptotic Representation Theory of the Symmetric Group and Its Applications in Analysis.

(出版データは参考文献の頁の [9], [35] を参照). 実際のところ, これらの本への道案内の役割を果たせるようにというのも, 本書を著す最初の動機にあった. あえて対比して言えば, Diaconis の本では群の上の酔歩が主役であり, Kerov の本は群の双対の上の酔歩を基調としている. しかし, 筆を進め始めてほどなく, 両方を目指すのは無理だと思って断念した. 結果, Diaconis 丘は遠巻きに眺めるだけにし, Kerov 林の方には実際に分け入ってみることにした.

本書の執筆を勧めてくださり, 遅筆の筆者に精神的にも時間的にも十分な猶予を与えてくださった本シリーズの編集委員会と横山伸氏に心から感謝する. 中でも西山享教授は, 読みにくい草稿を検討し, 内容に関して筆者にはない観点から数多くの貴重なご教示をくださった.

最後に, この場を借りて, 恩師の山崎泰郎先生と平井武先生, 学兄の尾畑伸明教授に積年の感謝の念を申し述べたい. 鶏鳴狗盗の類の筆者が数学をやっていけているのは, 学生時代や駆け出し前の頃からずっと, 先生方の近辺で学ぶ機会に恵まれたおかげである.

2016 年冬　札幌にて　　　洞　彰人

本書で習慣的に使う記号や用語の確認をしておく.

- $\mathbb{N} = \{1, 2, 3, \cdots\}$. $0 \notin \mathbb{N}$.
- $A \cap B = \varnothing$ なる A, B の合併を $A \sqcup B$ と書く. $\bigsqcup_i A_i$ 等も同様.
- 線型空間の部分集合 S が生成する部分空間を L.h.S で表す. linear hull の略.
- 線型作用素 A の値域を Ran$A$ で表す. range の略. 非有界作用素は実質的に扱わないので, 定義域を表す記号 (Dom$A$ 等) は要らない.
- $M(n, \mathbb{C})$ は $\mathbb{C}$ 上の n 次行列全体. Hom(V, W) は線型空間 V から W への線型写像全体. ただし, V, W が Hilbert 空間 (特に無限次元の場合) のときは, 有界線型写像全体を $B(V, W)$ で表す. bounded の略. したがって, 有限次元のときには Hom(V, W) と $B(V, W)$ の両方を使う可能性あり. Hom$(V, V) =$ End(V). $B(V, V) = B(V)$. 恒等作用素は I で表し, 必要に応じて I_V のように空間を添える.
- 対角成分に $a_1, \cdots, a_n$ が並ぶ対角行列を $\mathrm{diag}(a_1, \cdots, a_n)$ で表す. a_i が正方行列である場合のブロック対角行列にもこの記号を流用する.
- 内積 $\langle u, v \rangle$ は u について共役線型, v について線型の流儀にしたがう.
- 関数や行列を正定値というときは, 広い (つまり非負定値の) 意味で使う. 狭い意味のときは「狭義」を添える.
- 有限集合 E の元の個数 $|E|$. 線型作用素 A の絶対値 $|A|$. 行列 A の行列式 $|A| = \det A$. 紛れがないように使う.
- 集合 E 上で値 1, E の補集合 E^c 上で値 0 をとる関数 (E の定義関数) を 1_E で表す. 確率論の他の用語とかぶるので, これを特性関数とは呼ばない.
- "well-defined" をそのまま使用するのも気が引けるので, 無矛盾と訳す.
- 測度は非負値で可算加法性をみたすとし, 値が $\mathbb{R}$ や $\mathbb{C}$ の場合はその都度 $\mathbb{R}$ 値測度 (実測度) や $\mathbb{C}$ 値測度 (複素測度) という. 全空間の測度の値が有限値であるものを有界測度と呼ぶ. 有限測度という語を使うときは, 有限集合にのっている測度の意味だとする.
- (位相空間上ではない) 一般の測度 μ の台は定義しないが, $\mu(A^c) = 0$ の意味で, $\mathrm{supp}\,\mu \subset A$ とか台が A に含まれるとか A にのっているとか言うことがある.
- 群の表現を表すのに, 大文字 $U, T, S, \cdots$ あるいはギリシア文字 $\pi, \varpi, \rho, \cdots$ を使う. 第 II 部までは Young 図形を表すギリシア文字が多用されるので, 表現の記号がそれとかぶらないようにする. 第 III 部ではむしろ (普通に)

表現をギリシア文字で表す.

- “intertwiner” は絡作用素と訳す. 群 G の表現 (π, V) から (ρ, W) への絡作用素全体を表すのに, $\mathrm{Hom}_G(V, W)$ と $R(\pi, \rho)$ をともに使う. 後者は Mackey の本にある記号である (われわれは勝手に「絡」の R だと思おう).
- 記号・用語の混在がある. 群環の記号 $L^1(G)$ と $\mathbb{C}[G]$, 可換子環と中心化環, a.e. と a.s. 等々.

目　次

第 III 部

第 I 部

第 1 章

有限群の表現の一般論

本書で扱う群の表現はすべて, 複素数体 $\mathbb{C}$ 上の線型表現である. 本章では, 有限群の表現についての一般論を準備するため, 特にことわらない限り, G は有限群で, 登場する線型空間は $\mathbb{C}$ 上有限次元とする.

1.1 有限群の表現

基本的な用語の導入から始める. G の線型空間 $V \neq \{0\}$ 上の表現とは, G から一般線型群 $GL(V)$ への準同型のことである. このとき, G が V に作用する, あるいは V が G-加群であるといい, V を G の表現空間と呼ぶ. G の表現 T の表現空間を V_T で表し, $\dim V_T$ を T の次元という. 表現空間とペアにして, G の表現 (T, V) という言い回しも使う. V_T に内積が入って任意の $g \in G$ に対して $T(g)$ がユニタリ写像であるとき, T をユニタリ表現という. S, T が G の表現のとき, $AS(g) = T(g)A$ $(\forall g \in G)$ をみたす線型写像 $A : V_S \longrightarrow V_T$ を G-線型写像または絡作用素と呼ぶ. V_S から V_T への G-線型写像全体を $\mathrm{Hom}_G(V_S, V_T)$ で表す. 特に, $\mathrm{Hom}_G(V, V)$ を $\mathrm{End}_G(V)$ と書く. 全単射の $A \in \mathrm{Hom}_G(V_S, V_T)$ が存在するとき, S と T は同値な表現であるといい, $S \cong T$ と書く. V_S と V_T が同値であるともいう. 特に A がユニタリ写像にとれるとき[1], S と T (あるいは V_S と V_T) はユニタリ同値であるという.

命題 1.1 (1) G の表現 T をユニタリ表現にするような V_T の内積が存在する.

(2) S と T が G の同値な表現ならば, S と T はユニタリ同値である. したがって, G の表現の間の「同値」と「ユニタリ同値」を区別する必要がない.

---

1) $V_S \neq V_T$ のときでも, 等長全射をユニタリ写像という.

証明[2)]　(1) V_T の任意の内積 $\langle\ ,\ \rangle_0$ をとって

$$\langle v, w\rangle = \frac{1}{|G|}\sum_{x\in G}\langle T(x)v, T(x)w\rangle_0, \qquad v, w \in V_T \tag{1.1.1}$$

とおけば，$\langle T(g)v, T(g)w\rangle = \langle v, w\rangle$ $(g \in G,\ v, w \in V_T)$ を得る．すなわち，内積 $\langle\ ,\ \rangle$ に関して T がユニタリ表現である．

(2) S と T が G の同値なユニタリ表現であるとして，それらがユニタリ同値になることを示そう．全単射 $A \in \mathrm{Hom}_G(V_S, V_T)$ をとる．$S(g^{-1}) = A^{-1}T(g^{-1})A$ と $S(g)^* = S(g^{-1})$, $T(g)^* = T(g^{-1})$ により，$S(g) = A^*T(g)A^{*-1}$．これと $T(g) = AS(g)A^{-1}$ により，$S(g)A^*A = A^*AS(g)$．したがって，$|A|S(g) = S(g)|A|$．ここで $|A|$ は全単射だから，極分解 $A = U|A|$ において部分等長写像 U も全単射，したがってユニタリ写像にとれる．直前に示した $|A| \in \mathrm{End}_G(V_S)$ から，$U \in \mathrm{Hom}_G(V_S, V_T)$ がしたがう．■

G の表現 T において，V_T の部分空間 W が $T(g)W \subset W$ $(\forall g \in G)$ をみたすとき，W を不変部分空間という．各 $T(g)$ を不変部分空間 W に制限することにより，G の表現 $T|_W$ ができる．これを T の部分表現という．不変部分空間が $\{0\}$ と V_T しかないとき，T を G の既約表現という．G の既約表現の同値類（命題 1.1 によりユニタリ同値類としても同じ）全体を $\widehat{G}$ で表す．類 $\lambda \in \widehat{G}$ に属する既約表現を λ の実現ともいう．λ を実現する既約表現の次元を $\dim\lambda$ で表す．G の表現 S, T の直和 $S \oplus T$，テンソル積 $S \otimes T$ はそれぞれ $(S\oplus T)(g) = S(g)\oplus T(g)$, $(S\otimes T)(g) = S(g)\otimes T(g)$ $(\forall g \in G)$ により定義される．n 個の場合の $T_1 \oplus\cdots\oplus T_n$, $T_1\otimes\cdots\otimes T_n$ も同様である．

注意 1.2　有限群 G の（有限次元かどうかはわからない）線型空間 V_T 上の表現 T があるとし，0 でない $v \in V_T$ をとって $W = \mathrm{L.h.}\{T(g)v \mid g \in G\}$ とおく．W は有限次元である．$W = V_T$ が成り立つとき，v を T の巡回ベクトルといい，巡回ベクトルをもつような表現を巡回表現と呼ぶ．W は $\{0\}$ でない不変部分空間であるから，既約表現は巡回表現になり，特に有限次元である．こうして，（既約表現の考察には）はじめから有限次元表現に限定しておいて差し支えない．

命題 1.3　T が G の表現であるとする．

(1) V_T の任意の不変部分空間 W に対し，$V_T = W \oplus W'$ となる不変部分空間

---

2)　共役作用素 A^*，絶対値 $|A|$，極分解 $A = U|A|$ について A.3 節に説明がある．ここでは有限次元の場合のみ必要なので，A.3 節の命題 A.44 までの約 1 ページを参照されたい．

W' が存在する. この性質を完全可約性と呼ぶ.

(2) T は既約表現の直和に分解 (既約分解) される.

証明 (1) 命題 1.1 により, T がユニタリ表現であるとしてよい. W の直交補空間 $W^\perp$ も不変である. 実際,

$$\langle T(g)v, w\rangle = \langle v, T(g)^* w\rangle = \langle v, T(g^{-1})w\rangle = 0, \qquad v \in W^\perp, \quad w \in W.$$

(2) 表現の次元に関する帰納法を用いれば, (1) よりしたがう. ■

ここで, 射影という用語の意味を確認しておこう. 射影を多用するのは, 群の表現における解析的な方法の 1 つの特徴と言ってもよい. V を有限次元線型空間とし, W をその部分空間とする. W の補空間 W' を 1 つ固定すれば, $v \in V$ の分解: $v = w + w'$, $w \in W, w' \in W'$ が一意的に定まるので, 射影 $P : v \mapsto w$ が定義される. 部分空間 W だけでは射影は定まらないことに注意する. このとき,

$$P^2 = P, \qquad \mathrm{Ran}\, P = W, \qquad \mathrm{Ker}\, P = \mathrm{Ran}(I - P) = W'$$

が成り立つ. $V = W_1 \oplus \cdots \oplus W_m$ といくつかの直和に分解されているときにも, 射影 $P_k : V \longrightarrow W_k$ が同様に定まる. V に内積が入っているときは, W の直交補空間 $W^\perp$ が決まるので, 射影 $P : V \longrightarrow W$ が自然に定義され, このときは特に直交射影と呼ぶ. 内積に基づいて共役作用素 P^* が定義される. 直交射影は $P^2 = P = P^*$ で特徴づけられる. V が無限次元の場合は, 本書では, Hilbert 空間とその閉部分空間への直交射影しか扱わない. 線型空間上の線型作用素に限らず, 一般の代数においても, (定義 1.31 でも扱うように) $p^2 = p$ をみたす元を射影と呼ぶ. 次の補題は容易に検証される.

補題 1.4　G の表現 T に対し, 線型空間としての直和分解 $V_T = W_1 \oplus \cdots \oplus W_m$ があって, W_j への射影を P_j とする. このとき, 次の条件が同値である:

(ア) $W_1, \cdots, W_m$ が不変部分空間　　(イ) $P_1, \cdots, P_m \in \mathrm{End}_G(V_T)$. ■

群の表現のあらゆる議論の基盤になる Schur の補題を示そう. その前に肩ならしとして簡単な事実を確認しておく.

補題 1.5 (1) $A \in \mathrm{Hom}(V, W)$ について, 任意の $X \in \mathrm{End}(V)$, $Y \in \mathrm{End}(W)$ に対して $AX = YA$ ならば, $A = O$ である.

(2) $A \in \mathrm{End}(V)$ について, 任意の $X \in \mathrm{End}(V)$ に対して $AX = XA$ ならば, $A \in \mathbb{C}I_V$ である.

証明 行列に焼き直して示せばよい. X, Y として行列単位をとればよい. ■

定理 1.6 (Schur の補題) (1) G の表現 T が既約であることと $\dim \mathrm{End}_G(V_T) = 1$ が同値である. このとき, $\mathrm{End}_G(V_T)$ はスカラー写像全体になる.

(2) S, T を G の既約表現とし, $A \in \mathrm{Hom}_G(V_S, V_T)$ とする. $S \not\cong T$ ならば $A = 0$ であり, $S \cong T$ ならば A はスカラー倍を除いて一意的に決まる. 言い換えれば

$$\mathrm{Hom}_G(V_S, V_T) \cong \begin{cases} \mathbb{C}, & S \cong T, \\ \{0\}, & S \not\cong T. \end{cases}$$

証明 (1) T が既約であって, $A \in \mathrm{End}_G(V_T)$ とする. A の固有値 $\lambda \in \mathbb{C}$ に属する A の固有空間 $\{v \in V_T \mid (A - \lambda I)v = 0\}$ が非自明な不変部分空間だから, V_T に一致する. すなわち, V_T 上で $A = \lambda I$ である. T が既約でなければ, 不変部分空間 W, $\{0\} \neq W \neq V_T$ がある. 命題 1.3 における W' をとって W, W' への射影をそれぞれ P, P' とおけば, 補題 1.4 によって $P, P' \in \mathrm{End}_G(V_T)$. これらは線型独立だから, $\dim \mathrm{End}_G(V_T) > 1$ となる.

(2) $A \in \mathrm{Hom}_G(V_S, V_T)$ ならば, $A^* \in \mathrm{Hom}_G(V_T, V_S)$ だから $AA^* \in \mathrm{End}_G(V_T)$, したがって (1) により $AA^* = aI$ $(a \geqq 0)$ である. $a > 0$ ならば A が全単射になるから $S \cong T$ である. ゆえに $S \not\cong T$ ならば, $a = 0$ したがって $A = 0$ となる. $S \cong T$ のとき, 同型を与える全単射 A ともう 1 つの $B \in \mathrm{Hom}_G(V_S, V_T)$ をとれば, $A^*B \in \mathrm{End}_G(V_S)$, $AA^* \in \mathrm{End}_G(V_T)$ から, $A^*B = cI$, $AA^* = aI$ $(a > 0)$ となる. 前者に左から A をかけて, $aB = cA$, ゆえに $B = (c/a)A$ を得る. ■

系 1.7 可換群の既約表現は 1 次元である.

証明 可換群 G の表現 T については, $T(g) \in \mathrm{End}_G(V_T)$ $(\forall g \in G)$ が成り立つ. 定理 1.6 により, T が既約ならばすべての $T(g)$ がスカラー写像である. それには $\dim V_T = 1$ でなければならない. ■

補題 1.8 G の表現 S が $V_S = V_1 \oplus \cdots \oplus V_n$ と既約分解されるとし, T が G の既約表現であるとする.

(1) V_T と同値な V_i たちの個数は $\dim \mathrm{Hom}_G(V_T, V_S)$ に一致する.

(2) V_S の部分空間として

$$\sum_{A \in \mathrm{Hom}_G(V_T, V_S)} \mathrm{Ran} A = \bigoplus_{i : V_T \cong V_i} V_i \tag{1.1.2}$$

が成り立つ.

証明 (1) $V_1, \cdots, V_n$ のうち V_T と同値なものの個数を k とする. $k \geqq 1$ のとき, V_T と同値なものが $V_1, \cdots, V_k$ であるとしてよい. 全単射 $A_i \in \mathrm{Hom}_G(V_T, V_i)$ $(i = 1, \cdots, k)$ をとる. $V_i \subset V_S$ によって $A_i \in \mathrm{Hom}_G(V_T, V_S)$ とみなせば, $A_1, \cdots, A_k$ は線型独立である. 射影 $P_j \in \mathrm{End}_G(V_S)$, $\mathrm{Ran}P_j = V_j$ $(j = 1, \cdots, n)$ をとる. 任意の $A \in \mathrm{Hom}_G(V_T, V_S)$ に対し,

$$A = \sum_{j=1}^{n} P_j A, \qquad P_j A \in \mathrm{Hom}_G(V_T, V_j).$$

Schur の補題から, $j = k+1, \cdots, n$ に対しては $P_j A = 0$ である. $i = 1, \cdots, k$ に対しては $P_i A = a_i A_i$ $(a_i \in \mathbb{C})$ である. 特に, $\dim \mathrm{Hom}_G(V_T, V_S) = k$ を得る.

(2) $k \geqq 1$ のとき, $\mathrm{Hom}_G(V_T, V_S)$ が $\{A_1, \cdots, A_k\}$ で張られるので,

$$\sum_{A \in \mathrm{Hom}_G(V_T, V_S)} \mathrm{Ran}A = \bigoplus_{i=1}^{k} \mathrm{Ran}A_i = \bigoplus_{i=1}^{k} V_i$$

が成り立つ. $k = 0$ のときも, 添字集合が空であるような部分空間の直和は $\{0\}$ を意味するという了解のもとで, (1.1.2) は両辺とも $\{0\}$ で等しい. ■

補題 1.8(1) の数を $[S : T]$ と書き, T の S に (あるいは V_T の V_S に) おける重複度という. 補題 1.8(2) の V_S の部分空間 (1.1.2) への S の制限を S の T-成分または T-等型成分という. 重複度 $[S : T]$ も S の T-成分も, 既約表現 T の属する同値類 $\lambda \in \widehat{G}$ のみに依存するので, λ-成分ともいう.

次の事実は, 表現の構造を分析する際にきわめて有効である.

命題 1.9 (無重複分解の一意性) G の表現 T の既約分解 $V_T = V_1 \oplus \cdots \oplus V_n$ においてどの 2 つの V_i, V_j も同値でないとする. このとき, V_T の (非自明な) 既約部分空間は $V_1, \cdots, V_n$ のうちのどれかと一致する. すなわち, 無重複な既約分解においては, それぞれの既約な部分空間は一意的に定まる. また, V_T の不変部分空間はいくつかの V_j たちの直和に限られる.

証明 V_T の既約部分空間 W と射影 $P_j \in \mathrm{End}_G(V_T)$, $\mathrm{Ran}P_j = V_j$ $(j = 1, \cdots, n)$ をとる. $P_j W (\subset V_j)$ は V_j または $\{0\}$ であるが, $P_j W = V_j$ ならば, 定理 1.6 により $P_j \in \mathrm{Hom}_G(W, V_j)$ は全単射である. もし $i \neq j$ に対して $P_i W = V_i$, $P_j W = V_j$ となれば, V_i と V_j が同値になって仮定に反する. したがって 1 つの j を除いて $P_i W = \{0\}$ となり, $W = V_j$ を得る. V_T の不変部分空間の既約分解に現れる既約部分空間も $V_1, \cdots, V_n$ のうちのどれかであるから, 最後の主張が成り立つ. ■

Schur の補題の適用例をもう 1 つ挙げる.

命題 1.10 G のユニタリ表現 (T,V) について, V_1, V_2 が V の既約な不変部分空間であって, $T|_{V_1} \not\cong T|_{V_2}$ とすれば, V の内積に関して $V_1 \perp V_2$ が成り立つ.

証明 V_1 への直交射影を P_1 と書くと, $P_1 \in \mathrm{End}_G(V)$ である[3]. そうすると, $P_1|_{V_2} \in \mathrm{Hom}(V_2, V_1)$ が次をみたす: $u \in V_2$ に対し, $(P_1|_{V_2})T|_{V_2}(x)u = P_1 T(x)u = T(x)P_1 u = T|_{V_1}(x)P_1|_{V_2}u$. ゆえに $P_1|_{V_2} \in \mathrm{Hom}_G(V_2, V_1)$ であり, Schur の補題から $P_1|_{V_2} = 0$. したがって $V_2 \subset V_1^{\perp}$ が成り立つ. ■

1.2 群環の構造

定義 1.11 有限群 G の元の形式的線型結合全体 $\mathbb{C}[G]$ を G の群環と呼ぶ: $\mathbb{C}[G] = \{\sum_{g \in G} a(g)g \mid a(g) \in \mathbb{C}\}$. ここで, $\mathbb{C}[G]$ において和とスカラー倍は自然に定め, 積と * 演算 (対合) は次の計算が正当化されるように最右辺でもって定義する:

$$\Big(\sum_{g \in G} a(g)g\Big)\Big(\sum_{h \in G} b(h)h\Big) = \sum_{g,h \in G} a(g)b(h)gh = \sum_{g \in G}\Big(\sum_{h \in G} a(h)b(h^{-1}g)\Big)g,$$

$$\Big(\sum_{g \in G} a(g)g\Big)^* = \sum_{g \in G} \overline{a(g)}g^{-1} = \sum_{g \in G} \overline{a(g^{-1})}g.$$

また, 群環を合成積と * 演算を備えた G 上の関数空間 $L^1(G) = \{f : G \longrightarrow \mathbb{C}\}$ としてとらえてもよい[4]: $(a * b)(x) = \sum_{y \in G} a(y)b(y^{-1}x)$, $a^*(x) = \overline{a(x^{-1})}$. このように定義した $\mathbb{C}[G]$ と $L^1(G)$ が $*$-代数として同型であるのは明らかであろう. 本節では Fourier 解析の方法によって群環の構造を決めていくので, $L^1(G)$ と書くのがしっくりする. しかし, いちいち合成積の記号を書くのがわずらわしいことも多い. 統一しようとするとかえって窮屈なのであまり拘泥せず, 以後も G の群環を表すのに記号 $L^1(G)$ と $\mathbb{C}[G]$ を併用しよう. 群環に埋め込まれた G の元を表すには, $g \in \mathbb{C}[G]$ あるいは $\delta_g \in L^1(G)$ と書く. δ はデルタ関数の意味である. したが

---

3) このことは, T がユニタリ表現ならば OK であるし, あるいは $\{T(x) \mid x \in G\}$ が生成する $\mathrm{End}(V)$ の部分代数が * で閉じていれば十分である.

4) Lebesgue 空間を表す慣用的な記号 L^1 から来ている. 合成積の $*$ と対合の * が一見紛らわしいが, 混同することはなかろう. $(a * b)^* = b^* * a^*$ は容易に確認される.

って, 群環の単位元は e または δ_e と書かれる[5]. □

U が G のユニタリ表現ならば,

$$U(a) = \sum_{x \in G} a(x)U(x), \qquad a \in L^1(G) \tag{1.2.1}$$

によって群環 $L^1(G)$ の表現が定まる. すなわち, $a, b \in L^1(G)$, $\alpha, \beta \in \mathbb{C}$ に対して

$$U(\alpha a + \beta b) = \alpha U(a) + \beta U(b), \qquad U(a * b) = U(a)U(b),$$
$$U(a^*) = U(a)^*, \qquad U(\delta_e) = I_{V_U}$$

が成り立つ. 群の表現とその群環の表現は同じ記号で表すことにする. 群 G に対して, Hilbert 空間

$$L^2(G) = \{f : G \longrightarrow \mathbb{C}\}, \qquad \langle f, g \rangle = \langle f, g \rangle_{L^2(G)} = \frac{1}{|G|} \sum_{x \in G} \overline{f(x)} g(x)$$

を導入する. G が有限群なので $L^1(G)$ と $L^2(G)$ は同じ線型空間であるが, 群環として扱うのと Hilbert 空間として扱うのとで記号を区別する. $f \in L^2(G)$ に対して

$$(L(g)f)(x) = f(g^{-1}x) = (\delta_g * f)(x),$$
$$(R(g)f)(x) = f(xg) = (f * \delta_{g^{-1}})(x), \qquad g, \ x \in G$$

によって定義される L, R はともに G の $L^2(G)$ 上のユニタリ表現になる. L を G の左正則表現, R を G の右正則表現という. L による作用と R による作用は可換であるので, $L(g_1)R(g_2)$ は直積群 $G \times G$ の $L^2(G)$ 上の表現を与える. これを G の (両側) 正則表現と呼ぶ.

$\lambda \in \widehat{G}$ に対し, λ を実現する V^λ 上の既約表現 T^λ を 1 つとる[6]. V^λ の正規直交基底 $\{v_i\}_{i=1}^{\dim \lambda}$ をとれば, $T^\lambda(g)$ の表現行列の (i, j) 成分が

$$T_{ij}^\lambda(g) = \langle v_i, T^\lambda(g) v_j \rangle_{V^\lambda}$$

と表される. T_{ij}^λ を T^λ の行列成分 (あるいは行列要素) と呼ぶ. G の既約ユニタリ表現 T^λ, T^μ と $A \in \mathrm{Hom}(V^\lambda, V^\mu)$ に対して

$$\widetilde{A} = \frac{1}{|G|} \sum_{g \in G} T^\mu(g) A T^\lambda(g)^{-1} \tag{1.2.2}$$

とおくと, $\widetilde{A} \in \mathrm{Hom}_G(V^\lambda, V^\mu)$ であることは型どおりに検証される. Schur の補

---

5) 後々, 一般の代数 $\mathcal{A}$ の単位元を $1_{\mathcal{A}} = 1$ で表すであろう. 群環 $L^1(G)$ の元として 1 と書くと, 恒等的に 1 の値をとる関数ともとれるが.

6) あいまいさがない限り, 表現空間 V_{T^λ} を V^λ と略記する

題により, $\lambda \neq \mu$ ならば $\widetilde{A} = 0$ である. V^λ と V^μ のそれぞれの正規直交基底 $\{v_j^\lambda\}, \{v_l^\mu\}$ をとり, $A = |v_l^\mu\rangle\langle v_j^\lambda|$ (すなわち $Au = \langle v_j^\lambda, u\rangle v_l^\mu$, $u \in V^\lambda$) とおいて (1.2.2) の (k,i)-成分をとる. そうすると, $\lambda \neq \mu$ のとき,

$$0 = \frac{1}{|G|}\sum_{g\in G}\langle v_k^\mu, T^\mu(g)(|v_l^\mu\rangle\langle v_j^\lambda|)T^\lambda(g^{-1})v_i^\lambda\rangle_{V^\mu} = \langle T_{ij}^\lambda, T_{kl}^\mu\rangle_{L^2(G)},$$

つまり $L^2(G)$ の中で T_{ij}^λ と T_{kl}^μ が直交する. 一方, (1.2.2) において, $\lambda = \mu$ ならば $\widetilde{A}$ は V^λ 上のスカラー写像 aI であり, スカラー a の値は

$$a = \frac{1}{\dim\lambda}\mathrm{tr}\widetilde{A} = \frac{1}{\dim\lambda}\mathrm{tr}A$$

で与えられる. ゆえに $A = |v_l^\lambda\rangle\langle v_j^\lambda|$ とし[7], (1.2.2) の $\widetilde{A}$ の (k,i) 成分をとると,

$$\langle T_{ij}^\lambda, T_{kl}^\lambda\rangle_{L^2(G)} = \delta_{ki}\frac{1}{\dim\lambda}\mathrm{tr}|v_l^\lambda\rangle\langle v_j^\lambda| = \frac{1}{\dim\lambda}\delta_{ki}\delta_{jl}.$$

ここまでで次の事実を得た.

命題 1.12 $\lambda, \mu \in \widehat{G}$ に対して

$$\langle T_{ij}^\lambda, T_{kl}^\mu\rangle_{L^2(G)} = \frac{1}{\dim\lambda}\delta_{\lambda\mu}\delta_{ik}\delta_{jl} \tag{1.2.3}$$

が成り立つ. ■

(1.2.3) から $\|T_{ij}^\lambda\|_{L^2(G)}^2 = 1/\dim\lambda$ がしたがう. 特に T_{ij}^λ は (関数として) 0 でない. $\dim L^2(G) = |G| < \infty$ であるので, $\widehat{G}$ が有限集合であることもわかる.

以下本節では, 各 $\lambda \in \widehat{G}$ を実現する V^λ 上の既約ユニタリ表現 T^λ および V^λ の正規直交基底 $\{v_i^\lambda\}_{i=1}^{\dim\lambda}$ を選んで固定しておく.

定理 1.13 $\{\sqrt{\dim\lambda}\, T_{ij}^\lambda \mid \lambda \in \widehat{G},\ i,j \in \{1,\cdots,\dim\lambda\}\}$ が $L^2(G)$ の正規直交基底をなす. したがって次式が成り立つ:

$$|G| = \sum_{\lambda\in\widehat{G}}(\dim\lambda)^2. \tag{1.2.4}$$

証明[8] 正規直交系であることは命題 1.12 からしたがうので,

$$\mathcal{L} = \mathrm{L.h.}\{T_{ij}^\lambda \mid \lambda \in \widehat{G},\ i,j \in \{1,\cdots,\dim\lambda\}\} \tag{1.2.5}$$

---

7) $|w\rangle\langle v|$ は, $u \mapsto \langle v,u\rangle w$ なるランク 1 の線型作用素.

8) やや冗長な証明であるが, 後にコンパクト群のときにもほとんどそのまま使える.

の $L^2(G)$ での直交補空間 $\mathcal{L}^\perp$ が $\{0\}$ であることを示せばよい. $\mathcal{L}$ は右正則表現 R の不変部分空間である. 実際, 任意の $\lambda \in \widehat{G}$, $i, j \in \{1, \cdots, \dim\lambda\}$ に対して

$$(R(g)T^\lambda_{ij})(x) = T^\lambda_{ij}(xg) = \sum_{k=1}^{\dim\lambda} T^\lambda_{ik}(x)T^\lambda_{kj}(g),$$

$$\text{すなわち} \qquad R(g)T^\lambda_{ij} = \sum_{k=1}^{\dim\lambda} T^\lambda_{kj}(g)T^\lambda_{ik}.$$

命題 1.3 のように, $\mathcal{L}^\perp$ も R の不変部分空間である. $\mathcal{L}^\perp \neq \{0\}$ と仮定しよう. $\mathcal{L}^\perp$ は非自明な既約不変部分空間 W を含む. つまり, $W \subset \mathcal{L}^\perp$, $W \cong V^\mu$ $(\exists\mu \in \widehat{G})$, $\exists w \in W \setminus \{0\}$. 今, $f(x) = \langle w, R(x)w\rangle_{L^2(G)}$ は L.h.$\{T^\mu_{ij}\}_{i,j=1}^{\dim\mu}$ の元である. 一方,

$$\begin{aligned}
\langle f, T^\mu_{ij}\rangle_{L^2(G)} &= \frac{1}{|G|}\sum_{x\in G}\frac{1}{|G|}\sum_{y\in G} w(y)\overline{w(yx)}T^\mu_{ij}(x) \\
&= \frac{1}{|G|^2}\sum_{y\in G} w(y)\sum_{z\in G}\overline{w(z)}T^\mu_{ij}(y^{-1}z) \\
&= \frac{1}{|G|^2}\sum_{y\in G} w(y)\sum_{z\in G}\overline{w(z)}\sum_{k=1}^{\dim\mu} T^\mu_{ik}(y^{-1})T^\mu_{kj}(z).
\end{aligned}$$

ここで, $w \in \mathcal{L}^\perp$ だから, $\frac{1}{|G|}\sum_{z\in G}\overline{w(z)}T^\mu_{kj}(z) = 0$. ゆえに $\langle f, T^\mu_{ij}\rangle_{L^2(G)} = 0$, したがって $f = 0$ となる. 特に, $0 = f(e) = \|w\|^2_{L^2(G)}$ となり, 矛盾が生じる. これで, $\mathcal{L}^\perp = \{0\}$ が示された. ■

注意 1.14　テンソル積表現の既約分解を考えることにより, (1.2.5) の $\mathcal{L}$ が関数の積に関して閉じていることがわかる.

定義 1.15　$f \in L^1(G)$ の Fourier 変換を

$$(\Phi f)(\lambda) = \widehat{f}(\lambda) = \sum_{x\in G} f(x)T^\lambda(x) \ \in \ \mathrm{End}(V^\lambda), \qquad \lambda \in \widehat{G}$$

で定める. Φf は各 $\lambda \in \widehat{G}$ に対して $\mathrm{End}(V^\lambda)$ の元を 1 つ対応させる $\widehat{G}$ 上の作用素場である[9]. それを

$$\oplus_{\lambda\in\widehat{G}} (\Phi f)(\lambda) \quad \Big(\in \bigoplus_{\lambda\in\widehat{G}} \mathrm{End}(V^\lambda)\Big)$$

と同一視すれば, Fourier 変換は G の最大の無重複表現 $\Phi = \bigoplus_{\lambda\in\widehat{G}} T^\lambda$ の (1.2.1) による群環 $L^1(G)$ への拡張にほかならない. □

[9] 9.3 節で表現の直積分を扱うとき, もっと本質的にこの作用素場の概念に接する.

補題 1.16 Fourier 変換は次の関係式をみたす:

$$\widehat{f*g}(\lambda)=\widehat{f}(\lambda)\widehat{g}(\lambda),\qquad \widehat{f^*}(\lambda)=\widehat{f}(\lambda)^*, \tag{1.2.6}$$

$$\langle f,g\rangle_{L^2(G)}=\sum_{\lambda\in\widehat{G}}\frac{\dim\lambda}{|G|^2}\mathrm{tr}(\widehat{f}(\lambda)^*\widehat{g}(\lambda))\qquad (\text{Plancherel の公式}), \tag{1.2.7}$$

$$f(x)=\sum_{\lambda\in\widehat{G}}\frac{\dim\lambda}{|G|}\mathrm{tr}(T^\lambda(x)^*\widehat{f}(\lambda))\qquad (\text{反転公式}). \tag{1.2.8}$$

証明 (1.2.6) は定義 1.15 から容易にしたがう. 定理 1.13 より,

$$\langle f,g\rangle_{L^2(G)}=\sum_{\lambda\in\widehat{G}}\sum_{i,j=1}^{\dim\lambda}\overline{\langle\sqrt{\dim\lambda}\,T^\lambda_{ij},f\rangle_{L^2(G)}}\langle\sqrt{\dim\lambda}\,T^\lambda_{ij},g\rangle_{L^2(G)}.$$

Fourier 変換の定義から

$$\sum_{x\in G}T^\lambda_{ij}(x)\overline{f}(x)=\widehat{\overline{f}}(\lambda)_{ij},\qquad \sum_{x\in G}\overline{T^\lambda_{ij}(x)}g(x)=\widehat{g}(\lambda)^*_{ji}$$

がわかるので, 前式に代入して

$$\langle f,g\rangle_{L^2(G)}=\sum_{\lambda\in\widehat{G}}\sum_{i,j=1}^{\dim\lambda}\frac{\dim\lambda}{|G|^2}\widehat{\overline{f}}(\lambda)_{ij}\widehat{g}(\lambda)^*_{ji}=\sum_{\lambda\in\widehat{G}}\frac{\dim\lambda}{|G|^2}\mathrm{tr}(\widehat{\overline{f}}(\lambda)\widehat{g}(\lambda)^*)$$

となる. $\langle f,g\rangle=\langle\overline{g},\overline{f}\rangle$ だから, $\overline{g}\mapsto f$, $\overline{f}\mapsto g$ ととり直して, (1.2.7) がしたがう. (1.2.7) で一方の関数をデルタ関数にとれば, (1.2.8) を得る. ■

End$V$ の元の正規化されたトレース $\mathrm{tr}/\dim V$ を $\widetilde{\mathrm{tr}}$ で表すと, (1.2.7) は

$$\sum_{x\in G}\overline{f(x)}g(x)=\sum_{\lambda\in\widehat{G}}\frac{(\dim\lambda)^2}{|G|}\widetilde{\mathrm{tr}}(\widehat{f}(\lambda)^*\widehat{g}(\lambda)) \tag{1.2.9}$$

と書かれる. (1.2.9) に現れる $(\dim\lambda)^2/|G|$ は $\widehat{G}$ 上の Plancherel 測度と呼ばれる確率測度を与える. 確率測度になるのは, (1.2.4) による.

補題 1.16 から, G の群環 $L^1(G)$ の構造の記述 (定理 1.17), および G の $L^2(G)$ 上の両側正則表現の構造の記述 (定理 1.22) という 2 つの重要な定理が導かれる.

定理 1.17 写像 $\Phi: f\longmapsto(\widehat{f}(\lambda))_{\lambda\in\widehat{G}}$ は $*$-代数としての次の同型を与える:

$$L^1(G)\cong\bigoplus_{\lambda\in\widehat{G}}\mathrm{End}(V^\lambda)\cong\bigoplus_{\lambda\in\widehat{G}}M(\dim\lambda,\mathbb{C}). \tag{1.2.10}$$

証明 (1.2.6) により, Φ は $*$-準同型である. Φ の単射性は反転公式 (1.2.8) からわかる. Φ の全射性は, (1.2.4) を用いた次元の勘定からわかる. あるいは

$$(A^\lambda)_{\lambda\in\widehat{G}} \longmapsto \sum_{\lambda\in\widehat{G}} \frac{\dim\lambda}{|G|}\operatorname{tr}(T^\lambda(x)^* A^\lambda)$$

が Φ^{-1} を与えることを計算によって確認してもよい. ■

系 1.18 (Schur の補題の変形) G の表現 T について,

$$T \text{ が既約} \iff T(L^1(G)) = \operatorname{End}(V_T).$$

証明　$T(L^1(G)) = \operatorname{End}(V_T)$ ならば, 補題 1.5 によって $\operatorname{End}_G(V_T) = \mathbb{C}I_{V_T}$. したがって, 定理 1.6 により, T が既約である.

T が既約であるとし, $T \cong T^\lambda$ なる $\lambda \in \widehat{G}$ をとる. 任意の $A \in \operatorname{End}(V^\lambda)$ に対し, 定理 1.17 の Φ の全射性から, $\widehat{a}(\lambda) = A$ となる $a \in L^1(G)$ がある. このとき, $T(a)$ は $\sum_{x\in G} a(x)T^\lambda(x) = \widehat{a}(\lambda)$ と相似である. すなわち, 可逆な $C \in \operatorname{Hom}(V_T, V^\lambda)$ を用いて $T(a) = C^{-1}\widehat{a}(\lambda)C = C^{-1}AC$ と書ける. これは, $T(L^1(G)) = \operatorname{End}(V_T)$ が成り立つことを意味する. ■

注意 1.19　$\operatorname{End}(V)$ の $*$-部分代数 $\mathcal{A}$ に対し, $\mathcal{A}$ の可換子環を $\mathcal{A}'$ と書く. すなわち, $\mathcal{A}' = \{B \in \operatorname{End}(V) \mid AB = BA\ (\forall A \in \mathcal{A})\}$. このとき, $\mathcal{A}'' = \mathcal{A}$ が成り立つことが示される[10]. $\mathcal{A} = T(L^1(G))$ にこれを用いれば, $T(L^1(G)) = \operatorname{End}(V_T) \iff T(L^1(G))' = \mathbb{C}I_{V_T}$ がただちにわかる.

注意 1.20　$\{[\begin{smallmatrix} X_1 & 0 \\ 0 & X_2 \end{smallmatrix}] \mid X_i \in M(n_i, \mathbb{C})\}$ は $V_1 = \{[\begin{smallmatrix} v_1 \\ 0 \end{smallmatrix}] \mid v_1 \in \mathbb{C}^{n_1}\}$, $V_2 = \{[\begin{smallmatrix} 0 \\ v_2 \end{smallmatrix}] \mid v_2 \in \mathbb{C}^{n_2}\}$ のそれぞれに既約に作用する. この 2 つの作用は ($n_1 = n_2$ であっても) 同値でない. Schur の補題からと言ってもよいが, 実際は補題 1.5(1) と同じである.

例 1.21　$M(d_1 + \cdots + d_m, \mathbb{C})$ の部分代数 $\mathcal{A}$ と $M(kd, \mathbb{C})$ の部分代数 $\mathcal{B}$ を

$$\mathcal{A} = \{\operatorname{diag}(X_1, \cdots, X_m) \mid X_1 \in M(d_1, \mathbb{C}), \cdots, X_m \in M(d_m, \mathbb{C})\},$$
$$\mathcal{B} = \{\operatorname{diag}(X, \cdots, X) \mid X \in M(d, \mathbb{C})\}$$

で定めるとき, $\mathcal{A}'$, $\mathcal{B}'$, $\mathcal{A}\cap\mathcal{A}'$, $\mathcal{B}\cap\mathcal{B}'$ を求めてみられたい[11].

---

10)　証明を試みられたい. von Neumann 環に対する命題 A.54(ウ) の有限次元版である.

11)　$M(d, \mathbb{C})$ と $\mathcal{B}$ は同型な $*$-代数であるが, それらの $\mathbb{C}^d$ および $(\mathbb{C}^d)^k$ への自然な作用による表現は, $k \geqq 2$ ならば同値でない. このような 2 つの表現は準同値である. 表現の準同値性については, 8.1 節で少し立ち入る.

G の両側正則表現を $L^1(G)$ に拡張して, $L^1(G)\times L^1(G)$ の $L^2(G)$ への作用ができる: $a,b\in L^1(G)$ に対し,

$$f\in L^2(G)\longmapsto L(a)R(b)f=a*f*\check{b}\in L^2(G). \tag{1.2.11}$$

ただし, $\check{b}(x)=b(x^{-1})$ とおき,

$$R(b)f=\sum_{x\in G}b(x)R(x)f=\sum_{x\in G}b(x)f*\delta_{x^{-1}}=f*\check{b}$$

を用いた. 一方 $M(\dim\lambda,\mathbb{C})$ には Hilbert–Schmidt 内積を入れ[12], $\bigoplus_{\lambda\in\widehat{G}}M(\dim\lambda,\mathbb{C})$ はその直和 Hilbert 空間とみなす. (1.2.10) の環 $\bigoplus_{\lambda\in\widehat{G}}M(\dim\lambda,\mathbb{C})$ の Hilbert 空間 $\bigoplus_{\lambda\in\widehat{G}}M(\dim\lambda,\mathbb{C})$ への両側作用[13]: $\bigoplus_{\lambda\in\widehat{G}}A^\lambda$, $\bigoplus_{\lambda\in\widehat{G}}B^\lambda\in\bigoplus_{\lambda\in\widehat{G}}M(\dim\lambda,\mathbb{C})$ に対し,

$$\bigoplus_{\lambda\in\widehat{G}}X^\lambda\in\bigoplus_{\lambda\in\widehat{G}}M(\dim\lambda,\mathbb{C})\longmapsto\bigoplus_{\lambda\in\widehat{G}}A^\lambda X^\lambda\,({}^tB^{\overline{\lambda}})\in\bigoplus_{\lambda\in\widehat{G}}M(\dim\lambda,\mathbb{C}) \tag{1.2.12}$$

を考える. ここで, $x\in G\mapsto{}^tT^\lambda(x^{-1})$ は T^λ の反傾表現と呼ばれるが, 今は T^λ がユニタリ表現だから, ${}^tT^\lambda(x^{-1})=\overline{T^\lambda(x)}$ となる. この右辺の表現の属する同値類を $\overline{\lambda}$ で表す (複素共役表現). 正確には, G の既約表現の各同値類に代表元を固定する際に, $T^{\overline{\lambda}}(x)=\overline{T^\lambda(x)}$ をみたすように選んでおく.

定理 1.22 写像 $\Psi: f\longmapsto((\sqrt{\dim\lambda}/|G|)\widehat{f}(\lambda))_{\lambda\in\widehat{G}}$ は,

$$L^2(G)\cong\bigoplus_{\lambda\in\widehat{G}}\mathrm{End}(V^\lambda)\cong\bigoplus_{\lambda\in\widehat{G}}M(\dim\lambda,\mathbb{C})$$

というユニタリ同値を与える絡作用素である. すなわち,

$$\langle f,g\rangle_{L^2(G)}=\langle\Psi f,\Psi g\rangle_{\bigoplus_{\lambda\in\widehat{G}}M(\dim\lambda,\mathbb{C})},$$

$$(\Psi L(a)R(b)f)(\lambda)=(\Phi a)(\lambda)\,(\Psi f)(\lambda)\,{}^t(\Phi b)(\overline{\lambda}).$$

証明 まず, Ψ がユニタリ写像であることを確認しよう. (1.2.10) を考慮に入れれば, 等長性を示せばよい. (1.2.7) により,

$$\langle f,g\rangle_{L^2(G)}=\sum_{\lambda\in\widehat{G}}\mathrm{tr}((\Psi f)(\lambda)^*(\Psi g)(\lambda))=\langle\Psi f,\Psi g\rangle_{\oplus M(\dim\lambda,\mathbb{C})} \tag{1.2.13}$$

---

12) $A,B\in M(\dim\lambda,\mathbb{C})$ に対して, $\langle A,B\rangle=\langle A,B\rangle_{\mathrm{HS}}=\mathrm{tr}(A^*B)$ で定義される.

13) 左からのかけ算では行列 X^λ を列ベクトルに刻み, 右からのかけ算では行ベクトルに刻むことが, 既約分解に相当している.

が得られる．次に, Ψ が絡作用素であることを示そう．$a, b \in L^1(G)$ に対し,

$$(\Psi L(a)R(b)f)(\lambda) = (\Psi(a * f * \check{b}))(\lambda) = \frac{\sqrt{\dim\lambda}}{|G|}\widehat{a}(\lambda)\widehat{f}(\lambda)\widehat{\check{b}}(\lambda)$$
$$= (\Phi a)(\lambda)\,(\Psi f)(\lambda)\,{}^t(\Phi b)(\overline{\lambda}). \qquad (1.2.14)$$

ここで, 第 2 等号では (1.2.6) を用い, 第 3 等号では

$$\widehat{\check{b}}(\lambda) = \sum_{x\in G} b(x^{-1})T^{\lambda}(x) = \sum_{x\in G} b(x)T^{\lambda}(x^{-1}) = \sum_{x\in G} b(x)\,{}^tT^{\overline{\lambda}}(x) = {}^t\widehat{b}(\overline{\lambda})$$

を用いた．(1.2.14) を 2 つの作用 (1.2.11), (1.2.12) と比べると, Ψ が絡作用素であることを得る． ■

注意 1.23　本書では (1.2.7) を Plancherel の公式と呼ぶが, (1.2.9) や (1.2.13) もそう呼べる．(1.2.7) と (1.2.13) では G 上の Haar 測度が確率測度に正規化されている．一方, (1.2.9) では $\widehat{G}$ 上の Plancherel 測度が確率測度である．

定義 1.24　G の表現 T に対し, $\chi_T(x) = \operatorname{tr} T(x)$ で定義される G 上の関数 χ_T を T の指標という．表現 T が群環上に自然に拡張されるのに伴い, そのトレースをとって指標 χ_T も群環上で定義される．既約表現の指標を既約指標という． □

行列のトレースの性質から, 表現の指標と共役類に関する次の性質がわかる．

補題 1.25　S, T を G の表現とし, $f \in L^1(G)$ とする．
(1) $T \cong S$ ならば, $\chi_T = \chi_S$ [14]．
(2) x と y が同一の共役類に属すれば, $\chi_T(x) = \chi_T(y)$.
(3) f が各共役類の上で一定値 $\iff$ $f * g = g * f \ (\forall g \in L^1(G))$. ■

補題 1.25(1) に基づき, $\lambda \in \widehat{G}$ に対応する既約指標を χ^λ と記す．単位元 e での値が 1 になるように正規化された既約指標 $\chi^\lambda/\dim\lambda$ を本書ではしばしば $\tilde{\chi}^\lambda$ で表す．各共役類の上で一定値をとる関数を類関数と呼ぶ．補題 1.25(2) により, 指標は類関数である．補題 1.25(3) により, G 上の類関数全体は群環 $L^1(G)$ の中心 $Z(L^1(G))$ に一致する．したがって次の等式を得る．

補題 1.26　$\dim Z(L^1(G)) = |\{G\ の共役類\}|$. ■

補題 1.27　$\lambda \in \widehat{G}$ に対し, $\tilde{\chi}^\lambda = \chi^\lambda/\dim\lambda$ は群環の中心の上で乗法的である,

---

14)　後に系 1.29 で示されるように, 逆も成り立つ．

すなわち $\tilde{\chi}^\lambda(a*b)=\tilde{\chi}^\lambda(a)\tilde{\chi}^\lambda(b)$ $(a,b\in Z(L^1(G)))$ が成り立つ.

証明 $T^\lambda(a), T^\lambda(b), T^\lambda(a*b)$ が絡作用素になるから, Schur の補題によって V^λ 上スカラーであり, それらのスカラー値は $\tilde{\chi}^\lambda$ の値で与えられる. ■

$L^2(G)$ の部分 Hilbert 空間としての G 上の類関数全体を $Z(L^2(G))$ と書こう.

定理 1.28 G の既約指標全体 $\{\chi^\lambda \mid \lambda\in\widehat{G}\}$ は $Z(L^2(G))$ の正規直交基底をなす. 特に, $|\widehat{G}|$ は G の共役類の個数に等しい.

証明 $\{\chi^\lambda\}$ が $Z(L^2(G))$ の正規直交系であることは, $\chi^\lambda=\sum_{i=1}^{\dim\lambda} T_{ii}^\lambda$ と定理 1.13 からしたがう. $f\in Z(L^2(G))$, $g\in G$, $\lambda\in\widehat{G}$ に対して

$$\begin{aligned}T^\lambda(g)\widehat{f}(\lambda)&=\sum_{x\in G} f(x)T^\lambda(g)T^\lambda(x)=\sum_{x\in G} f(g^{-1}xg)T^\lambda(g)T^\lambda(g^{-1}xg)\\&=\sum_{x\in G} f(x)T^\lambda(x)T^\lambda(g)=\widehat{f}(\lambda)T^\lambda(g),\end{aligned}$$

すなわち $\widehat{f}(\lambda)\in \mathrm{End}_G(V^\lambda)$ だから, Schur の補題により $\widehat{f}(\lambda)=a_\lambda I_{V^\lambda}$ $(a_\lambda\in\mathbb{C})$. したがって反転公式 (1.2.8) により

$$f(x)=\sum_{\lambda\in\widehat{G}}\frac{\dim\lambda}{|G|}a_\lambda\chi^\lambda(x^{-1}),\qquad x\in G.$$

x を x^{-1} に置き換えると, この式は $\check{f}\in \mathrm{L.h.}\{\chi^\lambda\}$ を意味する. $f\in Z(L^2(G))$ が任意ならば $\check{f}$ も $Z(L^2(G))$ の任意の元になりうるので, $\{\chi^\lambda\}$ の $Z(L^2(G))$ での完全性が言えた. $\{\chi^\lambda\}$ が $Z(L^2(G))$ の基底であることと補題 1.26 をあわせれば, 最後の主張を得る. ■

系 1.29 (1) G の表現 T と既約表現 S に対し, $[T:S]=\langle\chi_T,\chi_S\rangle_{L^2(G)}$.

(2) 指標が等しい表現は同値である.

証明 (1) S の属する同値類を λ とし, $[T:S]=m_\lambda$ とおくと,

$$\chi_T=m_\lambda\chi^\lambda+\sum_{\nu\in\widehat{G}:\nu\neq\lambda} m_\nu\chi^\nu.$$

定理 1.28 より, $\langle\chi_T,\chi_S\rangle=\langle\chi_T,\chi^\lambda\rangle=m_\lambda$ を得る.

(2) 既約分解 $T\cong\bigoplus_{\lambda\in\widehat{G}} m_\lambda T^\lambda$ において, (1) を用いれば, $m_\lambda=\langle\chi_T,\chi^\lambda\rangle$ は指標 χ_T で決まる. ■

$\lambda \in \widehat{G}$ と G の共役類 C に対し, $x \in C$ をとって $\chi_C^\lambda = \chi^\lambda(x)$ とおく.

命題 1.30　G の任意の共役類 C, D に対して

$$\sum_{\lambda \in \widehat{G}} \overline{\chi_C^\lambda} \chi_D^\lambda = \delta_{CD} |G|/|C|.$$

証明　定理 1.28 により, $\delta_{\lambda\mu} = |G|^{-1} \sum_{C:\text{共役類}} |C| \overline{\chi_C^\lambda} \chi_C^\mu$, すなわち $[\sqrt{|C|/|G|}\chi_C^\lambda]_{\lambda,C}$ がユニタリ行列になる. この行列の行ベクトルの正規直交性を列ベクトルのそれに読みかえればよい. ■

定義 1.31　代数 $\mathcal{A}$ の元 p は $p^2 = p$ をみたすとき射影と呼ばれる[15]. 0 でない射影 p が 2 つの射影 q, r によって $p = q + r$ と分解されるのは $q = 0$ または $r = 0$ の場合に限られるとき, p を極小射影という. 中心 $Z(\mathcal{A})$ に属する射影を中心射影といい, (射影全体の中ではなく) 中心射影全体の中で極小なものを極小中心射影という. 2 つの射影 p, q は, $q = apb$ となる可逆元 $a, b \in \mathcal{A}$ が存在するとき, 同値であるといい, $p \sim q$ で表す. $\sim$ は明らかに同値関係である. □

補題 1.32　p, q, r が射影であって $p = q + r$ が成り立つとする.

(1) $qr = rq = 0$.　　　　(2) $q = pqp$, $r = prp$.

(3) さらにこれらが $\mathrm{End}(\mathbb{C}^n)$ の射影ならば, $\mathrm{rank}\, p = \mathrm{rank}\, q + \mathrm{rank}\, r$.

証明 (1) $p = p^2 = q^2 + qr + rq + r^2 = p + qr + rq$, ゆえに $rq + qr = 0$. これを用いて rqr を 2 とおりに計算して $-qr = -qr^2 = rqr = -r^2q = -rq$ であるから, 結局 $rq = qr = 0$.

(2) $pq = (q + r)q = q$, $qp = q(q + r) = q$. ゆえに $pqp = qp = q$ を得る. q のかわりに r でも同様である.

(3) $\mathrm{Ran}\, p = \mathrm{Ran}\, q \oplus \mathrm{Ran}\, r$ を示せばよい. $\mathrm{Ran}\, p \subset \mathrm{Ran}\, q + \mathrm{Ran}\, r$ は常に成立する. 直和性については, $qx = ry$ $(x, y \in \mathbb{C}^n)$ ならば $ry = r^2y = rqx = 0$, ゆえに $\mathrm{Ran}\, q \cap \mathrm{Ran}\, r = \{0\}$ である. (2) で $pq = q$ を得たので, $\mathrm{Ran}\, q \subset \mathrm{Ran}\, p$. $\mathrm{Ran}\, r \subset \mathrm{Ran}\, p$ も同様である. ゆえに $\mathrm{Ran}\, q + \mathrm{Ran}\, r \subset \mathrm{Ran}\, p$ が成り立つ. ■

---

[15] ここでは, $\mathcal{A}$ として群環 $L^1(G)$ や $\mathrm{End}(\mathbb{C}^n)$ とその直和などを考えればよい

例 1.33 $\mathrm{End}(\mathbb{C}^n)$ に属する射影 p について

$$p\text{ が極小射影} \iff \operatorname{rank} p = 1, \tag{1.2.15}$$

$$p\text{ が中心射影} \iff p = I \tag{1.2.16}$$

が成り立つ. (1.2.15) を確認しよう. $\operatorname{rank} p \geqq 2$ ならば極小でないのはよい. $\operatorname{rank} p = 1$ として $p = q + r$ と書けていれば, 補題 1.32 から, $1 = \operatorname{rank} p = \operatorname{rank} q + \operatorname{rank} r$ となり, $q = 0$ または $r = 0$ を得る. (1.2.16) は補題 1.5 から直接わかる.

ランク 1 の 2 つの射影 p, q は適当な $a, b \in GL(n, \mathbb{C})$ によって $q = apb$ と移りあうので[16], 極小射影はすべて同値である. 直和 $\bigoplus_k \mathrm{End}(\mathbb{C}^{n_k})$ における射影 p についても, 次のことが容易にわかる ($I_k = I_{\mathbb{C}^{n_k}}$ と略記する):

$$p\text{ が極小射影} \iff \operatorname{rank} p = 1,$$

$$p\text{ が中心射影} \iff p = \bigoplus_k \alpha_k I_k, \quad \alpha_k \in \{0, 1\},$$

$$p\text{ が極小中心射影} \iff \text{どれか 1 つの } k \text{ に対して } p = I_k. \tag{1.2.17}$$

定理 1.34 次の 3 つの対象の間に全単射対応がつく.

(ア) $\widehat{G}$. (イ) $L^1(G)$ の極小射影の同値類全体.

(ウ) $L^1(G)$ の極小中心射影全体.

このとき, $\lambda \in \widehat{G}$ に対応する $L^1(G)$ の極小中心射影 p_λ は

$$p_\lambda = \frac{\dim \lambda}{|G|} \overline{\chi^\lambda} \tag{1.2.18}$$

で与えられる. 極小中心射影全体 $\{p_\lambda\}$ は次式をみたす:

$$\sum_{\lambda \in \widehat{G}} p_\lambda = \delta_e, \qquad p_\lambda p_\mu = \delta_{\lambda\mu} p_\lambda, \qquad p_\lambda^* = p_\lambda. \tag{1.2.19}$$

証明 すべて同型 (1.2.10) に基づく. (1.2.17) に注意する. 実際, p_λ は

$$\Phi(p_\lambda) = \bigoplus_{\nu \in \widehat{G}} \widehat{p_\lambda}(\nu) = I_{V^\lambda} \oplus \bigoplus_{\nu : \nu \neq \lambda} 0 \tag{1.2.20}$$

で特徴づけられる. (1.2.20) の逆 Fourier 変換を考えれば, 反転公式 (1.2.8) により, (1.2.18) を得る. (1.2.19) を (1.2.20) や (1.2.18) から読みとるのも易しい. ■

同型 (1.2.10) を通して, 群環の作用を行列の形でより具体的に見ることができ

---

16) 行列の行と列に関する基本変形を考えればよい.

る．表現論としては多少野暮な方法かもしれないが，本書ではしばしばこのような見方に訴えるであろう．今，G の表現 T があって

$$T \cong \bigoplus_{\lambda \in \widehat{G}} k_\lambda T^\lambda = \bigoplus_{i=1}^{m} k_i T^{\lambda_i}, \qquad k_\lambda \in \mathbb{N} \cup \{0\} \tag{1.2.21}$$

と既約分解されるとする．ただし，$k_\lambda > 0$ なる λ たちに番号をつけて $\lambda_1, \cdots, \lambda_m$ とし，$k_i = k_{\lambda_i}$, $d_i = \dim \lambda_i$ とおく．補題 1.8 によって各 λ_i-成分は一意的に決まる．このとき，T の作用を次のように見ることができる．

命題 1.35　G の表現 T が (1.2.21) のように既約分解されているとする．

(1) V_T の λ_i-成分 V_i への射影は，極小中心射影 p_{λ_i} を用いて

$$T(p_{\lambda_i}) = \sum_{x \in G} p_{\lambda_i}(x) T(x) = \sum_{x \in G} \frac{\dim \lambda_i}{|G|} \overline{\chi^{\lambda_i}(x)} T(x) \tag{1.2.22}$$

で与えられる．

(2) 各既約成分に適当に基底をとれば，$T(L^1(G))$ は

$$\{\mathrm{diag}(X_1, \cdots, X_1, \cdots, X_m, \cdots, X_m) \,|\, X_1 \in M(d_1, \mathbb{C}), \cdots, X_m \in M(d_m, \mathbb{C})\} \tag{1.2.23}$$

と同型である．(1.2.23) においてブロック X_i は k_i 個並んでいる．■

証明 (1) (1.2.22) は (1.2.18) からただちにしたがう．$T(p_{\lambda_i})$ が V_i への射影を与えることを示そう．$T_i = T|_{V_i}$ とおく．$T_i \cong k_i T^{\lambda_i}$ であるから，絡作用素 $A_i \in \mathrm{Hom}_G(V_i, (V^{\lambda_i})^{k_i})$ をとって

$$T_i(x) = A_i^{-1}(T^{\lambda_i}(x) \oplus \cdots \oplus T^{\lambda_i}(x)) A_i, \qquad x \in G$$

と表す．これと p_λ の特徴づけ (1.2.20) を用いると，

$$\sum_{x \in G} p_\lambda(x) T_i(x) = A_i^{-1}(\widehat{p_\lambda}(\lambda_i) \oplus \cdots \oplus \widehat{p_\lambda}(\lambda_i)) A_i = \begin{cases} I_{V_i}, & \lambda = \lambda_i, \\ 0, & \lambda \neq \lambda_i. \end{cases}$$

したがって，$\mathrm{End}(V_T)$ の元として

$$T(p_\lambda) = \sum_{x \in G} p_\lambda(x) T(x) = \bigoplus_{i=1}^{m} \sum_{x \in G} p_\lambda(x) T_i(x) = \begin{cases} I_{V_i} \oplus 0, & \lambda = \lambda_i, \\ 0, & \lambda \neq \lambda_i. \end{cases}$$

(2) 同値な既約成分の直和への作用は，コピーを並べるにすぎないので $A \in$

$GL(d_i,\mathbb{C})$ による相似変換 $A^{-1}X_iA$ の違いしかなく, A で変換して基底を取り直せば

$$\mathrm{diag}(X_i,\cdots,X_i), \qquad X_i \in M(d_i,\mathbb{C})$$

というブロック対角型になる. $T(L^1(G))$ の元が (1.2.23) のような行列表示をもつことはよいので, あとは $X_1,\cdots,X_m$ を自由に動かせることを示せばよい. 系 1.18 により, $T(L^1(G))$ を V^{λ_i} と同値な部分空間 W に制限したものが $\mathrm{End}(W)$ に等しい. $L^1(G)p_{\lambda_1}+\cdots+L^1(G)p_{\lambda_m}$ の作用を考えると,

$$T(L^1(G)p_{\lambda_1}+\cdots+L^1(G)p_{\lambda_m}) = T(L^1(G))T(p_{\lambda_1})+\cdots+T(L^1(G))T(p_{\lambda_m})$$

だから, (1.2.23) で行列 $X_1,\cdots,X_m$ を自由に動かしたものを尽くせる. ■

最後に, 有限群の表現の一般的な性質として次の事実が成り立つ. 本書では用いないので証明は省略する.

定理 1.36 $\lambda \in \widehat{G}$ に対し, $\dim\lambda$ は指数 $[G:G$ の中心$]$ を割る. 特に, $\dim\lambda$ は G の位数 $|G|$ を割る. ■

1.3 Gelfand–Zetlin 基底

有限群の増大列を考える:

$$\{e\} = G_0 \subset G_1 \subset \cdots \subset G_n \subset \cdots. \tag{1.3.1}$$

G_{n-1} は G_n の部分群である. もっと一般に有限群の帰納的な列を考えてもよいが, ここでは始めから (1.3.1) のような包含関係を固定して話を進める. これらの群の表現について, すべての n を見渡した「大域的な」考察をしよう.

定義 1.37 $\lambda \in \widehat{G}_n$ を実現する G_n の既約表現 T^λ を G_{n-1} に制限した G_{n-1} の表現を $\mathrm{Res}^{G_n}_{G_{n-1}} T^\lambda$ と書き, これによって G_{n-1}-加群とみなされた V^λ を $\mathrm{Res}^{G_n}_{G_{n-1}} V^\lambda$ と書く. $\mathrm{Res}^{G_n}_{G_{n-1}} V^\lambda$ が $\mu \in \widehat{G}_{n-1}$ に属する G_{n-1} の V^μ 上の既約表現を成分として含むとき, すなわち $\dim \mathrm{Hom}_{G_{n-1}}(V^\mu, V^\lambda) = k \geqq 1$ をみたすとき (補題 1.8 参照), $\mu \nearrow \lambda$ と表す. 辺 $\nearrow$ に重複度を添えて $\mu \nearrow_k \lambda$ と書けばより詳しい. $\lambda \in \widehat{G}_n$, $\mu \in \widehat{G}_m$, $n > m$ であって, $\mu \nearrow \cdots \nearrow \lambda$ とつなぐ辺の鎖が存在するとき, すなわち $\dim \mathrm{Hom}_{G_m}(V^\mu, V^\lambda) \geqq 1$ のとき, $\mu \subset \lambda$ と表す. $\widehat{G}_0$ は

1 点集合であるが, その元を $\varnothing$ で表す[17]. □

定義 1.38　$\lambda \in \widehat{G}_n$ に対し, $\mathrm{Res}^{G_n}_{G_{n-1}} V^\lambda$ の既約分解を V^λ の (あるいは表現 T^λ の) 分岐則という. すべての $\lambda \in \widehat{G}_n$ に対して**分岐則が無重複であると仮定すれば**, 命題 1.9 により,

$$V^\lambda = \bigoplus_{\mu \in \widehat{G}_{n-1}:\mu \nearrow \lambda} W^\mu \tag{1.3.2}$$

における W^μ が一意的に定まる. さらに分解を重ねて帰納的に

$$V^\lambda = \bigoplus_t V_t$$

を得る. ここで, t は $\lambda_0 = \varnothing \nearrow \lambda_1 \nearrow \cdots \nearrow \lambda_n = \lambda$ ($\lambda_i \in \widehat{G}_i$) という $\varnothing$ で始まり λ で終る長さ n の辺の列 (経路) 全体を動く. 経路 t の第 i 頂点 λ_i を $t(i)$ で表す[18]. このような $\varnothing$ から λ への経路 t を決めれば, 任意の i に対して (1.3.2) の繰り返しによって V^λ の既約 G_i-部分加群 $W^{t(i)}$ が一意的に定まっている. V_t は既約 G_0-加群, したがって $\dim V_t = 1$ である. 1 次元空間 V_t から (スカラー倍を除いて一意的に) 0 でないベクトル v_t を選び, $\{v_t \mid t \text{は} \varnothing \text{から} \lambda \text{への経路}\}$ を V^λ の Gelfand–Zetlin(GZ) 基底と呼ぶ[19]. □

定義 1.39　(1.3.1) に伴って群環 $L^1(G_n)$ たちにも自然な包含関係を与える. $L^1(G_k)$ の中心 $Z(L^1(G_k))$ を Z_k と書き, $Z_0, Z_1, \cdots, Z_n$ で生成される $L^1(G_n)$ の部分代数 $\langle Z_0, \cdots, Z_n \rangle$ を $GZ(n)$ で表す[20]. $\{GZ(n) \mid n = 0, 1, 2, \cdots\}$ を帰納系 $\{G_n \mid n = 0, 1, 2, \cdots\}$ の Gelfand–Zetlin(GZ) 部分代数と呼ぶ. □

注意 1.40　$\lambda \in \widehat{G}_n$ に対し, (1.3.2) の無重複既約分解をくり返して得られる既約 G_i-加群 $W^\mu(\mu \in \widehat{G_i},\, \mu \subset \lambda)$ たちをとる. 経路 $t = (t(0) \nearrow \cdots \nearrow t(n) = \lambda)$ 全体でパラメータづけされたベクトルたち $\{v_t\} \subset V^\lambda$ があるとすると, 次の 2 つの条件が同値である:

(ア) $\{v_t\}$ が V^λ の GZ 基底, (イ) $L^1(G_i)v_t = V^{t(i)}$ $(\forall i \in \{0, 1, \cdots, n\})$ [21].

---

17) 後に対称群の既約表現に対して Young 図形を導入すれば, これはサイズ 0 の空図形にあたる.

18) つねに $t(0) = \varnothing$.

19) "Zetlin" の英語綴り字は [50], [70] にしたがった. Tsetlin も使われる.

20) 中心は対合 $*$ で閉じているので, 生成される $*$-部分代数と言っても同じ.

21) もちろん, $L^1(G_i) \subset L^1(G_n)$ のもとで $T^\lambda(L^1(G_i))v_t$ を $L^1(G_i)v_t$ と略記している.

(ア)$\Longrightarrow$(イ) は GZ 基底の定義による．(イ)$\Longrightarrow$(ア) は，無重複分解の特性を考慮して $n-1$ レベルから順に下がってゆくことにより示される．

定理 1.41 Fourier 変換による (1.2.10) の同型 Φ を通して，群環 $L^1(G_n)$ の元を $V = \bigoplus_{\lambda \in \widehat{G}_n} V^\lambda$ に作用する線型作用素とみなす．各 V^λ に GZ 基底をとったとき，$\Phi(GZ(n))$ は対角行列全体のなす部分代数に等しい．特に，$GZ(n)$ は $L^1(G_n)$ の極大可換部分代数である．

証明 対角行列全体が極大可換部分代数をなすことはよい．実際，0 でない非対角成分をもつ行列に対し，それと可換でない対角行列がとれることから，極大性がわかる．$GZ(n)$ が可換であることは定義 1.39 より自明だから，$\Phi(GZ(n))$ が任意の対角行列を含むことを示せばよい．経路 $t = (t(0) \nearrow \cdots \nearrow t(n))$ をとる．命題 1.35 により，V から $V^{t(n)}$ への射影は $\Phi(p_{t(n)})$ である．次に $V^{t(n)}$ 上の表現 $\mathrm{Res}^{G_n}_{G_{n-1}}\Phi$ を考えて，$t(n-1)$-成分 W_{n-1} ($\cong V^{t(n-1)}$) への射影は $\mathrm{Res}^{G_n}_{G_{n-1}}\Phi(p_{t(n-1)}) = \Phi(p_{t(n-1)})$ であり，さらに $\mathrm{Res}^{G_{n-1}}_{G_{n-2}}\Phi$ を考えて W_{n-1} の $t(n-2)$-成分への射影は $\mathrm{Res}^{G_{n-1}}_{G_{n-2}}\Phi(p_{t(n-2)}) = \Phi(p_{t(n-2)})$ である．これをくり返せば，1 次元部分空間 V_t への射影が $\Phi(p_{t(0)}) \cdots \Phi(p_{t(n-1)})\Phi(p_{t(n)})$ で与えられる．この射影は，GZ 基底を構成するベクトルの 1 つ (V_t を張るもの) に対応する対角成分のみが 1 で他の成分がすべて 0 の行列単位にあたる．$p_{t(k)} \in Z_k$ だから $p_{t(0)} \cdots p_{t(n-1)} p_{t(n)} \in GZ(n)$ である[22]．これで，$\Phi(GZ(n))$ が対角型の行列単位をすべて含むことが示された．■

分岐則の無重複性を仮定していくつかの概念を導入したが，分岐則が無重複であるための判定条件を表現でなく群自身の言葉で述べられると好都合である．

$L^1(G)$ の部分代数 N に対し，N と可換な $L^1(G)$ の元全体を N の中心化環といい，$Z(L^1(G), N)$ で表す[23]．

定理 1.42 H を G の部分群とするとき，次の 2 つの条件が同値である．

(ア) G の任意の既約表現 T の H への制限 $\mathrm{Res}^G_H T$ が無重複に既約分解される．

(イ) 中心化環 $Z(L^1(G), L^1(H))$ が可換である．

---

22) 合成積の記号 $*$ を省略している．群環の記号 $L^1(G)$ と $\mathbb{C}[G]$ の併用．

23) 注意 1.19 では中心化環でなく可換子環と呼び，$'$ をつけて表した: $\mathcal{A}' = Z(\mathrm{End}(V), \mathcal{A})$. (1.3.1) のような群の帰納系を扱う際など，中心化環が入っている群環が文脈によってかわるので，どの代数の中で考えているのかを明示するここでの記号が便利な面がある．

証明のために補題を用意する.

補題 1.43　H が G の部分群で, S, T がそれぞれ H, G の既約表現であるとき, 中心化環 $Z(L^1(G), L^1(H))$ が $\mathrm{Hom}_H(V_S, V_T)$ に既約に作用する.

証明　$Z(L^1(G), L^1(H))$ の $\mathrm{Hom}_H(V_S, V_T)$ への作用は単に写像の合成

$$F \longmapsto T(a) \circ F, \qquad F \in \mathrm{Hom}_H(V_S, V_T), \quad a \in Z(L^1(G), L^1(H))$$

で与えられる. $T(a) \circ F \in \mathrm{Hom}_H(V_S, V_T)$ であることは, 次の左右の図式が可換であることから, それらをつなげば直ちにわかる:

$$\begin{array}{ccccc} V_S & \xrightarrow{F} & V_T & \xrightarrow{T(a)} & V_T \\ \downarrow_{S(b)} & \circlearrowleft & \downarrow_{T(b)} & \circlearrowleft & \downarrow_{T(b)} \\ V_S & \xrightarrow{F} & V_T & \xrightarrow{T(a)} & V_T \end{array} \qquad b \in L^1(H).$$

命題 1.35 を用いた $L^1(H)$ や $Z(L^1(G), L^1(H))$ の作用の行列表示を見てみよう. $m = \dim V_T$, $n = \dim V_S$, $k_1 = [T : S]$ とおく. $\mathrm{Res}_H^G T$ の既約分解が

$$V_T = W_1^{\oplus k_1} \oplus W_2^{\oplus k_2} \oplus \cdots, \qquad W_1 \cong V_S \tag{1.3.3}$$

であるとして一般性を失わない. V_S, V_T に基底をとって $\mathrm{Hom}(V_S, V_T)$ の元を $m \times n$ 行列で表し, $V_S \cong W_1$ の同型を与える行列 $Q \in GL(n, \mathbb{C})$ を固定する. $A \in \mathrm{Hom}(V_S, V_T)$ と $L^1(H)$ の作用を与える行列 X を既約分解 (1.3.3) に即して

$$\begin{aligned} X &= \mathrm{diag}(X_1, \cdots, X_1, X_2, X_2, \cdots, \cdots) \\ A &= {}^t[A_1^{(1)} \cdots A_{k_1}^{(1)} \, A_1^{(2)} \, A_2^{(2)} \cdots \cdots] \end{aligned} \tag{1.3.4}$$

と表示すると, $A \in \mathrm{Hom}_H(V_S, V_T)$ であるための条件は,

$$XA = A(Q^{-1}X_1Q), \qquad \forall X_1 \in M(n, \mathbb{C}),\ \forall X_2 \in M(\dim W_2, \mathbb{C}),\ \cdots$$

である. 第 1 ブロックでは

$$X_1A_1^{(1)} = A_1^{(1)}Q^{-1}X_1Q, \quad \cdots, \quad X_1A_{k_1}^{(1)} = A_{k_1}^{(1)}Q^{-1}X_1Q,$$

第 2 ブロックでは

$$X_2A_1^{(2)} = A_1^{(2)}Q^{-1}X_1Q, \quad X_2A_2^{(2)} = A_2^{(2)}Q^{-1}X_1Q, \quad \cdots,$$

以下のブロックも同様だから, Schur の補題 (補題 1.5 の形で十分) により,

$$A_1^{(1)} = a_1Q,\ \cdots,\ A_{k_1}^{(1)} = a_{k_1}Q, \quad A_1^{(2)} = A_2^{(2)} = \cdots = 0,\ \cdots.$$

したがって $\mathrm{Hom}_H(V_S, V_T)$ の元の行列表示として

$$A = \begin{bmatrix} a_1 I_n \\ \vdots \\ a_{k_1} I_n \\ 0 \\ \vdots \end{bmatrix} Q, \qquad a = \begin{bmatrix} a_1 \\ \vdots \\ a_{k_1} \end{bmatrix} \in \mathbb{C}^{k_1} \tag{1.3.5}$$

を得る. 次に $T(Z(L^1(G), L^1(H)))$ の元の行列表示 B を求める. B は $T(L^1(H))$ の任意の元を表示する (1.3.4) の X と可換であるから, 再び Schur の補題 (または補題 1.5) により, $m \times m$-行列 B は

$$B = \left[\begin{array}{ccc|c} c_{11} I_n & \cdots & c_{1k_1} I_n & \\ & \cdots & & \\ c_{k_1 1} I_n & \cdots & c_{k_1 k_1} I_n & \\ \hline & & & \ddots \end{array}\right], \qquad \begin{array}{c} C_1 = [c_{ij}]_{i,j=1}^{k_1} \in M(k_1, \mathbb{C}), \\ C_2 \in M(\dim W_2, \mathbb{C}), \\ \cdots \end{array} \tag{1.3.6}$$

(対角線に $I_n \otimes C_1$, $I_{\dim W_2} \otimes C_2, \cdots$ のブロックが並ぶ) と書ける. (1.3.5), (1.3.6) により, $Z(L^1(G), L^1(H))$ の $\mathrm{Hom}_H(V_S, V_T)$ への考えている作用が既約であるのは, $M(k_1, \mathbb{C})$ の $\mathbb{C}^{k_1}$ への自然な作用が既約であるのと全く同じ事情である. ■

定理 1.42 の証明 (イ)$\Longrightarrow$(ア): $Z(L^1(G), L^1(H))$ が可換であるとする. $\mathrm{Res}_H^G V_T$ の既約成分が V_S と同型ならば, 系 1.7 と補題 1.43 により, $\dim \mathrm{Hom}_H(V_S, V_T) = 1$. したがって補題 1.8 により, $[T:S] = 1$ を得る.

(ア)$\Longrightarrow$(イ): (1.2.10) の同型によって $L^1(G)$ の元を行列表示し, その部分代数として $Z(L^1(G), L^1(H))$ の元の表示を求める. $L^1(H)$ の作用に関する既約分解

$$V^\lambda = W_1^\lambda \oplus W_2^\lambda \oplus \cdots, \qquad \lambda \in \widehat{G} \tag{1.3.7}$$

をとる. $L^1(G)$ の元 A はブロック対角型 $A = \mathrm{diag}(A^\lambda \,|\, \lambda \in \widehat{G})$ で表示されるので, 各 λ ブロックについて作用を考えれば十分である. (1.3.7) に即した基底をとる. $X \in L^1(H)$ とすれば, $X = \mathrm{diag}(X^\lambda \,|\, \lambda \in \widehat{G})$ の表示において

$$X^\lambda = \mathrm{diag}(X_1^\lambda, X_2^\lambda, \cdots), \qquad X_i^\lambda \in M(\dim W_i^\lambda, \mathbb{C})$$

と書けるが, (1.3.7) が無重複分解であるという仮定から, $X_1^\lambda, X_2^\lambda, \cdots$ は独立に勝手に動かせる[24]. $A = \mathrm{diag}(A^\lambda \,|\, \lambda \in \widehat{G}) \in Z(L^1(G), L^1(H))$ ならば, 任意の $\lambda \in$

[24] $\lambda \neq \mu$ に対しては, $X_i^\lambda \sim X_j^\mu$ (相似な行列) という拘束条件はありうる.

$\widehat{G}$ に対して $A^\lambda X^\lambda = X^\lambda A^\lambda$ である．ゆえに, $A^\lambda = [A^\lambda_{ij}]$ とブロックに分けて,

$$A^\lambda_{ii} = c^\lambda_i I_{W^\lambda_i} \quad (\exists c^\lambda_i \in \mathbb{C}), \qquad A^\lambda_{ij} = 0 \quad (i \neq j).$$

したがって A が対角行列になり, $Z(L^1(G), L^1(H))$ は可換である． ■

後の使用に供するため, 補題 1.43 に補足をしておく．

補題 1.44　補題 1.43 の状況の下で, V_S の巡回ベクトル u をとる．$\mathrm{Hom}_H(V_S, V_T)$ は既約 $Z(L^1(G), L^1(H))$-加群とみなす．このとき,

$$A \in \mathrm{Hom}_H(V_S, V_T) \longmapsto Au \in V_T \tag{1.3.8}$$

は単射であって絡作用素になっている．したがって, その像 $T(Z(L^1(G), L^1(H)))u$ は既約な $Z(L^1(G), L^1(H))$-加群である[25)]．

証明　要請される条件を逐一検証するのも容易であるが, (1.3.5) にある $\mathrm{Hom}_H(V_S, V_T)$ の元の表示からもただちにわかる．実際, u を $\mathbb{C}^n (n = \dim V_S)$ の基本ベクトルだと思ってよいので, (1.3.8) は

$$A = \begin{bmatrix} a_1 I_n \\ \vdots \\ a_{k_1} I_n \\ 0 \\ \vdots \end{bmatrix} Q \longmapsto Au = \begin{bmatrix} a_1 e_0 \\ \vdots \\ a_{k_1} e_0 \\ 0 \\ \vdots \end{bmatrix}, \qquad e_0 = \begin{bmatrix} 1 \\ 0 \\ \vdots \\ 0 \end{bmatrix} \in \mathbb{C}^n$$

となるが, これは単射であって (1.3.6) の行列 B の作用を繋絡する． ■

ノート

定理 1.36 の証明については, たとえば [59, Theorem III.4.8] を参照されたい．[59] の有限群の表現の導入部は Fourier 解析を前面に出したものであり, 解析系の人々になじみやすいと思われる．[8] は筆者が有限群の表現の応用に興味をもつきっかけを与えてくれた記事である．

---

25)　この言い方では, u は $\mathrm{Hom}_H(V_S, V_T)$ の非自明な元 A_0 によって V_T にうめ込まれている．どんな A_0 をとってもよい．

第2章

対称群の既約表現と Young 図形

対称群の既約表現の同値類を分類し, それらが Young 図形によってラベルづけされることを示す. おおよその手順は次のとおりである.

- 対称群に対して, 1.3 節の Gelfand–Zetlin 基底, Gelfand–Zetlin 代数の理論が使えることを確認する.
- 原理的には, Gelfand–Zetlin 基底を取り出すことができれば既約表現の構造がわかる. したがって, その取り出し方を十分に具体的に記述し, 結果を見やすく分類する工夫を行う.
- Gelfand–Zetlin 代数の作用の分類のために, Gelfand–Zetlin 代数の中に Jucys–Murphy 元という良い生成元をとり, Jucys–Murphy 元の作用の同時対角化に話を帰着する. Gelfand–Zetlin 基底ベクトルがその固有ベクトルとして捉えられ, 作用の仕方が固有値で決められる.
- 固有値の並び方をよく観察して, Young 図形を浮かび上がらせる.

2.1 対称群 $\mathfrak{S}_n$

n 個の文字 $\{1,2,\cdots,n\}$ の置換全体のなす群が n 次対称群 $\mathfrak{S}_n$ である. 文字 $n+1$ の固定部分群として自然に $\mathfrak{S}_n \subset \mathfrak{S}_{n+1}$ とみなし, 対称群の増大列 (帰納系)

$$\{e\}\ (=\mathfrak{S}_0) = \mathfrak{S}_1 \subset \mathfrak{S}_2 \subset \cdots \subset \mathfrak{S}_n \subset \cdots \tag{2.1.1}$$

を得る[1]. $x \in \mathfrak{S}_n$ の作用で固定されない文字全体を x の台といい, $\operatorname{supp} x$ と書く:

$$\operatorname{supp} x = \{i \in \{1,2,\cdots,n\} \,|\, x(i) \neq i\}. \tag{2.1.2}$$

---

[1] 第 0 および第 1 レベルがともに単位元のみからなるので, $\mathfrak{S}_0$ は不要に見えるが, 後に 10.2 節で触れる環積群の帰納系の場合には $\mathfrak{S}_0(T)=\{e\}, \mathfrak{S}_1(T)=T$ というふうに第 0 と第 1 で違いが生じる.

(2.1.2) の定義は (2.1.1) の包含と無矛盾である．つまり, $m \leqq n$ のとき, $x \in \mathfrak{S}_m$ とみなしても $x \in \mathfrak{S}_n$ とみなしても (2.1.2) の右辺は同じである．

k 個の文字 $i_1, \cdots, i_k$ については $i_1 \to i_2 \to \cdots \to i_k \to i_1$ と動かし, 他の文字は動かさない置換を長さ k の巡回置換 (あるいは単に k-サイクル) といい, $(i_1\, i_2 \cdots i_k)$ で表す．もちろん, $(i_1\, i_2 \cdots i_k) = (i_2 \cdots i_k\, i_1)$ 等が成り立つ．特に 2-サイクル $(i\, j)$ を互換という．$g \in \mathfrak{S}_n$ は可換なサイクルの積に一意的に分解される．実際, 任意の文字 j から始まって g によるうつり先を辿り, 初めて j に戻るところで 1 つのサイクルができる．あとはそのくり返しをすればよい．その分解の型 (サイクル型) は, n の分割で与えられる．ここで言う n の分割とは, 各サイクルの長さにあたる自然数の組

$$\rho = (\rho_1, \rho_2, \cdots, \rho_l), \qquad \rho_1 \geqq \rho_2 \geqq \cdots \geqq \rho_l > 0, \quad \sum_{i=1}^{l} \rho_i = n \tag{2.1.3}$$

のことである．(2.1.3) の n の分割が与えられたとき, それを図示するために, 図 2.1 のように各行に ρ_i 個ずつの箱をきっちりと並べた図形を考える．これが本書で頻繁に登場する Young 図形である．箱のかわりにセルとも呼ぶ．図 2.1 は自然数 9 の分割 $(4, 2, 2, 1)$ を表す Young 図形である．図左側の方式では北西の隅に箱をおしつけるように, 図右側では南西の隅に箱をおしつけるように規則正しく並べている．サイクルに分解された置換の積の例を少し見てみよう．

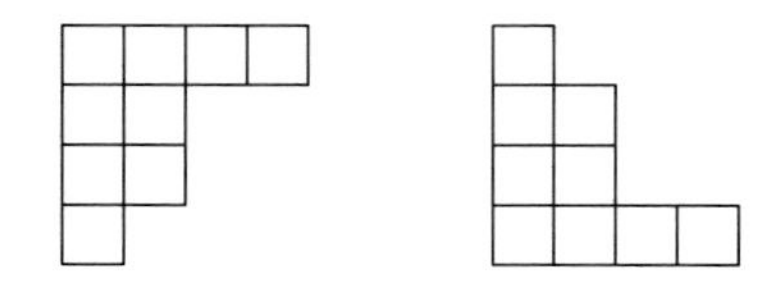

図 2.1　Young 図形 $(4, 2, 2, 1) = (1^1 2^2 3^0 4^1)$

例 2.1　サイクル分解した $x \in \mathfrak{S}_n$ に左から互換をかけると, 図 2.2 のように

(ア) x に含まれる 2 つのサイクルの合体

(イ) x に含まれる 1 つのサイクルの 2 分割

のどちらかが起こる．ただし, サイクルは自明な 1-サイクルも含む．たとえば,

$$x = \begin{pmatrix} 1 & 2 & 3 & 4 & 5 & 6 & 7 & 8 & 9 & 10 \\ 8 & 6 & 9 & 4 & 1 & 10 & 7 & 5 & 2 & 3 \end{pmatrix} = (2\,6\,10\,3\,9)(1\,8\,5)(4)(7) \in \mathfrak{S}_{10}$$

のサイクル型は $(5, 3, 1, 1)$ であるが:

(ア 1)　$(4\,10)x = (2\,6\,\mathbf{4}\,\mathbf{10}\,3\,9)(1\,8\,5)(7)$

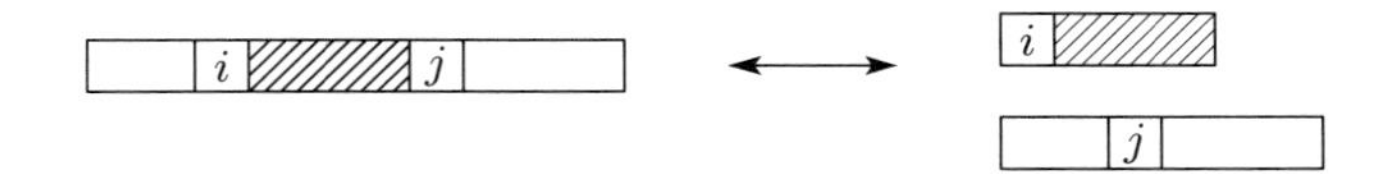

図 2.2 互換 $(i\,j)$ の左からの積

(ア 2) $(8\,10)x = (2\,6\,\mathbf{8}\,5\,1\,\mathbf{10}\,3\,9)(4)(7)$

(ア 3) $(4\,7)x = (2\,6\,10\,3\,9)(1\,8\,5)(\mathbf{4}\,\mathbf{7})$

(イ 1) $(2\,10)x = (\mathbf{2}\,6)(\mathbf{10}\,3\,9)(1\,8\,5)$

(イ 2) $(6\,10)x = (2\,\mathbf{10}\,3\,9)(\mathbf{6})(1\,8\,5)(4)(7)$.

これは簡単な事実にすぎないが, 以後しばしば, あるサイクル型をもつ元に互換をかけてどのようなサイクル型が生じうるかを見る際に思い出すと便利である.

箱の総数 n の Young 図形全体を $\mathbb{Y}_n$ で表す. $\rho \in \mathbb{Y}_n$ に対し, $n = |\rho|$ を ρ のサイズ (あるいはウェイト) と呼び, (2.1.3) における行数 l を $l(\rho)$ と書く. サイズを指定しない Young 図形全体を $\mathbb{Y}$ で表す: $\mathbb{Y} = \bigsqcup_{n=0}^{\infty} \mathbb{Y}_n$. ただし, $\mathbb{Y}_0 = \{\varnothing\}$ と定義する. $\rho \in \mathbb{Y}$ に含まれる長さ j の行の個数を $m_j(\rho)$ と書く: $m_j(\rho) = |\{i \mid \rho_i = j\}|$. この量を用いて $\rho = (1^{m_1(\rho)} 2^{m_2(\rho)} \cdots j^{m_j(\rho)} \cdots)$ という表示も使われる. $x \in \mathfrak{S}_n$ のサイクル型が $\rho \in \mathbb{Y}_n$ であれば, $|\mathrm{supp}\, x| = \sum_{i \geqq 2} i\, m_i(\rho)$ が成り立つ.

群において, 2 つの元 x, y に対して $y = gxg^{-1}$ となる元 g があるとき, x と y が共役であるという. 共役という同値関係によって群を同値類に分けるとき, それぞれの類を共役類と呼ぶ. 対称群においては, 次のようにサイクル型によって共役類が特徴づけられる.

補題 2.2 $x, y \in \mathfrak{S}_n$ が共役であるための必要十分条件は, x, y のサイクル型が一致することである.

証明 k-サイクル $(i_1\, i_2\, \cdots\, i_k)$ に対して

$$g(i_1\, i_2\, \cdots\, i_k)g^{-1} = (g(i_1)\, g(i_2)\, \cdots\, g(i_k)) \tag{2.1.4}$$

が成り立つ. 実際, $1, \cdots, n$ の各文字への両辺の作用を比べればよい. (2.1.4) を用いれば, 補題 2.2 の主張を検証するのは易しい. 自明な式: $g(ab\cdots)g^{-1} = (gag^{-1})(gbg^{-1})\cdots$ に注意しよう. ■

補題 2.2 から $\mathfrak{S}_n$ の共役類がサイズ n の Young 図形でパラメータづけされる[2)].

2) 対称群の既約表現をパラメータづけする意味での Young 図形は 2.4 節で登場する.

補題 2.3　$\rho \in \mathbb{Y}_n$ をサイクル型にもつ $\mathfrak{S}_n$ の元からなる共役類を C_ρ で表すと,

$$|C_\rho| = \frac{n!}{z_\rho}, \qquad \text{ただし} \quad z_\rho = \prod_j j^{m_j(\rho)} m_j(\rho)! \tag{2.1.5}$$

が成り立つ.

証明　ρ の各箱に $1, \cdots, n$ の文字を入れる仕方の場合の数を勘定する. $n!$ とおりの入れ方のうち, それが $\mathfrak{S}_n$ の元のサイクル分解を示すことから,
– 行での巡回的な文字の入れかえ (長さ j の行に対して, 1 行あたり j とおり, 全部で $j^{m_j(\rho)}$ とおり)
– 同じ長さの行の入れかえ (長さ j の行に対して $m_j(\rho)!$ とおり)
は重複勘定しているので, それらの j にわたる積で割って調整する. ■

一般に有限群 G において, 共役類 C_ρ に対し[3], 群環 $\mathbb{C}[G]$ の元

$$A_\rho = \sum_{x \in C_\rho} x \tag{2.1.6}$$

は, 任意の $y \in G$ に対して $yA_\rho y^{-1} = A_\rho$ をみたすので, 中心 $Z(\mathbb{C}[G])$ に属する. 実際, $x \mapsto yxy^{-1}$ が C_ρ から C_ρ への全単射を与えることは見やすい. 今,

$$G \times G = \bigsqcup_\rho R_\rho, \qquad (x, y) \in R_\rho \iff xy^{-1} \in C_\rho \tag{2.1.7}$$

なる $G \times G$ の分解を考え, $L^2(G)$ 上の線型作用素

$$(\widetilde{A}_\rho f)(x) = \sum_{y \in G:(x,y) \in R_\rho} f(y) \tag{2.1.8}$$

を定める. 多少記号遣いが紛らわしいが, $\widetilde{A}_\rho f = 1_{C_\rho} * f = A_\rho f$ が成り立つ. 左辺は作用素 $\widetilde{A}_\rho$ の関数 f への作用, 中辺は群環 $L^1(G)$ での合成積, 右辺は群環 $\mathbb{C}[G]$ での積である. (2.1.8) では, x と「ρ という関係にある」点での f の値の和をとって $\widetilde{A}_\rho$ を定義している. これは, グラフ等において隣接点での関数の値の和を与えるいわゆる隣接作用素の (一般化の) 一種と言える. この意味で, (2.1.6) の A_ρ や (2.1.8) の $\widetilde{A}_\rho$ も隣接作用素 (または隣接行列) と呼べる.

さて, $Z(\mathbb{C}[G]) = \mathrm{L.h.}\{A_\tau\}$ であることに注意する. これはすでに, 補題 1.25 の (3) において $L^1(G)$ の合成積の記号のもとで述べたことである. 中心 $Z(\mathbb{C}[G])$ で積を線型結合に展開した式

---

[3] ここでは, $\rho, \sigma, \tau, \cdots$ は (Young 図形に関係なく) 単に共役類のラベルである.

$$A_\rho A_\sigma = \sum_\tau p^\tau_{\rho\sigma} A_\tau \tag{2.1.9}$$

における構造定数 $p^\tau_{\rho\sigma}$ を交差数と呼ぶ. (2.1.9) により, $x \in C_\tau$ を任意にとって

$$\begin{aligned} p^\tau_{\rho\sigma} &= |\{(z,y) \in C_\rho \times C_\sigma \mid zy = x\}| = |\{(x,y) \in R_\rho \mid y \in C_\sigma\}| \\ &= |\{z \in C_\rho \mid z^{-1}x \in C_\sigma\}| \end{aligned}$$

がしたがう (C_τ の元 x のとり方にはよらない).

$G = \mathfrak{S}_n$ で考えれば, 交差数 $p^\tau_{\rho\sigma}$ はもちろん n に依存する. 6.4 節でこの交差数の $n \to \infty$ での増大度を評価する工夫が必要になる.

2.2 中心化環と Jucys–Murphy 元

定義 2.4 $n \in \mathbb{N}$ に対し, $X_n = (1\,n)+(2\,n)+\cdots+(n-1\;n)$ を Jucys–Murphy 元と呼ぶ. 便宜上, $X_1 = 0$ と定める. 定義 1.39 のように群環 $\mathbb{C}[\mathfrak{S}_n]$ の中心を Z_n とおき, $\mathbb{C}[\mathfrak{S}_n]$ の部分代数 $\langle Z_1, \cdots, Z_n \rangle$ を $GZ(n)$ で表す. □

補題 2.5 (1) (2.1.6) の記号のもとで[4],

$$X_n = A_{(2,1^{n-2})} - A_{(2,1^{n-3})}. \tag{2.2.1}$$

(2) $X_n \in GZ(n)$. (3) $X_n \in Z(\mathbb{C}[\mathfrak{S}_n], \mathbb{C}[\mathfrak{S}_{n-1}])$. (4) $X_m X_n = X_n X_m$.

証明 (1) は X_n の定義からただちにしたがう. (2.2.1) は Z_n の元と Z_{n-1} の元の差である. このことから, (2), (3), (4) も容易にわかる. ■

$\rho \in \mathbb{Y}$, $2 \leqq |\rho| \leqq n$, $m_1(\rho) = 0$(つまり長さ 1 の行をもたない) とし, ρ の箱 b を 1 つ任意にとる. $k = |\rho|$ とおく. b には文字 n を入れ, ρ の他の箱には異なる文字 $i_1, \cdots, i_{k-1} \in \{1, \cdots, n-1\}$ を入れて ρ をサイクル型とするサイクルの積をつくり, $i_1, \cdots, i_{k-1}$ を動かして加えあわせた $\mathbb{C}[\mathfrak{S}_n]$ の元を $a_{\rho,b;n}$ とする. ここで行長 j を指定すれば, 長さ j のどの行のどの箱 b をとって $a_{\rho,b;n}$ をつくっても $\mathbb{C}[\mathfrak{S}_n]$ の同じ元が定まるので, それを $a_{\rho,j;n}$ で表す.

例 2.6 $a_{\rho,j;n}$ の定義の確認のための例を挙げる. たとえば, $(2^2) \in \mathbb{Y}_4$ に文字 1, 3, 4, 6 を $\begin{smallmatrix} 1 & 3 \\ 4 & 6 \end{smallmatrix}$ と入れたものは, 置換 $(1\,3)(4\,6)$ を表すものとする.

---

[4] $(2, 1^{n-2}) = (2, 1, 1, \cdots, 1) = (1^{n-2}2^1) \in \mathbb{Y}_n$

$$\text{(i)}\ a_{(2^2),2;5} = \sum \begin{array}{cc} 5 & * \\ * & * \end{array}, \qquad \text{(ii)}\ a_{(2^2 3),2;9} = \sum \begin{array}{ccc} * & * & * \\ 9 & * & \\ * & * & \end{array}.$$

ここで, (i) の 3 箇所の $*$ には文字 $1,2,3,4$ を重複なしに入れて全部の場合 ($4 \times 3 \times 2 = 24$ とおり) を加えあわせる. 第 2 行の $*$, $*$ は文字を入れかえても同一の置換を表すので, 24 個の項の中には同一元が 2 つずつある.

(ii) では, 6 箇所の $*$ には文字 $1, 2, \cdots, 8$ を重複なしに入れて $8 \times 7 \times 6 \times 5 \times 4 \times 3$ とおり全部加えあわせる. 第 1 行の文字の巡回的な入れかえ, 第 3 行の文字の入れかえが同一の置換を表すので, 和の中には 3×2 個ずつの同一元が含まれる.

同様にして, 一般に $a_{\rho,j;n}$ を表す和の中には,

$$j^{m_j(\rho)-1}(m_j(\rho)-1)! \prod_{i \geqq 2:\, i \neq j} i^{m_i(\rho)} m_i(\rho)! \tag{2.2.2}$$

個ずつの同一元が含まれる.

補題 2.7　$n \in \mathbb{N}$ に対し, 中心化環 $Z(\mathbb{C}[\mathfrak{S}_n], \mathbb{C}[\mathfrak{S}_{n-1}])$ は, Z_{n-1} と

$$\{a_{\rho,j;n} \mid \rho \in \mathbb{Y},\ m_1(\rho) = 0,\ 2 \leqq |\rho| \leqq n,\ j \geqq 2,\ m_j(\rho) \geqq 1\} \tag{2.2.3}$$

の線型結合全体に一致する.

証明　まず, $\mathbb{C}[\mathfrak{S}_n]$ の任意の元 $a = \sum_x a(x)x$ に対し,

$$\begin{aligned} a \in Z(\mathbb{C}[\mathfrak{S}_n], \mathbb{C}[\mathfrak{S}_{n-1}]) &\iff \forall h \in \mathfrak{S}_{n-1}, \quad hah^{-1} = a \\ &\iff \forall h \in \mathfrak{S}_{n-1},\ \forall x \in \mathfrak{S}_n, \quad a(h^{-1}xh) = a(x) \end{aligned} \tag{2.2.4}$$

が成り立つ. $\mathfrak{S}_{n-1}$ の $\mathfrak{S}_n$ への作用: $h \in \mathfrak{S}_{n-1},\ x \in \mathfrak{S}_n \longmapsto hxh^{-1} \in \mathfrak{S}_n$ による $\mathfrak{S}_n$ の軌道分解を考える. $\mathfrak{S}_{n-1}$ に含まれる軌道は, $\mathfrak{S}_{n-1}$ の共役類にほかならない. ゆえに, $\{\sum_{x \in \mathcal{O}} x \mid \mathcal{O}:\ \mathfrak{S}_{n-1}$-軌道, $\mathcal{O} \subset \mathfrak{S}_{n-1}\}$ は Z_{n-1} の基底をなす. 一方, $\mathfrak{S}_n \setminus \mathfrak{S}_{n-1}$ に含まれる軌道たちは, $\mathfrak{S}_n \setminus \mathfrak{S}_{n-1}$ の分割をつくる. そのような $\mathfrak{S}_{n-1}$-軌道 $\mathcal{O}$ に対し, $b_{\mathcal{O};n} = \sum_{x \in \mathcal{O}} x$ とおく. (2.2.4) により,

$$\{b_{\mathcal{O};n} \mid \mathcal{O}:\ \mathfrak{S}_{n-1}\text{-軌道},\ \mathcal{O} \subset \mathfrak{S}_n \setminus \mathfrak{S}_{n-1}\} \tag{2.2.5}$$

と Z_{n-1} の基底を合併すれば, $Z(\mathbb{C}[\mathfrak{S}_n], \mathbb{C}[\mathfrak{S}_{n-1}])$ の基底を得る. したがって, (2.2.3) と (2.2.5) の間に, $a_{\rho,j;n}$ と $b_{\mathcal{O};n}$ が 0 でないスカラー倍を除いて一致する

対応があれば, 補題の証明が完了する. $a_{\rho,j;n}$ を表す和の各項が $\mathfrak{S}_{n-1}$ に属さないのは定義から自明である. $h \in \mathfrak{S}_{n-1}$ による共役 $ha_{\rho,j;n}h^{-1}$ は $a_{\rho,j;n}$ の表示の中で文字 $1,\cdots,n-1$ の置換を引き起こすので, $ha_{\rho,j;n}h^{-1} = a_{\rho,j;n}$. すなわち, $a_{\rho,j;n}$ は $b_{\mathcal{O};n}$ たちの線型結合で表される. 一方, $a_{\rho,j;n}$ を表す和を (2.2.2) の因子でくくり出せば, 各項間が文字 $1,\cdots,n-1$ の置換で移りあえるので, $a_{\rho,j;n}/(2.2.2)$ は 1 つの $\mathfrak{S}_{n-1}$-軌道 $\mathcal{O} \subset \mathfrak{S}_n \setminus \mathfrak{S}_{n-1}$ に対する $b_{\mathcal{O};n}$ に一致する. ■

注意 2.8 補題 2.7 の証明にあるように, $Z(\mathbb{C}[\mathfrak{S}_n],\mathbb{C}[\mathfrak{S}_{n-1}])$ の基底の一部を構成する元として, $a_{\rho,j;n}$ たちより $b_{\mathcal{O};n}$ たちの方が (項に重複がない分だけ) 簡単ではあるが, 定理 2.9 の証明で行うような組合せの議論や数の勘定のときは, $i_1,\cdots,i_k$ をすべて動かす $a_{\rho,j;n}$ の方がかえって扱いやすい面があるので, 補題 2.7 も $a_{\rho,j:n}$ の言葉で述べた.

定理 2.9 $n \in \mathbb{N}$ に対し, $Z(\mathbb{C}[\mathfrak{S}_n],\mathbb{C}[\mathfrak{S}_{n-1}]) = \langle Z_{n-1}, X_n\rangle$ が成り立つ. 特に, $Z(\mathbb{C}[\mathfrak{S}_n],\mathbb{C}[\mathfrak{S}_{n-1}])$ は可換である.

証明 $\langle Z_{n-1}, X_n\rangle \subset Z(\mathbb{C}[\mathfrak{S}_n],\mathbb{C}[\mathfrak{S}_{n-1}])$ はわかっているので, 補題 2.7 により, (2.2.3) の $a_{\rho,j;n}$ が $\langle Z_{n-1}, X_n\rangle$ に属することが言えればよい. これを ρ のサイズ k に関する帰納法で示そう.

$k=2$ のとき, $\rho=(2)$ であり, $a_{(2),2;n} = X_n$ が成り立つ. 論理的には余分だが $k=3$ のときも見ておくと, $\rho=(3)$ であり,

$$X_n\, a_{(2),2;n} = X_n^2 = \sum_{i,j=1}^{n-1} (i\,n)(j\,n) = (n-1)e + a_{(3),3;n}$$

により OK である.

帰納法の仮定として, $k \geqq 2$ とし, $m_1(\rho)=0$ をみたす任意の $\rho \in \bigsqcup_{i=2}^{k} \mathbb{Y}_i$ と $m_j(\rho) \geqq 1$ なる任意の $j \geqq 2$ に対して, $a_{\rho,j;n} \in \langle Z_{n-1}, X_n\rangle$ が成り立つとする. このとき, $\sigma \in \mathbb{Y}_{k+1}$, $m_1(\sigma)=0$, $m_l(\sigma) \geqq 1$ $(l \geqq 2)$ とし, $a_{\sigma,l;n} \in \langle Z_{n-1}, X_n\rangle$ を示す. 例 2.1 を思い出しておくとよい.

(I) $l=2$ のとき. σ から長さ 2 の行を 1 つとり除いたものを $\tau \in \mathbb{Y}_{k-1}$ とおく. τ の箱に異なる文字 $i_1,\cdots,i_{k-1} \in \{1,\cdots,n-1\}$ を入れてサイクルの積をつくり, $i_1,\cdots,i_{k-1}$ を動かして加えあわせた $\mathbb{C}[\mathfrak{S}_{n-1}]$ の元を $c_{\tau,n-1}$ とおくと[5], $c_{\tau,n-1} \in Z_{n-1}$. これに X_n をかけて

[5] 例 2.6 と同じように, $c_{\tau,n-1}$ の定義の確認のための例: $c_{(2^2),6} \in \mathbb{C}[\mathfrak{S}_6]$ は $6\times5\times4\times3$ 項の和になり, $\mathfrak{S}_6$ の元として等しい項をまとめると, $c_{(2^2),6} = 8A_{(1^2 2^2)}$.

$$X_n\, c_{\tau,n-1} = \Bigl(\sum_{r=1}^{n-1}(r\,n)\Bigr)\Bigl(\sum_{i_1,\cdots,i_{k-1}=1}^{n-1}{}'(i_1\cdots i_{\tau_1})\cdots(i_{\tau_1+\cdots+\tau_{l(\tau)-1}}+1\cdots i_{k-1})\Bigr), \tag{2.2.6}$$

ただし $\sum'$ は添字が互いに異なるような範囲で動くという条件を課した和を表す. この記号はこの証明中で以後も用いる. (2.2.6) の右辺の展開式において現れうるサイクル型は (i) $(\tau, 2) = \sigma$ (ii) τ のどれかの行に箱を 1 つ加えたもの　のどちらかである. (i) は $r \notin \{i_1, \cdots, i_{k-1}\}$ の場合であり, 順序つき組 $(i_1, \cdots, i_{k-1})$ と対応する r を考えて全部加えあわせると, $a_{\sigma,2;n}$ を得る. (ii) は $r \in \{i_1, \cdots, i_{k-1}\}$ のときである. サイクル型はいろいろ生じうるが, 展開式において, 1 つのサイクル型 $\rho \in \mathbb{Y}_k$ と文字 n が入るべき箱を指定し[6], それを実現するような項たちを取り出せば, 残りの $k-1$ 個の箱をうめる $\{1, \cdots, n-1\}$ から選ばれた配置は, どれも同じ頻度で現れる. したがって, (2.2.6) の右辺の展開式の (ii) にあたる部分は, $a_{\rho,i;n}$ の形の元の線型結合 $(\rho \in \mathbb{Y}_k)$ になる. 帰納法の仮定より $a_{\rho,i;n} \in \langle Z_{n-1}, X_n \rangle$ であり, (2.2.6) の左辺も $\langle Z_{n-1}, X_n \rangle$ に属する. ゆえに $a_{\sigma,2;n} \in \langle Z_{n-1}, X_n \rangle$ を得る.

(II) $l \geqq 3$ のとき. σ の長さ l の行から箱を 1 つとり除いたものを $\rho \in \mathbb{Y}_k$ とおく. (2.2.6) と同様に

$$X_n\, a_{\rho,l-1;n} = \Bigl(\sum_{r=1}^{n-1}(r\,n)\Bigr)\Bigl(\sum_{i_1,\cdots,i_{k-1}=1}^{n-1}{}'\square\square\cdots\square\underbrace{(*\cdots*\,n)}_{l-1}\Bigr) \tag{2.2.7}$$

を考える. □ はサイクルを表すことにする. ここで, $\sum'$ の中身の元のサイクル型は ρ である. (2.2.7) の右辺の展開式において現れうるサイクル型は

(i) ρ の n を含む長さ $l-1$ の行に箱が 1 つ加わる $\longrightarrow \sigma$.

(ii) ρ の 2 つの行が合体する (うち 1 つは n を含む長さ $l-1$ の行) $\longrightarrow \rho^*$.

(iii) ρ の n を含む長さ $l-1$ の行が 2 つにわかれる (長さ 1 の行が生じる場合も含む) $\longrightarrow \rho^{**}$.

(i), (ii), (iii) のそれぞれの場合で (2.2.7) の右辺に現れる $\mathbb{C}[\mathfrak{S}_n]$ の元の形を求める.

(i) は $(*\cdots*\,n)$ のどの $*$ も r と異なり, $\square\square\cdots\square$ の部分にも r が含まれない場合である. このとき, $(r\,n)(*\cdots*\,n) = (*\cdots*\,r\,n)$. ここでも, ρ の残りの $k-1$ 個の箱に入る配置はどれも同じ頻度である. したがって該当項を加えあわせると $a_{\sigma,l;n}$ を得る.

---

6) この箱は行の右端に置くことに決めてよい.

(ii) は $\square\square\cdots\square$ の部分が r を含む場合である. したがって $*\cdots*$ は r を含まない. このとき, $(r\,n)(\circ\cdots\circ\,r)(*\cdots*\,n)=(*\cdots*\,r\,\circ\cdots\circ\,n)$. 全部加えあわせると, 可能な $\rho^*\in\mathbb{Y}_k$ に対して $a_{\rho^*,i;n}$ $(l+1\leqq i\leqq k)$ の形の元の和が得られる.

(iii) $l=3$ ならば該当する長さ 2 の行が 2 つにわかれるので, $\rho^{**}\in\mathbb{Y}_{k-2}$ となり, $c_{\rho^{**},n-1}$ の自然数倍が出る. $l=4$ ならば $\rho^{**}\in\mathbb{Y}_{k-1}$ となり, $(*\,*\,n)$ を 2 分割すると, (n) が生じる場合と $(*n)$ が生じる場合に分かれる. 前者では $c_{\rho^{**},n-1}$ の自然数倍が出て, 後者では $a_{\rho^{**},2;n}$ の自然数倍が出る. $l\geqq 5$ ならば, $\rho^{**}\in\mathbb{Y}_{k-1}$ または $\rho^{**}\in\mathbb{Y}_k$ となる. 前者は $l=4$ の場合と似た状況であり, $c_{\rho^{**},n-1}$ または $a_{\rho^{**},l-2;n}$ の自然数倍が出る. 後者は $a_{\rho^{**},i;n}$ $(2\leqq i\leqq l-3)$ の形の元の和が出る.

したがって, (2.2.7) において, 右辺の展開式で (ii), (iii) に当たる元および左辺は, 帰納法の仮定によりすべて $\langle Z_{n-1},X_n\rangle$ に属する. ゆえに (i) で現れた $a_{\sigma,l;n}$ も $\langle Z_{n-1},X_n\rangle$ に属する. これで定理の主張が示された. ■

定理 2.9 に定理 1.42 の判定条件をあわせれば, 次のことがわかる.

系 2.10 任意の $\lambda\in\widehat{\mathfrak{S}}_n$ に対して, $\mathrm{Res}^{\mathfrak{S}_n}_{\mathfrak{S}_{n-1}}V^\lambda$ は無重複に既約分解される. □

したがって, 定義 1.38 で述べたような GZ 基底がとれる. 対称群 $\mathfrak{S}_n$ に関するときは, これを Young 基底と呼ぼう.

定理 2.11 Jucys–Murphy 元たちが GZ 代数を生成する[7]:

$$GZ(n)=\langle X_1,X_2,\cdots,X_n\rangle.$$

証明 $\langle X_1,\cdots,X_n\rangle\subset GZ(n)$ は補題 2.5 でわかっている. 定理 2.9 により, 任意の $n\in\mathbb{N}$ に対して $Z_n\subset Z(\mathbb{C}[\mathfrak{S}_n],\mathbb{C}[\mathfrak{S}_{n-1}])\subset\langle Z_{n-1},X_n\rangle$ が成り立つので,

$$\begin{aligned}GZ(n)=\langle Z_0,Z_1,\cdots,Z_n\rangle&\subset\langle Z_0,\cdots,Z_{n-1},X_n\rangle\subset\langle Z_0,\cdots,Z_{n-2},X_{n-1},X_n\rangle\\&\subset\cdots\subset\langle X_1,\cdots,X_n\rangle\end{aligned}$$

を得る. ■

定理 2.11 と定理 1.41 をあわせると, 任意の $n\in\mathbb{N}$ と任意の $\lambda\in\widehat{\mathfrak{S}}_n$ に対し, 既約 $\mathfrak{S}_n$-加群 V^λ に属する Young 基底のベクトル v,w に対する $X_1,\cdots,X_n$ の作用がすべて等しければ, $GZ(n)$ の作用すなわち対角作用素の作用がすべて等しくな

[7] 右辺の $\langle\ \rangle$ は生成される代数を表す. 特に単位元を含む. 以後も, この記号のもとで単位元を含むことはことわらないであろう.

り, v と w はスカラー倍の違いを除いて同一のベクトルになる. すなわち, Young 基底のベクトルは Jucys–Murphy 元たちの作用の結果で完全に識別される. Young 基底に対する Jucys–Murphy 元たちの作用は, 対角型なので固有値で記述される.

定義 2.12　$\lambda \in \widehat{\mathfrak{S}}_n$ に対して Young 基底のベクトル $v \in V^\lambda$ を 1 つとればそれに対応する $X_1, \cdots, X_n$ の固有値の列 $\alpha(v) = (\alpha_1, \cdots, \alpha_n) \in \mathbb{C}^n$ が決まるが, $\alpha(v)$ によって v はスカラー倍を除いて一意的に決定される. $\alpha(v)$ をベクトル v のウェイトという. 逆にウェイト $\alpha \in \mathbb{C}^n$ をもつベクトルが張る 1 次元部分空間を L_α と書く. $n \in \mathbb{N}$ に対し,

$$\mathrm{Spec}(n) = \Big\{\alpha(v) \,\Big|\, v \in \bigsqcup_{\lambda \in \widehat{\mathfrak{S}}_n} (V^\lambda \text{ の Young 基底})\Big\} \subset \mathbb{C}^n$$

とおく[8]. また, 定義 1.38 に述べた $\varnothing$ から $\widehat{\mathfrak{S}}_n$ の元への経路全体を $\mathfrak{T}(n)$ で表す. $\alpha, \beta \in \mathrm{Spec}(n)$ に対し, L_α と L_β が同一の既約 $\mathfrak{S}_n$-加群に含まれるとき, $\alpha \sim \beta$ と書く. □

これらのことから, 次の事実が読みとれる.

補題 2.13 (1) $\mathfrak{T}(n)$ と $\mathrm{Spec}(n)$ の間に全単射対応がある:

$$t \longmapsto \alpha(t), \qquad \alpha \longmapsto t_\alpha.$$

定義 1.38 の V_t と定義 2.12 の L_α について, $L_\alpha = V_{t_\alpha}$, $L_{\alpha(t)} = V_t$ が成り立つ. t_α と t_β が同一の終点をもつことと $\alpha \sim \beta$ とが同値である.

(2) $\mathrm{Spec}(n)$ の $\sim$ に関する同値類の個数が $|\widehat{\mathfrak{S}}_n|$ に等しい. □

2.3　Jucys–Murphy 元の固有値

$\mathfrak{S}_n$ は隣りあう文字の互換 $s_i = (i\ i+1)$ たち ($i \in \{1, 2, \cdots, n-1\}$) で生成される. これらの生成元のみたす基本関係式が

$$s_i^2 = e, \qquad (s_i s_{i+1})^3 = e \quad (\iff \quad s_i s_{i+1} s_i = s_{i+1} s_i s_{i+1}) \tag{2.3.1}$$

であること, すなわち, $s_1, \cdots, s_{n-1}$ が生成する自由群を s_i^2 および $(s_i s_{i+1})^3$ が生成する正規部分群で割った商群が $\mathfrak{S}_n$ と同型であることは, よく知られている.

---

[8] Spec は spectrum の略.

(2.3.1) のような基本関係式で定義される群は Coxeter 群と呼ばれ, 生成元の個数をランクという. この言い方によれば, $\mathfrak{S}_n$ は Coxeter 群の一種であり, そのランクは $n-1$ である. 本節では, s_i たちの Young 基底への作用をからめて $\mathrm{Spec}(n)$ の構造を見てゆく.

以下, Young 基底への対称群 (およびその群環) の作用を扱う際, 記号の簡略化のための約束をしておこう. Young 基底に属するベクトル v_t を 1 つもってくる. そうすると, 経路 t の終点はどれかの $\widehat{\mathfrak{S}}_n$ に属するので, $n \in \mathbb{N}$ が決まっている. t の終点 $t(n)$ は $\mathfrak{S}_n$ の既約表現の同値類の 1 つであるから, 同値類の中での任意性を除いて既約表現 $T^{t(n)}$ が決まる. もっと正確には, あらかじめ既約表現の各同値類から代表元を 1 つずつ選び出しておく. そうすると, $g \in \mathfrak{S}_n$ に対し, $T^{t(n)}(g)v_t$ によって v_t への作用ができるが, 上の決まり方から, これを単に gv_t と書いても紛れを生じない. $m \leqq n$ ならば $\mathfrak{S}_m \subset \mathfrak{S}_n$ をみたすので, この場合 $g \in \mathfrak{S}_m$ の作用 $T^{t(n)}(g)v_t$ も gv_t と記す.

命題 2.14 $n \in \mathbb{N}$, $k \in \{1, 2, \cdots, n-1\}$, $t \in \mathfrak{T}(n)$ とする. Young 基底のベクトル v_t に対し, $s_k v_t$ は $\{v_u \,|\, u \in \mathfrak{T}(n),\ i \neq k \text{ に対しては } u(i) = t(i)\}$ のベクトル v_u たちの線型結合で表される. すなわち, s_k の Young 基底への作用は, 第 k レベルのラベルにしか影響を与えないという意味で局所的なものである.

証明 $s_k v_t$ を Young 基底で展開した式

$$s_k v_t = \sum_{u \in \mathfrak{T}(n)} \alpha_u v_u, \qquad \alpha_u \in \mathbb{C} \tag{2.3.2}$$

を考える. (2.3.2) の右辺で実際に効く $u \in \mathfrak{T}(n)$ が何かを見よう. $k+1 \leqq i \leqq n$ なる i に対しては, $s_k \in \mathfrak{S}_i$ であるから,

$$\mathbb{C}[\mathfrak{S}_i] s_k v_t = \mathbb{C}[\mathfrak{S}_i] v_t \cong V^{t(i)}.$$

このとき, $s_k v_t$ は v_t と同一の既約成分に属する. したがって, (2.3.2) において $u(i) = t(i)$ $(\forall i \in \{k+1, \cdots, n\})$ をみたす $u \in \mathfrak{T}(n)$ に制限してよい. $1 \leqq i \leqq k-1$ なる i に対しては, s_k が $\mathfrak{S}_i$ と可換であるから,

$$\mathbb{C}[\mathfrak{S}_i] s_k v_t = s_k \mathbb{C}[\mathfrak{S}_i] v_t \cong V^{t(i)}.$$

つまり, $s_k v_t$ が $\mathbb{C}[\mathfrak{S}_i]$-加群として $V^{t(i)}$ と同型な既約成分を $V^{t(n)}$ の中で張る. したがって, $\mathbb{C}[\mathfrak{S}_i] s_k v_t$ は $V^{t(n)}$ の $t(i)$-成分に含まれる. 特に, $s_k v_t$ を線型結合で表すのに必要な $u \in \mathfrak{T}(n)$ は $u(i) = t(i)$ をみたすもののみであるから, (2.3.2) では,

$u(i) = t(i)$ $(\forall i \in \{1, \cdots, k-1\})$ をみたす $u \in \mathfrak{T}(n)$ に制限してよい．これで，

$$s_k v_t = \sum_{u \in \mathfrak{T}(n):\, u(i)=t(i)\ (i \neq k)} \alpha_u v_u, \qquad \alpha_u \in \mathbb{C}$$

が示された． ■

Jucys–Murphy 元と隣りあう文字の互換の間には

$$s_i X_j = X_j s_i \quad (j \notin \{i, i+1\}), \qquad s_i X_i + e = X_{i+1} s_i$$

という関係式が成り立つ．実際，

$$j < i \implies s_i X_j = X_j s_i,$$

$$j > i+1 \implies s_i \in \mathfrak{S}_{j-1} \implies s_i X_j = X_j s_i,$$

$$s_i X_i s_i + s_i = (1\ i+1) + \cdots + (i-1\ i+1) + s_i = X_{i+1}.$$

したがって，s_i, X_i, X_{i+1} が生成する代数は

$$H(2) = \langle s, Y_1, Y_2 \mid s^2 = 1,\ Y_1 Y_2 = Y_2 Y_1,\ sY_1 + 1 = Y_2 s \rangle \quad (1\ \text{は積の単位元})$$

の商になる．基本関係式より Y_2 を s, Y_1 で表せるので生成元から Y_2 を略せるが，ここではこの形で述べておく．Lie 理論になじみのある読者は，本章の議論を

$$\mathbb{C}[\mathfrak{S}_n] \longleftrightarrow \text{半単純 Lie 環},\ \ GZ(n) \longleftrightarrow \text{Cartan 部分環},\ \ H(2) \longleftrightarrow \mathfrak{sl}(2, \mathbb{C})$$

という対比を念頭に置きつつ読まれるのも一興であろう．

補題 2.15　$H(2)$ の有限次元既約表現は，1 次元または 2 次元である．

証明　Y_1, Y_2 は可換なので，有限次元の表現空間の中に同時固有ベクトル $v \neq 0$ をもつ．L.h.$\{v, sv\}$ は，1 または 2 次元の $H(2)$-不変部分空間である． ■

$H(2)$ の有限次元既約表現を分類する．Y_1, Y_2 の同時固有ベクトル $v \neq 0$ をとり，$Y_1 v = av, Y_2 v = bv$ $(a, b \in \mathbb{C})$ とおく．

(i) v と sv が線型従属のとき，$s^2 = 1$ から $sv = \pm v$．基本関係式により，$sv = v$ ならば $b = a+1$，$sv = -v$ ならば $b = a-1$ を得る．逆に，$b = a \pm 1$ のとき，それぞれ $Y_1 = a, Y_2 = b, s = \pm 1$ によって $\mathbb{C}v$ が 1 次元表現を与える．

(ii) v と sv が線型独立のとき，(v, sv) を基底にとって行列表示すれば

$$Y_1 = \begin{bmatrix} a & -1 \\ 0 & b \end{bmatrix}, \quad Y_2 = \begin{bmatrix} b & 1 \\ 0 & a \end{bmatrix}, \quad s = \begin{bmatrix} 0 & 1 \\ 1 & 0 \end{bmatrix}. \tag{2.3.3}$$

L.h.$\{v, sv\}$ が $H(2)$ の (2.3.3) の作用で既約になるための必要十分条件が，$b \neq a \pm$

1 である. 実際, L.h.$\{v, sv\}$ に $H(2)$-不変な 0 でないベクトルがあれば, $b=a\pm 1$ となってしまう. したがって, $b \neq a \pm 1$ ならば (2.3.3) が既約表現になる. また, $b = a \mp 1$ ならば $\mathbb{C}(v \pm sv)$ が (i) と同じ 1 次元表現を与えるので, 既約にならない. まとめると次のようになる.

命題 2.16 $H(2)$ の有限次元既約表現は次のいずれかで与えられる.

(i) 1 次元表現: $Y_1 = a, Y_2 = a \pm 1, s = \pm 1$ $(a \in \mathbb{C})$.

(ii) 2 次元表現: (2.3.3) $(a, b \in \mathbb{C},\ b \neq a \pm 1)$. □

$b \neq a \pm 1$ の場合, もし $a = b$ ならば Y_1, Y_2 が対角化不可能になってしまうので, われわれが扱う Jucys–Murphy 元には当てはまらない. $a \neq b$ として, 基底を (v, sv) から $(v, sv-(b-a)^{-1}v)$ にとりかえて Y_1, Y_2 を対角化すれば

$$Y_1 = \begin{bmatrix} a & 0 \\ 0 & b \end{bmatrix}, \quad Y_2 = \begin{bmatrix} b & 0 \\ 0 & a \end{bmatrix}, \quad s = \begin{bmatrix} \frac{1}{b-a} & 1-\frac{1}{(b-a)^2} \\ 1 & \frac{1}{a-b} \end{bmatrix} \tag{2.3.4}$$

と表される.

定理 2.9 の続きとして次のことが成り立つ.

命題 2.17 $n \in \mathbb{N}$ に対し,

$$Z(\mathbb{C}[\mathfrak{S}_{n+1}], \mathbb{C}[\mathfrak{S}_{n-1}]) = \langle Z_{n-1}, s_n, X_n, X_{n+1} \rangle. \tag{2.3.5}$$

証明 (2.3.5) の右辺が左辺に含まれることは定義からすぐにわかるので, 逆の包含関係を示す. $Z(\mathbb{C}[\mathfrak{S}_{n+1}], \mathbb{C}[\mathfrak{S}_{n-1}])$ の元は, $\mathfrak{S}_{n-1}$ の元による共役

$$h \in \mathfrak{S}_{n-1}, \quad a \in \mathbb{C}[\mathfrak{S}_{n+1}] \longmapsto hah^{-1} \in \mathbb{C}[\mathfrak{S}_{n+1}]$$

に関する不変性で特徴づけられるから, 次のようなサイクル分解をもつ元たちの線型結合で表される:

(ア) $\sum'(* \cdots *)(* \cdots *) \cdots$

(イ) $\sum'(* \cdots *\ n)(* \cdots *) \cdots, \quad \sum'(* \cdots *\ n+1)(* \cdots *) \cdots$

(ウ) $\sum'(* \cdots *\ n)(* \cdots *\ n+1)(* \cdots *) \cdots$

(エ) $\sum'(* \cdots *\ n\ * \cdots *\ n+1)(* \cdots *) \cdots$.

ただし, $\sum'$ は $*$ たちが $\{1, \cdots, n-1\}$ の異なる文字を勝手に動く和である. この事実の証明をきちんと書こうとすれば, 記号 $a_{\rho,j;n}$ を導入した補題 2.7 の証明

のときと同様になる[9)].

(ア) – (エ) が (2.3.5) の右辺に属することを検証する. (ア) は Z_{n-1} の元である. (イ) の前者は, 定理 2.9 と補題 2.7 により, $\langle Z_{n-1}, X_n\rangle$ に属する. (イ) の後者は, 前者を両側から s_n ではさめば得られるので, $\langle Z_{n-1}, X_n, s_n\rangle$ に属する. (ウ) と (エ) は, 左から s_n をかけることによって移りあう. 今,

$$\Bigl(\sum{}'(\underbrace{*\cdots*\ n}_{p})(*\cdots*)\cdots\Bigr)\Bigl(\sum{}'(\underbrace{*\cdots*\ n+1}_{q})(*\cdots*)\cdots\Bigr) \tag{2.3.6}$$

の展開式を見る. (イ) によって (2.3.6) の第 1, 第 2 の和はともに $\langle Z_{n-1}, X_n, s_n\rangle$ に属する. したがって, (2.3.6) 自身も $\langle Z_{n-1}, X_n, s_n\rangle$ に属する. 展開式を (ア) – (エ) の形の元の線型結合としてまとめると, (ア) や (イ) の形の元から成る項は $\langle Z_{n-1}, X_n, s_n\rangle$ に属することがわかっている. 他方, n と $n+1$ 両方を含む項は, 次の 3 種類である:

$$\sum{}'(\underbrace{*\cdots*\ n}_{p})(\underbrace{*\cdots*\ n+1}_{q})(*\cdots*)\cdots, \tag{2.3.7}$$

$$\sum{}'(\underbrace{*\cdots*\ n\ *\cdots*\ n+1}_{r})(*\cdots*)\cdots, \qquad r \leqq p+q-1, \tag{2.3.8}$$

$$\sum{}'(\underbrace{*\cdots*\ n}_{i})(\underbrace{*\cdots*\ n+1}_{j})(*\cdots*)\cdots, \qquad i+j \leqq p+q-1. \tag{2.3.9}$$

(2.3.8) は左から s_n をかければ (2.3.9) になる. したがって, (2.3.9) の形の元がすべて $\langle Z_{n-1}, X_n, s_n\rangle$ に属すれば, (2.3.8) もそうなり, 結局 (2.3.7) もそうなる. これは, (2.3.7) の形の元に対し, $p+q$ の大きさに関する帰納法が機能することを示す. これで, (ウ) の形の元がすべて $\langle Z_{n-1}, X_n, s_n\rangle$ に属することが示された. ■

補題 2.18 $n \in \mathbb{N}$ とし, 経路 $t = (t(0) \nearrow \cdots \nearrow t(n)) \in \mathfrak{T}(n)$ に対応する Young 基底ベクトル $v_t \in V^{t(n)}$ をとる. $k \in \{1, \cdots, n-1\}$ に対し, (2.3.5) で $n = k$ とした作用のもとに,

$$\langle s_k, X_k, X_{k+1}\rangle v_t \ \cong\ \mathrm{Hom}_{\mathfrak{S}_{k-1}}(V^{t(k-1)}, V^{t(k+1)}) \tag{2.3.10}$$

が成り立つ. $\langle s_k, X_k, X_{k+1}\rangle v_t$ は $\langle s_k, X_k, X_{k+1}\rangle$ 加群として既約である.

---

9) たとえば, (ウ) の形の元を表そうとすれば, サイクル型を示す Young 図形, 文字 n が入る行の長さ, 文字 $n+1$ が入る行の長さをラベルとして指定する. (エ) の形の元ならば, サイクル型を示す Young 図形と $n, n+1$ が入る行の長さおよび n と $n+1$ の離れ具合をラベルとして指定する.

証明 補題 1.44 により, $Z(\mathbb{C}[\mathfrak{S}_{k+1}], \mathbb{C}[\mathfrak{S}_{k-1}])v_t$ は (2.3.10) の右辺と同型な既約加群である. 命題 2.17 により, これは $\langle Z_{k-1}, s_k, X_k, X_{k+1}\rangle v_t$ に等しい. Z_{k-1} は, s_k, X_k, X_{k+1} と可換であると同時に, v_t が張る既約 $\mathfrak{S}_{k-1}$-加群上ではスカラー倍として作用する. したがって, $\langle Z_{k-1}, s_k, X_k, X_{k+1}\rangle v_t = \langle s_k, X_k, X_{k+1}\rangle v_t$ を得る. これは $\langle s_k, X_k, X_{k+1}\rangle$ に制限しても既約である. ■

系 2.19 任意の $\lambda \in \widehat{\mathfrak{S}}_{n-1}$ と $\mu \in \widehat{\mathfrak{S}}_{n+1}$ に対し, λ と μ が経路でつながれていれば, 次のどちらかが成り立つ.

(ア) $\lambda \nearrow \nu \nearrow \mu$ となる $\nu \in \widehat{\mathfrak{S}}_n$ がただ 1 つ存在する.

(イ) $\lambda \nearrow \nu \nearrow \mu$ となる $\nu \in \widehat{\mathfrak{S}}_n$ がちょうど 2 つ存在する.

$$
\text{(ア)}\quad
\begin{array}{c}
\mu \\ \uparrow \\ \nu \\ \uparrow \\ \lambda
\end{array}
\qquad\qquad
\text{(イ)}\quad
\begin{array}{ccc}
 & \mu & \\
\nearrow & & \nwarrow \\
\nu_1 & & \nu_2 \\
\nwarrow & & \nearrow \\
 & \lambda &
\end{array}
$$

証明 補題 2.18 と命題 2.16 により, $\mathrm{Hom}_{\mathfrak{S}_{n-1}}(V^\lambda, V^\mu)$ が 1 次元または 2 次元に限られる. 補題 1.8 によってこの次元は V^μ の λ-成分の数に等しく, 1 と 2 がそれぞれ (ア), (イ) の場合にあたる. ■

$\mathrm{Spec}(n)$ の構造を調べる. $\alpha = (\alpha_1, \cdots, \alpha_n) \in \mathrm{Spec}(n)$ に対し, α をウェイトにもつ Young 基底ベクトル v_{t_α} を v_α と略記する.

定理 2.20 $\alpha = (\alpha_1, \cdots, \alpha_n) \in \mathrm{Spec}(n)$ は, 次の性質をみたす.

(1) 任意の $i \in \{1, \cdots, n-1\}$ に対して $\alpha_i \neq \alpha_{i+1}$.

(2) $\alpha_{i+1} = \alpha_i \pm 1$ ならば, $s_i v_\alpha = \pm v_\alpha$(複号同順).

(3) $\alpha_{i+1} \neq \alpha_i \pm 1$ ならば, v_α と $s_i v_\alpha$ は線型独立であり, 基底 $\{v_\alpha, s_i v_\alpha - (\alpha_{i+1} - \alpha_i)^{-1} v_\alpha\}$ に関して X_i, X_{i+1}, s_i が行列表示

$$
X_i = \begin{bmatrix} \alpha_i & 0 \\ 0 & \alpha_{i+1} \end{bmatrix}, \qquad X_{i+1} = \begin{bmatrix} \alpha_{i+1} & 0 \\ 0 & \alpha_i \end{bmatrix},
$$

$$
s_i = \begin{bmatrix} (\alpha_{i+1} - \alpha_i)^{-1} & 1 - (\alpha_{i+1} - \alpha_i)^{-2} \\ 1 & (\alpha_i - \alpha_{i+1})^{-1} \end{bmatrix} \tag{2.3.11}
$$

をもつ. 特に $s_i v_\alpha - (\alpha_{i+1} - \alpha_i)^{-1} v_\alpha$ が, ウェイト

$$s_i\alpha = (\alpha_1, \cdots, \alpha_{i-1}, \alpha_{i+1}, \alpha_i, \alpha_{i+2}, \cdots, \alpha_n) \tag{2.3.12}$$

をもつ Young 基底ベクトルになる[10)]. したがって, $s_i\alpha \in \mathrm{Spec}(n)$ が成り立ち, $\alpha \sim s_i\alpha$ である.

証明 (1) 命題 2.16 による. v_α と $s_i v_\alpha$ が線型従属ならば $\alpha_{i+1} = \alpha_i \pm 1$ となるし, 線型独立ならば (2.3.4) の直前の注意から $\alpha_{i+1} \neq \alpha_i$ となる.

(2) v_α と $s_i v_\alpha$ が線型独立ならば, 補題 2.18 により, それらの線型結合全体は 2 次元既約 $\langle s_i, X_i, X_{i+1}\rangle$-加群になる. もしも $\alpha_{i+1} = \alpha_i \pm 1$ ならば $v_\alpha \mp s_i v_\alpha$ が不変部分空間を張ってしまうので, $\alpha_{i+1} \neq \alpha_i \pm 1$ である. したがって, $\alpha_{i+1} = \alpha_i \pm 1$ ならば, v_α と $s_i v_\alpha$ が線型従属になり, $s_i^2 = e$ を用いれば $s_i v_\alpha = \pm v_\alpha$ を得る. 基本関係式から, 複号同順であることもわかる.

(3) v_α と $s_i v_\alpha$ が線型従属ならば $\alpha_{i+1} = \alpha_i \pm 1$ になってしまうので, v_α と $s_i v_\alpha$ は線型独立である. そうすると, (2.3.11) は (2.3.4) からの直接の帰結である. $w = s_i v_\alpha - (\alpha_{i+1} - \alpha_i)^{-1} v_\alpha$ のウェイトが $s_i\alpha$ であることは容易に確かめられる. 実際, X_i, X_{i+1} については (2.3.11) で済んでいるし, 他の X_j については s_i との可換性による. すなわち, $w = v_{s_i\alpha}$, $s_i\alpha \in \mathrm{Spec}(n)$ が示された. 簡単な計算によって v_α を $v_{s_i\alpha}$ と $s_i v_{s_i\alpha}$ の線型結合で表せるので, $\mathbb{C}[\mathfrak{S}_n]v_\alpha = \mathbb{C}[\mathfrak{S}_n]v_{s_i\alpha}$ である. したがって $\alpha \sim s_i\alpha$ が成り立つ. ■

注意 2.21　しばらく表には出ていないが, $\lambda \in \widehat{\mathfrak{S}}_n$ の代表元 (T^λ, V^λ) は (既約) ユニタリ表現をとってきた. Young 基底は V^λ のこの内積に関して直交系をなす (大きさは特定せずにきた). (2.3.11) の表示を与える基底 $(v_\alpha, v_{s_i\alpha})$ は, 直交してはいるが大きさについて何も言っていない. したがって, Hilbert 空間 V^λ にはたらく作用素として s_i が自己共役かつユニタリであるにもかかわらず, (2.3.11) のような Hermite 行列でない表示をもってもおかしいことではない.

例 2.22 Young 基底ベクトル v_t ($t \in \mathfrak{T}(n)$) は Jucys–Murphy 元 X_k ($k \in \{1, \cdots, n\}$) の固有ベクトルであるが, その固有値を対称群の指標の値を用いて表そう. 次の事実を組合せればよい.

– (2.2.1), すなわち $X_k = A_{(2,1^{k-2})} - A_{(2,1^{k-3})} (k \geqq 3)$, $X_2 = A_2 = (1\ 2)$.

– $j \in \{1, \cdots, n\}$ に対し, $T^{t(n)}(\mathbb{C}[\mathfrak{S}_j])v_t$ は $\mathfrak{S}_j$ の既約表現を与え, $T^{t(j)}$ と同値.

– $T^{t(n)}(\mathbb{C}[\mathfrak{S}_j])$ と $T^{t(n)}(A_{(2,1^{j-2})})$ は可換であるから, 後者は $T^{t(n)}(\mathbb{C}[\mathfrak{S}_j])v_t$ 上でスカラーである.

---

10) (2.3.12) の右辺でもって左辺を定義する.

これらにより, 共役類の大きさも勘定に入れて, 求める固有値は

$$\frac{k(k-1)}{2}\tilde{\chi}^{t(k)}_{(2,1^{k-2})} - \frac{(k-1)(k-2)}{2}\tilde{\chi}^{t(k-1)}_{(2,1^{k-3})}$$

となることがわかる.

定義 2.23 次をみたす $\alpha = (\alpha_1, \cdots, \alpha_n) \in \mathbb{C}^n$ 全体を $\mathrm{Cont}(n)$ で表す[11].

(i) $\alpha_1 = 0$.

(ii) 任意の $i \in \{2, \cdots, n\}$ に対し, $\{\alpha_1, \cdots, \alpha_{i-1}\} \cap \{\alpha_i - 1, \alpha_i + 1\} \neq \varnothing$.

(iii) 任意の $i < j$ に対し, $\alpha_i = \alpha_j = a$ ならば

$\{\alpha_{i+1}, \cdots, \alpha_{j-1}\} \supset \{a-1, a+1\}$.

条件 (iii) は特に, 隣りあう成分 α_i と α_{i+1} が異なることを含意する[12]. □

補題 2.24 $\alpha \in \mathrm{Cont}(n)$ は次の性質をみたす. $\alpha_j > 0$ ならば, $\alpha_i = \alpha_j - 1$ なる $i < j$ があり, $\alpha_j < 0$ ならば, $\alpha_i = \alpha_j + 1$ なる $i < j$ がある.

証明 $\alpha_j > 0$ とする. (ii) により, $\{\alpha_1, \cdots, \alpha_{j-1}\}$ が $\alpha_j + 1$ または $\alpha_j - 1$ を含む. $\alpha_j - 1$ を含めばそれでよい. そうでないと仮定すると, $\exists j' \leqq j-1$, $\alpha_j + 1 = \alpha_{j'}$. (ii) により, $\{\alpha_1, \cdots, \alpha_{j'-1}\}$ が α_j または $\alpha_j + 2$ を含む. α_j を含めば, (iii) により 2 つの α_j の間に $\alpha_j - 1$ があるので不都合. ゆえに, $\exists j'' \leqq j'-1$, $\alpha_{j''} = \alpha_j + 2$. こうして $j > j' > j'' > \cdots$ はいつか 1 に達するが, $\alpha_1 = 0$ に矛盾する. $\alpha_j < 0$ の場合も同様. ■

補題 2.25 $\mathrm{Cont}(n) \subset \mathbb{Z}^n$ が成り立つ.

証明 定義 2.23 の (ii) により, α_i は $\alpha_1, \cdots, \alpha_{i-1}$ のどれかに ± 1 を施したものである. (i) とあわせて $\alpha_i \in \mathbb{Z}$ を得る. ■

補題 2.26 $\alpha \in \mathbb{C}^n$ が $a, a+1, a$ あるいは $a, a-1, a$ を連続する 3 成分として含めば, $\alpha \notin \mathrm{Spec}(n)$ である.

証明 $\alpha = (\alpha_1, \cdots, \alpha_n) \in \mathbb{C}^n$ において, $\alpha_i = a$, $\alpha_{i+1} = a+1$, $\alpha_{i+2} = a$ とする. $\alpha \in \mathrm{Spec}(n)$ とすれば, 定理 2.20(2) から, $s_i v_\alpha = v_\alpha$, $s_{i+1} v_\alpha = -v_\alpha$, ゆえに $s_i s_{i+1} s_i v_\alpha = -v_\alpha$, $s_{i+1} s_i s_{i+1} v_\alpha = v_\alpha$. これは, $s_i s_{i+1} s_i = s_{i+1} s_i s_{i+1}$ と $v_\alpha \neq 0$ に矛盾する. $\alpha_{i+1} = a - 1$ のときも同様である. ■

---

[11] Cont は content の略.

[12] $\alpha_i = \alpha_{i+1} = a$ ならば, $\varnothing \supset \{a \pm 1\}$ となってしまうため.

補題 2.27 (1) $(\alpha_1, \cdots, \alpha_n) \in \mathrm{Spec}(n)$ ならば $(\alpha_1, \cdots, \alpha_{n-1}) \in \mathrm{Spec}(n-1)$.
(2) $(\alpha_1, \cdots, \alpha_n) \in \mathrm{Cont}(n)$ ならば $(\alpha_1, \cdots, \alpha_{n-1}) \in \mathrm{Cont}(n-1)$.

証明 (1) を示す. Young 基底ベクトル $v_t \in V^{t(n)}$ $(t \in \mathfrak{T}(n))$ であって

$$T^{t(n)}(X_1)v_t = \alpha_1 v_t, \quad \cdots, \quad T^{t(n)}(X_n)v_t = \alpha_n v_t$$

となるものをとる. $T^{t(n)}(\mathbb{C}[\mathfrak{S}_{n-1}])v_t$ は $V^{t(n-1)}$ と同型な既約 $\mathfrak{S}_{n-1}$-加群である. $t' = (t(0) \nearrow \cdots \nearrow t(n-1)) \in \mathfrak{T}(n-1)$ とおく. $T^{t(n)}(\mathbb{C}[\mathfrak{S}_{n-1}])v_t \cong V^{t(n-1)}$($\mathfrak{S}_{n-1}$ 加群としての同型) のもとに, v_t は t' に対応する $V^{t(n-1)}$ の Young 基底ベクトル $v_{t'}$ と対応し, 同一の固有値たちに属する:

$$T^{t(n-1)}(X_1)v_{t'} = \alpha_1 v_{t'}, \quad \cdots, \quad T^{t(n-1)}(X_{n-1})v_{t'} = \alpha_{n-1} v_{t'}.$$

ゆえに, $(\alpha_1, \cdots, \alpha_{n-1}) \in \mathrm{Spec}(n-1)$.
(2) の Cont については, 定義 2.23 からただちに読みとれる. ■

命題 2.28　$\mathrm{Spec}(n) \subset \mathrm{Cont}(n)$ が成り立つ.

証明　$\mathrm{Spec}(n)$ の元が定義 2.23 の (i), (ii), (iii) をみたすことを示す. $X_1 = 0$ だから, (i) は自明である. (ii), (iii) をそれぞれ n に関する帰納法で示そう. まず, $n = 2$ の場合を考えておく. $\alpha = (\alpha_1, \alpha_2) \in \mathrm{Spec}(2)$ とする. $\alpha_2 \neq \alpha_1 \pm 1$ $(= \pm 1)$ ならば, v_α と $s_1 v_\alpha$ が線型独立になるが, 一方で v_α は X_2 の固有ベクトルだから, これらは $X_2 = (1\,2) = s_1$ に矛盾する. ゆえに, $\alpha_2 = \pm 1$ である. $(0, \pm 1)$ は, Cont(2) の条件 (ii), (iii) をみたす. $\alpha = (\alpha_1, \cdots, \alpha_n) \in \mathrm{Spec}(n)$ とする. もしも

$$\{\alpha_1, \cdots, \alpha_{n-1}\} \cap \{\alpha_n \pm 1\} = \varnothing \tag{2.3.13}$$

ならば, 定理 2.20(3) によって, $s_{n-1}\alpha = (\alpha_1, \cdots, \alpha_{n-2}, \alpha_n, \alpha_{n-1}) \in \mathrm{Spec}(n)$. したがって, 補題 2.27 から $(\alpha_1, \cdots, \alpha_{n-2}, \alpha_n) \in \mathrm{Spec}(n-1)$ となり, 帰納法の仮定からこれが $\mathrm{Cont}(n-1)$ に属する. そうすると, $\{\alpha_1, \cdots, \alpha_{n-2}\} \cap \{\alpha_n \pm 1\} \neq \varnothing$ となって (2.3.13) に矛盾する. ゆえに α が (ii) をみたす.

次に, $\alpha_i = \alpha_n = a$, $i < n$ とし, しかも i としてこのような添字で最大のものをとる. 定理 2.20(1) から, $i \leqq n-2$ にとれる. $\{\alpha_{i+1}, \cdots, \alpha_{n-1}\}$ は a を含まないので, 帰納法の仮定により, $a-1, a+1$ をそれぞれ高々1 回しか含みえない. したがって $(\alpha_i, \cdots, \alpha_n)$ として可能なのは

(ア) $(a, *, \cdots, *, a)$,　(イ) $(a, *, \cdots, *, a \pm 1, *, \cdots, *, a)$,　　$* \neq a-1, a, a+1$,

および (ウ) $\{\alpha_{i+1}, \cdots, \alpha_{n-1}\} \supset \{a \pm 1\}$ の場合である. 定理 2.20(3) により,

Spec(n) に属したまま s_j $(i \leqq j \leqq n-1)$ を何回か作用させて (ア), (イ) は

$$(a, a, *, \cdots, *), \qquad (*, \cdots, *, a, a \pm 1, a, *, \cdots, *)$$

にそれぞれ移れるが, 定理 2.20(1) と補題 2.26 により, このようなことは起こりえない. したがって (ウ) が成り立ち, α が (iii) をみたすことが示された. ■

2.4 Young 盤, Young 図形

本節では, Cont(n) の図形的な解釈が標準盤にほかならないこと, および命題 2.28 で実は等号が成り立つことを示す. これによって, Young 図形が対称群の既約表現の同値類を特徴づけることが結論される.

Young 図形全体を $\mathbb{Y}$ で表すのであった. 図 2.1 の左右の Young 図形の表示の仕方をそれぞれ英式, 仏式と呼ぶ. さらに, 仏式を反時計回りに 45 度回転させた表示を露式と呼ぼう[13]. たいていの場合どの表示で考えても同じであるが, 特定の表示をもとに議論を進めるときは, その都度表示の仕方に言及する. 英式と仏式の場合, 水平方向の箱の並びを行と呼び, 垂直方向の箱の並びを列と呼ぶ. 露式では, 仏式の反時計回り 45 度回転とみなして, 行と列を使い分ける. 長さの大きい順に, 第 1 行, 第 2 行, ..., および第 1 列, 第 2 列, ... と呼ぶ.

定義 2.29 $\lambda, \mu \in \mathbb{Y}$ に対し, λ に箱を 1 個積んで μ ができるとき[14], $\lambda \nearrow \mu$ と書く. $\mathbb{Y}$ を頂点集合とし, $\nearrow$ で辺を定めたグラフを Young グラフといい, 同じ記号 $\mathbb{Y}$ で表す[15]. λ に幾つか箱を積んで μ ができるときには $\lambda \subset \mu$ と書き, μ から λ を取り除いた残りの図形を μ/λ と書く. 特に, $\lambda \subset \mu$ かつ μ/λ が箱 1 個からなるときが, $\lambda \nearrow \mu$ である. ここでの記号は定義 1.37 と同じものであるが, $\mathbb{Y}_n$ と $\widehat{\mathfrak{S}}_n$ の対応が明らかになった後には, 整合的であることがわかる (定理 2.40). $\lambda \in \mathbb{Y}_n$ に対し, Young グラフ上での $\varnothing$ から λ への経路 $\varnothing = \lambda^{(0)} \nearrow \lambda^{(1)} \nearrow \cdots \nearrow \lambda^{(n)} = \lambda$ は, λ の n 個の箱 $\lambda^{(1)}/\lambda^{(0)}, \lambda^{(2)}/\lambda^{(1)}, \cdots, \lambda^{(n)}/\lambda^{(n-1)}$ に順に番号 $1, 2, \cdots, n$ を書き入れたものと等価である. これは, 英式表示の λ の各行, 各列に沿ってそれぞ

---

13) それぞれの呼称に歴史的な理由があるが, それには立ち入らないことにする.

14) 仏式や露式では箱を積むというのがしっくりくるが, 英式では加えるとかつけ加えるとか言う方がよいであろう. しかし, このあたりの言いまわしにはあまりこだわらない.

15) この記号からは, 辺に向きを定めた有向グラフと思うのが自然であるが, 必ずしも向きを考えない文脈で Young グラフと呼ぶこともある.

れ左から右, 上から下に見て番号が増えるような書き入れ方にほかならない[16]. λ の n 個の箱に $1, 2, \cdots, n$ を重複なく書き入れたものを (Young) 盤といい, そのうち経路に対応するものを標準盤という. このとき, λ をその盤および標準盤の形状と呼ぶ. 形状 λ をもつ標準盤全体, あるいは $\varnothing$ から λ への経路全体を $\mathrm{Tab}(\lambda)$ で表す[17]. $n \in \mathbb{N}$ に対し,

$$\mathrm{Tab}(n) = \bigsqcup_{\lambda \in \mathbb{Y}_n} \mathrm{Tab}(\lambda) \tag{2.4.1}$$

とおく. $\mathrm{Tab}(n)$ は Young グラフ上で $\varnothing$ から始まる長さ n の経路全体である. □

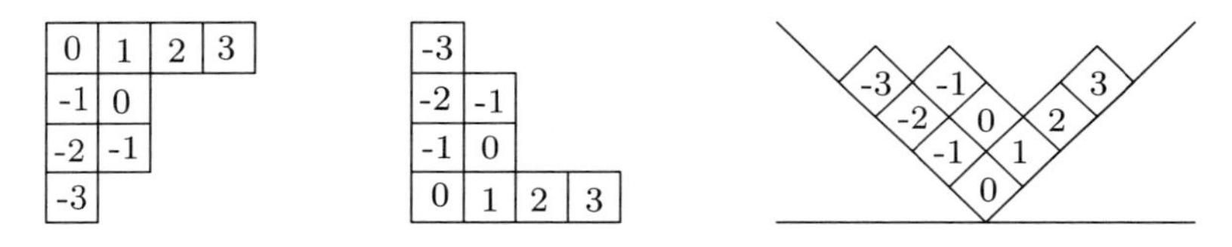

図 2.3　Young 図形における箱の容量

露式表示で箱を積むときは, 図 2.3 の右図を xy 座標平面の上半分とみなし, $y = |x|$ というグラフでできた器に向かって垂直方向に箱を落とす光景を想像するとよい. そうすると, 新たに箱を積めるのは「谷」に相当する箇所であることがわかる. 6.1 節で Young 図形のプロファイルという用語を導入してさらに論じる.

$b \in \lambda \in \mathbb{Y}$ と書いて, Young 図形 λ の箱 b を考えるものとする. 箱 $b \in \lambda$ が英式表示で第 i 行第 j 列にあるとき, $c(b) = j - i$ を箱 b の容量という. 仏式表示を座標平面の第 1 象限に置いたものとみなせば, $c(b) = (b \text{ の } x \text{ 座標}) - (b \text{ の } y \text{ 座標})$ となる. $t \in \mathrm{Tab}(n)$ に対して積まれた順に (すなわち書き込まれた番号順に) 箱の容量を並べたものを割り当てる写像 $\mathcal{C}_n$: $t = (\lambda^{(0)} \nearrow \cdots \nearrow \lambda^{(n)})$ に対し,

$$\mathcal{C}_n(t) = (c(\lambda^{(1)}/\lambda^{(0)}), \cdots, c(\lambda^{(n)}/\lambda^{(n-1)})) \in \mathbb{Z}^n \tag{2.4.2}$$

を考える. $\mathcal{C}_n(t)$ を t の容量ベクトルと呼ぶ.

図 2.1 の Young 図形に露式表示を加えて各箱の容量を書き入れたものが図 2.3 である. 露式表示では箱の容量と x 座標が揃っていることが見てとれる.

例 2.30　図 2.3 の Young 図形 $\lambda \in \mathbb{Y}_9$ に対し, (2.4.2) の容量ベクトルの例を

16) 仏式ならば各列に沿っては下から上に見る.

17) tableau(x) の略. 本書では盤全体を表す記号は定めず, 標準盤全体をこの記号で表す.

挙げる. 図 2.4 にある標準盤 $s, t \in \mathrm{Tab}(\lambda)$ をとると,

$$\mathcal{C}_9(s) = (0,1,2,3,-1,0,-2,-1,-3), \quad \mathcal{C}_9(t) = (0,1,-1,2,-2,-3,0,-1,3).$$

ともに Cont(9) に属することが容易に確認できる.

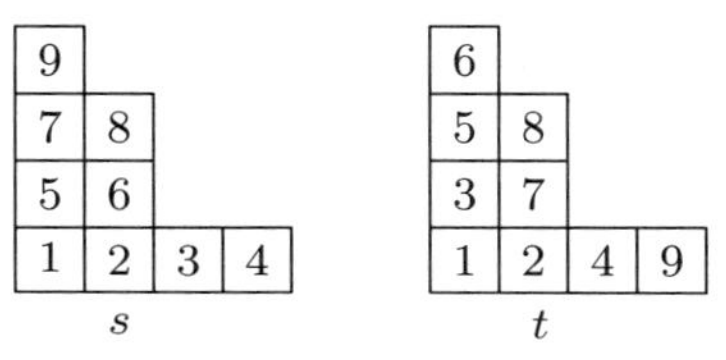

図 2.4 Tab(9) に属する同じ形状の標準盤の例

$\mathbb{Z}^n$ への $\mathfrak{S}_n$ の自然な作用 $g : (\alpha_1, \cdots, \alpha_n) \mapsto (\alpha_{g^{-1}(1)}, \cdots, \alpha_{g^{-1}(n)})$ に関する軌道分解より定まる同値関係 (つまり適当な成分の置換での一致) を $\approx$ で表す.

命題 2.31 (2.4.2) で定まる写像 $\mathcal{C}_n$ は $\mathrm{Tab}(n)$ から $\mathrm{Cont}(n)$ への全単射である. (2.4.1) による $\mathrm{Tab}(n)$ の分解と $\approx$ による $\mathrm{Cont}(n)$ の分解とは, (2.4.2) によって対応している. すなわち, $t, u \in \mathrm{Tab}(n)$ が同一の終点をもつことと, t, u の容量ベクトルが適当な成分の置換によって一致することが同値である.

証明 $\mathcal{C}_n(\mathrm{Tab}(n)) \subset \mathrm{Cont}(n)$ を示そう. $t \in \mathrm{Tab}(n)$ とし, t をサイズ n の標準盤と同一視して露式表示を考える. そうすると, 同一容量の箱が縦に揃って見やすい. $\mathcal{C}_n(t) \in \mathbb{Z}^n$ が定義 2.23 の $\mathrm{Cont}(n)$ の条件 (i), (ii), (iii) をみたすことを検証する. (i) は自明である. 新たに箱を積めるのは直前の形状の谷の箇所に限られるので, 隣りあう容量の値をもつ箱が必ずすでに存在している. これは (ii) を意味する. 同一容量をもつ箱 2 つに着目すると, それらは垂直方向に揃って位置するので, 容量が ± 1 増減した箱が両側にないときっちりと積まれた状態にならない. これで (iii) が示された. ■

$\mathrm{Cont}(n)$ から $\mathrm{Tab}(n)$ への写像を構成するために, 次の補題を用意する.

補題 2.32 $(\alpha_1, \cdots, \alpha_{n-1}, \alpha_n) \in \mathrm{Cont}(n)$ に対し, $\alpha_1, \cdots, \alpha_{n-1}$ のうちで, α_n に等しいものの個数を N, $\alpha_n + 1$ に等しいものの個数を N_+, $\alpha_n - 1$ に等しいものの個数を N_- とおく. 次のことが成り立つ.

(ア) $\alpha_n > 0$ のとき, $\quad N_+ = N, \ N_- = N + 1.$

(イ) $\alpha_n < 0$ のとき, $\quad N_+ = N + 1, \ N_- = N.$

(ウ) $\alpha_n = 0$ のとき, $\quad N_+ = N, \ N_- = N.$

証明 (ア) α_n に等しい N 個のものを $\alpha_{i_1},\cdots,\alpha_{i_N}$ とする $(2 \leqq i_1 < \cdots < i_N \leqq n-2)$. Cont$(n)$ の条件 (i), (ii) により, α_{i_1} よりも前に α_n+1 はありえない. したがって α_n-1 がある. しかも 1 つしかない. 実際, 2 つあれば, (iii) によってその間にまた α_n がなければならないのでおかしい. 一方, (iii) により, α_{i_j} と $\alpha_{i_{j+1}}$ の間および α_{i_N} と α_n の間には, α_n+1 と α_n-1 がある. しかもそれぞれ 1 つしかない. ゆえに, $N_+=N$ と $N_-=N+1$ が成り立つ. (イ) は (ア) と対称な議論で示される. (ウ) も同様である. ■

命題 2.31 の証明の続き　$\alpha=(\alpha_1,\cdots,\alpha_n)\in\mathrm{Cont}(n)$ が与えられたとして, 露式表示された標準盤を次の手順でつくる. $\alpha_1=0$ を容量にもつ箱を一番底に置く. $\alpha_1=\pm1$ に応じて, 容量 α_1 をもつ箱をその右または左に積む. $(\alpha_1,\cdots,\alpha_{n-1})\in\mathrm{Cont}(n-1)$ までこのようにして $u\in\mathrm{Tab}(n-1)$ がつくられたとする. u の形状を $\mu\in\mathbb{Y}_{n-1}$ とおく. 容量 α_n をもつ箱を μ に積みたい. μ に含まれる容量 α_n の箱たちがあればそれらの直上に積まねばならないが, 補題 2.32 はまさに, その箇所が μ の谷になっていることを示す. ゆえに, そこに容量 α_n の箱を積んで Tab(n) に属する盤ができる. μ に容量 α_n の箱がないときは, これまた補題 2.32 により, α_n の正負に応じて μ の一番右または左に容量 α_n の箱が積めるようになっている. こうしてできた Tab(n) に属する盤を $\mathcal{T}_n(\alpha)$ とおく. これで, $\mathcal{T}_n:\mathrm{Cont}(n)\longrightarrow\mathrm{Tab}(n)$ がつくれた. $\mathcal{C}_n:\mathrm{Tab}(n)\longrightarrow\mathrm{Cont}(n)$ と $\mathcal{T}_n:\mathrm{Cont}(n)\longrightarrow\mathrm{Tab}(n)$ が互いに他の逆写像を与えることは, 構成の仕方から直接したがう.

$t,u\in\mathrm{Tab}(n)$ とし, 対応する $\mathcal{C}_n(t),\mathcal{C}_n(u)$ を考える. $\mathcal{C}_n(t)\approx\mathcal{C}_n(u)$ ならば, それらを構成する容量の値の集合を露式表示にしたがって並べる仕方は一意的である. すなわち, t と u の形状が一致する. 逆に t と u の形状がともに $\lambda\in\mathbb{Y}_n$ であれば, λ の各箱に容量を書き入れて容量の値の集合が一意的に決まり, $\mathcal{C}_n(t)\approx\mathcal{C}_n(u)$ を得る.

これで命題の主張が示された. ■

例 2.33　例 2.30 で, $\mathcal{C}_9:\mathrm{Tab}(9)\longrightarrow\mathrm{Cont}(9)$ による元の写り方の例を 2 つ見た. これを逆向きに $\mathcal{T}_9:\mathrm{Cont}(9)\longrightarrow\mathrm{Tab}(9)$ として見てみよう.

$$\alpha=(0,1,-1,2,-2,-3,0,-1,3)\in\mathrm{Cont}(9)$$

の成分を順に見て, それを容量の値にもつように, 露式表示にしたがって箱を積み上げる過程が図 2.5 である. 特に 2 度めの 0, 2 度めの -1 を積む際にも該当箇所が谷になっていることに注意しよう.

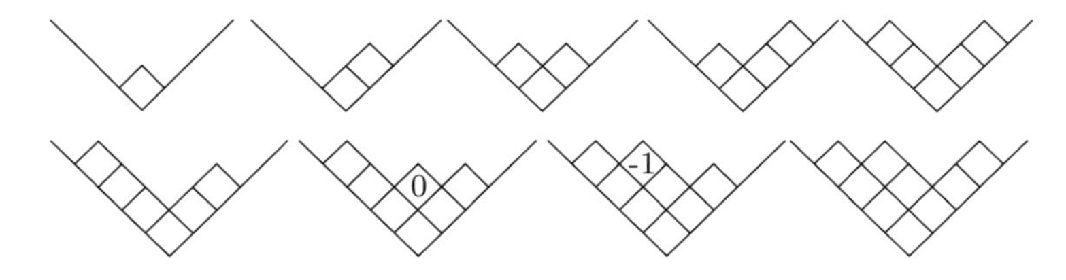

図 2.5 Cont(9) $\longmapsto$ Tab(9) の例

命題 2.28 と命題 2.31 により, 現時点で $\mathrm{Spec}(n) \subset \mathrm{Cont}(n) \cong \mathrm{Tab}(n)$ がわかっている. 定理 2.20 により, $\alpha \in \mathrm{Spec}(n)$ において $\alpha_{i+1} \neq \alpha_i \pm 1$ ならば, その α_i と α_{i+1} を入れかえる $s_i = (i\ i+1)$ の作用 (2.3.12) によって, $s_i\alpha \in \mathrm{Spec}(n)$ となるのであった. (2.4.2) の全単射による標準盤 $t \in \mathrm{Tab}(n)$ と $\mathcal{C}_n(t) = \alpha = (\alpha_1, \cdots, \alpha_n) \in \mathrm{Cont}(n)$ の対応において, $i \in \{1, \cdots, n-1\}$ に対し,

$$i \text{ と } i+1 \text{ が } t \text{ の同一の行にない} \iff \alpha_{i+1} \neq \alpha_i + 1, \tag{2.4.3}$$

$$i \text{ と } i+1 \text{ が } t \text{ の同一の列にない} \iff \alpha_{i+1} \neq \alpha_i - 1 \tag{2.4.4}$$

が成り立つ. 標準盤で i と $i+1$ が同一行または同一列にあれば, 必然的に i の箱と $i+1$ の箱は隣りあっていることに留意しよう. (2.4.3) かつ (2.4.4) の条件のもとでは, t の i と $i+1$ を入れかえてもまた $\mathrm{Tab}(n)$ に属するし, α の α_i と α_{i+1} を入れかえてもまた $\mathrm{Cont}(n)$ に属する. それぞれについて定義から直接検証するのも容易である. すなわち, $s_i = (i\ i+1)$ の作用で $s_it \in \mathrm{Tab}(n)$, $s_i\alpha \in \mathrm{Cont}(n)$ が定まる. この作用は, (2.3.12) における $\mathrm{Spec}(n)$ の元への作用と整合的である.

$\mathrm{Tab}(n)$ の元および $\mathrm{Cont}(n)$ の元に対するこのような s_i の作用を許容的互換という. $\mathrm{Tab}(n)$ の元ごとに, あるいは $\mathrm{Cont}(n)$ の元ごとに, 何が許容的互換であるかは異なる. たとえば, 図 2.6 の標準盤 $t_1, t_2, t_3 \in \mathrm{Tab}(4)$ に対し, 許容的互換はそれぞれ, t_1 : $(2\,3)$, t_2 : $(2\,3), (3\,4)$, t_3 : $(3\,4)$ で与えられる. 許容的互換の積で表される作用を許容的置換と呼ぼう.

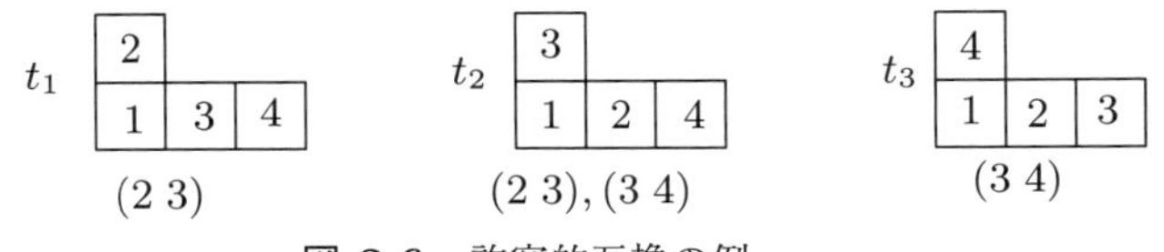

図 2.6 許容的互換の例

定義 2.34 $\lambda = (\lambda_1 \geqq \lambda_2 \geqq \cdots) \in \mathbb{Y}_n$ に対して λ の第 1 行に $1, \cdots, \lambda_1$ を, 第 2 行に $\lambda_1 + 1, \cdots, \lambda_1 + \lambda_2$ をというふうに, 各行に沿って順に 1 から n まで

を詰めてできる $\mathrm{Tab}(\lambda)$ の元を行規準盤という．これに対し，第 1 列から始まって各列に沿って順に 1 から n を詰めてできるものを列規準盤という．

例 2.35　図 2.4 にある $s \in \mathrm{Tab}(9)$ は行規準盤であり，その容量ベクトル $\mathcal{C}_9(s)$ は例 2.30 で与えた．一方，s と同じ形状の列規準盤 $s' \in \mathrm{Tab}(9)$ に対しては，

$$\mathcal{C}_9(s') = (0, -1, -2, -3, 1, 0, -1, 2, 3)$$

となる．

補題 2.36　$\lambda \in \mathbb{Y}_n$ に対し，$\mathrm{Tab}(\lambda)$ に属する 2 つの標準盤は許容的置換で移り合う．命題 2.31 を用いて言い換えれば，$\alpha, \beta \in \mathrm{Cont}(n)$ で $\alpha \approx \beta$ ならば，α と β は許容的置換で移り合う．

証明　$\lambda \in \mathbb{Y}_n$ に対し，任意の $t \in \mathrm{Tab}(\lambda)$ に許容的互換を何回か作用させて行規準盤が得られることを示せばよい．この作用を逆に辿るのも許容的互換の積であるから．n に関する帰納法で示そう．$n = 1, 2$ では何もすることがない．$n = 3$ では，$\lambda = (2 \geqq 1)$ のときも 2 つの標準盤が許容的互換 $(2\,3)$ で移りあう．$\lambda \in \mathbb{Y}_n$ の英式表示を考え，$t \in \mathrm{Tab}(\lambda)$ の最下行右端の箱にある文字を k とする．$k = n$ ならば，この箱を忘れて帰納法の仮定を適用すればよい．$k < n$ ならば，t において文字 $k+1$ は k と同一行にも同一列にもない．もしそうなら t が標準盤にならないから．したがって $s_k = (k\ k+1)$ の作用は許容的であり，それを t にほどこして最下行右端に $k+1$ が入った $\mathrm{Tab}(\lambda)$ の元を得る．この操作を $k + i = n$ になるまで i 回くり返す．そうして帰納法の仮定を適用すれば，望みどおりの行規準盤 $\in \mathrm{Tab}(\lambda)$ を得る．■

補題 2.37　$\alpha \in \mathrm{Spec}(n)$, $\beta \in \mathrm{Cont}(n)$, $\alpha \approx \beta$ ならば，$\beta \in \mathrm{Spec}(n)$ かつ $\alpha \sim \beta$ が成り立つ（$\sim$ は定義 2.12）．

証明　$\mathrm{Cont}(n)$ の中で $\alpha \approx \beta$ とする．補題 2.36 により，α に許容的置換をほどこして β になる．$\alpha \in \mathrm{Spec}(n)$ ならば，定理 2.20(3) をくり返し適用することにより，$\beta \in \mathrm{Spec}(n)$ かつ $\alpha \sim \beta$ を得る．■

命題 2.38　$n \in \mathbb{N}$ に対し，$\mathrm{Spec}(n) = \mathrm{Cont}(n)$ が成り立つ．さらに，その中で $\alpha \sim \beta \iff \alpha \approx \beta$ である．

証明　命題 2.28 によって $\mathrm{Spec}(n) \subset \mathrm{Cont}(n)$ であり，補題 2.37 から $\mathrm{Spec}(n)$ の中で $\sim$ よりも $\approx$ の方が細かい（かまたは等しい）ことがわかる．一方，補題 2.13

によって $|\mathrm{Spec}(n)/\sim| = |\widehat{\mathfrak{S}}_n|$ であり, 命題 2.31 によって $|\mathrm{Cont}(n)/\approx| = |\mathbb{Y}_n|$ であるが, 定理 1.28 を用いれば, これらは結局一致する. したがって, 必然的に $\mathrm{Spec}(n) = \mathrm{Cont}(n)$ かつ $\mathrm{Spec}(n)/\sim = \mathrm{Cont}(n)/\approx$ となっている. ■

あらためて定理としてまとめておこう.

定理 2.39 任意の $n \in \mathbb{N}$ に対して

$$\mathrm{Spec}(n) = \mathrm{Cont}(n) \cong \mathrm{Tab}(n), \tag{2.4.5}$$

$$\widehat{\mathfrak{S}}_n \cong \mathrm{Spec}(n)/\sim = \mathrm{Cont}(n)/\approx \cong \{\mathrm{Tab}(\lambda) \mid \lambda \in \mathbb{Y}_n\} \cong \mathbb{Y}_n \tag{2.4.6}$$

が成り立つ. (2.4.5) と (2.4.6) の真ん中の $\cong$ は (2.4.2) の対応で与えられ, (2.4.6) の左側の $\cong$ は補題 2.13 における対応で与えられる.

定理 2.40 $\bigsqcup_{n=0}^{\infty} \hat{\mathfrak{S}}_n$ における $\nearrow$(定義 1.37) と $\mathbb{Y} = \bigsqcup_{n=0}^{\infty} \mathbb{Y}_n$ における $\nearrow$(定義 2.29) は, (2.4.6) の対応のもとで同一の意味である. すなわち, 対称群の増大列 $\{\mathfrak{S}_n \mid n = 0, 1, 2, \cdots\}$ の既約表現の分岐則を記述するのが Young グラフである.

証明 今まで $\widehat{\mathfrak{S}}_n$ の元と $\mathbb{Y}_n$ の元を同じように λ, μ 等で表してきたが, 紛れが生じないようにこの証明では記号を区別し, $\widehat{\mathfrak{S}}_n$ の元を大文字の Λ, M 等で, また (2.4.6) によって対応する $\mathbb{Y}_n$ の元を小文字の λ, μ 等で表すことにする. $\Lambda \in \widehat{\mathfrak{S}}_n, M \in \widehat{\mathfrak{S}}_{n+1}$ に対し, $\Lambda \nearrow M$ (すなわち $\mathrm{Res}_{\mathfrak{S}_n}^{\mathfrak{S}_{n+1}} V^M$ が Λ-成分を含む) とは, V^M の Young 基底の中に V^Λ と同型な部分空間に属するベクトルがあることである. 補題 2.27 を (証明の手順も込めて) 用いてそれを Spec の言葉で言い換えると, (2.4.6) の $\sim$ に関する同値類との対応のもとで,

$$\exists \alpha = (\alpha_1, \cdots, \alpha_{n+1}) \in \mathrm{Spec}(n+1),$$
$$(\alpha_1, \cdots, \alpha_n, \alpha_{n+1})^\sim \longleftrightarrow M, \quad (\alpha_1, \cdots, \alpha_n)^\sim \longleftrightarrow \Lambda$$

となる. ただし, 上つき $\sim$ は, $\sim$ に関する同値類をとる操作を表すものとする. 一方, $\lambda \in \mathbb{Y}_n$, $\mu \in \mathbb{Y}_{n+1}$ に対し, 命題 2.31 に基づいて $\lambda \nearrow \mu$ を Cont の言葉で言い換えると, (2.4.5) および (2.4.6) の $\approx$ に関する同値類の対応のもとで,

$$\exists \beta = (\beta_1, \cdots, \beta_{n+1}) \in \mathrm{Cont}(n+1),$$
$$(\beta_1, \cdots, \beta_n, \beta_{n+1})^\approx \longleftrightarrow \mu, \quad (\beta_1, \cdots, \beta_n)^\approx \longleftrightarrow \lambda$$

となる. ここでも, 上つき $\approx$ は, $\approx$ に関する同値類をとる操作を表す. ところが, Spec と Cont は一致し, 同値関係 $\sim$ と $\approx$ も同じものであるので, $\Lambda \nearrow M$ と $\lambda \nearrow$

μ とは同値である. ■

系 2.41　$\lambda \in \mathbb{Y}_n \cong \widehat{\mathfrak{S}}_n$ に対し, 既約表現の次元 $\dim V^\lambda$ を $\dim \lambda$ と記すとき, $\dim \lambda = |\mathrm{Tab}(\lambda)|$ が成り立つ.

証明　$\mathfrak{S}_n$ における分岐則から, $\dim \lambda$ は V^λ の Young 基底の濃度に等しい. 定理 2.40 により, それは λ 形状の標準盤の個数に一致する. ■

次の事実が成り立つことも確認しよう.

命題 2.42 (1) $\lambda \in \mathbb{Y}_n$ とする. V^λ に属する Young 基底ベクトル v, w をとり, 対応する $\mathrm{Tab}(\lambda)$ の元をそれぞれ t, u とし, 対応する $\mathrm{Spec}(n)$ の元をそれぞれ α, β とする. $\alpha \leftrightarrow t$ および $\beta \leftrightarrow u$ は (2.4.5) によって対応している. また, $t(n) = u(n) = \lambda$ が成り立ち, α と β は (2.4.6) によって λ に対応する共通の同値類に属している. このとき, 次の条件は同値である.

(ア) $t(n-1) = u(n-1)$.　　　　(イ) $\alpha_n = \beta_n$.

(ウ) v, w は $T^\lambda(X_n)$ の同じ固有値に属する固有ベクトルである.

(2) $\lambda \in \mathbb{Y}_n$ に対する Jucys–Murphy 作用素 $T^\lambda(X_n)$ のスペクトル分解

$$T^\lambda(X_n) = \sum_{\nu \in \mathbb{Y}_{n-1} : \nu \nearrow \lambda} c(\lambda/\nu) T^\lambda(p_\nu) \tag{2.4.7}$$

が成り立つ. ここで, p_ν は $\nu \in \mathbb{Y}_{n-1}$ に対応する $\mathbb{C}[\mathfrak{S}_{n-1}]$ の極小中心射影である.

証明 (1) Spec の元は Young 基底ベクトルの Jucys–Murphy 元の作用の固有値を順に並べたものである (定義 2.12) から, (イ) $\Longleftrightarrow$ (ウ) はただちにしたがう. (ア) $\Longleftrightarrow$ (イ) を確認するためには, $\mathrm{Spec}(n)$ と $\mathrm{Cont}(n)$ が一致することに着目する. そして命題 2.31 の証明で導入した $\mathrm{Cont}(n)$ から $\mathrm{Tab}(n)$ への全単射 $\mathcal{T}_n$(すなわち (2.4.2) の $\mathcal{C}_n$ の逆写像) のつくり方を思い出せば, $\alpha \in \mathrm{Cont}(n)$ の第 $(n-1)$ 成分までをとってできる $\mathrm{Cont}(n-1)$ の元の $\mathcal{T}_{n-1}$ による像が $t(n-1)$ までの経路になる. ゆえに, $\alpha_n = \beta_n$ ならば $t(n-1) = u(n-1)$ である. 逆に $t(n-1) = u(n-1)$ ならば, $\lambda = t(n) = u(n)$ からとり除く箱が決まるので, その箱の容量も一意的に定まる. すなわち $\alpha_n = \beta_n$ である. これで (ア) $\Longleftrightarrow$ (イ) が示された.

(2) 命題 1.35(1) により, $T^\lambda(p_\nu)$ が V^λ の ν-成分への射影である. その像は, $T^\lambda(X_n)$ の固有値 $c(\lambda/\nu)$ に属する固有空間である. ■

こうして Jucys–Murphy 元の作用の同時スペクトル分解によって対称群の既約表現の表現空間 (既約加群) とその中の特別な基底 (Young 基底) の構造を記述で

きた. 既約表現を特徴づける Young 図形は Jucys–Murphy 元の作用の固有値から容量ベクトルを通して得られ, 箱をとり除く操作が分岐則のしくみを表す. 既約加群への対称群の作用は, 定理 2.20 に述べられている隣りあう文字の互換の作用で与えられている. (一般の置換の作用は, 少なくとも原理的には, この隣りあう文字の互換を積み重ねて得られる.)

Young 図形 λ の行と列の役割を入れかえた Young 図形を λ' で表し, λ の転置図形という. $\lambda = (\lambda_1 \geqq \lambda_2 \geqq \cdots) = (1^{m_1(\lambda)} 2^{m_2(\lambda)} \cdots) \in \mathbb{Y}$ とおくと,

$$\lambda'_1 = m_1(\lambda) + m_2(\lambda) + \cdots = l(\lambda), \qquad \cdots,$$
$$\lambda'_k = m_k(\lambda) + m_{k+1}(\lambda) + \cdots, \qquad \cdots, \qquad \lambda'_{\lambda_1} = m_{\lambda_1}(\lambda),$$

あるいは

$$m_1(\lambda') = \lambda_1 - \lambda_2, \quad \cdots, \quad m_k(\lambda') = \lambda_k - \lambda_{k+1}, \quad \cdots, \quad m_{l(\lambda)}(\lambda') = \lambda_{l(\lambda)}$$

で定まる $\lambda' \in \mathbb{Y}$ が転置図形である.

例 2.43 (1) $(0, 1, 2, \cdots, n-1) \in \mathrm{Spec}(n) = \mathrm{Cont}(n) \longmapsto (n) \in \mathbb{Y}_n$. これは Jucys–Murphy 元 $X_1, \cdots, X_n$ の自明な作用の固有値だから, (n) は $\mathfrak{S}_n$ の自明表現にあたる.

(2) $(0, -1, -2, \cdots, -(n-1)) \in \mathrm{Spec}(n) = \mathrm{Cont}(n) \longmapsto (1^n) \in \mathbb{Y}_n$. 互換が (-1) 倍で作用すれば, $X_1, \cdots, X_n$ の作用の固有値がこうなる. (1^n) は $\mathfrak{S}_n$ の符号表現 sgn にあたる. $(n)' = (1^n)$ である.

(3) $\lambda \in \mathbb{Y}_n$ に対して $T^\lambda \otimes \mathrm{sgn}$ が既約表現になるのはよい. $\alpha \in \mathrm{Cont}(n) = \mathrm{Spec}(n)$ が T^λ を与える (すなわち標準盤 $\mathcal{T}_n(\alpha)$ の形状が λ である) とすると,

$$(T^\lambda \otimes \mathrm{sgn})(X_k) = \sum_{i=1}^{k-1} T^\lambda((i\,k))(-1) = -T^\lambda(X_k)$$

であるから, $T^\lambda \otimes \mathrm{sgn}$ を与えるのは $-\alpha$ である. 容量ベクトルの定義から露式表示による Young 図形をつくってみればわかるように, $-\alpha$ が定める Young 図形は λ' である. したがって,

$$T^\lambda \otimes \mathrm{sgn} \;\cong\; T^{\lambda'}, \qquad \lambda \in \mathbb{Y}. \tag{2.4.8}$$

サイズ n の Young 図形から $\mathbb{C}[\mathfrak{S}_n]$ の極小射影を構成するいわゆる Young 対称子の概念がよく知られている. 本節の残りでは, この Young 対称子を紹介し, 定理 2.39 で得た $\mathbb{Y}_n$ による既約表現の同値類の分類との関係を調べる. t をサイズ

n の盤とする．$g \in \mathfrak{S}_n$ に対し，t の箱に書かれている文字 i を $g(i)$ に書き換えた盤を gt で表す．盤の行ごとの文字の置換を行置換と呼び，列ごとの文字の置換を列置換と呼ぶ[18]．t の行置換全体のなす $\mathfrak{S}_n$ の部分群を R_t で表し，列置換全体のなす部分群を C_t で表すことにする．群環 $\mathbb{C}[\mathfrak{S}_n]$ の元を

$$a_t = \sum_{x \in R_t} x, \quad b_t = \sum_{y \in C_t} (\operatorname{sgn} y) y, \quad c_t = a_t b_t \tag{2.4.9}$$

で定める．c_t を Young 対称子と呼ぶ．$g \in \mathfrak{S}_n$ に対して $R_{gt} = gR_tg^{-1}$, $C_{gt} = gC_tg^{-1}$ が成り立つことは容易に確認される．

補題 2.44　サイズ n の盤 t, u に対し，2 つの文字 i と j が t の同一行および u の同一列にあれば，$b_u a_t = 0$ が成り立つ．

証明　(2.4.9) からの $b_u a_t = \Bigl(\sum_{y \in C_u} (\operatorname{sgn} y) y\Bigr)\Bigl(\sum_{x \in R_t} x\Bigr)$ において，$y \leftrightarrow y(i\ j)$, $x \leftrightarrow (i\ j)x$ と変換して $\operatorname{sgn} y(i\ j) = -\operatorname{sgn} y$ を用いれば，$b_u a_t = -b_u a_t$ となる．■

定義 2.45　$\mathbb{Y}_n$ に辞書式順序を定める．すなわち，$\lambda = (\lambda_1 \geqq \lambda_2 \geqq \cdots), \mu = (\mu_1 \geqq \mu_2 \geqq \cdots) \in \mathbb{Y}_n$ に対し，i を 1 から順に動かしてみて初めて 0 でなくなる $\lambda_i - \mu_i$ が正であるとき，$\mu \prec \lambda$ という大小関係を定義する．これによって，$\mathbb{Y}_n$ は全順序集合になる．最大元は (n)，最小元は (1^n) である．□

次の 2 つの事実は同じような議論で示される．

補題 2.46　$n \geqq 2$ とする．$\lambda, \mu \in \mathbb{Y}_n$ が $\mu \prec \lambda$ をみたせば，任意の λ 形状の盤 t と μ 形状の盤 u に対し，t の同一行と u の同一列に含まれる 2 文字 i, j がある．

証明　t と u に対する結論が成り立たないと仮定してみる．t の第 1 行の文字たちはすべて u の異なる列に入っていないといけないので，u の列数 μ_1 は $\mu_1 \geqq \lambda_1$ をみたす．ところが，$\mu \prec \lambda$ だから，$\mu_1 = \lambda_1$ である．u に適当な列置換 $y_1 \in C_u$ を施して，$y_1 u$ の第 1 行と t の第 1 行が同じ文字たちから成るようにする．次に，t の第 2 行の文字たちは u の異なる列，したがって $y_1 u$ の異なる列に入っていて，しかも $y_1 u$ の第 1 行には入りえない．このことから，$\mu_2 = \lambda_2$ となり，適当な $y_2 \in C_u$ に対して，$y_2 y_1 u$ の第 2 行と t の第 2 行が同じ文字たちから成る．これをくり返せば，ずっと $\mu_i = \lambda_i$ となってしまい，$\mu \prec \lambda$ に矛盾する．■

---

18) それぞれ水平置換，垂直置換とも呼ばれる．英式や仏式の箱の並べ方を思い出そう．

補題 2.47 t をサイズ n の盤とし, $g \in \mathfrak{S}_n$ とする. t の同一行にあるどの 2 文字も gt で同一列にないとすると, $g \in R_t C_t$ である.

証明 t の第 1 行の文字たちがすべて gt の異なる列にある. ゆえに, $y_1 \in C_{gt}$ と $x_1 \in R_t$ を適当にとって, $y_1 gt$ の第 1 行と $x_1 t$ の第 1 行が一致するようにできる. $x_1 t$ の第 2 行の文字たちが $y_1 gt$ の第 2 行以下の異なる列にあるから, 同じように, $y_2 \in C_{gt}$ と $x_2 \in R_t$ を適当にとって, $y_2 y_1 gt$ の第 2 行までと $x_2 x_1 t$ の第 2 行までが一致するようにできる. これをくり返せば, $y_1, y_2, \cdots, y_l \in C_{gt}$ と $x_1, x_2, \cdots, x_l \in R_t$ が存在して $y_l \cdots y_1 gt = x_l \cdots x_1 t$. ただし, l は t の形状の行数である. $C_{gt} = gC_t g^{-1}$ だから, $y_j = gy'_j g^{-1}$ となる $y'_j \in C_t$ をとる. そうすると, $x_l \cdots x_1 t = gy'_l \cdots y'_1 t$, したがって $g = x_l \cdots x_1 y_1'^{-1} \cdots y_l'^{-1} \in R_t C_t$. ■

盤 t に対して (2.4.9) で定めた c_t は, 任意の $x \in R_t, y \in C_t$ に対して

$$xc_t y = xa_t b_t y = a_t (\operatorname{sgn} y) b_t = (\operatorname{sgn} y) c_t$$

をみたす. 実は, この性質が c_t を定数倍を除いて特徴づけてしまう.

補題 2.48 t をサイズ n の盤とする. $a \in \mathbb{C}[\mathfrak{S}_n]$ に対し,

$$xay = (\operatorname{sgn} y) a, \qquad x \in R_t, \quad y \in C_t \tag{2.4.10}$$

が成り立てば, 適当な $\alpha \in \mathbb{C}$ をとって $a = \alpha c_t$ となる.

証明 (2.4.10) の両辺に $a = \sum_{g \in \mathfrak{S}_n} a(g) g \ (a(g) \in \mathbb{C})$ を代入すると,

$$\sum_{g \in \mathfrak{S}_n} a(x^{-1} g y^{-1}) g = (\operatorname{sgn} y) \sum_{g \in \mathfrak{S}_n} a(g) g, \qquad \text{したがって}$$

$$a(xgy) = (\operatorname{sgn} y) a(g), \qquad x \in R_t, \ y \in C_t, \ g \in \mathfrak{S}_n. \tag{2.4.11}$$

$g \notin R_t C_t$ とすると, 補題 2.47 により, t の同一行および gt の同一列にある 2 文字 i, j がとれる. このとき, $(i\, j) \in R_t$ かつ $(i\, j) \in C_{gt} = gC_t g^{-1}$. (2.4.11) において $x = (i\, j)$, $y = g^{-1}(i\, j) g$ とおくと, $a(g) = -a(g)$, ゆえに $a(g) = 0$. また, $g = xy \in R_t C_t$ に対しては, (2.4.11) で $g = e$ とおいて, $a(xy) = (\operatorname{sgn} y) a(e)$. ゆえに

$$a = \sum_{x \in R_t, y \in C_t} a(xy) xy = \sum_{x \in R_t, y \in C_t} (\operatorname{sgn} y) a(e) xy = a(e) c_t.$$

これが示すべきことであった. ■

定理 2.49 t をサイズ n の盤とすると, 適当な $\kappa_t > 0$ をとって, $e_t = \kappa_t c_t$ が $\mathbb{C}[\mathfrak{S}_n]$ の極小射影になる.

証明　c_t^2 は (2.4.10) をみたす. 実際, $x \in R_t$ と $y \in C_t$ に対し, $xc_t^2y = xa_tb_ta_tb_ty = a_tb_ta_t(\operatorname{sgn} y)b_t = (\operatorname{sgn} y)c_t^2$. ゆえに, 補題 2.48 により, $c_t^2 = \alpha c_t$ $(\alpha \in \mathbb{C})$ と書ける. $\alpha \neq 0$ であることを示すために, $\mathfrak{S}_n$ の右正則表現 R に対し, $R(c_t)$ のトレースを 2 とおりに計算する. $c_t = e + \sum_{g \neq e} c_t(g)g$ と書けば,

$$\operatorname{tr} R(c_t) = \operatorname{tr} R(e) + \sum_{g \neq e} c_t(g) \operatorname{tr} R(g) = n!.$$

$\mathbb{C}[\mathfrak{S}_n]$ の部分空間 $\mathbb{C}[\mathfrak{S}_n]c_t$ の次元を d とし, その基底 $a_1, \cdots, a_d$ に $a_{d+1}, \cdots, a_{n!}$ をつけ加えて $\mathbb{C}[\mathfrak{S}_n]$ の基底をつくると,

$$R(c_t)a_j = a_jc_t = \alpha a_j, \qquad j \in \{1, \cdots, d\},$$
$$R(c_t)a_i = a_ic_t \in \mathrm{L.h.}\{a_1, \cdots, a_d\}, \qquad i \in \{d+1, \cdots, n!\}.$$

ゆえに, $\operatorname{tr} R(c_t) = \alpha d$. この 2 つの表示を比べて, $n! = \alpha d$. したがって $\alpha \neq 0$. このとき, $(\alpha^{-1}c_t)^2 = \alpha^{-2}c_t^2 = \alpha^{-1}c_t$. この射影 $e_t = \alpha^{-1}c_t$ が極小であることを示そう. 射影 p, q を用いて $e_t = p + q$ と書けるとする. 射影に関する補題 1.32 により, $p = e_tpe_t$. そうすると, p も (2.4.10) をみたすから, $p = \beta c_t = \beta\alpha e_t$ $(\beta \in \mathbb{C})$. このとき, $\beta\alpha e_t = p = p^2 = (\beta\alpha)^2e_t^2 = (\beta\alpha)^2e_t$. ゆえに $\beta\alpha$ は 0 または 1. したがって, $p = 0$ または $p = e_t$. これは e_t が極小であることを示す. ■

命題 2.50　$\lambda, \mu \in \mathbb{Y}_n$ に対し, λ 形状の盤 t, μ 形状の盤 u をとる.

(1) $\lambda = \mu$ ならば, e_t と e_u は同値[19].

(2) $\lambda \neq \mu$ ならば, e_t と e_u は同値でない.

証明 (1) $t = gu$ となる $g \in \mathfrak{S}_n$ がある. $e_t = e_{gu} = ge_ug^{-1}$ だから, e_t と e_u が同値である.

(2) $\mu \prec \lambda$ とすると, 補題 2.44 と補題 2.46 により, 任意の $g \in \mathfrak{S}_n$ に対して $b_ua_{gt} = 0$. ゆえに, $e_ue_{gt} = 0$. そうすると, 任意の $f \in \mathbb{C}[\mathfrak{S}_n]$ に対して $e_ufe_t = 0$ を得る[20]. 特に, e_u と e_t は同値でない. ■

定理 1.34 により, 定理 2.49 に言う極小射影 e_t から $\widehat{\mathfrak{S}}_n$ の元が 1 つ定まる. 一方, 定理 2.39 により, $\widehat{\mathfrak{S}}_n$ と $\mathbb{Y}_n$ の間には全単射対応がある. したがって, この $\widehat{\mathfrak{S}}_n$ の元に対してサイズ n の Young 図形が 1 つ定まるが, これが t の形状 λ に一致するかどうかは, 自明でない. このことを検討しよう. 混同が生じないように, $\widehat{\mathfrak{S}}_n$

19) 射影の同値性については, 定義 1.31 参照.

20) この性質をもつ 2 つの射影は互いに素と言われる.

の元を一時的に $\Lambda, M, \cdots$ などの大文字で表すことにする[21]. 定理 2.39 における (2.4.6) によって t の形状 λ に対応している $\widehat{\mathfrak{S}}_n$ の元を, λ に対応する大文字 Λ で表そう. すなわち, $\mathrm{Tab}(\lambda)$ の元 (λ 形状の標準盤) の容量ベクトル α をウェイトにもつ Young 基底ベクトル v_α たちが張る空間がこの V^Λ である. e_t から定まる $\widehat{\mathfrak{S}}_n$ の元は, Fourier 変換 (1.2.10) によって特徴づけられるから,

$$\widehat{e_t}(M) = \begin{cases} \mathrm{End}(V^\Lambda) \text{ における 1 次元射影}, & M = \Lambda, \\ 0, & M \neq \Lambda \end{cases} \tag{2.4.12}$$

を示したい.

補題 2.51 上の記号のもとに, $\lambda \prec \mu$ なる任意の $\mu \in \mathbb{Y}_n$ について, $\mathrm{Tab}(\mu)$ の元の容量ベクトル β をウェイトにもつ Young 基底ベクトル v_β たちが張る空間 V^M $(M \in \widehat{\mathfrak{S}}_n)$ 上には, $\widehat{e_t}$ が 0 ではたらく. すなわち $\widehat{e_t}(M)v_\beta = 0$ が成り立つ.

証明 μ 形状の行規準盤 r の容量ベクトルを γ とおく:

$$\gamma = (0, 1, \cdots, \mu_1,\ -1, 0, \cdots, -1 + \mu_2 - 1,\ -2, \cdots, \cdots) \in \mathrm{Cont}(n) = \mathrm{Spec}(n).$$

まず, u が t と同じ λ 形状をもつ盤であるとき, $\widehat{e_u}(M)v_\gamma = 0$ を示す. 補題 2.46 により, u の同一列および r の同一行にある 2 文字 k, l がある. 定理 2.20(2) により, $T^M((k\ l))v_\gamma = v_\gamma$ を得る. 一方,

$$\begin{aligned} \widehat{e_u}(M) &= \kappa_u \widehat{a_u}(M) \Big(\sum_{y \in C_u} (\operatorname{sgn} y) T^M(y) \Big) \\ &= \kappa_u \widehat{a_u}(M) \Big(\sum_{y \in C_u} (\operatorname{sgn}(y(k\ l))) T^M(y(k\ l)) \Big) = -\widehat{e_u}(M) T^M((k\ l)) \end{aligned}$$

であるから, 2 式をあわせると,

$$\widehat{e_u}(M)v_\gamma = -\widehat{e_u}(M)T^M((k\ l))v_\gamma = -\widehat{e_u}(M)v_\gamma.$$

ゆえに, $\widehat{e_u}(M)v_\gamma = 0$. 次に, 補題文中の任意の β に対し, $v_\beta = T^M(g)v_\gamma$ となる $g \in \mathfrak{S}_n$ があるから,

$$\begin{aligned} \widehat{e_t}(M)v_\beta &= \kappa_t \Big(\sum_{x \in R_t} T^M(x) \Big) \Big(\sum_{y \in C_t} (\operatorname{sgn} y) T^M(y) \Big) T^M(g) v_\gamma \\ &= \kappa_t T^M(g) \Big(\sum_{x \in R_t} T^M(g^{-1}xg) \Big) \Big(\sum_{y \in C_t} (\operatorname{sgn} y) T^M(g^{-1}yg) \Big) v_\gamma \\ &= \kappa_t T^M(g) \widehat{a_{g^{-1}t}}(M) \widehat{b_{g^{-1}t}}(M) v_\gamma = 0. \end{aligned}$$

---

[21] 定理 2.40 の証明でもそういうふうにした.

これで補題が示された. ■

さて, $\widehat{e_t}$ が $\bigoplus_{M\in\widehat{\mathfrak{S}}_n}\mathrm{End}(V^M)$ の極小射影であることはわかっているが, 補題 2.51 により, $\widehat{e_t}$ が 1 次元射影としてはたらく V^M は, (2.4.6) で $\mu \prec \lambda$ または $\mu = \lambda$ なる $\mu \in \mathbb{Y}_n$ に対応する $M \in \widehat{\mathfrak{S}}_n$ でなければならない. もし $\mu \prec \lambda$ であるとすると, 同様にして, μ 形状の盤 u からつくった $\widehat{e_u}$ が 1 次元射影としてはたらく V^N は, $\nu \prec \mu$ または $\nu = \mu$ なる $\nu \in \mathbb{Y}_n$ に対応する $N \in \widehat{\mathfrak{S}}_n$ であるが, 命題 2.50(2) によって $\widehat{e_t}$ と $\widehat{e_u}$ は同値でないので, $\nu \prec \mu$ でなければならない. $\mathbb{Y}_n$ は有限全順序集合であるから, この操作を続けると矛盾に突き当たる. したがって, $\lambda = \mu$ であると結論され, $\widehat{e_t}$ が 1 次元射影としてはたらくのは V^Λ にほかならない. すなわち, (2.4.12) が成り立つ.

以上で, 次の事実が示された.

命題 2.52　定理 1.34 の対応と定理 2.39 の対応をつなげて得られる

$$\{\mathbb{C}[\mathfrak{S}_n] \text{ の極小射影の同値類 }\} \cong \mathbb{Y}_n$$

において, λ 形状の盤 t からできる e_t が, λ に対応する極小射影を与える.

$\lambda \in \mathbb{Y}_n$ とし, λ 形状の盤 t に対して $\mathbb{C}[\mathfrak{S}_n]$ の極小射影 $e_t = \kappa_t c_t$ を考える. 定理 2.49 の証明からわかるように, $\kappa_t = \dim(\mathbb{C}[\mathfrak{S}_n]e_t)/n!$ である. 命題 2.52 で明らかになった対応から, Fourier 変換を考えて $\dim(\mathbb{C}[\mathfrak{S}_n]e_t) = \dim V^\lambda = \dim\lambda$ を得る. 特に, κ_t は t の形状 λ のみに依存する.

命題 2.53　$\lambda \in \mathbb{Y}_n$ に対し,

$$p_\lambda = \frac{\dim\lambda}{n!}\sum_{t:\,\lambda\text{形状の盤}} e_t$$

は $\mathbb{C}[\mathfrak{S}_n]$ の極小中心射影である. (命題 2.52 の対応によって p_λ は λ に対応する.)

証明　命題 2.52 により,

$$\widehat{p_\lambda}(\nu) = \frac{\dim\lambda}{n!}\sum_{t:\,\lambda\text{形状の盤}} \widehat{e_t}(\nu)$$

において, $\nu \neq \lambda$ に対しては $\widehat{e_t}(\nu) = 0$ である. ゆえに, $\widehat{p_\lambda} \in \mathrm{End}(V^\lambda) \oplus \bigoplus_{\nu\neq\lambda}\{0\}$. 一方, 任意の $g \in \mathfrak{S}_n$ に対し,

$$gp_\lambda g^{-1} = \frac{\dim\lambda}{n!}\sum_{t:\,\lambda\text{形状の盤}} e_{gt} = p_\lambda$$

であるから, $p_\lambda \in Z(\mathbb{C}[\mathfrak{S}_n])$. ゆえに, $\widehat{p_\lambda} = \bigoplus_{\nu \in \mathbb{Y}_n} c_\nu I_{V^\nu}$ $(c_\nu \in \mathbb{C})$. したがって,

$$\widehat{p_\lambda} = c_\lambda I_{V^\lambda} \oplus \bigoplus_{\nu \neq \lambda} 0.$$

c_λ の値はトレースを計算すればわかる: $\widehat{e_t}(\lambda)$ がランク 1 の射影だから,

$$c_\lambda \dim \lambda = \operatorname{tr} \widehat{p_\lambda}(\lambda) = \frac{\dim \lambda}{n!} \sum_{t:\,\lambda\text{形状の盤}} \operatorname{tr} \widehat{e_t}(\lambda) = \dim \lambda.$$

ゆえに, $c_\lambda = 1$. これは $\widehat{p_\lambda}$ したがって p_λ が極小中心射影であることを示す. ■

注意 2.54 命題 2.53 を定理 1.34 の (1.2.18) と比べると, 既約指標について

$$\chi^\lambda = \sum_{t:\,\lambda\text{形状の盤}} e_t = \frac{\dim \lambda}{n!} \sum_{t:\,\lambda\text{形状の盤}} c_t, \qquad \lambda \in \mathbb{Y}_n \tag{2.4.13}$$

を得る. (2.4.13) は, χ^λ の値が有理数であることを示す.

ノート

2.1 節における (2.1.7) は, 有限群に付随するアソシエーションスキームの構造を定める. 隣接行列, 交差数などもその文脈の用語である. アソシエーションスキームについては, [2] が優れた解説書である.

本章で紹介した Okounkov–Vershik の方法 ([50], [70], [38], [6]) では, Jucys–Murphy 元の作用の固有値問題として対称群の既約表現の同値類の (Young 図形による) 分類がなされる訳であるが, 伝統的な Young 対称子を用いて対称群の群環の極小射影を作る方法も, 2.4 節後半に含めた. そうすると, その方法と主方針に沿ってすでに得られた分類との整合性のチェックが必要になる. 2.4 節の議論では Young 対称子を主役とした対称群の既約表現の分類としてはまだ不十分であるが, Young 対称子の基本的な性質はだいたいおさえた. 詳細は [59] や [48] で補充してほしい.

第3章

Schur–Weyl 双対性と Frobenius の指標公式

本章の最大の目的は, Frobenius の指標公式を示すことである. 対称群の既約指標の値を記述する Frobenius の指標公式は, 対称群の表現の枠内で自己完結的に証明することは可能である. しかし, 対称群の作用とユニタリ群の作用の双対性を応用した証明法は自然で美しく, 他の群への一般化の道も開ける. Frobenius の指標公式に現れる Schur 関数は, 以後の章でも重要な役割を演じるのであるが, そのユニタリ群の既約指標としての側面を認識しておくことは有益である. ユニタリ群は無限群であるので, 1 章の有限群の表現の一般論は適用できないが, コンパクト性を使ってかなりの程度類似の議論が展開できる.

3.1 コンパクト群の表現

1 章で有限群 G の表現論を展開した際, G の群環 $L^1(G)$ とそこでの合成積, Hilbert 空間 $L^2(G)$, 表現のユニタリ化などが議論の基盤になった. コンパクト群上でこれらの道具をそろえるには, 群上の不変測度を明確に認識する必要がある.

定理 3.1 コンパクト群上には群の作用に関して不変な測度が存在する.

コンパクト群の表現の一般論を展開するために不変測度が必要だとは言っても, ここではあくまでもユニタリ群の表現を扱うのが主眼であるので, 不変測度に関する一般的な定理の証明は, 本書では省略する. ただ, 用語と事実の整理はきちんとしておこう. K をコンパクト群とする. K の位相には Hausdorff 性を仮定する. K 上の測度を考えるには K の部分集合から成る可算加法的集合族を定めておく必要があるが, 通常は K の開集合全体を含む最小の可算加法的集合族, すなわち K の Borel 集合族 $\mathcal{B}(K)$ をとる. 可算加法的集合族を特定することによって集合の可測性が定まったと理解し, 可測空間 $(K, \mathcal{B}(K))$ 上の測度 μ を K 上の Borel 測度と呼ぶ. K 上の Borel 測度 μ が, 任意の $A \in \mathcal{B}(K)$ と任意の $x \in K$ に対し

て $\mu(xA)=\mu(A)$ をみたすとき, μ は左不変であるという. 同様に, $\mu(Ax)=\mu(A)$ をみたすとき, μ は右不変であるという. $A\in\mathcal{B}(K)$ の元の個数 $\nu(A)$ を測る ν は K 上の左右に不変な Borel 測度である. 連続群ではこのような測度は用をなさないので, もっと概念を規定する必要がある. $\mu(K)<\infty$ をみたす Borel 測度 μ は有界であるといい, さらに $\mu(K)=1$ をみたすものを確率測度という. コンパクトという語感からは小さな対象を連想するかもしれないが, 濃度の制限は何もない. 一般に K の Borel 集合族というのは得体のしれない茫洋とした対象である. 測度に対しては, 開集合やコンパクト集合といったわかりやすい集合による近似を想定した正則性の概念がある. K 上の Borel 測度 μ に対し,

(i) O が開集合ならば $\mu(O)=\sup\{\mu(C)\,|\,C\subset O,\ C:\text{コンパクト集合}\}$

(ii) A が Borel 集合ならば $\mu(A)=\inf\{\mu(O)\,|\,A\subset O,\ O:\text{開集合}\}$

という条件を考え, (i) を内正則性, (ii) を外正則性, 両方あわせて正則性という. これらの用語の準備のもとに, 定理 3.1 をもっと正確に言い直すと次のようになる.

定理 3.2 コンパクト群 K 上には左不変かつ正則な Borel 確率測度が一意的に存在し, それは同時に右不変でもある[1]. この測度を K 上の Haar 測度と呼ぶ.

ユニタリ群のように距離づけ可能なコンパクト群の場合は, Borel 測度が有界ならば自動的に正則であることが示せる. 局所コンパクト群においても, 表現論を展開するために不変測度が必要とされるが, 事情はかなり繁雑になる. G を局所コンパクト群とする. G 上の Borel 測度 μ の左右の不変性はコンパクト群のときと同じく定義されるが, $\mu(G)<\infty$ を要請するかわりに, 任意のコンパクト部分集合 $C\subset G$ に対して $\mu(C)<\infty$ という条件を要請する. この条件と正則性をみたす測度を Radon 測度と呼ぶ. 事実としては, 局所コンパクト群上には左不変な Radon 測度が定数倍を除いて一意的に存在し, 左 Haar 測度と呼ばれる. 同じく右 Haar 測度の存在と一意性も示されるが, 左右の Haar 測度は一般には (定数倍を調整しても) 一致しない.

ここで扱うユニタリ群のようなコンパクト Lie 群の場合は, 不変微分形式を使って Haar 測度をとらえておくのが, 計算上も便利である. コンパクト Lie 群 K の単位元 e における接空間を T_eK とし, $k=\dim T_eK$ とおく. 1 次元実線型空間 $\wedge^k(T_eK)^*$ の 0 でない元をとって K の元による左移動を施すことにより, K 上の左不変な k-形式が得られる. これが誘導する積分が, K 上の不変積分になる. 本章

---

1) 左右の役割は対称に言い換えてもよい.

で扱うのはユニタリ群 $U(n)$ であるし，さらに実際に積分の計算を行うのは $U(n)$ 上の類関数に対してであるので，後述の Weyl の積分公式 (定理 3.11) を用いれば，実質的には n 次元トーラス $\mathbb{T}^n$ 上の積分に帰着する．そういう訳で，以下本節でコンパクト群の表現の一般論を確認するためにのみ Haar 測度を援用するので，定理 3.2 やそれにまつわる上述の注意は，(読者によっては) さほど気にしなくてもさしつかえないであろう．

コンパクト群 K の表現について述べてゆこう．K 上の関数 f の Haar 測度に関する積分を単に $\int_K f(x)dx$ と書く．そうすると Borel 集合 E の測度の値がかえって表しにくくなるが，それは $|E|$ と書くことにしよう．$|K| = 1$ と正規化されている．有限群の場合と違って表現空間 V が無限次元の表現も考慮せねばならないが，ここでは V が Hilbert 空間として十分である．Hom や End は**有界な**線型作用素から成るものとする．A.3 節のように，Hilbert 空間上の有界線型作用素全体を表すのに $B(\cdot)$ を用いる場合もある: $B(V) = \mathrm{End}(V)$, $B(V_1, V_2) = \mathrm{Hom}(V_1, V_2)$ [2]．

定義 3.3　K の Hilbert 空間 $V \neq \{0\}$ 上の表現とは，K から $GL(V)$ ($= V$ 上の可逆な有界線型作用素全体のなす群) への準同型 T であって強作用素連続性 — 任意の $v \in V$ に対して $x \in K \mapsto T(x)v \in V$ が連続写像 — をみたすもののことである．表現 T の表現空間を V_T で表そう．さらに，任意の $x \in K$ に対して $T(x)$ が V_T 上のユニタリ作用素であるとき，T をユニタリ表現と呼ぶ．(S, V_S) と (T, V_T) が K の表現のとき，$AS(x) = T(x)A$ $(\forall x \in K)$ をみたす有界線型作用素 $A : V_S \longrightarrow V_T$ を絡作用素と呼ぶ．V_S から V_T への絡作用素全体を $\mathrm{Hom}_K(V_S, V_T)$ あるいは $R(S,T)$ で表す ($S = T$ のときは，$\mathrm{End}_K(V_T)$ あるいは $R(T)$)．可逆な絡作用素が存在するとき，S と T は同値な表現であるといい，$S \cong T$ あるいは $V_S \cong V_T$ と記す．特に絡作用素が V_S から V_T へのユニタリ写像にとれるとき，S と T はユニタリ同値であるという．□

補題 3.4　コンパクト群 K の有限次元表現 T に対し，T がユニタリ表現になるような V_T の内積が存在する．

証明　命題 1.1(1) の証明と同様である．(1.1.1) の和を Haar 測度に関する積分

$$\langle v, w \rangle = \int_K \langle T(x)v, T(x)w \rangle_0 dx$$

---

2)　このあたりの記号の混在はご容赦願いたい．

に置き換えればよい. ■

定理 3.2 と補題 3.4 により, 1 章の有限群のときの話がコンパクト群でもほぼ同じように成立することが言える. 不変部分空間としては閉部分空間のみ考える. V_T と $\{0\}$ しか不変部分空間を有しないとき, T を既約表現という.

命題 3.5 (1) T を K のユニタリ表現とすると, V_T の任意の不変部分空間 W は $V_T = W \oplus W'$ なる不変部分空間 W' をもつ. すなわち T は完全可約である.
(2) K のユニタリ表現 S と T が同値ならばユニタリ同値である.

証明 命題 1.3(1) および命題 1.1(2) の証明が有限次元でなくても通用する. Hilbert 空間上の有界線型作用素の極分解の性質は, 定理 A.51 に示されている. ■

定理 3.6 (Schur の補題) (1) T を K のユニタリ表現とするとき,

$$T \text{ が既約} \iff \dim \mathrm{End}_K(V_T) = 1.$$

(2) K の既約ユニタリ表現 S, T に対して

$$\mathrm{Hom}_K(V_S, V_T) \cong \begin{cases} \mathbb{C}, & S \cong T, \\ \{0\}, & S \not\cong T. \end{cases}$$

証明 (1) T が既約でなければ, V_T の不変真部分空間 W への直交射影が $\mathrm{End}_K(V_T)$ に属する. $\mathrm{End}_K(V_T)$ はスカラー作用素も含むから, 1 次元でないことになる. 逆にスカラーでない $A \in \mathrm{End}_K(V_T)$ があるとする. このとき, $A^* \in \mathrm{End}_K(V_T)$ だから, 自己共役な $A_1 = \frac{1}{2}(A + A^*)$, $A_2 = \frac{1}{2i}(A - A^*) \in \mathrm{End}_K(V_T)$ の少なくとも一方がスカラーでない. たとえば A_1 がスカラーでないとし, (A.3.21) のようにそのスペクトル分解を

$$A_1 = \int_{[-a,a]} x\, Q_{A_1}(dx)$$

と書こう. A_1 がスカラーであることと射影値測度 Q_{A_1} の台が 1 点集合であることが同値であるから, A がスカラーでなければ, $Q_{A_1}((-\infty, x])$ が 0 でも I でもないような $x \in [-a, a]$ が存在する. 命題 A.49 により, $Q_{A_1}((-\infty, x]) \in \mathrm{End}_K(V_T)$ であるから, $\mathrm{Ran}\, Q_{A_1}((-\infty, x])$ は $\{0\}$ でも V_T でもない不変部分空間である.

(2) 定理 1.6(2) の証明がそのまま通用する. $A \in \mathrm{Hom}_K(V_S, V_T)$ ならば, $A^* \in \mathrm{Hom}_K(V_T, V_S)$, $A^*A \in \mathrm{End}_K(V_S)$, $AA^* \in \mathrm{End}_K(V_T)$ であり, このとき, $A = 0$, $A^* = 0$, $A^*A = 0$, $AA^* = 0$ はすべて同値である. ■

補題 3.7　T を K のユニタリ表現, w を V_T の単位ベクトルとする. 1 次元射影 $|T(x)w\rangle\langle T(x)w|$ を重ね合せてできる作用素

$$Av = \int_K \langle T(x)w, v\rangle\, T(x)w\, dx, \qquad v \in V_T \tag{3.1.1}$$

は非自明な正定値コンパクト作用素であり (A.3 節), $A \in \mathrm{End}_K(V_T)$ をみたす.

証明　任意の $v \in V_T$ に対し, $\langle v, Av\rangle = \int_K |\langle v, T(x)w\rangle|^2 dx \geqq 0$. 特に $v = w$ とおくと, 被積分関数の $x = e$ での値が $\|w\|^2 = 1$ だから, $\langle w, Aw\rangle > 0$. A の有界性は $\|Av\| \leqq \int_K \|T(x)w\|\,\|v\|\,\|T(x)w\|dx = \|v\|$. A がコンパクトであることを言うために, 有限階数の有界線型作用素でノルム近似できることを示す. K のコンパクト性と $T(x)$ の強連続性から $T(x)w$ が x に関して一様連続になるので, 任意の $\varepsilon > 0$ に対して K の有限分割 $K = K_1 \sqcup \cdots \sqcup K_n$ と $x_j \in K_j$ $(j \in \{1, \cdots, n\})$ がとれて $\sup_{x \in K_j} \|T(x)w - T(x_j)w\| \leqq \varepsilon$ とできる. 有限階数の有界線型作用素 A_ε を

$$A_\varepsilon v = \sum_{j=1}^n |K_j| \langle T(x_j)w, v\rangle\, T(x_j)w, \qquad v \in V_T$$

によって定めれば,

$$\begin{aligned}
\|Av - A_\varepsilon v\| &= \Big\| \sum_{j=1}^n \int_{K_j} (\langle T(x)w, v\rangle\, T(x)w - \langle T(x_j)w, v\rangle\, T(x_j)w) dx \Big\| \\
&\leqq \sum_{j=1}^n \int_{K_j} \{\|\langle T(x)w, v\rangle T(x)w - \langle T(x)w, v\rangle T(x_j)w\| \\
&\qquad + \|\langle T(x)w, v\rangle T(x_j)w - \langle T(x_j)w, v\rangle T(x_j)w\|\} dx \\
&\leqq \sum_{j=1}^n \int_{K_j} (\|v\|\,\|T(x)w - T(x_j)w\| + \|T(x)w - T(x_j)w\|\,\|v\|) dx \leqq 2\varepsilon\|v\|.
\end{aligned}$$

したがって $\|A - A_\varepsilon\| \leqq 2\varepsilon$ を得る. そうすると, 命題 A.53 により, A はコンパクトである. $A \in \mathrm{End}_K(V_T)$ は, T のユニタリ性と測度の不変性を使って

$$T(g)Av = \int_K \langle T(x)w, v\rangle T(gx)w dx = \int_K \langle T(g^{-1}x)w, v\rangle T(x)w dx = AT(g)v.$$

と検証される. ■

定理 3.8 (1) K の既約ユニタリ表現は有限次元である.
(2) K のユニタリ表現は既約表現の直和に分解される.

証明 (1) K の既約ユニタリ表現 T に対し, (3.1.1) によって作用素 A を定める. 補題 3.7 と定理 3.6 (Schur の補題) により, A は 0 でないスカラー作用素かつコンパクトである. ゆえに V_T の単位球が全有界になり, V_T は有限次元である.

(2) K の任意の非自明なユニタリ表現 T は有限次元の部分表現を含む. 実際, (3.1.1) によって作用素 A を定めて補題 3.7 を適用すれば, A は 0 でないコンパクト正定値 (したがって自己共役) 作用素だから, 命題 A.53 により, $\lambda > 0$ に属する非自明な有限次元固有空間 $W_\lambda \subset V_T$ が存在する. $A \in \mathrm{End}_K(V_T)$ だから, W_λ は不変部分空間であり, T の部分表現を与える. そうすると, 有限群の場合と全く同じ事情で, T は既約表現を含む.

V_T の互いに直交する既約不変部分空間の族の集合 $\mathcal{S}$ を考える. このような族が少なくとも 1 つはあること, すなわち $\mathcal{S}$ が空でないことはわかった. $\mathcal{S}$ は自然な包含関係に関して順序集合をなす. $\mathcal{S}$ の全順序部分集合があれば, それらの合併はまた $\mathcal{S}$ の元であるので, $\mathcal{S}$ は帰納的である. したがって, Zorn の補題により, $\mathcal{S}$ に極大元 $\mathcal{M} = \{V_\alpha\}$ が存在する. 代数的な直和 $\bigoplus_\alpha V_\alpha$ が V_T で稠密であることを示そう. $W = (\bigoplus_\alpha V_\alpha)^\perp$ とおく. W も T の不変部分空間であるから, $W \neq \{0\}$ とすると, 既約不変部分空間 $W' \neq \{0\}$ を含む. そうすると, $\mathcal{M} \cup \{W'\} \in \mathcal{S}$ となって $\mathcal{M}$ の極大性に矛盾する. ゆえに $W = \{0\}$ でなければならない. これで, V_T の既約な直和分解の存在が示された. ■

有限群のときと同じように, コンパクト群 K の既約ユニタリ表現の同値類全体を $\widehat{K}$ で表す. K 上の Haar 測度を用いて, $L^1(K)$ での合成積と $L^2(K)$ での内積が定義される:

$$(f * g)(x) = \int_K f(y) g(y^{-1}x)\,dy, \qquad f, g \in L^1(K),$$

$$\langle f, g \rangle = \langle f, g \rangle_{L^2(K)} = \int_K \overline{f(x)} g(x)\,dx, \qquad f, g \in L^2(K).$$

Haar 測度が有界だから $L^2(K) \subset L^1(K)$ であることに注意する. 定理 3.8 に示したように, コンパクト群の既約ユニタリ表現が有限次元であるから, 既約表現の行列成分や $L^1(K)$ の元の Fourier 変換が, 有限群のときと同様に考えられる. たとえば, 定義 1.15 と同様に,

$$\widehat{f}(\lambda) = \int_K f(x) T^\lambda(x)\,dx \in \mathrm{End}(V^\lambda), \qquad \lambda \in \widehat{K}, \quad f \in L^1(K).$$

既約ユニタリ表現の行列成分の $L^2(K)$ における正規直交性は, Schur の補題を用いて命題 1.12 とまったく同様に示される. さらに, 定理 1.13 にあるような完全性

についても, (定理 3.8(2) の証明で使ったように)K の任意のユニタリ表現が有限次元の部分表現を含むことに注意すれば, 定理 1.13 と同じ証明が通用する.

定理 3.9 $\nu \in \widehat{K}$ に属する K の既約ユニタリ表現 (T^ν, V^ν) の行列成分を T^ν_{ij} とすると, $\{\sqrt{\dim\nu}\, T^\nu_{ij} \mid \nu \in \widehat{K},\ i,j \in \{1,\cdots,\dim\nu\}\}$ が $L^2(K)$ の正規直交基底をなす. □

$\nu \in \widehat{K}$ に対し,

$$\chi^\nu(x) = \operatorname{tr} T^\nu(x) = \sum_{i=1}^{\dim\nu} T^\nu_{ii}(x) \quad \in \ L^2(K)$$

を K の既約指標という. $L^2(K)$ に属する K 上の類関数全体を $Z(L^2(K))$ と書く. $\nu \in \widehat{K}$ に対し, $\chi^\nu \in Z(L^2(K))$ である.

定理 3.10 K の既約指標全体 $\{\chi^\nu \mid \nu \in \widehat{K}\}$ は $Z(L^2(K))$ の正規直交基底をなす.

証明 正規直交性は定理 3.9 からただちにしたがう. $f \in Z(L^2(K))$ とすると,

$$\begin{aligned} T^\lambda(g)\widehat{f}(\lambda) &= \int_K f(x)T^\lambda(gx)dx = \int_K f(g^{-1}xg)T^\lambda(xg)dx \\ &= \int_K f(x)T^\lambda(x)T^\lambda(g)dx = \widehat{f}(\lambda)T^\lambda(g) \qquad (\lambda \in \widehat{K}). \end{aligned}$$

ゆえに, $\widehat{f}(\lambda) \in \operatorname{End}_K(V^\lambda)$. Schur の補題により, $\widehat{f}(\lambda) = \alpha_\lambda I_{V^\lambda}$, $\alpha_\lambda \in \mathbb{C}$. 一方, 定理 3.9 により, $L^2(K)$-収束の意味で

$$f = \sum_{\nu \in \widehat{K}} \sum_{i,j=1}^{\dim\nu} (\dim\nu)\langle T^\nu_{ij}, f\rangle_{L^2(K)} T^\nu_{ij} \tag{3.1.2}$$

が成り立つから, (3.1.2) の Fourier 変換をとると, $\lambda \in \widehat{K}$ に対し,

$$\widehat{f}(\lambda) = \int_K f(x)T^\lambda(x)dx = \sum_{\nu \in \widehat{K}} \sum_{i,j=1}^{\dim\nu} (\dim\nu)\langle T^\nu_{ij}, f\rangle_{L^2(K)} \int_K T^\nu_{ij}(x)T^\lambda(x)dx. \tag{3.1.3}$$

ここで, (3.1.2) は $L^2(K)$ における収束であるので, 無限和と積分の順序交換はよい. 定理 3.9 により,

$$\int_K T^\nu_{ij}(x)T^\lambda(x)dx = \delta_{\nu,\overline{\lambda}} \frac{1}{\dim\lambda} E_{ij} \tag{3.1.4}$$

が成り立つ. ただし, $\overline{\lambda}$ は λ の複素共役表現 (の同値類) を表し, E_{ij} は行列単位である. (3.1.4) を (3.1.3) に代入すると,

$$\widehat{f}(\lambda) = \sum_{i,j=1}^{\dim\lambda} \langle T_{ij}^{\overline{\lambda}}, f\rangle E_{ij}$$

を得るが, これがスカラー行列 $\alpha_\lambda I_{V^\lambda}$ に等しいので, $\langle T_{ij}^{\overline{\lambda}}, f\rangle_{L^2(K)} = \delta_{ij}\alpha_\lambda$ ($\lambda \in \widehat{K}$). したがって, (3.1.2) により, $L^2(K)$-収束の意味で

$$f = \sum_{\nu\in\widehat{K}} \sum_{j=1}^{\dim\nu} (\dim\nu)\alpha_{\overline{\nu}} T_{jj}^{\nu} = \sum_{\nu\in\widehat{K}} (\dim\nu)\alpha_{\overline{\nu}}\,\chi^\nu$$

が得られた. ■

K の有限次元表現 T に対しては, 指標 $\chi_T(x) = \operatorname{tr} T(x)$ が定まる. 定理 3.8 により, χ_T は χ^ν たち ($\nu \in \widehat{K}$) の $\mathbb{N}$-係数の線型結合で表される. K の 2 つの既約ユニタリ表現が同値であるには, それらの指標が一致することが必要十分である.

定理 3.9 により, 任意の $f \in L^2(K)$ は (3.1.2) の Fourier 展開をもち,

$$\|f\|^2 = \sum_{\nu\in\widehat{K}} (\dim\nu)\|\widehat{f}(\nu)\|_{\mathrm{HS}}^2$$

が得られる. ただし, $\|A\|_{\mathrm{HS}} = \sqrt{\operatorname{tr}(A^*A)}$ は Hilbert–Schmidt ノルムである. そうすると, 有限群のときの定理 1.22 と同じく, K の両側正則表現の既約分解を与える結果を得る. これがコンパクト群に対する Peter–Weyl の定理である. 本章の目的である Frobenius の指標公式の証明では, ユニタリ群 $U(n)$ の有限次元表現しか扱わず, 定理 3.10 の既約指標の性質のみ用いる. そこで Peter–Weyl の定理にはこれ以上深入りしないが, その実質的な部分は定理 3.9 ですでに済んでいる.

3.2 ユニタリ群 $U(n)$ の既約指標

本節の目的は, n 次ユニタリ群 $U(n) = \{x \in GL(n,\mathbb{C}) \mid xx^* = x^*x = I_n\}$ の既約ユニタリ表現の同値類全体 $\widehat{U(n)}$ のわかりやすい分類ラベルの集合を決定し, $\widehat{U(n)}$ の各元に対応する既約指標を具体的に求めることである. 任意の $x \in U(n)$ は適当な $y \in U(n)$ によって

$$yxy^{-1} = \operatorname{diag}(z_1, \cdots, z_n), \quad z_i \in \mathbb{C},\ |z_i| = 1 \tag{3.2.1}$$

と対角化される．$z_1, \cdots, z_n$ は x の固有値である．$z_1, \cdots, z_n$ の順序も y をとりかえることによって調節できることに注意する．$U(n)$ の有限次元表現の情報は原理的にすべて指標に含まれ, 指標は類関数だから, 極大トーラス

$$D = \mathbb{T}^n = \{\mathrm{diag}(z_1, \cdots, z_n) \mid z_i \in \mathbb{C},\ |z_i| = 1\} \quad \subset U(n)$$

の上の値で決定される．したがって, 表現を D に制限したものを記述すればよい．D は可換群だからその既約表現は 1 次元であり, $\widehat{D} \cong (\widehat{\mathbb{T}})^n \cong \mathbb{Z}^n$ である．$\nu = (\nu_1, \cdots, \nu_n) \in \mathbb{Z}^n$ に対応する D の既約指標は

$$\chi^\nu(z) = \chi^\nu(\mathrm{diag}(z_1, \cdots, z_n)) = z_1^{\nu_1} \cdots z_n^{\nu_n}, \qquad z \in D \tag{3.2.2}$$

で与えられる．$U(n)$ の既約ユニタリ表現 S を D に制限すれば

$$\mathrm{Res}_D^{U(n)} V_S = \bigoplus_{\nu \in \mathbb{Z}^n} W^\nu, \quad W^\nu = \{v \in V_S \mid S(z)v = \chi^\nu(z)v\ (\forall z \in D)\} \tag{3.2.3}$$

$$\mathrm{Res}_D^{U(n)} S \cong \bigoplus_{\nu \in \mathbb{Z}^n} m_\nu \chi^\nu, \qquad m_\nu = \dim W^\nu \tag{3.2.4}$$

を得る (1 次元表現とその指標を同じ記号で表す)．定理 3.8 により $\dim V_S < \infty$ だから, (3.2.3) において有限個の ν を除いて $W^\nu = \{0\}$ である．$W^\nu \neq \{0\}$ なる $\nu \in \mathbb{Z}^n$ を S のウェイトといい, それら全体を $\Delta(S)$ と書く．(3.2.4) により

$$\chi_S(z) = \sum_{\nu \in \Delta(S)} m_\nu \chi^\nu(z), \qquad z \in D. \tag{3.2.5}$$

$U(n)$ および D 上の Haar 測度をそれぞれ dx や dz で表す．ともに確率測度になるよう正規化されている．3.1 節に述べたように, これらの測度は左不変な微分形式から誘導される．dz の場合は, トーラス $\mathbb{T}$ 上の正規化された Lebesgue 測度の n 重直積と考えてもよい．

$U(n)$ 上の類関数は D 上の値で決まるので, $f \in Z(L^1(U(n)))$ の $U(n)$ 上の積分を D 上の積分に帰着できるはずである．

定理 3.11 (類関数に対する Weyl の積分公式)　$f \in Z(L^1(U(n)))$ に対し,

$$\int_{U(n)} f(x)dx = \frac{1}{n!} \int_D f(z)|V(z)|^2 dz \tag{3.2.6}$$

が成り立つ．ただし,

$$V(z) = V(\mathrm{diag}(z_1, \cdots, z_n)) = \prod_{i,j:\, 1 \leqq i < j \leqq n} (z_i - z_j). \tag{3.2.7}$$

定理 3.11 の証明は, A.4 節で与える.

D には $\mathfrak{S}_n$ が自然に作用する:

$$z = \mathrm{diag}(z_1, \cdots, z_n) \in D \longmapsto \mathrm{diag}(z_{g^{-1}(1)}, \cdots, z_{g^{-1}(n)}) \in D.$$

$U(n)$ の既約指標 $\chi_S(x)$ は類関数である. 一方, $U(n)$ の D への作用 (3.2.1) において, y を適当にとれば $g \in \mathfrak{S}_n$ のこの作用を実現できるので, $\chi_S(z)$ $(z \in D)$ は $\mathfrak{S}_n$-不変である. また, (3.2.5), (3.2.2) により, $\chi_S(z)$ は $\mathbb{Z}$-係数の Laurent 多項式であるので, 結局, $\chi_S(z)$ は D 上の $\mathbb{Z}$-係数対称 Laurent 多項式である. 一方, (3.2.7) の差積 $V(z)$ は D 上の $\mathbb{Z}$-係数交代多項式だから, 次の事実を得る.

補題 3.12 $\chi_S(z)V(z)$ は $\mathbb{Z}$-係数交代 Laurent 多項式である. ■

$\mathfrak{S}_n$ の D への作用は $\widehat{D} \cong \mathbb{Z}^n$ への作用を引き起こす:

$$\begin{aligned} \chi^{g\alpha}(z) &= (g\chi^\alpha)(z) = \chi^\alpha(g^{-1}z) = \chi^\alpha(\mathrm{diag}(z_{g(1)}, \cdots, z_{g(n)})) \\ &= z_{g(1)}^{\alpha_1} \cdots z_{g(n)}^{\alpha_n} = z_1^{\alpha_{g^{-1}(1)}} \cdots z_n^{\alpha_{g^{-1}(n)}}, \end{aligned}$$

すなわち $\alpha = (\alpha_1, \cdots, \alpha_n) \mapsto g\alpha = (\alpha_{g^{-1}(1)}, \cdots, \alpha_{g^{-1}(n)})$. $\alpha \in \mathbb{Z}^n$ に対し,

$$a_\alpha(z) = \sum_{g \in \mathfrak{S}_n} (\mathrm{sgn}\, g) z^{g\alpha} = \begin{vmatrix} z_1^{\alpha_1} & z_1^{\alpha_2} & \cdots & z_1^{\alpha_n} \\ z_2^{\alpha_1} & z_2^{\alpha_2} & \cdots & z_2^{\alpha_n} \\ & & \cdots & \\ z_n^{\alpha_1} & z_n^{\alpha_2} & \cdots & z_n^{\alpha_n} \end{vmatrix}, \ \alpha = (\alpha_1, \cdots, \alpha_n) \quad (3.2.8)$$

とおく. 行列式の性質から, $\alpha_i = \alpha_j$ $(i \neq j)$ ならば $a_\alpha(z) = 0$ である.

補題 3.13 (1) $\{a_\alpha(z) \,|\, \alpha \in \mathbb{Z}^n,\ \alpha_1 > \alpha_2 > \cdots > \alpha_n\}$ が $\mathbb{Z}$-係数 n 変数交代 Laurent 多項式全体の $\mathbb{Z}$-基底をなす.

(2) $\alpha, \beta \in \mathbb{Z}^n$, $\alpha_1 > \cdots > \alpha_n$, $\beta_1 > \cdots \beta_n$ に対し,

$$\langle a_\alpha, a_\beta \rangle_{L^2(D)} = \begin{cases} n!, & \alpha = \beta, \\ 0, & \alpha \neq \beta. \end{cases} \quad (3.2.9)$$

証明 (1) n 変数交代 Laurent 多項式中の $c_\beta z_1^{\beta_1} \cdots z_n^{\beta_n}$ という項に着目するとき, $i \neq j$ に対して $\beta_i = \beta_j$ となっている場合は, 互換 $(i\,j)$ を作用させることによって係数 $c_\beta = 0$ を得る. したがって $\mathbb{Z}$-係数交代 Laurent 多項式の一般形が

$$\sum_{\alpha\in\mathbb{Z}^n:\alpha_1>\cdots>\alpha_n}\ \sum_{\beta\in\mathbb{Z}^n:\{\beta_1,\cdots,\beta_n\}=\{\alpha_1,\cdots,\alpha_n\}} c_\beta z_1^{\beta_1}\cdots z_n^{\beta_n}, \qquad c_\beta\in\mathbb{Z}$$

で与えられるが, 交代性によって, $c_\beta = c_\alpha \operatorname{sgn} g$ $(g\alpha=\beta)$ となるので, 実は (3.2.8) を用いて $\displaystyle\sum_{\alpha:\alpha_1>\cdots>\alpha_n} c_\alpha a_\alpha(z)$ と表せる.

(2) 内積を展開した

$$\langle a_\alpha, a_\beta\rangle_{L^2(D)} = \sum_{g\in\mathfrak{S}_n}\sum_{h\in\mathfrak{S}_n}(\operatorname{sgn} g)(\operatorname{sgn} h)\int_D \overline{z^{g\alpha}}z^{h\beta}dz \tag{3.2.10}$$

において, 積分の部分は

$$\prod_{j=1}^n \int_{\mathbb{T}} z_j^{-\alpha_{g^{-1}(j)}+\beta_{h^{-1}(j)}}dz_j$$

に等しい. $\alpha_1>\cdots>\alpha_n$, $\beta_1>\cdots>\beta_n$ に注意すれば, この値が 0 にならないのは, $\alpha=\beta$ かつ $g=h$ のときに限る. 実際, そのときの値は 1 である. そうすると, $\alpha=\beta$ のときに, (3.2.10) が $n!$ になる. ■

$\delta=(n-1,n-2,\cdots,0)$ とおくと, (3.2.8) の記法のもとでは (3.2.6) の差積は $V(z)=a_\delta(z)$ である. 補題 3.12 と補題 3.13 により, $U(n)$ の既約表現 S に対し,

$$\chi_S(z)a_\delta(z) = \sum_{\alpha\in\mathbb{Z}^n:\alpha_1>\cdots>\alpha_n} k_\alpha a_\alpha(z), \qquad k_\alpha\in\mathbb{Z}. \tag{3.2.11}$$

(3.2.11) では有限個の α を除いて $k_\alpha=0$ である. 定理 3.11 と補題 3.13 を用いて

$$\begin{aligned}\langle\chi_S,\chi_S\rangle_{L^2(U(n))} &= \frac{1}{n!}\int_D|\chi_S(z)|^2|V(z)|^2dz = \frac{1}{n!}\sum_{\alpha\in\mathbb{Z}^n:\alpha_1>\cdots>\alpha_n}\ \sum_{\beta\in\mathbb{Z}^n:\beta_1>\cdots>\beta_n}\\ &\quad k_\alpha k_\beta\int_D\overline{a_\alpha(z)}a_\beta(z)dz = \sum_{\alpha\in\mathbb{Z}^n:\alpha_1>\cdots>\alpha_n}k_\alpha^2\end{aligned} \tag{3.2.12}$$

となるが, S の既約性と定理 3.10 により, (3.2.12) の左辺は 1 である. 故に (3.2.11) ではただ 1 つの項のみ $k_\alpha=\pm1$ であり, 他の k_α はすべて 0 である. したがって,

$$\exists\alpha\in\mathbb{Z}^n:\ \alpha_1>\cdots>\alpha_n, \qquad \chi_S(z)a_\delta(z)=\pm a_\alpha(z). \tag{3.2.13}$$

$\chi_S(z)$ は (3.2.5) のように表されるので,

$$\sum_{\nu\in\Delta(S)} m_\nu z_1^{\nu_1}\cdots z_n^{\nu_n}a_\delta(z) = \pm a_\alpha(z). \tag{3.2.14}$$

(3.2.14) の両辺を比較して符号 $\pm$ を決定しよう. $\mathbb{Z}^n$ に辞書式順序を定める. すなわち, $\mu=(\mu_1,\cdots,\mu_n), \nu=(\nu_1,\cdots,\nu_n)\in\mathbb{Z}^n$ に対し, i を 1 から n まで順に動

かしてみて初めて 0 でなくなる $\nu_i - \mu_i$ が正であるとき, $\mu \prec \nu$ という大小関係を定義する．この $\prec$ に関して $\mathbb{Z}^n$ が全順序集合になる．既約ユニタリ表現 S のウェイトの集合 $\Delta(S) \subset \mathbb{Z}^n$ の中で, $\prec$ に関する最大元を S の最高ウェイトという．今, S の最高ウェイトを $\nu = (\nu_1, \cdots, \nu_n)$ とする．(3.2.14) の左辺を降べきの順に書いたときの初項は $m_\nu z_1^{\nu_1+n-1} z_2^{\nu_2+n-2} \cdots z_n^{\nu_n}$．一方 (3.2.14) の右辺の初項は $\pm z_1^{\alpha_1} \cdots z_n^{\alpha_n}$ に等しい．したがって (3.2.13) における $\pm$ のうち実際は $+$ 符号が正しく, さらに最高ウェイト ν について

$$m_\nu = 1,$$
$$\alpha = \nu + \delta \quad (\iff \alpha_1 = \nu_1 + n - 1, \alpha_2 = \nu_2 + n - 2, \cdots, \alpha_n = \nu_n) \qquad (3.2.15)$$

が成り立つ．(3.2.15) のもとでは, $\alpha_1 > \cdots > \alpha_n$ と $\nu_1 \geqq \cdots \geqq \nu_n$ が同値である．

定理 3.14 ($U(n)$ の既約ユニタリ表現) (1) $U(n)$ の既約ユニタリ表現 S の最高ウェイト $\nu = (\nu_1, \cdots, \nu_n)$ は, $\nu \in \mathbb{Z}^n$, $\nu_1 \geqq \nu_2 \geqq \cdots \geqq \nu_n$ をみたし, 重複度

$$m_\nu = \dim \mathrm{Hom}_D(\chi^\nu, \mathrm{Res}_D^{U(n)} S) = 1$$

をもつ．さらに, $\delta = (n-1, n-2, \cdots, 0)$ とおいて,

$$\chi_S(z) = \frac{a_{\nu+\delta}(z)}{a_\delta(z)}, \qquad z \in D. \qquad (3.2.16)$$

(2) $\nu \in \mathbb{Z}^n$, $\nu_1 \geqq \nu_2 \geqq \cdots \geqq \nu_n$ ならば, ν を最高ウェイトとする $U(n)$ の既約ユニタリ表現の同値類が一意的に存在する．すなわち

$$\widehat{U(n)} \;\cong\; \{\nu \in \mathbb{Z}^n \mid \nu_1 \geqq \nu_2 \geqq \cdots \geqq \nu_n\}. \qquad (3.2.17)$$

(3.2.16) を Weyl の指標公式と呼ぶ．

証明 (3.2.17) の左辺から右辺への写像の全単射性のみ残っている．Weyl の指標公式 (3.2.16) から最高ウェイトが同じならば同じ指標をもつので, 単射である．

全射性は $Z(L^2(U(n)))$ での既約指標の完全性による．今, $\nu \in \mathbb{Z}^n$, $\nu_1 \geqq \cdots \geqq \nu_n$ が与えられたとすると，$\nu_1 + n - 1 > \nu_2 + n - 2 > \cdots > \nu_n$．ゆえに, $a_{\nu+\delta} \neq 0$ であり, 直後の注意 3.15 により, $a_{\nu+\delta}$ は a_δ で割りきれる ((3.2.20) 参照)．そうすると, $a_{\nu+\delta}/a_\delta$ は D 上の対称 Laurent 多項式だから $U(n)$ 上の類関数 $\chi(x)$ に一意的に拡張される．既約ユニタリ表現 S が ν と異なる最高ウェイトをもてば, Weyl の積分公式 (定理 3.11), Weyl の指標公式 (3.2.16), および補題 3.13 により,

$$\langle \chi_S, \chi \rangle_{L^2(U(n))} = 0. \qquad (3.2.18)$$

したがって, もし ν が (3.2.17) の $\widehat{U(n)}$ の像に属していないとすれば, (3.2.18) がすべての既約ユニタリ表現 S に対して成り立つので, 定理 3.10 により $\chi \equiv 0$ でなければならない. ■

注意 3.15　定理 3.14 に現れた $a_{\nu+\delta}(z)$ は $z_1, \cdots, z_n$ の $\mathbb{Z}$-係数 Laurent 多項式であるが, 任意の i, j に対し, 行列式の性質により, $z_i = z_j$ とおくと値が 0 になる. このことから, $a_{\nu+\delta}(z)$ が差積 $\prod_{i \neq j}(z_i - z_j) = a_\delta(z)$ で割りきれることを念のため確認しよう. 十分大きい $N \in \mathbb{N}$ をとり,

$$f(z) = z^N a_{\nu+\delta}(z) = z_1^N \cdots z_n^N a_{\nu+\delta}(z_1, \cdots, z_n)$$

が $z_1, \cdots, z_n$ の多項式であるようにしておく. まず, $z_2, \cdots, z_n$ を異なる $n-1$ 個の数として任意に固定する. $f(z)$ が z_1 の多項式として $z_1 - z_2, \cdots, z_1 - z_n$ で割りきれるから,

$$f(z) = (z_1 - z_2) \cdots (z_1 - z_n) p(z), \qquad p(z) \in \mathbb{Z}[z_1, \cdots, z_n]. \tag{3.2.19}$$

ところが, (3.2.19) は $z_1, \cdots, z_n$ の多項式としても成り立つ. 次に, $z_1, z_3, \cdots, z_n$ を異なる $n-1$ 個の数として任意に固定する. (3.2.19) で $z_2 = z_j (j = 3, 4, \cdots, n)$ とおくと $p(z)$ が 0 になるので, $p(z)$ は z_2 の多項式として $(z_2 - z_3) \cdots (z_2 - z_n)$ で割りきれる. ゆえに,

$$f(z) = (z_1 - z_2) \cdots (z_1 - z_n)(z_2 - z_3) \cdots (z_2 - z_n) q(z), \quad q(z) \in \mathbb{Z}[z_1, \cdots, z_n].$$

この式も, $z_1, \cdots, z_n$ の多項式としても成り立つ. この議論をくり返すことにより, $f(z)$ が $a_\delta(z)$ で割りきれる. すなわち,

$$z^N a_{\nu+\delta}(z) = a_\delta(z) r(z), \qquad r(z) \in \mathbb{Z}[z_1, \cdots, z_n]. \tag{3.2.20}$$

$a_\delta, a_{\nu+\delta}$ の交代性により, $r(z)$ は対称な多項式である.

定義 3.16　(3.2.20) から得られた $z_1, \cdots, z_n$ の対称な $\mathbb{Z}$-係数 Laurent 多項式

$$\frac{a_{\nu+\delta}(z)}{a_\delta(z)} = \begin{vmatrix} z_1^{\nu_1+n-1} & z_1^{\nu_2+n-2} & \cdots & z_1^{\nu_n} \\ z_2^{\nu_1+n-1} & z_2^{\nu_2+n-2} & \cdots & z_2^{\nu_n} \\ \vdots & \vdots & \ddots & \vdots \\ z_n^{\nu_1+n-1} & z_n^{\nu_2+n-2} & \cdots & z_n^{\nu_n} \end{vmatrix} \Bigg/ \begin{vmatrix} z_1^{n-1} & z_1^{n-2} & \cdots & 1 \\ z_2^{n-1} & z_2^{n-2} & \cdots & 1 \\ \vdots & \vdots & \ddots & \vdots \\ z_n^{n-1} & z_n^{n-2} & \cdots & 1 \end{vmatrix} \tag{3.2.21}$$

を Schur 多項式と呼び, $s_\nu(z)$ で表す. □

3.3 Schur–Weyl 双対性

本節では, テンソル積へのユニタリ群と対称群の双対的な作用を考察する. その結果は次節で対称群における Frobenius の指標公式の証明に用いられる. $A = [a_{ij}] \in M(m, \mathbb{C})$ と $B = [b_{kl}] \in M(n, \mathbb{C})$ のテンソル積 $A \otimes B \in M(mn, \mathbb{C})$ を

$$A \otimes B = \begin{bmatrix} Ab_{11} & Ab_{12} & \cdots \\ Ab_{21} & Ab_{22} & \cdots \\ \vdots & \vdots & \ddots \end{bmatrix} = \begin{bmatrix} a_{11}b_{11} & a_{12}b_{11} & \cdots & a_{11}b_{12} & a_{12}b_{12} & \cdots \\ a_{21}b_{11} & a_{22}b_{11} & \cdots & a_{21}b_{12} & a_{22}b_{12} & \cdots \\ \vdots & \vdots & \ddots & \vdots & \vdots & \ddots \end{bmatrix}$$

と表記する. A が作用する $\mathbb{C}^m$ の標準基底 $u_1, \cdots, u_m$ と B が作用する $\mathbb{C}^n$ の標準基底 $v_1, \cdots, v_n$ をとったとき, $\mathbb{C}^m \otimes \mathbb{C}^n$ の基底として

$$u_1 \otimes v_1, u_2 \otimes v_1, \cdots, u_m \otimes v_1, u_1 \otimes v_2, \cdots, u_2 \otimes v_2, \ \cdots, \ u_{m-1} \otimes v_n, u_m \otimes v_n$$

をとって $A \otimes B$ を行列表示していることになる. また,

$$A \oplus B = \begin{bmatrix} A & O \\ O & B \end{bmatrix} \in M(m+n, \mathbb{C})$$

は $u_1 \oplus 0, \cdots, u_m \oplus 0, \ 0 \oplus v_1, \cdots, 0 \oplus v_n$ を基底にとった表示である.

命題 3.5, 定理 3.6, 定理 3.8 により, 有限群の場合と同じくコンパクト群の有限次元表現 T についても, 既約分解 (1.2.21) に伴って (1.2.23) の描写が成り立つことに注意しよう. (1.2.23) の行列は, $\mathbb{C}^{d_1 k_1 + \cdots + d_m k_m} = \mathbb{C}^{d_1} \otimes \mathbb{C}^{k_1} \oplus \cdots \oplus \mathbb{C}^{d_m} \otimes \mathbb{C}^{k_m}$ に作用する形で, $X_1 \otimes I_{k_1} \oplus \cdots \oplus X_m \otimes I_{k_m}$ と書ける.

命題 3.17 S をコンパクト群 G の $V = V_S$ 上の有限次元表現とし, S の作用が生成する $\mathrm{End}(V)$ の $*$-部分代数 $\mathcal{A} = \langle S \rangle = \langle S(G) \rangle = \langle S(g) \,|\, g \in G \rangle$ を (1.2.21) と同じような S の既約分解に伴って次のように表す:

$$\begin{aligned} \mathcal{A} &\cong \{X_1 \otimes I_{k_1} \oplus \cdots \oplus X_m \otimes I_{k_m} \,|\, X_1 \in M(d_1, \mathbb{C}), \cdots, X_m \in M(d_m, \mathbb{C})\} \\ &\cong \{\mathrm{diag}(X_1, \cdots, X_1, \cdots, X_m, \cdots, X_m) \\ &\qquad\qquad |\, X_1 \in M(d_1, \mathbb{C}), \cdots, X_m \in M(d_m, \mathbb{C})\}. \end{aligned} \tag{3.3.1}$$

(1) $\mathcal{A}$ の可換子環 $\mathcal{A}'$ は, (3.3.1) と同じ基底のとり方のもとで

$$\mathcal{A}' \cong \{I_{d_1} \otimes Y_1 \oplus \cdots \oplus I_{d_m} \otimes Y_m \mid Y_1 \in M(k_1, \mathbb{C}), \cdots, Y_m \in M(k_m, \mathbb{C})\}$$

$$\cong \left\{ \left[\begin{array}{ccc|c|ccc} y^{(1)}_{11} I_{d_1} & \cdots & y^{(1)}_{1k_1} I_{d_1} & & & & \\ & \cdots & & & & & \\ y^{(1)}_{k_1 1} I_{d_1} & \cdots & y^{(1)}_{k_1 k_1} I_{d_1} & & & & \\ \hline & & & \ddots & & & \\ \hline & & & & y^{(m)}_{11} I_{d_m} & \cdots & y^{(m)}_{1k_m} I_{d_m} \\ & & & & & \cdots & \\ & & & & y^{(m)}_{k_m 1} I_{d_m} & \cdots & y^{(m)}_{k_m k_m} I_{d_m} \end{array}\right] \middle| \right.$$
$$\left. Y_1 = [y^{(1)}_{ij}] \in M(d_1, \mathbb{C}), \cdots, Y_m = [y^{(m)}_{ij}] \in M(d_m, \mathbb{C}) \right\} \tag{3.3.2}$$

と表示される．また $\mathcal{A}'' = \mathcal{A}$ が成り立つ．

(2) 次はそれぞれ $\mathcal{A}$ の極小中心射影の集合と極小射影の同値類の代表系になる:

$$\{0 \oplus \cdots \oplus 0 \oplus (I_{d_i} \otimes I_{k_i}) \oplus 0 \oplus \cdots \oplus 0 \mid i = 1, 2, \cdots, m\}, \tag{3.3.3}$$

$$\{0 \oplus \cdots \oplus 0 \oplus (E_{11} \otimes I_{k_i}) \oplus 0 \oplus \cdots \oplus 0 \mid i = 1, 2, \cdots, m\} \tag{3.3.4}$$

($E_{11} \in M(d_i, \mathbb{C})$ は $(1,1)$ 成分が 1, 他成分が 0 の行列単位)．したがって,

(ア) $\mathcal{A}$ の極小中心射影全体

(イ) $\mathcal{A}$ の極小射影の同値類全体

(ウ) S に含まれる G の既約表現の同値類全体

の間には全単射対応がある．

(3) $\mathcal{A}$ の任意の極小射影 Q の像 $Q(V)$ は既約 $\mathcal{A}'$-加群になる．

証明 (1), (2) は (3.3.1) の表示から読み取れる．(3.3.3) の際には中心射影が $\mathcal{A} \cap \mathcal{A}'$ に属することに注意する[3]．

(3) Q は $\mathcal{A}$ の中で (3.3.4) の行列と同値な射影である．すなわち, (3.3.1) においてどれか 1 つのみ $X_i = AE_{11}B$ $(A, B \in GL(d_i, \mathbb{C}))$ で他は $X_j = 0$ $(j \neq i)$ とした行列で表される．$Q(V)$ が既約 $\mathcal{A}'$-加群になるのは, (3.3.4) の像に (3.3.2) の $\mathcal{A}'$ が既約に作用するのと同じ事情である． ■

表現の外部テンソル積について述べる．当面の目的のためコンパクト群の有限次元表現のみ扱う．コンパクト群 G_1, G_2 の有限次元表現 $(T_1, V_1), (T_2, V_2)$ に対し,

$$(g_1, g_2) \in G_1 \times G_2 \;\mapsto\; T_1(g_1) \otimes T_2(g_2) \in GL(V_1 \otimes V_2)$$

---

[3] また, 注意 1.20 で指摘した簡単な事実も思い出しておこう．

で定まる $G_1 \times G_2$ の表現を $(T_1 \boxtimes T_2, V_1 \otimes V_2)$ で表し, (T_1, V_1) と (T_2, V_2) の外部テンソル積表現と呼ぶ. $G_1 = G_2 = G$ として, $T_1 \boxtimes T_2$ を $G \times G$ の対角部分群 $\{(g,g) \mid g \in G\}$ に制限したものが, T_1 と T_2 のテンソル積表現 $T_1 \otimes T_2$ である.

命題 3.18 G_1, G_2 をコンパクト群とし, それぞれの有限次元表現 $(T_1, V_1), (T_2, V_2)$ をとるとき, $T_1 \boxtimes T_2$が既約 $\iff$ T_1と T_2がともに既約.

証明 ($\Longrightarrow$) T_1 が可約ならば, $\{0\}$ でも V_1 でもない不変部分空間 W_1 をとると, $W_1 \otimes V_2$ が $T_1 \boxtimes T_2$ で不変である. T_2 が可約のときも同様の議論が成り立つ. どちらの場合も, $T_1 \boxtimes T_2$ が可約になる.

($\Longleftarrow$) 絡作用素 $C \in R(T_1 \boxtimes T_2)$ をとる. $T_1(G_1)$ の作用が生成する $\mathrm{End}(V_1 \otimes V_2)$ の $*$-部分代数を $\mathcal{A}$ として命題 3.17 の特別な場合であると考えれば, $C = I_{V_1} \otimes C_2$, $C_2 \in \mathrm{End}(V_2)$ を得る. $T_2(G_2)$ の作用が生成する $*$-部分代数にも同じ議論を適用すれば, $C = C_1 \otimes I_{V_2}$, $C_1 \in \mathrm{End}(V_1)$ を得る. この両方の形をみたすのは, C が $V_1 \otimes V_2$ 上のスカラー作用素の場合しかない. ゆえに, $T_1 \boxtimes T_2$ が既約である. ■

定理 3.19 S, T をそれぞれコンパクト群 G, K の同一の有限次元空間 V 上の表現とする. それらが生成する $\mathrm{End}(V)$ の $*$-部分代数をそれぞれ $\mathcal{A} = \langle S(G) \rangle, \mathcal{B} = \langle T(K) \rangle$ とし, $\mathcal{A}' = \mathcal{B}$ であるとする. このとき, $G \times K$ の V 上の表現 $S \times T$ が

$$(S \times T)(g, x) = S(g)T(x), \qquad g \in G, \quad x \in K$$

によって定義されるが, 全単射 Θ :

$\{S$ が含む G の既約表現の同値類$\} \longrightarrow \{T$ が含む K の既約表現の同値類$\}$

が存在して, $G \times K$ の表現 $(S \times T, V)$ の既約分解

$$S \times T \;\cong\; \bigoplus_{i=1}^{m} S_i \boxtimes T_i \tag{3.3.5}$$

が成り立つ. ここで, S に含まれる G の既約表現の同値類全体を $\{\lambda_1, \cdots, \lambda_m\}$ とおき, S_i, T_i はそれぞれ $\lambda_i, \Theta(\lambda_i)$ に属する G, K の既約表現であるとする. (3.3.5) を詳しく書けば,

$$V \;\cong\; \bigoplus_{i=1}^{m} V^{\lambda_i} \otimes V^{\Theta(\lambda_i)}, \tag{3.3.6}$$

$$S(g) \;\sim\; \bigoplus_{i=1}^{m} S_i(g) \otimes I_{\dim \Theta(\lambda_i)}, \qquad g \in G, \tag{3.3.7}$$

$$T(x) \sim \bigoplus_{i=1}^{m} I_{\dim \lambda_i} \otimes T_i(x), \qquad x \in K. \tag{3.3.8}$$

となる．ただし，(3.3.7) と (3.3.8) における $\sim$ は，(3.3.6) の同型による作用素の相似を表す．

証明　命題 3.17(2) の (イ)–(ウ) 対応と (3) の $\mathcal{B}$-加群により，写像 Θ が定まる．すなわち，λ_i $(i \in \{1, \cdots, m\})$ を 1 つとってくると，(ウ) $\to$ (イ) によって対応する $\mathcal{A}$ の極小射影の同値類が 1 つ決まり，(3) による既約 $\mathcal{B}$-加群を通して T の既約成分を与える．それが $\Theta(\lambda_i)$ である．一方，(3.3.2) の表示から V に含まれる既約 $\mathcal{B}$-加群を読み取ることができ，それらは (3) に述べられている $\mathcal{A}$ の極小射影の像が与える既約 $\mathcal{B}$-加群にほかならない．こうして捉えられる T の既約成分から S の既約成分への写像は，Θ と互いに逆の対応を与える．したがって，Θ は全単射である．この Θ の決め方によれば，(3.3.6)–(3.3.8) も (3.3.1) と (3.3.2) の表示から得られる．■

注意 3.20　定理 3.19 の仮定のように，$\langle S(G)\rangle' = \langle T(K)\rangle$ が成り立つとき，G と K が V に双対的に作用するという．$\langle S(G)\rangle'' = \langle S(G)\rangle$ であるから，$\langle T(K)\rangle' = \langle S(G)\rangle$ も成り立っている．

定理 3.19 の双対的な作用を対称群とユニタリ群で実現しよう．$\mathfrak{S}_n$ と $U(k)$ の $(\mathbb{C}^k)^{\otimes n}$ への自然な作用を考える: $g \in \mathfrak{S}_n$, $x \in U(k)$, $v_1, \cdots, v_n \in \mathbb{C}^k$ に対し，

$$\begin{aligned} S(g)(v_1 \otimes \cdots \otimes v_n) &= v_{g^{-1}(1)} \otimes \cdots \otimes v_{g^{-1}(n)}, \\ T(x)(v_1 \otimes \cdots \otimes v_n) &= (xv_1) \otimes \cdots \otimes (xv_n). \end{aligned} \tag{3.3.9}$$

定理 3.21　$S(\mathfrak{S}_n)$ と $T(U(k))$ が生成する $\mathrm{End}((\mathbb{C}^k)^{\otimes n})$ の部分代数をそれぞれ $\mathcal{A} = \langle S(\mathfrak{S}_n)\rangle$ と $\mathcal{B} = \langle T(U(k))\rangle$ とすると，$\mathcal{A}' = \mathcal{B}$ が成り立つ．

定理 3.21 の証明のために，可換子環 $\mathcal{A}'$ と $\mathcal{B}$ に関する補題を用意する．

補題 3.22　$(\mathrm{End}(\mathbb{C}^k))^{\otimes n} \cong \mathrm{End}((\mathbb{C}^k)^{\otimes n})$ が成り立つ．ここで同型写像は，$A_1 \otimes \cdots \otimes A_n \in (\mathrm{End}(\mathbb{C}^k))^{\otimes n}$ を

$$v_1 \otimes \cdots \otimes v_n \longmapsto A_1 v_1 \otimes \cdots \otimes A_n v_n \tag{3.3.10}$$

によって $\mathrm{End}((\mathbb{C}^k)^{\otimes n})$ とみなすことで与えられる (もちろん線型拡張する)．

証明　$A_1 \otimes \cdots \otimes A_n$ に対し，(3.3.10) が $\mathrm{End}((\mathbb{C}^k)^{\otimes n})$ の元を無矛盾に定める

こと, およびこの写像が線型な単射であることは, 線型空間のテンソル積の性質からしたがう. あとは次元の勘定による: $(k^2)^n = (k^n)^2$. ■

補題 3.23 有限次元線型空間 W に対し, $W^{\otimes n}$ への $\mathfrak{S}_n$ の作用 S に関して不変な元たち($\iff$ $W^{\otimes n}$ に含まれる自明な成分 $\iff$ $W^{\otimes n}$ の対称テンソルたち) は, $\mathrm{L.h.}\{w\otimes\cdots\otimes w \mid w\in W\}(\subset W^{\otimes n})$ に一致する.

証明 自明な表現の等型成分への射影を与える (1.2.22) にあたるのは, 今は $\sum_{g\in\mathfrak{S}_n} S(g)/n! = \sigma_n$ である. $\mathcal{X} = \mathrm{L.h.}\{w\otimes\cdots\otimes w \mid w\in W\}$ が $\sigma_n(W^{\otimes n})$ に一致することを示す. $\mathcal{X}\subset\sigma_n(W^{\otimes n})$ は自明である. $v_1,\cdots,v_n\in W$ に対して

$$\frac{\partial^{n-1}(\alpha_1 v_1+\cdots+\alpha_{n-1}v_{n-1}+v_n)^{\otimes n}}{\partial\alpha_{n-1}\cdots\partial\alpha_1}\bigg|_{\alpha_1=\cdots=\alpha_{n-1}=0} = \sum_{g\in\mathfrak{S}_n} v_{g(1)}\otimes\cdots\otimes v_{g(n)}$$
$$= n!\sigma_n(v_1\otimes\cdots\otimes v_n) \tag{3.3.11}$$

が成り立つ. (左辺では, $\partial\alpha_1$ によって n 重テンソル内の v_1 の位置が決められ, $\partial\alpha_2$ によって v_2 の位置が $\cdots$ と見ればよい.) $\mathcal{X}$ は当然閉だから, (3.3.11) の左辺は $\mathcal{X}$ に属する. したがって, $\sigma_n(W^{\otimes n})\subset\mathcal{X}$ が示された. ■

補題 3.24 $\mathcal{U} = \langle x\otimes\cdots\otimes x \mid x\in U(k)\rangle \subset (\mathrm{End}(\mathbb{C}^k))^{\otimes n}$ とおくと, 任意の $a\in\mathrm{End}(\mathbb{C}^k)$ に対しても $a\otimes\cdots\otimes a\in\mathcal{U}$ が成り立つ.

証明 行列 (あるいは有限次元の線型変換)A の指数関数 $e^A = \sum_{n=0}^{\infty}\frac{1}{n!}A^n$ とその性質は既知としよう. $\mathcal{U}$ は閉集合であることに注意する. k 次の歪エルミート行列 $(X^* = -X)$ 全体を $\mathfrak{u}(k)$ と書く. $\mathfrak{u}(k)$ は $U(k)$ の Lie 環である. すなわち,

$$X\in\mathfrak{u}(k) \iff \forall t\in\mathbb{R},\ e^{tX}\in U(k).$$

まず, 任意の $X\in M(k,\mathbb{C})$ と $t\in\mathbb{R}$ に対して

$$e^{tX}\otimes\cdots\otimes e^{tX}\in\mathcal{U} \tag{3.3.12}$$

を示す. $t=0$ での微分係数を考えれば, (3.3.12) は

$$X\otimes I\otimes\cdots\otimes I + I\otimes X\otimes I\otimes\cdots\otimes I+\cdots+I\otimes\cdots\otimes I\otimes X\in\mathcal{U} \tag{3.3.13}$$

を導く. 逆に (3.3.13) を仮定すると, 各項どうしは可換であるから, 指数関数をとれば (3.3.12) が得られる. つまり, (3.3.12) と (3.3.13) は同値である. 仮定から, $X\in\mathfrak{u}(k)$ に対しては (3.3.12), したがって (3.3.13) が言えている. そうすると,

$M(k,\mathbb{C})$ の任意の元が $\mathfrak{u}(k)+i\mathfrak{u}(k)$ の元として表せることから, (3.3.13) が任意の $X \in M(k,\mathbb{C})$ に対して成り立ち, (3.3.12) を得る. (3.3.12) の積をとって, 任意の $X_1,\cdots,X_l \in M(k,\mathbb{C})$ と $t \in \mathbb{R}$ に対して $a\otimes\cdots\otimes a \in \mathcal{U},\ a=e^{tX_1}\cdots e^{tX_l}$ を得る. 任意の $a \in GL(k,\mathbb{C})$ は, 適当な $X_1,\cdots,X_l \in M(k,\mathbb{C})$ をとって

$$a = e^{X_1}\cdots e^{X_l} \tag{3.3.14}$$

と表される. 実際, $X \mapsto e^X$ は $O \in M(k,\mathbb{C})$ の開近傍 U_0 と $I \in GL(k,\mathbb{C})$ の開近傍 U_1 の局所同型を与え, U_1 が生成する $GL(k,\mathbb{C})$ の部分群 $G_1=\bigcup_{l=0}^{\infty} U_1^l$ は $GL(k,\mathbb{C})$ の中で開かつ閉である. ゆえに, $GL(k,\mathbb{C})$ の連結性から $G_1=GL(k,\mathbb{C})$ となり, (3.3.14) が示された. これにより, 任意の $a \in GL(k,\mathbb{C})$ に対して $a\otimes\cdots\otimes a \in \mathcal{U}$ が成り立つことが言える. $GL(k,\mathbb{C})$ は $M(k,\mathbb{C})$ の中で稠密だから, 結局 $a\otimes\cdots\otimes a \in \mathcal{U}$ が任意の $a \in M(k,\mathbb{C})$ に対して成り立つ. ■

定理 3.21 の証明　$A \in \mathrm{End}((\mathbb{C}^k)^{\otimes n})$ に対して,

$$A \in \mathcal{A}' \iff S(g)AS(g)^{-1}=A \quad (\forall g \in \mathfrak{S}_n).$$

補題 3.22 により $A=\sum_i A_1^{(i)}\otimes\cdots\otimes A_n^{(i)},\ A_j^{(i)} \in \mathrm{End}(\mathbb{C}^k)$ の形に書けるので,

$$S(g)AS(g)^{-1}=\sum_i A_{g^{-1}(1)}^{(i)}\otimes\cdots\otimes A_{g^{-1}(n)}^{(i)}=\tilde{S}(g)A.$$

ここで, $\mathfrak{S}_n$ の $(\mathrm{End}(\mathbb{C}^k))^{\otimes n}$ への自然な作用を $\tilde{S}$ と書いた. したがって, 補題 3.23 を $W=\mathrm{End}(\mathbb{C}^k)$ に適用して,

$$\mathcal{A}'=\mathrm{L.h.}\{a\otimes\cdots\otimes a \,|\, a \in \mathrm{End}(\mathbb{C}^k)\}=\langle a\otimes\cdots\otimes a \,|\, a \in \mathrm{End}(\mathbb{C}^k)\rangle$$

を得る. 補題 3.24 によってこれは $\mathcal{B}$ に等しい. ■

$\mathfrak{S}_n$ と $U(k)$ の $(\mathbb{C}^k)^{\otimes n}$ への双対的な作用が確認できたので, 定理 3.19 の全単射対応 Θ を具体的に求める.

定理 3.25　(3.3.9) で定まる $\mathfrak{S}_n$ と $U(k)$ の $(\mathbb{C}^k)^{\otimes n}$ 上の表現 S,T を考える.

(1) $\lambda \in \mathbb{Y}_n$ に対し, S が λ-成分を含む $\iff l(\lambda) \leqq k$.

(2) $l(\lambda) \leqq k$ なる $\lambda \in \mathbb{Y}_n$ に対し, 定理 3.19 における $\Theta(\lambda)$ は

$$(\lambda_1,\lambda_2,\cdots,\lambda_{l(\lambda)},0,\cdots,0) \in \mathbb{Z}^k \tag{3.3.15}$$

を最高ウェイトにもつ $U(k)$ の既約表現の同値類である.

証明 (1) 定理 2.39 を用いて, S が λ-成分を含むことを次のように言い換えることができる:「λ 形状をもつある標準盤に対応する容量ベクトルを $\mathfrak{S}_n$ の Jucys–Murphy 元 $X_1, \cdots, X_n$ の作用の固有値列 (ウェイト) にもつような 0 でないベクトルが $(\mathbb{C}^k)^{\otimes n}$ に存在する」. このとき,「ある標準盤」を「任意の標準盤」に変えても成立する. したがって, $\mathrm{Tab}(\lambda)$ の中から列規準盤 (定義 2.34) C をもってきてよい. その容量ベクトルは次で与えられる:

$$\begin{aligned}\alpha = (0, -1, -2, \cdots, -(\lambda'_1 - 1),\ 1, 0, \cdots, -(\lambda'_2 - 2),\ 2, 1, \cdots, -(\lambda'_3 - 3),\\ \cdots,\ \lambda_1 - 1, \cdots, -(\lambda'_{\lambda_1} - \lambda_1)) \quad \in \mathrm{Spec}(n) = \mathrm{Cont}(n). \qquad (3.3.16)\end{aligned}$$

($\Longrightarrow$) を示す. (3.3.16) のウェイト α をもつ $v = v_\alpha \in (\mathbb{C}^k)^{\otimes n} (v \neq 0)$ が存在する. 定理 2.20(2) により, $s_1 = (1\,2), \cdots, s_{\lambda'_1 - 1} = (\lambda'_1 - 1\ \lambda'_1)$ の作用で v は (-1) 倍される: $S(s_j)v = -v\ (j = 1, \cdots, \lambda'_1 - 1)$. $1, 2, \cdots, \lambda'_1$ のうちの任意の 2 文字の互換は奇数個の $s_1, \cdots, s_{\lambda'_1 - 1}$ の積で書けて $S((i\,j))v = -v\ \ (1 \leqq i < j \leqq \lambda'_1)$. もしも $\lambda'_1 > k$ ならば,

$$v = \sum_{i_1, \cdots, i_n = 1}^{k} v_{i_1 \cdots i_n} e_{i_1} \otimes \cdots \otimes e_{i_{\lambda'_1}} \otimes \cdots \otimes e_{i_n}, \qquad v_{i_1 \cdots i_n} \in \mathbb{C}$$

の任意の成分において, $i_1, \cdots, i_{\lambda'_1}$ の中に一致する対 $i_p = i_q\ (1 \leqq p < q \leqq \lambda'_1)$ が必ずある. v に互換 $(i_p\ i_q)$ を作用させて $S((i_p\ i_q))v = -v$ を用いると, $v_{i_1 \cdots i_n} = 0$. したがって $v = 0$ となってしまう. ゆえに $\lambda'_1 \leqq k$ である.

($\Longleftarrow$) を示す. $l(\lambda) = \lambda'_1 \leqq k$ だから, 0 でないベクトル

$$v = (e_1 \wedge \cdots \wedge e_{\lambda'_1}) \otimes (e_1 \wedge \cdots \wedge e_{\lambda'_2}) \otimes \cdots \otimes (e_1 \wedge \cdots \wedge e_{\lambda'_{\lambda_1}}) \ \in (\mathbb{C}^k)^{\otimes n} \quad (3.3.17)$$

がとれる. $e_1, \cdots, e_k$ は $\mathbb{C}^k$ の標準基底であり, $j \in \{1, 2, \cdots, k\}$ に対して

$$e_1 \wedge \cdots \wedge e_j = \sum_{\sigma \in \mathfrak{S}_j} (\mathrm{sgn}\,\sigma) e_1 \otimes \cdots \otimes e_j.$$

Jucys–Murphy 元 $X_1, \cdots, X_n$ の (3.3.17) の v への作用が (3.3.16) の α で

$$S(X_j)v = \alpha_j v, \qquad j \in \{1, \cdots, n\}$$

と書けることを示そう. $X_1, \cdots, X_{\lambda'_1}$ までの作用は外積の性質から容易である:

$$\begin{aligned}&S(X_1)v = 0,\\ &S(X_2)v = S((1\,2))v = -v \qquad (\lambda'_1 \geqq 2 \text{ のとき}),\\ &S(X_3)v = S((1\,3))v + S((2\,3))v = -v - v = -2v \quad (\lambda'_1 \geqq 3 \text{ のとき}),\ \cdots,\\ &S(X_{\lambda'_1})v = -(\lambda'_1 - 1)v. \qquad (3.3.18)\end{aligned}$$

$\lambda'_1 < s \leqq n$ なる X_s の作用をみるために[4],

$$v = \sum_{\sigma_1 \in \mathfrak{S}_{\lambda'_1}} \cdots \sum_{\sigma_{\lambda_1} \in \mathfrak{S}_{\lambda'_{\lambda_1}}} (\operatorname{sgn}\sigma_1)\cdots(\operatorname{sgn}\sigma_{\lambda_1})$$
$$(e_{\sigma_1(1)} \otimes \cdots \otimes e_{\sigma_1(\lambda'_1)}) \otimes \cdots \otimes (e_{\sigma_{\lambda_1}(1)} \otimes \cdots \otimes e_{\sigma_{\lambda_1}(\lambda'_{\lambda_1})}) \quad (3.3.19)$$

と書く. 文字 s が含まれる列規準盤 C の列を第 l 列とし, $s = \lambda'_1 + \cdots + \lambda'_{l-1} + m$ と表す ($1 \leqq m \leqq \lambda'_l$). $h < l$ とし, C の第 h 列に含まれる文字の置換全体を $\mathfrak{S}_{\lambda'_h}$ で, 第 l 列に含まれる文字の置換全体を $\mathfrak{S}_{\lambda'_l}$ で表す. $X_s = (1\ s) + (2\ s) + \cdots + (s-1\ s)$ のうちの s の相方の文字が第 h 列に含まれている項たちを抜き出した和

$$Y_h = ((\lambda'_1 + \cdots + \lambda'_{h-1} + 1)\ \ s) + \cdots + ((\lambda'_1 + \cdots + \lambda'_{h-1} + \lambda'_h)\ \ s)$$

に着目する.

$$X_s = Y_1 + \cdots + Y_h + \cdots + Y_{l-1} + \tilde{Y}_l,$$
$$\tilde{Y}_l = ((\lambda'_1 + \cdots + \lambda'_{l-1} + 1)\ \ s) + \cdots + ((\lambda'_1 + \cdots + \lambda'_{l-1} + m - 1)\ \ s)$$

とおく. (3.3.18) と同様にして,

$$S(\tilde{Y}_l)v = -(m-1)v \quad (3.3.20)$$

は容易に得られる. Y_h について

$$S(Y_h)v = v, \qquad h \in \{1, 2, \cdots, l-1\} \quad (3.3.21)$$

が成り立つことがわかれば, (3.3.20) と (3.3.21) により,

$$S(X_s)v = (l-1)v - (m-1)v = (l-m)v. \quad (3.3.22)$$

文字 s が書かれた箱の容量が $l - m$ であるから, (3.3.22) は X_s の作用の固有値が (3.3.16) であることを示している. (3.3.21) を示そう. 多少繁雑ではあるが, 議論は全く初等的である. (3.3.19) への Y_h の作用では, 第 h ブロックと第 l ブロックしか影響を受けないので, (3.3.21) のためには,

$$\sum_{\sigma \in \mathfrak{S}_{\lambda'_h}} \sum_{\tau \in \mathfrak{S}_{\lambda'_l}} \sum_{i=1}^{\lambda'_h} (\operatorname{sgn}\sigma)(\operatorname{sgn}\tau)$$
$$(e_{\sigma(1)} \otimes \cdots \otimes \underbrace{e_{\tau(m)}}_{i\ \text{成分}} \otimes \cdots \otimes e_{\sigma(\lambda'_h)}) \otimes (e_{\tau(1)} \otimes \cdots \otimes \underbrace{e_{\sigma(i)}}_{m\ \text{成分}} \otimes \cdots \otimes e_{\tau(\lambda'_l)})$$

---

4) たとえば, v の第 1 成分と第 $\lambda'_1 + 1$ 成分が e_1 だから $S((1\ \lambda'_1 + 1))v = v$ などと, 早合点しないようにしよう.

$$= \sum_{\sigma \in \mathfrak{S}_{\lambda'_h}} \sum_{\tau \in \mathfrak{S}_{\lambda'_l}} (\operatorname{sgn}\sigma)(\operatorname{sgn}\tau)(e_{\sigma(1)} \otimes \cdots \otimes e_{\sigma(\lambda'_h)}) \otimes (e_{\tau(1)} \otimes \cdots \otimes e_{\tau(\lambda'_l)}) \tag{3.3.23}$$

を示せばよい. $\tau \in \mathfrak{S}_{\lambda'_l}$ を固定し, (3.3.23) の両辺の各 τ 項が一致することを見よう. σ と i のペア (σ, i) に沿う和であるとみなし, (σ, i) が $\sigma(i) = \tau(m)$ をみたすか否かで 2 つに分ける. まず,

$$\sum_{\sigma \in \mathfrak{S}_{\lambda'_h}, i \in \{1, \cdots, \lambda'_h\}: \sigma(i) \neq \tau(m)} \operatorname{sgn}\sigma(e_{\sigma(1)} \otimes \cdots \otimes \underbrace{e_{\tau(m)}}_{i \text{ 成分}} \otimes \cdots \otimes e_{\sigma(\lambda'_h)})$$
$$\otimes (e_{\tau(1)} \otimes \cdots \otimes \underbrace{e_{\sigma(i)}}_{m \text{ 成分}} \otimes \cdots \otimes e_{\tau(\lambda'_l)}) = 0 \tag{3.3.24}$$

を示そう. $\sigma(i) \neq \tau(m)$ なる (σ, i) をとると, $\sigma(1), \cdots, \sigma(i-1), \sigma(i+1), \cdots, \sigma(\lambda'_h)$ の中に必ず $\tau(m)$ が含まれるから, その番号を $\tilde{i}$ とする: $\sigma(\tilde{i}) = \tau(m)$. そして, $\tilde{\sigma} = (\sigma(i)\ \sigma(\tilde{i}))\sigma$ とおき, 写像 $\alpha : (\sigma, i) \mapsto (\tilde{\sigma}, \tilde{i})$ を得る. $\tilde{\sigma}(\tilde{i}) = \sigma(i) \neq \tau(m)$ である. また, $\tilde{\sigma}(i) = \sigma(\tilde{i}) = \tau(m)$, $(\tilde{\sigma}(\tilde{i})\ \tilde{\sigma}(i))\tilde{\sigma} = (\sigma(i)\ \sigma(\tilde{i}))\tilde{\sigma} = \sigma$. したがって, $\alpha(\tilde{\sigma}, \tilde{i}) = (\sigma, i)$. すなわち, α^2 は恒等写像である. ゆえに, (σ, i) と $(\tilde{\sigma}, \tilde{i})$ のペアによって, (3.3.24) の左辺の $\sigma(i) \neq \tau(m)$ なる (σ, i) 全体が対分割される. (3.3.24) の左辺の (σ, i) 項と $(\tilde{\sigma}, \tilde{i})$ 項を見ると, $(\tilde{\sigma}, \tilde{i})$ 項は

$$(\operatorname{sgn}\tilde{\sigma})(e_{\tilde{\sigma}(1)} \otimes \cdots \otimes \underbrace{e_{\tau(m)}}_{\tilde{i} \text{ 成分}} \otimes \cdots \otimes e_{\tilde{\sigma}(\lambda'_h)}) \otimes (e_{\tau(1)} \otimes \cdots \otimes \underbrace{e_{\tilde{\sigma}(\tilde{i})}}_{m \text{ 成分}} \otimes \cdots \otimes e_{\tau(\lambda'_l)}).$$

$\tilde{\sigma}(i) = \tau(m)$ だから, $e_{\tau(m)}$ が入るのは, $\tilde{i}$ 成分と i 成分である. (σ, i) 項でも, $\sigma(\tilde{i}) = \tau(m)$ だから, $e_{\tau(m)}$ が入るのは i 成分と $\tilde{i}$ 成分である. ゆえに, (σ, i) 項と $(\tilde{\sigma}, \tilde{i})$ 項は, $\operatorname{sgn}\tilde{\sigma} = -\operatorname{sgn}\sigma$ の符号の違いのみであって, 加えて 0 になる. これで, (3.3.24) が言えた. 一方, (3.3.24) の左辺を $\sigma(i) = \tau(m)$ に変えたものは,

$$\sum_{\sigma \in \mathfrak{S}_{\lambda'_h}, i \in \{1, \cdots, \lambda'_h\}: \sigma(i) = \tau(m)} \operatorname{sgn}\sigma$$
$$(e_{\sigma(1)} \otimes \cdots \otimes e_{\tau(m)} \otimes \cdots \otimes e_{\sigma(\lambda'_h)}) \otimes (e_{\tau(1)} \otimes \cdots \otimes e_{\sigma(i)} \otimes \cdots \otimes e_{\tau(\lambda'_l)})$$
$$= \sum_{\sigma \in \mathfrak{S}_{\lambda'_h}} \operatorname{sgn}\sigma$$
$$(e_{\sigma(1)} \otimes \cdots \otimes \underbrace{e_{\tau(m)}}_{\sigma^{-1}(\tau(m)) \text{ 成分}} \otimes \cdots \otimes e_{\sigma(\lambda'_h)}) \otimes (e_{\tau(1)} \otimes \cdots \otimes \underbrace{e_{\tau(m)}}_{m \text{ 成分}} \otimes \cdots \otimes e_{\tau(\lambda'_l)})$$

$$= \sum_{\sigma \in \mathfrak{S}_{\lambda'_h}} (\operatorname{sgn} \sigma)(e_{\sigma(1)} \otimes \cdots \otimes e_{\sigma(\lambda'_h)}) \otimes (e_{\tau(1)} \otimes \cdots \otimes e_{\tau(\lambda'_l)}). \tag{3.3.25}$$

(3.3.24) と (3.3.25) をあわせて, (3.3.23) の両辺の各 τ 項が等しいことが示された.

(2) 命題 3.17, 定理 3.19 の状況を考慮する. $l(\lambda) \leqq k$ なる $\lambda \in \mathbb{Y}_n$ に対し, 定理 3.19 に述べた $\Theta(\lambda)$ の決め方は次のとおりであった:

$\lambda \mapsto Q$: 対応する $\langle S(\mathfrak{S}_n) \rangle$ の極小射影

$\mapsto \Theta(\lambda)$: T の $Q((\mathbb{C}^k)^{\otimes n})$ への作用が与える $U(k)$ の既約表現の同値類.

命題 2.52 により, λ 形状の盤 t から $\mathbb{C}[\mathfrak{S}_n]$ の極小射影 e_t をつくり, $Q = Q_t = S(e_t)$ によって Q が与えられる. $Q((\mathbb{C}^k)^{\otimes n})$ への $T(U(k))$ の作用の最高ウェイトを見出せば, それによって $\Theta(\lambda)$ が決定される. λ 形状の 2 つの盤 t, u に対し, e_t と e_u は $\mathfrak{S}_n$ の元の共役でうつり合う: $\exists g \in \mathfrak{S}_n$, $e_u = e_{gt} = g e_t g^{-1}$. このとき, $Q_u = S(e_u) = S(g) Q_t S(g)^{-1}$. ゆえに, $T(U(k))$ の作用は $Q_t((\mathbb{C}^k)^{\otimes n})$ 上でも $Q_u((\mathbb{C}^k)^{\otimes n})$ 上でも, 同じウェイトの集合をもつ. したがって, $Q_\lambda = \sum_{t:\lambda\text{形状の盤}} Q_t$ とおくと, $T(U(k))$ の $Q_\lambda((\mathbb{C}^k)^{\otimes n}) = \text{L.h.}\{Q_t((\mathbb{C}^k)^{\otimes n})\}$ への作用のウェイト集合もこれと一致し, 特に最高ウェイトは等しい. $Q_\lambda = S(\sum_{t:\lambda\text{形状の盤}} e_t)$ において, 命題 2.53 により, $\sum_{t:\lambda\text{形状の盤}} e_t$ は $\mathbb{C}[\mathfrak{S}_n]$ の極小中心射影の正数倍であり, 特に自己共役である (定理 1.34 参照).

$Q_\lambda((\mathbb{C}^k)^{\otimes n})$ 上での $T(U(k))$ の最高ウェイトを求めよう. そのため, Q_λ で消える $e_{i_1} \otimes \cdots \otimes e_{i_n}$ がどんなものかを計算する:

$$\begin{aligned}
&\|Q_\lambda(e_{i_1} \otimes \cdots \otimes e_{i_n})\|^2/(\text{正定数}) = \langle e_{i_1} \otimes \cdots \otimes e_{i_n}, Q_\lambda(e_{i_1} \otimes \cdots \otimes e_{i_n}) \rangle \\
&= \sum_{t:\,\lambda\text{形状の盤}} \kappa_t \sum_{x \in R_t} \sum_{y \in C_t} (\operatorname{sgn} y) \langle e_{i_1} \otimes \cdots \otimes e_{i_n}, e_{i_{(xy)^{-1}(1)}} \otimes \cdots \otimes e_{i_{(xy)^{-1}(n)}} \rangle \\
&= \sum_{t:\,\lambda\text{形状の盤}} \kappa_t \sum_{x \in R_t, y \in C_t:\, i_1 = i_{xy(1)}, \cdots, i_n = i_{xy(n)}} \operatorname{sgn} y.
\end{aligned}$$

ゆえに, $Q_\lambda(e_{i_1} \otimes \cdots \otimes e_{i_n}) \neq 0$ ならば, λ 形状の盤 t_0 が存在して

$$\sum_{x \in R_{t_0}, y \in C_{t_0}:\, i_1 = i_{xy(1)}, \cdots, i_n = i_{xy(n)}} \operatorname{sgn} y \neq 0 \tag{3.3.26}$$

となる. まず, t_0 が列規準盤 r のときを考えよう. r の文字 j の箱に i_j を書き込む. $i_1, \cdots, i_n$ の中に最も頻繁に現れるのが $a_1 \in \{1, \cdots, k\}$ であるとし, その回数を m_1 とする. $m_1 > \lambda_1$ ならば, a_1 が書き込まれた 2 つの箱で r の同一列にある

ものが存在する．r におけるその箱の文字を l, l' とする．$(l\,l') \in C_r$ である．そうすると，x, y が (3.3.26) の和の拘束条件をみたすのと，$x, y(l\,l')$ がその条件をみたすのが同値であることがわかる．ゆえに，(3.3.26) の左辺を $(*)$ とおくと，

$$(*) = \sum_{x \in R_r, y \in C_r: i_1 = i_{xy(l\,l')(1)}, \cdots, i_n = i_{xy(l\,l')(n)}} \operatorname{sgn} y$$
$$= \sum_{x \in R_r, y \in C_r: i_1 = i_{xy(1)}, \cdots, i_n = i_{xy(n)}} \operatorname{sgn} y(l\,l') = -(*)$$

となり，$(*) = 0$ である．したがって，(3.3.26) が成り立つためには，$m_1 \leqq \lambda_1$ が必要である．さらに，$i_1, \cdots, i_n$ の中に 2 番めに頻繁に現れる $a_2 (\neq a_1)$ の回数を m_2 とする．$m_2 \leqq m_1$ であるが，$m_2 = m_1$ でもよい．$m_1 + m_2 > \lambda_1 + \lambda_2$ ならば，a_2 が書き込まれた 2 つの箱で r の同一列にあるものが存在する．そうすると，上と同じ議論によって，$(*) = 0$ を得る．こうして，(3.3.26) が成り立つためには

$$m_1 \leqq \lambda_1,\ m_1 + m_2 \leqq \lambda_1 + \lambda_2,\ \cdots,\ m_1 + \cdots + m_{l(\lambda)} \leqq \lambda_1 + \cdots + \lambda_{l(\lambda)} \quad (3.3.27)$$

が必要である．ここに，m_i は $i_1, \cdots, i_n$ の中で i 番めに頻繁に現れる文字 a_i の回数を表す．

r とは限らない t_0 の場合は，$t_0 = gr$ なる $g \in \mathfrak{S}_n$ をとる．$R_{t_0} = gR_r g^{-1}$, $C_{t_0} = gC_r g^{-1}$ だから，(3.3.26) は

$$\sum_{x \in R_r, y \in C_r:\, i_1 = i_{gxyg^{-1}(1)}, \cdots, i_n = i_{gxyg^{-1}(n)}} \operatorname{sgn} y \neq 0 \quad (3.3.28)$$

と書き換えられる．(3.3.28) の和の拘束条件は，$i_{g(j)} = i_{gxy(j)}$ $(\forall j \in \{1, \cdots, n\})$ であるから，$i_{g(j)} = i'_j$ とおくと，$i'_j = i'_{xy(j)}$ $(\forall j \in \{1, \cdots, n\})$ となる．ここで，$\{i_1, \cdots, i_n\} = \{i'_1, \cdots, i'_n\}$ である．一方，列規準盤 r の条件 (3.3.27) は $i_1, \cdots, i_n$ の順序に関係しないから，(3.3.28) からも同じ条件 (3.3.27) が導かれる．したがって，(3.3.27) が成り立たなければ，$Q_\lambda(e_{i_1} \otimes \cdots \otimes e_{i_n}) = 0$ となる．

0 でない $Q_\lambda(e_{i_1} \otimes \cdots \otimes e_{i_n})$ はすべて $T(z)$ たちの同時固有ベクトルである．実際，$z = \operatorname{diag}(z_1, \cdots, z_k) \in \mathbb{T}^k$ に対し，

$$T(z)Q_t(e_{i_1} \otimes \cdots \otimes e_{i_n}) = Q_t(ze_{i_1} \otimes \cdots \otimes ze_{i_n}) = (z_{i_1} \cdots z_{i_n})Q_t(e_{i_1} \otimes \cdots \otimes e_{i_n}),$$
$$T(z)Q_\lambda(e_{i_1} \otimes \cdots \otimes e_{i_n}) = (z_{i_1} \cdots z_{i_n})Q_\lambda(e_{i_1} \otimes \cdots \otimes e_{i_n}). \quad (3.3.29)$$

(3.3.27) の条件が成り立つとして，$z_{i_1} \cdots z_{i_n} = z_{a_1}^{m_1} z_{a_2}^{m_2} \cdots$ を (3.3.29) に代入すると，可能なウェイトとして最高になるのは，$a_i = i$, $m_i = \lambda_i$ $(\forall i \in \{1, \cdots, k\})$ の場合であることがわかる．列規準盤 r に対する $Q_r((\mathbb{C}^k)^{\otimes n})$ の中に，実際にこ

のウェイトを実現する固有ベクトルがあることを確認しよう. 今,

$$w = (e_1 \otimes \cdots \otimes e_{\lambda'_1}) \otimes (e_1 \otimes \cdots \otimes e_{\lambda'_2}) \otimes \cdots \otimes (e_1 \otimes \cdots \otimes e_{\lambda'_{\lambda_1}}) \quad \text{とおくと,}$$

$$\langle w, Q_r w \rangle = \kappa_r \sum_{x \in R_r} \sum_{y \in C_r} (\operatorname{sgn} y) \langle w, S(x)S(y)w \rangle.$$

$x \in R_r$ に対しては $S(x)w = w$ だから, $\langle w, S(x)S(y)w \rangle = \langle w, S(y)w \rangle$. $y \in C_r$ に対しては $\langle w, S(y)w \rangle = \delta_{e,y}$. ゆえに, $\langle w, Q_r w \rangle = \kappa_r |R_r| \neq 0$ となり, $Q_r w \neq 0$. $z = \operatorname{diag}(z_1, \cdots, z_k) \in \mathbb{T}^k$ に対し, $T(z)w = (z_1^{\lambda_1} z_2^{\lambda_2} \cdots)w$ であるから,

$$T(z)Q_r w = (z_1^{\lambda_1} z_2^{\lambda_2} \cdots) Q_r w.$$

したがって, $Q_r w$ が求める固有ベクトルになり, (3.3.15) が最高ウェイトであることが示された. ■

3.4　Frobenius の指標公式

有限群の既約指標の共役類上での値を χ_C^λ 等と書くことにしていた. 2.4 節までの議論により, 対称群の既約表現の同値類と共役類がともに同じサイズの Young 図形でラベルづけされる. $n \in \mathbb{N}$ とし, $\lambda, \rho \in \mathbb{Y}_n$ をとる. λ に対応する $\mathfrak{S}_n$ の既約表現の指標を χ^λ で表し, ρ に対応する共役類 C_ρ の各点での値を χ_ρ^λ と記す. $|\mathbb{Y}_n|$ 次の正方行列 $[\chi_\rho^\lambda]_{\lambda,\rho \in \mathbb{Y}_n}$ が $\mathfrak{S}_n$ の指標表である. $k \in \mathbb{N}$ とし, $l(\lambda) \leqq k$ とする. 定義 3.16 で (n のかわりに k を用いて), Schur 多項式 $s_\lambda(x)$ が定まる. すなわち, $\delta = (k-1, \cdots, 1, 0)$ とおき, (3.3.15) を通して $\lambda \in \mathbb{Z}^k$ とみなして

$$s_\lambda(x) = \frac{a_{\lambda+\delta}(x)}{a_\delta(x)}, \qquad x = (x_1, \cdots, x_k). \tag{3.4.1}$$

$s_\lambda(x)$ は x の n 次同次多項式である. さらに, n 次同次多項式 $p_\rho(x)$ を次で定める.

$$p_\rho(x) = p_{\rho_1}(x) p_{\rho_2}(x) \cdots p_{\rho_{l(\rho)}}(x), \qquad x = (x_1, \cdots, x_k).$$

ただし, $r \in \mathbb{N}$ に対し, $p_r(x) = x_1^r + \cdots + x_k^r$ とおく. $p_\rho(x)$ はべき和多項式と呼ばれる. Schur 多項式とべき和多項式の間の変換係数として対称群の既約指標の値を捉えるのが, 次の Frobenius の公式である.

定理 3.26 (Frobenius の指標公式) $k, n \in \mathbb{N}$ とする. $\rho \in \mathbb{Y}_n$ に対し,

$$p_\rho(x) = \sum_{\lambda \in \mathbb{Y}_n :\, l(\lambda) \leqq k} \chi_\rho^\lambda \, s_\lambda(x), \qquad x = (x_1, \cdots, x_k). \tag{3.4.2}$$

証明 (3.4.2) は $x_1,\cdots,x_k$ の多項式としての等式であるが, $x=(x_1,\cdots,x_k)\in\mathbb{T}^k$ (すなわち $x_j\in\mathbb{C},|x_j|=1$) として示せば十分である. $\mathbb{T}^k$ に特殊化して等しければ多項式として等しい. (3.3.9) による $\mathfrak{S}_n$ と $U(k)$ の $(\mathbb{C}^k)^{\otimes n}$ への作用において, 定理 3.19, 定理 3.21, 定理 3.25 を適用すれば,

$$S\times T=\bigoplus_{\lambda\in\mathbb{Y}_n:\,l(\lambda)\leqq k}S^{(\lambda)}\boxtimes T^{(\lambda)}. \tag{3.4.3}$$

ここで, $S^{(\lambda)}$ は λ に対応する $\mathfrak{S}_n$ の既約表現, $T^{(\lambda)}$ は $(\lambda_1,\cdots,\lambda_{l(\lambda)},0,\cdots,0)\in\mathbb{Z}^k$ を最高ウェイトとする $U(k)$ の既約表現である. $g\in\mathfrak{S}_n, x\in U(k)$ として (3.4.3) の両辺のトレースをとると,

$$\mathrm{tr}(S(g)T(x))=\sum_{\lambda\in\mathbb{Y}_n:\,l(\lambda)\leqq k}\chi^\lambda(g)\,\chi_{T^{(\lambda)}}(x). \tag{3.4.4}$$

g が属する $\mathfrak{S}_n$ の共役類のサイクル型を ρ とし, $x=\mathrm{diag}(x_1,\cdots,x_k)\in\mathbb{T}^k\subset U(k)$ とする. (3.2.16) により, (3.4.4) の右辺で,

$$\chi^\lambda(g)=\chi^\lambda_\rho,\qquad \chi_{T^{(\lambda)}}(x)=s_\lambda(x).$$

一方, $(\mathbb{C}^k)^{\otimes n}$ の基底 $\{e_{i_1}\otimes\cdots\otimes e_{i_n}\,|\,i_1,\cdots,i_n\in\{1,\cdots,k\}\}$ に関して (3.4.4) の左辺を計算すれば,

$$\begin{aligned}&\sum_{i_1,\cdots,i_n=1}^k\langle e_{i_1}\otimes\cdots\otimes e_{i_n},S(g)T(x)e_{i_1}\otimes\cdots\otimes e_{i_n}\rangle\\&=\sum_{i_1,\cdots,i_n=1}^k x_{i_1}\cdots x_{i_n}\langle e_{i_1},e_{i_{g^{-1}(1)}}\rangle\cdots\langle e_{i_n},e_{i_{g^{-1}(n)}}\rangle.\end{aligned}$$

ここで, 生き残る項の条件は, 任意の m について $i_{g^{-1}(m)}=i_m$, つまり g^{-1} の各サイクル上で i の値が一定であることだから,

$$\begin{aligned}&=\sum_{j_1,\cdots,j_{l(\rho)}=1}^k x_{j_1}^{\rho_1}x_{j_2}^{\rho_2}\cdots x_{j_{l(\rho)}}^{\rho_{l(\rho)}}=\Bigl(\sum_{j=1}^k x_j^{\rho_1}\Bigr)\cdots\Bigl(\sum_{j=1}^k x_j^{\rho_{l(\rho)}}\Bigr)\\&=p_{\rho_1}(x)\cdots p_{\rho_{l(\rho)}}(x)=p_\rho(x).\end{aligned}$$

したがって (3.4.2) を得る. ■

以下本節残りで, 定理 3.26 から導かれる幾つかの結果を述べる. (3.4.2) で多項式の変数の数 k が十分大きければ, $l(\lambda)\leqq k$ なる制限を考えずに済む. (3.4.2) を対称関数の間の関係式として捉えるのが便利である. 対称関数の係数は, まず $\mathbb{Z}$ で始める方がきめ細かい議論ができるが, 本書では簡単のため最初から $\mathbb{C}$ 係数でいくことにする.

定義 3.27　k 変数の n 次同次対称多項式全体を Λ_k^n で表す[5]. 変数の数に制限を設けないようにするためには, Λ_k^n の射影極限を考えればよい. すなわち, $k < l$ に対して $q_{kl} : \Lambda_l^n \longrightarrow \Lambda_k^n,\ (q_{kl}f)(x_1, \cdots, x_k) = f(x_1, \cdots, x_k, 0, \cdots, 0)$ とおくと, $q_{kl} \circ q_{lm} = q_{km}\ (k < l < m)$ が成り立つので,

$$\Lambda^n = \Lambda_k^n \text{の } k \text{ に沿う射影極限} = \{f = (f_k)_{k=1}^{\infty} \mid q_{kl} f_l = f_k\ (k < l)\},$$

$$q_k f = f_k, \qquad f = (f_k)_{k=1}^{\infty} \in \Lambda^n$$

とおく. $\Lambda = \bigoplus_{n=0}^{\infty} \Lambda^n$ とおき, Λ の元を対称関数と呼ぶ. $\rho \in \mathbb{Y}_n$ に対して

$$q_k m_\rho = m_\rho(x_1, \cdots, x_k) = \sum_{(\alpha_1, \cdots, \alpha_k)} x_1^{\alpha_1} \cdots x_k^{\alpha_k}$$

($(\alpha_1, \cdots, \alpha_k)$ は $(\rho_1, \cdots, \rho_{l(\rho)}, 0, \cdots, 0)$ の異なる置換にわたって動く) で定まる $m_\rho \in \Lambda^n$ を単項対称関数という. $\rho = \varnothing$ ならば $(\alpha_1, \cdots, \alpha_k) = (0, \cdots, 0)$ しかないので, $m_\varnothing = 1$ である. $r \in \mathbb{N}$ に対して

$$q_k p_r = m_{(r)}(x_1, \cdots, x_k) = x_1^r + \cdots + x_k^r$$

で $p_r \in \Lambda^r$ を定める. $\rho \in \mathbb{Y}_n$ に対して $p_\rho = p_{\rho_1} p_{\rho_2} \cdots p_{\rho_{l(\rho)}},\ p_\varnothing = 1$ とおき, $p_\rho \in \Lambda^n$ をべき和対称関数という. しばしば, $p_r = \sum_i x_i^r = x_1^r + x_2^r + \cdots$ 等と書き表す. この記法を用いて,

$$e_r = m_{(1^r)} = \sum_{i_1 < i_2 < \cdots < i_r} x_{i_1} x_{i_2} \cdots x_{i_r}, \qquad e_\rho = e_{\rho_1} e_{\rho_2} \cdots e_{\rho_{l(\rho)}}$$

と定める. $e_\rho \in \Lambda^n$ を基本対称関数という. $e_0 = 1$ とする. さらに,

$$h_r = \sum_{\lambda \in \mathbb{Y}_r} m_\lambda, \qquad h_\rho = h_{\rho_1} h_{\rho_2} \cdots h_{\rho_{l(\rho)}}$$

とおく. $h_\rho \in \Lambda^n$ を完全対称関数という. $h_0 = 1$ である. □

命題 3.28　$\{m_\rho\}_{\rho \in \mathbb{Y}}, \{e_\rho\}_{\rho \in \mathbb{Y}}, \{h_\rho\}_{\rho \in \mathbb{Y}}, \{p_\rho\}_{\rho \in \mathbb{Y}}$ はどれも Λ の基底になる.

補題 3.29　$n \in \mathbb{N}$ に対し, $\{m_\rho(x_1, \cdots, x_n)\}_{\rho \in \mathbb{Y}_n}, \{p_\rho(x_1, \cdots, x_n)\}_{\rho \in \mathbb{Y}_n}$ はともに Λ_n^n の基底をなす.

証明　$\{m_\rho(x_1, \cdots, x_n)\}_{\rho \in \mathbb{Y}_n}$ は明らかに Λ_n^n の基底をなす. p_ρ を展開して

---

5) Λ_k^n の元は定義から $f(\alpha x) = \alpha^n f(x)\ (\alpha \in \mathbb{C})$ をみたすので, 特に $0 \in \Lambda_k^n$ である.

$$p_\rho(x_1,\cdots,x_n) = (x_1^{\rho_1}+\cdots+x_n^{\rho_1})(x_1^{\rho_2}+\cdots+x_n^{\rho_2})\cdots$$
$$= \sum_\lambda L_{\rho\lambda} m_\lambda(x_1,\cdots,x_n) \tag{3.4.5}$$

と書く. $L_{\rho\lambda}$ は非負整数であって,「$L_{\rho\lambda}>0 \iff \rho$ が λ の細分」が成り立つ. ここで, ρ が λ の細分であるとは, ρ のいくつかの行を合体させて λ の 1 つの行ができていることを言う. そして, $L_{\rho\lambda}$ はそのような細分の取り方の個数である. $\mathbb{Y}_n$ に定義 2.45 で導入した全順序を考えたとき, ρ が λ の細分ならば, $\rho \prec \lambda$ または $\rho=\lambda$ が成り立つ. したがって, 行列 $[L_{\rho\lambda}]_{\rho,\lambda\in\mathbb{Y}_n}$ は対角成分が自然数であるような三角行列になり, (3.4.5) を逆に解いて, $\{p_\rho(x_1,\cdots,x_n)\}_{\rho\in\mathbb{Y}_n}$ も Λ_n^n の基底であることがわかる. ■

命題 3.28 の証明 単項対称関数 $\{m_\rho\}_{\rho\in\mathbb{Y}}$ が Λ の基底になることは, 定義から見やすい. (3.4.5) は n 変数の対称多項式に関する等式であるが, 任意に与えられた $\rho\in\mathbb{Y}$ に対し, (3.4.5) と同じ式が $\Lambda^{|\rho|}$ の中で成り立つ (λ についての和は有限和である). 係数の決まり方も同じなので, これにより, $\{p_\rho\}_{\rho\in\mathbb{Y}}$ も Λ の基底になることがわかる. $\{e_\rho\}_{\rho\in\mathbb{Y}}$, $\{h_\rho\}_{\rho\in\mathbb{Y}}$, $\{p_\rho\}_{\rho\in\mathbb{Y}}$ の間には, それぞれの生成関数の間の関係式を通した変換があり, それを用いれば, $\{p_\rho\}_{\rho\in\mathbb{Y}}$ が基底になることから $\{e_\rho\}_{\rho\in\mathbb{Y}}$, $\{h_\rho\}_{\rho\in\mathbb{Y}}$ も基底になることがしたがう. この部分の結果は本書では特に用いないので, 詳細は省略する. [44] の I 章 2 節や [48] 下巻を参照されたい[6]. ■

注意 3.30 命題 3.28 の略証中に触れた生成関数について, 後ほど類似の構造が登場するので[7], 完全対称関数とべき和対称関数の生成関数の関係を見ておこう. t のべき級数として次の計算が成り立つ (t のべきの係数が Λ の元として意味をもっていることに注意する):

$$\sum_{n=0}^\infty h_n t^n = \sum_{n=0}^\infty \Big(\sum_{(k_1,\cdots,k_i,\cdots):k_1+\cdots+k_i+\cdots=n} x_1^{k_1}\cdots x_i^{k_i}\cdots \Big) t^n$$
$$= \Big(\sum_{k_1=0}^\infty x_1^{k_1}t^{k_1}\Big)\cdots\Big(\sum_{k_i=0}^\infty x_i^{k_i}t^{k_i}\Big)\cdots = \prod_{i=1}^\infty (1-x_it)^{-1}$$
$$= \exp\Big\{-\sum_{i=1}^\infty \log(1-x_it)\Big\} = \exp\sum_{i=1}^\infty\sum_{j=1}^\infty \frac{1}{j}x_i^j t^j = \exp\sum_{j=1}^\infty \frac{1}{j}p_j t^j. \tag{3.4.6}$$

これが両者の生成関数の関係式である. さらに計算を進めれば,

---

6) $\{e_\rho\}_{\rho\in\mathbb{Y}}$ が基底になる, つまり任意の対称式が基本対称式の多項式で表されるというのが, いわゆる対称式の基本定理である.

7) 4.2 節のキュムラント・モーメント公式や 6.2 節の推移測度のモーメント公式等.

$$
\begin{aligned}
&= 1 + \sum_{l=1}^{\infty} \frac{1}{l!} \sum_{j_1,\cdots,j_l=1}^{\infty} \frac{p_{j_1}\cdots p_{j_l}}{j_1\cdots j_l} t^{j_1+\cdots+j_l} \\
&= 1 + \sum_{(l,n)} \sum_{(j_1,\cdots,j_l)\in\mathbb{N}^l : j_1+\cdots+j_l=n} \frac{1}{l!} \frac{p_{j_1}\cdots p_{j_l}}{j_1\cdots j_l} t^n \\
&= 1 + \sum_{n=1}^{\infty} \sum_{\rho\in\mathbb{Y}_n} \frac{l(\rho)!}{\prod_i m_i(\rho)!} \frac{1}{l(\rho)!} \frac{p_\rho}{\prod_i i^{m_i(\rho)}} t^n = 1 + \sum_{n=1}^{\infty} \Bigl(\sum_{\rho\in\mathbb{Y}_n} \frac{1}{z_\rho} p_\rho \Bigr) t^n.
\end{aligned}
$$

となり, h_n を p_ρ で表示する式が得られる.

(3.4.1) の Schur 多項式は $\lambda \in \mathbb{Y}_n$, $l(\lambda) \leqq k$ のときに定義されて $s_\lambda(x_1,\cdots,x_k) \in \Lambda_k^n$ であるが, 次のことが成り立つ.

補題 3.31　$\lambda \in \mathbb{Y}_n$, $k \in \mathbb{N}$ とすると,

$$
\begin{aligned}
l(\lambda) \leqq k \quad &\Longrightarrow \quad s_\lambda(x_1,\cdots,x_k,0) = s_\lambda(x_1,\cdots,x_k), \\
l(\lambda) = k+1 \quad &\Longrightarrow \quad s_\lambda(x_1,\cdots,x_k,0) = 0.
\end{aligned}
$$

証明　$l(\lambda) \leqq k$ のとき, $s_\lambda(x_1,\cdots,x_k,0)$ を (3.4.1) の比で書くと[8], 分子は

$$
\begin{vmatrix}
x_1^{\lambda_1+k} & x_1^{\lambda_2+k-1} & \cdots & x_1^{\lambda_{l(\lambda)}+k-(l(\lambda)-1)} & \cdots & x_1^0 \\
 & & \cdots & & & \\
x_k^{\lambda_1+k} & x_k^{\lambda_2+k-1} & \cdots & x_k^{\lambda_{l(\lambda)}+k-(l(\lambda)-1)} & \cdots & x_k^0 \\
0 & 0 & \cdots & 0 & \cdots & 1
\end{vmatrix}.
$$

分母は $x_1\cdots x_k \prod_{1\leqq i<j\leqq k}(x_i - x_j)$ であるから, 比は $s_\lambda(x_1,\cdots,x_k)$ に等しい.

$l(\lambda) = k+1$ のときは, $s_\lambda(x_1,\cdots,x_k,0)$ の分子が

$$
\begin{vmatrix}
x_1^{\lambda_1+k} & x_1^{\lambda_2+k-1} & \cdots & x_1^{\lambda_{l(\lambda)}} \\
 & & \cdots & \\
x_k^{\lambda_1+k} & x_k^{\lambda_2+k-1} & \cdots & x_k^{\lambda_{l(\lambda)}} \\
0 & 0 & \cdots & 0
\end{vmatrix},
$$

分母が同じく $x_1\cdots x_k \prod_{1\leqq i<j\leqq k}(x_i - x_j)$ だから, 比は 0 になる. ■

今, $k, l \in \mathbb{N}$, $k < l$ とする. 補題 3.31 により, $l(\lambda) \leqq k < l$ ならば,

---

8) ただし, 今は $(k+1)$ 変数なので, $\delta = (k,\cdots,1,0)$.

$$s_\lambda(x_1,\cdots,x_k,\underbrace{0,\cdots,0}_{l-k}) = s_\lambda(x_1,\cdots,x_k).$$

$k < l(\lambda) \leqq l$ ならば,

$$s_\lambda(x_1,\cdots,x_k,\underbrace{0,\cdots,0}_{l-k}) = s_\lambda(x_1,\cdots,x_k,\underbrace{0,\cdots,0}_{l(\lambda)-k}) = 0.$$

したがって, $l(\lambda) > k$ のときには $s_\lambda(x_1,\cdots,x_k) = 0$ と定めれば,

$$q_{kl}s_\lambda(x_1,\cdots,x_l) = s_\lambda(x_1,\cdots,x_k)$$

となり, 次の定義が可能になる.

定義 3.32 $\lambda \in \mathbb{Y}_n$ に対し,

$$q_k s_\lambda = s_\lambda(x_1,\cdots,x_k) \tag{3.4.7}$$

となる $s_\lambda \in \Lambda^n$ が定まる. この s_λ を Schur 関数という. □

定理 3.33 $\rho \in \mathbb{Y}_n, \lambda \in \mathbb{Y}_n$ に対して次式が成り立つ:

$$p_\rho = \sum_{\lambda\in\mathbb{Y}_n} \chi^\lambda_\rho s_\lambda, \qquad s_\lambda = \sum_{\rho\in\mathbb{Y}_n} \frac{1}{z_\rho}\chi^\lambda_\rho p_\rho \tag{3.4.8}$$

(z_ρ は (2.1.5)). これより, $\{s_\lambda \mid \lambda \in \mathbb{Y}\}$ も Λ の基底であることがわかる.

証明 (3.4.8) の第 1 式は, Schur 関数の定義 (3.4.7) により, (3.4.2) からしたがう. 既約指標の直交性 (定理 1.28) により

$$\sum_{\rho\in\mathbb{Y}_n} \frac{1}{z_\rho}\chi^\lambda_\rho\chi^\mu_\rho = \delta_{\lambda,\mu}, \qquad \lambda,\mu\in\mathbb{Y}_n \tag{3.4.9}$$

($\chi^\lambda_\rho \in \mathbb{R}$ は (2.4.13) からわかる). これと第 1 式から第 2 式がしたがう. ■

$\mathrm{Res}^{\mathfrak{S}_n}_{\mathfrak{S}_{n-1}} V^\lambda$ の無重複分解 (系 2.10) から,

$$\chi^\lambda|_{\mathfrak{S}_{n-1}} = \sum_{\nu\in\mathbb{Y}_{n-1}:\,\nu\nearrow\lambda} \chi^\nu, \qquad \lambda\in\mathbb{Y}_n. \tag{3.4.10}$$

この既約表現の分岐則を Schur 関数で表現したのが次の事実である.

定理 3.34 (Pieri の公式) $\lambda \in \mathbb{Y}$ に対し,

$$s_1 s_\lambda = \sum_{\mu\in\mathbb{Y}:\,\lambda\nearrow\mu} s_\mu.$$

証明　$s_1 = p_1 = x_1 + x_2 + \cdots$ と (3.4.8) によって

$$s_1 s_\lambda = p_1 s_\lambda = \sum_{\rho\in\mathbb{Y}_n} \frac{\chi_\rho^\lambda}{z_\rho} p_{(\rho,1)} \quad (\lambda \in \mathbb{Y}_n), \qquad \text{これに}$$

$$p_{(\rho,1)} = \sum_{\mu\in\mathbb{Y}_{n+1}} \chi^\mu_{(\rho,1)} s_\mu = \sum_{\mu\in\mathbb{Y}_{n+1}} \Big(\sum_{\nu\in\mathbb{Y}_n : \nu\nearrow\mu} \chi_\rho^\nu \Big) s_\mu = \sum_{\nu\in\mathbb{Y}_n} \chi_\rho^\nu \sum_{\mu\in\mathbb{Y}_{n+1}:\nu\nearrow\mu} s_\mu$$

を代入して (3.4.9) を用いればよい．■

$\lambda \in \mathbb{Y}$ において箱 b が第 i 行, 第 j 列にあるとき, b におけるフックの長さを

$$h_\lambda(b) = \lambda_i - i + \lambda'_j - j + 1 \tag{3.4.11}$$

とおく (図 3.1 左). $k \in \{1, 2, \cdots, n\}$ に対し, $(k, 1^{n-k}) = (k, 1, \cdots, 1) = (1^{n-k}k^1) \in \mathbb{Y}_n$ が k-サイクル全体のなす $\mathfrak{S}_n$ の共役類のラベルである. k-サイクルでの既約指標 χ^λ のとる値を (3.4.2), (3.4.8) よりももっと直接的に表示する式を与えよう.

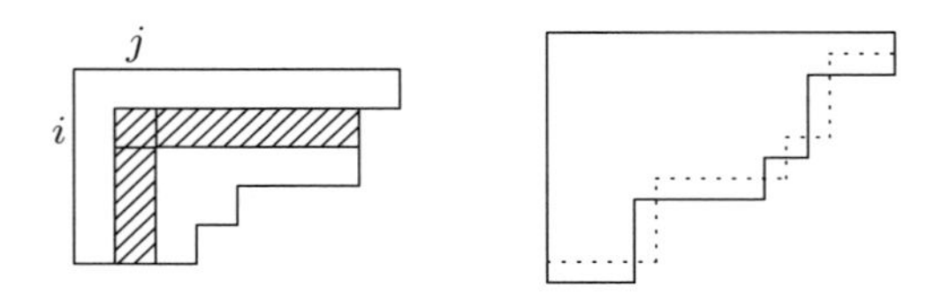

図 3.1　Young 図形におけるフック

定理 3.35　$n \in \mathbb{N}$, $\lambda \in \mathbb{Y}_n$ とし, $\mu = \lambda + \delta$ とおく. すなわち

$$\mu_j = \lambda_j + n - j, \qquad j = 1, \cdots, n. \tag{3.4.12}$$

(1) (フック公式)

$$\dim\lambda = \frac{n!}{\mu_1! \cdots \mu_n!} \prod_{1\leqq i<j\leqq n} (\mu_i - \mu_j) = \frac{n!}{\prod_{b\in\lambda} h_\lambda(b)}. \tag{3.4.13}$$

(2) (k-サイクルでの正規化された既約指標値) $k \in \{1, 2, \cdots, n\}$ に対して

$$n(n-1)\cdots(n-k+1)\tilde{\chi}^\lambda_{(k,1^{n-k})}$$

$$= \sum_{j=1}^n \frac{\mu_j!}{(\mu_j - k)!} \prod_{1\leqq i\leqq n:\, i\neq j} \frac{\mu_i - \mu_j + k}{\mu_i - \mu_j} \tag{3.4.14}$$

$$= -\frac{1}{k}\,[z^{-1}]\Big\{ z(z-1)\cdots(z-k+1) \prod_{j=1}^n \frac{z - k - (\lambda_j + n - j)}{z - (\lambda_j + n - j)} \Big\}. \tag{3.4.15}$$

ただし, 1/(負の整数)! = 0 と約束する[9]. $[z^{-1}]\{\cdots\}$ は Laurent 級数 (十分大き

[9] 解析接続されたガンマ関数の値であると思えばよい. 以下の証明中でもこう了解する.

な円環 $\{R < |z| < \infty\}$ における展開) の z^{-1} 項の係数を表す記号である.

証明 [Step 0] (3.4.13) の第 2 等号のため, (3.4.11) を用いて書き直す. まず,

$$\frac{\mu_1!}{\prod_{j=2}^{n}(\mu_1-\mu_j)} = \prod_{b\in(\lambda\text{の第 1 行})} h_\lambda(b).$$

実際, $\lambda_1 \geqq \cdots \geqq \lambda_l > 0$ $(l = l(\lambda))$ とすると,

$$\begin{aligned}(\text{左辺}) &= \frac{\mu_1!}{(\mu_1-\mu_n)\cdots(\mu_1-\mu_2)} = \frac{(\mu_1-n+l)\cdots(\mu_1-n+2)(\mu_1-n+1)!}{(\mu_1-\mu_l)\cdots(\mu_1-\mu_2)} \\ &= \frac{(\lambda_1+l-1)!}{(\lambda_1-\lambda_l+l-1)(\lambda_1-\lambda_{l-1}+l-2)\cdots(\lambda_1-\lambda_2+1)} = (\text{右辺}).\end{aligned}$$

最後の等号での分子／分母のキャンセルの様子を見るには, 第 1 行を腕として足先にあたる箱が図 3.1 右の点線のように動いていくフックの長さを追うとよい. 以下同様に,

$$\frac{\mu_l!}{(\mu_l-\mu_n)\cdots(\mu_l-\mu_{l+1})} = \lambda_l! = \prod_{b\in(\lambda\text{の第 } l \text{ 行})} h_\lambda(b),$$

$$\frac{\mu_{l+1}!}{(\mu_{l+1}-\mu_n)\cdots(\mu_{l+1}-\mu_{l+2})} = 1, \quad \cdots, \quad \frac{\mu_{n-1}!}{\mu_{n-1}-\mu_n} = 1, \ \mu_n! = 1.$$

[Step 1] $k \in \{1, \cdots, n\}$ とする. (3.4.8) で $\rho = (k, 1^{n-k})$ とおき, 変数の数を n にする (定義 3.27 の写像 q_n の像をとる) と, $x = (x_1, \cdots, x_n)$ に対し,

$$(x_1^k + \cdots + x_n^k)(x_1 + \cdots + x_n)^{n-k} a_\delta(x) = \sum_{\nu\in\mathbb{Y}_n} \chi^\nu_{(k,1^{n-k})} a_{\nu+\delta}(x). \tag{3.4.16}$$

(3.4.16) の両辺の $x_1^{\mu_1} x_2^{\mu_2} \cdots x_n^{\mu_n}$ の係数を見る. 右辺の

$$a_{\nu+\delta}(x) = \sum_{g\in\mathfrak{S}_n} (\operatorname{sgn} g) x_1^{\nu_{g(1)}+n-g(1)} \cdots x_n^{\nu_{g(n)}+n-g(n)}$$

において, $\mu_1 = \nu_{g(1)} + n - g(1), \cdots, \mu_n = \nu_{g(n)} + n - g(n)$ とする. このとき, $\nu_{g(1)} - g(1) > \cdots > \nu_{g(n)} - g(n)$ となり, もともと $\nu_1 \geqq \cdots \geqq \nu_n$ だから, $g = e$ かつ $\nu = \lambda$ でなければならない. したがって, (3.4.16) の右辺の求める係数は $\chi^\lambda_{(k,1^{n-k})}$ である. 一方, (3.4.16) の左辺では, $\mu_j \geqq k$ なる j に対して

$$(x_1 + \cdots + x_n)^{n-k} a_\delta(x) \tag{3.4.17}$$

における $x_1^{\mu_1} \cdots x_{j-1}^{\mu_{j-1}} x_j^{\mu_j - k} x_{j+1}^{\mu_{j+1}} \cdots x_n^{\mu_n}$ の係数をとり, j で和をとる. 今そのような j を固定して $\tilde{\mu}_i = \mu_i$ $(i \neq j)$, $\tilde{\mu}_j = \mu_j - k$ とおく. 多項展開を用いて

$$(3.4.17) = \sum_{l_1,\cdots,l_n \geqq 0:\, l_1+\cdots+l_n=n-k} \ \sum_{g\in\mathfrak{S}_n} (\operatorname{sgn} g) \frac{(n-k)!}{l_1!\cdots l_n!} x_1^{l_1+n-g(1)} \cdots x_n^{l_n+n-g(n)}$$

だから, 該当する項は $l_1+n-g(1)=\tilde{\mu}_1,\ \cdots,\ l_n+n-g(n)=\tilde{\mu}_n$ をみたすものである. それらの係数の和は

$$\sum_{g\in\mathfrak{S}_n} \frac{(\operatorname{sgn} g)(n-k)!}{(\tilde{\mu}_1-n+g(1))!\cdots(\tilde{\mu}_n-n+g(n))!} = (n-k)!\det\Big[\frac{1}{(\tilde{\mu}_i-n+l)!}\Big]_{i,l=1}^n$$
$$= \frac{(n-k)!}{\tilde{\mu}_1!\cdots\tilde{\mu}_n!}\det[\tilde{\mu}_i(\tilde{\mu}_i-1)\cdots(\tilde{\mu}_i-n+l+1)]_{i,l=1}^n = \frac{(n-k)!}{\tilde{\mu}_1!\cdots\tilde{\mu}_n!}\det[\tilde{\mu}_i^{n-l}]_{i,l=1}^n$$
$$= \frac{(n-k)!}{\tilde{\mu}_1!\cdots\tilde{\mu}_n!} a_\delta(\tilde{\mu}_1,\cdots,\tilde{\mu}_n).$$

第 3 等号では, 行列式の列に関する基本操作を用いた. こうして (3.4.16) の両辺の比較により,

$$\chi^\lambda_{(k,1^{n-k})} = \sum_{j=1}^n \frac{(n-k)!a_\delta(\mu_1,\cdots,\mu_{j-1},\mu_j-k,\mu_{j+1},\cdots,\mu_n)}{\mu_1!\cdots\mu_{j-1}!(\mu_j-k)!\mu_{j+1}!\cdots\mu_n!} \qquad (3.4.18)$$

が得られる.

[Step 2] (3.4.18) で $k=1$ とおけば $\dim\lambda$ を得るが, (3.4.16) にもどって Step 1 の計算を再現してもよい. そうすると, (3.4.17) で $k=0$ として ˜ 抜きと同じになって (j についての和はなし),

$$\dim\lambda = \chi^\lambda_{(1^n)} = \sum_{g\in\mathfrak{S}_n} (\operatorname{sgn} g) \frac{n!}{(\mu_1-n+g(1))!\cdots(\mu_n-n+g(n))!}$$
$$= \frac{n!a_\delta(\mu_1,\cdots,\mu_n)}{\mu_1!\cdots\mu_n!}. \qquad (3.4.19)$$

(3.4.19) は (3.4.13) の第 1 等号である. これで (1) が示された. $\tilde{\chi}^\lambda_{(k,1^{n-k})} = \chi^\lambda_{(k,1^{n-k})}/\dim\lambda$ については, (3.4.18) を (3.4.19) で割って (3.4.14) を得る.

[Step 3] (3.4.15) の表示を導くため, $\varphi(z) = \prod_{i=1}^n (z-\mu_i)\quad (z\in\mathbb{C})$ とおく. (3.4.14) において,

$$\prod_{1\leqq i\leqq n:\, i\neq j} \frac{\mu_i-\mu_j+k}{\mu_i-\mu_j} = -\frac{1}{k}\frac{\varphi(\mu_j-k)}{\varphi'(\mu_j)}, \qquad j\in\{1,\cdots,n\}.$$

さらに $f(z) = \frac{z(z-1)\cdots(z-k+1)\varphi(z-k)}{\varphi(z)}$ $(z\in\mathbb{C})$ とおくと, 分母も分子も 1 位の零点のみもつ. 分母の零点を, 分子の零点に一致するものがある $\{\mu_j\}_{j\in J_1}$ と一致するものがない $\{\mu_j\}_{j\in J_0}$ に分ける. $j\in J_0$ なる μ_j では, $f(z)$ が 1 位の極をもつから,

$$\mu_j(\mu_j-1)\cdots(\mu_j-k+1)\frac{\varphi(\mu_j-k)}{\varphi'(\mu_j)}=\lim_{z\to\mu_j}(z-\mu_j)f(z)=\mathrm{Res}_{z=\mu_j}f(z).$$

$j\in J_1$ なる μ_j では, $f(z)$ が正則だから $\mathrm{Res}_{z=\mu_j}f(z)=0$ であるし,

$$\varphi'(\mu_j)\in\mathbb{Z}\setminus\{0\},\quad \mu_j(\mu_j-1)\cdots(\mu_j-k+1)\varphi(\mu_j-k)=0.$$

したがって,

$$\sum_{j=1}^{n}\mu_j(\mu_j-1)\cdots(\mu_j-k+1)\frac{\varphi(\mu_j-k)}{\varphi'(\mu_j)}=\sum_{a:\,f\text{ の極}}\mathrm{Res}_{z=a}f(z)=[z^{-1}]f(z)$$

となって, (3.4.14) は $(-1/k)[z^{-1}]f(z)$ に等しい. (3.4.12) でもとの λ_j にもどせば, これで (2) が示された. ■

ノート

群上の Haar 測度についての正確な知識を得るには, [73]（下）の第 1 章を参照. Peter–Weyl の定理の完全な証明は, [39], [59] 等を見られたい.

ユニタリ群の既約ユニタリ表現の分類と既約指標の導出については, [39] の第 8 章にしたがった. Schur–Weyl 双対性については, 主に [59] を参考にした.

Frobenius の指標公式にまつわる詳細は, [44], [48] を参照.

第4章

確率論からの準備

後章で必要になる確率論の概念や結果について, 周辺事項も交えながら多少立ち入って述べる. 確率論の標準的な入門コースという訳ではなく, 自由キュムラント, Markov 連鎖に付随する Martin 境界等, 特殊な話題の方がむしろ多い.

4.1 確率空間と極限定理

基本的な用語を確認しよう. 確率空間 $(\Omega, \mathcal{F}, P)$ とは,

– 標本空間と呼ばれる集合 Ω,

– Ω のある部分集合たちから成る可算加法的集合族 $\mathcal{F}$ [1], つまり, 空集合を含み, 可算個の合併と補集合で閉じている集合族,

– 確率と呼ばれる可算加法的な関数 $P : \mathcal{F} \longrightarrow [0,1]$, つまり, $P(\Omega) = 1$ かつ

$$P(\bigsqcup_{n=1}^{\infty} A_n) = \sum_{n=1}^{\infty} P(A_n), \qquad A_n \in \mathcal{F},$$

から成る 3 つ組である. 集合 S とその可算加法的集合族 $\mathcal{B}$ に対し, $(\Omega, \mathcal{F})$ から $(S, \mathcal{B})$ への可測写像 X を確率変数という. 確率変数 X による測度 P の押し出し (像測度)X_*P を X の分布という[2]:

$$X_*P(B) = P(X^{-1}B) = P(\{\omega \in \Omega \,|\, X(\omega) \in B\}), \qquad B \in \mathcal{B}.$$

最右辺を簡略に $P(X \in B)$ と書くことも多い. X_*P は S 上の確率測度である. $S = \mathbb{R}$ であって $\mathcal{B}$ が $\mathbb{R}$ 上の Borel 集合族のとき, X を実確率変数という. そのとき, P に関する積分を E または E_P で表す[3]. すなわち, $|X|$ が可積分のとき,

---

[1] 呼び名として, 可算加法的集合族の他に完全加法的集合族, σ-加法族, σ-集合体, σ-集合代数など多数ある. $\mathcal{F}$ の元は事象と呼ばれる.

[2] 確率論の文献では X の分布を P^X と書くことが多い.

[3] E は expectation(期待値) の頭文字である.

$$E[X] = \int_\Omega X(\omega)P(d\omega) = \int_{\mathbb{R}} x\, X_* P(dx).$$

第 2 等号は積分の変数変換 (命題 A.8) にほかならない. $A \in \mathcal{F}$ 上での積分は

$$E[X : A] = \int_A X(\omega)P(d\omega) = \int_\Omega X(\omega)1_A(\omega)P(d\omega)$$

のように表す. 次に挙げる不等式は, 粗い評価であるが, 頻繁に用いられる.

命題 4.1 (Chebyshev の不等式) 実確率変数 X が可積分のとき,

$$P(|X - E[X]| \geqq \varepsilon) \leqq \frac{1}{\varepsilon^2} E[(X - E[X])^2], \qquad \varepsilon > 0 \tag{4.1.1}$$

が成り立つ[4].

証明 (4.1.1) の右辺の積分域を $|X - E[X]| \geqq \varepsilon$ と $|X - E[X]| < \varepsilon$ に 2 分割すれば, 容易に (4.1.1) の評価を得る. ■

今, S が位相空間であるとし, S に値をとる確率変数の列 $\{X_n\}_{n=1}^\infty$ に対して, $n \to \infty$ での漸近挙動を問題にしよう. 確率変数の収束の階層を詳しく論じるのは省略し[5], 多少便宜的ではあるが次のような言い方をする (定義 4.2, 定義 4.5).

定義 4.2 (1) 確率空間の列 $\{(\Omega^{(n)}, \mathcal{F}^{(n)}, P^{(n)})\}_{n\in\mathbb{N}}$ と共通の値域 S をもつ確率変数 $X_n : \Omega^{(n)} \longrightarrow S$ の列があるとする[6]. ある $a \in S$ があって, a の任意の開近傍 $U_a \subset S$ に対して $\lim_{n\to\infty} P^{(n)}(\{\omega \in \Omega^{(n)} \mid X_n(\omega) \in U_a^c\}) = 0$ となるとき, $\{X_n\}$ について大数の弱法則が成り立つという[7]. もちろん, 特別な場合として, $(\Omega^{(n)}, \mathcal{F}^{(n)}, P^{(n)}) \equiv (\Omega, \mathcal{F}, P)$ でもよい.

(2) 共通の確率空間 $(\Omega, \mathcal{F}, P)$ 上の確率変数 $X_n : \Omega \longrightarrow S$ の列があるとする. ある $a \in S$ があって, $P(\{\omega \in \Omega \mid \lim_{n\to\infty} X_n(\omega) = a\}) = 1$ となるとき[8], $\{X_n\}$ について大数の強法則が成り立つという[9]. □

---

4) X^2 が可積分でなければ意味のない不等式になるので, 始めからそう仮定してもよい.

5) 注意 A.19 で少し触れる.

6) S には Borel 集合族 $\mathcal{B}(S)$ を考える.

7) weak law of large numbers, 略して wLLN.

8) このようにある性質が P で測って確率 1 で成り立つとき, ほとんど確実に (P-a.s.) 成り立つという.

9) strong law of large numbers, 略して sLLN.

弱法則と強法則の関係を見るため, Borel–Cantelli の補題を用意する．これは, P-a.s. 収束を導く際の常套手段を与える．Ω の部分集合の列 $\{A_n\}$ に対し,

$$\limsup_{n\to\infty} A_n = \bigcap_{n=1}^{\infty}\bigcup_{k=n}^{\infty} A_k = \{\omega\in\Omega \mid \omega\in A_n \text{ i.o.}\}$$

を A_n の上極限集合という．$\omega\in\limsup_{n\to\infty} A_n$ は, 無限個の n に対して $\omega\in A_n$ が成り立つことと同値であるので, infinitely often の略号 i.o. を用いている．

命題 4.3 (Borel–Cantelli の補題)

$$\sum_{n=1}^{\infty} P(A_n) < \infty \text{ ならば,}\quad P(\limsup_{n\to\infty} A_n) = 0.$$

証明　単調減少な集合列についての有界測度の連続性を用いることにより,

$$P(\limsup_{n\to\infty} A_n) = \lim_{n\to\infty} P\Big(\bigcup_{k=n}^{\infty} A_k\Big) \leqq \liminf_{n\to\infty} \sum_{k=n}^{\infty} P(A_k) = 0$$

が得られる．■

命題 4.4 (1) 大数の強法則から弱法則が導かれる．

(2) S が第 1 可算公理をみたす (すなわち任意の a に対して可算個から成る a の基本近傍系がある) とする．S における a の任意の開近傍 U_a に対して

$$\sum_{n=1}^{\infty} P(\{\omega\in\Omega \mid X_n(\omega)\in U_a^c\}) < \infty \tag{4.1.2}$$

ならば, 大数の強法則が成り立つ．

証明 (1) S における a の開近傍 U_a を任意にとると,

$$\lim_{n\to\infty} X_n(\omega) = a \implies \omega\in\bigcup_{N=1}^{\infty}\bigcap_{n=N}^{\infty}\{\omega\in\Omega \mid X_n(\omega)\in U_a\}.$$

大数の強法則が成り立てばこの左辺をみたす確率が 1 だから右辺もそうなり, その補集合をとって,

$$\begin{aligned}0 &= P\Big(\bigcap_{N=1}^{\infty}\bigcup_{n=N}^{\infty}\{\omega \mid X_n(\omega)\in U_a^c\}\Big) = \lim_{N\to\infty} P\Big(\bigcup_{n=N}^{\infty}\{\omega \mid X_n(\omega)\in U_a^c\}\Big)\\ &\geqq \limsup_{N\to\infty} P(\{\omega \mid X_N(\omega)\in U_a^c\}).\end{aligned}$$

ゆえに, 求める極限が存在してその値は 0 である.

(2) a の基本開近傍系 $\{U_k\}_{k=1}^{\infty}$ をとる. 命題 4.3 により, 任意の $k \in \mathbb{N}$ に対して $P\Big(\bigcap_{N=1}^{\infty}\bigcup_{n=N}^{\infty}\{\omega \mid X_n(\omega) \in U_k^c\}\Big) = 0$ が成り立つから,

$$P\Big(\bigcap_{k=1}^{\infty}\bigcup_{N=1}^{\infty}\bigcap_{n=N}^{\infty}\{\omega \mid X_n(\omega) \in U_k\}\Big) = 1 - P\Big(\bigcup_{k=1}^{\infty}\bigcap_{N=1}^{\infty}\bigcup_{n=N}^{\infty}\{\omega \mid X_n(\omega) \in U_k^c\}\Big) = 1.$$

最左辺の集合の属性は $\lim_{n\to\infty} X_n(\omega) = a$ と同値である. ■

a の任意の開近傍 U_a に対して $P(\{\omega \mid X_n(\omega) \in U_a^c\})$ が $n \to \infty$ で指数的に減少すれば, (4.1.2) が成り立つ. このようなとき, $\{X_n\}$ について大偏差原理が成り立つという[10]. 大数の法則が成り立っているとき, $n \to \infty$ で X_n は a に収束する. つまり, 巨視的にはランダムな効果が現れなくなる. このとき, もっと細かいスケールで観察して a のまわりでの X_n の挙動を詳しく論じることを考える. 今, S が線型位相空間であるとしよう. X_n の収束点 a に対して $X_n - a$ のスケールを適切に測るパラメータ $\alpha_n > 0$ を見つけ, 確率変数列 $\{\alpha_n(X_n - a)\}$ の極限について, 各点 ω ごとの収束は論じられなくても, 分布の収束が言える場合が考えられる[11]. 測度の弱収束については, A.1 節に説明を補充しておく.

定義 4.5 定義 4.2 (1) の状況のもと, $0 < \alpha_n \uparrow \infty$ $(n \to \infty)$ で, $\alpha_n(X_n - a)$ の分布 $\big(\alpha_n(X_n - a)\big)_* P^{(n)}$ が S 上の確率測度 μ に弱収束するとき, $\{\alpha_n(X_n - a)\}$ について中心極限定理が成り立つという[12]. □

大偏差原理では $X_n - a$ の 1 のオーダーのずれを評価するのに対し, 中心極限定理では $X_n - a$ の $1/\alpha_n$ のオーダーの小さなずれ (ゆらぎ) を見ている. 大数の弱法則や中心極限定理は X_n の分布の挙動を示すものであるので, n ごとに確率空間 $(\Omega^{(n)}, \mathcal{F}^{(n)}, P^{(n)})$ が異なっても定式化できた. これに対し, 大数の強法則の記述では, 全体を包括する確率空間 $(\Omega, \mathcal{F}, P)$ の導入が必要であることにあらためて注意する. なお, 定義 4.5 の言葉遣いは標準的ではない. X_n が S 値の独立同分布の確率変数列 $\{Y_n\}$ の標本平均:

---

10) これは厳密な言い方ではないが, 本書では大偏差原理には (7.4 節で関連する議論が現れる以外は) ほとんど触れないので, 正確な定義は省略する.

11) $\alpha_n \uparrow \infty$ $(n \to \infty)$, つまり $X_n - a$ を少し拡大する取り方が普通の中心極限定理であるので, ここではその状況を想定しよう. 実際には必ずしもそうでない極限定理も現れうるが.

12) central limit theorem, 略して CLT.

$$X_n = \frac{Y_1 + \cdots + Y_n}{n}, \quad a = E[X_n] = E[Y_1], \quad \alpha_n = (X_n\text{の標準偏差})^{-1} \asymp \sqrt{n}$$

であり, 極限測度 μ が Gauss 測度 (正規分布) で与えられる場合が典型的である. 通常の独立性とはだいぶん趣の異なるいわゆる自由性を有する確率変数族に対しても, このような極限定理の枠組が機能する. 自由な確率変数族については, 4.3 節で関連事項を述べる. 自由確率論は非可換確率論と呼ばれる分野の中で最も有名なものであるが, 自由性以外の非可換な枠組でも定義 4.5 の類似・一般化が考えられている. また定義 4.5 において, X_n が値をとる空間 S をより広い空間 $\tilde{S}$ に埋め込んで, その上での測度の収束を論じることによって X_n のゆらぎの本性をとらえる話もある (たとえば S が $\mathbb{R}$ 上の連続関数の空間ならば, $\tilde{S}$ として何らかのクラスの超関数の空間を導入する等). 本書で扱う問題では, 確率変数の独立性が明示的に現れるというよりはむしろ, 弱い相関とか漸近的な乗法性とか, もう少しはっきりした場合でエルゴード性 (端点であること) とかが, 実質的に独立性に近い役割を果たすことになる.

さて, 大数の法則や中心極限定理の具体例を挙げようとすれば, 土台の確率空間を設定する必要があり, たちまち測度の構成が問題になる. 本書で扱う土台の空間は, 主に Young グラフの経路空間であり, それは有限集合の射影極限である[13]. 有限集合の射影極限であっても一般には連続濃度の集合の上に測度を構成することになるので, 非自明な議論が必要ではあるが, この場合にはコンパクト性を用いて以下の命題 4.6 のように簡単に処理できる.

Ω_n が有限集合, $\mathcal{F}_n$ が Ω_n のすべての部分集合から成る族であり, $m > n$ に対して全射 $q_{nm} : \Omega_m \longrightarrow \Omega_n$ があって, $l > m > n$ に対し $q_{nm} \circ q_{ml} = q_{nl}$ が成り立つとする. 一般に, $\lim_{n\to\infty} |\Omega_n| = \infty$ である. Ω_n の射影極限

$$\Omega = \{\omega = (\omega_n)_{n=1}^{\infty} \in \tilde{\Omega} = \prod_{n=1}^{\infty} \Omega_n \mid q_{nm}\omega_m = \omega_n \ (n < m)\}$$

を考えて, $q_n : \tilde{\Omega} \longrightarrow \Omega_n$ を $q_n\omega = \omega_n$ で定める. $\tilde{\Omega}$ は積位相に関してコンパクトであり, Ω はその中で $q_{nm} \circ q_m(\omega) = q_n(\omega)$ で規定される閉部分集合だから, 相対位相に関してコンパクトである. 簡単のため, $q_n|_{\Omega}$ も q_n と記す. Ω の可測構造は

$$\mathcal{F} = \sigma\Big[\bigcup_{n=1}^{\infty} q_n^{-1}(\mathcal{F}_n)\Big] = \sigma[q_1, q_2, \cdots]$$

---

[13] 9.2 節と 10.2 節の分岐グラフの経路空間は, 可算集合の射影極限になる.

で与える. ここで, $\mathcal{F}$ の部分集合族 $\mathcal{A}$ に対し, $\sigma[\mathcal{A}]$ は $\mathcal{F}$ の部分可算加法的集合族のうちで $\mathcal{A}$ を含む最小のものを意味する. $\mathcal{A}$ で生成される可算加法的集合族ともいう. 特に, $\mathcal{A}$ が写像の原像から成るときは, 最右辺のような書き方もし, それらの写像を可測にする最小の可算加法的集合族である. Ω_n 上の確率測度 P_n について, 任意の $n < m$ に対して $q_{nm\,*}P_m = P_n$ が成り立つとき, $\{P_n\}$ が整合的であるという. Ω 上に確率測度 P があって $P_n = q_{n\,*}P$ とおけば, $\{P_n\}$ は整合的である. 今の状況ではこの逆も次のように成り立つ.

命題 4.6 有限集合 Ω_n 上の確率測度 P_n が射影 $\{q_{nm}\}$ に関して整合的な系 $\{P_n\}$ をなせば, 射影極限 Ω 上に $q_{n\,*}P = P_n$ $(\forall n \in \mathbb{N})$ をみたす確率測度 P がただ 1 つ存在する.

証明 どこまで遡るかにもよるが, ここでは Lebesgue 測度の導入時にも使われることが多い Hopf の拡張定理は既知としよう. $\{P_n\}$ の整合性から, $\displaystyle\bigcup_{n=1}^{\infty} q_n^{-1}(\mathcal{F}_n)$ の上では $P(q_n^{-1}(A)) = P_n(A)$ $(A \in \mathcal{F}_n)$ によって有限加法的な P が定義される. $E_k \in \displaystyle\bigcup_{n=1}^{\infty} q_n^{-1}(\mathcal{F}_n)$ なる単調減少列 $E_1 \supset E_2 \supset \cdots$ が $\displaystyle\bigcap_{k=1}^{\infty} E_k = \varnothing$ をみたすとして, $\displaystyle\lim_{k\to\infty} P(E_k) = 0$ を示せばよい. しかしながら, $q_n^{-1}(\mathcal{F}_n)$ の元は Ω の閉集合したがってコンパクトゆえ, ある $N \in \mathbb{N}$ の段階ですでに $E_N = \displaystyle\bigcap_{k=1}^{N} E_k = \varnothing$ となっているので, それは明らかである. したがって, P は $\mathcal{F}$ 上の確率測度に一意的に拡張される. ■

注意 4.7 Ω_n がコンパクトでない場合は, 然るべき条件のもとに, $P_n(A)$ $(A \in \mathcal{F}_n)$ をコンパクト集合 $C \subset A$ での値 $P_n(C)$ で近似するという段階を経て測度の拡張を行う. 特に, Ω_n が可算集合のときは大丈夫である. 直積集合の場合の有名な Kolmogorov の拡張定理も含め, 射影極限への測度の拡張定理とその応用については, [73] 上巻の 3, 4 章に明快な説明があるので, 参照して知識を整理するとよい.

例 4.8 (コイン投げ) $\Omega_n = \{0,1\}^n$ とおき, $q_{nm} : \Omega_m \longrightarrow \Omega_n$ $(n < m)$ を最初の n 成分への射影とする. このとき, Ω_n の射影極限 Ω は無限直積 $\{0,1\}^\infty$ と同一視され, $q_n : \Omega \cong \{0,1\}^\infty \longrightarrow \{0,1\}^n$ を最初の n 成分への射影とする. $0 < p < 1$ とし, Ω_n 上の確率測度 P_n を

$$P_n(\{\omega_n\}) = p^{\left|\{k \mid \omega^{(k)}=1\}\right|}(1-p)^{\left|\{k \mid \omega^{(k)}=0\}\right|}, \qquad \omega_n = (\omega^{(1)}, \cdots, \omega^{(n)}) \in \Omega_n$$

と定義する．これから命題 4.6 によって定まる $\Omega=\{0,1\}^\infty$ 上の P がコイン投げを記述する確率測度である．$Y_n:\Omega\longrightarrow\mathbb{R}$ を $Y_n(\omega)=\omega^{(n)}$ によって定めると，$\{Y_n\}_{n=1}^\infty$ は独立かつ同分布である．すなわち[14)]，

$$(Y_1,\cdots,Y_n)_*P=(Y_{1*}P)\times\cdots\times(Y_{n*}P)=\prod_{j=1}^n Y_{j\,*}P,\qquad \forall n\in\mathbb{N},$$
$$Y_{n\,*}P=p\delta_1+(1-p)\delta_0,\qquad \forall n\in\mathbb{N}.$$

δ_1,δ_0 はそれぞれ 1 点集合 $\{1\},\{0\}$ を台にもつデルタ測度を表す．$X_n=(Y_1+\cdots+Y_n)/n$ とおくと，定義 4.2, 定義 4.5 の意味で，$S=\mathbb{R}$, $a=E[X_n]=p$, $\alpha_n=\sqrt{n}$ として大数の法則と中心極限定理が成り立つ．中心極限定理における極限測度 μ は $\mathbb{R}$ 上の Gauss 測度である．

例 4.9　例 4.8 の計算を少し具体的に書いてみよう．$X_n=(Y_1+\cdots+Y_n)/n$ を Ω_n 上の確率変数とみなす．P_n に関する積分を E_n で表す．X_n は

$$X_{n*}P_n\left(\frac{j}{n}\right)=P_n\left(X_n=\frac{j}{n}\right)=\binom{n}{j}p^j(1-p)^{n-j},\qquad j\in\{0,1,\cdots,n\} \tag{4.1.3}$$

という 2 項分布にしたがう．このコイン投げモデルを用いて，多項式近似定理を示してみよう．f を $[0,1]$ 上の $\mathbb{R}$ 値連続関数とする．(4.1.3) により，

$$\int_0^1 f(x)X_{n*}P_n(dx)=\sum_{j=0}^n f(\frac{j}{n})\binom{n}{j}p^j(1-p)^{n-j}. \tag{4.1.4}$$

(4.1.4) の右辺は，関数 f に関する n 次 Bernstein 多項式と呼ばれる．(4.1.4) の右辺の p についての n 次多項式を $b_n(p)$ とおく．f が一様連続であるから，

$$\forall\varepsilon>0,\quad \exists\delta>0,\quad |x-y|\leqq\delta\implies|f(x)-f(y)|\leqq\varepsilon.$$

この δ を用いて，

$$\begin{aligned}|f(p)-b_n(p)|&=\left|\sum_{j=0}^n\Bigl(f(p)-f(\frac{j}{n})\Bigr)\binom{n}{j}p^j(1-p)^{n-j}\right|\\ &\leqq\sum_{j=0}^n|f(p)-f(\frac{j}{n})|\binom{n}{j}p^j(1-p)^{n-j}=\sum_{j:\,|(j/n)-p|>\delta}+\sum_{j:\,|(j/n)-p|\leqq\delta}.\end{aligned} \tag{4.1.5}$$

14)　直積測度を表す記号に，$\times$ と $\otimes$ がある．集合に値を割り当てるか関数の空間の双対の元とみなすかのニュアンスの相違であろう．

(4.1.5) の第 1 の和を (I), 第 2 の和を (II) とおくと,

$$(\mathrm{II}) \leqq \varepsilon \sum_{j:\,|(j/n)-p|\leqq\delta} \binom{n}{j} p^j (1-p)^{n-j} \leqq \varepsilon.$$

一方, f の一様ノルム $\|f\| = \|f\|_{\sup}$ を用いて,

$$(\mathrm{I}) \leqq 2\|f\| \sum_{j:\,|(j/n)-p|>\delta} \binom{n}{j} p^j (1-p)^{n-j} = 2\|f\|\, P_n(|X_n - p| > \delta).$$

ここで, $E_n[X_n] = p$ に注意して Chebyshev の不等式 (命題 4.1) を適用すると,

$$P_n(|X_n - p| > \delta) \leqq \frac{1}{\delta^2} E_n[(X_n - p)^2] = \frac{p(1-p)}{\delta^2 n} \leqq \frac{1}{4\delta^2 n}$$

(Y_n の分散が $p(1-p)$ である). これらを (4.1.5) に代入すれば,

$$\sup_{p\in[0,1]} |f(p) - b_n(p)| \leqq \frac{\|f\|}{2\delta^2 n} + \varepsilon.$$

これより $\limsup_{n\to\infty} \|f - b_n\| \leqq \varepsilon$ となり, $\varepsilon > 0$ が任意であったから,

$$\lim_{n\to\infty} \|f - b_n\| = 0 \tag{4.1.6}$$

が得られた.

$[0,1]$ は任意の $[a,b]$ に容易に変換されるので, 例 4.9 から次のことを得る.

命題 4.10 (Weierstrass の多項式近似定理) 有界閉区間 $[a,b]$ 上の $\mathbb{R}$ 値連続関数全体 $C([a,b];\mathbb{R})$ に一様ノルムを与えた Banach 空間において, $\mathbb{R}$ 係数の多項式全体のなす部分空間は稠密である[15]. ■

4.2 測度のモーメント, キュムラント

6 章で Young 図形を特徴づける $\mathbb{R}$ 上の確率測度 (Kerov 推移測度) を導入し, その収束を議論する. その際, 測度のモーメントと (自由) キュムラントが重要な量になる. 自由キュムラントは 4.3 節で導入することにし, 本節ではモーメントと通常のキュムラントにまつわる基本的な事項をまとめておこう.

---

15) $\mathbb{R}$ の中で $\mathbb{Q}$ が稠密だから, $\mathbb{Q}$ 係数の多項式全体にしてもよい. そうすると, $C([a,b];\mathbb{R})$ の可分性がわかる.

定義 4.11 $\mathbb{R}$ 上の測度 μ に対して

$$M_k(\mu) = \int_{\mathbb{R}} x^k \mu(dx), \qquad k \in \{0, 1, 2, \cdots\}$$

を μ の k 次モーメントという. もちろん $|x| \in L^k(\mu)$ のときにのみ定義される. このとき μ は k 次モーメントをもつという言い方もする. □

実数列 $\{m_k\}_{k=0}^{\infty}$ が与えられたとき, 任意の k に対して $m_k = M_k(\mu)$ となる $\mathbb{R}$ 上の測度 μ の存在と一意性を議論するのが, Hamburger のモーメント問題である. 本書では, A.2 節において, モーメント問題の解の存在 (定理 A.37) とその周辺に関する補足を述べる. コンパクト区間上の測度のモーメントの収束に関し, 次の定理 4.12 は Weierstrass の多項式近似定理と Riesz の表現定理から容易にしたがう.

定理 4.12 $\mathbb{R}$ の有界閉区間 $[a, b]$ 上の測度列 $\{\mu_n\}_{n=1}^{\infty}$ について, 任意の $k \in \{0, 1, 2, \cdots\}$ に対して $\{M_k(\mu_n)\}_{n=1}^{\infty}$ が収束列であるとすれば,

$$M_k(\mu) = M_k = \lim_{n\to\infty} M_k(\mu_n), \qquad \forall k \in \{0, 1, 2, \cdots\} \tag{4.2.1}$$

をみたす $[a, b]$ 上の測度 μ が一意的に存在する.

証明 任意の $f \in C([a, b]; \mathbb{R})$ に対して $\{\int_a^b f(x)\mu_n(dx)\}_{n=1}^{\infty}$ は収束列である. 実際, Weierstrass の多項式近似定理 (命題 4.10) によって, 任意の $\varepsilon > 0$ に対し, $\|f - p\|_{\sup} \leqq \varepsilon$ となる $\mathbb{R}$ 係数の多項式 $p(x)$ がとれて,

$$\begin{aligned}
&\left|\int_a^b f(x)\mu_n(dx) - \int_a^b f(x)\mu_m(dx)\right| \\
&\leqq \|f - p\|_{\sup}(M_0(\mu_n) + M_0(\mu_m)) + \left|\int_a^b p(x)\mu_n(dx) - \int_a^b p(x)\mu_m(dx)\right| \\
&\xrightarrow[m,n\to\infty]{} \quad 2M_0\|f - p\|_{\sup} \leqq 2M_0\varepsilon.
\end{aligned}$$

$C([a, b]; \mathbb{R})$ 上の正値線型汎関数を

$$\psi(f) = \lim_{n\to\infty} \int_a^b f(x)\mu_n(dx), \qquad f \in C([a, b]; \mathbb{R})$$

で定めれば, Riesz の表現定理 (定理 A.10) により

$$\psi(f) = \int_a^b f(x)\mu(dx), \qquad f \in C([a, b]; \mathbb{R})$$

をみたす測度 μ が一意的に存在する. 特に $f(x) = x^k$ とおけば, (4.2.1) を得る.

■

モーメント列の生成関数のため, $\mathbb{R}$ 上の確率測度 μ に対して積分変換

$$G_\mu(z) = \int_{\mathbb{R}} \frac{1}{z-x}\mu(dx), \qquad z \in \mathbb{C}, \tag{4.2.2}$$

$$L_\mu(\zeta) = \int_{\mathbb{R}} e^{\zeta x}\mu(dx), \qquad \zeta \in \mathbb{C}. \tag{4.2.3}$$

を考える. G_μ は μ の Stieltjes 変換[16], L_μ は μ の Laplace 変換である. 特に, $\zeta = i\xi$ ($\xi \in \mathbb{R}$) に対しては (4.2.3) は常に定義され, $\varphi_\mu(\xi) = L_\mu(i\xi)$ は μ の特性関数 (Fourier 変換) と呼ばれる. (4.2.2) の G_μ は, $\mathbb{C} \setminus \operatorname{supp}\mu$ で正則である. ただし, $\operatorname{supp}\mu$ は μ の台を表し,

$$(\operatorname{supp}\mu)^c = \bigcup\{O \subset \mathbb{R} \,|\, O \text{ は開集合},\ \mu(O) = 0\}$$

によって定義される. $\operatorname{supp}\mu$ が原点中心, 半径 $a > 0$ の閉円板に含まれるとき, G_μ は $|z| > a$ において正則であり, 次のように展開される:

$$G_\mu(z) = \frac{1}{z}\int_{\mathbb{R}} \frac{1}{1-(x/z)}\mu(dx) = \sum_{n=0}^{\infty} \frac{M_n(\mu)}{z^{n+1}}, \qquad |z| > a.$$

命題 4.13 $a > 0$ と $\mathbb{R}$ 上の確率測度 μ に対する次の 2 つの条件が同値である.
(ア) $\operatorname{supp}\mu \subset [-a, a]$. (イ) 任意の $n \in \mathbb{N}$ に対して, $|M_n(\mu)| \leqq a^n$.

証明 (ア)$\Longrightarrow$(イ) は易しい. 実際,

$$|M_n(\mu)| \leqq \int_{\mathbb{R}} |x|^n \mu(dx) \leqq \int_{\mathbb{R}} a^n \mu(dx) = a^n.$$

(イ) は次の (ウ), (エ) のどちらとも同値である:

(ウ) 任意の $n \in \mathbb{N}$ に対して, $M_{2n}(\mu) \leqq a^{2n}$,

(エ) 任意の $n \in \mathbb{N}$ に対して, $\displaystyle\int_{\mathbb{R}} |x|^n \mu(dx) \leqq a^n$.

実際, (エ)$\Longrightarrow$(イ)$\Longrightarrow$(ウ) は自明である. (ウ)$\Longrightarrow$(エ) を言うには, 奇数の n に対して (エ) を示せばよいが, Hölder の不等式から,

---

[16] Cauchy–Stieltjes 変換とも呼ぶ. μ が絶対連続のときは密度関数の Cauchy 変換と呼ぶ方が普通であるが, 本書ではすべて Stieltjes 変換でいく.

$$\int_{\mathbb{R}} |x|^{2n-1}\mu(dx) \leqq \Big(\int_{\mathbb{R}} (|x|^{2n-1})^{\frac{2n}{2n-1}}\mu(dx)\Big)^{\frac{2n-1}{2n}}\Big(\int_{\mathbb{R}} 1\,\mu(dx)\Big)^{\frac{1}{2n}}$$
$$= \Big(\int_{\mathbb{R}} x^{2n}\mu(dx)\Big)^{\frac{2n-1}{2n}} \leqq (a^{2n})^{\frac{2n-1}{2n}} = a^{2n-1}.$$

(エ)$\Longrightarrow$(ア) を示そう. $|z| > a$ とすると,

$$\int_{\mathbb{R}} \sum_{n=0}^{\infty}\Big|\frac{x}{z}\Big|^n \mu(dx) \leqq \sum_{n=0}^{\infty}\Big(\frac{a}{|z|}\Big)^n < \infty$$

であるから, μ-a.s. に $\sum_{n=0}^{\infty}(|x|/|z|)^n < \infty$, すなわち $|x| < |z|$ が成り立つ. これは $\operatorname{supp}\mu \subset (-|z|, |z|)$ を意味し, z は $|z| > a$ なる限り任意であるから, $\operatorname{supp}\mu \subset [-a, a]$ が成り立つ. ■

特性関数 φ_μ は $\mathbb{R}$ 上で一様連続である. $\varphi_\mu(0) = 1$ だから, $|\xi|$ が十分小なるところで $\log\varphi_\mu(\xi)$ がとれる. ある $\delta > 0$ に対して

$$\int_{\mathbb{R}} e^{\delta|x|}\mu(dx) < \infty \tag{4.2.4}$$

ならば, L_μ は 0 の近傍で解析的である. 実際, $|\zeta| \leqq \delta$ に対し

$$\sum_{n=0}^{\infty}\frac{|\zeta|^n|x|^n}{n!} \leqq e^{\delta|x|}$$

だから, 積分と和の順序が交換できて

$$L_\mu(\zeta) = \int_{\mathbb{R}}\sum_{n=0}^{\infty}\frac{\zeta^n x^n}{n!}\mu(dx) = \sum_{n=0}^{\infty}\frac{\zeta^n}{n!}M_n(\mu).$$

このとき

$$\log L_\mu(\zeta) = \sum_{k=1}^{\infty}\frac{C_k(\mu)}{k!}\zeta^k \tag{4.2.5}$$

によって係数 $C_k(\mu)$ を定義すれば,

$$\sum_{n=0}^{\infty}\frac{M_n(\mu)}{n!}\zeta^n = \exp\Big(\sum_{k=1}^{\infty}\frac{C_k(\mu)}{k!}\zeta^k\Big), \qquad |\zeta| \ll 1. \tag{4.2.6}$$

(4.2.6) は, $\zeta = 0$ の近傍で L_μ が解析的ならば成り立つが, ζ の形式的べき級数としての等式だと解釈することもできる. 両辺の係数比較によって $M_n(\mu)$ と $C_n(\mu)$ を関係づける式が得られる. それを書き下すために少し記号の準備をする.

$n \in \mathbb{N}$ に対し, $\{1, 2, \cdots, n\}$ を互いに交わらない部分集合の合併で書く仕方全

体を $\mathcal{P}(n)$ で表す. $\mathcal{P}(n)$ の元を $\{1,2,\cdots,n\}$ の分割と呼ぶ[17]. $\pi\in\mathcal{P}(n)$ が定める分割 $\{1,2,\cdots,n\}=v_1\sqcup\cdots\sqcup v_l$ の互いに交わらない各部分集合 v_i $(\neq\varnothing)$ を π のブロックといい, $\pi=\{v_1,\cdots,v_l\}$ あるいは $v_i\in\pi$ と書く. π のブロックの個数 l を $b(\pi)$ で表す. ブロック v_i に属する文字の個数を v_i の大きさといい, $|v_i|$ と書く. $\pi,\rho\in\mathcal{P}(n)$ に対し, ρ の任意のブロックが π のどれかのブロックの部分集合になるとき, $\rho\leq\pi$ と書く. $(\mathcal{P}(n),\leq)$ は半順序集合である. $\mathcal{P}(n)$ の最小元は $0_n=\{\{1\},\cdots,\{n\}\}$, 最大元は $1_n=\{\{1,\cdots,n\}\}$ である.

$|\mathcal{P}(n)|$ は n 次の Bell 数と呼ばれる. その表式については後述の例 4.24 参照. 一方, (2.1.3) の n の分割の個数, すなわち $|\mathbb{Y}_n|$ を明示するのは困難であるが, $n\to\infty$ の漸近挙動に関して, Hardy–Ramanujan の公式

$$|\mathbb{Y}_n|=\frac{e^{\pi\sqrt{2n/3}}}{4\sqrt{3}n}\Big(1+O(\frac{1}{\sqrt{n}})\Big) \tag{4.2.7}$$

が成り立つ. [7] の 7 章を参照.

例 4.14 $\mathcal{P}(4)=\{\{\{1,2,3,4\}\},\{\{1,2,3\},\{4\}\},\cdots,\{\{1\},\{2\},\{3\},\{4\}\}\}$. 分割を図 4.1 のような図式で表すことが多い. まさに「源氏香」方式である[18]. 実際の源氏香では $\mathcal{P}(5)$ を用いる (52 個全部書いて確かめてみるとよい).

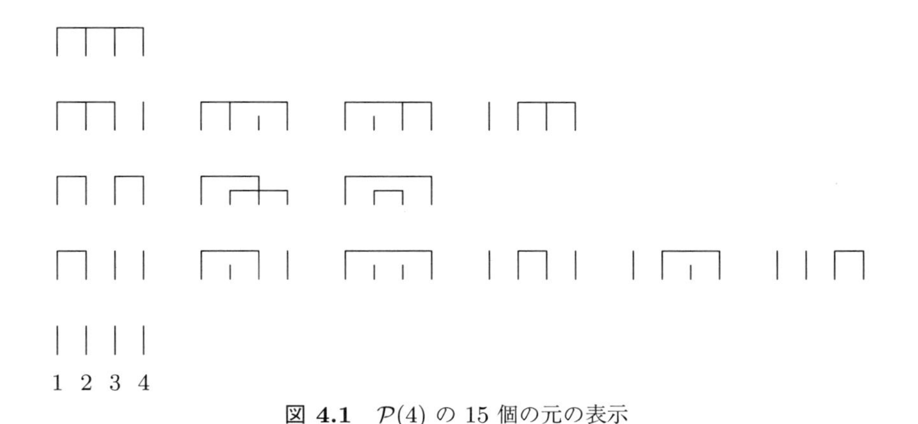

図 4.1 $\mathcal{P}(4)$ の 15 個の元の表示

17) これは集合 $\{1,2,\cdots,n\}$ の部分集合による分割であり, (2.1.3) で与えた n の分割とは意味が違う.

18) 源氏香では右から炉番号をふるが, 図 4.1 は一応左から番号づけている.

定理 4.15　μ が $\mathbb{R}$ 上の確率測度であるとき,

$$M_n(\mu) = \sum_{\pi \in \mathcal{P}(n)} C_\pi(\mu), \qquad n \in \mathbb{N} \tag{4.2.8}$$

が成り立つ. ただし, $C_\pi(\mu)$ は分割のブロックに関して乗法的に

$$C_\pi(\mu) = \prod_{i=1}^{l} C_{|v_i|}(\mu), \qquad \pi = \{v_1, \cdots, v_l\} \in \mathcal{P}(n) \tag{4.2.9}$$

と定義する.

証明　(4.2.6) から導くため, (4.2.6) の右辺を展開して ζ^n の係数を見る. 簡単のため μ を省略する. 注意 3.30 と同じような計算により,

$$\begin{aligned}
&\exp\Big(\sum_{k=1}^{\infty} \frac{C_k}{k!}\zeta^k\Big) = 1 + \sum_{r=1}^{\infty} \frac{1}{r!} \sum_{k_1,\cdots,k_r=1}^{\infty} \frac{C_{k_1}\cdots C_{k_r}}{k_1!\cdots k_r!}\zeta^{k_1+\cdots+k_r} \\
&= 1 + \sum_{(r,n)} \sum_{(k_1,\cdots,k_r)\in\mathbb{N}^r:\, k_1+\cdots+k_r=n} \frac{C_{k_1}\cdots C_{k_r}}{r!k_1!\cdots k_r!}\zeta^n \\
&= 1 + \sum_{n=1}^{\infty} \frac{1}{n!}\Big[\sum_r \Big\{\sum_{(k_1,\cdots,k_r)\in\mathbb{N}^r:\, k_1+\cdots+k_r=n} \frac{n!}{r!k_1!\cdots k_r!} C_{k_1}\cdots C_{k_r}\Big\}\Big]\zeta^n.
\end{aligned} \tag{4.2.10}$$

ここで, 各 r について

$$\Big\{\quad\Big\} = \sum_{\pi\in\mathcal{P}(n):b(\pi)=r} C_\pi \tag{4.2.11}$$

を見るには, $\{1, \cdots, n\}$ を次のように考えて r 個のブロックに分ければよい. $1, \cdots, n$ を置換した後, 先頭から $k_1, \cdots, k_r$ 個ずつ取り分ける. $k_1, \cdots, k_r$ $(\geqq 1)$ を計 n になる範囲で動かせば, ブロックの順序が重複して勘定されているので $r!$ でわって打ち消し, さらに各ブロック内の置換を $k_1! \cdots k_r!$ でわって打ち消す. これで (4.2.11) が検証された. (4.2.10) に代入して (4.2.6) と比べれば, (4.2.8) を得る. ■

分割を添字にもつ μ のモーメントについても

$$M_\pi(\mu) = \prod_{i=1}^{l} M_{|v_i|}(\mu), \qquad \pi = \{v_1, \cdots, v_l\} \in \mathcal{P}(n) \tag{4.2.12}$$

と, ブロックに関して乗法的に定義する. (4.2.12) と (4.2.8) により,

$$M_\pi(\mu) = \sum_{\rho_1\in\mathcal{P}(|v_1|),\cdots,\rho_l\in\mathcal{P}(|v_l|)} C_{\rho_1}(\mu)\cdots C_{\rho_l}(\mu) = \sum_{\rho\in\mathcal{P}(n):\rho\leq\pi} C_\rho(\mu) \tag{4.2.13}$$

が成り立つ. ただし, 第 2 等号では, $\pi = \{v_1, \cdots, v_l\} \in \mathcal{P}(n)$ に対して

$$\rho \leq \pi \iff \rho \in \mathcal{P}(|v_1|) \times \cdots \times \mathcal{P}(|v_l|) \tag{4.2.14}$$

であることを用いた. 半順序集合 $\mathcal{P}(n)$ の Möbius 関数を用いて (4.2.13) を反転することができる.

$(S, \leq)$ を有限な半順序集合とし, $S \times S$ 上の $\mathbb{C}$ 値関数全体を $\mathcal{F}$ とおく. $\mathrm{F}, \mathrm{G} \in \mathcal{F}$ に対し, $(\mathrm{F} \cdot \mathrm{G})(x, y) = \sum_{z \in S} \mathrm{F}(x, z)\mathrm{G}(z, y)$ によって $\mathcal{F}$ に積を定める. $\mathrm{E}(x, y) = \delta_{xy}$ で定まる E が積の単位元になる. 今, $\mathrm{A} = \mathrm{A}_S \in \mathcal{F}$ を

$$\mathrm{A}(x, y) = \begin{cases} 1, & x \leq y \\ 0, & \text{その他}, \end{cases} \qquad x, y \in S \tag{4.2.15}$$

によって定めると, A は $\mathcal{F}$ で可逆であることがわかる. 実際,

$$S = \{x_1, x_2, \cdots, x_N\}, \qquad x_i \leq x_j \implies i \leqq j \tag{4.2.16}$$

となるような番号づけを採用しておくと, $[\mathrm{A}(x_i, x_j)]_{i,j=1}^N$ は対角成分がすべて 1 の上三角行列であるから, 可逆行列である. その逆行列を $[\mathrm{M}(x_i, x_j)]_{i,j=1}^N$ とおくと, $\mathcal{F}$ の中で $\mathrm{A} \cdot \mathrm{M} = \mathrm{M} \cdot \mathrm{A} = \mathrm{E}$ が成り立つ. 有限な半順序集合 $(S, \leq)$ において, 一意的に定まる (4.2.15) の逆元 $\mathrm{M}(x, y) = \mathrm{M}_S(x, y)$ を S の Möbius 関数という.

補題 4.16 (1) $\mathrm{M}(x, y) \in \mathbb{Z}$, $\mathrm{M}(x, x) = 1$ であり, さらに次が成り立つ:

$$x \not\leq y \implies \mathrm{M}(x, y) = 0, \tag{4.2.17}$$

$$\sum_{y \in S:\, x \leq y \leq z} \mathrm{M}(y, z) = \delta_{xz}, \qquad \sum_{y \in S:\, x \leq y \leq z} \mathrm{M}(x, y) = \delta_{xz}. \tag{4.2.18}$$

(2) $a, b \in S$ が $a \leq b$, $a \neq b$ をみたすとすると, $I = \{x \in S \mid a \leq x \leq b\}$ も ($\leq$ を I に制限して) 半順序集合である. I の Möbius 関数を M_I と書くと,

$$\mathrm{M}_I(x, y) = \mathrm{M}(x, y), \qquad x, y \in I. \tag{4.2.19}$$

半順序集合 S_1 と S_2 の間に順序を保つ全単射 ψ があれば, それぞれの Möbius 関数 $\mathrm{M}_1, \mathrm{M}_2$ は一致する: $\mathrm{M}_1(x, y) = \mathrm{M}_2(\psi(x), \psi(y))$ $(x, y \in S_1)$.

証明 (1) (4.2.16) の番号づけを S に導入する. 逆行列の公式から, $[\mathrm{M}(x_i, x_j)]$ も上三角, 成分は整数, 対角成分はすべて 1 である. (4.2.17) を示すために, (4.2.17) に反するようなペア (x_k, x_l) があるとする: $x_k \not\leq x_l$ かつ $\mathrm{M}(x_k, x_l) \neq 0$. そのようなペアのうちで, 番号が最大のものが x_k であるとする. $k \neq l$ だから,

$$\sum_{i=1}^{N} \mathrm{A}(x_k, x_i)\mathrm{M}(x_i, x_l) = 0.$$

$i = k$ の項は $\mathrm{A}(x_k, x_k)\mathrm{M}(x_k, x_l) = \mathrm{M}(x_k, x_l) \neq 0$ であるから,

$$\exists j \in \{1, \cdots, N\} \setminus \{k\}, \quad \mathrm{A}(x_k, x_j)\mathrm{M}(x_j, x_l) \neq 0.$$

ゆえに, A の定義から, $x_k \leq x_j$. k の最大性により, $x_j \not\leq x_l$ と $\mathrm{M}(x_j, x_l) \neq 0$ が両立しないから, $x_j \leq x_l$. ゆえに $x_k \leq x_l$ が導かれ, 矛盾である. これで (4.2.17) が示された. (4.2.18) は, (4.2.15), (4.2.17) と $\mathrm{A} \cdot \mathrm{M} = \mathrm{M} \cdot \mathrm{A} = \mathrm{E}$ からしたがう.

(2) $x, y \in I$, $x \leq y$ とすると, (4.2.18) により, $\mathrm{M}(x, y)$ の値は I の中だけで帰納的に決定される. ゆえに (4.2.19) が成り立つ. $x \not\leq y$ ならば, (4.2.19) が 0 で成り立つ. 残りの主張も容易にわかる. ■

$\mathcal{P}(n)$ において, (4.2.15) の関数 $\mathrm{A}_{\mathcal{P}(n)}(\rho, \pi)$ と Möbius 関数 $\mathrm{M}_{\mathcal{P}(n)}(\rho, \pi)$ を考える. $\mathcal{P}(n)$ を整列して $\{\pi_1, \cdots, \pi_N\}$ とし, (4.2.13) を行列表示すれば

$$[M_{\pi_1}(\mu) \ \cdots \ M_{\pi_N}(\mu)] = [C_{\pi_1}(\mu) \ \cdots \ C_{\pi_N}(\mu)] \ \mathrm{A}_{\mathcal{P}(n)}$$

となり, 右から行列 $\mathrm{M}_{\mathcal{P}(n)} = \mathrm{A}_{\mathcal{P}(n)}^{-1}$ をかけて

$$[C_{\pi_1}(\mu) \ \cdots \ C_{\pi_N}(\mu)] = [M_{\pi_1}(\mu) \ \cdots \ M_{\pi_N}(\mu)] \ \mathrm{M}_{\mathcal{P}(n)}.$$

したがって (4.2.17) を考慮して

$$C_\pi(\mu) = \sum_{\rho \in \mathcal{P}(n): \rho \leq \pi} \mathrm{M}_{\mathcal{P}(n)}(\rho, \pi) M_\rho(\mu) \tag{4.2.20}$$

を得る. 特に $\mathcal{P}(n)$ の最大元 $1_n = \{\{1, 2, \cdots, n\}\}$ をとって

$$\mathrm{M}_{\mathcal{P}(n)}(\rho) = \mathrm{M}_{\mathcal{P}(n)}(\rho, 1_n) \tag{4.2.21}$$

とおけば, 次式を得る.

定理 4.17 μ が $\mathbb{R}$ 上の確率測度であるとき,

$$C_n(\mu) = \sum_{\pi \in \mathcal{P}(n)} \mathrm{M}_{\mathcal{P}(n)}(\pi) M_\pi(\mu), \qquad n \in \mathbb{N} \tag{4.2.22}$$

が成り立つ. ■

L_μ の 0 における解析性のもとで, (4.2.5) によって $C_n(\mu)$ を定義したが, μ が n 次までのモーメントをもつという条件のもとで, (4.2.22) と (4.2.12) によって $C_n(\mu)$ を定義することができる.

定義 4.18 $\mathbb{R}$ 上の確率測度 μ に対し, (4.2.22) で定まる $C_n(\mu)$ を確率測度 μ の n 次キュムラントという[19]. (4.2.9) によって $C_\pi(\mu)$ を定義する. (4.2.8) と (4.2.22)(互いに他の反転) をキュムラント・モーメント公式と呼ぶ. □

μ のモーメントとキュムラントは (4.2.13) および (4.2.20) をみたし, さらに (4.2.6) が (形式的) べき級数の関係式として成り立つ. $C_\pi(\mu)$ が π のブロックに関して乗法的に (4.2.9) で定義されるので, (4.2.22) を (4.2.20) に代入すれば, $\rho \leq \pi$ なる $\mathrm{M}_{\mathcal{P}(n)}(\rho,\pi)$ と $\mathrm{M}_{\mathcal{P}(n)}(\tau)$ たちの間の関係式が示唆される.

補題 4.19 $\rho,\pi \in \mathcal{P}(n)$ で, $\rho \leq \pi = \{v_1,\cdots,v_l\}$ とすると,

$$\mathrm{M}_{\mathcal{P}(n)}(\rho,\pi) = \mathrm{M}_{\mathcal{P}(|v_1|)}(\rho_1)\cdots\mathrm{M}_{\mathcal{P}(|v_l|)}(\rho_l) \tag{4.2.23}$$

が成り立つ. ただし, (4.2.14) の対応によって, $\rho = (\rho_1,\cdots,\rho_l) \in \mathcal{P}(|v_1|)\times\cdots\times\mathcal{P}(|v_l|)$ とみなす.

証明 $\tau \in \mathcal{P}(n)$ を任意にとって,

$$\begin{aligned}
&\sum_{\rho\in\mathcal{P}(n):\,\rho\leq\pi} \mathrm{A}_{\mathcal{P}(n)}(\tau,\rho)\mathrm{M}_{\mathcal{P}(|v_1|)}(\rho_1)\cdots\mathrm{M}_{\mathcal{P}(|v_l|)}(\rho_l)\\
&= \sum_{\rho\in\mathcal{P}(n):\,\tau\leq\rho} \mathrm{M}_{\mathcal{P}(n)}(\rho_1,1_{|v_1|})\cdots\mathrm{M}_{\mathcal{P}(n)}(\rho_l,1_{|v_l|})\\
&= \Bigl(\sum_{\rho_1\in\mathcal{P}(|v_1|):\,\tau_1\leq\rho_1} \mathrm{M}_{\mathcal{P}(n)}(\rho_1,1_{|v_1|})\Bigr)\cdots\Bigl(\sum_{\rho_l\in\mathcal{P}(|v_l|):\,\tau_l\leq\rho_l} \mathrm{M}_{\mathcal{P}(n)}(\rho_l,1_{|v_l|})\Bigr) = \delta_{\tau\pi}.
\end{aligned}$$

ただし, $\tau \leq \pi$ のもとに, $\tau = (\tau_1,\cdots,\tau_l)$ も (4.2.14) による対応である. 最後の等号では, 補題 4.16 の (4.2.18) によって第 j 和の部分が $\delta_{\tau_j,1_{|v_j|}}$ に一致することを用いた. これは, (4.2.23) を示している. ■

例 4.20 (4.2.22) を用いて, C_1, C_2, C_3 を書き下してみる. 簡単のため, 確率測度 μ を省略する. $n = 1,2,3$ に対する

$$\mathcal{P}(1) = \{\{1\}\}, \qquad \mathcal{P}(2) = \{\{\{1\},\{2\}\},\{\{1,2\}\}\},$$
$$\mathcal{P}(3) = \{\{\{1\},\{2\},\{3\}\},\{\{1,2\},\{3\}\},\{\{1,3\},\{2\}\},\{\{1\},\{2,3\}\},\{\{1,2,3\}\}\}$$

のそれぞれについて, (4.2.15) の $\mathrm{A}_n = \mathrm{A}_{\mathcal{P}(n)}$ と Möbius 関数 $\mathrm{M}_n = \mathrm{M}_{\mathcal{P}(n)}$ を行列の形で書くと,

---

19) 半不変係数ともいう. n 次キュムラントを表すのに習慣的に κ_n という記号を用いることが多いが, 本書では, 後に登場する他の種類のキュムラントの記号との (視覚的な) バランスも考慮して, C_n を用いることにする.

$$\mathrm{A}_1 = [1],\ \mathrm{M}_1 = [1]; \qquad \mathrm{A}_2 = \begin{bmatrix} 1 & 1 \\ 0 & 1 \end{bmatrix},\ \mathrm{M}_2 = \begin{bmatrix} 1 & -1 \\ 0 & 1 \end{bmatrix};$$

$$\mathrm{A}_3 = \begin{bmatrix} 1 & 1 & 1 & 1 & 1 \\ 0 & 1 & 0 & 0 & 1 \\ 0 & 0 & 1 & 0 & 1 \\ 0 & 0 & 0 & 1 & 1 \\ 0 & 0 & 0 & 0 & 1 \end{bmatrix}, \quad \mathrm{M}_3 = \begin{bmatrix} 1 & -1 & -1 & -1 & 2 \\ 0 & 1 & 0 & 0 & -1 \\ 0 & 0 & 1 & 0 & -1 \\ 0 & 0 & 0 & 1 & -1 \\ 0 & 0 & 0 & 0 & 1 \end{bmatrix}.$$

$\mathrm{M}_{\mathcal{P}(n)}$ は M_n の最右列に現れている. これより,

$$C_1 = M_1, \quad C_2 = -M_1^2 + M_2 = \int_{\mathbb{R}} (x - M_1)^2 \mu(dx),$$
$$C_3 = 2M_1^3 - 3M_1 M_2 + M_3 = \int_{\mathbb{R}} (x - M_1)^3 \mu(dx).$$

1 次キュムラントは分布の平均, 2 次キュムラントは分布の分散 (= 2 次中心モーメント) である. 3 次キュムラントも 3 次中心モーメントと一致し, それを標準偏差の 3 乗で割って正規化した量は, 分布の歪みを示す意味合いで歪度と呼ばれる.

注意 4.21　(4.2.8) を (4.2.6) に代入すると, キュムラントについての式

$$\log\Big(1 + \sum_{n=1}^{\infty} \frac{\zeta^n}{n!} \sum_{\pi \in \mathcal{P}(n)} C_\pi(\mu)\Big) = \sum_{n=1}^{\infty} \frac{\zeta^n}{n!} C_n(\mu)$$

を得る. この右辺では, 各サイズ n について $\pi = 1_n$ という「連結な」分割のみ現れている. つまり, 生成関数の対数をとるという操作が「連結成分」を取り出すことになっている.

命題 4.22　$\pi \in \mathcal{P}(n)$ に対し,

$$\mathrm{M}_{\mathcal{P}(n)}(\pi) = (-1)^{b(\pi)-1}(b(\pi) - 1)!\,. \tag{4.2.24}$$

証明　べき級数の計算によって示そう. (4.2.6) より

$$\sum_{k=1}^{\infty} \frac{C_k(\mu)}{k!}\zeta^k = \log\Big(1 + \sum_{n=1}^{\infty} \frac{M_n(\mu)}{n!}\zeta^n\Big) = \sum_{r=1}^{\infty} \frac{(-1)^{r-1}}{r}\Big(\sum_{n=1}^{\infty} \frac{M_n(\mu)}{n!}\zeta^n\Big)^r$$
$$= \sum_{r=1}^{\infty} \sum_{n_1, \cdots, n_r = 1}^{\infty} \frac{(-1)^{r-1}}{r} \frac{M_{n_1}(\mu) \cdots M_{n_r}(\mu)}{n_1! \cdots n_r!} \zeta^{n_1 + \cdots + n_r}$$
$$= \sum_{(k,r)} \Big(\sum_{n_1, \cdots, n_r :\, n_1 + \cdots + n_r = k} \frac{(-1)^{r-1}}{r} \frac{M_{n_1}(\mu) \cdots M_{n_r}(\mu)}{n_1! \cdots n_r!} \Big) \zeta^k.$$

したがって

$$C_k(\mu) = \sum_{r=1}^{k} (-1)^{r-1}(r-1)! \Big\{ \sum_{n_1+\cdots+n_r=k} \frac{k!}{r!n_1!\cdots n_r!} M_{n_1}(\mu)\cdots M_{n_r}(\mu) \Big\}$$

を得る. 定理 4.15 の証明の (4.2.11) と同様に, 中括弧の中の和が $\sum_{\pi\in\mathcal{P}(k):\, b(\pi)=r} M_\pi(\mu)$ となるから, $C_k(\mu) = \sum_{\pi\in\mathcal{P}(k)} (-1)^{b(\pi)-1}(b(\pi)-1)! M_\pi(\mu)$. これで (4.2.24) が示された. ■

例 4.23 $C_1(\mu) = m \in \mathbb{R}$, $C_2(\mu) = v \geqq 0$, $C_3(\mu) = C_4(\mu) = \cdots = 0$ ならば $\sum_{n=0}^{\infty} (\zeta^n/n!)\, M_n(\mu)$ が絶対収束し, 任意の $\delta > 0$ で (4.2.4) が成り立つ. このとき, $\varphi_\mu(\xi) = \exp(im\xi - \frac{1}{2}v\xi^2)$ $(\xi \in \mathbb{R})$ となり, μ は Gauss 分布 (正規分布) である:

$$\mu(dx) = \begin{cases} (1/\sqrt{2\pi v}) \exp\{-(x-m)^2/(2v)\} dx, & v > 0, \\ \delta_m(dx), & v = 0. \end{cases}$$

例 4.24 $C_1(\mu) = C_2(\mu) = C_3(\mu) = \cdots = \lambda > 0$ とすれば, この場合も (4.2.4) が成り立つ. このとき, $\varphi_\mu(\xi) = \exp\{\lambda(e^{i\xi} - 1)\}$ $(\xi \in \mathbb{R})$ となり, μ はパラメータ λ の Poisson 分布である:

$$\mu = \sum_{n=0}^{\infty} e^{-\lambda} \frac{\lambda^n}{n!} \delta_n.$$

特に, パラメータ 1 の Poisson 分布の k 次モーメントの式とキュムラント・モーメント公式 (4.2.8) をあわせれば次式が得られる:

$$|\mathcal{P}(k)| = \frac{1}{e} \sum_{n=0}^{\infty} \frac{n^k}{n!}.$$

本節のここまでは, 1 つの確率測度すなわち 1 つの確率変数の分布に対して, モーメントとキュムラントの性質を述べた. 本節の残りでは, 複数個の確率変数の結合分布のそれらについて述べ, 確率変数の独立性との関係を論じよう.

定義 4.25 $\mathcal{A}$ を確率空間 $(\Omega, \mathcal{F}, P)$ 上の $\mathbb{R}$ 値確率変数から成る代数とし[20], 任意の $X \in \mathcal{A}$ に対して $E[|X|] < \infty$ とする. $\mathcal{A}^n = \mathcal{A} \times \cdots \times \mathcal{A}$ 上の n 重線型汎関数 M_π と C_π を順に次で定める: $n \in \mathbb{N}$ [21], $X_i \in \mathcal{A}$ に対し,

20) 確率変数は $\mathbb{R}$-値に, $\mathcal{A}$ は $\mathbb{R}$-代数にするが, 自明な修正を施せば $\mathbb{C}$-代数にしてもよい.

21) $\mathcal{A}_0 = \{1\}$, $M_0[1] = 1$ と定める.

$$M_n[X_1, \cdots, X_n] = E[X_1 \cdots X_n], \tag{4.2.25}$$

$\pi = \{v_1, \cdots, v_l\} \in \mathcal{P}(n)$, $v_i = \{j_1^{(i)} < \cdots < j_{|v_i|}^{(i)}\}$ として, 乗法的に

$$M_\pi[X_1, \cdots, X_n] = \prod_{i=1}^{l} M_{|v_i|}[X_{j_1^{(i)}}, \cdots, X_{j_{|v_i|}^{(i)}}], \tag{4.2.26}$$

Möbius 関数 (4.2.21) を用いて,

$$C_n[X_1, \cdots, X_n] = \sum_{\pi \in \mathcal{P}(n)} \mathrm{M}_{\mathcal{P}(n)}(\pi) M_\pi[X_1, \cdots, X_n], \tag{4.2.27}$$

さらに再び乗法的に

$$C_\pi[X_1, \cdots, X_n] = \prod_{i=1}^{l} C_{|v_i|}[X_{j_1^{(i)}}, \cdots, X_{j_{|v_i|}^{(i)}}]. \tag{4.2.28}$$

M_n と C_n は対称な多重線型汎関数であり, それぞれ結合モーメントと結合キュムラントと呼ばれる. □

このとき, キュムラント・モーメント公式

$$C_\pi = \sum_{\rho \in \mathcal{P}(n):\, \rho \leq \pi} \mathrm{M}_{\mathcal{P}(n)}(\rho, \pi) M_\rho, \tag{4.2.29}$$

$$M_\pi = \sum_{\rho \in \mathcal{P}(n):\, \rho \leq \pi} C_\rho \tag{4.2.30}$$

が成り立つ. 特に, (4.2.30) で $\pi = 1_n$ のとき,

$$M_n[X_1, \cdots, X_n] = \sum_{\rho \in \mathcal{P}(n)} C_\rho[X_1, \cdots, X_n]. \tag{4.2.31}$$

実際, (4.2.25) – (4.2.28) の定義と Möbius 関数の性質 (4.2.18), (4.2.23) を用いて,

$$\begin{aligned}
C_\pi[X_1, \cdots, X_n] &= \prod_{i=1}^{l} C_{|v_i|}[X_{j_1^{(i)}}, \cdots, X_{j_{|v_i|}^{(i)}}] \\
&= \prod_{i=1}^{l} \sum_{\rho_i \in \mathcal{P}(|v_i|)} \mathrm{M}_{\mathcal{P}(|v_i|)}(\rho_i) M_{\rho_i}[X_{j_1^{(i)}}, \cdots, X_{j_{|v_i|}^{(i)}}] \\
&= \sum_{\rho_1 \in \mathcal{P}(|v_1|), \cdots, \rho_l \in \mathcal{P}(|v_l|)} \mathrm{M}_{\mathcal{P}(|v_1|)}(\rho_1) \cdots \mathrm{M}_{\mathcal{P}(|v_l|)}(\rho_l) \prod_{i=1}^{l} M_{\rho_i}[X_{j_1^{(i)}}, \cdots, X_{j_{|v_i|}^{(i)}}] \\
&= \sum_{\rho \in \mathcal{P}(n):\, \rho \leq \pi} \mathrm{M}_{\mathcal{P}(n)}(\rho, \pi) M_\rho[X_1, \cdots, X_n].
\end{aligned}$$

さらに, (4.2.29) により,

$$\sum_{\rho \in \mathcal{P}(n):\, \rho \leq \pi} C_\rho = \sum_{\rho, \tau \in \mathcal{P}(n):\, \tau \leq \rho \leq \pi} \mathrm{M}_{\mathcal{P}(n)}(\tau, \rho) M_\tau$$
$$= \sum_\tau \Big(\sum_{\rho:\, \tau \leq \rho \leq \pi} \mathrm{M}_{\mathcal{P}(n)}(\tau, \rho) \Big) M_\tau = \sum_\tau \delta_{\tau\pi} M_\tau = M_\pi.$$

X の分布の n 次モーメント, キュムラントと汎関数 M_n, C_n は, それぞれ

$$M_n(X_* P) = M_n[X, \cdots, X], \quad C_n(X_* P) = C_n[X, \cdots, X] \tag{4.2.32}$$

で関係づけられる. 2 次結合キュムラント

$$C_2[X_1, X_2] = M_2[X_1, X_2] - M_1[X_1] M_1[X_2] = E[(X_1 - E[X_1])(X_2 - E[X_2])]$$

は X_1, X_2 の共分散である. (4.2.4) の類似として, ある $\delta > 0$ があって $(X_1, \cdots, X_n)$ の $\mathbb{R}^n$ 上の結合分布 $(X_1, \cdots, X_n)_* P$ が

$$\int_{\mathbb{R}^n} e^{\delta \|x\|} (X_1, \cdots, X_n)_* P(dx) < \infty \tag{4.2.33}$$

をみたせば, 特性関数の Taylor 級数

$$\varphi_{(X_1, \cdots, X_n)}(\xi) = \int_{\mathbb{R}^n} e^{i(\xi_1 x_1 + \cdots + \xi_n x_n)} (X_1, \cdots, X_n)_* P(dx)$$
$$= E[e^{i(\xi_1 X_1 + \cdots + \xi_n X_n)}] = \sum_{m_1, \cdots, m_n = 0}^{\infty} \frac{E[X_1^{m_1} \cdots X_n^{m_n}]}{m_1! \cdots m_n!} (i\xi_1)^{m_1} \cdots (i\xi_n)^{m_n},$$
$$\xi = (\xi_1, \cdots, \xi_n) \in \mathbb{R}^n \tag{4.2.34}$$

が絶対収束して $\xi = 0$ の近傍で解析的になる. 一方, (4.2.33) のような条件がなくても, 1 変数のときと同じように, 生成関数の間に次の関係がある.

命題 4.26 次の $\zeta_1, \cdots, \zeta_n$ の形式的べき級数の等式が成り立つ:

$$\sum_{m_1, \cdots, m_n = 0}^{\infty} \frac{1}{m_1! \cdots m_n!} M_{m_1 + \cdots + m_n} [\overbrace{X_1, \cdots, X_1}^{m_1}, \cdots, \overbrace{X_n, \cdots, X_n}^{m_n}] \zeta_1^{m_1} \cdots \zeta_n^{m_n}$$
$$= \exp\Big\{ \sum_{k_1 + \cdots + k_n \geqq 1} \frac{1}{k_1! \cdots k_n!} C_{k_1 + \cdots + k_n} [\overbrace{X_1, \cdots, X_1}^{k_1}, \cdots, \overbrace{X_n, \cdots, X_n}^{k_n}]$$
$$\zeta_1^{k_1} \cdots \zeta_n^{k_n} \Big\}. \tag{4.2.35}$$

証明 (4.2.35) の両辺の $\zeta_1^{m_1} \cdots \zeta_n^{m_n}$ の係数を比較する. 定理 4.15 の証明中の (4.2.10), (4.2.11) の多変数版の議論を行う. 両辺とも定数項は 1 なので, 定数項は除いて考える. そうすると, 右辺におけるその係数は

$$\sum_{r\geqq 1}\sum_{(*)}\frac{1}{r!k_1^{(1)}!\cdots k_n^{(1)}!\cdots k_1^{(r)}!\cdots k_n^{(r)}!}C_{k_1^{(1)}+\cdots+k_n^{(1)}}[\overbrace{X_1,\cdots,X_1}^{k_1^{(1)}},\cdots,\overbrace{X_n,\cdots,X_n}^{k_n^{(1)}}]$$
$$\cdots C_{k_1^{(r)}+\cdots+k_n^{(r)}}[\overbrace{X_1,\cdots,X_1}^{k_1^{(r)}},\cdots,\overbrace{X_n,\cdots,X_n}^{k_n^{(r)}}]. \tag{4.2.36}$$

ここで, 和をとる $k_1^{(1)},\cdots,k_n^{(1)},\cdots,k_1^{(r)},\cdots,k_n^{(r)}$ の範囲 $(*)$ は

$$k_1^{(1)}+\cdots+k_1^{(r)}=m_1,\ \cdots,\ k_n^{(1)}+\cdots+k_n^{(r)}=m_n,$$
$$k_1^{(1)}+\cdots+k_n^{(1)}\geqq 1,\ \cdots,\ k_1^{(r)}+\cdots+k_n^{(r)}\geqq 1.$$

一方, (4.2.35) の左辺の該当する係数は, (4.2.31) によって

$$\sum_{r\geqq 1}\sum_{\pi\in\mathcal{P}(m_1+\cdots+m_n):\,b(\pi)=r}\frac{1}{m_1!\cdots m_n!}C_\pi[\overbrace{X_1,\cdots,X_1}^{m_1},\cdots,\overbrace{X_n,\cdots,X_n}^{m_n}] \tag{4.2.37}$$

である. 各 r について考える. $(*)$ をみたす $k_i^{(j)}$ $(i\in\{1,\cdots,n\},\ j\in\{1,\cdots,r\})$ を 1 組固定すると, それに対応する分割 π としては, π の第 j ブロックが X_i-部分に $k_i^{(j)}$ 個の文字を含むという性質をみたすものをとる. ただし, そうすると π の r 個のブロックの並び方を区別して数えることになるので, ブロックの並び換えの重複勘定を打ち消すために $r!$ で割って調整する. (4.2.37) においてそのような π の寄与分を計算すれば,

$$\begin{aligned}
&\frac{1}{m_1!\cdots m_n!}\sum_{\text{such }\pi}C_\pi[\overbrace{X_1,\cdots,X_1}^{m_1},\cdots,\overbrace{X_n,\cdots,X_n}^{m_n}]\\
&=C_{k_1^{(1)}+\cdots+k_n^{(1)}}[\overbrace{X_1,\cdots,X_1}^{k_1^{(1)}},\cdots,\overbrace{X_n,\cdots,X_n}^{k_n^{(1)}}]\cdots\\
&\quad\times C_{k_1^{(r)}+\cdots+k_n^{(r)}}[\overbrace{X_1,\cdots,X_1}^{k_1^{(r)}},\cdots,\overbrace{X_n,\cdots,X_n}^{k_n^{(r)}}]\\
&\quad\times\frac{1}{m_1!\cdots m_n!}\binom{m_1}{k_1^{(1)}}\binom{m_1-k_1^{(1)}}{k_1^{(2)}}\cdots\binom{m_1-(k_1^{(1)}+\cdots+k_1^{(r-1)})}{k_1^{(r)}}\\
&\quad\times\binom{m_2}{k_2^{(1)}}\binom{m_2-k_2^{(1)}}{k_2^{(2)}}\cdots\binom{m_2-(k_2^{(1)}+\cdots+k_2^{(r-1)})}{k_2^{(r)}}\cdots\\
&\quad\times\binom{m_n}{k_n^{(1)}}\binom{m_n-k_n^{(1)}}{k_n^{(2)}}\cdots\binom{m_n-(k_n^{(1)}+\cdots+k_n^{(r-1)})}{k_n^{(r)}}\frac{1}{r!}
\end{aligned}$$

$$= C_{k_1^{(1)}+\cdots+k_n^{(1)}}[\overbrace{X_1,\cdots,X_1}^{k_1^{(1)}},\cdots,\overbrace{X_n,\cdots,X_n}^{k_n^{(1)}}]\cdots$$
$$\times C_{k_1^{(r)}+\cdots+k_n^{(r)}}[\overbrace{X_1,\cdots,X_1}^{k_1^{(r)}},\cdots,\overbrace{X_n,\cdots,X_n}^{k_n^{(r)}}]\frac{1}{k_1^{(1)}!\cdots k_1^{(r)}!\cdots k_n^{(1)}!\cdots k_n^{(r)}!r!}.$$

$k_i^{(j)}$ について加え合せれば, r ごとに (4.2.36) と (4.2.37) の一致が確認される. ■

(4.2.33) の指数型可積分条件のもと, (4.2.34) と (4.2.35) から, $|\xi| \ll 1$ で

$$\log E[e^{i(\xi_1 X_1+\cdots+\xi_n X_n)}] = \sum_{k_1+\cdots+k_n \geqq 1} \frac{1}{k_1!\cdots k_n!} C_{k_1+\cdots+k_n}[\overbrace{X_1,\cdots,X_1}^{k_1},$$
$$\cdots,\overbrace{X_n,\cdots,X_n}^{k_n}](i\xi_1)^{k_1}\cdots(i\xi_n)^{k_n}. \quad (4.2.38)$$

したがって, $\log E[e^{i(\xi_1 X_1+\cdots+\xi_n X_n)}]$ の Taylor 展開の係数から $X_1,\cdots,X_n$ の結合キュムラントの値が求まる.

例 4.27 $(X_1,\cdots,X_n)$ の分布が平均ベクトル $m \in \mathbb{R}^n$ と共分散行列 V をもつ n 次元 Gauss 分布であるとする. V は $n \times n$ 正定値対称行列であって, 可逆でなくてもよい. このことは

$$E[e^{i(\xi_1 X_1+\cdots+\xi_n X_n)}] = \exp\{i\langle m,\xi\rangle - \frac{1}{2}\langle \xi, V\xi\rangle\}, \qquad \xi = (\xi_1,\cdots,\xi_n) \in \mathbb{R}^n$$

で特徴づけられる. この対数をとった式と (4.2.38) を比較すれば, (4.2.38) の右辺で生き残るのは $k_1+\cdots+k_n$ が 1 または 2 の項に限られる. そして $\xi_1,\cdots,\xi_n$ が任意であるから, $m_j = C_1[X_j]$ $(j \in \{1,\cdots,n\})$, $V_{jk} = C_2[X_j,X_k]$ $(j \leqq k)$ かつ 3 次以上のキュムラントは 0 になる. これらを (4.2.25), (4.2.31) に適用してみよう. 簡単のため, $E[X_j] = C_1[X_j] = m_j = 0$ とする. 分割のうちでブロックの大きさがすべて 2 であるものを対分割と呼ぶ. 偶数 n に対し, $\mathcal{P}(n)$ のうちの対分割全体を $\mathcal{P}_2(n)$ と書く[22]. そうすると,

$$E[X_1\cdots X_n] = \begin{cases} \displaystyle\sum_{\pi\in\mathcal{P}_2(n)} C_\pi[X_1,\cdots,X_n], & n \text{ が偶数}, \\ 0, & n \text{ が奇数} \end{cases}$$

を得る. $n = 2l$ として対分割のブロックを $\{p_j, q_j\}$ と書けば,

22) 下添字の 2 は対を表すためである.

$$E[X_1 \cdots X_{2l}] = \sum_{p_i<q_i, p_1<p_2<\cdots<p_l} \prod_{j=1}^{l} E[X_{p_j} X_{q_j}], \qquad l \in \mathbb{N}. \tag{4.2.39}$$

(4.2.39) は平均 0 の Gauss 分布の任意次数のモーメント (相関関数) を共分散 (2 点関数) で表示する式であり, Wick の公式と呼ばれる.

定理 4.28 定義 4.25 の確率変数のなす代数 $\mathcal{A}$ の部分代数の族 $\{\mathcal{A}_j\}_{j\in J}$ について, 次の 2 つの条件は同値である.

(ア) $n \in \mathbb{N}$, $a_i \in \mathcal{A}_{j_i}$ $(i \in \{1, \cdots, n\})$ で, $j_1, \cdots, j_n \in J$ が異なっていれば,

$$E[a_1 \cdots a_n] = E[a_1] \cdots E[a_n].$$

(イ) $n \in \mathbb{N}$, $n \geqq 2$, $a_i \in \mathcal{A}_{j_i}$ $(i \in \{1, \cdots, n\})$ で, $j_{i_1} \neq j_{i_2}$ なる i_1, i_2 があれば,

$$C_n[a_1, \cdots, a_n] = 0 \qquad (「混合」キュムラントの消滅).$$

定理 4.28 の証明のために, 補助的な結果を 1 つ示しておく.

補題 4.29 $n \geqq 2$ として $a_1, \cdots, a_n \in \mathcal{A}$ のうちの少なくとも 1 つの i について $a_i = 1$ ならば, $C_n[a_1, \cdots, a_n] = 0$ が成り立つ.

証明 $a_n = 1$ としてよい. Möbius 関数 $\mathrm{M}_{\mathcal{P}(n)}$ の明示形を用いる方法 (イ) とそうでない帰納的な方法 (ロ) の 2 とおり述べる.

(イ) 文字 n を落とす自然な射影 $p_n : \mathcal{P}(n) \longrightarrow \mathcal{P}(n-1)$ を考える. 任意の $\sigma \in \mathcal{P}(n-1)$ に対し, $p_n^{-1}(\sigma)$ の元のブロック構造を考慮して命題 4.22 を用いれば,

$$\sum_{\pi\in p_n^{-1}(\sigma)} \mathrm{M}_{\mathcal{P}(n)}(\pi) = (-1)^{b(\sigma)-1}(b(\sigma)-1)!b(\sigma) + (-1)^{b(\sigma)+1-1}(b(\sigma)+1-1)! = 0.$$

ゆえに
$$\begin{aligned} C_n[a_1, \cdots, a_{n-1}, 1] &= \sum_{\pi\in\mathcal{P}(n)} \mathrm{M}_{\mathcal{P}(n)}(\pi) M_\pi[a_1, \cdots, a_{n-1}, 1] \\ &= \sum_{\sigma\in\mathcal{P}(n-1)} \sum_{\pi\in p_n^{-1}(\sigma)} \mathrm{M}_{\mathcal{P}(n)}(\pi) M_\sigma[a_1, \cdots, a_{n-1}] = 0. \end{aligned}$$

(ロ) $n \geqq 2$ に関する帰納法によって $C_n[a_1, \cdots, a_{n-1}, 1] = 0$ を示す. まず,

$$C_2[a_1, 1] = -M_1[a_1]M_1[1] + M_2[a_1, 1] = -E[a_1] + E[a_1] = 0.$$

$n \geqq 3$ とし, 任意の $m \in \{1, \cdots, n-2\}$ と $b_1, \cdots, b_m \in \mathcal{A}$ に対し, $C_m[b_1, \cdots, b_m, 1] = 0$ が成り立つとする. そうすると,

$$M_n[a_1, \cdots, a_{n-1}, 1] = C_n[a_1, \cdots, a_{n-1}, 1] + \sum_{\pi\in\mathcal{P}(n):\, \pi\neq 1_n} C_\pi[a_1, \cdots, a_{n-1}, 1].$$

帰納法の仮定により，右辺の $\sum$ の中で生き残るのは，π がブロック $\{n\}$ を含む項のみである．$C_1[1]=1$ も用いて，

$$
\begin{aligned}
&= C_n[a_1,\cdots,a_{n-1},1] + \sum_{\tau\in\mathcal{P}(n-1)} C_\tau[a_1,\cdots,a_{n-1}] \\
&= C_n[a_1,\cdots,a_{n-1},1] + M_{n-1}[a_1,\cdots,a_{n-1}].
\end{aligned}
$$

これは $C_n[a_1,\cdots,a_{n-1},1]=0$ を意味する． ■

定理 4.28 の証明　(イ) から (ア) を導くのはやさしい．実際，(イ) が成り立つとすると，(4.2.25)，(4.2.31) において，(ア) の仮定のもとでは，最小の分割 $\rho=0_n$ の項しか生き残らない．(ア) から (イ) を導出しよう．

[Step 1] 補題 4.29 により，$C_n[a_1,\cdots,a_n]=C_n[a_1-E[a_1],\cdots,a_n-E[a_n]]$．したがって，(イ) の仮定よりも強く $j_1,\cdots,j_n$ が異なる自然数だとすれば，(4.2.27) と (ア) から (イ) の結論がしたがう．

[Step 2] n についての帰納法で (イ) を示す．$n=2$ (共分散) のときは，$j_1\neq j_2$ として，(ア) から

$$
\begin{aligned}
C_2[a_1,a_2] &= -M_1[a_1]M_1[a_2]+M_2[a_1,a_2] \\
&= -E[a_1]E[a_2]+E[a_1a_2]=0.
\end{aligned}
$$

$n\geqq 3$ とし，n 未満で (イ) が成り立ち，n で (イ) の仮定が成り立っているとする．可換性により

$$
\underbrace{a_1,\cdots,a_{i_1}}_{\in\mathcal{A}_{j_1}},\underbrace{a_{i_1+1},\cdots,a_{i_1+i_2}}_{\in\mathcal{A}_{j_2}},\underbrace{a_{i_1+i_2+1},\cdots}_{\in\mathcal{A}_{j_3}},\cdots,\underbrace{\cdots,a_n}_{\in\mathcal{A}_{j_m}} \tag{4.2.40}
$$

となっていて，$j_1,j_2,\cdots,j_m$ が異なるとしてよい．$a_1\cdots a_{i_1}=b_1$, $a_{i_1+1}\cdots a_{i_1+i_2}=b_2$, $\cdots,b_m$ とおく．(イ) の仮定によって $m\geqq 2$ である．Step 1 の結果により ($m=n$ でも $m<n$ でも)

$$
C_m[b_1,\cdots,b_m]=\sum_{\sigma\in\mathcal{P}(m)} \mathrm{M}_{\mathcal{P}(m)}(\sigma)M_\sigma[b_1,\cdots,b_m] \tag{4.2.41}
$$

の左辺は 0 になる．(4.2.41) の右辺を n に引き戻すため，

$$
\tau=\{\{1,\cdots,i_1\},\{i_1+1,\cdots,i_1+i_2\},\cdots,\{\cdots,n\}\}\in\mathcal{P}(n)
$$

とおいて，$\tau\leq\pi$ なる $\pi\in\mathcal{P}(n)$ と $\bar{\pi}\in\mathcal{P}(m)$ ($\bar{\pi}$ は τ のブロックたちの分割) との全単射対応を考える．(4.2.41) の右辺は

$$\begin{aligned}(4.2.41) &= \sum_{\pi\in\mathcal{P}(n):\tau\leq\pi} \mathrm{M}_{\mathcal{P}(m)}(\bar\pi)M_\pi[a_1,\cdots,a_n]\\ &= \sum_{\pi\in\mathcal{P}(n):\tau\leq\pi} \mathrm{M}_{\mathcal{P}(m)}(\bar\pi)\sum_{\rho\in\mathcal{P}(n):\rho\leq\pi} C_\rho[a_1,\cdots,a_n]\\ &= \sum_{\rho\in\mathcal{P}(n)}\sum_{\pi\in\mathcal{P}(n):\tau\vee\rho\leq\pi} \mathrm{M}_{\mathcal{P}(n)}(\pi)C_\rho[a_1,\cdots,a_n]. \qquad (4.2.42)\end{aligned}$$

ただし, 補題 4.16(2) によって $\mathrm{M}_{\mathcal{P}(m)}(\bar\pi)=\mathrm{M}_{\mathcal{P}(n)}(\pi)$ $(\tau\leq\pi)$ が成り立つことを用いた. (4.2.18) により, $\displaystyle\sum_{\pi\in\mathcal{P}(n):\,\tau\vee\rho\leq\pi}\mathrm{M}_{\mathcal{P}(n)}(\pi)=\delta_{\tau\vee\rho,1_n}$ であるから,

$$\begin{aligned}(4.2.42) &= \sum_{\rho\in\mathcal{P}(n)}\delta_{\tau\vee\rho,1_n}C_\rho[a_1,\cdots,a_n]\\ &= C_n[a_1,\cdots,a_n]+\sum_{\rho\in\mathcal{P}(n):\tau\vee\rho=1_n,\rho\neq 1_n} C_\rho[a_1,\cdots,a_n].\end{aligned}$$

$m\geqq 2$ だから, 最右辺の $\sum$ の範囲にある任意の ρ は, 異なる部分代数に属する a_i たちを含むブロックを必ずもつ. $\rho\neq 1_n$ だからそのブロックの大きさは n より真に小さいので, 帰納法の仮定から $C_\rho[a_1,\cdots,a_n]=0$ を得る. したがって, $C_n[a_1,\cdots,a_n]=0$ が示された. ■

確率変数族たち $\mathcal{A}_1,\mathcal{A}_2,\cdots$ が独立であるとは, 可算加法的集合族たち

$$\sigma[a^{-1}(\mathcal{B}(\mathbb{R}))\,|\,a\in\mathcal{A}_i],\qquad i\in\{1,2,\cdots\}$$

が独立であるということ, すなわち任意の $n\in\mathbb{N}$ に対して

$$(a_1,\cdots,a_n)_*P=(a_{1*}P)\times\cdots\times(a_{n*}P),\qquad a_1\in\mathcal{A}_1,\cdots,a_n\in\mathcal{A}_n \quad (4.2.43)$$

が成り立つことである. 各 $\mathcal{A}_i$ が代数でそのすべての元が可積分であることと (4.2.43) を仮定すれば, 定理 4.28 の条件がみたされる. 定理 4.28 の条件から (4.2.43) は一般には導かれない. 「代数的」な確率論の立場からすれば, 確率変数のなす代数 $\mathcal{A}_1,\mathcal{A}_2,\cdots$ の独立性を定理 4.28 の条件で定義するのはむしろ自然である. そのとき, (イ) の混合キュムラントの消滅による特徴づけはたいへんわかりやすい. 特に, 補題 4.29 で示したように, 定数は任意の確率変数と独立になる.

系 4.30　$\mathcal{A}_1,\mathcal{A}_2$ が定理 4.28 の条件をみたせば, $a\in\mathcal{A}_1$, $b\in\mathcal{A}_2$ に対して

$$C_n((a+b)_*P)=C_n(a_*P)+C_n(b_*P),\qquad n\in\mathbb{N}.$$

証明　(4.2.32) と定理 4.28 により,

$$C_n((a+b)_*P) = C_n[a+b,\cdots,a+b] = C_n[a,\cdots,a] + C_n[b,\cdots,b]$$
$$= C_n(a_*P) + C_n(b_*P)$$

が得られる. ■

独立な確率変数の和の分布はそれぞれの分布 μ, ν の合成積 $\mu * \nu$ である. 系 4.30 は, キュムラントが分布の合成積を線型化することを示す:

$$C_n(\mu * \nu) = C_n(\mu) + C_n(\nu), \qquad n \in \mathbb{N}. \tag{4.2.44}$$

4.3 自由な確率変数

本節の主目的は, 4.2 節で述べたものとは別の種類のキュムラントを導入することである. そのためには, 確率変数の (代数的な) 独立性 (定理 4.28, 系 4.30) に類似の自由性という概念から始めるのが適当であろう. Voiculescu の自由確率論は, 作用素環固有の問題に端を発して発展してきた非可換確率変数を扱う理論である. Speicher の明察により, 非交差分割とキュムラントの自由版を軸にした組合せ論的な理論展開も興味深いものであることが見出された. 本節では, 4.2 節に述べたキュムラントの取り扱いを念頭に置き, キュムラント・モーメント公式を手がかりにして自由キュムラントの概念を導入する. 定理 4.28 で, 確率変数の族に対し, 代数的な意味の独立性と混合キュムラントの消滅が同値であることを見た. この意味での独立性は, $\mathcal{A}$ の各部分代数 $\mathcal{A}_i$ の元のモーメントの情報からそれらの族 $\{\mathcal{A}_i\}$ が生成する部分代数の元のモーメントが一定の仕方で計算可能であることを主張している. 確率変数の自由性は, これと同じように, しかし全く異なる規則でモーメントを編み上げる性質である. まず, 確率変数のなす代数とその上で定義された平均をもう少し一般化して論じる.

定義 4.31 $\mathcal{A}$ を対合 * を備えた $\mathbb{C}$ 上の代数 ($*$-代数) とする. $\mathcal{A}$ は一般に非可換である. 特に断らない限り, $\mathcal{A}$ およびその部分代数は単位元 $1 = 1_{\mathcal{A}}$ を含むものとする. $\mathcal{A}$ 上の $\mathbb{C}$-値線型汎関数 ϕ が正値かつ単位的, すなわち

$$\phi(a^*a) \geqq 0 \quad (a \in \mathcal{A}), \qquad \phi(1) = 1$$

をみたすとき, ϕ を $\mathcal{A}$ の状態という. $(\mathcal{A}, \phi)$ を $*$-確率空間または単に確率空間と呼ぶ. $\mathcal{A}$ および ϕ はそれぞれ確率変数全体および平均 (期待値) を表す. □

補題 4.32　確率空間 $(\mathcal{A}, \phi)$ において,

$$\phi(a^*) = \overline{\phi(a)}, \qquad a \in \mathcal{A}. \tag{4.3.1}$$

証明　$a \in \mathcal{A}$ に対し, $x = \frac{1}{2}(a + a^*)$, $y = \frac{1}{2i}(a - a^*)$ とおくと, $a = x + iy$, $x = x^*$, $y = y^*$. このとき,

$$\phi(x) \in \mathbb{R} \iff \operatorname{Im}\phi(a^*) = -\operatorname{Im}\phi(a), \qquad \phi(y) \in \mathbb{R} \iff \operatorname{Re}\phi(a^*) = \operatorname{Re}\phi(a)$$

であり, この 2 つが (4.3.1) と同値である. したがって, $x = x^*$ から $\phi(x) \in \mathbb{R}$ を導けばよい. $u = (x+1)/2$, $v = (x-1)/2$ とおくと, $x = u^*u - v^*v$. そうすると, $\phi(x) = \phi(u^*u) - \phi(v^*v) \in \mathbb{R}$. ■

定義 4.33　$\mathcal{A}$ の $*$-部分代数の族 $\{\mathcal{A}_\alpha\}$ は, 次の条件をみたすとき自由であるという[23]: 任意の $n \in \mathbb{N}$ に対し,

$$\begin{cases} a_i \in \mathcal{A}_{\alpha_i} & (i \in \{1, \cdots, n\}) \\ \phi(a_i) = 0 & (i \in \{1, \cdots, n\}) \\ \alpha_1 \neq \alpha_2 \neq \cdots \neq \alpha_n \end{cases} \implies \phi(a_1 a_2 \cdots a_n) = 0. \tag{4.3.2}$$

最後の仮定はすべての α_i が異なるのでなく隣接添字が異なること $(\alpha_i \neq \alpha_{i+1})$ を意味する. □

注意 4.34　確率論らしさのため, ここでは始めから $*$-代数を考えて ϕ に正値性を課しているが, $*$-構造なしで (4.3.2) を自由性の定義とすることもできる. 定義 4.33 のもとでは, $\mathcal{A}$ の元 a と b が自由な確率変数であるというのは, $\mathcal{A}_1 = \langle a, a^* \rangle$ と $\mathcal{A}_2 = \langle b, b^* \rangle$ が自由であることであるが, $*$-構造なしで, $\langle a \rangle$ と $\langle b \rangle$ が (4.3.2) をみたすことをもって a と b が自由であるとすることもできる. その場合, 前者の状況を $*$-自由と称して区別する.

注意 4.35　自由な確率変数族を実現する自然な方法を A.7 節で述べる ($*$-代数の自由積). $\mathbb{C}1$ が任意の $*$-部分代数と自由であることは定義からただちにしたがう. 定義 4.33 において, $\mathcal{A}$ はほぼ必然的に非可換代数である. 実際, 次に述べるように, 可換性と自由性が両立すれば, 一方は本質的に定数とならざるをえない.

補題 4.36　$*$-部分代数 $\langle a, a^* \rangle$ と $\langle b, b^* \rangle$ どうしが自由かつ可換ならば,

$$\phi\Big((a - \phi(a))^*(a - \phi(a))\Big)\,\phi\Big((b - \phi(b))^*(b - \phi(b))\Big) = 0. \tag{4.3.3}$$

---

[23] 独立性との類似を強調して自由独立という場合もある.

すなわち，「ϕ-a.s. に」$a = \phi(a)$ または $b = \phi(b)$ というふうに定数になる．

証明 自由性 (4.3.2) により，

$$\phi\Big(((a-\phi(a))^*(a-\phi(a)) - \phi((a-\phi(a))^*(a-\phi(a)))) \\ ((b-\phi(b))^*(b-\phi(b)) - \phi((b-\phi(b))^*(b-\phi(b))))\Big) = 0$$

であるが，この左辺は

$$\phi\Big((a-\phi(a))^*(a-\phi(a))(b-\phi(b))^*(b-\phi(b))\Big) \\ - \phi\Big((a-\phi(a))^*(a-\phi(a))\Big)\,\phi\Big((b-\phi(b))^*(b-\phi(b))\Big)$$

に等しい．可換性と自由性を用いると，この第 1 項は

$$\phi\Big((a-\phi(a))^*(b-\phi(b))^*(a-\phi(a))(b-\phi(b))\Big) = 0$$

となり，(4.3.3) を得る． ■

注意 4.37 (4.3.2) により，$\phi|_{\mathcal{A}_\alpha}$ がわかれば，$\mathcal{A}_\alpha$ たちが生成する $*$-部分代数 $\mathcal{B}$ において $\phi|_{\mathcal{B}}$ が計算可能である．実際，同一の $\mathcal{A}_\alpha$ での積はまとめて，

$$\phi(b_1 \cdots b_p), \qquad b_i \in \mathcal{A}_{\alpha_i}, \quad \alpha_1 \neq \cdots \neq \alpha_p$$

を求めればよい．$b_i^\circ = b_i - \phi(b_i)$ (中心化) とおくと，$\phi(b_i^\circ) = 0$ であり，

$$\phi(b_1 \cdots b_p) = \phi((b_1^\circ + \phi(b_1)) \cdots (b_p^\circ + \phi(b_p)))$$

は自由性 (4.3.2) と中心化を用いて帰納的に計算できる．

$\mathcal{P}(n)$ の元 (分割) を図 4.1 のように図示するとき，弧が交差しないようにとれる分割を非交差分割という．図 4.1 では，$\pi = \{\{1,3\},\{2,4\}\}$ のみが交差分割で，その他は非交差分割である．非交差分割全体からなる $\mathcal{P}(n)$ の部分集合を $\mathcal{NC}(n)$ で表す．$\mathcal{NC}(n)$ の元を図示するには，図 4.2 のような円表示も印象的であ

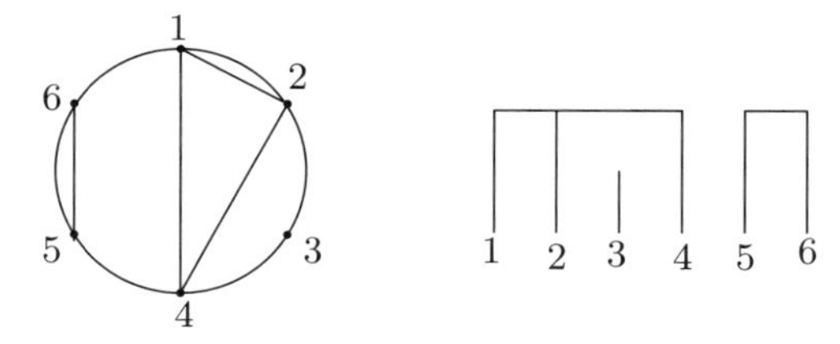

図 4.2 $\{\{1,2,4\},\{5,6\},\{3\}\} \in \mathcal{NC}(6)$ の表示

る. $\mathcal{P}(n)$ から受け継ぐ順序 $\le$ に関して $(\mathcal{NC}(n), \le)$ も半順序集合であり, 最小元 $0_n = \{\{1\},\{2\},\cdots,\{n\}\}$ と最大元 $1_n = \{\{1,2,\cdots,n\}\}$ をもつ.

定義 4.38 (定義 4.25 参照) 確率空間 $(\mathcal{A}, \phi)$ において, $\mathcal{A}^n = \mathcal{A}\times\cdots\times\mathcal{A}$ 上の n 重線型汎関数 M_n を

$$M_n[a_1,\cdots,a_n] = \phi(a_1\cdots a_n), \qquad a_i \in \mathcal{A} \tag{4.3.4}$$

で定義する. $a_1,\cdots,a_n$ は可換とは限らないことに注意する. M_π を (4.2.26) と同じように乗法的に定める. $\mathcal{NC}(n)$ の Möbius 関数を $\mathrm{M}_{\mathcal{NC}(n)}(\cdot,\cdot)$ で表し, 特に, $\mathrm{M}_{\mathcal{NC}(n)}(\rho) = \mathrm{M}_{\mathcal{NC}(n)}(\rho, 1_n)$ とおく. これを用いて

$$R_n[a_1,\cdots,a_n] = \sum_{\rho\in\mathcal{NC}(n)} \mathrm{M}_{\mathcal{NC}(n)}(\rho) M_\rho[a_1,\cdots,a_n], \qquad a_i\in\mathcal{A} \tag{4.3.5}$$

と定める. さらに, 再び乗法的に $R_\pi[a_1,\cdots,a_n]$ を定義する. 汎関数 R_π およびその値を自由キュムラントと呼ぶ. □

$\mathcal{P}(n)$ と同様に $\mathcal{NC}(n)$ においても, $\rho, \pi = \{v_1,\cdots,v_l\} \in \mathcal{NC}(n)$ に対して

$$\rho\le\pi \iff \rho = (\rho_1,\cdots,\rho_l) \in \mathcal{NC}(|v_1|)\times\cdots\times\mathcal{NC}(|v_l|)$$

であり, この対応のもとに

$$\mathrm{M}_{\mathcal{NC}(n)}(\rho,\pi) = \mathrm{M}_{\mathcal{NC}(|v_1|)}(\rho_1)\cdots\mathrm{M}_{\mathcal{NC}(|v_l|)}(\rho_l) \tag{4.3.6}$$

が成り立つ. 証明は補題 4.19 と全く同様であるので, くり返さない. 定義 4.38 と (4.3.6) により, 自由キュムラント・モーメント公式

$$\begin{aligned} R_\pi[a_1,\cdots,a_n] &= \sum_{\rho\in\mathcal{NC}(n):\,\rho\le\pi} \mathrm{M}_{\mathcal{NC}(n)}(\rho,\pi) M_\rho[a_1,\cdots,a_n], \quad a_i\in\mathcal{A}, \\ M_\pi[a_1,\cdots,a_n] &= \sum_{\rho\in\mathcal{NC}(n):\,\rho\le\pi} R_\rho[a_1,\cdots,a_n], \qquad a_i\in\mathcal{A} \end{aligned} \tag{4.3.7}$$

が成り立つ. 特に, (4.3.7) で $\pi = 1_n$ のとき,

$$M_n[a_1,\cdots,a_n] = \sum_{\rho\in\mathcal{NC}(n)} R_\rho[a_1,\cdots,a_n], \qquad a_i\in\mathcal{A}. \tag{4.3.8}$$

これらの証明も, 通常のキュムラント・モーメント公式 (4.2.29), (4.2.30) の導出と全く同様になされる.

例 4.39　$\mathcal{NC}(2n)$ のうちの対分割全体を $\mathcal{NC}_2(2n)$ と書く:

$$\mathcal{NC}_2(2n) = \{\pi = \{v_1,\cdots,v_{b(\pi)}\}\in\mathcal{NC}(2n) \mid |v_i| = 2,\ i\in\{1,\cdots,b(\pi)\}\}.$$

非交差分割の個数について, 次の式が成り立つ.

$$|\mathcal{NC}(n)| = |\mathcal{NC}_2(2n)| = \frac{1}{n+1}\binom{2n}{n}, \qquad n \in \mathbb{N}. \tag{4.3.9}$$

(4.3.9) の自然数は Catalan 数と呼ばれる有名な数である.

数 理 科 学　　　数 理 科 学

図 **4.3**　$|\mathcal{NC}_2(4)| = 2$

(4.3.9) を示すために,

$$\alpha_0 = \beta_0 = 1, \quad \alpha_n = |\mathcal{NC}(n)|, \quad \beta_n = |\mathcal{NC}_2(2n)| \quad (n \in \mathbb{N})$$

とおく. α_n についての漸化式を導く. $n \in \mathbb{N}$ とし, $\pi \in \mathcal{NC}(n)$ をとる. π の文字 1 を含むブロックの中で, 1 と最も離れた文字を j とおく. $\{1\}$ が 1 つのブロックをなすときは, $j = 1$ と定める. そうすると π は, $\{1, \cdots, j\}$ の非交差分割で 1 と j は同一ブロックに属するようなものと, $\{j+1, \cdots, n\}$ の非交差分割をあわせたものになっている:

$$\pi = \{\underbrace{\{1, j, *\}, \cdots,}_{\pi_1 \in \mathcal{NC}(j)} \underbrace{\cdots, \cdots, \cdots}_{\pi_2 \in \mathcal{NC}(n-j)}\}. \tag{4.3.10}$$

π_1 の最初のブロックから文字 j をとり除いてできる $\mathcal{NC}(j-1)$ の元を π_1' とおくと, $\pi_1 \leftrightarrow \pi_1'$ の対応は全単射である. ゆえに, (4.3.10) で π_1, π_2 を動かし, さらに j について和をとることにより,

$$\alpha_n = \sum_{j=1}^{n} \alpha_{j-1}\alpha_{n-j} \tag{4.3.11}$$

を得る. (4.3.11) は $n = 1$ のときも成り立っている.

次に, β_n についての漸化式を導く. $n \in \mathbb{N}$ とし, $\pi \in \mathcal{NC}_2(2n)$ をとる. π において文字 1 と対をなす (同一ブロックに属する) 文字は偶数でなければならないので, それを $2j$ とおく. そうすると π は, $\{1, \cdots, 2j\}$ の非交差対分割で 1 と $2j$ が対をなすものと, $\{2j+1, \cdots, 2n\}$ の非交差対分割をあわせたものである. 前者は $\{2, \cdots, 2j-1\}$ の非交差対分割と全単射対応をもつ. ゆえに $\beta_n = \sum_{j=1}^{n} \beta_{j-1}\beta_{n-j}$ が成り立ち, $\{\alpha_n\}$ と同一の漸化式をみたす.

$\alpha_n = \frac{1}{n+1}\binom{2n}{n}$ が (4.3.11) と初期条件 $\alpha_0 = 1$ から成る方程式の解であることは容易に確かめられる. あるいは, (4.3.11) の右辺は合成積の形をしているので,

生成関数 (Fourier 変換) をとれば積の形に書けることがわかり, その仕方で解くのもよい. 実際, 生成関数を $\alpha(z)=\sum_{n=0}^{\infty}\alpha_n z^n$ とおくと, (4.3.11) を用いて

$$\begin{aligned}\alpha(z)&=1+\sum_{n=1}^{\infty}\alpha_n z^n=1+\sum_{n=1}^{\infty}\sum_{j=1}^{n}\alpha_{j-1}\alpha_{n-j}\,z^n\\&=1+z\sum_{j=1}^{\infty}\sum_{n=j}^{\infty}(\alpha_{j-1}z^{j-1})(\alpha_{n-j}z^{n-j})=1+z\alpha(z)^2\end{aligned}$$

を得る. 2 次方程式を解く要領で, $\mathbb{C}((z))$ の中で[24]

$$\left(\alpha(z)-\frac{1-\sqrt{1-4z}}{2z}\right)\left(\alpha(z)-\frac{1+\sqrt{1-4z}}{2z}\right)=0.$$

ただし, 一般 2 項定理を念頭に, $\mathbb{C}((z))$ の中で $\sqrt{1-4z}=\sum_{n=0}^{\infty}\binom{1/2}{n}(-4z)^n$ とおく. $\alpha(z)$ の定数項が 1 であるので, これから $\alpha(z)=\frac{1-\sqrt{1-4z}}{2z}$ となり, 係数比較で $\alpha_n=\frac{1}{n+1}\binom{2n}{n}$ を得る.

注意 4.40　例 4.39 で見たように, $\mathcal{NC}(n)$ と $\mathcal{NC}_2(2n)$ は濃度が等しい. 両者の間の全単射対応のつけ方については, [47, Lecture 9] の練習問題を参照されたい.

次の結果は定理 4.28 の自由版である.

定理 4.41　確率空間 $(\mathcal{A},\phi)$ において, $\mathcal{A}$ の $*$-部分代数の族 $\{\mathcal{A}_\alpha\}$ に対する次の 2 つの条件が同値である.

(ア) $\{\mathcal{A}_\alpha\}$ が自由.

(イ) $n\geqq 2$, $a_i\in\mathcal{A}_{\alpha_i}$ $(i\in\{1,\cdots,n\})$ であり, $\alpha_{i_1}\neq\alpha_{i_2}$ なる i_1,i_2 があれば,

$$R_n[a_1,\cdots,a_n]=0\qquad\text{(混合自由キュムラントの消滅)}.$$

補題 4.42　$n\geqq 2$ として $a_1,\cdots,a_n$ のうち少なくとも 1 つの i について $a_i=1$ ならば, $R_n[a_1,\cdots,a_n]=0$.

証明　補題 4.29 の証明の (ロ) の方を採用する. そこでは, 記法を簡単にするため $a_n=1$ として示したが, n にこだわらず任意の番号 i で $a_i=1$ の場合に読みかえるのは易しい. もちろん, $\mathcal{A}$ が非可換であっても,

$$M_n[a_1,\cdots,a_{i-1},1,a_{i+1},\cdots,a_n]=M_{n-1}[a_1,\cdots,a_{i-1},a_{i+1},\cdots,a_n]$$

は成立する. ■

---

24)　命題 4.50 の脚注を見られたい.

定理 4.41 の証明 (イ)$\Longrightarrow$(ア): 自由性を示すために, $a_1, \cdots, a_n$ が (4.3.2) の仮定の部分をみたすとする. (4.3.4), (4.3.8) によって $\phi(a_1 \cdots a_n)$ を R_π で表したとき, 各 $\pi \in \mathcal{NC}(n)$ に対し,

– $\{i\}$ が 1 点から成るブロックになっている

– i が隣の $i-1$ または $i+1$ と同一のブロックに属している

のどちらかをみたすような番号 i が存在する. 前者ならば $R_1[a_i] = \phi(a_i) = 0$ の仮定により, 後者ならば (イ) の混合キュムラントの消滅により, いずれにせよ, $R_\pi[a_1, \cdots, a_n] = 0$ となる. ゆえに, $\phi(a_1 \cdots a_n) = 0$.

(ア)$\Longrightarrow$(イ): 定理 4.28 の証明の流れに乗り, 修正を施しながら議論を進める.

[Step 1] 補題 4.42 から, $R_n[a_1, \cdots, a_n] = R_n[a_1 - \phi(a_1), \cdots, a_n - \phi(a_n)]$. したがって, (イ) の仮定よりも強く $\alpha_1 \neq \alpha_2 \neq \cdots \neq \alpha_n$ となっていれば, (4.3.5) の R_n の表式と (ア) の自由性により, $R_n[a_1, \cdots, a_n] = 0$ を得る.

[Step 2] n についての帰納法で (イ) を示す. $n = 2$ のときは直接検証される. $n \geqq 3$ として, n 未満で帰納法の仮定を設定し, n で (イ) の仮定が成り立つとする. 隣どうしが同一の部分代数に属しているときはまとめることにより,

$$\underbrace{a_1, \cdots, a_{i_1}}_{\in \mathcal{A}_{\alpha_1}}, \underbrace{a_{i_1+1}, \cdots, a_{i_1+i_2}}_{\in \mathcal{A}_{\alpha_2}}, \underbrace{a_{i_1+i_2+1}, \cdots}_{\in \mathcal{A}_{\alpha_3}}, \cdots, \underbrace{\cdots, a_n}_{\in \mathcal{A}_{\alpha_m}}$$

において $\alpha_1 \neq \alpha_2 \neq \alpha_3 \neq \cdots \neq \alpha_m$ としておく. $a_1 \cdots a_{i_1} = b_1$, $a_{i_1+1} \cdots a_{i_1+i_2} = b_2, \cdots, b_m$ とおく. (イ) の仮定により, $m \geqq 2$ である. (4.3.5) から,

$$R_m[b_1, \cdots, b_m] = \sum_{\sigma \in \mathcal{NC}(m)} \mathrm{M}_{\mathcal{NC}(m)}(\sigma) M_\sigma[b_1, \cdots, b_m]. \tag{4.3.12}$$

[Step 1] から, (4.3.12) の左辺は 0 である. (4.3.12) の右辺を n に引き戻すのに,

$$\tau = \{\{1, \cdots, i_1\}, \{i_1 + 1, \cdots, i_1 + i_2\}, \cdots, \{\cdots, n\}\} \in \mathcal{NC}(n)$$

に注意すれば, 定理 4.28 の証明と同じ議論が通用する. すなわち, $\tau \leq \pi$ なる $\pi \in \mathcal{NC}(n)$ と $\bar{\pi} \in \mathcal{NC}(m)$($\bar{\pi}$ は τ のブロックたちの分割) との全単射, および Möbius 関数の一般的な性質を用いて, (4.2.42) 等にあたる計算を行うと,

$$\begin{aligned}
(4.3.12) \text{ の右辺} &= \sum_{\pi \in \mathcal{NC}(n):\, \tau \leq \pi} \mathrm{M}_{\mathcal{NC}(m)}(\bar{\pi}) M_\pi[a_1, \cdots, a_n] \\
&= \sum_{\rho \in \mathcal{NC}(n)} \delta_{\tau \vee \rho, 1_n} R_\rho[a_1, \cdots, a_n] \\
&= R_n[a_1, \cdots, a_n] + \sum_{\rho \in \mathcal{NC}(n):\, \tau \vee \rho = 1_n, \rho \neq 1_n} R_\rho[a_1, \cdots, a_n].
\end{aligned}$$

帰納法の仮定によって, 最右辺の $\sum$ においては $R_\rho[a_1, \cdots, a_n] = 0$ である. したがって, $R_n[a_1, \cdots, a_n] = 0$ が示された. ■

定理 4.28 の後に, その結果に基づいて確率変数の通常の独立性 (4.2.43) と代数的な独立性について言及した. 自由性との対比を鮮明にするため, 少し修正を加えた上でこの独立性を定義 4.31 の代数的な確率空間の枠組に移植してみよう.

定義 4.43　(一般に非可換な) $*$-代数 $\mathcal{A}$ とその状態 ϕ から成る確率空間 $(\mathcal{A}, \phi)$ において, $\mathcal{A}$ の $*$-部分代数の族 $\{\mathcal{A}_\alpha\}$ は, $\alpha \neq \beta$ なる $\mathcal{A}_\alpha$ と $\mathcal{A}_\beta$ が可換であり, 任意の $n \in \mathbb{N}$ に対して「$a_i \in \mathcal{A}_{\alpha_i}$ $(i \in \{1, \cdots, n\})$ かつ $\alpha_1, \cdots, \alpha_n$ が異なるならば $\phi(a_1 \cdots a_n) = \phi(a_1) \cdots \phi(a_n)$」という条件をみたすとき, 独立であるという[25]. □

このとき, 定義 4.25 の E を ϕ に置き換え, 同様に $\mathcal{P}(n)$ の順序構造を用いて, モーメント M_π とキュムラント C_π を定義することができる. ただし, M_n, C_n はもはや対称とは限らない. キュムラント・モーメント公式 (4.2.29), (4.2.30) はそのまま成り立つ. さらに, 定理 4.28 も次の形で成り立つ.

定理 4.44　確率空間 $(\mathcal{A}, \phi)$ において, $\mathcal{A}$ の $*$-部分代数の族 $\{\mathcal{A}_\alpha\}$ に対する次の 2 つの条件が同値である.

(ア) $\{\mathcal{A}_\alpha\}$ が独立.

(イ) $n \geqq 2$, $a_i \in \mathcal{A}_{\alpha_i}$ $(i = 1, \cdots, n)$ であり, $\alpha_{i_1} \neq \alpha_{i_2}$ なる i_1, i_2 があれば,

$$C_n[a_1, \cdots, a_n] = 0 \qquad \text{(混合キュムラントの消滅)}.$$

証明　補題 4.29, 定理 4.28 の証明では $\mathcal{A}$ が可換であるとしていた. しかし, 補題 4.29 の証明で $a_n = 1$ としたのは記法上の便宜であって, どこかの $a_i = 1$ でも同じ証明が通用する[26]. 定理 4.28 の証明では, (4.2.40) の操作で $\mathcal{A}$ の可換性を用いたが, これは異なる添字の $\mathcal{A}_\alpha$ の元どうしが可換であれば大丈夫であって, 各 $\mathcal{A}_\alpha$ が可換である必要はない. あとはそのままで同じ証明が進行する. ■

定義 4.38 で $a_1 = \cdots = a_n = a \in \mathcal{A}$ のときは, 次のように書く:

$$M_n(a) = M_n[a, \cdots, a] = \phi(a^n), \qquad R_n(a) = R_n[a, \cdots, a]. \tag{4.3.13}$$

---

25) 可換独立ともいう. 各 $\mathcal{A}_\alpha$ は可換代数でなくてよい.

26) 補題 4.42 の証明でもすでに言及した.

命題 4.45 自由キュムラントについて次のことが成り立つ.

(1) $a, b \in \mathcal{A}$ が自由ならば,

$$R_n(a+b) = R_n(a) + R_n(b) \qquad (n \in \mathbb{N}). \tag{4.3.14}$$

(2) $a \in \mathcal{A}$, $\alpha, \beta \in \mathbb{R}$ に対し,

$$R_1(\alpha a + \beta) = \alpha R_1(a) + \beta, \qquad R_k(\alpha a + \beta) = \alpha^k R_k(a) \quad (k \geqq 2).$$

証明 (1) 定理 4.41 により,

$$R_n(a+b) = R_n[a+b, \cdots, a+b] = R_n[a, \cdots, a] + R_n[b, \cdots, b] = R_n(a) + R_n(b).$$

(2) $R_k(\alpha a + \beta) = R_k[\alpha a + \beta, \cdots, \alpha a + \beta] = \alpha^k R_k[a, \cdots, a] + \beta^k R_k[1, \cdots, 1]$ と補題 4.42 からしたがう. ■

注意 4.46 定理 4.44(あるいは補題 4.29) を考慮すれば, キュムラント C_k についても命題 4.45(2) と同様の式を得る.

自由キュムラント・モーメント公式により, R_n と M_n の間に

$$M_n(a) = \sum_{\pi=\{v_1,\cdots,v_{b(\pi)}\}\in\mathcal{NC}(n)} \prod_{i=1}^{b(\pi)} R_{|v_i|}(a), \tag{4.3.15}$$

$$R_n(a) = \sum_{\pi=\{v_1,\cdots,v_{b(\pi)}\}\in\mathcal{NC}(n)} \mathrm{M}_{\mathcal{NC}(n)}(\pi) \prod_{i=1}^{b(\pi)} M_{|v_i|}(a) \tag{4.3.16}$$

という関係がある. $a \in \mathcal{A}$ が自己共役, すなわち $a^* = a$ をみたせば, 補題 4.32 により, $M_n(a), R_n(a) \in \mathbb{R}$ である.

定義 4.47 $\mathbb{R}$ 上の任意次数のモーメントをもつ確率測度 μ に対し,

$$R_n(\mu) = \sum_{\pi=\{v_1,\cdots,v_{b(\pi)}\}\in\mathcal{NC}(n)} \mathrm{M}_{\mathcal{NC}(n)}(\pi) \prod_{i=1}^{b(\pi)} M_{|v_i|}(\mu), \qquad n \in \mathbb{N} \tag{4.3.17}$$

によって n 次自由キュムラントを定める. (4.3.15), (4.3.16) と同じく, これは

$$M_n(\mu) = \sum_{\pi=\{v_1,\cdots,v_{b(\pi)}\}\in\mathcal{NC}(n)} \prod_{i=1}^{b(\pi)} R_{|v_i|}(\mu), \qquad n \in \mathbb{N} \tag{4.3.18}$$

なる関係式を要請するのと同値である. □

自己共役な $a \in \mathcal{A}$ に対し, (4.3.13) の $M_n(a) = \phi(a^n) = m_n$ が定理 A.37 の条

件 (イ) をみたすことは, ほとんど自明である. 実際, $\xi = (\xi_i)_{i=1}^n \in \mathbb{C}^n$ に対し,

$$\sum_{i.j=1}^{n} \overline{\xi_i}\xi_j \phi(a^{i+j}) = \phi\Big(\big(\sum_{i=1}^{n} \xi_i a^i\big)^* \big(\sum_{j=1}^{n} \xi_j a^j\big) \Big) \geqq 0. \tag{4.3.19}$$

$\mathbb{R}$ 上の測度のモーメント列と自由キュムラント列は等価な情報を含む. したがって, 一般に自由キュムラント列は確率測度を一意的に決定しないが, 台がコンパクトな測度に限れば, 確率測度と自由キュムラント列の 1 対 1 対応がある.

定理 4.48　μ, ν が $\mathbb{R}$ 上のコンパクトな台をもつ確率測度であるとき,

$$R_n(\xi) = R_n(\mu) + R_n(\nu), \qquad n \in \mathbb{N} \tag{4.3.20}$$

をみたす $\mathbb{R}$ 上の確率測度 ξ が一意的に存在する. ξ もコンパクトな台をもつ.

定理 4.48 の ξ を μ と ν の自由合成積といい, $\mu \boxplus \nu$ で表す[27]. 定理 4.48 の証明には, 測度のモーメント問題や自由な確率変数の構成を援用したいので, A.7 節であらためて述べることにしよう.

任意の $m \in \mathbb{R}$ に対して $m1$ はどんな元 a とも自由であり, $R_n(a+m1) = R_n(a) + m\delta_{n,1}$ が成り立つ. (4.3.17) の μ の言葉で言えば, μ を m だけ平行移動した測度 μ_m について, $R_n(\mu_m) = R_n(\mu) + m\delta_{n,1}$ $(n \in \mathbb{N})$ が成り立つ.

以後本書で扱うのは, もっぱら 1 変数の自由キュムラントである. モーメント列と自由キュムラント列の生成関数の関係を調べる.

補題 4.49　実数列 $\{\alpha_n\}$ と $\{\beta_n\}$ に対し, 形式的べき級数

$$A(\zeta) = 1 + \sum_{n=1}^{\infty} \alpha_n \zeta^n, \qquad B(\zeta) = 1 + \sum_{n=1}^{\infty} \beta_n \zeta^n$$

を考える. $n \in \mathbb{N}$, $\pi \in \mathcal{NC}(n)$ に対して乗法的に β_π を定める:

$$\beta_\pi = \prod_{i=1}^{b(\pi)} \beta_{|v_i|}, \qquad \pi = \{v_1, \cdots, v_{b(\pi)}\} \in \mathcal{NC}(n).$$

このとき, 次の 2 つの条件が同値である:

$$\alpha_n = \sum_{\pi \in \mathcal{NC}(n)} \beta_\pi, \qquad n \in \mathbb{N}, \tag{4.3.21}$$

$$B(\zeta A(\zeta)) = A(\zeta). \tag{4.3.22}$$

---

[27] 自由たたみ込みともいう. より詳しく加法的自由合成積ともいう.

証明 $\alpha_0 = 1$ とおいて, (4.3.22) の左辺を展開すると,

$$\begin{aligned}
B(\zeta A(\zeta)) &= 1 + \sum_{l=1}^{\infty} \beta_l \zeta^l \Bigl(\sum_{j_1,\cdots,j_l=0}^{\infty} \alpha_{j_1} \cdots \alpha_{j_l} \zeta^{j_1+\cdots+j_l} \Bigr) \\
&= 1 + \sum_{l=1}^{\infty} \sum_{k=0}^{\infty} \beta_l \Bigl(\sum_{j_1,\cdots,j_l:\, j_1+\cdots+j_l=k} \alpha_{j_1} \cdots \alpha_{j_l} \Bigr) \zeta^{l+k} \\
&= 1 + \sum_{n=1}^{\infty} \Bigl\{ \sum_{(l,k):\, l+k=n} \beta_l \Bigl(\sum_{j_1,\cdots,j_l:\, j_1+\cdots+j_l=k} \alpha_{j_1} \cdots \alpha_{j_l} \Bigr) \Bigr\} \zeta^n.
\end{aligned}$$

ゆえに, (4.3.22) は

$$\alpha_n = \sum_{(l,k)\in\mathbb{N}\times(\mathbb{N}\cup\{0\}):\, l+k=n} \beta_l \Bigl(\sum_{(j_1,\cdots,j_l)\in(\mathbb{N}\cup\{0\})^l:\, j_1+\cdots+j_l=k} \alpha_{j_1} \cdots \alpha_{j_l} \Bigr), \quad n \in \mathbb{N} \tag{4.3.23}$$

と同値である. (4.3.23) は α_n についての漸化式である. すなわち, $j \leqq n-1$ なる α_j たちから α_n が決まる. したがって, $\{\beta_n\}$ が与えられたという状況下で, (4.3.21) の α_n が (4.3.23) をみたすことがわかれば, (4.3.23) と (4.3.21) が同値であることが示される. (4.3.21) の α_n から漸化式を導くために, 右辺の各 $\pi = \{v_1, \cdots, v_{b(\pi)}\} \in \mathcal{NC}(n)$ において, 文字 1 を含むブロックが v_1 であるようにしておく. そして, $|v_1| = l$ に沿う和に書き直す:

$$\alpha_n = \sum_{l=1}^{n} \sum_{\pi\in\mathcal{NC}(n):\, |v_1|=l} \beta_\pi. \tag{4.3.24}$$

$\{1, 2, \cdots, n\} \setminus v_1$ を

$$a_1 \underbrace{\cdots}_{j_1} a_2 \underbrace{\cdots}_{j_2} a_3 \underbrace{\cdots}_{j_3} \cdots a_l \underbrace{\cdots}_{j_l}, \qquad v_1 = \{a_1(=1), a_2, \cdots, a_l\}$$

のように, $j_1, \cdots, j_l$ の大きさの l 個の部分集合に分けると (ただし, $j_i = 0$ も可), v_1 と $j_1 + \cdots + j_l = n - l$ なる $(j_1, \cdots, j_l)$ とが全単射的に対応する. さらに, 文字 1 を含むブロックが v_1 であるような $\mathcal{NC}(n)$ の元たちと $\prod_{i=1}^{l} \mathcal{NC}(j_i)$ の間に全単射対応がつく. ゆえに,

$$\begin{aligned}
(4.3.24) &= \sum_{l=1}^{n} \sum_{j_1,\cdots,j_l:\, j_1+\cdots+j_l=n-l} \sum_{\pi_1\in\mathcal{NC}(j_1)} \cdots \sum_{\pi_l\in\mathcal{NC}(j_l)} \beta_l \beta_{\pi_1} \cdots \beta_{\pi_l} \\
&= \sum_{l=1}^{n} \sum_{j_1,\cdots,j_l:\, j_1+\cdots+j_l=n-l} \beta_l \prod_{i=1}^{l} \alpha_{j_i}.
\end{aligned}$$

これが示すべきことであった. ■

4.2 節で, 確率測度 μ のモーメント列の生成関数 $G(z) = G_\mu(z) = \sum_{n=0}^{\infty} \frac{M_n(\mu)}{z^{n+1}}$ を考えた. 自由キュムラント列の生成関数を (とりあえずは形式的べき級数として)

$$R(\zeta) = R_\mu(\zeta) = \sum_{k=0}^{\infty} R_{k+1}(\mu)\zeta^k, \qquad K(\zeta) = K_\mu(\zeta) = \frac{1}{\zeta} + R_\mu(\zeta) \tag{4.3.25}$$

によって導入する. $R_\mu(\zeta)$ は Voiculescu の R-変換と呼ばれる.

命題 4.50　ζ の 1 変数形式的べき級数体 $\mathbb{C}((\zeta))$ の中で, 次式が成り立つ[28]:

$$K(G(\frac{1}{\zeta})) = \frac{1}{\zeta}. \tag{4.3.26}$$

証明　補題 4.49 において $\alpha_n = M_n(\mu)$, $\beta_n = R_n(\mu)$ とおくと, (4.3.17) により (4.3.21) がわかっているので (4.3.22) も成り立つ. A と G, B と K はそれぞれ

$$G(\frac{1}{\zeta}) = \zeta A(\zeta), \qquad K(\zeta) = \frac{1}{\zeta}B(\zeta) \tag{4.3.27}$$

で関係づけられている. (4.3.22) と (4.3.27) をあわせれば,

$$B(G(\frac{1}{\zeta})) = \frac{1}{\zeta}G(\frac{1}{\zeta}), \quad \text{ゆえに} \quad K(G(\frac{1}{\zeta})) = B(G(\frac{1}{\zeta}))/G(\frac{1}{\zeta}) = \frac{1}{\zeta}$$

を得る. ■

(4.3.26) は K が G の逆関数であることを示唆する. μ が $\mathbb{R}$ 上のコンパクトな台をもつ確率測度であるとき, G の積分変換としての関数論的考察によって, そのことをきちんと確認しておこう.

補題 4.51　(4.2.2) の Stieltjes 変換 $G = G_\mu$ は次の性質をもつ.
(1) G は上半平面を下半平面に, 下半平面を上半平面に写す.
(2) $\operatorname{supp}\mu \subset [-a, a]$ とすると, $|z| > a$ において G は 1 対 1 である.

証明 (1) $z = u + iv$, $v > 0$ ならば,

$$\operatorname{Im} G(z) = -\int_{\mathbb{R}} \frac{v}{(u-x)^2 + v^2}\,\mu(dx) < 0.$$

$v < 0$ ならば, $\operatorname{Im} G(z) > 0$.

---

[28]　μ が $\mathbb{R}$ 上の測度だから, $\mathbb{C}((\zeta))$ でなく $\mathbb{R}((\zeta))$ で考えてもよい. 一般に, $\mathbb{C}((\zeta))$ の元は $\sum_{j=m}^{\infty} a_j\zeta^j$, $m \in \mathbb{Z}$, $a_j \in \mathbb{C}$, $a_m \neq 0$ の形に一意的に表される.

(2) $z \neq z'$ とする. z, z' がそれぞれ異なる上下の半平面に属せば, (1) から $G(z) \neq G(z')$ となる. ともに上半平面にあって, $|z|, |z'| > a$ とする (下半平面にある場合も全く同様であり, 実軸上の場合も易しい). 今,

$$G(z) - G(z') = (z' - z) \int_{[-a,a]} \frac{1}{(z-x)(z'-x)} \mu(dx). \tag{4.3.28}$$

図形的な考察によって, $|z| > a$ ならば $z + a$ の偏角と $z - a$ の偏角の差が $\pi/2$ よりも小さいことがわかる. したがって, x が $-a$ から a まで動くとき, $\arg(z - x)$, $\arg(z' - x)$ はそれぞれ $\pi/2$ 未満の範囲を動く. $\arg(1/(z-x)(z'-x)) = -\arg(z - x) - \arg(z' - x)$ であるから, $1/(z-x)(z'-x)$ は頂角 $\pi/2 + \pi/2 = \pi$ 未満の凸錐に含まれる. そうすると μ で積分してもその錐にとどまり, $z - x \neq 0$, $z' - x \neq 0$ だから, その積分値は 0 になりえない. ゆえに, (4.3.28) は 0 でない. ■

定理 4.52 $\mathbb{R}$ 上のコンパクトな台をもつ確率測度 μ に対して次のような $\delta > 0$ がとれる: $K_\mu(\zeta)$ が $0 < |\zeta| < \delta$ において正則であり,

$$K_\mu(\zeta) = G_\mu^{-1}(\zeta) \tag{4.3.29}$$

が成り立つ.

証明 補題 4.51 により, $G = G_\mu$ によって $\{|z| > a\}$ が $\zeta = 0$ の開近傍 $U \setminus \{0\}$ の上へ 1 対 1 に写される. この逆関数 G^{-1} を考える. G^{-1} は $U \setminus \{0\}$ で正則だから, 0 のまわりで Laurent 展開される. $\lim_{z\to\infty} zG(z) = 1$ から $\lim_{\zeta\to 0} \zeta G^{-1}(\zeta) = 1$ となることに注意して, Laurent 展開を $G^{-1}(\zeta) = \zeta^{-1} + \gamma_1 + \gamma_2\zeta + \gamma_3\zeta^2 + \cdots$ とおく. $|\zeta|$ が十分小さければ (すなわち $|\zeta| < \delta$),

$$G(\frac{1}{\zeta})\, G^{-1}(G(\frac{1}{\zeta})) = 1 + \gamma_1 G(\frac{1}{\zeta}) + \gamma_2 G(\frac{1}{\zeta})^2 + \gamma_3 G(\frac{1}{\zeta})^3 + \cdots.$$

一方, 命題 4.50 により, この左辺は

$$G(\frac{1}{\zeta})\frac{1}{\zeta} = G(\frac{1}{\zeta}) K(G(\frac{1}{\zeta})) = 1 + R_1 G(\frac{1}{\zeta}) + R_2 G(\frac{1}{\zeta})^2 + R_3 G(\frac{1}{\zeta})^3 + \cdots.$$

これらの 2 式に $G(\frac{1}{\zeta}) = \zeta + \sum_{n=1}^{\infty} M_n \zeta^{n+1}$ を代入して低次から順に係数比較を行えば, 任意の $n \in \mathbb{N}$ に対して $\gamma_n = R_n$ を得る. したがって, $0 < |\zeta| < \delta$ において収束する Laurent 級数として

$$K(\zeta) = \frac{1}{\zeta} + \sum_{k=0}^{\infty} R_{k+1}(\mu)\zeta^k \tag{4.3.30}$$

であって, その ζ では $K(\zeta) = G^{-1}(\zeta)$ が成り立つ. ■

定理 4.53　μ が $\mathbb{R}$ 上のコンパクトな台をもつ確率測度であるとき, $k \in \{2, 3, \cdots\}$, $s \gg 1$ に対して次式が成り立つ[29]:

$$R_k(\mu) = -\frac{1}{2\pi(k-1)i}\int_{\{|z|=s\}} \frac{dz}{G_\mu(z)^{k-1}} = -\frac{1}{k-1}[z^{-1}]\Big(\frac{1}{G_\mu(z)^{k-1}}\Big). \tag{4.3.31}$$

証明　$G(z)^{-1}$ も原点中心の十分大きい円環内で正則である. (4.3.30) を用いて $R_k(\mu)$ の留数表示を書き, (4.3.29) に基づく変数変換 $\zeta = G(z)$ を施す. 十分小さい $r > 0$ と十分大きい $s > 0$ をとって, それぞれの半径をもつ原点中心の円周を C_r, C_s で表せば,

$$\begin{aligned} R_k &= \frac{1}{2\pi i}\int_{C_r} \frac{K(\zeta)}{\zeta^k}d\zeta = \frac{1}{2\pi i}\int_{-C_s} \frac{z}{G(z)^k}G'(z)dz \\ &= \frac{1}{2\pi i(k-1)}\int_{-C_s} \frac{1}{G(z)^{k-1}}dz = -\frac{1}{2\pi i(k-1)}\int_{C_s} \frac{1}{G(z)^{k-1}}dz \end{aligned}$$

となる. 第 2 等号では, ζ が C_r を順向き (反時計回り) に回るときに, $\zeta = G(z)$ で 1 対 1 に対応する z は十分大きい円環内の単純閉曲線を逆向きに回ることを用いた. これは, 複素関数 $(z-x)^{-1}$ の挙動と補題 4.51(2) からわかる. そして円環内での積分路を逆向き円 $-C_s$ に取り直した. 第 3 等号は部分積分による.　■

独立性 (通常の合成積) と自由性 (自由合成積) の対比のための例を 3 つ挙げる.

例 4.54　$\mu = (\delta_1 + \delta_{-1})/2$(公平なコイン投げ) のとき, $\mu * \mu$ と $\mu \boxplus \mu$ を具体的に計算しよう. まず, $\mu * \mu$ はどうやっても容易に求められるが, ここでは合成積とキュムラントの関係 (4.2.44) を適用する. 生成関数を計算すると,

$$\exp\Big\{\sum_{k=1}^{\infty} \frac{C_k(\mu)}{k!}\zeta^k\Big\} = \sum_{n=0}^{\infty} \frac{M_n(\mu)}{n!}\zeta^n = \sum_{k=0}^{\infty} \frac{1}{(2k)!}\zeta^{2k} = \frac{e^\zeta + e^{-\zeta}}{2}.$$

(4.2.44) により, $C_k(\mu * \mu) = 2C_k(\mu)$ であるから,

$$\exp\Big\{\sum_{k=1}^{\infty} \frac{C_k(\mu*\mu)}{k!}\zeta^k\Big\} = \exp\Big\{\sum_{k=1}^{\infty} \frac{2C_k(\mu)}{k!}\zeta^k\Big\} = \Big(\frac{e^\zeta + e^{-\zeta}}{2}\Big)^2 = \frac{1}{2} + \frac{e^{2\zeta}}{4} + \frac{e^{-2\zeta}}{4}.$$

これが何の Laplace 変換であるかはただちにわかり,

$$\mu * \mu = \frac{1}{4}\delta_{-2} + \frac{1}{2}\delta_0 + \frac{1}{4}\delta_2. \tag{4.3.32}$$

---

29) $z = \infty$ での留数を用いれば, $(k-1)^{-1}\mathrm{Res}_{z=\infty}G_\mu(z)^{-k+1}$ に等しい.

(4.3.32) の右辺は,

$$\left(\frac{\delta_{-1}+\delta_1}{2}\right)*\left(\frac{\delta_{-1}+\delta_1}{2}\right)=\frac{1}{4}(\delta_{-1}*\delta_{-1}+\delta_{-1}*\delta_1+\delta_1+\delta_{-1}+\delta_1*\delta_1)$$
$$=\frac{1}{4}(\delta_{-2}+\delta_0+\delta_0+\delta_2)=\frac{1}{4}(\delta_{-2}+\delta_2)+\frac{1}{2}\delta_0$$

の計算からも容易に導出される. しかし, 以下に見られるように, 自由合成積についてはこのような分配法則は成立しない.

今度は, 自由合成積と自由キュムラントの関係 (4.3.20) に基づいて $\mu \boxplus \mu$ を計算する. (4.3.31) によって $R_k(\mu)$ $(k \geqq 2)$ を求めると[30]:

$$G_\mu(z)=\sum_{n=0}^{\infty}\frac{M_n(\mu)}{z^{n+1}}=\frac{1}{z}\sum_{k=0}^{\infty}\frac{1}{z^{2k}}=\frac{z}{z^2-1}, \qquad |z|\gg 1,$$

$$\frac{1}{G_\mu(z)^{k-1}}=(z-z^{-1})^{k-1}=\sum_{j=0}^{k-1}(-1)^j\binom{k-1}{j}z^{k-1-2j},$$

$$R_k(\mu)=\begin{cases}0, & k\text{ が奇数},\\ -\frac{1}{k-1}(-1)^{k/2}\binom{k-1}{k/2}, & k\text{ が偶数}.\end{cases}$$

したがって, $k\in\mathbb{N}$ に対して

$$R_k(\mu\boxplus\mu)=\begin{cases}0, & k\text{ が奇数},\\ \frac{2(-1)^{(k/2)-1}}{k-1}\binom{k-1}{k/2}, & k\text{ が偶数}.\end{cases}$$

(4.3.25) から,

$$K_{\mu\boxplus\mu}(\zeta)=\frac{1}{\zeta}+\sum_{k=1}^{\infty}R_{2k}(\mu\boxplus\mu)\zeta^{2k-1}=\frac{1}{\zeta}+\sum_{k=1}^{\infty}\frac{2(-1)^{k-1}}{2k-1}\binom{2k-1}{k}\zeta^{2k-1}$$
$$=\frac{1}{\zeta}+\frac{2}{\zeta}\sum_{k=1}^{\infty}\frac{1}{k}\binom{2k-2}{k-1}(-1)^{k-1}\zeta^{2k}$$
$$=\frac{1}{\zeta}+\frac{1}{\zeta}\{(1+4\zeta^2)^{1/2}-1\}=\frac{(1+4\zeta^2)^{1/2}}{\zeta}.$$

ただし, 一般 2 項展開

$$(1+x)^{1/2}=\sum_{k=0}^{\infty}\binom{1/2}{k}x^k=1+2\sum_{k=1}^{\infty}\frac{(-1)^{k-1}}{k}\binom{2k-2}{k-1}\left(\frac{x}{4}\right)^k, \qquad |x|<1$$

を用いた. 定理 4.52 により, これから

---

30) $R_1(\mu)=M_1(\mu)=0$.

$$G_{\mu\boxplus\mu}(z)^2=\frac{1}{z^2-4} \tag{4.3.33}$$

を得る. 今わかったのは, $G_{\mu\boxplus\mu}$ が $\mathbb{C}\setminus\operatorname{supp}(\mu\boxplus\mu)$ で正則であることと, $|z|$ が十分大きい $z\in\mathbb{C}$ で (4.3.33) が成り立つことである. $\sqrt{\ }$ のとり方を指定し, 上半平面 $\mathbb{C}^+=\{z\in\mathbb{C}\,|\,\operatorname{Im}z>0\}$ 全体で成り立つような $G_{\mu\boxplus\mu}(z)$ の表式を得よう. $w\in\mathbb{C}\setminus[0,\infty)$ の偏角を $0<\arg w<2\pi$ で測り,

$$\sqrt{w}=\sqrt{|w|}e^{i\frac{1}{2}\arg w},\qquad w\in\mathbb{C}\setminus[0,\infty) \tag{4.3.34}$$

とする. そうすると, $f(z)=1/\sqrt{z^2-4}$ は $\mathbb{C}^+$ で正則であって, $f(\mathbb{C}^+)\subset\mathbb{C}^-$ をみたす. $\mathbb{C}^+$ 全体で $G_{\mu\boxplus\mu}$ はこの f と一致し,

$$G_{\mu\boxplus\mu}(z)=\frac{1}{\sqrt{z^2-4}},\qquad z\in\mathbb{C}^+ \tag{4.3.35}$$

を得る. (4.3.35) における $\sqrt{\ }$ は (4.3.34) の意味である. (4.3.35) から Stieltjes 変換の反転公式 (定理 A.41) により, $\mu\boxplus\mu$ が求まる. $z=x+iy$ (y は小さな正数) として, $|x|<2$ ならば $\sqrt{z^2-4}$ は虚軸の近くにあり, $|x|>2$ ならば $\sqrt{z^2-4}$ は実軸の近くにある[31]. そうして,

$$\lim_{y\downarrow 0}\left\{-\frac{1}{\pi}\operatorname{Im}G_{\mu\boxplus\mu}(x+iy)\right\}=\begin{cases}\frac{1}{\pi\sqrt{4-x^2}}, & |x|<2,\\ 0, & |x|>2.\end{cases} \tag{4.3.36}$$

(4.3.36) が $\mu\boxplus\mu$ の絶対連続部分を与える訳であるが, (4.3.36) は確率測度であるので, $\mu\boxplus\mu$ と一致せねばならない. すなわち,

$$\mu\boxplus\mu(dx)=\frac{1}{\pi\sqrt{4-x^2}}1_{(-2,2)}(x)dx. \tag{4.3.37}$$

(4.3.37) は (標準) 逆正弦分布である.

公平なコインを 2 回投げて表 (+1) と裏 (−1) の出方を見るとき, 1 回めと 2 回めが独立ならば, 表 2 回, 表裏 1 回ずつ, 裏 2 回の確率がそれぞれ 1/4, 1/2, 1/4 である. (4.3.32) はそういうことを示している. 然らば, 1 回めと 2 回めが「自由」ならばどうなるか. それが (4.3.37) の意味するところである....

例 4.55 (Wigner の半円分布) 例 4.23 に述べたように, 3 次以降のキュムラ

---

[31] $z\in\mathbb{C}^+$ が $z\mapsto z^2\mapsto z^2-4\mapsto\sqrt{z^2-4}\mapsto 1/\sqrt{z^2-4}$ で複素平面上をどう動くかを逐一追ってみるとよい.

ントがすべて消えるのが Gauss 分布であった. この自由版を考えよう. すなわち, $m, v \in \mathbb{R}$ として自由キュムラント列が

$$R_1(\mu) = m, \quad R_2(\mu) = v, \quad R_3(\mu) = R_4(\mu) = \cdots = 0 \tag{4.3.38}$$

をみたすような $\mu \in \mathcal{P}(\mathbb{R})$ を求める. R_2 は分散であるから $v \geqq 0$ とする. (4.3.18) により, (4.3.38) のもとで,

$$M_n(\mu) = \sum_{\pi \in \mathcal{NC}_{\leqq 2}(n)} m^{b_1(\pi)} v^{b_2(\pi)}, \qquad n \in \mathbb{N} \tag{4.3.39}$$

と表される. ここで,

$$\mathcal{NC}_{\leqq 2}(n) = \{\pi = \{v_1, \cdots, v_{b(\pi)}\} \in \mathcal{NC}(n) \,|\, |v_i| \in \{1, 2\},\ i \in \{1, \cdots, b(\pi)\}\}$$

(つまりブロックの大きさが 1 または 2 の非交差分割) とし, $\pi \in \mathcal{NC}_{\leqq 2}(n)$ に対して, 大きさ 1 のブロック数を $b_1(\pi)$, 大きさ 2 のブロック数を $b_2(\pi)$ で表す (したがって $b_1(\pi) + b_2(\pi) = b(\pi)$). 例 4.39 に述べたように, 非交差分割の個数は Catalan 数で与えられる. 2 項定理に基づく粗い評価から,

$$|\mathcal{NC}(n)| = \frac{1}{n+1}\binom{2n}{n} \leqq \frac{2^{2n}}{n}. \tag{4.3.40}$$

(4.3.39) において (4.3.40) を考慮すれば, $M_n(\mu)$ が定数の n 乗のオーダーでおさえられることがわかる. したがって, 命題 4.13 により, (4.3.38) をみたす $\mu \in \mathcal{P}(\mathbb{R})$ は (存在するとすれば) コンパクトな台をもつものである. 特に, μ は一意的に定まる. (4.3.25) にしたがって R-変換および $K(\zeta)$ を求めると,

$$z = K(\zeta) = \frac{1}{\zeta} + m + v\zeta, \qquad \text{ゆえに} \quad v\zeta^2 + (m - z)\zeta + 1 = 0. \tag{4.3.41}$$

定理 4.52 に基づいて $\zeta = G_\mu(z)$ を計算する. $v = 0$ ならば $\zeta = \frac{1}{z-m}$ となり, これは δ_m の Stieltjes 変換である. $v > 0$ とする. (4.3.41) の 2 次方程式を解いて, 必要条件の $\lim_{z \to \infty} z\zeta = 1$ を考慮すれば,

$$\zeta = G_\mu(z) = \frac{z - m - \sqrt{(z-m)^2 - 4v}}{2v}, \qquad z \in \mathbb{C}^+.$$

$\sqrt{\ }$ は (4.3.34) のとり方を踏襲する. 例 4.54 と同じく, $\operatorname{Im} G_\mu(x + iy)$ $(y > 0)$ の $y \downarrow 0$ の極限値を求めて Stieltjes 変換の反転公式を適用することにより,

$$\mu(dx) = \frac{1}{2\pi v}\sqrt{4v - (x-m)^2}\ 1_{[m-2\sqrt{v}, m+2\sqrt{v}]}(x)dx \tag{4.3.42}$$

を得る．(4.3.42) は確かに $\mathbb{R}$ 上の確率測度を与えている．(4.3.42) をパラメータ (m, v) の Wigner の半円分布と呼ぶ．$m = 0, v = 1$ のときが標準 Wigner 分布であり，(4.3.39) により，その $2n$ 次モーメントが Catalan 数 $\frac{1}{n+1}\binom{2n}{n}$ で与えられる．

例 4.56 (自由中心極限定理) 確率空間 $(\mathcal{A}, \phi)$ において $a_1, a_2, \cdots$ を自由な元の列とする．$N \in \mathbb{N}$ に対し，

$$x_N = \frac{1}{\sqrt{N}} \sum_{n=1}^{N} (a_n - \phi(a_n)) \in \mathcal{A}$$

とおく．命題 4.45 を用いて x_N の自由キュムラントを計算すると，

$$R_k(x_N) = \begin{cases} 0, & k = 1, \\ N^{-k/2} \sum_{n=1}^{N} R_k(a_n), & k \geqq 2. \end{cases} \tag{4.3.43}$$

a_n のモーメントに関する条件として

$$\sup_{n \in \mathbb{N}} \phi(a_n^{*k} a_n^k) < \infty, \qquad k \in \mathbb{N} \tag{4.3.44}$$

を課そう．Schwarz の不等式 $|\phi(x^* y)|^2 \leqq \phi(x^* x)\phi(y^* y)$ $(x, y \in \mathcal{A})$ によって $|\phi(a_n^l)|^2 \leqq \phi(a_n^{*l} a_n^l)$ が成り立つから，(4.3.16) により，任意の $k \in \mathbb{N}$ に対して $\sup_{n \in \mathbb{N}} |R_k(a_n)| < \infty$ を得る．したがって，(4.3.44) と分散の Cesàro 平均の収束

$$\lim_{N \to \infty} \frac{1}{N} \sum_{n=1}^{N} R_2(a_n) = v$$

の仮定のもとで，(4.3.43) から

$$\lim_{N \to \infty} R_k(x_N) = \begin{cases} v, & k = 2, \\ 0, & k \neq 2 \end{cases} \tag{4.3.45}$$

を得る．例 4.55 で見たように，(4.3.45) は (4.3.42) のパラメータ $(0, v)$ の Wigner の半円分布 $\mu_{0,v}$ の自由キュムラント列に一致する．モーメント収束に言い直せば，

$$\lim_{N \to \infty} M_k(x_N) = M_k(\mu_{0,v}), \qquad k \in \mathbb{N}.$$

今，各 a_n が自己共役であれば x_N もそうなり，(4.3.19) とその周辺の議論から，定理 A.37 によって $M_k(x_N) = M_k(\nu_N)$ $(k \in \mathbb{N})$ なる $\nu_N \in \mathcal{P}(\mathbb{R})$ がある[32]．命題

---

[32] 一意性は問わずに，ν_N を x_N の分布と呼んでもよい．

A.24 により, ν_N が $N\to\infty$ で $\mu_{0,v}$ に弱収束する.

例 4.57 (自由 Poisson 分布 (Marchenko–Pastur 分布)) 例 4.24 で, キュムラントがすべて等しい分布が Poisson 分布であることを見た. 今度はこの自由版を考えよう. 自由キュムラントが

$$R_1(\nu)=R_2(\nu)=\cdots=\lambda>0 \tag{4.3.46}$$

をみたすような $\nu\in\mathcal{P}(\mathbb{R})$ を求める. (4.3.18) によって

$$M_n(\nu)=\sum_{\pi\in\mathcal{NC}(n)}\lambda^{b(\pi)}$$

である. したがって, 命題 4.13 により, ν もまた (存在すれば) コンパクトな台をもつ. (4.3.25) の $K(\zeta)$ を求めると,

$$z=K(\zeta)=\frac{1}{\zeta}+\lambda+\lambda\zeta+\lambda\zeta^2+\cdots=\frac{1}{\zeta}+\frac{\lambda}{1-\zeta}. \tag{4.3.47}$$

(4.3.47) から得られる 2 次方程式 $z\zeta^2+(\lambda-z-1)\zeta+1=0$ を解いて, $\lim_{z\to\infty}z\zeta=1$ を考慮すれば,

$$\zeta=G_\nu(z)=\frac{z+1-\lambda-\sqrt{(z+1-\lambda)^2-4z}}{2z},\qquad z\in\mathbb{C}^+. \tag{4.3.48}$$

$\sqrt{\ }$ のとり方はここでも (4.3.34) にしたがう. $z=x+iy$ $(y>0)$ として, (4.3.48) で $y\downarrow 0$ としたときの $-\frac{1}{\pi}\operatorname{Im}\zeta$ の極限値を求める. 今,

$$\sqrt{(z+1-\lambda)^2-4z}=\sqrt{(x-1-\lambda)^2-4\lambda-y^2+i2y(x-1-\lambda)}=u+iv \tag{4.3.49}$$

とおくと,

$$-\operatorname{Im}\zeta=\frac{y(1-\lambda-u)}{2(x^2+y^2)}+\frac{xv}{2(x^2+y^2)} \tag{4.3.50}$$

において $x\neq 0$, $y\downarrow 0$ で生き残るのは $\lim_{y\downarrow 0}v\neq 0$ の場合である. (4.3.49) を考慮すると, それは $(x-1-\lambda)^2-4\lambda<0$ すなわち $(1-\sqrt{\lambda})^2<x<(1+\sqrt{\lambda})^2$ のときである. このとき, (4.3.50) により,

$$\lim_{y\downarrow 0}\left(-\frac{1}{\pi}\operatorname{Im}\zeta\right)=\frac{\sqrt{4\lambda-(x-1-\lambda)^2}}{2\pi x}.$$

定理 A.41 により, これで絶対連続部分が得られた:

$$\tilde{\nu}(dx) = \frac{\sqrt{4\lambda - (x-1-\lambda)^2}}{2\pi x} 1_{((1-\sqrt{\lambda})^2, (1+\sqrt{\lambda})^2)}(x)dx. \tag{4.3.51}$$

(4.3.51) が $\mathbb{R}$ 上の確率測度であるか否かは $\tilde{\nu}(\mathbb{R})$ を計算すればわかるが, 一気に (4.3.51) の Stieltjes 変換 $G_{\tilde{\nu}}(z)$ を求めよう[33]:

$$G_{\tilde{\nu}}(z) = \frac{1}{2\pi} \int_{(1-\sqrt{\lambda})^2}^{(1+\sqrt{\lambda})^2} \frac{\sqrt{4\lambda - (x-1-\lambda)^2}}{x(z-x)} dx, \qquad z \in \mathbb{C}^+.$$

まず, $\lambda \neq 1$ として $a = (1-\sqrt{\lambda})^2$, $b = (1+\sqrt{\lambda})^2$ とおく. $\sqrt{\frac{x-a}{b-x}} = t$ の変換から

$$G_{\tilde{\nu}}(z) = \frac{1}{2\pi} \int_{-\infty}^{\infty} \frac{(b-a)^2 t^2}{(t^2+1)(bt^2+a)\{(z-b)t^2+z-a\}} dt. \tag{4.3.52}$$

被積分関数の $\mathbb{C}^+$ に含まれる極 $i, i\sqrt{\frac{a}{b}}, \sqrt{\frac{z-a}{b-z}}$ (すべて 1 位) における留数の計算を援用して,

$$G_{\tilde{\nu}}(z) = \frac{1}{2} + \frac{-\sqrt{ab}}{2z} + \frac{-i(z-a)}{2z\sqrt{\frac{z-a}{b-z}}}$$

を得る. ここでも $\sqrt{\ }$ は (4.3.34) で定める. $z \in \mathbb{C}^+$ に対して

$$i\frac{z-a}{\sqrt{\frac{z-a}{b-z}}} = \sqrt{(z-a)(z-b)}$$

が成り立つので[34], $\sqrt{ab} = |1-\lambda|$ にも注意して,

$$G_{\tilde{\nu}}(z) = \frac{z - |1-\lambda| - \sqrt{z^2 - 2(1+\lambda)z + (1-\lambda)^2}}{2z}, \qquad z \in \mathbb{C}^+. \tag{4.3.53}$$

$\lambda = 1$ のときは, (4.3.52) のかわりに

$$G_{\tilde{\nu}}(z) = \frac{1}{2\pi} \int_{-\infty}^{\infty} \frac{4}{(t^2+1)\{(z-4)t^2+z\}} dt$$

となって, 再び留数計算を援用して,

$$G_{\tilde{\nu}}(z) = \frac{z - \sqrt{z^2 - 4z}}{2z}.$$

結局, (4.3.53) が $\lambda = 1$ でも通用する. (4.3.48) と (4.3.53) を比べると,

---

33) $G_{\tilde{\nu}}(z)$ がわかれば, $\lim_{z \to \infty} zG_{\tilde{\nu}}(z) = 1$ か否かで確率測度の判定もできる.

34) ただし, 安易に $\sqrt{1/\alpha} = 1/\sqrt{\alpha}$ などとしてはいけない.

$$G_\nu(z) = \begin{cases} G_{\tilde{\nu}}(z), \\ G_{\tilde{\nu}}(z) + \frac{1-\lambda}{z}, \end{cases} \qquad \text{したがって } \nu = \begin{cases} \tilde{\nu}, & \lambda \geqq 1, \\ \tilde{\nu} + (1-\lambda)\delta_0, & 0 < \lambda \leqq 1. \end{cases} \tag{4.3.54}$$

これで, (4.3.48) の Stieltjes 変換をもつ $\nu \in \mathcal{P}(\mathbb{R})$ が (4.3.54) で与えられることがわかった. (4.3.51), (4.3.54) で定まる確率測度 ν をパラメータ λ の自由 Poisson 分布あるいは Marchenko–Pastur 分布と呼ぶ. 特に $\lambda = 1$ とすれば, (4.3.51), (4.3.46) と自由キュムラント・モーメント公式 (4.3.18) により,

$$|\mathcal{NC}(n)| = \frac{1}{2\pi}\int_0^4 x^{n-1}\sqrt{4x - x^2}\,dx, \qquad n \in \mathbb{N} \tag{4.3.55}$$

を得る. (4.3.9) に述べたように $|\mathcal{NC}(n)|$ は Catalan 数 $\frac{1}{n+1}\binom{2n}{n}$ に等しいが, (4.3.55) の右辺の積分を直接計算すると,

$$\frac{2^{2n+1}}{\pi}\int_0^1 s^{n-(1/2)}(1-s)^{1/2}ds = \frac{2^{2n+1}}{\pi}\frac{\Gamma(n+\frac{1}{2})\Gamma(\frac{3}{2})}{\Gamma(n+2)} = \frac{(2n)!}{(n+1)!\,n!}$$

となって, 一致することが確認される.

$\mathcal{P}(n)$ の元 (分割) を図 4.1 のように図示するとき, 弧が交差しないだけでなく入れ子にもならないようにとれる分割を区間分割という. 図 4.1 には 8 個の区間分割がある. 区間分割全体からなる $\mathcal{NC}(n)$ の部分集合を $\mathcal{I}(n)$ で表す. $\mathcal{P}(n)$ から受け継ぐ順序 $\leq$ に関して $(\mathcal{I}(n), \leq)$ も半順序集合であり, 最小元 $0_n = \{\{1\}, \{2\}, \cdots, \{n\}\}$ と最大元 $1_n = \{\{1, 2, \cdots, n\}\}$ をもつ. 定義 4.47 と同様にして, $\mathbb{R}$ 上の任意次数のモーメントをもつ確率測度 μ に対し,

$$M_n(\mu) = \sum_{\pi \in \mathcal{I}(n)} B_\pi(\mu), \qquad B_n(\mu) = \sum_{\rho \in \mathcal{I}(n)} \mathrm{M}_{\mathcal{I}(n)}(\rho) M_\rho(\mu) \tag{4.3.56}$$

で定まる $B_n(\mu)$ を μ の n 次 Boole キュムラントと呼ぶ. ここで, $\mathcal{I}(n)$ の Möbius 関数を $\mathrm{M}_{\mathcal{I}(n)}(\cdot, \cdot)$ とし, $\mathrm{M}_{\mathcal{I}(n)}(\rho) = \mathrm{M}_{\mathcal{I}(n)}(\rho, 1_n)$ とおく.

補題 4.58 実数列 $\{\alpha_n\}$ と $\{\gamma_n\}$ に対し, 形式的べき級数

$$A(\zeta) = 1 + \sum_{n=1}^{\infty} \alpha_n \zeta^n, \qquad C(\zeta) = \sum_{n=1}^{\infty} \gamma_n \zeta^n$$

を考え, $\pi \in \mathcal{I}(n)$ に対して乗法的に γ_π を定める (補題 4.49 参照). このとき, 次の 2 つの条件が同値である:

$$\alpha_n = \sum_{\pi \in \mathcal{I}(n)} \gamma_\pi, \qquad n \in \mathbb{N}, \tag{4.3.57}$$

$$A(\zeta)C(\zeta) = A(\zeta) - 1. \tag{4.3.58}$$

証明　補題 4.49 の証明と同様であり, 実際それよりもずっと易しい. $\alpha_0 = 1$ とおいて (4.3.58) を係数の関係式に書き直すと,

$$\alpha_n = \sum_{l=1}^{n} \alpha_{n-l}\, \gamma_l, \qquad n \in \mathbb{N} \tag{4.3.59}$$

となる. (4.3.59) は α_n についての漸化式である. (4.3.57) で定まる α_n が (4.3.59) をみたすことを検証すれば, 証明が完了する. 区間分割を文字 1 を含むブロックの大きさに応じて分けると,

$$\alpha_n = \sum_{\pi \in \mathcal{I}(n)} \gamma_\pi = \gamma_n + \sum_{l=1}^{n-1} \sum_{\rho \in \mathcal{I}(n-l)} \gamma_l\, \gamma_\rho = \sum_{l=1}^{n} \gamma_l\, \alpha_{n-l}$$

を得る. ■

系 4.59　区間分割の Möbius 関数に関し, $\mathrm{M}_{\mathcal{I}(n)}(\pi) = (-1)^{b(\pi)-1}$ が成り立つ.

証明 (4.3.57) のもとで α_π も乗法的に定めると, (4.3.58) により,

$C(\zeta) = 1 - \dfrac{1}{A(\zeta)} = \displaystyle\sum_{n=1}^{\infty} \alpha_n \zeta^n - \Bigl(\sum_{n=1}^{\infty} \alpha_n \zeta^n\Bigr)^2 + \Bigl(\sum_{n=1}^{\infty} \alpha_n \zeta^n\Bigr)^3 - \cdots$　だから,

$$\gamma_n = \sum_{i=1}^{n} \sum_{n_1, \cdots, n_i : n_1 + \cdots + n_i = n} (-1)^{i-1} \alpha_{n_1} \cdots \alpha_{n_i} = \sum_{\pi \in \mathcal{I}(n)} (-1)^{b(\pi)-1} \alpha_\pi$$

を得る. ■

定理 4.60　μ が $\mathbb{R}$ 上のコンパクトな台をもつ確率測度であるとき, 十分大きい円の外部領域において $1/G_\mu(z)$ は正則であり,

$$\frac{1}{G_\mu(z)} = z - \sum_{k=1}^{\infty} \frac{B_k(\mu)}{z^{k-1}} \tag{4.3.60}$$

が成り立つ. すなわち, 確率測度の Boole キュムラントの生成関数は Stieltjes 変換の逆数で与えられる.

証明　$G = G_\mu$ とおく. 定理 4.52 の証明の冒頭に述べたことから, $1/G(z)$ は $|z| \gg 1$ で正則である. $\displaystyle\lim_{z \to \infty} 1/(zG(z)) = 1$ なので, $1/G(z)$ の Laurent 展開を

$$\frac{1}{G(z)} = z + c_1 + \frac{c_2}{z} + \frac{c_3}{z^2} + \cdots, \qquad |z| \gg 1 \tag{4.3.61}$$

とおける. $\alpha_n = M_n(\mu)$, $\gamma_n = B_n(\mu)$ として補題 4.58 を用いると,

$$G(\frac{1}{\zeta}) = \zeta A(\zeta), \qquad C(\zeta) = \sum_{n=1}^{\infty} B_n \zeta^n$$

となり, (4.3.58) が成り立つ. (4.3.61) で $z = 1/\zeta$ とおいた

$$\frac{1}{G(\frac{1}{\zeta})} = \frac{1}{\zeta} + c_1 + c_2\zeta + c_3\zeta^2 + \cdots, \qquad |\zeta| \ll 1$$

と形式的べき級数の

$$\frac{1}{G(\frac{1}{\zeta})} = \frac{1}{\zeta A(\zeta)} = \frac{1}{\zeta}(1 - C(\zeta)) = \frac{1}{\zeta} - B_1 - B_2\zeta - B_3\zeta^2 - \cdots$$

を比較すれば, 任意の $n \in \mathbb{N}$ に対して $c_n = -B_n$ を得る. したがって, (4.3.60) が $1/G(z)$ の Laurent 展開を与える. ■

注意 4.61 $\pi, \rho \in \mathcal{NC}(n)$ に対して $\mathcal{P}(n)$ の中で $\pi \vee \rho$ を考えるとき, $\pi \vee \rho \in \mathcal{NC}(n)$ とは限らない. たとえば $\mathcal{P}(4)$ において $\{\{1,3\},\{2\},\{4\}\} \vee \{\{1\},\{2,4\},\{3\}\} = \{\{1,3\},\{2,4\}\}$. 一方, $\pi \in \mathcal{NC}(n), \tau \in \mathcal{I}(n)$ ならば $\pi \vee \tau \in \mathcal{NC}(n)$ である.

4.4 Markov 連鎖と Martin 境界

本節では, Markov 連鎖に付随する Martin 境界を導入する. Markov 連鎖自体についての記述はここでは必要最小限にとどめるので, なじみのない読者は先に A.5 節に目を通されてもよい.

定義 4.62 S を有限または可算集合とする. 確率空間 $(\Omega, \mathcal{F}, P)$ 上の S 値確率変数列 $(X_n)_{n=0}^{\infty}$ が, 任意の $n \in \{0, 1, \cdots\}$ と $P(X_0 = x_0, \cdots, X_n = x_n) > 0$ なる任意の $x_0, \cdots, x_n \in S$, 任意の $y \in S$ に対して

$$P(X_{n+1} = y \,|\, X_0 = x_0, \cdots, X_n = x_n) = P(X_{n+1} = y \,|\, X_n = x_n) \qquad (4.4.1)$$

をみたすとき, (X_n) を S 上の Markov 連鎖と呼ぶ. ただし, $P(\cdot|\cdot)$ は条件つき確率を表す (A.5 節参照). □

Markov 性とは, 現在 (時刻 n) から見て未来と過去が独立であること, つまり過去に関する条件づけが未来に反映されない性質のことをいう. (4.4.1) の右辺は時刻 n での 1 ステップ後の推移を表すが, さらにこれが n に依存しないと仮定して,

$$p(x,y) = P(X_1 = y \,|\, X_0 = x) = P(X_{n+1} = y \,|\, X_n = x), \qquad x, y \in S \tag{4.4.2}$$

とおく．このとき, Markov 連鎖は時間に関して一様であるという．以後扱うのはすべてこの一様性をもつものである．$p(x,y)$ は $S \times S$ 上の非負値関数であって

$$\sum_{y \in S} p(x,y) = 1, \qquad x \in S \tag{4.4.3}$$

をみたし, S 上の推移確率と呼ばれる．S に全順序をつけてできる無限サイズの行列 $\boldsymbol{P} = [p(x,y)]_{x,y \in S}$ を推移 (確率) 行列という．n ステップの推移確率は, (4.4.1) の Markov 性と (4.4.2) から

$$\begin{aligned} p_n(x,y) &= P(X_n = y \,|\, X_0 = x) = \sum_{x_1 \in S} P(X_n = y, X_1 = x_1 \,|\, X_0 = x) \\ &= \sum_{x_1 \in S} P(X_1 = x_1 \,|\, X_0 = x) P(X_n = y \,|\, X_1 = x_1, X_0 = x) \\ &= \sum_{x_1 \in S} p(x, x_1) P(X_n = y \,|\, X_1 = x_1) = \cdots \\ &= \sum_{x_1, \cdots, x_{n-1} \in S} p(x, x_1) p(x_1, x_2) \cdots p(x_{n-1}, y) = (\boldsymbol{P}^n)_{x,y} \end{aligned} \tag{4.4.4}$$

となる．$p_0(x,y) = \delta_{xy}$ である．$p_n(x,y) > 0$ なる $n \in \mathbb{N} \sqcup \{0\}$ が存在するとき, x から y へ到達可能であるという．また, 初期分布を $\nu(x) = P(X_0 = x)$ $(x \in S)$ とおくと, 時刻 n までの結合分布は

$$\begin{aligned} &P(X_0 = x_0, X_1 = x_1, \cdots, X_n = x_n) \\ &= P(X_0 = x_0, \cdots, X_{n-1} = x_{n-1}) P(X_n = x_n \,|\, X_0 = x_0. \cdots, X_{n-1} = x_{n-1}) \\ &= P(X_0 = x_0, \cdots, X_{n-1} = x_{n-1}) P(X_n = x_n \,|\, X_{n-1} = x_{n-1}) = \cdots \\ &= \nu(x_0) p(x_0, x_1) \cdots p(x_{n-1}, x_n) \end{aligned} \tag{4.4.5}$$

となる．$x \in S$ から出発する Markov 連鎖は

$$P_x = P(\,\cdot\,|\, X_0 = x) \tag{4.4.6}$$

なる Ω 上の確率によって記述される．特に, $P_x(X_0 = x) = 1$.

Markov 連鎖 (X_n) が x から出発して P_x-a.s. にまた x に戻ってくるとき, x は再帰的であるという．再帰的でない x は非再帰的あるいは過渡的であるという．Markov 連鎖の再帰・非再帰に関しては, A.5 節でもう少し説明を加える．特に, 次の事実も示される．

定理 4.63 推移確率 p をもつ S 上の Markov 連鎖において

$$x \in S \text{ が再帰的} \iff \sum_{n=0}^{\infty} p_n(x,x) = \infty \tag{4.4.7}$$

が成り立つ. $y \in S$ が非再帰的ならば, 任意の $z \in S$ に対して次式が成り立つ:

$$\sum_{n=0}^{\infty} p_n(z,y) < \infty. \tag{4.4.8}$$

(4.4.7) や (4.4.8) に現れる

$$G(x,y) = \sum_{n=0}^{\infty} p_n(x,y) = E_x\Big[\sum_{n=0}^{\infty} 1_{\{X_n=y\}}\Big] \ (\leqq \infty), \qquad x,\ y \in S \tag{4.4.9}$$

をポテンシャル核あるいは Green 関数と呼ぶ[35].

定義 4.64 S 上の $\mathbb{R}$ 値関数 φ が

$$\varphi(x) = \sum_{y\in S} p(x,y)\varphi(y), \qquad x \in S \tag{4.4.10}$$

をみたすとき, φ を p に関する調和関数あるいは p-調和関数という. ただし, 収束の意味の問題があるので, 本書では φ が非負値の場合を扱う. この場合, 値として $+\infty$ を許してもよい. また, φ の値が一定符号でなくても有界であれば, (4.4.10) の右辺が絶対収束するので問題ない. □

注意 4.65 定数関数は任意の推移確率に関する調和関数である.

補題 4.66 φ が S 上の非負値 p-調和関数ならば, 任意の $n \in \mathbb{N}\cup\{0\}$ に対して

$$\varphi(x) = \sum_{y\in S} p_n(x,y)\varphi(y), \qquad x \in S \tag{4.4.11}$$

が成り立つ. p を推移確率にもつ Markov 連鎖 (X_n) を用いて, (4.4.11) は

$$\varphi(x) = E_x[\varphi(X_n)], \qquad x \in S \tag{4.4.12}$$

と書き直される.

証明 $n=0$ のときは自明である. (4.4.4) と (4.4.10) による

$$\varphi(x) = \sum_{y\in S} p(x,y) \sum_{z\in S} p(y,z)\varphi(z) = \sum_{z\in S} p_2(x,z)\varphi(z)$$

---

35) E_x は P_x に関する平均 (積分) を表す.

をくり返せば, $n \in \mathbb{N}$ に対して (4.4.11) を得る. 積分の意味を考えれば

$$E_x[\varphi(X_n)] = \sum_{y \in S} \varphi(y) P_x(X_n = y) = \sum_{y \in S} p_n(x,y)\varphi(y)$$

となり, (4.4.12) に書き換わる. ■

本書で具体的に扱いたいのは, 調和関数が豊富にある場合である. 以下, Martin 境界を導入するにあたり, 扱う Markov 連鎖に次の仮定をおく.

仮定 4.67　S 上の Markov 連鎖 (X_n) において, 任意の点が非再帰的であるとする[36]. さらに, $o \in S$ という特別な点 (基準点) があって, o から任意の点に到達可能であるとする. □

仮定 4.67 のもとでは, 定理 4.63 により, Green 関数 $G(x,y)$ はいつも有限値をとる. さらに, 基準点 o は $G(o,y) > 0$ $(y \in S)$ をみたす. 実際, $p_l(o,y) > 0$ なる $l \in \mathbb{N} \cup \{0\}$ があるので, $G(o,y) \geqq p_l(o,y) > 0$. 仮定 4.67 のもと,

$$K(x,y) = \frac{G(x,y)}{G(o,y)}, \qquad x,\ y \in S \tag{4.4.13}$$

で定義される $S \times S$ 上の非負値関数 K を Martin 核と呼ぶ.

補題 4.68　(1) $z \in S$ に対し, $p_l(o,z) > 0$ なる $l \in \mathbb{N} \cup \{0\}$ をとると,

$$K(z,x) \leqq \frac{1}{p_l(o,z)}, \qquad x \in S \tag{4.4.14}$$

が成り立つ. したがって, $K(z,\cdot)$ は有界な関数である.

(2) $x, y \in S$ とし, 任意の $z \in S$ に対して $K(z,x) = K(z,y)$ ならば, $x = y$ である.

証明　(1) $n \in \mathbb{N} \cup \{0\}$ に対して $p_l(o,z)p_m(z,x) \leqq p_{l+m}(o,x)$ が成り立つ. m について和をとれば

$$p_l(o,z)G(z,x) \leqq \sum_{m=0}^{\infty} p_{l+m}(o,x) \leqq \sum_{n=0}^{\infty} p_n(o,x) = G(o,x)$$

となって, (4.4.14) が得られる.

(2) $w, x \in S$ に対し,

---

36)　このとき, 定理 4.63 から S は必然的に無限集合である. 命題 A.61 も参照.

$$\sum_{z\in S} p(w,z)K(z,x) = \frac{1}{G(o,x)} \sum_{n=0}^{\infty} \sum_{z\in S} p(w,z)p_n(z,x)$$
$$= \frac{G(w,x)-\delta_{wx}}{G(o,x)} = K(w,x) - \frac{\delta_{wx}}{G(o,x)} \tag{4.4.15}$$

が成り立つ. x のかわりに y にしてもよいので, (2) の仮定から

$$\frac{\delta_{wx}}{G(o,x)} = \frac{\delta_{wy}}{G(o,y)}, \qquad w \in S$$

を得る. これから $x=y$ がしたがう. ■

補題 4.68(1) により, 任意の $x,y,z \in S$ に対して

$$|K(z,x)-K(z,y)| \leqq \frac{2}{p_l(o,z)} \tag{4.4.16}$$

が成り立つ. 今,

$$\sum_{z\in S} C_z\Big(\frac{2}{p_l(o,z)}+1\Big) < \infty \tag{4.4.17}$$

をみたすような $C_z > 0$ をとって,

$$D(x,y) = \sum_{z\in S} C_z(|K(z,x)-K(z,y)| + |\delta_{zx}-\delta_{zy}|), \qquad x,y \in S \tag{4.4.18}$$

とおく. (4.4.16) と (4.4.17) から (4.4.18) の和は $x,y \in S$ に関して一様収束する.

補題 4.69 D は S 上の距離である.

証明 対称性と三角不等式は容易で, 分離公理も補題 4.68 からしたがう[37]. ■

補題 4.70 S の点列 $\{x_n\}_{n\in\mathbb{N}}$ が距離 D に関して Cauchy 列になるのは, 次のどちらかの場合である. ただし, $x_n \to \infty$ とは, 任意の有限集合 $F \subset S$ に対して n が十分大きければ $x_n \notin F$ となることを意味する.

(ア) ある $x \in S$ が存在して, 十分大きい n に対しては $x_n = x$ となる.

(イ) $x_n \to \infty$ かつ 任意の $z \in S$ に対して $\{K(z,x_n)\}_{n\in\mathbb{N}}$ が $\mathbb{R}$ の Cauchy 列.

証明 (ア) の場合に $\{x_n\}$ が Cauchy 列であることは自明である. (イ) の状況を仮定する. 任意の $\varepsilon > 0$ に対し, (4.4.17) により,

$$\sum_{z\notin F} C_z\Big(\frac{2}{p_l(o,z)}+1\Big) \leqq \varepsilon$$

---

[37] (4.4.18) でデルタ関数項がなくても, 分離公理はしたがう. デルタ関数を D の定義に含めている理由について, 後述の注意 4.73 を参照.

をみたす有限集合 $F \subset S$ がとれる. 各 $z \in F$ においては,

$$\lim_{n\to\infty} \delta_{zx_n} = 0, \qquad \lim_{m,n\to\infty} |K(z,x_m) - K(z,x_n)| = 0$$

が成り立つ. したがって, $\{x_n\}$ は距離 D に関して Cauchy 列になる.

逆に, $\{x_n\}$ が Cauchy 列であると仮定し, (ア) の状況ではないとする. 任意の $z \in S$ に対し, $\{K(z,x_n)\}_{n\in\mathbb{N}}$, $\{\delta_{zx_n}\}_{n\in\mathbb{N}}$ がともに $\mathbb{R}$ の Cauchy 列になる. ところが, (ア) の状況を除外しているので, 十分大きい n に対して $\delta_{zx_n} = 0$ でなければならない. ゆえに, $x_n \to \infty$ がしたがい, これは (イ) を意味する. ■

命題 4.71　距離空間 (S,D) について, 次のことが成り立つ.

(1) D が定める S の位相は離散位相に一致する.

(2) (S,D) は全有界である.

証明 (1) 距離 D に関して $a \in S$ に収束する点列 $\{a_n\}_{n\in\mathbb{N}}$ をとると, 補題 4.70 により, 十分大きい n に対して $a_n = a$ となる. ゆえに D が離散位相を定める.

(2) S の任意の点列 $\{x_n\}_{n\in\mathbb{N}}$ が Cauchy 部分列を含むことを示そう.

$\{x_n\}$ が有界, すなわち $\{x_n\} \subset F$ となる有限集合 $F \subset S$ があるときは, F の中に無限回訪れる点 a があるので, $\{x_n\} \supset \{x_{n_k}\}_{k\in\mathbb{N}}$, $x_{n_k} = a$ $(\forall k \in \mathbb{N})$ とできて, $\{x_n\}$ が Cauchy 部分列を含む.

$\{x_n\}$ が有界でないとき, $x_{n_k} \to \infty$ をみたす部分列 $\{x_{n_k}\}_{k\in\mathbb{N}} \subset \{x_n\}$ が存在する. $y_k = x_{n_k}$ とおき, $\{y_k\}_{k\in\mathbb{N}}$ が Cauchy 部分列を含むことを示す. $y_k \to \infty$ であるから, 補題 4.70 により, あとは, 任意の $z \in S$ に対して $\{K(z,y_{k_j})\}_{j\in\mathbb{N}}$ が Cauchy 列になるような $\{y_{k_j}\}_{j\in\mathbb{N}} \subset \{y_k\}$ がとれればよい. $S = \{z_1, z_2, z_3, \cdots\}$ と整列しておく. $z_1 \in S$ に対して (4.4.14) を適用すれば, $\{K(z_1, y_{1,j})\}_{j\in\mathbb{N}}$ が Cauchy 列となるような部分列 $\{y_{1,j}\}_{j\in\mathbb{N}} \subset \{y_k\}$ がある. 次に, $z_2 \in S$ に対して (4.4.14) を適用して, $\{K(z_2, y_{12,j})\}_{j\in\mathbb{N}}$ が Cauchy 列となるような部分列 $\{y_{12,j}\}_{j\in\mathbb{N}} \subset \{y_{1,j}\}_{j\in\mathbb{N}}$ がある. これをくり返すことにより, 任意の $n \in \mathbb{N}$ に対して

$$\{y_{12\cdots n,j}\}_{j\in\mathbb{N}} \subset \{y_{12\cdots n-1,j}\}_{j\in\mathbb{N}} \subset \cdots \subset \{y_{1,j}\}_{j\in\mathbb{N}} \subset \{y_k\},$$

$$\{K(z_n, y_{12\cdots n,j})\}_{j\in\mathbb{N}} \text{が Cauchy 列}$$

がみたされる. そこで, $x^{(n)} = y_{12\cdots n,n}$ とおくと[38], $\{x^{(j)}\}_{j\geqq n} \subset \{y_{12\cdots n,j}\}_{j\in\mathbb{N}}$ を得る. ゆえに, 任意の $n \in \mathbb{N}$ に対して $\{K(z_n, x^{(j)})\}_{j\in\mathbb{N}}$ が Cauchy 列である. ■

---

38)　いわゆる対角線論法である.

命題 4.71 により, (S, D) を完備化してコンパクト集合 $\hat{S}$ が得られる. $\hat{S}$ 上に拡張された距離も同じ記号 D で表すことにする.

命題 4.72 S は $\hat{S}$ の開部分集合である.

証明 命題 4.71(1) による. $a \in S$ の $\hat{S}$ における ε 開球 U をとって $U \cap S = \{a\}$ とすれば, U は a 以外の $\hat{S}$ の元を含みえないことがわかる. つまり, $\{a\}$ は $\hat{S}$ の開部分集合である. ■

$\hat{S}$ を S の Martin コンパクト化と呼ぶ. 命題 4.72 により, $\hat{S} \setminus S = \partial S$ はコンパクト集合である. この ∂S を S の Martin 境界と呼ぶ. $\hat{S}$ や ∂S は推移確率 p によるが, 特に強調しない限り, 記号上で p を明示しない.

注意 4.73 命題 4.72, 命題 4.71 の証明からわかるように, Martin 境界 ∂S がコンパクト集合になるという事実には, 補題 4.70 に述べた D に関する Cauchy 列の構造, ひいては (4.4.18) の D の定義にデルタ関数を付加したことが効いている. 実際, 補題 4.69 の証明が示すように, このデルタ関数の項なしに D を定めても距離になる. そして $\hat{S}$ の定義には影響しない. しかしながら, もしそのようにすると, ∂S のコンパクト性は一般にはもはや得られなくなってしまう. なお, (4.4.14) の z に対する l のとり方, および (4.4.17) の C_z のとり方によって D の定義自体は変りうるが, $\hat{S}$ の定義に影響しないことはこれまでの議論 (特に補題 4.70) から明らかであろう.

(4.4.13) の Martin 核 $K(x, y)$ は, 第 2 変数を $\hat{S}$ まで拡張できる. 実際, $\omega \in \hat{S}$ に対して $\lim_{n\to\infty} y_n = \omega$ となる S の点列 $\{y_n\}$ をとると, 補題 4.70 により,

$$K(x, \omega) = \lim_{n\to\infty} K(x, y_n), \qquad x \in S \tag{4.4.19}$$

という極限が存在する. (4.4.19) は無矛盾に (点列 $\{y_n\}$ のとり方に依存せずに) $K(x, \omega)$ を定める. この $K(x, \omega)$ ($(x, \omega) \in S \times \hat{S}$) も Martin 核と呼ばれる.

補題 4.74 (1) 任意の $x \in S$ に対し, $K(x, \cdot)$ は $\hat{S}$ 上の連続関数である.
(2) Martin 境界上で次式が成り立つ:

$$D(\xi, \eta) = \sum_{x\in S} C_z |K(x, \xi) - K(x, \eta)|, \qquad \xi, \eta \in \partial S. \tag{4.4.20}$$

証明 (1) $x \in S$ に対し, (4.4.18) によって

$$|K(x,y_1)-K(x,y_2)| \leqq \frac{1}{C_x} D(y_1,y_2), \qquad y_1,y_2 \in S.$$

ゆえに, $\omega_1,\omega_2 \in \hat{S}$ に対し, (4.4.19) と完備化の定義から,

$$|K(x,\omega_1)-K(x,\omega_2)| \leqq \frac{1}{C_x} D(\omega_1,\omega_2).$$

(2) $\xi = \lim_{k\to\infty} x_k$, $\eta = \lim_{k\to\infty} y_k$ なる $x_k, y_k \in S$ をとると,

$$D(\xi,\eta) = \lim_{k\to\infty} \sum_{z\in S} C_z(|K(z,x_k)-K(z,y_k)| + |\delta_{zx_k} - \delta_{zy_k}|).$$

C_z の決め方 (4.4.17) と $\xi,\eta \notin S$ により, (4.4.19) と Lebesgue の収束定理から

$$\lim_{k\to\infty} \sum_{z\in S} C_z|\delta_{zx_k} - \delta_{zy_k}| = 0,$$

$$\lim_{k\to\infty} \sum_{z\in S} C_z|K(z,x_k)-K(z,y_k)| = \sum_{z\in S} C_z|K(z,\xi)-K(z,\eta)|$$

を得る. これで (4.4.20) が示された. ■

(4.4.15) に記したように, $K(x,y)$ は各 $y \in S$ に対して $x \in S$ の関数として

$$\sum_{z\in S} p(x,z)K(z,y) = K(x,y) - \frac{\delta_{xy}}{G(o,y)} \tag{4.4.21}$$

をみたすので, Martin 核は調和関数ではない. (4.4.21) で y を Martin 境界に近づければ δ_{xy} は 0 にいく. すなわち, 任意の $\omega \in \partial S$ に対し, $\omega = \lim_{n\to\infty} y_n$ となる $y_n \in S$ をとり, $y = y_n$ に (4.4.21) を適用して $n \to \infty$ とすれば,

$$\begin{aligned} K(x,\omega) &= \lim_{n\to\infty}\left(K(x,y_n) - \frac{\delta_{xy_n}}{G(o,y_n)}\right) = \lim_{n\to\infty} \sum_{z\in S} p(x,z)K(z,y_n) \\ &\geqq \sum_{z\in S} p(x,z)K(z,\omega), \qquad x \in S,\ \omega \in \partial S \end{aligned} \tag{4.4.22}$$

を得る. この $K(\cdot,\omega)$ のように, (4.4.22) の不等式をみたす S 上の関数は p-優調和であるという. 逆向きの不等号の場合は p-劣調和という.

例 4.75　例 A.65 にある $\mathbb{Z}^d$ 上の単純ランダムウォーク ($d \geqq 3$) について. Green 関数が (A.5.22) の漸近挙動をもつから, $y_n \in \mathbb{Z}^d$, $y_n \to \omega \in \partial\mathbb{Z}^d$ のとき,

$$K(x,\omega) = \lim_{n\to\infty} K(x,y_n) = \lim_{n\to\infty} \frac{\|y_n - x\|^{d-2}}{\|y_n\|^{d-2}} = 1, \quad x \in \mathbb{Z}^d,\ \omega \in \partial\mathbb{Z}^d$$

が ω によらない. すなわち, $\omega_1,\omega_2 \in \partial\mathbb{Z}^d$ に対して $D(\omega_1,\omega_2) = 0$ となり, 結局

Martin 境界は 1 点集合になる[39]. 単純ランダムウォークのように対称性の高いものではなく, 平均が 0 でないランダムウォークを考えると, もっと大きな境界が現れると予想できる. 実際, ある種の比較的緩い条件のもとで, そのような $\mathbb{Z}^d$ 上のランダムウォークに付随する Martin 境界が $d-1$ 次元球面 S^{d-1} になることも知られている[40]. [62] およびそこに示された文献を参照されたい.

命題 A.61 のように Markov 連鎖 (X_n) が ∞ に飛んでいく場合, S 上の調和関数がたくさんあれば, 基本的な調和関数を選び出して一般の調和関数をそれらで表示することが考えられる. これがどのように Martin 境界と関係するかについて, 大雑把な計算であたりをつけてみよう. φ を S 上の非負値調和関数とし, 基準点 o で $\varphi(o)>0$ としておく. (4.4.11) により, 任意の $x\in S$, $n\in\mathbb{N}$ に対して

$$\varphi(x)=\sum_{y\in S}p_n(x,y)\varphi(y)=\sum_{y\in S}\frac{p_n(x,y)}{p_n(o,y)}\,(p_n(o,y)\varphi(y)) \tag{4.4.23}$$

が成り立つ. (4.4.23) の右辺において, $\nu_n(y)=p_n(o,y)\varphi(y)$ は S 上の有界測度を与え, $\nu_n(S)=\varphi(o)$ をみたす. 今, (A.5.15) のように $\lim_{n\to\infty}X_n=\infty$ (P_x-a.s.) の状況下にあるとして, (4.4.23) で $n\gg 1$ のときを考える. そうすると, ν_n は実質的に o から遠く離れたところにのっている測度になり, $\lim_{n\to\infty}p_n(x,y)=0$ から

$$\lim_{n\to\infty}\frac{p_n(x,y)}{p_n(o,y)}=\lim_{n\to\infty}\frac{\frac{1}{n}\sum_{k=0}^{n-1}p_k(x,y)}{\frac{1}{n}\sum_{k=0}^{n-1}p_k(o,y)}=\frac{G(x,y)}{G(o,y)}=K(x,y) \tag{4.4.24}$$

となる. (4.4.24) も y が o から遠く離れた状況で考えている. こうして Martin 核が登場する. (4.4.24) を (4.4.23) に代入し, ν_n の極限測度 ν が何らかの形で捉えられるとして,

$$\varphi(x)\doteqdot\sum_{y\in S:\,y\sim\infty}K(x,y)\nu_n(y)\doteqdot\int_{\partial S}K(x,\omega)\nu(d\omega) \tag{4.4.25}$$

を得る. $K(\cdot,\omega)$ ($\omega\in\operatorname{supp}\nu\subset\partial S$) が S 上の調和関数になれば, それを基本にして一般の調和関数 φ が (4.4.25) のように積分表示されると期待できる.

後に, Pascal 三角形と Young グラフの Martin 境界について詳しく調べる (そ

---

[39] Martin コンパクト化が 1 点コンパクト化に一致する.

[40] この場合, Martin コンパクト化はあらゆる向きにそれぞれ別の無限遠点を付加する.

れぞれ 5.1 節, 9.1 節). そこでは, 上記の怪しい計算が厳密に正当化される.

Martin 境界を議論する際, 通常の確率論の枠組では以上のように Markov 連鎖の推移確率に立脚して話を進める. 一方, 本書の主役である Young グラフは対称群の既約表現の (無重複な) 分岐を系統的かつ俯瞰的に記述するものであり, 分岐則のありさまを直接感じるには, 強いて正規化して推移確率にしない方がむしろ自然である. 習慣上の都合と言えなくもないが, 本書でも後に Young グラフの Martin 境界を扱う際には, その流儀でいく. そこで, 本節の残りの部分で, こういう推移確率に相当するもののとりかえに伴う手続きについて, 説明を加えておきたい.

$S \times S$ 上の非負値関数 $q(x,y)$ が与えられているとする. 定義 4.64 の類似として, S 上の非負値関数 φ が

$$\varphi(x) = \sum_{y\in S} q(x,y)\varphi(y), \qquad x \in S \tag{4.4.26}$$

をみたすとき, φ を q-調和関数という. 正値 q-調和関数 h が存在すると仮定し,

$$p(x,y) = \frac{1}{h(x)} q(x,y)h(y), \qquad x, y \in S \tag{4.4.27}$$

とおく. h の q-調和性から, p は S 上の推移確率になる. このとき, S 上の非負値関数 φ について, 「φ が p-調和 $\iff$ $h\varphi$ が q-調和」が成り立つ. (4.4.27) の p から定まる Green 関数, Martin 核, (4.4.18) の距離を (p を明示して) それぞれ G_p, K_p, D_p と記す. また, 推移確率でない q についても同様に

$$\begin{aligned} q_n(x,y) &= \sum_{z_1,\cdots,z_{n-1}\in S} q(x,z_1)q(z_1,z_2)\cdots q(z_{n-1},y), \\ G_q(x,y) &= \sum_{n=0}^{\infty} q_n(x,y), \quad K_q(x,y) = \frac{G_q(x,y)}{G_q(o,y)}, \qquad x,y \in S \end{aligned} \tag{4.4.28}$$

とおく. (4.4.27) を用いると, これらの間の関係式として, $x, y \in S$ に対して

$$G_p(x,y) = \frac{1}{h(x)} G_q(x,y)h(y), \quad K_p(x,y) = \frac{h(o)}{h(x)} K_q(x,y) \tag{4.4.29}$$

を得る. ここで, Martin コンパクト化を議論する前提として置いた仮定 4.67 からしたがう基準点 o の存在については, 任意の $y \in S$ に対して

$$G_p(o,y) > 0 \iff G_q(o,y) > 0 \tag{4.4.30}$$

であることに注意し, ここでも (4.4.30) の両辺の性質が成り立つことは仮定しておく. (4.4.29) と (4.4.14) によって $K_q(x,y)$ も x のみに依存する定数でおさえられるから, (4.4.18) の D_p を定めたときと全く同じ状況で, 適当な $C'_z > 0$ をとって

$$D_q(x,y) = \sum_{z \in S} C'_z(|K_q(z,x) - K_q(z,y)| + |\delta_{zx} - \delta_{zy}|), \qquad x, y \in S \quad (4.4.31)$$

とおく. そうすると, 補題 4.69 から補題 4.74 に至る一連の事実がこの q に基づく議論でも成立する. 特に, (4.4.29) により, Martin コンパクト化 $\hat{S}$ は p からでも q からでも同じものが得られる. こうして Martin 境界の導入は, 推移確率とは限らない非負値の $q(x,y)$ から始めてもかまわないことがわかった. ただし, 正値 q-調和関数 h の存在と (4.4.30) の G_q の性質は確認せねばならない.

ノート

4.2 節の半順序集合の Möbius 関数については, [43, 2 章 3 節] が参考になる. 4.2 節のキュムラントとモーメントに関することも, 4.3 節と併せて始めから代数的な確率空間の枠組で書く方が簡潔に済んだかもしれないが, 通常の確率変数に対するキュムラントの解説がそれほど流布していないようにも思うので, 本書では 4.2 節のような入り方を採用した. 代数的な確率論について, [47], [25] 参照.

4.3 節の自由確率論の組合せ論的な側面全般については, 理論のパイオニアによる [47] がわかりやすい. 自由確率論のエッセンスを学ぶには, やはり [72] がよい. Boole キュムラントは [61] にある.

4.4 節での Martin 境界の導入の仕方は [57] にしたがったが, 本邦での草創期の研究の足跡も注目に値する. [41] の解説を参照されたい.

第 II 部

第5章

Youngグラフの経路空間上の測度

ここから第II部に入る.

任意の $n \in \mathbb{N}$ と $\lambda \in \mathbb{Y}_n \cong \widehat{\mathfrak{S}}_n$ に対し, Youngグラフ上の長さ n の経路

$$t(0) = \varnothing \nearrow t(1) \nearrow \cdots \nearrow t(n) = \lambda$$

に既約表現 V^λ の Young 基底のベクトルが (スカラー倍をのぞいて)1つ割り当てられた. n をどんどん大きくした極限では, 無限に延びる経路 $t(0) \nearrow t(1) \nearrow \cdots$ を考えることになる. 無限に延びる経路全体は連続濃度の集合であるので, Young 基底に関するベクトルの展開 (つまり線型結合表示) は, このような経路全体の上の測度に関する積分表示に移行すると考えるのが自然である. 本章では, Young グラフの経路空間上の測度を導入する. 中でも Plancherel 測度は以後中心的な役割を演じる. Young グラフ上の詳しい調和解析は, 9章で展開する. Young グラフはかなり特殊なグラフであるが, そこでは4章で述べた調和関数, Martin 核, Martin 境界などの概念が有効に用いられる. 5.1節では, Young グラフの特殊性とある意味通じるところがある簡単な Pascal 三角形を例にとって[1), ウォーミングアップをしておく. 易しい例であるけれども, A.5節, 4.4節で導入した概念を応用して自明でない Martin 境界を導き出す良いモデルであるので, 詳しい議論と計算を行う.

5.1 Pascal 三角形上の調和解析

原点 $(0,0)$ を要とする Pascal 三角形 $\mathbb{P}$ は

$$\mathbb{P} = \bigsqcup_{n=0}^{\infty} \mathbb{P}_n, \qquad \mathbb{P}_n = \{(a,b) \mid a, b \in \mathbb{N} \cup \{0\},\ a+b=n\}$$

を頂点集合とし, $(a,b), (c,d) \in \mathbb{P}$ に対して辺の構造を

1) Pascal 三角形は正則だが Young グラフは非正則, Pascal 三角形の Martin 境界は1次元だが Young グラフでは無限次元等々, 本質的に異なる点も, もちろん多い.

$$(a,b) \nearrow (c,d) \iff a+1=c,\ b=d \text{ または } a=c,\ b+1=d$$

によって定めたグラフである．つまり，$\mathbb{P}$ は原点を要とする $\mathbb{Z}^2$ の 1/4 の格子 (第 1 象限) であり，各点では北または東向きに隣接点を認識する．

$\varphi : \mathbb{P} \longrightarrow \mathbb{C}$ が調和関数であるとは，任意の $(a,b) \in \mathbb{P}$ に対して

$$\varphi((a,b)) = \sum_{(c,d):(a,b)\nearrow(c,d)} \varphi((c,d)) = \varphi((a+1,b)) + \varphi((a,b+1)) \tag{5.1.1}$$

が成り立つことをいう．

注意 5.1 (5.1.1) は (4.4.26) の意味の調和性である．ただし，

$$q(x,y) = \begin{cases} 1, & x \nearrow y, \\ 0, & \text{その他}. \end{cases}$$

Markov 連鎖の推移確率に関する調和関数の場合は，任意の (a,b) に対して

$$\phi((a,b)) = \frac{1}{2}\{\phi((a+1,b)) + \phi((a,b+1))\} \tag{5.1.2}$$

となる．(4.4.27) のように正値調和関数 $h((a,b)) = 2^{-(a+b)}$ $((a,b) \in \mathbb{P})$ を用いた変換により，(5.1.1) の φ と (5.1.2) の ϕ は次の関係で移りあう：

$$\frac{1}{2^{a+b}}\phi((a,b)) = \varphi((a,b)), \qquad (a,b) \in \mathbb{P}.$$

Martin コンパクト化に影響を与えないのは，4.4 節に述べたとおりである．

Pascal 三角形 $\mathbb{P}$ の原点 $(0,0)$ から出発して無限に延びる経路全体を $\mathfrak{T}_{\mathbb{P}}$ とおく：

$$\mathfrak{T}_{\mathbb{P}} = \{t = (t(0) \nearrow t(1) \nearrow \cdots \nearrow t(n) \nearrow \cdots) \mid t(n) \in \mathbb{P}_n\}.$$

各点での 2 とおりの進路の選択にコインの裏表 $\{-1,1\}$ を対応させれば，$\mathfrak{T}_{\mathbb{P}}$ は $\{-1,1\}^{\mathbb{N}}$ と同一視される．$n < m$ に対して自然な射影

$$q_{nm} : (t(0) \nearrow \cdots \nearrow t(n) \nearrow \cdots \nearrow t(m)) \longmapsto (t(0) \nearrow \cdots \nearrow t(n))$$

を考えると，経路空間 $\mathfrak{T}_{\mathbb{P}}$ は $\{q_{nm}\}$ に沿う射影極限であるが，特に無限直積と同一視できる訳である[2]．

$n < m$ とし，$x = (a,b) \in \mathbb{P}_n$ から $y = (c,d) \in \mathbb{P}_m$ への経路の個数を $d(x,y)$ で

---

[2] ある意味で $\mathfrak{T}_{\mathbb{P}}$ を微分した対象が $\{-1,1\}^{\mathbb{N}}$ である．

表す. 経路がないときは $d(x,y)=0$ と定める. 簡単な個数の勘定から, $\mathfrak{T}_{\mathbb{P}}$ 上で

$$d((a,b),(c,d)) = \binom{c-a+d-b}{c-a}, \qquad a \leqq c,\ b \leqq d \tag{5.1.3}$$

を得る. $d((0,0),y)$ を $d(y)$ と略記する.

補題 5.2　φ が $\mathbb{P}$ 上の調和関数ならば, 次式が成り立つ:

$$\varphi(x) = \sum_{y \in \mathbb{P}_m} d(x,y)\varphi(y), \qquad x \in \mathbb{P}_n, \quad n < m. \tag{5.1.4}$$

証明　(5.1.1) をくり返し用いればよい. ■

$\mathfrak{T}_{\mathbb{P}}$ にはすべての射影 $q_n : t \mapsto (t(0) \nearrow \cdots \nearrow t(n))$ を連続にする最弱の位相を入れる. $\mathfrak{T}_{\mathbb{P}}$ は直積 $\{-1,1\}^{\mathbb{N}}$ と同相であり, コンパクト距離空間になる. その位相に関する Borel 集合全体を $\mathcal{B}(\mathfrak{T}_{\mathbb{P}})$ で表す. 命題 4.6 を用いて可測空間 $(\mathfrak{T}_{\mathbb{P}}, \mathcal{B}(\mathfrak{T}_{\mathbb{P}}))$ 上に確率測度を導入することができる[3]. $\mathfrak{T}_{\mathbb{P}}$ 上の確率測度全体を $\mathcal{P}(\mathfrak{T}_{\mathbb{P}})$ で表す. 定理 A.14 により, $\mathcal{P}(\mathfrak{T}_{\mathbb{P}})$ は確率測度の弱収束の位相に関してコンパクト距離空間になる. 長さ $n \in \mathbb{N}$ の経路 $(0,0) = x_0 \nearrow \cdots \nearrow x_n$ (ただし $x_j \in \mathbb{P}_j$, $j \in \{0,\cdots,n\}$) に対し, $C_{x_0 \nearrow \cdots \nearrow x_n} = \{t \in \mathfrak{T}_{\mathbb{P}} \mid t(0) = x_0, t(1) = x_1, \cdots, t(n) = x_n\}$ とおく. $\mathfrak{T}_{\mathbb{P}}$ のこのような部分集合全体を $\mathcal{C}_{\mathbb{P}}$ とおく. このとき, $\mathcal{C}_{\mathbb{P}}$ は $\mathcal{B}(\mathfrak{T}_{\mathbb{P}})$ を生成し, $C_1, C_2 \in \mathcal{C}_{\mathbb{P}}$ が共通部分をもてば, $C_1 \subset C_2$ または $C_1 \supset C_2$ が成り立つ. $\mathcal{C}_{\mathbb{P}}$ の元の有限個の合併が筒集合である. $M \in \mathcal{P}(\mathfrak{T}_{\mathbb{P}})$ は $\mathcal{C}_{\mathbb{P}}$ での値で決定される[4].

$M \in \mathcal{P}(\mathfrak{T}_{\mathbb{P}})$ とする. $\mathcal{C}_{\mathbb{P}}$ での値が経路の終点のみによるとき, すなわち

$$M(C_{x_0 \nearrow \cdots \nearrow x_{n-1} \nearrow x}) = M(C_{y_0 \nearrow \cdots \nearrow y_{n-1} \nearrow x}), \qquad x \in \mathbb{P}_n,\ n \in \mathbb{N} \tag{5.1.5}$$

が成り立つとき, M は中心的であるという.

測度の中心性を群の作用に関する不変性で言い直そう. Pascal 三角形の $(0,0)$ から $x \in \mathbb{P}_n$ に至る長さ n の経路全体を $\mathfrak{T}(x)$ と書く. $\mathfrak{T}(x)$ にはたらく置換 σ の作用を $\mathfrak{T}_{\mathbb{P}}$ 全体に延ばす:

---

3) 単に $\mathfrak{T}_{\mathbb{P}}$ 上にということも多い.

4) π-λ 定理 (定理 A.7) を適用すればよい. 実際, 筒集合全体は π 系である. ただし, (0 個の合併という意味で) 空集合も筒集合に含める. $M_1, M_2 \in \mathcal{P}(\mathfrak{T}_{\mathbb{P}})$ が $\mathcal{C}_{\mathbb{P}}$ 上で一致すれば, $\mathcal{L} = \{A \in \mathcal{B}(\mathfrak{T}_{\mathbb{P}}) \mid M_1(A) = M_2(A)\}$ はすべての筒集合を含む λ 系である.

$$\sigma(t) = \begin{cases} \sigma(t(0) \nearrow \cdots \nearrow t(n)) \nearrow t(n+1) \nearrow t(n+2) \nearrow \cdots, & t(n) = x, \\ t, & t(n) \neq x. \end{cases} \tag{5.1.6}$$

ここで, 無限経路 $t \in \mathfrak{T}_{\mathbb{P}}$ への作用も同じ記号 σ で表している. σ が $\mathfrak{T}(x)$ の置換全体を動くときの (5.1.6) の $\mathfrak{T}_{\mathbb{P}}$ 上の変換全体を $\mathfrak{S}(x)$ で表す. さらに, $\{\mathfrak{S}(x) \,|\, x \in \mathbb{P}\}$ が生成する ($\mathfrak{T}_{\mathbb{P}}$ 上の変換全体の) 部分群を $\mathfrak{S}_0(\mathbb{P})$ とおく. $\mathfrak{S}_0(\mathbb{P})$ は, $\mathfrak{T}_{\mathbb{P}}$ の元に有限経路の部分のみの置換としてはたらく変換群であると言える. 一方, $\mathfrak{T}_{\mathbb{P}}$ と $\{-1,1\}^{\mathbb{N}}$ は同相であった. $\{-1,1\}^{\mathbb{N}}$ には無限対称群

$$\mathfrak{S}_\infty = \{g : \mathbb{N} \longrightarrow \mathbb{N} \,|\, g \text{ は全単射, 十分大きいすべての } n \text{ に対して } g(n) = n\}$$

が自然に作用する. すなわち, $g \in \mathfrak{S}_\infty$ に対し,

$$g(\varepsilon_1, \varepsilon_2, \varepsilon_3, \cdots) = (\varepsilon_{g^{-1}(1)}, \varepsilon_{g^{-1}(2)}, \varepsilon_{g^{-1}(3)}, \cdots), \qquad \varepsilon_i \in \{-1,1\}$$

と定める. したがって, $\mathfrak{S}_\infty$ の元は (同相対応によって) $\mathfrak{T}_{\mathbb{P}}$ に自然に作用する. $\mathfrak{S}_\infty$ のこの作用と $\bigcup_{x \in \mathbb{P}} \mathfrak{S}(x)$ との間に包含関係はない. 実際, 共有点をもたない 2 本の経路 $s, t \in \mathfrak{T}_{\mathbb{P}}$ がそれぞれ $s(n-1), t(n-1)$ において「折れ曲がっている」と, 互換 $(n-2\ n-1)$ は s, t とも真に動かすが, そのような $\bigcup_{x \in \mathbb{P}} \mathfrak{S}(x)$ の元はありえない. 逆の包含が成り立たないことも容易にわかる.

補題 5.3 $\mathfrak{S}_\infty \subset \mathfrak{S}_0(\mathbb{P})$ が成り立つ.

証明 互換全体が $\mathfrak{S}_\infty$ を生成するから, 任意の $n \in \mathbb{N}$ に対し, 互換 $(n-1\ n) \in \mathfrak{S}_\infty$ の $\mathfrak{T}_{\mathbb{P}}$ への作用が $\bigcup_{x \in \mathbb{P}} \mathfrak{S}(x)$ の元の積で書けることを言えばよい. 各 $x = (a,b) \in \mathbb{P}_n$ に対し, $y = (a-1, b-1) \in \mathbb{P}_{n-2}$ とおいて

$$\begin{cases} u \nearrow (a, b-1) \nearrow x \nearrow \cdots \longmapsto u \nearrow (a-1, b) \nearrow x, & u \in \mathfrak{T}(y), \\ u \nearrow (a-1, b) \nearrow x \nearrow \cdots \longmapsto u \nearrow (a, b-1) \nearrow x, & u \in \mathfrak{T}(y) \end{cases} \tag{5.1.7}$$

((5.1.7) の形でない経路は動かさない) で定まる $\mathfrak{S}(x)$ の元を σ_x とする. つまり, σ_x は $x \in \mathbb{P}_n$ を通る経路の $\mathbb{P}_{n-2}$ から $\mathbb{P}_n$ までの部分のみをフリップする. そうすると, $(n-1\ n)$ の $\mathfrak{T}_{\mathbb{P}}$ への作用は, $\prod_{x \in \mathbb{P}_n} \sigma_x$ に等しい. ■

補題 5.4 $M \in \mathcal{P}(\mathfrak{T}_{\mathbb{P}})$ に対し, 次の 3 つの条件は同値である.

(ア) M が $\mathfrak{S}_\infty$-不変, すなわち任意の $g \in \mathfrak{S}_\infty$ に対し, $g_* M = M$ が成り立つ.

(イ) M が中心的である.

(ウ) M が $\mathfrak{S}_0(\mathbb{P})$-不変, すなわち任意の $\sigma \in \mathfrak{S}_0(\mathbb{P})$ に対し, $\sigma_* M = M$ が成り立つ.

証明 (ア) $\Longrightarrow$ (イ): 長さ n で同一の終点をもつ経路 u, v に対し, それぞれ $C_u, C_v \in \mathcal{C}_\mathbb{P}$ をとる. C_u を C_v に写す $\mathfrak{S}_n (\subset \mathfrak{S}_\infty)$ の元がある. したがって, (ア) から $M(C_u) = M(C_v)$ となる.

(イ) $\Longrightarrow$ (ウ): 任意の $x \in \mathbb{P}$ と任意の $C = C_{y_0 \nearrow y_1 \nearrow \cdots \nearrow y_n} \in \mathcal{C}_\mathbb{P}$ をとる. x と C の関係によって場合分けをして, (イ) から

$$\sigma_* M(C) = M(C), \qquad \sigma \in \mathfrak{S}(x) \tag{5.1.8}$$

を示す. $x \notin C$ ならば自明である. $x = y_k$ となる $k \in \{0, 1, \cdots, n\}$ があるときも, M の中心性からただちにしたがう. $x \in C$, $x \in \mathbb{P}_j$, $j > n$ とすると,

$$C = \bigsqcup_{z \in \mathbb{P}_j} \ \bigsqcup_{\text{経路 } y_0 \nearrow \cdots \nearrow y_n \nearrow \cdots \nearrow z} C_{y_0 \nearrow \cdots \nearrow y_n \nearrow \cdots \nearrow z}. \tag{5.1.9}$$

右辺を $z = x$ の集合と $z \neq x$ の集合との和に分割すると, 後者は σ^{-1} の作用で動かない. 一方,

$$\begin{aligned}\sigma_* M(C_{y_0 \nearrow \cdots \nearrow y_n \nearrow \cdots \nearrow x}) &= M(C_{\sigma^{-1}(y_0 \nearrow \cdots \nearrow y_n \nearrow \cdots \nearrow x)}) \\ &= M(C_{y_0 \nearrow \cdots \nearrow y_n \nearrow \cdots \nearrow x}).\end{aligned}$$

ただし, 第 2 等号が M の中心性による. これらを (5.1.9) に σ^{-1} を施した式に適用すれば, (5.1.8) を得る.

(ウ) $\Longrightarrow$ (ア): 補題 5.3 による. ■

$\mathbb{P}$ 上の正規化された非負調和関数全体を

$$\mathcal{H}(\mathbb{P}) = \{\varphi : \mathbb{P} \longrightarrow [0, \infty) \mid \varphi \text{ は調和}, \ \varphi((0,0)) = 1\} \tag{5.1.10}$$

で表す. $\mathfrak{T}_\mathbb{P}$ 上の中心的確率測度全体を $\mathcal{M}(\mathfrak{T}_\mathbb{P})$ で表す.

命題 5.5　$\mathcal{H}(\mathbb{P})$ と $\mathcal{M}(\mathfrak{T}_\mathbb{P})$ の間には, 次式で定まる全単射対応がある: $\varphi \in \mathcal{H}(\mathbb{P})$, $M \in \mathcal{M}(\mathfrak{T}_\mathbb{P})$ に対し,

$$\varphi(x) = M(C_{x_0 \nearrow \cdots \nearrow x_n}), \qquad x_j \in \mathbb{P}_j, \quad x_n = x \in \mathbb{P}_n. \tag{5.1.11}$$

証明　M が与えられれば, (5.1.11) の右辺が中心性から $x = x_n$ のみによるので, φ が定まる. 測度の加法性から φ の調和性がしたがう. 逆に φ が与えられれば, (5.1.11) と有限加法性によって筒集合での M の値を決めると, φ の調和性か

らその定義が無矛盾である. したがって, $\mathfrak{T}_{\mathbb{P}}$ 上の確率測度に一意的に拡張され, 中心性は (5.1.11) の定義から明らかである. ■

定義 5.6 自明でない非負調和関数 φ が極小であるとは, $\psi \leqq \varphi$ となる自明でない非負調和関数 ψ は $\psi = c\varphi$ ($c > 0$ は定数) の形に限ることをいう. 不変測度については, 極小なものをエルゴード的と呼ぶ習慣がある. すなわち, 可測空間 $(\Omega, \mathcal{F})$ に可測に作用する群 G に関して不変な自明でない測度 M が G-エルゴード的であるとは, $Q \leqq M$ となる自明でない G-不変測度 Q は $Q = cM$ ($c > 0$ は定数) に限ることをいう. □

測度のエルゴード性の言い換えを幾つか挙げよう.

命題 5.7 可測空間 $(\Omega, \mathcal{F})$ に群 G が可測に作用し, M が Ω 上の非自明な G-不変準有界測度であるとする. このとき, M に対する次の条件は同値である.

(ア) M が G-エルゴード的である.

(イ) $A \in \mathcal{F}$ に対し[5],

$$M(A \triangle gA) = 0 \quad (\forall g \in G) \quad \Longrightarrow \quad M(A) = 0 \text{ または } M(A^c) = 0.$$

(ウ) $\mathbb{R}$ 値 $\mathcal{F}$-可測関数 f に対し,

$$f(x) = f(gx) \ M\text{-a.e.} \quad (\forall g \in G) \quad \Longrightarrow \quad f(x) \text{ は } M\text{-a.e. に定数.}$$

証明 (ア)$\Longrightarrow$(イ): $Q(B) = M(A \cap B)$ によって Ω 上の測度 Q を定めると, Q が G-不変であることを示そう. $g \in G$ に対し,

$$(A \cap gB) \cup (gA \cap gB) = [(A \setminus gA) \cap gB] \sqcup [A \cap gA \cap gB] \sqcup [(gA \setminus A) \cap gB]$$

の両辺の M の値をとると, $M(A \triangle gA) = 0$ の仮定から第 1, 第 3 項が消えて,

$$M((A \cap gB) \triangle (gA \cap gB)) = 0$$

となる. ゆえに $Q(gB) = M(A \cap gB) = M(gA \cap gB) = M(A \cap B) = Q(B)$ を得る. $Q \leqq M$ であって M が G-エルゴード的であるから, $Q = cM$ となる $c \geqq 0$ がある. $c = 0$ ならば $M(A) = Q(A) = 0$ である. $c > 0$ ならば, $M(A) = Q(A) = cM(A)$ から $c = 1$ または $M(A) = 0$ である. $c = 1$ のときは, $M(A^c) = Q(A^c) = M(\varnothing) = 0$ となる.

---

[5] $\triangle$ は集合の対称差を表す: $A \triangle B = (A \setminus B) \sqcup (B \setminus A)$. (イ) のこの仮定をみたすような A は, G-不変 (mod M) とも言われる.

(イ)$\Longrightarrow$(ウ): 任意の $a \in \mathbb{R}$ に対し, $A_a = \{x \in \Omega \mid f(x) > a\}$ とおく. 任意の $g \in G$ に対し, $f(x) = f(gx)$ (M-a.e.) であるから $M(A_a \triangle g^{-1}A_a) = 0$ となる. そうすると (イ) から, $M(\{f(x) > a\}) = 0$ または $M(\{f(x) \leqq a\}) = 0$ となるが, これが任意の $a \in \mathbb{R}$ に対して成り立つから, $f(x)$ が M-a.e. に定数でなければならない. ちなみに, (ウ) から (イ) は, f として定義関数 1_A をとればよい.

(ウ)$\Longrightarrow$(ア): $Q \leqq M$ とすると, Radon–Nikodym の定理により[6], $Q(dx) = f(x)M(dx)$ をみたす非負値 $\mathcal{F}$-可測関数 f がある. Q が G-不変ならば, f も G-不変になって (ウ) から f は M-a.e. に定数である. したがって, Q が M のスカラー倍になる. これは M の G-エルゴード性を意味する. ■

注意 5.8　次の条件も命題 5.7 におけるエルゴード性と同値である.

(エ) $M(A) > 0$ ならば, 可算個の $g_1, g_2, \cdots \in G$ をとって, $M((\bigcup_{n=0}^{\infty} g_n A)^c) = 0$ とできる. すなわち, 測度正の集合の軌道はほとんど全空間を覆う.

系のエルゴード性はしばしば「軌道平均 (または時間平均) とアンサンブル平均 (または空間平均) が一致する」とか「1 つの軌道が全空間を覆い尽くす」とか表現されるが, これらはそれぞれ (ウ) や (エ) の性質に言及していると考えられる.

命題 5.9 (1) $\mathcal{H}(\mathbb{P})$ と $\mathcal{M}(\mathfrak{T}_{\mathbb{P}})$ はともに凸集合である.

(2) $\mathcal{H}(\mathbb{P})$ には各点収束の位相[7], $\mathcal{M}(\mathfrak{T}_{\mathbb{P}})$ には測度の弱収束の位相を入れると[8], ともにコンパクト距離空間である.

(3) (5.1.11) の全単射は, $\mathcal{H}(\mathbb{P})$ と $\mathcal{M}(\mathfrak{T}_{\mathbb{P}})$ の間のアファイン同相写像を与える[9].

証明 (1) 凸性は自明であろう.

(2) $\mathcal{H}(\mathbb{P})$ の位相は $[0,1]^{\mathbb{P}}$ の積位相の相対位相である. $\mathcal{H}(\mathbb{P})$ の元を規定する (5.1.10) の条件から, $\mathcal{H}(\mathbb{P})$ が $[0,1]^{\mathbb{P}}$ の閉部分集合であることがわかる. それからコンパクト性がしたがう. $\mathcal{M}(\mathfrak{T}_{\mathbb{P}})$ の位相は $\mathcal{P}(\mathfrak{T}_{\mathbb{P}})$ の相対位相である. 中心性の条件 (5.1.5) から, $\mathcal{M}(\mathfrak{T}_{\mathbb{P}})$ が $\mathcal{P}(\mathfrak{T}_{\mathbb{P}})$ の閉部分集合であることがわかる. 実際, 任意の $C \in \mathcal{C}_{\mathbb{P}}$ は $\mathfrak{T}_{\mathbb{P}}$ の閉かつ開部分集合であるから, 1_C は $\mathfrak{T}_{\mathbb{P}}$ 上の連続関数である. したがって, 中心的な測度の列の弱収束極限もまた中心的である.

---

6) 注意 A.57 を参照. ここで M の準有界性を使っている.

7) 定義を確認すれば, 各点での関数の値の絶対値が与える半ノルムの族によって $\mathbb{P}$ 上の $\mathbb{C}$ 値関数全体の上に定まる局所凸位相の相対位相を意味する.

8) 測度の弱収束については, 注意 A.18 を参照.

9) 写像がアファインとは, 凸性を保つことをいう. 証明を参照.

(3) (5.1.11) によって全単射 $\Psi:\mathcal{M}(\mathfrak{T}_{\mathbb{P}})\longrightarrow\mathcal{H}(\mathbb{P})$ を定めると, 任意の $c\in[0,1]$ に対して $\Psi(cM_1+(1-c)M_2)=c\Psi(M_1)+(1-c)\Psi(M_2)$ が成り立つこと, すなわち Ψ のアファイン性は明らかである. (2) の証明中に使ったように, $\mathcal{C}_{\mathbb{P}}$ の元の定義関数が有界連続関数を与えることから, Ψ の連続性がわかる. $\mathcal{M}(\mathfrak{T}_{\mathbb{P}})$ がコンパクトであり, $\mathcal{H}(\mathbb{P})$ はもちろん Hausdorff であるから, Ψ^{-1} も連続である. ■

補題 5.10 $\varphi\in\mathcal{H}(\mathbb{P})$ と $M\in\mathcal{M}(\mathfrak{T}_{\mathbb{P}})$ が (5.1.11) で対応しているとき, 次の 4 つの条件は同値である.

(ア) φ が極小である.

(イ) $\varphi=(1-a)\varphi_1+a\varphi_2,\quad \varphi_1,\varphi_2\in\mathcal{H}(\mathbb{P}),\ 0<a<1\implies\varphi_1=\varphi_2.$

(ウ) M がエルゴード的である.

(エ) $M=(1-b)M_1+bM_2,\quad M_1,M_2\in\mathcal{M}(\mathfrak{T}_{\mathbb{P}}),\ 0<b<1\implies M_1=M_2.$

証明 (ア)$\Longrightarrow$(イ) : 極小な φ が $\varphi=(1-a)\varphi_1+a\varphi_2$ と書けるとする. 極小性から $a\varphi_2=c\varphi$ $(c>0)$ となるが, $(0,0)$ での値をとって, $a=c$, ゆえに $\varphi=\varphi_2$ である. そうすると, $(1-a)\varphi=(1-a)\varphi_1$ となって, $\varphi=\varphi_1$ となる.

(イ)$\Longrightarrow$(ア) : ψ が調和で, $\psi\geqq 0$, $\psi\not\equiv 0$ かつ $\psi\leqq\varphi$ とする. もしも $\psi((0,0))=0$ ならば, $\psi\geqq 0$ と ψ の調和性から $\psi\equiv 0$ となってしまうので, $\psi((0,0))\neq 0$ である. $1-\psi((0,0))=0$ ならば, 同様に ψ と ϕ の調和性によって $\varphi=\psi$ となる. $1-\psi((0,0))\neq 0$ ならば, $0<\psi(0,0))<1$ となり,

$$\varphi=\psi((0,0))\,\frac{\psi}{\psi((0,0))}+(1-\psi((0,0)))\,\frac{\varphi-\psi}{1-\psi((0,0))}$$

を得るので, (イ) により, $\psi/\psi((0,0))=(\varphi-\psi)/(1-\psi((0,0)))$. すなわち, $\psi=\psi((0,0))\varphi$ となる.

(ウ) $\Longleftrightarrow$ (エ) は, (ア) $\Longleftrightarrow$ (イ) と同様に示される. 調和性のかわりに測度の加法性, $(0,0)$ での値のかわりに全空間の測度の値を考えればよい. (イ) $\Longleftrightarrow$ (エ) は, $\mathcal{H}(\mathbb{P})$ と $\mathcal{M}(\mathfrak{T}_{\mathbb{P}})$ がアファイン同相であることからただちにしたがう. ■

$\mathcal{H}(\mathbb{P})$ の極小元, $\mathcal{M}(\mathfrak{T}_{\mathbb{P}})$ のエルゴード的な測度を特徴づけ, 一般の元をそれらの重ね合せ (積分表示) として得ることを考える.

4.4 節の (4.4.25) を導いた議論を念頭に置き, まず $\mathbb{P}$ の Martin 境界を求める. 今扱っている Markov 連鎖は各点で北または東向きにのみ進むので, (4.4.28) の Green 関数, Martin 核は簡明な形になる[10]. (5.1.3) の d を用いて, $x=(a,b)\in$

[10] (4.4.28) では q を添えたが, ここでは簡単のため省略する.

$\mathbb{P}_m$, $y=(c,d)\in\mathbb{P}_n$, $m\leqq n$ に対し,

$$K(x,y)=\frac{d(x,y)}{d(y)}=\frac{\binom{c-a+d-b}{c-a}}{\binom{c+d}{c}}$$
$$=\frac{\{\frac{c}{n}(\frac{c}{n}-\frac{1}{n})\cdots(\frac{c}{n}-\frac{a-1}{n})\}\{\frac{d}{n}(\frac{d}{n}-\frac{1}{n})\cdots(\frac{d}{n}-\frac{b-1}{n})\}}{(1-\frac{1}{n})\cdots(1-\frac{m-1}{n})}. \tag{5.1.12}$$

ただし, (5.1.12) の最右辺において, $a=0$ のときは分子の第 1 中括弧内が 1, $b=0$ のときは分子の第 2 中括弧内が 1, および $m=0,1$ のときは分母が 1 という自明な読みかえをする. また $a\leqq c, b\leqq d$ でなければ $K(x,y)=0$ である. 4.4 節の処方箋にしたがって, $\mathbb{P}$ の Martin 境界を求めるために, $\mathbb{P}$ の点列 $\{y_k\}_{k\in\mathbb{N}}$ が

$$\lim_{k\to\infty}y_k=\infty \text{ かつ } \{K(x,y_k)\}_{k\in\mathbb{N}}\text{が } \mathbb{R} \text{ の Cauchy 列 } (\forall x\in\mathbb{P}) \tag{5.1.13}$$

をみたすとする. $y_k=(c_k,d_k)$, $c_k+d_k=n_k$ とおく.

補題 5.11　(5.1.13) のもとで, 次の極限値が存在する:

$$\lim_{k\to\infty}\frac{c_k}{n_k}=p\ \in[0,1]. \tag{5.1.14}$$

証明　$\{\frac{c_k}{n_k}\}_{k\in\mathbb{N}}$ の任意の部分列 $\{\frac{c_{k'}}{n_{k'}}\}$ が収束する部分列 $\{\frac{c_{k''}}{n_{k''}}\}$ を含み, その極限値が部分列 $\{\frac{c_{k'}}{n_{k'}}\}$ によらず一定であることを示せばよい[11]. $\frac{c_{k'}}{n_{k'}}\in[0,1]$ であるから, $[0,1]$ のコンパクト性によって適当な部分列に沿う極限

$$\lim_{k''\to\infty}\frac{c_{k''}}{n_{k''}}=p\ \in[0,1] \tag{5.1.15}$$

がある. このとき, $y_{k''}=(c_{k''},n_{k''}-c_{k''})\in\mathbb{P}_{n_{k''}}$ とおくと, (5.1.12) により,

$$\lim_{k\to\infty}K(x,y_k)=\lim_{k''\to\infty}K(x,y_{k''})=p^a(1-p)^b,\qquad x=(a,b) \tag{5.1.16}$$

を得る. (5.1.16) の最左辺はもちろんもとの点列 $\{y_k\}$ のみで決まる. (5.1.16) の最右辺にある $[0,1]$ 上の連続関数の族 $\{p^a(1-p)^b\,|\,(a,b)\in\mathbb{P}\}$ は $[0,1]$ の 2 点を分離する. $a=0$ や $b=0$ の場合も含まれている. したがって, (5.1.15) の p が部分列 $\{\frac{c_{k'}}{n_{k'}}\}$ のとり方によらない. これで主張が示された. ■

こうして次のことがわかった.

定理 5.12　$\mathbb{P}$ の Martin 境界 $\partial\mathbb{P}=\hat{\mathbb{P}}\setminus\mathbb{P}$ は $[0,1]$ と同一視できる:

---

11) 点列の収束を示すのにしばしば使われる論法である.

$y_k = (c_k, d_k) \in \mathbb{P}_{n_k}$, $p \in [0,1]$ に対し,

$$\lim_{k\to\infty} y_k \in \partial\mathbb{P} \text{ に対応する点が } p \iff \lim_{k\to\infty} \frac{c_k}{n_k} = p. \tag{5.1.17}$$

このとき, (境界に拡張された)Martin 核は次式で与えられる:

$$K((a,b),p) = p^a(1-p)^b, \qquad (a,b) \in \mathbb{P}. \tag{5.1.18}$$

証明 (5.1.17) は補題 5.11 による. (5.1.17) のもとで (5.1.18) が得られるのは, (5.1.16) による. ■

今の場合, (5.1.18) の Martin 核は, 任意の $p \in [0,1]$ に対して $\mathbb{P}$ 上の調和関数である[12]. 実際,

$$K((a,b+1),p) + K((a+1,b),p) = p^a(1-p)^{b+1} + p^{a+1}(1-p)^b = K((a,b),p).$$

$\mathcal{H}(\mathbb{P})$ の元が (5.1.18) の Martin 核の重ね合せとして積分表示されることを示そう. 単位円板上の調和関数の Poisson 積分表示を導く際, 動径方向の極限をとって単位円周上の測度をつかまえるのと並行した議論である. $n \in \mathbb{N}$ に対し, $M \in \mathcal{M}(\mathfrak{T}_{\mathbb{P}})$ の $\mathbb{P}_n$ 上の周辺分布を $M^{(n)}$ とおくと, $x \in \mathbb{P}_n$ に対して

$$M^{(n)}(\{x\}) = M(\{t \in \mathfrak{T}_{\mathbb{P}} \mid t(n) = x\}) = \sum_{u \in \mathfrak{T}(x)} M(C_u) = d(x)\varphi(x). \tag{5.1.19}$$

定理 5.13 任意の $\varphi \in \mathcal{H}(\mathbb{P})$ に対し,

$$\varphi((a,b)) = \int_{[0,1]} p^a(1-p)^b \nu(dp), \qquad (a,b) \in \mathbb{P} \tag{5.1.20}$$

をみたす $\nu \in \mathcal{P}([0,1])$ が一意的に存在する. $\iota : \mathbb{P} \longrightarrow [0,1]$ を

$$\iota((a,b)) = \frac{a}{a+b} = \frac{a}{n}, \qquad (a,b) \in \mathbb{P}_n$$

で定めると[13], 重ね合せの測度 ν は $\nu = \lim_{n\to\infty} \iota_* M^{(n)}$ によって与えられる. (5.1.20) によって, $\mathcal{H}(\mathbb{P})$ と $\mathcal{P}([0,1])$ の間にアファイン同相な全単射対応ができる.

証明 [Step 1] 各 $p \in [0,1]$ に対して $p^a(1-p)^b \in \mathcal{H}(\mathbb{P})$ であるから, $\nu \in \mathcal{P}([0,1])$ によって (5.1.20) で定義された φ は $\mathcal{H}(\mathbb{P})$ の元である. 測度の一意性, すなわち

---

12) Martin 境界の一般論からは, (4.4.22) の優調和性までしか言えなかった.

13) $\mathbb{P}_n$ に制限すれば, ι は $[0,1]$ へのうめ込みを与える. このうめ込みは, (5.1.14) のように, Martin コンパクト化を考える過程で自然に見えてきたものである.

$$\int_{[0,1]} p^a(1-p)^b \nu_1(dp) = \int_{[0,1]} p^a(1-p)^b \nu_2(dp), \qquad (a,b) \in \mathbb{P}$$

から $\nu_1 = \nu_2$ が導かれることを確認するには, (5.1.18) の Martin 核の $\mathbb{R}$ 線型結合全体が $C([0,1];\mathbb{R})$ で稠密であれば十分である. これは, (4.1.4), (4.1.6) の Bernstein 多項式の性質から直接わかっている.

[Step 2] $\varphi \in \mathcal{H}(\mathbb{P})$ に対して (5.1.20) の $\nu \in \mathcal{P}([0,1])$ が存在することを示すために, まず (5.1.11) で φ に対応する $M \in \mathcal{M}(\mathfrak{T}_{\mathbb{P}})$ をとる. (5.1.19) の周辺分布 $M^{(n)}$ をとり, $\nu_n = \iota_* M^{(n)}$ とおく. 今, $\lim_{n\to\infty} \nu_n = \nu \in \mathcal{P}([0,1])$ が弱収束で成り立つとすれば, (5.1.20) の積分表示が導かれることを示そう. $x = (a,b) \in \mathbb{P}_m$, $m \in \mathbb{N} \cup \{0\}$ として,

$$\begin{aligned}\Bigl|\varphi(x) - \int_{[0,1]} p^a(1-p)^b \nu(dp)\Bigr| &\leqq \Bigl|\varphi(x) - \int_{[0,1]} p^a(1-p)^b \nu_n(dp)\Bigr| \\ &\quad + \Bigl|\int_{[0,1]} p^a(1-p)^b \nu_n(dp) - \int_{[0,1]} p^a(1-p)^b \nu(dp)\Bigr| \\ &= \text{(I)} \ + \ \text{(II)} \end{aligned} \tag{5.1.21}$$

と分ける. (I) において, (5.1.4), (5.1.19) により,

$$\varphi(x) = \sum_{y \in \mathbb{P}_n} d(x,y)\varphi(y) = \sum_{y \in \mathbb{P}_n} K(x,y) M^{(n)}(\{y\}),$$

$$\int_{[0,1]} p^a(1-p)^b \nu_n(dp) = \sum_{y \in \mathbb{P}_n} (\iota y)^a (1-\iota y)^b M^{(n)}(\{y\}).$$

$m < n$ のとき, n によらない定数 $C_m > 0$ があって, 任意の $x \in \mathbb{P}_m$ に対して

$$\max_{y=(c,d)\in\mathbb{P}_n} \Bigl| K(x,y) - \Bigl(\frac{c}{n}\Bigr)^a \Bigl(1 - \frac{c}{n}\Bigr)^b \Bigr| \leqq \frac{C_m}{n} \tag{5.1.22}$$

が成り立つ. 実際, (5.1.12) の

$$\begin{aligned} K(x,y) &= \frac{\frac{c}{n}\cdots(\frac{c}{n} - \frac{a-1}{n})(1-\frac{c}{n})\cdots(1-\frac{c}{n}-\frac{b-1}{n})}{(1-\frac{1}{n})\cdots(1-\frac{m-1}{n})} \\ &= \frac{1}{(1-\frac{1}{n})\cdots(1-\frac{m-1}{n})} \Bigl\{ \Bigl(\frac{c}{n}\Bigr)^a + \Bigl(\frac{c}{n} \text{ の } a-2 \text{ 次多項式}\Bigr)\frac{1}{n} \Bigr\} \\ &\qquad \Bigl\{ \Bigl(1-\frac{c}{n}\Bigr)^b + \Bigl((1-\frac{c}{n}) \text{ の } b-2 \text{ 次多項式}\Bigr)\frac{1}{n} \Bigr\} \end{aligned}$$

から (5.1.22) がしたがう. (5.1.22) を用いれば,

$$\text{(I)} \ \leqq \sum_{y \in \mathbb{P}_n} |K(x,y) - (\iota y)^a (1-\iota y)^b| M^{(n)}(\{y\}) \leqq \frac{C_m}{n}.$$

一方, このステップの仮定から, (II) は $n \to \infty$ で 0 に収束する. したがって, (5.1.21) で $n \to \infty$ として, この ν に対して (5.1.20) が成り立つ.

[Step 3] $\{\nu_n\}$ が弱収束することを確認しよう. $\{\nu_n\}$ の任意の部分列 $\{\nu_{n'}\}$ をとると, $\mathcal{P}([0,1])$ がコンパクト距離空間であるから, その部分列 $\{\nu_{n''}\}$ をとってある $\nu \in \mathcal{P}([0,1])$ に弱収束するようにできる. この $\{\nu_{n''}\}$ と ν に [Step 2] の議論を適用すれば, (5.1.20) を得る. こうして極限測度 ν が φ のみによって部分列のとり方によらないから, もとの $\{\nu_n\}$ 自体が ν に弱収束することが示された.

[Step 4] (5.1.20) が与える $\mathcal{P}([0,1])$ から $\mathcal{H}(\mathbb{P})$ への写像が連続であるのは, 弱収束の定義からただちにしたがう. コンパクト性によって逆写像も連続である. アファイン性も明らかである. ■

系 5.14　$\mathcal{H}(\mathbb{P})$ の極小元の全体は

$$\{p^a(1-p)^b \,|\, p \in [0,1]\} \tag{5.1.23}$$

に一致する. $\mathcal{M}(\mathfrak{T}_\mathbb{P})$ のエルゴード的な元の全体も $p \in [0,1]$ でパラメータづけされ, (5.1.11) の対応によって (5.1.23) から得られるものである.

証明　$\mathcal{P}([0,1])$ の極小な元全体が $\{\delta_p \,|\, p \in [0,1]\}$ に一致することは, 定義 5.6 から容易にわかる. 実際, δ_p が極小であることは定義から明らかであるし, $\mu \in \mathcal{P}([0,1])$ がデルタ測度でなければ, $[0,1] = B_1 \sqcup B_2$, $\mu(B_1) > 0$, $\mu(B_2) > 0$ という非自明な分割がとれるので, μ は極小でない. 定理 5.13 および命題 5.9 によって, $\mathcal{H}(\mathbb{P})$ および $\mathcal{M}(\mathfrak{T}_\mathbb{P})$ に関する主張がただちにしたがう. ■

系 5.15　$\mu \in \mathcal{P}(\{-1,1\}^\mathbb{N})$ について,

$$\mu \text{ が } \mathfrak{S}_\infty\text{-エルゴード的} \quad \Longleftrightarrow \quad \mu = \mu_0^\infty,\ \mu_0 \in \mathcal{P}(\{-1,1\}).$$

証明　補題 5.4 により, $\mathcal{M}(\mathfrak{T}_\mathbb{P})$ と $\{-1,1\}^\mathbb{N}$ 上の $\mathfrak{S}_\infty$-不変測度全体とが全単射対応をもつ. その極小元として, $\mathfrak{T}((a,b))$ に属する経路が定める $\mathcal{C}_\mathbb{P}$ の元での値が $p^a(1-p)^b$ になるような $\mathcal{M}(\mathfrak{T}_\mathbb{P})$ の元に対応するのは, $\mu_0 = p\delta_1 + (1-p)\delta_{-1} \in \mathcal{P}(\{-1,1\})$ の無限直積 μ_0^∞ である. ■

注意 5.16　系 5.15 に関し, 任意の可測空間上の (同一の) 確率測度の無限直積が $\mathfrak{S}_\infty$-エルゴード的であるという事実は, Hewitt–Savage の 0-1 法則とも呼ばれる[14]. 今は確率測度だから, 命題 5.7 の (イ) の結論は, $\mu_0^\infty(A) = 0$ または 1 とな

---

14) [40, §8.2] およびそこに挙げられた文献を参照.

ることに注意する. 直積空間上の測度が $\mathfrak{S}_\infty$-不変であるとき, 交換可能ということがある. 定理 5.13 と系 5.15 により, $\{-1,1\}^{\mathbb{N}}$ 上の交換可能な確率測度 μ は, 直積測度の重ね合せとして

$$\mu = \int_{[0,1]} (p\delta_1 + (1-p)\delta_{-1})^\infty \nu(dp)$$

と「エルゴード分解」される. 交換可能な測度のこのような表示は, 一般に de Finetti の定理と呼ばれる.

5.2　調和関数, 中心的測度, 正定値関数

Young グラフは定義 2.29 で導入された. Young 図形全体 $\mathbb{Y} = \bigsqcup_{n=0}^\infty \mathbb{Y}_n$ を頂点集合とし, $\lambda \in \mathbb{Y}_n$ に 1 つ箱をつけ加えて $\mu \in \mathbb{Y}_{n+1}$ が得られるときに $\lambda \nearrow \mu$ と表す. 辺の構造はこの $\nearrow$ で与えられる. $\mathbb{Y}_0$ は 1 点集合であって, その元を $\varnothing$ と書く. $\varnothing$ を根っこにして Young グラフを上に伸びるように描けば, 満開の桜の木のように美しい (図 5.1 は横向き). 5.1 節で Pascal 三角形上で展開した話を Young グラフ上でも考えたい. 並行した議論が進む側面もあるが, 一番の違いは, 5.1 節では現れなかった群上の正定値関数が前面に出るところであり, その分調和解析の色彩が強くなる. また, Martin 境界の計算においても, Pascal 三角形のときのような 2 項係数の評価だけでは済まず, Martin 核の漸近挙動を読みとるための工夫がいろいろ要る. 調和解析の詳しい話は後章に譲ることにして, 本節では表題の 3 つの概念について, それらの間に成り立つ関係を説明する. この 3 つの対象を一体として捉える見方は, 本書を貫く観点であると言ってよい. 5.1 節と多少重複する定義もあるが, 丁寧に見ていこう.

Young グラフの $\varnothing$ から λ に至る経路全体を $\mathrm{Tab}(\lambda)$ で, $\varnothing$ から出発する長さ n の経路全体を $\mathrm{Tab}(n)$ で表した (定義 2.29) [15]. Young グラフの $\varnothing$ から出発して無限に延びる経路全体を $\mathfrak{T}$ で表す[16]:

$$\mathfrak{T} = \{t = (t(0) \nearrow \cdots \nearrow t(n) \nearrow \cdots) \mid t(n) \in \mathbb{Y}_n\}. \tag{5.2.1}$$

---

15)　経路と標準盤が対応するので $\mathrm{Tab}(n)$ という記号を用いたのであった. 既約表現の同値類を Young 図形で分類する前の定義 2.12 では $\mathfrak{T}(n)$ と書いていた. Pascal 三角形のときの (5.1.6) あたりでは $\mathfrak{T}(x)$ という記号を用いた. あまりこだわらないことにしよう.

16)　tableaux の t の大文字をとった記号である. Pascal 三角形のときは $\mathfrak{T}_{\mathbb{P}}$ と書いたが, Young グラフでは ($\mathfrak{T}_{\mathbb{Y}}$ でなく) 簡単のため $\mathfrak{T}$ で表そう.

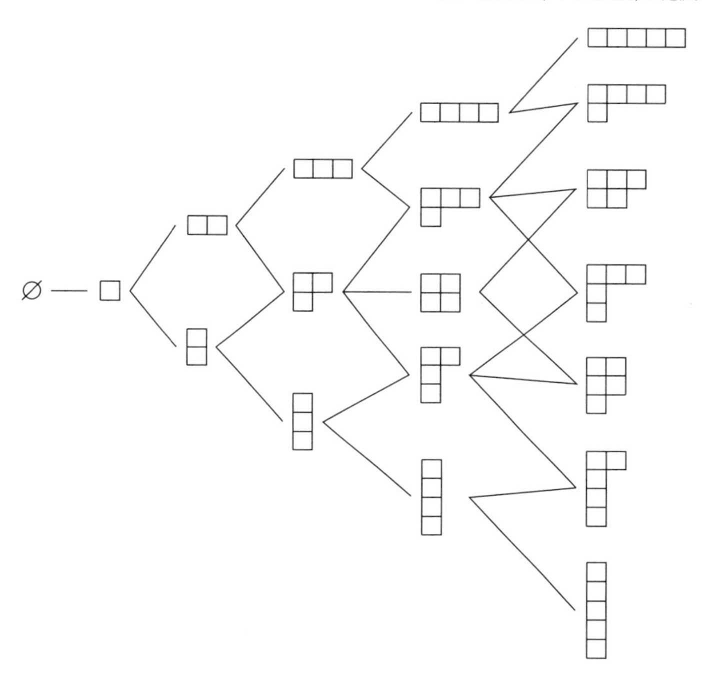

図 5.1 Young グラフ

任意の $t \in \mathfrak{T}$ に対して $t(0) = \varnothing$, $t(1) = \square$ (箱 1 個) である. $m < n$ に対し, q_{mn} : $\mathrm{Tab}(n) \longrightarrow \mathrm{Tab}(m)$ を

$$q_{mn} : (u(0) \nearrow \cdots \nearrow u(m) \nearrow \cdots \nearrow u(n)) \mapsto (u(0) \nearrow \cdots \nearrow u(m))$$

と定義すると, $\mathfrak{T}$ は $\{q_{mn}\}$ に沿う $\{\mathrm{Tab}(n)\}$ の射影極限であり, q_{mn} を連続にする最弱の位相に関してコンパクトである. $m < n$ として $\lambda \in \mathbb{Y}_m$ から $\mu \in \mathbb{Y}_n$ への経路の数を $d(\lambda, \mu)$ で表し, そのような経路がないときには $d(\lambda, \mu) = 0$ とおく. $d(\varnothing, \mu)$ を $d(\mu)$ と略記する. $\lambda \in \mathbb{Y}$ に対し, 分岐則の意味から $d(\lambda) = \dim \lambda$ ($\lambda \in \mathbb{Y}_n \cong \widehat{\mathfrak{S}}_n$ に属する既約表現の次元) が成り立つ. したがって $d(\lambda)$ は (3.4.13) のフック公式により与えられる. さらに, 既約指標に関する次の式も, 分岐則の意味からただちに得られる.

補題 5.17 $m < n$ とすると,

$$\chi^{\mu}|_{\mathfrak{S}_m} = \sum_{\lambda \in \mathbb{Y}_m} d(\lambda, \mu) \chi^{\lambda}, \qquad \mu \in \mathbb{Y}_n \tag{5.2.2}$$

が成り立つ. ■

$\varphi : \mathbb{Y} \longrightarrow \mathbb{C}$ が調和関数であるとは,

$$\varphi(\lambda) = \sum_{\mu:\,\lambda\nearrow\mu} \varphi(\mu), \qquad \lambda \in \mathbb{Y} \tag{5.2.3}$$

が成り立つことをいう. (5.2.3) をくり返し用いて次の式は容易に得られる.

補題 5.18　φ が $\mathbb{Y}$ 上の調和関数ならば

$$\varphi(\lambda) = \sum_{\mu\in\mathbb{Y}_n} d(\lambda,\mu)\varphi(\mu), \qquad \lambda \in \mathbb{Y}_m, \quad m < n \tag{5.2.4}$$

が成り立つ. ■

経路空間 $\mathfrak{T}$ とその Borel 集合全体 $\mathcal{B}(\mathfrak{T})$ がなす可測空間上に命題 4.6 を用いて確率測度を構成することができる. $u \in \mathrm{Tab}(n)$ が定める集合

$$C_u = \{t \in \mathfrak{T} \,|\, t(0) = u(0), t(1) = u(1), \cdots, t(n) = u(n)\}$$

を考え, $\mathcal{C} = \{C_u \in \mathcal{B}(\mathfrak{T}) \,|\, u \in \mathrm{Tab}(n),\ n \in \mathbb{N}\}$ とおく. $(\mathfrak{T}, \mathcal{B}(\mathfrak{T}))$ 上の確率測度全体を $\mathcal{P}(\mathfrak{T})$ で表す. 5.1 節の Pascal 三角形のときと同じように, $M \in \mathcal{P}(\mathfrak{T})$ は $\mathcal{C}$ 上の値で決定される. M の $\mathcal{C}$ での値が経路の終点のみによるとき, すなわち

$$u, v \in \mathrm{Tab}(n),\ u(n) = v(n) \quad\Longrightarrow\quad M(C_u) = M(C_v) \tag{5.2.5}$$

が任意の $n \in \mathbb{N}$ に対して成り立つとき, M は中心的であるという.

Young グラフの場合も, $M \in \mathcal{P}(\mathfrak{T})$ の中心性を群の作用に関する不変性で言い換えることができる. $n \in \mathbb{N}$, $\lambda \in \mathbb{Y}_n$ に対し, $\mathrm{Tab}(\lambda)$ にはたらく置換 σ の作用を $\mathfrak{T}$ 全体に延ばしたものも同じ σ で表す: $t \in \mathfrak{T}$ に対し,

$$\sigma(t) = \begin{cases} \sigma(t(0) \nearrow \cdots \nearrow t(n)) \nearrow t(n+1) \nearrow t(n+2) \nearrow \cdots, & t(n) = \lambda \\ t, & t(n) \neq \lambda. \end{cases} \tag{5.2.6}$$

σ が $\mathrm{Tab}(\lambda)$ の置換全体を動くときの (5.2.6) の $\mathfrak{T}$ 上の変換全体を $\mathfrak{S}(\lambda)$ で表し, $\{\mathfrak{S}(\lambda) \,|\, \lambda \in \mathbb{Y}\}$ が生成する ($\mathfrak{T}$ 上の変換全体の) 部分群を $\mathfrak{S}_0(\mathbb{Y})$ とおく. $\mathfrak{S}_0(\mathbb{Y})$ は, 有限経路の部分のみの置換としてはたらく $\mathfrak{T}$ 上の変換群である.

補題 5.19　$M \in \mathcal{P}(\mathfrak{T})$ の中心性と $\mathfrak{S}_0(\mathbb{Y})$-不変性が同値である.

証明 $u, v \in \mathrm{Tab}(\lambda)$ ならば u を v に写す $\mathrm{Tab}(\lambda)$ の置換をとって, $\sigma C_u = C_v$ となる $\sigma \in \mathfrak{S}(\lambda)$ がある. M が $\mathfrak{S}_0(\mathbb{Y})$-不変ならば, $M(C_u) = M(C_v)$, したがって中心的である.

逆に, M が中心的であるとして, $\sigma \in \mathfrak{S}(\lambda)$, $\lambda \in \mathbb{Y}_n$ とする. 任意の $C_u \in \mathcal{C}$, $u \in \mathrm{Tab}(m)$ に対し, $\sigma_*^{-1} M(C_u) = M(C_u)$ が言えればよい.

(i) $m = n$ のとき. $u(m) = \lambda$ ならば, σu と u は終点が λ で等しいから, $M(\sigma C_u) = M(C_u)$. $u(m) \neq \lambda$ ならば, $\sigma C_u = C_u$ だから当然 $M(\sigma C_u) = M(C_u)$.

(ii) $m < n$ のとき.

$$C_u = \bigsqcup_{\mu \in \mathbb{Y}_n} \bigsqcup_{u \nearrow \cdots \nearrow \mu} C_{u \nearrow \cdots \nearrow \mu} \qquad \text{と分けると,}$$

$$\sigma C_u = \bigsqcup_{u \nearrow \cdots \nearrow \lambda} C_{\sigma(u \nearrow \cdots \nearrow \lambda)} \sqcup \bigsqcup_{\mu \in \mathbb{Y}_n : \mu \neq \lambda} \bigsqcup_{u \nearrow \cdots \nearrow \mu} C_{u \nearrow \cdots \nearrow \mu}.$$

M が中心的だから $M(C_{\sigma(u \nearrow \cdots \nearrow \lambda)}) = M(C_{u \nearrow \cdots \nearrow \lambda})$ となり, $M(\sigma C_u) = M(C_u)$.

(iii) $m > n$ のとき. λ が経路 u 中にあってもなくても, $M(\sigma C_u) = M(C_u)$. ■

Pascal 三角形の場合 (命題 5.5) と同様, 測度の族の整合性 (筒集合での値が無矛盾に決まること) と調和関数の性質の対比により, 次の全単射対応を得る.

命題 5.20 $\mathbb{Y}$ 上の正規化された非負調和関数全体

$$\mathcal{H}(\mathbb{Y}) = \{\varphi : \mathbb{Y} \longrightarrow [0, \infty) \,|\, \varphi \text{ は調和}, \ \varphi(\varnothing) = 1\}$$

と $\mathfrak{T}$ 上の中心的確率測度全体 $\mathcal{M}(\mathfrak{T})$ の間には次の式によって全単射対応が定まる: $\varphi \in \mathcal{H}(\mathbb{Y})$, $M \in \mathcal{M}(\mathfrak{T})$ に対し,

$$\varphi(\lambda) = M(C_{\lambda^{(0)} \nearrow \cdots \nearrow \lambda^{(n)}}), \qquad \lambda^{(j)} \in \mathbb{Y}_j, \ \lambda^{(n)} = \lambda \in \mathbb{Y}_n. \tag{5.2.7}$$

証明 命題 5.5 と同じである. ■

命題 5.9 と補題 5.10 は, 今の場合もそのまま通用する. 証明も同じであるので, 結果のみ記す. $\mathcal{H}(\mathbb{Y})$ には $\mathbb{Y}$ 上の $\mathbb{C}$ 値関数全体の各点収束位相の相対位相, $\mathcal{M}(\mathfrak{T})$ には $\mathcal{P}(\mathfrak{T})$ の弱収束位相の相対位相を入れる.

命題 5.21 $\mathcal{H}(\mathbb{Y})$, $\mathcal{M}(\mathfrak{T})$ はともに距離づけ可能なコンパクト凸集合である. (5.2.7) が定める全単射は, 両者の間のアファイン同相を与える. ■

補題 5.22 $\varphi \in \mathcal{H}(\mathbb{Y})$ と $M \in \mathcal{M}(\mathfrak{T})$ が (5.2.7) で対応しているとき, 次の 4 つの条件が同値である.

(ア) φ が極小.

(イ) $\varphi = (1-a)\varphi_1 + a\varphi_2$, $\varphi_1, \varphi_2 \in \mathcal{H}(\mathbb{Y})$, $0 < a < 1$ ならば $\varphi_1 = \varphi_2$.

(ウ) M がエルゴード的.

(エ) $M = (1-b)M_1 + bM_2$, $M_1, M_2 \in \mathcal{M}(\mathfrak{T})$, $0 < b < 1$ ならば $M_1 = M_2$. ■

したがって, $\mathbb{Y}$ 上の極小な非負調和関数と $\mathfrak{T}$ 上のエルゴード的な中心的確率測度とが同じ対象だとみなされ, 補題 5.22 の (イ), (エ) から, それぞれ $\mathcal{H}(\mathbb{Y})$, $\mathcal{M}(\mathfrak{T})$ での端点である. Pascal 三角形の場合のような直積測度とは違って, $\mathfrak{T}$ 上の測度のエルゴード性はそれほど見やすくない. $\mathbb{Y}$ 上の調和関数と双対的な関係にある無限対称群上の正定値関数を導入し, あわせて議論を進めることにしよう.

$\mathbb{N}$ の有限置換全体のなす群を無限対称群と呼び, $\mathfrak{S}_\infty$ で表してきた. 対称群 $\mathfrak{S}_n$ は $\{n+1, n+2, \cdots\}$ の固定部分群として $\mathfrak{S}_\infty$ にうめ込まれ, $\mathfrak{S}_\infty = \bigcup_{n=1}^\infty \mathfrak{S}_n$ となる. $\mathfrak{S}_\infty$ の共役類は, サイクル分解の型によって特徴づけられる. 無限個ある長さ 1 の自明なサイクルを書かなければ, $\mathfrak{S}_\infty$ の共役類のラベルづけとして

$$\mathbb{Y}^\times = \{\rho \in \mathbb{Y} \mid m_1(\rho) = 0\} \tag{5.2.8}$$

なる集合がとれる[17]. サイクル型が $\rho \in \mathbb{Y}^\times$ の元たちのなす $\mathfrak{S}_\infty$ の共役類を

$$C_\rho, \qquad \rho \in \mathbb{Y}^\times \tag{5.2.9}$$

で表す. 特に, $C_\varnothing = \{e\}$ である.

定義 5.23　一般に群 G 上の $\mathbb{C}$ 値関数 f が正定値 (あるいは正定符号) であるとは, 任意 l 個の $\alpha_j \in \mathbb{C}$ と $g_j \in G$ $(j \in \{1, \cdots, l\})$ に対して

$$\sum_{j,k=1}^{l} \overline{\alpha_j}\alpha_k f(g_j^{-1}g_k) \geqq 0 \tag{5.2.10}$$

が成り立つことをいう. これは, l 次複素行列 $\left[f(g_j^{-1}g_k)\right]_{j,k=1}^{l}$ が正定値であることと同じである. □

補題 5.24　群 G 上の正定値関数 f は, 次式をみたす:

$$f(x^{-1}) = \overline{f(x)}, \quad |f(x)| \leqq f(e), \qquad x \in G. \tag{5.2.11}$$

証明　(5.2.10) により, $f(e) \geqq 0$ であって, 任意の $x \in G$ に対して 2×2 行列

[17] 長さ 1 の行をもたない Young 図形全体を表す (5.2.8) は, 本書での仮の記号であり, 流通はしていない.

$$\begin{bmatrix} f(e) & f(x^{-1}) \\ f(x) & f(e) \end{bmatrix}$$

が複素正定値行列である. その Hermite 性と行列式 $\geqq 0$ から (5.2.11) を得る. ■

$\mathfrak{S}_\infty$ 上の正規化された正定値類関数全体を $\mathcal{K}(\mathfrak{S}_\infty)$ で表す. すなわち,

$$\mathcal{K}(\mathfrak{S}_\infty) = \{f : \mathfrak{S}_\infty \longrightarrow \mathbb{C} \mid f \text{ は正定値},\ f(g^{-1}xg) = f(x)\ (g, x \in \mathfrak{S}_\infty),\ f(e) = 1\}. \tag{5.2.12}$$

$\mathcal{K}(\mathfrak{S}_\infty)$ にも, $\mathfrak{S}_\infty$ 上の $\mathbb{C}$ 値関数全体の各点収束位相の相対位相を入れる.

命題 5.25 $\mathcal{K}(\mathfrak{S}_\infty)$ は距離づけ可能なコンパクト凸集合である.

証明 凸集合であることは容易に検証される. 補題 5.24 により, $\mathcal{K}(\mathfrak{S}_\infty)$ の位相は閉単位円板の可算無限直積

$$\overline{D}^{\mathfrak{S}_\infty} = \{(z_x)_{x \in \mathfrak{S}_\infty} \mid z_x \in \mathbb{C},\ |z_x| \leqq 1\} \quad (= \ell^\infty(\mathfrak{S}_\infty) \text{ の閉単位球})$$

の相対位相である. $\mathcal{K}(\mathfrak{S}_\infty)$ の元を規定する 3 種類の条件から $\mathcal{K}(\mathfrak{S}_\infty)$ が閉部分集合であることがわかるので, $\mathcal{K}(\mathfrak{S}_\infty)$ はコンパクト距離空間になる. ■

$\mathcal{K}(\mathfrak{S}_\infty)$ の端点全体を $\mathcal{E}(\mathfrak{S}_\infty)$ で表す. $f \in \mathcal{K}(\mathfrak{S}_\infty)$ が $\mathcal{E}(\mathfrak{S}_\infty)$ に属するとは

$$f = (1-a)f_1 + af_2,\ f_1, f_2 \in \mathcal{K}(\mathfrak{S}_\infty),\ 0 < a < 1 \implies f_1 = f_2 \tag{5.2.13}$$

が成り立つことである.

$\mathcal{K}(\mathfrak{S}_\infty)$ と $\mathcal{H}(\mathbb{Y})$ の間の全単射対応を得るために, 正定値性に関するいくつかの補題を用意する. $m \times n$ 行列 $A = [a_{ij}], B = [b_{ij}]$ に対して $a_{ij}b_{ij}$ を (i, j) 成分にもつ行列を $A \circ B$ と記し, A と B の Schur 積あるいは Hadamard 積と呼ぶ.

補題 5.26 正定値行列の Schur 積はまた正定値になる.

証明 n 次正定値行列はユニタリ行列で対角化され, 固有値はすべて非負である:

$$U^*AU = \operatorname{diag}(\alpha_1, \cdots, \alpha_n), \qquad \alpha_i \geqq 0, \qquad U = [u_{ij}] \in U(n),$$
$$V^*BV = \operatorname{diag}(\beta_1, \cdots, \beta_n), \qquad \beta_i \geqq 0, \qquad V = [v_{ij}] \in U(n).$$

このとき, $a_{ij} = \sum_{k=1}^{n} \alpha_k u_{ik}\overline{u_{jk}}$, $b_{ij} = \sum_{l=1}^{n} \beta_l v_{il}\overline{u_{jl}}$ を用いて,

$$\langle \xi, (A \circ B)\xi \rangle_{\mathbb{C}^n} = \sum_{k=1}^{n}\sum_{l=1}^{n} \alpha_k \beta_l \left| \sum_{i=1}^{n} \overline{\xi_i} u_{ik} v_{il} \right|^2 \geqq 0, \qquad \xi \in \mathbb{C}^n$$

を得る (途中の変形は略). ■

補題 5.27　有限群 G 上の正定値関数 f に対し, $\sum_{x\in G} f(x) \geqq 0$ が成り立つ.

証明　すべての成分が 1 のベクトルを $\boldsymbol{j} \in \mathbb{C}^{|G|}$ とおいて,

$$\sum_{x\in G} f(x) = \frac{1}{|G|}\sum_{x,y\in G} f(x^{-1}y) = \frac{1}{|G|}\langle \boldsymbol{j}, [f(x^{-1}y)]\boldsymbol{j}\rangle \geqq 0.$$

ここで, $[f(x^{-1}y)]_{x,y\in G}$ は $|G|$ 次行列である. ■

補題 5.28　f_1, f_2 が有限群 G 上の正定値関数ならば, $\langle f_1, f_2\rangle_{L^2(G)} \geqq 0$.

証明　補題 5.26 により, $\overline{f_1}f_2$ も正定値関数. そうすると補題 5.27 により,

$$\langle f_1, f_2\rangle_{L^2(G)} = \frac{1}{|G|}\sum_{x\in G}\overline{f_1(x)}f_2(x) \geqq 0$$

が成り立つ. ■

補題 5.29　有限群 G の有限次元表現 T の指標 χ_T は正定値関数である.

証明　ユニタリ性を用いて容易に

$$\sum_{j,k}\overline{\alpha_j}\alpha_k\chi_T(x_j^{-1}x_k) = \mathrm{tr}\Big(\sum_j \alpha_j T(x_j)\Big)^*\Big(\sum_j \alpha_j T(x_j)\Big) \geqq 0$$

を得る. ■

命題 5.30　$\mathcal{K}(\mathfrak{S}_\infty)$ と $\mathcal{H}(\mathbb{Y})$ の間に, $\mathfrak{S}_n$ の既約指標 χ^λ を用いた次の式によって, 全単射対応が定まる: $f \in \mathcal{K}(\mathfrak{S}_\infty)$, $\varphi \in \mathcal{H}(\mathbb{Y})$ に対し

$$f|_{\mathfrak{S}_n} = \sum_{\lambda\in\mathbb{Y}_n}\varphi(\lambda)\chi^\lambda, \qquad n \in \{0, 1, 2, \cdots\}. \tag{5.2.14}$$

(5.2.14) は $\mathcal{K}(\mathfrak{S}_\infty)$ と $\mathcal{H}(\mathbb{Y})$ の間のアファイン同相を与える.

証明　$(\varphi \mapsto f)$　$\varphi \in \mathcal{H}(\mathbb{Y})$ に対して, n ごとに (5.2.14) の右辺によって $f_n : \mathfrak{S}_n \longrightarrow \mathbb{C}$ を定める. これが $f|_{\mathfrak{S}_n} = f_n$ なる $\mathfrak{S}_\infty$ 上の関数 f を定めるには, $m < n$ に対してうめ込み $\mathfrak{S}_m \subset \mathfrak{S}_n$ との両立性: $f_n|_{\mathfrak{S}_m} = f_m$ が言えればよい. $m = n-1$ のときを検証すれば十分である:

$$\begin{aligned} f_{n-1} &= \sum_{\lambda\in\mathbb{Y}_{n-1}}\varphi(\lambda)\chi^\lambda = \sum_{\lambda\in\mathbb{Y}_{n-1}}\Big(\sum_{\mu\in\mathbb{Y}_n:\lambda\nearrow\mu}\varphi(\mu)\Big)\chi^\lambda \\ &= \sum_{\mu\in\mathbb{Y}_n}\Big(\sum_{\lambda\in\mathbb{Y}_{n-1}:\lambda\nearrow\mu}\chi^\lambda\Big)\varphi(\mu) = \sum_{\mu\in\mathbb{Y}_n}\varphi(\mu)\chi^\mu|_{\mathfrak{S}_{n-1}} = f_n|_{\mathfrak{S}_{n-1}}. \end{aligned} \tag{5.2.15}$$

補題 5.29 によって既約指標 χ^λ は正定値類関数だから, その非負係数線型結合である $f|_{\mathfrak{S}_n}$ もそうなる. $n=1$ とおけば, $f(e)=\varphi(\Box)=\varphi(\varnothing)=1$. したがって $f\in\mathcal{K}(\mathfrak{S}_\infty)$ である.

$(f\mapsto\varphi)$ $f\in\mathcal{K}(\mathfrak{S}_\infty)$ とすれば, $f|_{\mathfrak{S}_n}$ は $\mathfrak{S}_n$ 上の類関数だから, 定理 1.28 によって (5.2.14) の形に Fourier 展開される. ここで, $\varphi(\lambda)=\langle\chi^\lambda, f|_{\mathfrak{S}_n}\rangle_{L^2(\mathfrak{S}_n)}$ $(\lambda\in\mathbb{Y}_n)$ であるから, 補題 5.28 によって $\varphi(\lambda)\geqq 0$ が成り立つ. $(f|_{\mathfrak{S}_n})|_{\mathfrak{S}_{n-1}}=f|_{\mathfrak{S}_{n-1}}$ に注意すれば, (5.2.15) と同様の計算によって φ の調和性を得る. さらに, $1=f(e)=\varphi(\Box)=\varphi(\varnothing)$. したがって $\varphi\in\mathcal{H}(\mathbb{Y})$ である.

この $\varphi\mapsto f$ と $f\mapsto\varphi$ は互いに他の逆写像である. こうして全単射対応 $f\leftrightarrow\varphi$ が得られ, それがアファイン同相であることは容易にわかる. ■

命題 5.21 と命題 5.30 をまとめておく.

定理 5.31 (5.2.14) と (5.2.7) で与えられる対応 $f\leftrightarrow\varphi\leftrightarrow M$ により, 距離づけ可能なコンパクト凸集合の間のアファイン同相

$$\mathcal{K}(\mathfrak{S}_\infty)\ \cong\ \mathcal{H}(\mathbb{Y})\ \cong\ \mathcal{M}(\mathfrak{T}) \tag{5.2.16}$$

を得る. したがって, それぞれの端点集合も同じ写像で対応する. ■

(5.2.16) の各辺の端点 (極小元) を特徴づけ, Pascal 三角形に対して定理 5.13 に述べたように, それらを核とする積分表示で一般の元を捉えるには, まだ幾つかの作業を積み上げなければならない. この課題には 9 章であらためて取り組む.

5.3 誘導表現と Plancherel 測度

$\mathcal{M}(\mathfrak{T})$ の元のうち, 本書で最も重要なのは Plancherel 測度である. その背後にある表現の誘導についてもあわせて認識する方がよいので, 本節ではまず誘導表現に関する初歩的事項を記しておく. 簡単のため, ここでは G が有限群で H がその部分群であるとする. H の表現から一定の仕方で G の表現を作り出す (誘導する). 後に 10 章で連続群の場合に触れることも勘案して, ある種の関数空間に実現するやり方をしておく.

H の有限次元ユニタリ表現 (T, V_T) に対し,

$$V=\{f: G\longrightarrow V_T\,|\, f(xh)=T(h)^{-1}(f(x)),\ x\in G,\ h\in H\} \tag{5.3.1}$$

とおく. V の内積を

$$\langle f_1, f_2\rangle_V = \frac{1}{[G:H]}\sum_{[x]\in G/H}\langle f_1(x), f_2(x)\rangle_{V_T}, \qquad f_1, f_2 \in V \tag{5.3.2}$$

で定める. ただし, 和における「$[x]\in G/H$」は剰余類のある代表系を動くことを意味する. この定義が無矛盾であるためには

$$\langle f_1(xh), f_2(xh)\rangle_{V_T} = \langle f_1(x), f_2(x)\rangle_{V_T}, \qquad x\in G, \quad h\in H \tag{5.3.3}$$

を言えばよいが, (5.3.3) は $T(h)$ のユニタリ性 $T(h)^{-1} = T(h)^*$ と (5.3.1) からしたがう. $f\in V$, $g\in G$ に対し,

$$(U(g)f)(x) = f(g^{-1}x) \tag{5.3.4}$$

とおく. $U(g)f\in V$ であることは容易に確かめられる (G での左右の掛け算作用の可換性). $U(g)$ のユニタリ性もただちに検証される: $f_1, f_2\in V$, $g\in G$ に対し,

$$\begin{aligned}\langle U(g)f_1, U(g)f_2\rangle_V &= \frac{1}{[G:H]}\sum_{[x]\in G/H}\langle f_1(g^{-1}x), f_2(g^{-1}x)\rangle_{V_T}\\ &= \frac{1}{[G:H]}\sum_{[x]\in G/H}\langle f_1(x), f_2(x)\rangle_{V_T}.\end{aligned}$$

第 2 等号は, $\{g^{-1}x \mid [x]\in G/H\}$ もまた剰余類 G/H の代表系をなすことによる. こうして定められた G の $V_U = V$ 上のユニタリ表現 U を T の誘導表現と呼び, $U = \mathrm{Ind}_H^G T \quad (V_U = \mathrm{Ind}_H^G V_T)$ と表す[18].

補題 5.32　$n = \dim V_T$ として V_T の正規直交基底 $\{e_1, \cdots, e_n\}$ をとり,

$$f_j(g) = \begin{cases}\sqrt{[G:H]}\,T(g)^{-1}e_j, & g\in H,\\ 0, & g\in G\setminus H,\end{cases} \qquad j\in\{1,\cdots,n\}$$

とおくと[19], $\{U(x)f_j \mid x\in G/H,\ j\in\{1,\cdots,n\}\}$ が (5.3.1) の V_U の正規直交基底になる. 特に

$$\dim V_U = [G:H]\dim V_T. \tag{5.3.5}$$

証明　G/H の代表系 $\{x_k\}_{k=1,\cdots,[G:H]}$ を 1 つとる. $k, l\in\{1,\cdots,[G:H]\}$, $i, j\in\{1,\cdots,n\}$ として,

---

18) Ind は induced の頭の 3 文字.

19) $G\setminus H$ はもちろん (G/H と違って) 集合の引き算である.

$$\langle U(x_k)f_i, U(x_l)f_j\rangle_V = \frac{1}{[G:H]}\sum_{[g]\in G/H}\langle f_i(x_k^{-1}g), f_j(x_l^{-1}g)\rangle_{V_T}. \tag{5.3.6}$$

ここで, $k\neq l$ ならば, $x_k^{-1}g\in H$ と $x_l^{-1}g\in H$ をみたす g は存在しないので,

$$\langle f_i(x_k^{-1}g), f_j(x_l^{-1}g)\rangle_{V_T} = 0.$$

$k=l$ のとき, $x_k^{-1}g\in H$ なる g に対して

$$\langle f_i(x_k^{-1}g), f_j(x_k^{-1}g)\rangle_{V_T} = [G:H]\delta_{ij}.$$

ゆえに, (5.3.6) は $\delta_{kl}\delta_{ij}$ に等しい. すなわち,

$$\{U(x_l)f_j \mid l\in\{1,\cdots,[G:H]\},\ j\in\{1,\cdots,n\}\}$$

は V_U の正規直交系である. 一方, 表現空間 V_U の定義 (5.3.1) によれば, $f\in V_U$ の値は剰余類に属する 1 つの x で決まれば同じ剰余類の他の元でも自動的に決まってしまうから, $\dim V_U \leqq [G:H]\dim V_T$ が成り立つ. したがって $\{U(x_l)f_j\}$ は V_U の正規直交基底であり, (5.3.5) が成り立つ. ■

定理 5.33 (誘導指標公式) 誘導表現 $U=\mathrm{Ind}_H^G T$ の指標 χ_U は

$$\frac{1}{\dim V_U}\chi_U(g) = \frac{1}{|G|}\sum_{x\in G}\frac{1}{\dim V_T}\chi_T(x^{-1}gx), \qquad g\in G \tag{5.3.7}$$

によって与えられる. ここで, H 上の関数 χ_T を $G\setminus H$ では 0 として G 上の関数に拡張したものを同じ記号 χ_T で表している. G の共役類 C に対し, $C\cap H$ の H の共役類への分割を $\bigsqcup_l C_l$ とすれば, (5.3.7) は

$$\chi_U(C) = \sum_l [G:H]\frac{|C_l|}{|C|}\chi_T(C_l) \tag{5.3.8}$$

と書ける. ただし, $\chi_U(C)=\chi_U(g)$ $(g\in C)$, $\chi_T(C_l)=\chi_T(h)$ $(h\in C_l)$ と記す.

証明 補題 5.32 で述べた V_U の正規直交基底をとる. $m=[G:H]$, $n=\dim V_T$ とおく. G/H の代表系 $\{x_1,\cdots,x_m\}$, $g\in G$ に対し,

$$\begin{aligned}
\chi_U(g) = \operatorname{tr}U(g) &= \sum_{i=1}^n\sum_{k=1}^m \langle U(x_k)f_i, U(g)U(x_k)f_i\rangle_{V_U}\\
&= \sum_{i=1}^n\sum_{k=1}^m \frac{1}{m}\sum_{x\in G/H}\langle f_i(x_k^{-1}x), f_i(x_k^{-1}g^{-1}x)\rangle_{V_T}\\
&= \frac{1}{m}\sum_{i=1}^n\sum_{k=1}^m \langle f_i(e), f_i(x_k^{-1}g^{-1}x_k)\rangle_{V_T}\\
&= \frac{1}{m}\sum_{i=1}^n\sum_{k:\,x_k^{-1}g^{-1}x_k\in H}\langle\sqrt{m}e_i, \sqrt{m}T(x_k^{-1}gx_k)e_i\rangle_{V_T}
\end{aligned}$$

$$= \sum_{k:\, x_k^{-1} g^{-1} x_k \in H} \chi_T(x_k^{-1} g x_k) = \sum_{k=1}^{m} \chi_T(x_k^{-1} g x_k)$$
$$= \sum_{k=1}^{m} \frac{1}{|H|} \sum_{x \in x_k H} \chi_T(x^{-1} g x) = \frac{1}{|H|} \sum_{x \in G} \chi_T(x^{-1} g x), \tag{5.3.9}$$

ゆえに
$$\frac{\chi_U(g)}{\dim V_U} = \frac{1}{|H| m \dim V_T} \sum_{x \in G} \chi_T(x^{-1} g x) = \frac{1}{|G|} \sum_{x \in G} \frac{\chi_T(x^{-1} g x)}{\dim V_T}.$$

これで (5.3.7) が示された.

G の共役類 C に対して $A_C = \sum_{g \in C} g \in \mathbb{C}[G]$ とおくと, (5.3.9) により,

$$\chi_U(A_C) = \frac{1}{|H|} \sum_{x \in G} \sum_{g \in C} \chi_T(x^{-1} g x) = \frac{1}{|H|} \sum_{x \in G} \chi_T(A_C)$$
$$= \frac{|G|}{|H|} \chi_T(A_C) = \sum_{l} [G : H] \chi_T(A_{C_l}). \tag{5.3.10}$$

(5.3.10) の第 2 等号は, $x^{-1} \cdot x$ が C での置換をひきおこすことによる. (5.3.10) の両辺を $|C|$ で割れば (5.3.8) を得る. ■

定理 5.34 (Frobenius の相互律)　$\lambda \in \widehat{G}$, $\mu \in \widehat{H}$ に対し, 次が成り立つ:

$$[\mathrm{Ind}_H^G T^\mu : T^\lambda] = [\mathrm{Res}_H^G T^\lambda : T^\mu]. \tag{5.3.11}$$

証明　指標の計算によって確かめる. 系 1.29 と (5.3.9) により,

$$[\mathrm{Ind}_H^G T^\mu : T^\lambda] = \langle \chi_{\mathrm{Ind}_H^G T^\mu}, \chi^\lambda \rangle_{L^2(G)} = \frac{1}{|G|} \sum_{x \in G} \overline{\chi_{\mathrm{Ind}_H^G T^\mu}(x)} \chi^\lambda(x)$$
$$= \frac{1}{|G|} \sum_{x \in G} \Big(\frac{1}{|H|} \sum_{y \in G} \overline{\chi^\mu(y^{-1} x y)} \Big) \chi^\lambda(x) = \frac{1}{|G|\,|H|} \sum_{y \in G} \sum_{z \in G} \overline{\chi^\mu(z)} \chi^\lambda(y z y^{-1})$$
$$= \frac{1}{|G|\,|H|} \sum_{y \in G} \sum_{z \in H} \overline{\chi^\mu(z)} \chi^\lambda(z) = \langle \chi^\mu, \chi_{\mathrm{Res}_H^G T^\lambda} \rangle_{L^2(H)} = [\mathrm{Res}_H^G T^\lambda : T^\mu]$$

を得る. ■

注意 5.35　$\mathbb{Z}(\widehat{G}) = \{ \sum_{\lambda \in \widehat{G}} a_\lambda \chi^\lambda \mid a_\lambda \in \mathbb{Z} \}$ の元を G の仮想指標という. G の指標ならば係数が 0 か自然数であるが, それを整数まで拡張している. 制限と誘導 $\mathrm{Res}_H^G(\chi^\lambda) = \chi_{\mathrm{Res}_H^G T^\lambda}$, $\mathrm{Ind}_H^G(\chi^\mu) = \chi_{\mathrm{Ind}_H^G T^\mu}$ をそれぞれ $\mathbb{Z}$-線型に延ばして

$$\mathrm{Res}_H^G : \mathbb{Z}(\widehat{G}) \longrightarrow \mathbb{Z}(\widehat{H}), \qquad \mathrm{Ind}_H^G : \mathbb{Z}(\widehat{H}) \longrightarrow \mathbb{Z}(\widehat{G})$$

を定義すると, (5.3.11) は

$$\langle \mathrm{Ind}_H^G b, a \rangle = \langle b, \mathrm{Res}_H^G a \rangle, \qquad a \in \mathbb{Z}(\widehat{G}), \quad b \in \mathbb{Z}(\widehat{H}) \tag{5.3.12}$$

と等価である. したがって, Frobenius の相互律は Ind_H^G と Res_H^G が互いに共役な作用素であることを意味すると言ってもよい.

定理 5.34 を対称群 $\mathfrak{S}_n \subset \mathfrak{S}_{n+1}$ に適用すれば,

$$[\mathrm{Res}_{\mathfrak{S}_n}^{\mathfrak{S}_{n+1}} T^\lambda : T^\mu] = \begin{cases} 1, & \mu \nearrow \lambda, \\ 0, & \text{その他} \end{cases}$$

により, 次の誘導表現の既約分解を得る.

命題 5.36 $\mu \in \mathbb{Y}_n$ に対し,

$$\mathrm{Ind}_{\mathfrak{S}_n}^{\mathfrak{S}_{n+1}} T^\mu \cong \bigoplus_{\lambda \in \mathbb{Y}_{n+1}:\, \mu \nearrow \lambda} T^\lambda \tag{5.3.13}$$

が成り立つ. 特に (5.3.13) の両辺の次元をとれば,

$$(n+1) \dim \mu = \sum_{\lambda \in \mathbb{Y}_{n+1}:\, \mu \nearrow \lambda} \dim \lambda, \qquad \mu \in \mathbb{Y}_n \tag{5.3.14}$$

を得る. ■

例 5.37 $r \in \{0, 1, \cdots, n\}$ とし, $\mathfrak{S}_r$ の自明な表現を 1_r, $\mathfrak{S}_{n-r}$ の左正則表現を L_{n-r} と書く. それぞれの指標は $\chi_{1_r} = \chi^{(r)} = 1$, $\chi_{L_{n-r}} = |\mathfrak{S}_{n-r}|\,\delta_e$. (5.3.12) から, 誘導表現 $U = \mathrm{Ind}_{\mathfrak{S}_r \times \mathfrak{S}_{n-r}}^{\mathfrak{S}_n}(1_r \boxtimes L_{n-r})$ の既約分解を求める. $\lambda \in \mathbb{Y}_n$ に対し,

$$\begin{aligned}
[U : T^\lambda] &= \langle \chi_U, \chi^\lambda \rangle_{L^2(\mathfrak{S}_n)} = \langle \chi_{1_r \boxtimes L_{n-r}}, \mathrm{Res}_{\mathfrak{S}_r \times \mathfrak{S}_{n-r}}^{\mathfrak{S}_n} \chi^\lambda \rangle_{L^2(\mathfrak{S}_r \times \mathfrak{S}_{n-r})} \\
&= \frac{1}{|\mathfrak{S}_r|} \sum_{x \in \mathfrak{S}_r} \chi^\lambda(x) = \frac{1}{|\mathfrak{S}_r|} \sum_{x \in \mathfrak{S}_r} \sum_{\mu \in \mathbb{Y}_r} d(\mu, \lambda) \chi^\mu(x) \\
&= \sum_{\mu \in \mathbb{Y}_r} d(\mu, \lambda) \langle \chi^{(r)}, \chi^\mu \rangle_{L^2(\mathfrak{S}_r)} = d((r), \lambda).
\end{aligned}$$

途中, (5.2.2) も用いた.

(5.3.14) により, 次で定められる φ は $\mathcal{H}(\mathbb{Y})$ の元である:

$$\varphi(\varnothing) = 1, \qquad \varphi(\lambda) = \frac{\dim \lambda}{n!}, \quad \lambda \in \mathbb{Y}_n. \tag{5.3.15}$$

定義 5.38 定理 5.31 を通して (5.3.15) の $\varphi \in \mathcal{H}(\mathbb{Y})$ に対応する $\mathcal{M}(\mathfrak{T})$ の元が定まる. この $\mathfrak{T}$ 上の中心的確率測度を Plancherel 測度と呼び, M_{Pl} で表そう. Plancherel 測度は $\mathcal{C}$ の元での値

$$M_{\mathrm{Pl}}(C_{\lambda^{(0)}\nearrow\cdots\nearrow\lambda^{(n)}})=\frac{\dim\lambda}{n!},\qquad \lambda=\lambda^{(n)}\in\mathbb{Y}_n,\quad n\in\mathbb{N}$$

によって特徴づけられる． □

(5.1.19) と同様に, M_{Pl} の $\mathbb{Y}_n$ 上の周辺分布を $M_{\mathrm{Pl}}^{(n)}$ で表すと,

$$M_{\mathrm{Pl}}^{(n)}(\{\lambda\})=M_{\mathrm{Pl}}(\{t\in\mathfrak{T}\,|\,t(n)=\lambda\})=\frac{(\dim\lambda)^2}{n!},\qquad \lambda\in\mathbb{Y}_n. \tag{5.3.16}$$

$d(\lambda)=\dim\lambda$ に注意する．$M_{\mathrm{Pl}}^{(n)}$ を $\mathbb{Y}_n$ 上の Plancherel 測度と呼ぶ．M_{Pl} も $M_{\mathrm{Pl}}^{(n)}$ も確率測度であるから, (5.3.16) から

$$n!=\sum_{\lambda\in\mathbb{Y}_n}(\dim\lambda)^2 \tag{5.3.17}$$

がしたがう．(5.3.17) は, 対称群における対応 (2.4.6) を一般論の (1.2.4) に代入して得られる式の再現を与える．定理 1.22 によれば, $\mathfrak{S}_n$ の両側正則表現の各既約成分の占める割合を表すのが, $\mathbb{Y}_n$ 上の Plancherel 測度である．

$\mathfrak{T}$ 上の M_{Pl} は $\mathbb{Y}$ 上の Markov 連鎖を引き起こす． 実際, $\lambda^{(i)}\in\mathbb{Y}_i$ $(i\in\{1,\cdots,n-1\})$, $\lambda\in\mathbb{Y}_n$ として, $\lambda^{(0)}\nearrow\cdots\nearrow\lambda^{(n-1)}\nearrow\lambda$ と辿ったという条件のもとで次のステップで $\mu\in\mathbb{Y}_{n+1}$ に達する条件つき確率は, $\lambda\nearrow\mu$ ならば

$$\begin{aligned}&M_{\mathrm{Pl}}(\{t(n+1)=\mu\,|\,t(0)=\lambda^{(0)},\cdots,t(n-1)=\lambda^{(n-1)},t(n)=\lambda\})\\&=\frac{M_{\mathrm{Pl}}(C_{\lambda^{(0)}\nearrow\cdots\nearrow\lambda\nearrow\mu})}{M_{\mathrm{Pl}}(C_{\lambda^{(0)}\nearrow\cdots\nearrow\lambda})}=\frac{\dim\mu}{(n+1)\dim\lambda}\end{aligned} \tag{5.3.18}$$

となる．$\lambda\nearrow\mu$ でないときは, (5.3.18) の中辺の分子が 0 であるから, 左辺の値は 0 である．したがって (5.3.18) の左辺が λ(現在値) と μ のみで決まり, λ より前の履歴に依存しない．λ から μ への推移確率が (5.3.18) で与えられるこの $\mathbb{Y}$ 上の Markov 連鎖は Plancherel 成長過程と呼ばれる．Plancherel 成長過程は, $\mathrm{Ind}_{\mathfrak{S}_n}^{\mathfrak{S}_{n+1}}T^{\lambda}$ の既約分解によって枝分かれしていく Markov 連鎖である．(5.3.18) は (5.3.14) と両立している (λ と μ の記号の役割が入れかわっているが).

M_{Pl} に対応する (5.3.15) の調和関数をあらためて φ_{Pl} と書こう．定理 5.31 に言うところの M_{Pl}, φ_{Pl} に対応する $\mathcal{K}(\mathfrak{S}_\infty)$ の元は, φ_{Pl} を用いて (5.2.14) で与えられる．命題 1.30 (既約指標の第 2 の直交関係) により,

$$\sum_{\lambda\in\mathbb{Y}_n}\varphi_{\mathrm{Pl}}(\lambda)\chi^{\lambda}(x)=\begin{cases}1, & x=e,\\ 0, & x\neq e\end{cases}$$

を得る．したがって, 定理 5.31 の対応のもとで

$$\delta_e \longleftrightarrow \varphi_{\mathrm{Pl}} \longleftrightarrow M_{\mathrm{Pl}} \tag{5.3.19}$$

が成り立つ. δ_e が $\mathcal{K}(\mathfrak{S}_\infty)$ の端点であることが, 後に 8.3 節で示される. したがって, φ_{Pl} は極小な調和関数[20), M_{Pl} はエルゴード的な測度である.

ノート

5.1 節, 5.2 節に登場した測度のエルゴード性については, [73] 下巻の第 2 章に明快な解説がある. そこでは, 変換群 G に関して準不変な測度のクラスでも考察がなされている.

Frobenius の相互律 (定理 5.34) を指標の計算で示したのは, ある意味で便法である. 絡作用素の言葉でもっと構造的に捉える方がよいのは言うまでもない.

Young グラフは $\{\mathbb{C}[\mathfrak{S}_n] \mid n \in \mathbb{N}\}$ の帰納極限である局所半単純環の Bratteli 図形である. Pascal 三角形も含めて, いくつかの Bratteli 図形の具体例の紹介が, [11] にある.

---

20) φ_{Pl} の極小性も 9.1 節で独立に示される.

第 6 章

Young 図形の表示と多項式関数

本章は, Young 図形にまつわる諸量の計算のための道具を用意する技術的に大事な部分と言える. Young 図形にいくつかの座標を設定し, それらの座標の関数たちのなす Kerov–Olshanski 代数を導入する. その際, Young 図形に付随する Kerov 推移測度という $\mathbb{R}$ 上のアトム的な確率測度が重要な役目を演じる. ここで言う Kerov–Olshanski 代数は結局対称関数のなす代数と同じものであり, 用いられる手法も対称関数論の基礎と似たようなものであるが, われわれの目的に適う通常とは違った次数づけの話なども含まれる. Kerov–Olshanski 代数のいろいろな生成系にはそれぞれ対応する生成関数があり, 生成系の間の関係が生成関数間の関係式 (関数等式) と結びつけられる. 技術的には, Kerov–Olshanski 代数におけるそのような生成系の変換則を明確に把握することが中核をなす. その代表格が 6.3 節で扱う Kerov 多項式である.

6.1 Young 図形を表す座標

これまで Young 図形 $\lambda \in \mathbb{Y}$ を表すのに, 各行の長さを大きい方から順に並べて $\lambda = (\lambda_1 \geqq \lambda_2 \geqq \cdots \geqq \lambda_{l(\lambda)})$ とか, あるいは長さ j の行数を $m_j(\lambda)$ として $\lambda = (1^{m_1(\lambda)} 2^{m_2(\lambda)} \cdots)$ とかいう書き方を使ってきた. このとき, λ のサイズ (箱数) は

$$|\lambda| = \sum_{i=1}^{l(\lambda)} \lambda_i = \sum_{j=1}^{\infty} j m_j(\lambda).$$

本節では, Young 図形をエンコードする新たな座標を導入する. これらは, 既約表現の同値類をパラメータづけする意味での Young 図形のサイズをどんどん大きくしたりスケール変換を施したりする際に有用である.

定義 6.1　$\lambda = (\lambda_1 \geqq \lambda_2 \geqq \cdots)$ に対し, λ の主対角線上の箱数を d として

$$a_i(\lambda) = \lambda_i - i + \frac{1}{2}, \quad b_i(\lambda) = \lambda'_i - i + \frac{1}{2}, \qquad i \in \{1, 2, \cdots, d\} \tag{6.1.1}$$

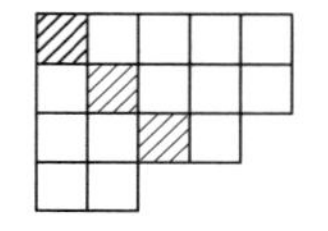

図 6.1 Frobenius 座標: $\lambda=(4\frac{1}{2},3\frac{1}{2},1\frac{1}{2}\,|\,3\frac{1}{2},2\frac{1}{2},\frac{1}{2})\in\mathbb{Y}_{16}$, $d=3$

を λ の Frobenius 座標と呼ぶ (図 6.1) [1]. Frobenius 座標が $a_1,\cdots,a_d,b_1,\cdots,b_d$ である Young 図形を $\lambda=(a_1,\cdots,a_d\,|\,b_1,\cdots,b_d)$ と表す. □

λ の Frobenius 座標 (6.1.1) は $-b_1<\cdots<-b_d<0<a_d<\cdots<a_1$, および $|\lambda|=\sum_{i=1}^{d}(a_i+b_i)$ をみたす.

Young 図形の露式表示はすでに 2.4 節で現れた (図 2.3) が, 以後 xy 座標平面の上半分に図 6.2 のように原点を要として Young 図形を置いて考える. そうすると, $y=|x|$ というグラフでできた器に正方形の箱を斜めにピッタリと詰めた格好になる. 図 6.2 の太線の部分を Young 図形のプロファイルと呼ぶ. 空図形 $\varnothing$ のプロファイルは器のグラフ $y=|x|$ である. プロファイルの角が格子点になる方がなにかと便利なので, 図 6.2 のような露式表示では正方形の 1 辺を $\sqrt{2}$ にしておく.

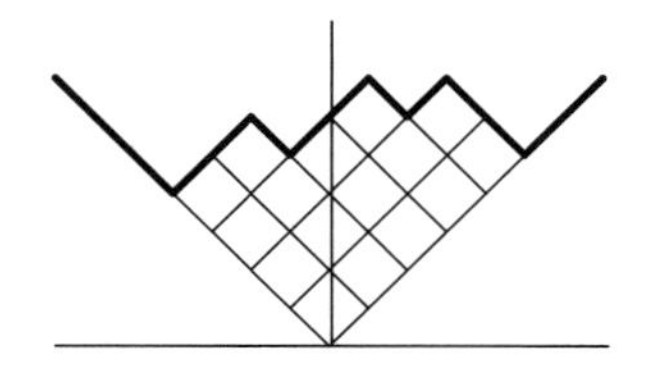

図 6.2 Young 図形 (図 6.1 の λ) のプロファイル

$\lambda=(\lambda_1\geqq\lambda_2\geqq\cdots)\in\mathbb{Y}$ に対し,

$$M(\lambda)=\{\lambda_i-i+\frac{1}{2}\,|\,i\in\mathbb{N}\}\subset\mathbb{Z}+\frac{1}{2}=\{\cdots,-\frac{3}{2},-\frac{1}{2},\frac{1}{2},\frac{3}{2},\cdots\}$$

とおく. 露式表示で見れば, λ のプロファイルの右下がりの部分を $\sqrt{2}$ の長さで区切った各線分 (−1 切片) の中点の x 座標を並べ挙げたものが $M(\lambda)$ にほかならない (図 6.3 の黒丸 ●). $M(\lambda)$ は λ のマヤ図形と呼ばれる. λ の転置 λ' をとるとプロファイルが $(x,y)\mapsto(-x,y)$ と反転されるから, $-M(\lambda')$ が λ のプロファイルの

---

[1] λ' は λ の転置を表す. もともとの Frobenius の記号使いとは縦横の役割が異なっている. また, 主対角線上に並ぶ箱を折半した分け前の $+1/2$ は, Frobenius 座標に繰り入れない方が普通かもしれない.

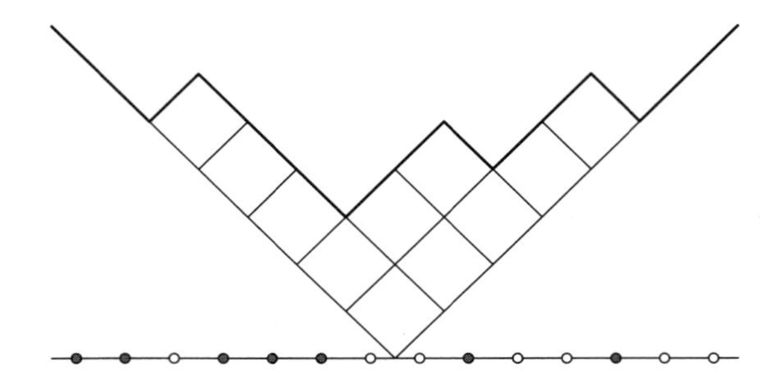

図 **6.3**　Frobenius 座標とマヤ図形

右上がりの部分を $\sqrt{2}$ の長さで区切った各線分 (+1 切片) の中点の x 座標を並べ挙げたものに等しい (図 6.3 の白丸 $\circ$). 図 6.3 を眺めれば次のことが読み取れる.

補題 6.2　$\lambda = (\lambda_1 \geqq \lambda_2 \geqq \cdots) = (a_1, \cdots, a_d \,|\, b_1, \cdots, b_d) \in \mathbb{Y}$ とする.
(1) $\{a_1, \cdots, a_d\} = M(\lambda) \cap \mathbb{N} - \frac{1}{2}, \quad \{-b_1, \cdots, -b_d\} = -M(\lambda') \cap -\mathbb{N} + \frac{1}{2}$.
(2) $M(\lambda) \sqcup (-M(\lambda')) = \mathbb{Z} + \frac{1}{2}$.
(3) $M(\lambda) \sqcup \{-b_1, \cdots, -b_d\} = -\mathbb{N} + \frac{1}{2} \sqcup \{a_1, \cdots, a_d\}$. ■

図 6.3 は $(1^3 3^1 5^1) \in \mathbb{Y}_{11}$ であるが, 一般に λ の箱全体と

$$\{(s,t) \in M(\lambda) \times (-M(\lambda')) \,|\, s > t\}$$

とが全単射対応をもつことに注意しよう. そのとき, $b \leftrightarrow (s,t)$ の対応のもとで, フック長は $h_\lambda(b) = s - t$ である. したがって, フック長の積の対数が

$$\log \prod_{b \in \lambda} h_\lambda(b) = \sum_{(s,t) \in M(\lambda) \times (-M(\lambda')) :\, s > t} \log(s - t)$$

と表示される. フック公式 (3.4.13) によれば, $\mathbb{Y}_n$ で $\dim \lambda$ が最大になるのはこの量が最小のときである. 後の (7.4.12) の右辺はまさにこの連続版を考えていることにほかならない.

$\lambda = (a_1, \cdots, a_d \,|\, b_1, \cdots, b_d) \in \mathbb{Y}$ に対し, a_i と $-b_i$ をそれぞれ極と零点にもつ有理関数を

$$\Phi(z; \lambda) = \prod_{i=1}^{d} \frac{z + b_i}{z - a_i}, \qquad z \in \mathbb{C} \tag{6.1.2}$$

とおく. $\varnothing$ の Frobenius 座標は考えないが, $\Phi(z; \varnothing) = 1$ と定めてもよい. さらに,

$$p_k(\lambda) = \sum_{i=1}^{d} (a_i^k + (-1)^{k-1} b_i^k), \qquad k \in \mathbb{N} \tag{6.1.3}$$

という Frobenius 座標の k 次多項式を導入する. (6.1.2) の対数の $1/z$ のべき乗展開を考えれば, その展開が (6.1.3) の $p_k(\lambda)$ を用いて表される:

$$\Phi(z;\lambda) = \prod_{i=1}^{d} \frac{1+(b_i/z)}{1-(a_i/z)} = \exp\Bigl(\sum_{k=1}^{\infty} \frac{p_k(\lambda)}{k} \frac{1}{z^k}\Bigr). \tag{6.1.4}$$

(6.1.4) は $|z|$ が十分大きい $z \in \mathbb{C}$ に対して成り立つ.

補題 6.3 $\lambda \in \mathbb{Y}$ に対し

$$\Phi(z;\lambda) = \prod_{i=1}^{\infty} \frac{z-(-i+\frac{1}{2})}{z-(\lambda_i - i + \frac{1}{2})}, \qquad z \in \mathbb{C} \tag{6.1.5}$$

が成り立つ. (6.1.5) の右辺が実際は有限積であることは明らかであろう.

証明 (6.1.2) の右辺の分母分子に $\displaystyle\prod_{c \in M(\lambda) \cap \mathbb{Z}^{\sharp}_{-}} (z-c)$ を補うと, 補題 6.2(3) によって分子の零点が $\mathbb{Z}^{\sharp}_{-}$ をうめ尽くすことがわかり, (6.1.5) の右辺を得る. ■

$\lambda \in \mathbb{Y}$ のプロファイルの谷底と山頂の x 座標を交互に並べた

$$x_1 < y_1 < x_2 < y_2 < \cdots < x_{r-1} < y_{r-1} < x_r, \qquad r \in \mathbb{N} \tag{6.1.6}$$

を λ の山谷座標と呼ぼう[2]. λ の谷座標 x_i と山座標 y_j をそれぞれ極と零点にもつ有理関数を

$$G(z;\lambda) = \frac{(z-y_1)\cdots(z-y_{r-1})}{(z-x_1)\cdots(z-x_r)}, \qquad z \in \mathbb{C} \tag{6.1.7}$$

とおく. 特に, $G(z;\varnothing) = 1/z$ である.

Young 図形の転置に伴う次の性質は容易に確かめられる.

補題 6.4 $\lambda \in \mathbb{Y}$, $z \in \mathbb{C}$ に対し,

$$\Phi(z;\lambda') = \frac{1}{\Phi(-z;\lambda)}, \qquad G(z;\lambda') = -G(-z;\lambda) \tag{6.1.8}$$

が成り立つ. ■

λ の山谷座標 (6.1.6) において最後の x_r がそれまでの $x_1, y_1, \cdots, x_{r-1}, y_{r-1}$ によって決まってしまうのは明らかである. 実際, 次の特徴づけが成り立つ.

---

[2] これは本書での仮の用語. 流通している名称はないと思う.

命題 6.5　(6.1.6) のように交互に並んだ $x_1, \cdots, x_r, y_1, \cdots, y_{r-1}$ の列がある $\lambda \in \mathbb{Y}$ の山谷座標になるためには, 次の 2 つの条件が必要十分である:

$$\sum_{i=1}^{r} x_i - \sum_{i=1}^{r-1} y_i = 0, \tag{6.1.9}$$

$$x_1, \cdots, x_r, y_1, \cdots, y_{r-1} \in \mathbb{Z}. \tag{6.1.10}$$

証明　$r = 1$ のときは $\varnothing \in \mathbb{Y}$ の山谷座標が $x_1 = 0$ であることを意味している.

$r \geqq 2$ とする. $\lambda \in \mathbb{Y}$ の山谷座標が (6.1.6), (6.1.10) をみたすのは自明である. λ のプロファイル中の右上がりの線分の長さの和は $\sqrt{2}(y_1 - x_1 + y_2 - x_2 + \cdots + y_{r-1} - x_{r-1})$ であり, それが $\sqrt{2}x_r$ に一致するから, (6.1.9) を得る.

(6.1.6) と (6.1.9) をみたす x_i, y_j をとる. $x_1 = (y_1 - x_2) + (y_2 - x_3) + \cdots + (y_{r-1} - x_r) < 0$ だから, 第 2 象限に第 1 の谷 $(x_1, -x_1)$ をとる. また,

$$\begin{aligned} x_j &= (y_1 - x_1) + \cdots + (y_{j-1} - x_{j-1}) + (y_j - x_{j+1}) + \cdots + (y_{r-1} - x_r) \\ &< (y_1 - x_1) + \cdots + (y_{j-1} - x_{j-1}), \qquad j \in \{2, \cdots, r-1\} \end{aligned} \tag{6.1.11}$$

が成り立つから, 第 j 谷座標 x_j が器 (グラフ $y = |x|$) の縁をはみ出さない (図 6.4). $j = r$ に対しては (6.1.11) は等号の $x_r = (y_1 - x_1) + \cdots + (y_{r-1} - x_{r-1})$ となり, 最後の第 r 谷がグラフ $y = x$ 上にのる. さらに (6.1.10) を課せば, すべての谷と山が格子点になり, それらを折れ線でつないで Young 図形のプロファイルが得られる. ■

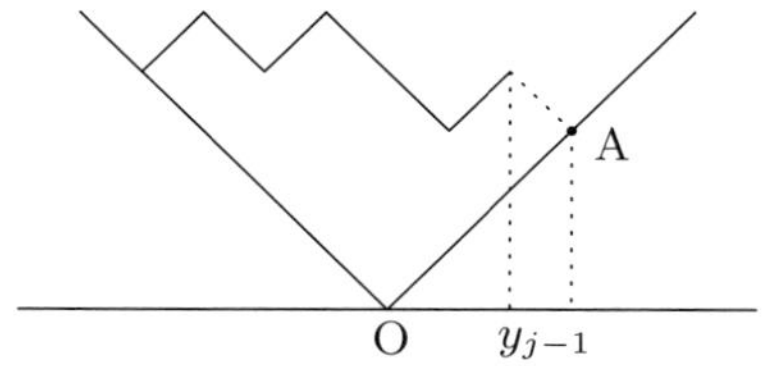

図 6.4　山谷座標からプロファイル: 線分 OA の長さが $\sqrt{2}(y_1 - x_1 + \cdots + y_{j-1} - x_{j-1})$

命題 6.6　$\lambda = (a_1, \cdots, a_d \,|\, b_1, \cdots, b_d) = (x_1 < y_1 < \cdots < y_{r-1} < x_r) \in \mathbb{Y}$ の Frobenius 座標に関する生成関数 $\Phi(z; \lambda)$ と山谷座標に関する生成関数 $G(z; \lambda)$ (それぞれ (6.1.2) と (6.1.7) で定義された) は, 次式で関係づけられる:

$$\frac{\Phi(z - \frac{1}{2}; \lambda)}{\Phi(z + \frac{1}{2}; \lambda)} = z\,G(z; \lambda), \qquad z \in \mathbb{C}. \tag{6.1.12}$$

証明 図 6.5 のように λ のプロファイルが y 軸を横切る位置関係によって (ア) から (エ) の場合に分け, Frobenius 座標による $\Phi(z;\lambda)$ の表式を山谷座標で書き直す作業を行う. 積を簡潔に表示するため, ガンマ関数を用いる.

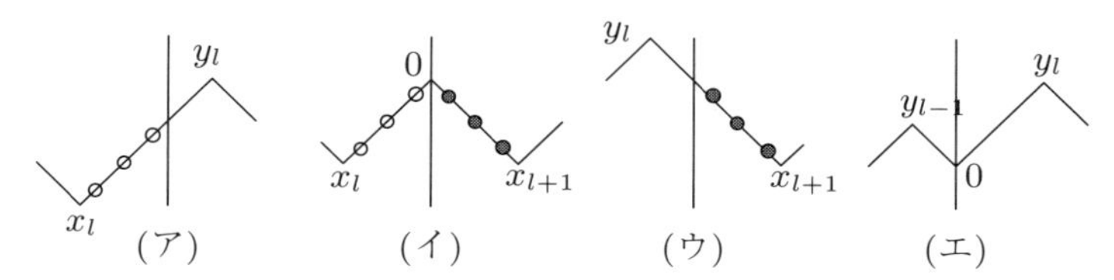

図 6.5 プロファイルと縦軸の交わり方: 黒丸と白丸はそれぞれ Frobenius 座標の a 系と $-b$ 系

(ア) 白丸で示された Frobenius 座標の (-1) 倍 ($-b$ 系) は, $x_l+\frac{1}{2},\cdots,-\frac{1}{2}$ だから, これに関わる積は

$$\prod(z+b_i)=(z-x_l-\frac{1}{2})(z-x_l-\frac{3}{2})\cdots(z+\frac{1}{2})=\frac{\Gamma(z-x_l+\frac{1}{2})}{\Gamma(z+\frac{1}{2})}. \qquad (6.1.13)$$

残りの一般の $-b$ 系は, それぞれの $j\in\{1,\cdots,l-1\}$ について $x_j+\frac{1}{2},\cdots,y_j-\frac{1}{2}$ だから, それに関わる積は

$$\prod(z+b_i)=(z-x_j-\frac{1}{2})(z-x_j-\frac{3}{2})\cdots(z-y_j+\frac{1}{2})=\frac{\Gamma(z-x_j+\frac{1}{2})}{\Gamma(z-y_j+\frac{1}{2})}.$$

一方, Frobenius 座標の a 系は, 一般にそれぞれの $j\in\{l,\cdots,r-1\}$ について $y_j+\frac{1}{2},\cdots,x_{j+1}-\frac{1}{2}$ だから, それに関わる積は

$$\prod\frac{1}{(z-a_i)}=\frac{1}{(z-y_j-\frac{1}{2})\cdots(z-x_{j+1}+\frac{1}{2})}=\frac{\Gamma(z-x_{j+1}+\frac{1}{2})}{\Gamma(z-y_j+\frac{1}{2})}. \qquad (6.1.14)$$

(6.1.13) - (6.1.14) により,

$$\Phi(z;\lambda)=\prod_{i=1}^{d}\frac{z+b_i}{z-a_i}=\frac{\Gamma(z-x_l+\frac{1}{2})}{\Gamma(z+\frac{1}{2})}\prod_{j=1}^{l-1}\frac{\Gamma(z-x_j+\frac{1}{2})}{\Gamma(z-y_j+\frac{1}{2})}\prod_{j=l}^{r-1}\frac{\Gamma(z-x_{j+1}+\frac{1}{2})}{\Gamma(z-y_j+\frac{1}{2})}$$

$$=\frac{\prod_{j=1}^{r}\Gamma(z-x_j+\frac{1}{2})}{\Gamma(z+\frac{1}{2})\prod_{j=1}^{r-1}\Gamma(z-y_j+\frac{1}{2})}. \qquad (6.1.15)$$

(イ) 白丸の $-b$ 系は $x_l+\frac{1}{2},\cdots,-\frac{1}{2}$, 黒丸の a 系は $\frac{1}{2},\cdots,x_{l+1}-\frac{1}{2}$. しかし, $y_l=0$ だから, $\frac{1}{2}=y_l+\frac{1}{2}$, $-\frac{1}{2}=y_l-\frac{1}{2}$ となって, 結局一般の a 系, $-b$ 系と同じ

式で表される．したがって

$$\Phi(z;\lambda)=\prod_{j=1}^{l}\frac{\Gamma(z-x_j+\frac{1}{2})}{\Gamma(z-y_j+\frac{1}{2})}\prod_{j=l}^{r-1}\frac{\Gamma(z-x_{j+1}+\frac{1}{2})}{\Gamma(z-y_j+\frac{1}{2})}=\frac{\prod_{j=1}^{r}\Gamma(z-x_j+\frac{1}{2})}{\Gamma(z+\frac{1}{2})\prod_{j=1}^{r-1}\Gamma(z-y_j+\frac{1}{2})}.$$

(ウ) は (ア) と同様[3]．(エ) は $x_l=0$ を使って (イ) と同様．つまり (6.1.15) がいつも成り立つ．

$z\mapsto z\pm\frac{1}{2}$ とおいて

$$\Phi(z+\frac{1}{2};\lambda)=\frac{\prod_{j=1}^{r}\Gamma(z-x_j+1)}{\Gamma(z+1)\prod_{j=1}^{r-1}\Gamma(z-y_j+1)}=\frac{\prod_{j=1}^{r}(z-x_j)\prod_{j=1}^{r}\Gamma(z-x_j)}{z\Gamma(z)\prod_{j=1}^{r-1}(z-y_j)\prod_{j=1}^{r-1}\Gamma(z-y_j)},$$

$$\Phi(z-\frac{1}{2};\lambda)=\frac{\prod_{j=1}^{r}\Gamma(z-x_j)}{\Gamma(z)\prod_{j=1}^{r-1}\Gamma(z-y_j)}.$$

この比をとれば (6.1.12) が得られる．■

6.2　Kerov 推移測度

本節では，Young 図形の山谷座標を通して $\mathbb{R}$ 上の Kerov 推移測度と Rayleigh 測度を導入する．ともにサイズを大きくする極限移行に際して有効な Young 図形の記述の仕方である．このような

Young 図形 $\longrightarrow$ 座標 ($\mathbb{R}$ 上の点配置) $\longrightarrow$ $\mathbb{R}$ 上の測度

という認識は，本書での対称群の漸近理論の扱いにおいて骨子となる考え方である．Young 図形 (のプロファイル) を少し広げたクラスでそれらの測度を定義する．

定義 6.7　次の条件をみたす $\lambda:\mathbb{R}\longrightarrow\mathbb{R}$ やそのグラフを折れ線図形と呼ぶ[4]．

(i) λ は連続で区分的に 1 次関数．　(ii) 有限個の点を除いて $\lambda'(x)=\pm1$.

(iii) $|x|$ が十分大きければ $\lambda(x)=|x|$.

---

[3] (6.1.8) を使ってもよい．

[4] 本書での仮の訳語である．

折れ線図形全体を $\mathbb{D}_0$ で表す. $\lambda'(x)$ の符号の変り目の点は $\lambda(x)$ のグラフの谷と山をなす. Young 図形のプロファイルは, 折れ線図形であってこの谷と山が格子点になっているものにほかならない. この意味で $\mathbb{Y} \subset \mathbb{D}_0$ とみなす. $\mathbb{D}_0$ の元の山谷座標も Young 図形と同じく (6.1.6) のように表す. $\lambda \in \mathbb{D}_0$ に対しても, (6.1.7) によって有理関数 $G(z;\lambda)$ を定める. □

命題 6.8 (6.1.6) の $x_1, y_1, \cdots, y_{r-1}, x_r$ がある $\lambda \in \mathbb{D}_0$ の山谷座標であるための必要十分条件が (6.1.9) で与えられる.

証明 命題 6.5 の証明が通用する. 実際, その証明では整数条件 (6.1.10) は最後の段階でのみ用いられた. ■

補題 6.9 $\lambda = (x_1 < y_1 < \cdots < y_{r-1} < x_r) \in \mathbb{D}_0$ に対し, 次式が成り立つ. ただし, $'$ は超関数の意味の微分である[5]:

$$\frac{1}{2}\lambda''(x) = \sum_{i=1}^{r} \delta_{x_i} - \sum_{i=1}^{r-1} \delta_{y_i}, \tag{6.2.1}$$

$$\Big(\frac{\lambda(x) - |x|}{2}\Big)'' = \sum_{i=1}^{r} \delta_{x_i} - \sum_{i=1}^{r-1} \delta_{y_i} - \delta_0. \tag{6.2.2}$$

証明 $\theta(x) = -1_{(-\infty,0)}(x) + 1_{(0,\infty)}(x)$ とおく ($x = 0$ での値は任意) と, $|x|' = \theta(x)$, $\theta'(x) = 2\delta_0(x)$ が成り立つ. これから, (6.2.1), (6.2.2) も導かれる. (6.2.2) の形は, 左辺の $(\lambda(x) - |x|)/2$ がコンパクトな台をもつのが利点である. ■

$\lambda = (x_1 < y_1 < \cdots < y_{r-1} < x_r) \in \mathbb{D}_0$ に対して

$$\tau_\lambda = \sum_{i=1}^{r} \delta_{x_i} - \sum_{i=1}^{r-1} \delta_{y_i} \tag{6.2.3}$$

で定義される $\mathbb{R}$ 上の $\mathbb{R}$ 値測度 (あるいは実測度, 符号つき測度) を λ の Rayleigh 測度と呼ぶ[6]. $\lambda \mapsto \tau_\lambda$ が単射であるのは明らかである. Rayleigh 測度を通して $\mathbb{D}_0$ が $\mathbb{R}$ 上の $\mathbb{R}$ 値測度全体の空間にうめ込まれる.

$\mathbb{R}$ 上の $\mathbb{R}$ 値測度に対しても定義 4.11 のモーメントの記号を用いる.

補題 6.10 $\lambda = (x_1 < y_1 < \cdots < y_{r-1} < x_r) \in \mathbb{D}_0$ に対し, 次式が成り立つ[7]:

---

5) A.1 節の終りのあたりを参照. Heaviside 関数の微分がデルタ測度になることを部分積分を通して納得すれば, さしあたっては十分である.

6) $\tau_\lambda(\mathbb{R}) = 1$ だから, 確率解釈にこだわらなければ $\mathbb{R}$ 値確率測度と言えなくもない.

7) $\delta_s(x)dx = \delta_s(dx)$ 等, 超関数と測度の記号が混在するが, 紛れはないであろう.

$$M_k(\tau_\lambda) = \sum_{i=1}^{r} x_i^k - \sum_{i=1}^{r-1} y_i^k, \qquad k \in \mathbb{N} \sqcup \{0\}, \tag{6.2.4}$$
$$= \int_{-\infty}^{\infty} x^k \Big(\frac{\lambda(x)-|x|}{2}\Big)'' dx, \qquad k \in \mathbb{N}. \tag{6.2.5}$$

証明　(6.2.4) は (6.2.3) の定義から直ちに出る. δ_0 は正のモーメントに貢献しないので, (6.2.5) も (6.2.2) からしたがう. ■

系 6.11　(1) $\lambda \in \mathbb{D}_0$ に対し, $M_0(\tau_\lambda)=1$, $M_1(\tau_\lambda)=0$.
(2) $\lambda \in \mathbb{Y}$ に対し, $M_2(\tau_\lambda) = 2|\lambda|$.

証明 (1) は (6.2.4) と命題 6.8 による. (6.2.5) から部分積分によって

$$M_2(\tau_\lambda) = \int_{-\infty}^{\infty} x^2 \Big(\frac{\lambda(x)-|x|}{2}\Big)'' dx = -\int_{-\infty}^{\infty} 2x \Big(\frac{\lambda(x)-|x|}{2}\Big)' dx$$
$$= \int_{-\infty}^{\infty} (\lambda(x)-|x|) dx = 2|\lambda|$$

(箱の数が $|\lambda|$ で, 1 箱あたりの面積が $\sqrt{2}\times\sqrt{2}=2$) となり, (2) を得る. ■

命題 6.12　$\lambda \in \mathbb{D}_0$ に対し, Rayleigh 測度 τ_λ から λ を次式で復元できる:

$$\lambda(u) = \int_{-\infty}^{\infty} |u-x| \tau_\lambda(dx). \tag{6.2.6}$$

証明　$|u-x|$ は C^∞ 級関数でないので注意が必要である. $\mathrm{supp}\,(\lambda(x)-|x|) \subset [-a,a]$ なる $a>0$ をとる. $(\lambda(x)-|x|)'$ は有界変動関数, $(\lambda(x)-|x|)''$ は $\mathbb{R}$ 値測度であり, ともに $[-a,a]$ にのる. $u \in [-a,a]$ のとき,

$$\int_{[-a,a]} \Big(\frac{\lambda(x)-|x|}{2}\Big)'' |u-x| dx$$
$$= \int_{[-a,u]} \Big(\frac{\lambda(x)-|x|}{2}\Big)'' (u-x) dx + \int_{[u,a]} \Big(\frac{\lambda(x)-|x|}{2}\Big)'' (x-u) dx. \tag{6.2.7}$$

ここで, (6.2.7) の第 1 項は

$$= \int_{[-a,u]} \Big(\frac{\lambda(x)-|x|}{2}\Big)'' \Big(\int_x^u dy\Big) dx = \int_{[-a,u]} \Big(\int_{[-a,y]} \Big(\frac{\lambda(x)-|x|}{2}\Big)'' dx\Big) dy$$
$$= \int_{[-a,u]} \Big(\frac{\lambda(y)-|y|}{2}\Big)' dy = \frac{\lambda(u)-|u|}{2}.$$

同様に, 第 2 項は

$$= \int_{[u,a]} \Big(\frac{\lambda(x)-|x|}{2}\Big)'' \Big(\int_u^x dy\Big) dx = \frac{\lambda(u)-|u|}{2}.$$

ゆえに, (6.2.7) は $\lambda(u)-|u|$ に等しい. $u>a$ のときは, (6.2.7) の第 1 項のみ考えて $(\lambda(a)-|a|)/2=0$ となり, $u<a$ のときも同じく, (6.2.7) の第 2 項のみを考えればよい. どの場合も, (6.2.7) は $\lambda(u)-|u|$ に等しい. このことに $\displaystyle\int_{-\infty}^{\infty}|u-x|\delta_0(x)dx=|u|$ をあわせれば, (6.2.6) を得る. ■

補題 6.13 (6.1.6) をみたす x_i, y_i に対して

$$\frac{(z-y_1)\cdots(z-y_{r-1})}{(z-x_1)\cdots(z-x_r)}=\frac{\mu_1}{z-x_1}+\cdots+\frac{\mu_r}{z-x_r}, \tag{6.2.8}$$

$$\mu_i=\frac{(x_i-y_1)\cdots(x_i-y_{r-1})}{(x_i-x_1)\cdots(x_i-x_{i-1})(x_i-x_{i+1})\cdots(x_i-x_r)}, \quad i\in\{1,\cdots,r\} \tag{6.2.9}$$

という部分分数分解がなされ, μ_i は次式をみたす:

$$\mu_i>0, \qquad \mu_1+\cdots+\mu_r=1. \tag{6.2.10}$$

証明 (6.2.8), (6.2.9) の分解ができるのはよいであろう. (6.1.6) の条件から (6.2.9) の分母と分子で負の因子の数が等しいので, $\mu_i>0$ がしたがう. (6.2.8) の両辺に z をかけて $z\to\infty$ とすれば, (6.2.10) を得る. ■

(6.2.8)–(6.2.10) の x_i, μ_i を用いて $\mathbb{R}$ 上の確率測度

$$\mu=\sum_{i=1}^{r}\mu_i\delta_{x_i} \tag{6.2.11}$$

を考える. (6.2.8) は

$$\frac{(z-y_1)\cdots(z-y_{r-1})}{(z-x_1)\cdots(z-x_r)}=\int_{-\infty}^{\infty}\frac{1}{z-x}\mu(dx) \tag{6.2.12}$$

となる. (6.2.12) の右辺は μ の Stieltjes 変換 $G_\mu(z)$ である[8]. G_μ は $\mathbb{C}\setminus\operatorname{supp}\mu$ で正則であり, $|z|$ が十分大きい領域で

$$G_\mu(z)=\frac{1}{z}\int_{-\infty}^{\infty}\frac{1}{1-\frac{x}{z}}\mu(dx)=\sum_{n=0}^{\infty}M_n(\mu)\frac{1}{z^{n+1}}$$

と展開される. これと (6.2.12) の左辺の z 倍の対数の $1/z$ のべき乗展開

$$\begin{aligned}\log\frac{z(z-y_1)\cdots(z-y_{r-1})}{(z-x_1)\cdots(z-x_r)}&=\sum_{i=1}^{r-1}\log(1-\frac{y_i}{z})-\sum_{i=1}^{r}\log(1-\frac{x_i}{z})\\&=\sum_{k=1}^{\infty}\frac{1}{k}\Big(\sum_{i=1}^{r}x_i^k-\sum_{i=1}^{r-1}y_i^k\Big)\frac{1}{z^k}\end{aligned}$$

を比べれば,

---

8) (4.2.2) 参照.

$$\sum_{n=0}^{\infty} M_n(\mu)\frac{1}{z^n} = \exp\Big\{\sum_{k=1}^{\infty}\frac{1}{k}\Big(\sum_{i=1}^{r} x_i^k - \sum_{i=1}^{r-1} y_i^k\Big)\frac{1}{z^k}\Big\}$$

となる. $n = 0, 1$ の項を書くと, $M_0(\mu) = 1$ および

$$M_1(\mu) = \sum_{i=1}^{r} x_i - \sum_{i=1}^{r-1} y_i. \tag{6.2.13}$$

$\lambda = (x_1 < y_1 < \cdots < y_{r-1} < x_r) \in \mathbb{D}_0$ に対して (6.2.11) で定まる確率測度

$$\mathfrak{m}_\lambda = \sum_{i=1}^{r} \mu_i \delta_{x_i} \tag{6.2.14}$$

を λ の Kerov 推移測度あるいは単に推移測度と呼ぶ[9]. 推移測度 $\mathfrak{m}_\lambda$ は

$$G(z;\lambda) = G_{\mathfrak{m}_\lambda}(z) \tag{6.2.15}$$

で特徴づけられる. すなわち, λ の山谷座標の生成関数が $\mathfrak{m}_\lambda$ の Stieltjes 変換に一致する. $\lambda \in \mathbb{D}_0$ の推移測度 $\mathfrak{m}_\lambda$ に対しても, (6.2.12)– (6.2.13) の μ を $\mathfrak{m}_\lambda$ に置き換えた式が当然成り立つが, Rayleigh 測度に関する (6.2.4) を用いれば, 次のように言える.

命題 6.14　$\lambda \in \mathbb{D}_0$ の推移測度と Rayleigh 測度のモーメント列は

$$\sum_{n=0}^{\infty} M_n(\mathfrak{m}_\lambda)\frac{1}{z^n} = \exp\Big\{\sum_{k=1}^{\infty}\frac{M_k(\tau_\lambda)}{k}\frac{1}{z^k}\Big\} \tag{6.2.16}$$

をみたす. したがって $\{M_n(\mathfrak{m}_\lambda)\}$ と $\{M_k(\tau_\lambda)\}$ は互いに他方の多項式で表される関係にある. 特に $M_0(\mathfrak{m}_\lambda) = M_0(\tau_\lambda) = 1$, $M_1(\mathfrak{m}_\lambda) = M_1(\tau_\lambda) = 0$ であり, さらに $n = 2$ の項を比べると

$$M_2(\mathfrak{m}_\lambda) = \frac{1}{2}M_2(\tau_\lambda)\ (= |\lambda| \iff \lambda \in \mathbb{Y}) \tag{6.2.17}$$

が成り立つ[10]. ■

(6.2.16) は, 推移測度 $\mathfrak{m}_\lambda$ のモーメント列と Rayleigh 測度 τ_λ のモーメント列が完全対称関数とべき和対称関数を結ぶのと同一の関係式によってつながっていることを示す (注意 3.30 参照). このような対称関数の観点には, 本章の後半でもっと詳しく立ち入る.

---

[9] この測度と 5.3 節の Plancherel 成長過程の推移確率との関係を後に見る (注意 6.17). そうすれば推移測度の名称は自然である.

[10] (6.2.17) の第 2 等号は系 6.11(2) による.

命題 6.15 $\lambda \mapsto \mathfrak{m}_\lambda$ は $\mathbb{D}_0$ から $\mathbb{R}$ 上の平均 0 であって有限集合を台にもつ確率測度全体への全単射を与える.

証明 $\mathbb{R}$ 上の平均 0 で有限集合を台にもつ確率測度は

$$\mu = \sum_{i=1}^{r} \mu_i \delta_{x_i}, \qquad x_1 < \cdots < x_r, \quad \mu_i > 0, \quad \sum_{i=1}^{r} \mu_i = 1, \quad \sum_{i=1}^{r} x_i \mu_i = 0$$

と表される. このとき,

$$\frac{\mu_1}{z - x_1} + \cdots + \frac{\mu_r}{z - x_r} = \frac{f(z)}{(z - x_1) \cdots (z - x_r)}$$

によって $\mathbb{R}$ 係数の $(r-1)$ 次多項式 $f(z)$ を定める. μ_i の和が 1 だから, $f(z)$ はモニック (最高次の係数が 1) である. $z = x_1, \cdots, x_r$ における値を見ていくと,

$$\begin{aligned}
f(x_1) &= \mu_1(x_1 - x_2) \cdots (x_1 - x_r) \\
f(x_2) &= \mu_2(x_2 - x_1)(x_2 - x_3) \cdots (x_2 - x_r) \\
\cdots & \quad \cdots \\
f(x_r) &= \mu_r(x_r - x_1) \cdots (x_r - x_{r-1})
\end{aligned}$$

となってこれらは交互に符号がかわるので, x_i たちの間に $r-1$ 個の零点が存在する: $f(z) = (z - y_1) \cdots (z - y_{r-1})$, $x_1 < y_1 < x_2 < \cdots < x_{r-1} < y_{r-1} < x_r$. こうして (6.2.8) が得られたので, (6.2.13) により

$$\sum_{i=1}^{r} x_i - \sum_{i=1}^{r-1} y_i = M_1(\mu) = 0.$$

ゆえに命題 6.8 により, $x_1 < y_1 < \cdots < y_{r-1} < x_r$ を山谷座標にもつ $\lambda \in \mathbb{D}_0$ が決まる. この $\mu \mapsto \lambda$ が $\lambda \mapsto \mathfrak{m}_\lambda$ の逆写像を与えることは作り方からわかる. ■

Young 図形 λ に対し, λ を分類ラベルにもつ対称群の既約表現と Kerov 推移測度 $\mathfrak{m}_\lambda$ との間に成り立つ関係を見よう. $\lambda \in \mathbb{Y}_n$ とすると, $\lambda \nearrow \mu$ なる $\mu \in \mathbb{Y}_{n+1}$ は, λ の谷に 1 つ箱を積んでできる Young 図形であった.

補題 6.16 $\lambda = (x_1 < y_1 < \cdots < y_{r-1} < x_r) \in \mathbb{Y}_n$ の第 i 谷 (x 座標が x_i) に 1 つ箱を積んでできる Young 図形を $\mu^{(i)}$ とおくと, 次式が成り立つ:

$$\mathfrak{m}_\lambda(\{x_i\}) = \frac{\dim \mu^{(i)}}{(n+1) \dim \lambda}, \qquad i \in \{1, \cdots, r\}. \tag{6.2.18}$$

証明 (6.2.18) の右辺をフック公式 (3.4.13) を用いて表した

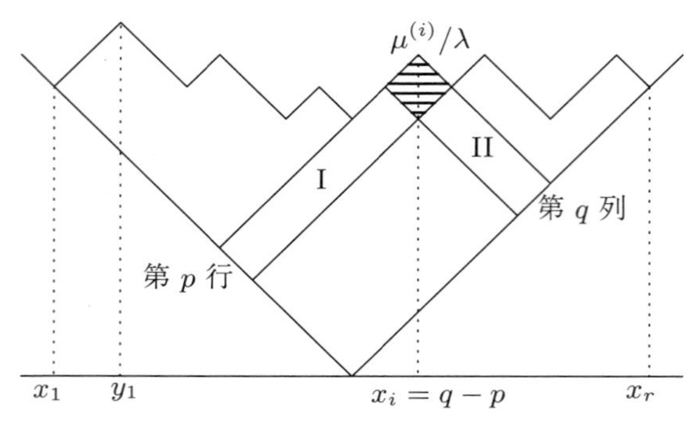

図 6.6　山谷座標とフック長の比

$$\prod_{b\in\lambda} h_\lambda(b) \Big/ \prod_{b\in\mu^{(i)}} h_{\mu^{(i)}}(b)$$

を山谷座標を使って書き直す. 箱 $\mu^{(i)}/\lambda$ の容量 $c(\mu^{(i)}/\lambda)$ は, λ の第 i 谷の x 座標 x_i に等しいことに注意する[11]. λ と $\mu^{(i)}$ とで, フックが異なる箱は図 6.6 のゾーン I (λ の第 p 行) とゾーン II (λ の第 q 列) にあるもののみである. 他の箱に関するフック長は, (6.2.18) の右辺の分子／分母で打ち消し合う. まず, $i \in \{2, \cdots, r\}$ としてゾーン I の箱について考える. λ の行列番号 (j,k) の箱のフック長を $h_\lambda(j,k)$ で表す. ゾーン I にある箱に対して $h_{\mu^{(i)}}, h_\lambda$ の値を書く. 最短行長が $y_1 - x_1$ であることに注意して[12],

$$\begin{aligned}
&h_{\mu^{(i)}}(p,1) = x_i - x_1,\\
&h_{\mu^{(i)}}(p,2) = h_\lambda(p,1),\\
&\cdots\\
&h_{\mu^{(i)}}(p, y_1 - x_1) = h_\lambda(p, y_1 - x_1 - 1),\\
&h_\lambda(p, y_1 - x_1) = x_i - y_1,\\
&h_{\mu^{(i)}}(p, y_1 - x_1 + 1) = x_i - x_2,
\end{aligned}$$

等々と続く. これにより,

$$\frac{\displaystyle\prod_{b\in \text{ ゾーン I}} h_\lambda(b)}{\displaystyle\prod_{b\in \text{ ゾーン I}} h_{\mu^{(i)}}(b)} = \frac{x_i - y_1}{x_i - x_1} \cdots \frac{x_i - y_{i-1}}{x_i - x_{i-1}}. \tag{6.2.19}$$

---

11) 図 2.3 参照.

12) 行長は箱の数. xy 座標平面での長さはこの $\sqrt{2}$ 倍である.

ゾーン II での考察は, 転置した λ', $\mu^{(i)\prime}$ に対するゾーン I での場合に帰着される. λ' の山谷座標が $-x_r < -y_{r-1} < \cdots < -y_1 < -x_1$ であるから,

$$\frac{\prod_{b\in\text{ゾーン II}} h_\lambda(b)}{\prod_{b\in\text{ゾーン II}} h_{\mu^{(i)}}(b)} = \frac{-x_i-(-y_{r-1})}{-x_i-(-x_r)}\cdots\frac{-x_i-(-y_i)}{-x_i-(-x_{i+1})}$$
$$= \frac{x_i-y_i}{x_i-x_{i+1}}\cdots\frac{x_i-y_{r-1}}{x_i-x_r}. \tag{6.2.20}$$

(6.2.19), (6.2.20) の積を $\mathfrak{m}_\lambda$ の定義 (6.2.14), (6.2.9) と比べ, (6.2.18) を得る. ■

注意 6.17 (5.3.14), (6.2.18) および $\mathfrak{m}_\lambda$ が確率であることが整合している. 推移測度 $\mathfrak{m}_\lambda$ はまさに (5.3.18) の Plancherel 成長過程の推移確率である.

$\mathbb{C}[\mathfrak{S}_{n+1}]$ から $\mathbb{C}[\mathfrak{S}_n]$ への自然な射影 E_n:

$$E_n x = \begin{cases} x, & x\in\mathfrak{S}_n, \\ 0, & x\notin\mathfrak{S}_n \end{cases}$$

を考える ($\mathbb{C}[\mathfrak{S}_{n+1}]$ には線型に延ばす). $a\in\mathbb{C}[\mathfrak{S}_n]$, $b\in\mathbb{C}[\mathfrak{S}_{n+1}]$ に対し,

$$E_n(ab) = aE_n(b), \qquad E_n(ba) = E_n(b)a \tag{6.2.21}$$

が成り立つ[13]. $\mathbb{C}[\mathfrak{S}_{n+1}]$ の Jucys–Murphy 元 X_{n+1} を考えると (定義 2.4), X_{n+1} は $\mathfrak{S}_n$ と可換だから, 任意の $k\in\mathbb{N}$ に対して $E_n(X_{n+1}^k)$ は $\mathbb{C}[\mathfrak{S}_n]$ の中心 Z_n に属する. $E'_n : \mathbb{C}[\mathfrak{S}_n] \longrightarrow \mathbb{C}[\mathfrak{S}_{n+1}]$ を $\mathfrak{S}_{n+1}\setminus\mathfrak{S}_n$ では値 0 で拡張する写像とすると, $a\in\mathbb{C}[\mathfrak{S}_n]$, $b\in\mathbb{C}[\mathfrak{S}_{n+1}]$ に対し,

$$\sum_{x\in\mathfrak{S}_n}\overline{a(x)}(E_n b)(x) = \sum_{y\in\mathfrak{S}_{n+1}}\overline{(E'_n a)(y)}b(y)$$

が成り立つ. (1.2.1) で群の表現を群環に延ばしたのと同じく, 指標も群環上で定義しておく: $a\in\mathbb{C}[\mathfrak{S}_n]$, $\lambda\in\mathbb{Y}_n$ に対し,

$$\chi^\lambda(a) = \operatorname{tr}T^\lambda(a) = \operatorname{tr}\widehat{a}(\lambda) = \operatorname{tr}\sum_{x\in\mathfrak{S}_n}a(x)T^\lambda(x) = \sum_{x\in\mathfrak{S}_n}a(x)\chi^\lambda(x).$$

χ^λ を正規化した $\tilde{\chi}^\lambda = \chi^\lambda/\dim\lambda$ は $\mathbb{C}[\mathfrak{S}_n]$ の状態である. 補題 5.29 と同じく,

$$\chi^\lambda(a^*a) = \sum_{x,y\in\mathfrak{S}_n}\overline{a(x)}a(y)\chi^\lambda(x^{-1}y) = \operatorname{tr}(\widehat{a}(\lambda)^*\widehat{a}(\lambda)) \geqq 0$$

---

13) (6.2.21) は条件つき平均の性質である. E という記号もそのことによる.

から正値性もわかる.

補題 6.18　補題 6.16 の記号のもとで, $\lambda = (x_1 < y_1 < \cdots < y_{r-1} < x_r) \in \mathbb{Y}_n$ に対して次式が成り立つ:

$$\tilde{\chi}^\lambda(E_n(X_{n+1}^k)) = \sum_{i=1}^r x_i^k \frac{\dim \mu^{(i)}}{(n+1)\dim\lambda}, \qquad k \in \mathbb{N}. \tag{6.2.22}$$

証明　λ に対応する $\mathbb{C}[\mathfrak{S}_n]$ の極小中心射影を p_λ と書く. (1.2.18) により, $b \in \mathbb{C}[\mathfrak{S}_{n+1}]$ に対し,

$$\begin{aligned}\chi^\lambda(E_n b) &= \sum_{x\in\mathfrak{S}_n} (E_n b)(x)\chi^\lambda(x) = \frac{|\mathfrak{S}_n|}{\dim\lambda}\sum_{x\in\mathfrak{S}_n}(E_n b)(x)\overline{p_\lambda(x)} \\ &= \frac{|\mathfrak{S}_n|}{\dim\lambda}\sum_{y\in\mathfrak{S}_{n+1}}\overline{(E_n' p_\lambda)(y)}b(y) = \frac{|\mathfrak{S}_n|\,|\mathfrak{S}_{n+1}|}{\dim\lambda}\langle E_n' p_\lambda, b\rangle_{L^2(\mathfrak{S}_{n+1})}.\end{aligned}$$

Plancherel の公式 (1.2.7) を用いて続けると,

$$= \frac{|\mathfrak{S}_n|\,|\mathfrak{S}_{n+1}|}{\dim\lambda}\sum_{\mu\in\mathbb{Y}_{n+1}}\frac{\dim\mu}{|\mathfrak{S}_{n+1}|^2}\operatorname{tr}(\widehat{b}(\mu)\widehat{E_n' p_\lambda}(\mu)^*). \tag{6.2.23}$$

ここで, 命題 1.35 により,

$$\widehat{E_n' p_\lambda}(\mu) = \sum_{y\in\mathfrak{S}_{n+1}}(E_n' p_\lambda)(y)T^\mu(y) = \sum_{x\in\mathfrak{S}_n}p_\lambda(x)T^\mu|_{\mathfrak{S}_n}(x) = T^\mu|_{\mathfrak{S}_n}(p_\lambda)$$

は $T^\mu|_{\mathfrak{S}_n}$ の λ-成分への射影である. $\widehat{b}(\mu) = T^\mu(b)$ も用いると[14],

$$(6.2.23) = \frac{1}{(n+1)\dim\lambda}\sum_{\mu\in\mathbb{Y}_{n+1}}\dim\mu\,\operatorname{tr}(T^\mu(b)T^\mu(p_\lambda)).$$

今, $b = X_{n+1}^k$ とおくと, Jucys–Murphy 作用素のスペクトル分解 (2.4.7) により, $T^\mu(X_{n+1}^k)$ は $\lambda \nearrow \mu$ なる $\operatorname{Ran} T^\mu(p_\lambda)$ 上ではスカラー $c(\mu/\lambda)^k$ で作用し, そうでないときは, $\operatorname{Ran} T^\mu(p_\lambda)$ 上では 0 になる. したがって,

$$\begin{aligned}\chi^\lambda(E_n X_{n+1}^k) &= \frac{1}{(n+1)\dim\lambda}\sum_{i=1}^r \dim\mu^{(i)}\,c(\mu^{(i)}/\lambda)^k \operatorname{tr} T^{\mu^{(i)}}(p_\lambda) \\ &= \sum_{i=1}^r \frac{1}{n+1}x_i^k \dim\mu^{(i)}.\end{aligned} \tag{6.2.24}$$

ただし, 第 2 等号は, $c(\mu^{(i)}/\lambda) = x_i$ と $\operatorname{tr} T^{\mu^{(i)}}(p_\lambda) = \dim\lambda$ による. (6.2.24) の両辺を $\dim\lambda$ で割れば, (6.2.22) が得られる. ■

---

[14] p_λ は自己共役である: (1.2.19).

補題 6.16 と補題 6.18 を合せて, Jucys–Murphy 元と推移測度を結ぶ次の等式が示された.

定理 6.19 $\lambda \in \mathbb{Y}_n$ に対し, $\tilde{\chi}^\lambda(E_n(X_{n+1}^k)) = M_k(\mathfrak{m}_\lambda)$ $(k \in \mathbb{N})$ が成り立つ. ■

定理 3.35 において, 対称群の既約指標のサイクルでの値を表示する式 (3.4.15) を得た. (3.4.15) では Young 図形が行長の組で書かれている. これを Frobenius 座標さらに山谷座標を用いた表式に書き換えよう.

$\lambda \in \mathbb{Y}_n$, $k \in \mathbb{N}$ に対し, 既約指標 χ^λ の k-サイクルでの値を使って

$$\Sigma_k(\lambda) = \begin{cases} n^{\downarrow k}\tilde{\chi}^\lambda_{(k,1^{n-k})}, & n \geqq k \\ 0, & n < k \end{cases} \tag{6.2.25}$$

とおく. ただし, 次のように降階乗べきを表す[15]:

$$x^{\downarrow k} = x(x-1)\cdots(x-k+1), \qquad k \in \mathbb{N}. \tag{6.2.26}$$

定理 6.20 $\lambda \in \mathbb{Y}$, $k \in \mathbb{N}$ に対し,

$$\Sigma_k(\lambda) = -\frac{1}{k}[z^{-1}]\Big\{z^{\downarrow k}\frac{\Phi(z+\frac{1}{2};\lambda)}{\Phi(z-k+\frac{1}{2};\lambda)}\Big\} \tag{6.2.27}$$

$$= -\frac{1}{k}[z^{-1}]\Big\{\frac{1}{G_{\mathfrak{m}_\lambda}(z)G_{\mathfrak{m}_\lambda}(z-1)\cdots G_{\mathfrak{m}_\lambda}(z-k+1)}\Big\}. \tag{6.2.28}$$

証明 [Step 1] $|\lambda| = n < k$ ならば (6.2.27) の右辺が 0 であることを示す. Frobenius 座標によって $\lambda = (a_1, \cdots, a_d \,|\, b_1, \cdots, b_d)$ と表示すると,

$$z^{\downarrow k}\frac{\Phi(z+\frac{1}{2};\lambda)}{\Phi(z-k+\frac{1}{2};\lambda)} = z^{\downarrow k}\prod_{i=1}^{d}\frac{z+\frac{1}{2}+b_i}{z+\frac{1}{2}-a_i}\cdot\frac{z-k+\frac{1}{2}-a_i}{z-k+\frac{1}{2}+b_i}. \tag{6.2.29}$$

(6.2.29) の極はすべて整数であって, $a_1 + b_1 \leqq |\lambda| = n < k$ だから

$$0 \leqq a_d - \frac{1}{2} < \cdots < a_1 - \frac{1}{2} < -b_1 + k - \frac{1}{2} < \cdots < -b_d + k - \frac{1}{2} \leqq k-1$$

というふうに並んでいる. したがって, $z(z-1)\cdots(z-k+1)$ をかけるとキャンセルされ, (6.2.29) は z の多項式である.

[Step 2] $|\lambda| = n \geqq k$ として, (6.2.27) を示す. (3.4.15) により,

$$\Sigma_k(\lambda) = -\frac{1}{k}[z^{-1}]\Big\{z^{\downarrow k}\prod_{i=1}^{n}\frac{z-k-(\lambda_i+n-i)}{z-(\lambda_i+n-i)}\Big\}.$$

---

15) $x^{\downarrow k}$ でなく $x^{\underline{k}}$ も使われる. 昇階乗べき $x^{\uparrow k}$ または $x^{\overline{k}}$ の定義も明らかであろう.

一方, (6.1.5) により

$$\Phi(z-n+\frac{1}{2};\lambda)=\prod_{i=1}^{n}\frac{z-n+i}{z-n-\lambda_i+i},\quad \Phi(z-n-k+\frac{1}{2};\lambda)=\prod_{i=1}^{n}\frac{z-n-k+i}{z-n-k-\lambda_i+i}$$

($\lambda_{n+1}=0$ だから積の上端は n でよい) と書けるから,

$$\frac{\Phi(z-n+\frac{1}{2};\lambda)}{\Phi(z-n-k+\frac{1}{2};\lambda)}=\prod_{i=1}^{n}\frac{z-n+i}{z-n-k+i}\cdot\prod_{i=1}^{n}\frac{z-k-\lambda_i-n+i}{z-\lambda_i-n+i}.$$

右辺第 1 の積が $\frac{z(z-1)\cdots(z-k+1)}{(z-n)(z-n-1)\cdots(z-n-k+1)}$ であることを用いて,

$$\begin{aligned}\Sigma_k(\lambda)&=-\frac{1}{k}[z^{-1}]\Big\{(z-n)(z-n-1)\cdots(z-n-k+1)\frac{\Phi(z-n+\frac{1}{2};\lambda)}{\Phi(z-n-k+\frac{1}{2};\lambda)}\Big\}\\&=-\frac{1}{k}[z^{-1}]f(z-n).\end{aligned}$$

ただし, (6.2.27) の中括弧内の有理関数を f とおいた. $a>0$ を十分大きくとって $|z|>a$ で $f(z-n)$ も $f(z)$ も正則であるようにしておく. そうすると, C も $C-n$ も $\{|z|>a\}$ に含まれるように円周 C をとって,

$$[z^{-1}]f(z-n)=\frac{1}{2\pi i}\int_C f(z-n)dz=\frac{1}{2\pi i}\int_{C-n}f(z)dz=[z^{-1}]f(z).$$

ゆえに, $\Sigma_k(\lambda)=-\frac{1}{k}[z^{-1}]f(z)$. すなわち, (6.2.27) を得る.

[Step 3] (6.2.28) を示す. $G(z)=G_{\mathfrak{m}_\lambda}(z)$ と書くと, (6.1.12), (6.2.15) から,

$$\frac{1}{G(z)G(z-1)\cdots G(z-k+1)}=z(z-1)\cdots(z-k+1)\frac{\Phi(z+\frac{1}{2};\lambda)}{\Phi(z-k+\frac{1}{2};\lambda)}.$$

これで示された. ■

6.3　Kerov–Olshanski 代数と Kerov 多項式

これまでの議論の中で, $\lambda\in\mathbb{D}_0$ の山谷座標で表示される関数として次のようなものが登場している:

$$M_n(\tau_\lambda),\quad M_n(\mathfrak{m}_\lambda),\quad C_n(\mathfrak{m}_\lambda),\quad R_n(\mathfrak{m}_\lambda),\quad B_n(\mathfrak{m}_\lambda),\qquad n\in\mathbb{N}.$$

ただし, $M_0(\mathfrak{m}_\lambda)=M_0(\tau_\lambda)=1$. また, $n=1$ のときは 5 つとも 0 である. これらの間の関係式のうち,

$$M_n \quad \longleftrightarrow \quad C_n \qquad\qquad (4.2.8),\ (4.2.22)$$
$$M_n \quad \longleftrightarrow \quad R_n \qquad\qquad (4.3.17),\ (4.3.18)$$
$$M_n \quad \longleftrightarrow \quad B_n \qquad\qquad (4.3.56)$$

は $\mathbb{R}$ 上の確率測度に対して成り立つものであり,

$$M_n(\mathfrak{m}_\lambda) \quad \longleftrightarrow \quad M_n(\tau_\lambda) \qquad (6.2.16)$$

は,「完全対称関数 $\longleftrightarrow$ べき和対称関数」の関係と同じ (その特殊化) であった. これらはすべて互いに相手方の多項式で表される関係になっている. したがって どの系列をとっても, $\lambda \in \mathbb{D}_0$ の関数としてそれらが生成する代数は一致する[16]:

$$\begin{aligned}\langle M_n(\tau_\lambda) \,|\, n \in \mathbb{N}\rangle &= \langle M_n(\mathfrak{m}_\lambda) \,|\, n \in \mathbb{N}\rangle = \langle C_n(\mathfrak{m}_\lambda) \,|\, n \in \mathbb{N}\rangle \\ &= \langle R_n(\mathfrak{m}_\lambda) \,|\, n \in \mathbb{N}\rangle = \langle B_n(\mathfrak{m}_\lambda) \,|\, n \in \mathbb{N}\rangle. \end{aligned} \qquad (6.3.1)$$

さて, $\mathbb{D}_0$ から $\mathbb{Y}$ に定義域を制限しよう. $\lambda \in \mathbb{Y}$ に対し, $\mathfrak{m}_\lambda$ の Stieltjes 変換 $G_{\mathfrak{m}_\lambda}(z)$ と (6.1.2) にある λ の Frobenius 座標の生成関数 $\Phi(z;\lambda)$ との関係は

$$\frac{\Phi(z-\frac{1}{2};\lambda)}{\Phi(z+\frac{1}{2};\lambda)} = z\,G_{\mathfrak{m}_\lambda}(z) \qquad (6.3.2)$$

で与えられている ((6.1.12) 参照). (6.3.2) に (6.1.4), (6.2.16) をあわせると, 次の命題 6.21 のように, $\{p_k(\lambda)\}$ と $\{M_k(\tau_\lambda)\}$ の間の相互の関係式が得られる. したがって, $\mathbb{Y}$ 上の関数のなす代数として $\langle p_n \,|\, n \in \mathbb{N}\rangle$ も (6.3.1) と一致する. まず, この 2 つの生成系の間の関係を確認する.

命題 6.21 対角成分がすべて 1 である非負有理数成分の上三角行列 A があって,

$$[M_2(\tau_\lambda)\ M_3(\tau_\lambda)\ M_4(\tau_\lambda)\ \cdots] = [2p_1(\lambda)\ 3p_2(\lambda)\ 4p_3(\lambda)\ \cdots]A \qquad (6.3.3)$$

が成り立つ.

証明 $\lambda \in \mathbb{Y}$ の山谷座標 $(x_1 < y_1 < x_2 < \cdots < y_{r-1} < x_r)$ と Frobenius 座標 $(a_1,\cdots,a_d \,|\, b_1,\cdots,b_d)$ の生成関数の間の関係式 (6.3.2) から出発する. 似たような計算をすでに何度か行ったので, 要点を記そう. (6.3.2) を

$$\frac{(1-\frac{y_1}{z})\cdots(1-\frac{y_{r-1}}{z})}{(1-\frac{x_1}{z})\cdots(1-\frac{x_r}{z})} = \prod_{i=1}^{d} \frac{(1+\frac{b_i}{z-(1/2)})(1-\frac{a_i}{z+(1/2)})}{(1-\frac{a_i}{z-(1/2)})(1+\frac{b_i}{z+(1/2)})}$$

16) $\mathbb{R}$ または $\mathbb{C}$ 上で考える. 定義 4.25 の脚注と同様.

と書き, $|z| \gg 1$ で両辺の対数を展開すると,

$$\sum_{n=1}^{\infty} \frac{M_n(\tau_\lambda)}{n} \frac{1}{z^n} = \sum_{k=1}^{\infty} \frac{p_k(\lambda)}{k} \frac{1}{z^k} \Big\{ \Big(1 - \frac{1}{2z}\Big)^{-k} - \Big(1 + \frac{1}{2z}\Big)^{-k} \Big\}$$

を得る. 一般 2 項展開を用いて右辺の計算を続ければ,

$$\begin{aligned} &= \sum_{k=1}^{\infty} \frac{p_k(\lambda)}{k} \frac{1}{z^k} \sum_{l=0}^{\infty} \frac{k(k+1)\cdots(k+2l)}{(2l+1)!2^{2l}} \frac{1}{z^{2l+1}} \\ &= \sum_{n=2}^{\infty} \Big(\sum_{l=0}^{\lfloor (n/2)-1 \rfloor} p_{n-2l-1}(\lambda) \frac{(n-1)\cdots(n-2l)}{(2l+1)!2^{2l}} \Big) \frac{1}{z^n}. \end{aligned}$$

両辺の係数を比較して, $n \in \{2, 3, \cdots\}$ に対し,

$$M_n(\tau_\lambda) = \sum_{l=0}^{\lfloor (n/2)-1 \rfloor} \binom{n}{2l+1} \frac{1}{2^{2l}} p_{n-2l-1}(\lambda). \tag{6.3.4}$$

(6.3.4) を行列の形に書き直せば, (6.3.3) を得る. ■

補題 6.22　$\{p_n(\lambda) \mid n \in \mathbb{N}\}$, $\{M_n(\tau_\lambda) \mid n \in \{2, 3, \cdots\}\}$ はともに代数的に独立であって, 同じ代数を生成する.

証明[17] まず, $\{p_n(\lambda)\}$ の代数的独立性を示そう. ある N 変数多項式 f があって

$$f(p_1(\lambda), \cdots, p_N(\lambda)) = \sum_{k_1, \cdots, k_N} \alpha_{k_1 \cdots k_N} p_1(\lambda)^{k_1} \cdots p_N(\lambda)^{k_N} = 0 \tag{6.3.5}$$

が成り立つという仮定のもとに, $f = 0$ を示せばよい. f の (6.3.5) の表示において, $K = k_1 + 2k_2 + \cdots + Nk_N$ が最大であるような項たちの和の部分を $f^\natural$ とおく. $f^\natural$ における係数 $\alpha_{k_1 k_2 \cdots k_N}$ がすべて 0 であることを示せば十分である. なぜならば, K の値が大きい項の係数から順に 0 であることがわかるから. このとき, $x = (x_1, \cdots, x_K) \in \mathbb{R}^K$, $x_1 \geqq x_2 \geqq \cdots \geqq x_K > 0$ に対し, $m \in \mathbb{N}$ をとって $\lambda_i = \lfloor m x_i \rfloor \quad (i \in \{1, \cdots, K\})$, $\lambda = (\lambda_1 \geqq \lambda_2 \geqq \cdots \geqq \lambda_K) \in \mathbb{Y}$ とおく. この λ を (6.3.5) に代入し, m の最高べきで割って $m \to \infty$ にもっていくと, Frobenius 座標の b 系列の効果および $f^\natural$ 以外の項が消えて

$$f^\natural(p_1(x), p_2(x), \cdots, p_N(x)) = 0 \tag{6.3.6}$$

を得る. ここで, $p_n(x) = p_n(x_1, \cdots, x_K) = x_1^n + \cdots + x_K^n$ は K 変数のべき和多項式である. 補題 3.29 によって $p_1(x_1, \cdots, x_K)^{k_1} \cdots p_N(x_1, \cdots, x_K)^{k_N}$ たちが線型独立であることがわかっているから, (6.3.6) をみたす $f^\natural$ の係数はすべて 0 で

---

17)　この議論は, [31] の Proposition 1.5 による.

ある. したがって, $f=0$ も言える. これで $\{p_n(\lambda)\}$ の代数的独立性が示された.

$\{M_n(\tau_\lambda)\}$ の間に $g(M_2(\tau_\lambda),\cdots,M_{N+1}(\tau_\lambda))=0$ という代数的な関係式があるとし, 命題 6.21 を適用して

$$g(2p_1(\lambda),\cdots,(N+1)p_N(\lambda))+h(2p_1(\lambda),\cdots,(N+1)p_N(\lambda))=0$$

の形に書き直す. (6.3.3) の行列 A の上三角性を考慮すれば, 前段と同様の手続きによって (6.3.6) と同じく $g^\natural(2p_1(x),3p_2(x),\cdots,(N+1)p_N(x))=0$ を得る. そうすると, 帰納的な議論によって結局 $g=0$ でなければならない. これで $\{M_n(\tau_\lambda)\}$ の代数的独立性が示された. ■

この補題 6.22 に基づいて, 次の定義を与える.

定義 6.23 $\langle p_n \,|\, n\in\mathbb{N}\rangle$ あるいは (6.3.1) を $\mathbb{Y}$ 上の多項式関数のなす代数, あるいは Kerov–Olshanski 代数と呼び, $\mathbb{A}$ で表す[18]. Frobenius 座標で表示すると

$$p_n(\lambda)=\sum_{i=1}^{d}(a_i(\lambda)^n+(-1)^{n-1}b_i(\lambda)^n), \qquad n\in\mathbb{N} \tag{6.3.7}$$

であったから, その意味では $\mathbb{A}$ の元は $\mathbb{Y}$ 上の超対称関数であるとも言える. p_n とべき和対称関数の対応を考えれば, $\mathbb{A}$ は対称関数のなす代数 Λ と同型である. Λ から受け継ぐ $\mathbb{A}$ の次数づけを考える. p_n を n 次同次関数とみなして $\mathbb{A}$ の元に次数を定めると言ってもよい. これを $\mathbb{A}$ の自然な次数と呼び, deg で表す. すなわち, $\deg p_n=n$ である. 一方, $M_n(\tau_\lambda)$ を n 次同次関数とみなして $\mathbb{A}$ の元に (自然な次数とは別に) 次数が一意的に定まる. これを $\mathbb{A}$ の重み次数と呼び, wt で表す. すなわち, $\mathrm{wt}(M_n(\tau_\lambda))=n$. 2 つの次数 $\deg,\mathrm{wt}$ について, $\mathbb{A}$ の非斉次の元 f に対しても, 最高次を表す意味で $\deg(f),\mathrm{wt}(f)$ の記法を用いる. たとえば, 命題 6.21 により, $\mathrm{wt}(p_n)=n+1$ である. □

注意 6.24 $M_n(\tau_\lambda)$ は測度の n 次モーメントだから, 土台の $\mathbb{R}$ のスケール変換に伴ってその n 乗がかかる量である. したがって, Young 図形のプロファイルのスケール極限を扱うのに都合がよい.

(6.2.28) の $\Sigma_k(\lambda)$ の表示式と (4.3.31) から得られる $R_{k+1}(\mathfrak{m}_\lambda)$ の表示式の類似が気にならないであろうか? それらの間の違いを定義 6.23 の重み次数 wt を利用

[18] Kerov–Olshanski 代数という名称は定着していないが, 本書では [37] にちなんでそう呼ぶことにする. Λ の Kerov–Olshanski realization の方がよいかもしれない.

して把握することができる.

定理 6.25　任意の $3 \leqq k \in \mathbb{N}$ に対し, $(k-2)$ 変数多項式 $P_k(x_2, \cdots, x_{k-1})$ で

$$\Sigma_k(\lambda) = R_{k+1}(\mathfrak{m}_\lambda) + P_k(R_2(\mathfrak{m}_\lambda,) \cdots, R_{k-1}(\mathfrak{m}_\lambda)) \tag{6.3.8}$$

をみたすものが存在する. 低次の $P_k(R_2(\mathfrak{m}_\lambda), \cdots, R_{k-1}(\mathfrak{m}_\lambda))$ を構成する各項の wt がとりうるのは, $k-1, k-3, \cdots$ と 1 つ跳びの値である.

注意 6.26　$k = 1, 2$ のときは, $\Sigma_1(\lambda) = R_2(\mathfrak{m}_\lambda)$ $(= |\lambda|)$, $\Sigma_2(\lambda) = R_3(\mathfrak{m}_\lambda)$ が成り立つ. 実際, (6.2.17) により, $\Sigma_1(\lambda) = |\lambda| = M_2(\mathfrak{m}_\lambda) = R_2(\mathfrak{m}_\lambda)$. さらに, (6.2.28) と (4.3.60) から直接計算すれば,

$$\begin{aligned}
\Sigma_2(\lambda) &= -\frac{1}{2}[z^{-1}]\Big\{\Big(z - \sum_{k=1}^{\infty}\frac{B_k(\mathfrak{m}_\lambda)}{z^{k-1}}\Big)\Big(z - 1 - \sum_{k=1}^{\infty}\frac{B_k(\mathfrak{m}_\lambda)}{(z-1)^{k-1}}\Big)\Big\} \\
&= -\frac{1}{2}(-B_2(\mathfrak{m}_\lambda) - B_3(\mathfrak{m}_\lambda) + B_2(\mathfrak{m}_\lambda) - B_3(\mathfrak{m}_\lambda)) \\
&= B_3(\mathfrak{m}_\lambda) = M_3(\mathfrak{m}_\lambda) = R_3(\mathfrak{m}_\lambda).
\end{aligned}$$

ただし, $B_1(\mathfrak{m}_\lambda) = R_1(\mathfrak{m}_\lambda) = M_1(\mathfrak{m}_\lambda) = 0$ にも注意する.

定理 6.25 の証明　$G_\lambda = G_{\mathfrak{m}_\lambda}$, $R_i(\lambda) = R_i(\mathfrak{m}_\lambda)$, $B_i(\lambda) = B_i(\mathfrak{m}_\lambda)$ と略記する.

[Step 1]　(6.2.28) の $G_\lambda(z)^{-1} \cdots G_\lambda(z-k+1)^{-1}$ を z^{-1} のべきで表示する. (4.3.60) の Boole キュムラントによる展開から, $r \in \{1, \cdots, k-1\}$ に対して

$$\frac{1}{G_\lambda(z-r)} = z - r - \sum_{j=1}^{\infty}\frac{B_j(\lambda)}{(z-r)^{j-1}} = z - r - \sum_{j=1}^{\infty}\frac{B_j(\lambda)}{z^{j-1}}\Big(\sum_{l=0}^{\infty}\frac{r^l}{z^l}\Big)^{j-1},$$

ここで

$$\Big(\sum_{l=0}^{\infty} t^l\Big)^{j-1} = \sum_{l_1, \cdots, l_{j-1}=0}^{\infty} t^{l_1+\cdots+l_{j-1}} = \sum_{i=0}^{\infty}\alpha_{i,j-1}t^i,$$

$$\alpha_{i,j-1} = |\{(l_1, \cdots, l_{j-1}) \in (\mathbb{N} \cup \{0\})^{j-1} \mid l_1 + \cdots + l_{j-1} = i\}|$$

を用いて続けると,

$$\begin{aligned}
&= z - r - \sum_{j=1}^{\infty}\sum_{i=0}^{\infty}\frac{\alpha_{i,j-1}r^iB_j(\lambda)}{z^{i+j-1}} = z - r - \sum_{p=1}^{\infty}\frac{1}{z^{p-1}}\Big(\sum_{j=1}^{p}\alpha_{p-j,j-1}r^{p-j}B_j(\lambda)\Big) \\
&= z - \sum_{p=1}^{\infty}A_{p,r}(\lambda)\frac{1}{z^{p-1}}, \quad A_{p,r}(\lambda) = \begin{cases}\displaystyle\sum_{j=1}^{p}\alpha_{p-j,j-1}r^{p-j}B_j(\lambda), & p \geqq 2, \\ B_1(\lambda) + r, & p = 1.\end{cases}
\end{aligned} \tag{6.3.9}$$

(4.3.56) の定義式から $\mathrm{wt}(B_j) = j$ であり, $\alpha_{0,p-1} = 1$ だから $\mathrm{wt}(A_{p,r}) = p$ である. 任意の $p \in \mathbb{N}$ と $r \in \{1, \cdots, k-1\}$ に対し,

$$A_{p,r}(\lambda) = B_p(\lambda) + \text{ (wt に関して低次の項たち)}. \tag{6.3.10}$$

[Step 2] (6.2.28) の $G_\lambda(z-r)^{-1}$ に (6.3.9) と (6.3.10) を代入すれば,

$$\frac{1}{G_\lambda(z)G_\lambda(z-1)\cdots G_\lambda(z-k+1)}$$
$$= \Big(z - \sum_{p=1}^{\infty} \frac{B_p(\lambda)}{z^{p-1}}\Big)\Big(z - \sum_{p=1}^{\infty} \frac{B_p(\lambda)}{z^{p-1}} + \sum_{p=1}^{\infty} \frac{*_1^p}{z^{p-1}}\Big)\cdots\Big(z - \sum_{p=1}^{\infty} \frac{B_p(\lambda)}{z^{p-1}} + \sum_{p=1}^{\infty} \frac{*_{k-1}^p}{z^{p-1}}\Big),$$

ここで, $*_1^p, \cdots, *_{k-1}^p$ は wt に関して $p-1$ 次以下の項である. さらに式を続けて,

$$= \Big(z - \sum_{p=1}^{\infty} \frac{B_p(\lambda)}{z^{p-1}}\Big)^k + \sum_{j=1}^{k-1}\Big(z - \sum_{p=1}^{\infty} \frac{B_p(\lambda)}{z^{p-1}}\Big)^j \Big\{\sum_{\sharp} \underbrace{\Big(\sum_{p=1}^{\infty} \frac{*}{z^{p-1}}\Big)\cdots\Big(\sum_{p=1}^{\infty} \frac{*}{z^{p-1}}\Big)}_{k-j\text{ 個の積}}\Big\}$$

$$= \frac{1}{G_\lambda(z)^k} + \text{ (I)}. \tag{6.3.11}$$

ここで, $\sum_{\sharp}$ は k, j に依存する個数の有限和である. $k-j$ 個の $\sum_{p=1}^{\infty}$ の中の $*$ は同一のものではないが, どれも $\mathrm{wt}(*) \leqq p-1$ をみたす. (6.3.11) の (I) における各 j の項の展開の一般項の形は

$$z^i \frac{B_{p_1}(\lambda)}{z^{p_1-1}} \cdots \frac{B_{p_{j-i}}(\lambda)}{z^{p_{j-i}-1}} \frac{(\mathrm{wt} \leqq q_1 - 1)}{z^{q_1-1}} \cdots \frac{(\mathrm{wt} \leqq q_{k-j} - 1)}{z^{q_{k-j}-1}}, \qquad i \in \{0, \cdots, j\}.$$

z^{-1} の項にあたる指数の条件は

$$i - \{(p_1 - 1) + \cdots + (p_{j-i} - 1) + (q_1 - 1) + \cdots + (q_{k-j} - 1)\} = -1$$

だから, そのときの係数の重み次数は

$$p_1 + \cdots + p_{j-i} + q_1 - 1 + \cdots + q_{k-j} - 1 = j + 1 \leqq k$$

でおさえられる. したがって $\mathrm{wt}([z^{-1}](\mathrm{I})) \leqq k$ を得る. (4.3.31) をあわせれば,

$$\Sigma_k(\lambda) = -\frac{1}{k}[z^{-1}]\Big\{\frac{1}{G_\lambda(z)^k} + (\mathrm{I})\Big\} = R_{k+1}(\lambda) + (\text{wt が } k \text{ 以下の } \mathbb{A} \text{ の元 }). \tag{6.3.12}$$

[Step 3] $R_k(\lambda)$ たちを $\mathbb{A}$ の生成元にとれば, (6.3.12) により,

$$\Sigma_k(\lambda) = R_{k+1}(\lambda) + P_k(R_2(\lambda), \cdots, R_k(\lambda)) \tag{6.3.13}$$

をみたしてかつ $\mathrm{wt}(P_k(R_2(\lambda), \cdots, R_k(\lambda))) \leqq k$ となる多項式 P_k がある. R_k まででよいことは, 生成系間の関係式から明らかであろう. 変換 $\lambda \mapsto \lambda'$ に伴う対合

$\mathrm{inv}(f)(\lambda) = f(\lambda')$ $(f \in \mathbb{A})$ を考える．(2.4.8) によって $T^{\lambda'} \cong T^{\lambda} \otimes \mathrm{sgn}$ が成り立つから，この両辺の指標の k-サイクルでの値をとると $\mathrm{inv}(\Sigma_k)(\lambda) = \Sigma_k(\lambda') = (-1)^{k-1}\Sigma_k(\lambda)$. 一方，$\lambda \mapsto \lambda'$ によって推移測度は 0 に関して反転される．すなわち，$\mathfrak{m}_{\lambda'}(A) = \mathfrak{m}_{\lambda}(-A)$. したがって $\mathrm{inv}(M_k)(\lambda) = M_k(\lambda') = (-1)^k M_k(\lambda)$. (4.3.17) により，自由キュムラントに対しても $\mathrm{inv}(R_k)(\lambda) = R_k(\lambda') = (-1)^k R_k(\lambda)$ が成り立つ．(6.3.13) の両辺の inv をとれば

$$(-1)^{k-1}\Sigma_k(\lambda) = (-1)^{k+1}R_{k+1}(\lambda) + P_k(R_2(\lambda), \cdots, (-1)^k R_k(\lambda))$$

となるから，(6.3.13) と比べて

$$P_k(R_2(\lambda), -R_3(\lambda), \cdots, (-1)^k R_k(\lambda)) = (-1)^{k-1}P_k(R_2(\lambda), R_3(\lambda), \cdots, R_k(\lambda))$$

を得る．$P_k(R_2(\lambda), R_3(\lambda), \cdots, R_k(\lambda))$ と $P_k(R_2(\lambda), -R_3(\lambda), \cdots, (-1)^k R_k(\lambda))$ を比べると，wt が偶数の項は両者で等しく，wt が奇数の項は両者で逆符号である．k が偶数のときは $(-1)^{k-1} = -1$ だから，残った偶数 wt 項を片側に移項して和が 0 になるので，$P_k(R_2(\lambda), \cdots, R_k(\lambda))$ の偶数 wt 項の和は 0 に等しい．k が奇数のときは $(-1)^{k-1} = 1$ だから，同様に考えて $P_k(R_2(\lambda), \cdots, R_k(\lambda))$ の奇数 wt 項の和が 0 である．したがって，(6.3.13) の $P_k(R_2(\lambda), \cdots, R_k(\lambda))$ に現れうるのは，wt が $k-1, k-3, \cdots$ という 1 つ跳びの項のみである．特に，wt が k の項はないので，$R_k(\lambda)$ は含まれない． ■

定理 6.25 は $\mathbb{A}$ の重み次数による項の整理であるのに対し，自然な次数に関しては次のことが成り立つ．

定理 6.27　任意の $k \in \mathbb{N}$ に対して

$$\Sigma_k(\lambda) = M_{k+1}(\mathfrak{m}_\lambda) + (\text{deg}\text{に関する低次項}) \tag{6.3.14}$$

$$= p_k(\lambda) + (\text{deg}\text{に関する低次項}). \tag{6.3.15}$$

証明　まず，(6.3.14) と (6.3.15) の右辺どうしが等しいことを示す．命題 6.21 によって $\deg M_k(\tau_\lambda) = k-1$ である．(6.2.16) から導かれる $M_n(\mathfrak{m}_\lambda)$ と $M_k(\tau_\lambda)$ の関係式により，

$$M_{k+1}(\mathfrak{m}_\lambda) = \frac{1}{k+1}M_{k+1}(\tau_\lambda) + (\text{deg}\text{が } k-1 \text{ 以下の項}) \tag{6.3.16}$$

を得る．これと命題 6.21 をあわせれば，(6.3.14) と (6.3.15) が等しい．両者の低次項は一般に異なる．次に (6.3.14) を示す．(6.3.8) の Σ_k の表示において，右辺の

低次項は wt が $k-1$ 以下, deg が $k-2$ 以下である. また (4.3.17) によって

$$R_{k+1}(\mathfrak{m}_\lambda) = \sum_{\rho \in \mathcal{NC}(k+1)} \mathrm{M}_{\mathcal{NC}(k+1)}(\rho) M_\rho(\mathfrak{m}_\lambda). \tag{6.3.17}$$

(6.3.16) から $\deg M_n(\mathfrak{m}_\lambda) = \deg M_n(\tau_\lambda) = n-1$ がわかるので,

$$\deg M_\rho(\mathfrak{m}_\lambda) = k+1-b(\rho).$$

したがって, (6.3.17) の右辺において最高 deg をもつのは $b(\rho)=1$ の項, すなわち $M_{k+1}(\mathfrak{m}_\lambda)$ である. これを (6.3.8) に代入すれば (6.3.14) を得る. ■

系 6.28 $\{\Sigma_k(\lambda) \mid k \in \mathbb{N}\}$, $\{R_k(\mathfrak{m}_\lambda) \mid k \in \{2,3,\cdots\}\}$ はともに代数的に独立である.

証明 補題 6.22 と定理 6.27 からの帰結である. $\{R_k(\mathfrak{m}_\lambda)\}$ について考えるときは, 直前の (6.3.17) の両辺の deg の比較を思い出す. ■

系 6.29 定理 6.25 において, 存在のみならず一意性も成り立つ. すなわち, (6.3.8) の表示は (低次項の wt に言及しなくても) 一意的である.

証明 (6.3.8) の表示が得られれば, 多項式 P_k の一意性は, 系 6.28 によって $R_2(\lambda), R_3(\lambda), \cdots$ が代数的に独立であることから導かれる. ■

定義 6.30 定理 6.25, 注意 6.26 および系 6.29 で定まる多項式

$$K_2(x_2) = x_2, \qquad K_3(x_2, x_3) = x_3,$$
$$K_{k+1}(x_2, \cdots, x_{k+1}) = x_{k+1} + P_k(x_2, \cdots, x_{k-1}), \quad k \geqq 3$$

を Kerov 多項式と呼ぶ. □

例 6.31 定理 6.25 では $\Sigma_k(\lambda)$ を推移測度の自由キュムラント $R_n(\mathfrak{m}_\lambda)$ たちで表し, 定理 6.27 では $\Sigma_k(\lambda)$ をモーメント $M_n(\mathfrak{m}_\lambda)$ たちを使って表した. 前者は Kerov–Olshanski 代数 $\mathbb{A}$ における重み次数 wt による仕分けであり, 後者は自然な次数 deg によるものであった. 具体的な感触を得るために, Σ_5 までの関係式を明示しておこう. Kerov 多項式の係数の決定は, 定理 6.25 の証明中に述べた手順, 特に (6.3.12) を用い (てガンバ) ればできる. なお, [5] に Kerov 多項式のより多くの具体例が記載されている. M_n たちと R_n たちの間の書き換えは, 自由キュムラント・モーメント公式 (4.3.17), (4.3.18) による. $\Sigma_k = \Sigma_k(\lambda)$, $M_k = M_k(\mathfrak{m}_\lambda)$, $R_k = R_k(\mathfrak{m}_\lambda)$ と略記する. 推移測度 $\mathfrak{m}_\lambda$ は平均 0 であるので, 今は $M_1 = R_1 = 0$

がいつも成り立つことに注意する.

$$
\begin{aligned}
\Sigma_1 &= R_2 &&= M_2 \\
\Sigma_2 &= R_3 &&= M_3 \\
\Sigma_3 &= R_4 + R_2 &&= M_4 - 2M_2^2 + M_2 \\
\Sigma_4 &= R_5 + 5R_3 &&= M_5 - 5M_3M_2 + 5M_3 \\
\Sigma_5 &= R_6 + 15R_4 + 5R_2^2 + 8R_2 &&= M_6 - 5M_4M_2 - 3M_3^2 + 5M_2^3 + 15M_4 \\
&&&\qquad - 25M_2^2 + 8M_2
\end{aligned}
$$

Σ_5 を R_n で表示した式の各項の wt は順に, $6,4,4,2$ であり, Σ_5 を M_n で表示した式の各項の deg は順に, $5,4,4,3,3,2,1$ である.

注意 6.32　本節の議論の流れ上, すでに Kerov 多項式の存在を定理 6.25 で得ているのでそれを用いて定理 6.27 を示したが, いささか牛刀の感もある. Kerov 多項式をわざわざ経由せずに, Frobenius の指標公式の帰結 (6.2.27) から直接 (6.3.15) を導く方が定理 6.27 の証明としては自然であろう.

6.4　既約指標の漸近公式

本節の目的は, 対称群の正規化された既約指標 $\tilde{\chi}^{\lambda}_{(\rho,1^{n-k})}$ $(|\rho| = k \leqq n = |\lambda|)$ および Young グラフ上の Martin 核 $d(\mu,\lambda)/d(\lambda)$ $(|\mu| \leqq |\lambda| = n)$ の $n \to \infty$ での漸近公式を与えることである. 6.3 節で扱った Kerov–Olshanski 代数 $\mathbb{A}$ に自然な次数 deg を考え, k を固定して $n \to \infty$ での漸近挙動をふるいにかける.

対称群 $\mathfrak{S}_n$ の共役類は, サイクル型を定める Young 図形によってパラメータづけされる. 以後, サイクル型を固定した上で対称群のサイズ n を大きくするという状況をしばしば論じる. $k,n \in \mathbb{N}$, $k \leqq n$, $\rho \in \mathbb{Y}_k$ に対して, ρ に箱 1 つからなる行を $n-k$ 個つけたしてできる $\mathbb{Y}_n$ の元を $(\rho,1^{n-k})$ と書く. $(\rho,1^{n-k})$ に対応する $\mathfrak{S}_n$ の共役類を $C_{(\rho,1^{n-k})}$ で表し, (2.1.6) のように, 中心 $Z(\mathbb{C}[\mathfrak{S}_n])$ の元として隣接作用素 $A_{(\rho,1^{n-k})}$ を定める. (2.1.9) と同じく, $|\rho|, |\sigma| \leqq n$ なる $\rho,\sigma \in \mathbb{Y}$ に対し,

$$
A_{(\rho,1^{n-|\rho|})}A_{(\sigma,1^{n-|\sigma|})} = \sum_{\tau \in \mathbb{Y}_n} p^{\tau}_{(\rho,1^{n-|\rho|})\,(\sigma,1^{n-|\sigma|})} A_\tau \tag{6.4.1}
$$

が成り立つ. (6.4.1) における構造定数はもちろん n に依存しているので, $n \to \infty$ の状況を考えにくい. ここでは, [30] による部分置換のアイデアを用いてある意味で構造定数を解きほぐし, n に依存しない量を取り出す.

$\{1,2,\cdots,n\}$ の部分集合 d と全単射 $w: d \longrightarrow d$ ($w \in \mathfrak{S}(d)$ と表す) の組 (d,w) を $\{1,2,\cdots,n\}$ の部分置換と呼ぶ. d を部分置換 (d,w) の台という. d の元が w で動かされるとは限らない. $\{1,2,\cdots,n\}$ の部分置換全体を $\mathcal{P}_n$ と書く. $\mathcal{P}_n$ の中で

$$(d_1,w_1)(d_2,w_2) = (d_1 \cup d_2, w_1 w_2), \qquad (d_1,w_1),(d_2,w_2) \in \mathcal{P}_n \tag{6.4.2}$$

によって積を定義する. (6.4.2) の右辺において, w_i は $(d_1 \cup d_2) \setminus d_i$ 上では恒等写像として延ばされているとし, $w_1 w_2$ は $d_1 \cup d_2$ 上の写像の合成である.

例 6.33 次の 2 つは $\mathcal{P}_3$ の異なる元である (台が異なる):

$$\alpha = \left(\{1,2\}, \begin{pmatrix} 1 & 2 \\ 2 & 1 \end{pmatrix}\right) \quad \neq \quad \beta = \left(\{1,2,3\}, \begin{pmatrix} 1 & 2 & 3 \\ 2 & 1 & 3 \end{pmatrix}\right).$$

α のサイクル型は (2^1), β のサイクル型は $(1^1 2^1)$ であるとみなす. このように, サイクル型が定まればそれから台の大きさがわかる. さらにたとえば,

$$\gamma = \left(\{1,2,4\}, \begin{pmatrix} 1 & 2 & 4 \\ 2 & 1 & 4 \end{pmatrix}\right)$$

のサイクル型も $(1^1 2^1)$ であるが, $\beta \neq \gamma$ である.

$\varnothing$ から $\varnothing$ への自明な全単射を w_0 として $e_0 = (\varnothing, w_0)$ とおくと, $\mathcal{P}_n$ は e_0 を単位元とする半群である. $(d,w)(d,w^{-1}) \neq e_0$ であることに注意しよう (台が異なるから). $\mathcal{P}_n$ の半群環を $\mathbb{C}[\mathcal{P}_n]$ と書く. $\mathbb{C}[\mathcal{P}_n]$ の元は一般に

$$\sum_{(d,w)\in\mathcal{P}_n} \alpha_{(d,w)}(d,w) = \sum_{k=0}^{n} \sum_{d \subset \{1,\cdots,n\}:|d|=k} \sum_{w \in \mathfrak{S}(d)} \alpha_{(d,w)}(d,w) \tag{6.4.3}$$

($\alpha_{(d,w)} \in \mathbb{C}$) と表される. $g \in \mathfrak{S}_n$ と $(d,w) \in \mathcal{P}_n$ に対して

$$g(d,w) = (g(d), gwg^{-1}) \tag{6.4.4}$$

と定めることにより, $\mathfrak{S}_n$ の $\mathbb{C}[\mathcal{P}_n]$ への作用が得られる[19]. $(d_1,w_1),(d_2,w_2) \in \mathcal{P}_n$ が同一の $\mathfrak{S}_n$-軌道にあるための必要十分条件は,

$$w_1 \text{ と } w_2 \text{ が同じサイクル型をもつ} \tag{6.4.5}$$

ことである. このとき, (d_1,w_1) と (d_2,w_2) の共通のサイクル型は, $k = |d_1| = |d_2|$

---

[19] (2.1.4) の簡単だが重要な事実を思い出そう.

の分割で与えられる．特に，(6.4.5) の性質は $|d_1| = |d_2|$ を含意していることに注意する．$\rho \in \mathbb{Y}$ に対して，ρ をサイクル型にもつ $(d, w) \in \mathcal{P}_n$ 全体を $\mathcal{C}_\rho^{(n)}$ で表す．$|\rho| = 0$ のときは，サイクル型が $\varnothing$ になり，$\mathcal{C}_\varnothing^{(n)}$ は $\mathcal{P}_n$ の単位元 e_0 のみから成る．また，$|\rho| > n$ のときは $\mathcal{C}_\rho^{(n)} = \varnothing$ である．$\rho \in \mathbb{Y}$ に対して

$$\mathcal{A}_\rho^{(n)} = \sum_{(d,w) \in \mathcal{C}_\rho^{(n)}} (d, w) \tag{6.4.6}$$

とおくと，$\mathcal{A}_\rho^{(n)} \in \mathbb{C}[\mathcal{P}_n]^{\mathfrak{S}_n}$，すなわち $\mathcal{A}_\rho^{(n)}$ は $\mathfrak{S}_n$ の作用で固定される．$|\rho| > n$ のときは $\mathcal{A}_\rho^{(n)} = 0$ とする．

補題 6.34　$\{\mathcal{A}_\rho^{(n)} \mid \rho \in \mathbb{Y}_k,\ k \in \{0, 1, \cdots, n\}\}$ が代数 $\mathbb{C}[\mathcal{P}_n]^{\mathfrak{S}_n}$ の基底になる．

証明　(6.4.3) のように表示された $\mathbb{C}[\mathcal{P}_n]$ の元が $\mathfrak{S}_n$ の作用で固定されるための条件は $\alpha_{(d,w)} = \alpha_{g(d,w)} = \alpha_{(g(d), gwg^{-1})}$ $(g \in \mathfrak{S}_n)$ であるから，各 $\mathcal{C}_\rho^{(n)}$ で同じ値の係数をもつことである．したがって，$\{\mathcal{A}_\rho^{(n)}\}$ が $\mathbb{C}[\mathcal{P}_n]^{\mathfrak{S}_n}$ を張る．$\{\mathcal{A}_\rho^{(n)}\}$ が線型独立であることは明らかである．$\mathbb{C}[\mathcal{P}_n]^{\mathfrak{S}_n}$ が単位元 $\mathcal{A}_\varnothing^{(n)} = e_0$ をもつ代数であることを見るには，

$$\mathcal{A}_\rho^{(n)} \mathcal{A}_\sigma^{(n)} = \sum_{(d_1, w_1) \in \mathcal{C}_\rho^{(n)}} \sum_{(d_2, w_2) \in \mathcal{C}_\sigma^{(n)}} (d_1 \cup d_2, w_1 w_2) \tag{6.4.7}$$

の右辺が $\mathcal{A}_\tau^{(n)}$ たちの線型結合になっていることを確認すればよい．$|\rho| \vee |\sigma| \leqq k \leqq (|\rho| + |\sigma|) \wedge n$ なる任意の $k \in \mathbb{N} \cup \{0\}$ と任意の $\tau \in \mathbb{Y}_k$ に対し，(d, w) と (d', w') がともに，$|d| = |d'| = k$ をみたし，w, w' のサイクル型が τ であるとする．このとき，$(d_1 \cup d_2, w_1 w_2) = (d, w)$ なる $((d_1, w_1), (d_2, w_2)) \in \mathcal{C}_\rho^{(n)} \times \mathcal{C}_\sigma^{(n)}$ たちと，$(d'_1 \cup d'_2, w'_1 w'_2) = (d', w')$ なる $((d'_1, w'_1), (d'_2, w'_2)) \in \mathcal{C}_\rho^{(n)} \times \mathcal{C}_\sigma^{(n)}$ たちの間に自然な全単射対応が作れるから，両者の個数は一致する．それは，(6.4.7) の右辺で (d, w) の係数と (d', w') の係数が等しいことを意味する．これで補題が言えた．■

定義 6.35　$\mathbb{N}$ の有限部分集合 d と全単射 $w \in \mathfrak{S}(d)$ の組 (d, w) を $\mathbb{N}$ の部分置換と呼ぶ．$\mathbb{N}$ の部分置換全体からなる半群を $\mathcal{P}_\infty$ と書く．$\mathcal{P}_\infty$ での積も (6.4.2) で定義される．$\mathcal{P}_\infty$ の元の形式的な (無限) 線型結合

$$\sum_{(d,w) \in \mathcal{P}_\infty} \alpha_{(d,w)}(d, w) = \sum_{n=0}^{\infty} \sum_{d \subset \mathbb{N}: |d| = n} \sum_{w \in \mathfrak{S}(d)} \alpha_{(d,w)}(d, w), \quad \alpha_{(d,w)} \in \mathbb{C}$$

の全体を $\mathcal{B}_\infty$ とおく[20]. □

補題 6.36 $\mathcal{B}_\infty$ は代数である.

証明 任意の $\gamma \in \mathcal{P}_\infty$ に対して $\alpha\beta = \gamma$ となる $\alpha, \beta \in \mathcal{P}_\infty$ の組が有限個しかないことは, 部分置換の積の定義 (6.4.2) からしたがう. これにより, $\mathcal{B}_\infty$ でも無矛盾に積が定義される. ■

$\mathfrak{S}_\infty$ の $\mathcal{B}_\infty$ への作用も, (6.4.4) と同じく

$$g(d, w) = (g(d), gwg^{-1}), \qquad g \in \mathfrak{S}_\infty,\ (d, w) \in \mathcal{P}_\infty$$

で定められる. $(d_1, w_1), (d_2, w_2) \in \mathcal{P}_\infty$ が同一の $\mathfrak{S}_\infty$-軌道にあるための条件は, サイクル型が一致することである. $\rho \in \mathbb{Y}$ に対し, ρ をサイクル型にもつ $(d, w) \in \mathcal{P}_\infty$ 全体を $\mathcal{C}_\rho$ で表す. $\varnothing$ に対応する $\mathcal{C}_\varnothing$ は $\mathcal{P}_\infty$ の単位元のみから成る. 今,

$$\mathcal{A}_\rho = \sum_{(d,w) \in \mathcal{C}_\rho} (d, w) \quad \in \mathcal{B}_\infty, \qquad \rho \in \mathbb{Y}$$

とおくと, $\mathcal{A}_\rho \in \mathcal{B}_\infty^{\mathfrak{S}_\infty}$, すなわち $\mathcal{A}_\rho$ は $\mathfrak{S}_\infty$ の作用で固定される.

$\mathcal{B}_\infty$ での積の定義から, 補題 6.34 の証明と同様の議論で次のことがわかる.

命題 6.37 $\rho, \sigma \in \mathbb{Y}$ に対し,

$$\mathcal{A}_\rho \mathcal{A}_\sigma = \sum_{\tau \in \mathbb{Y}} p_{\rho\sigma}^{\tau} \mathcal{A}_\tau \tag{6.4.8}$$

をみたす $p_{\rho\sigma}^{\tau} \in \mathbb{N} \cup \{0\}$ がある. ここで, $p_{\rho\sigma}^{\tau}$ の値は, サイクル型が τ の $(d, w) \in \mathcal{P}_\infty$ を 1 つ固定することにより,

$$\begin{aligned} p_{\rho\sigma}^{\tau} = |\{((d_1, w_1), (d_2, w_2)) \in \mathcal{P}_\infty \times \mathcal{P}_\infty \,|\, &(d_1, w_1) \text{ のサイクル型が} \rho, \\ &(d_2, w_2) \text{ のサイクル型が} \sigma,\ d_1 \cup d_2 = d,\ w_1 w_2 = w\}| \end{aligned} \tag{6.4.9}$$

で与えられる. 特に, $p_{\rho\sigma}^{\tau} \neq 0$ となる $\tau \in \mathbb{Y}$ は有限個しかない. ■

(6.4.9) により, 次のこともわかる.

---

[20] もっと厳密には, 対称関数を導入したとき (定義 3.27) のように射影極限を用いて定式化すればよい. つまり, $m > n$ に対して $\mathbb{C}[\mathcal{P}_m]$ から $\mathbb{C}[\mathcal{P}_n]$ への自然な射影 ($\mathcal{P}_n$ に属さない項をカットする) ϕ_{nm} を考え, それに沿う射影極限を $\mathcal{B}_\infty$ とする.

補題 6.38　$\rho, \sigma, \tau \in \mathbb{Y}$ とする.

(1) $p^{\tau}_{\rho\sigma} = p^{\tau}_{\sigma\rho}$,　$p^{\tau}_{\varnothing\sigma} = \delta_{\sigma\tau}$.　　(2) $|\rho| + |\sigma| < |\tau|$ ならば $p^{\tau}_{\rho\sigma} = 0$.

(3) $|\tau| < |\rho| \vee |\sigma|$ ならば $p^{\tau}_{\rho\sigma} = 0$.

(4) $|\rho| + |\sigma| = |\tau|$ のとき, $p^{\tau}_{\rho\sigma} \neq 0 \iff \rho \sqcup \sigma = \tau$. さらに

$$p^{\rho\sqcup\sigma}_{\rho\sigma} = \prod_{k=1}^{\infty} \binom{m_k(\rho) + m_k(\sigma)}{m_k(\rho)} \tag{6.4.10}$$

が成り立つ. (6.4.10) の右辺は有限積である. ■

$\rho \in \mathbb{Y}_k$ に対し, $A_{(\rho,1^{n-k})}$, $\mathcal{A}^{(n)}_{\rho}$, $\mathcal{A}_{\rho}$ の関係を見よう. それによって (6.4.1) における構造定数の n に関する増大度の情報が得られる.

$\mathcal{P}_{\infty}$ から $\mathcal{P}_n$ への写像 ϕ_n を

$$\phi_n(d, w) = \begin{cases} (d, w), & d \subset \{1, \cdots, n\}, \\ 0, & \text{その他} \end{cases}$$

で定め, 自然に線型に拡張して $\phi_n : \mathcal{B}_{\infty} \longrightarrow \mathbb{C}[\mathcal{P}_n]$ を定義する[21].

補題 6.39 (1) $\phi_n : \mathcal{B}_{\infty} \longrightarrow \mathbb{C}[\mathcal{P}_n]$ は準同型である.

(2) 任意の $\rho \in \mathbb{Y}$ に対して $\phi_n(\mathcal{A}_{\rho}) = \mathcal{A}^{(n)}_{\rho}$ が成り立つ.

証明　$a, b \in \mathcal{B}_{\infty}$ に対し,

$$ab = \phi_n a \cdot \phi_n b + \phi_n a \cdot (b - \phi_n b) + (a - \phi_n a) \cdot \phi_n b + (a - \phi_n a)(b - \phi_n b)$$

において, 部分置換の積の定義から, 右辺の第 2,3,4 項は, 0 でなければ $\mathbb{C}[\mathcal{P}_n]$ には属しえない. したがって, $\phi_n(ab) = \phi_n a \cdot \phi_n b$. (2) は明らかであろう. ■

$\mathcal{P}_n$ から $\mathfrak{S}_n$ への写像 ψ_n を　$\psi_n(d, w)\big|_d = w$,　$\psi_n(d, w)\big|_{\{1,\cdots,n\}\setminus d} =$ 恒等写像によって定め, 線型に拡張すれば, 準同型 $\psi_n : \mathbb{C}[\mathcal{P}_n] \longrightarrow \mathbb{C}[\mathfrak{S}_n]$ を得る.

補題 6.40　$\rho \in \mathbb{Y}$ に対し,

$$\psi_n(\mathcal{A}^{(n)}_{\rho}) = \binom{n - |\rho| + m_1(\rho)}{m_1(\rho)} A_{(\rho,1^{n-|\rho|})}. \tag{6.4.11}$$

---

[21] 定義 6.35 で射影極限として $\mathcal{B}_{\infty}$ を導入すれば, この ϕ_n は自然に定まる射影にほかならない.

証明 (6.4.6) によって

$$\psi_n(\mathcal{A}_\rho^{(n)}) = \sum_{(d,w)\in\mathcal{C}_\rho^{(n)}} \psi_n(d,w).$$

$(d,w)\in\mathcal{C}_\rho^{(n)}$ ならば, $\psi_n(d,w)$ の $\mathfrak{S}_n$ の元としてのサイクル型は $(\rho, 1^{n-|\rho|})$ である. $x\in C_{(\rho,1^{n-|\rho|})}$ が与えられたとき, $\psi_n(d,w)=x$ となる $(d,w)\in\mathcal{C}_\rho^{(n)}$ の個数を勘定する. $|\mathrm{supp}\, x| = |\rho| - m_1(\rho)$ であり, d としてとれるのは $\mathrm{supp}\, x$ を含む $\{1,2,\cdots,n\}$ の任意の $|\rho|$-部分集合である. そのとり方は (図 6.7 をにらんで) 全部で $\binom{n-|\rho|+m_1(\rho)}{m_1(\rho)}$ とおりであり, x にはよらない. $d\setminus\mathrm{supp}\, x$ 上では w は恒等写像である. したがって (6.4.11) を得る. ■

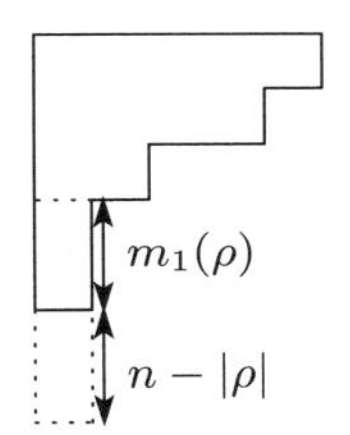

図 6.7 部分置換のサイクル型

(6.4.8) の両辺に $\psi_n\circ\phi_n$ を施す. $Z(\mathbb{C}[\mathfrak{S}_n])$ での関係式として

$$\binom{n-|\rho|+m_1(\rho)}{m_1(\rho)}\binom{n-|\sigma|+m_1(\sigma)}{m_1(\sigma)} A_{(\rho,1^{n-|\rho|})}A_{(\sigma,1^{n-|\sigma|})} = \sum_{\tau\in\mathbb{Y}} p_{\rho\sigma}^{\tau}\binom{n-|\tau|+m_1(\tau)}{m_1(\tau)} A_{(\tau,1^{n-|\tau|})}, \qquad \rho,\ \sigma\in\mathbb{Y} \tag{6.4.12}$$

を得る. (6.4.12) は任意の $n\in\mathbb{N}$ に対して成り立つ.

Kerov–Olshanski 代数 $\mathbb{A}$ は (6.3.7) で定義された超対称なべき和 p_n たちで生成される. 対称群の既約指標のサイクルでの値を用いて (6.2.25) で定義された Σ_k との間に成り立つ関係式が (6.3.15) である. $\mathbb{A}$ の元に定められた自然な次数を deg と書いた: $\deg p_n = n$. 今, (6.3.15) において

$$\left|\frac{p_l(\lambda)}{n^l}\right| = \left|\sum_{i=1}^{\infty}\left\{\left(\frac{a_i(\lambda)}{n}\right)^l + (-1)^{l-1}\left(\frac{b_i(\lambda)}{n}\right)^l\right\}\right| \leqq \sum_{i=1}^{\infty}\frac{a_i(\lambda)+b_i(\lambda)}{n} = 1$$

に注意すれば, $n=|\lambda|\to\infty$ のときの漸近公式

$$\begin{aligned}\tilde{\chi}^{\lambda}_{(k,1^{n-k})} &= \frac{1}{n^{\downarrow k}}\{p_k(\lambda) + (p_l(\lambda)\text{ たちの多項式で deg が } k-1 \text{ 以下})\} \\ &= \Big(1+O(\frac{1}{n})\Big)\Big\{\frac{p_k(\lambda)}{n^k} + \frac{1}{n^k}(p_l(\lambda)\text{ たちの多項式で deg が } k-1 \text{ 以下})\Big\} \\ &= \sum_{i=1}^{\infty}\Big\{\Big(\frac{a_i(\lambda)}{n}\Big)^k + (-1)^{k-1}\Big(\frac{b_i(\lambda)}{n}\Big)^k\Big\} + O(\frac{1}{n})\end{aligned}$$

が得られる.

以下本節の残りでは, サイクルのみならず一般の共役類での値についての同様の漸近公式を導く. (6.3.7) の p_n, (6.2.25) の Σ_k を一般の共役類に拡張する.

$\rho = (\rho_1 \geqq \rho_2 \geqq \cdots \geqq \rho_r) \in \mathbb{Y}$ $(r = l(\rho))$ に対して

$$p_\rho(\lambda) = p_{\rho_1}(\lambda)\cdots p_{\rho_r}(\lambda), \quad \Sigma_\rho(\lambda) = |\lambda|^{\downarrow|\rho|}\tilde{\chi}^{\lambda}_{(\rho,1^{|\lambda|-|\rho|})}, \qquad \lambda \in \mathbb{Y} \tag{6.4.13}$$

と定める. ただし, (6.4.13) においては, これまでもそうしたように, $|\rho| > |\lambda|$ のときは右辺は 0 と解釈する. また, $p_\varnothing(\lambda) = \Sigma_\varnothing(\lambda) = 1$ と定める.

命題 6.41　$\{p_\rho \mid \rho \in \mathbb{Y}\}$ は線型空間 $\mathbb{A}$ の基底になる.

証明　補題 6.22 によって, $\{p_n \mid n \in \mathbb{N}\}$ が $\mathbb{A}$ の代数的に独立な生成元である. 命題の主張はこのことから直ちにしたがう. ■

補題 2.3 にある対称群の共役類の構造から, $\rho \in \mathbb{Y}$, $\lambda \in \mathbb{Y}_n$ に対して

$$\tilde{\chi}^{\lambda}(A_{(\rho,1^{n-|\rho|})}) = \frac{n!}{z_{(\rho,1^{n-|\rho|})}}\tilde{\chi}^{\lambda}_{(\rho,1^{n-|\rho|})}. \tag{6.4.14}$$

ここで, (2.1.5) の定義により, $(\rho, 1^{n-|\rho|})$ にあたる共役類の大きさが

$$z_{(\rho,1^{n-|\rho|})} = \frac{(n-|\rho|+m_1(\rho))!}{m_1(\rho)!}z_\rho$$

である. (6.4.12) に $\tilde{\chi}^{\lambda}$ を施して (6.4.14) を用いると,

$$\begin{aligned}&\frac{(n-|\rho|+m_1(\rho))!}{m_1(\rho)!(n-|\rho|)!}\frac{(n-|\sigma|+m_1(\sigma))!}{m_1(\sigma)!(n-|\sigma|)!}\frac{n!}{z_{(\rho,1^{n-|\rho|})}}\frac{n!}{z_{(\sigma,1^{n-|\sigma|})}}\tilde{\chi}^{\lambda}_{(\rho,1^{n-|\rho|})}\tilde{\chi}^{\lambda}_{(\sigma,1^{n-|\sigma|})} \\ &\qquad = \sum_{\tau\in\mathbb{Y}} p_{\rho\sigma}^{\ \tau}\frac{(n-|\tau|+m_1(\tau))!}{m_1(\tau)!(n-|\tau|)!}\frac{n!}{z_{(\tau,1^{n-|\tau|})}}\tilde{\chi}^{\lambda}_{(\tau,1^{n-|\tau|})}.\end{aligned}$$

ただし, $\tilde{\chi}^{\lambda}$ が中心 $Z(\mathbb{C}[\mathfrak{S}_n])$ 上で乗法的であること (補題 1.27) を用いた. そうすると, (6.4.13) によって

$$\frac{\Sigma_\rho(\lambda)}{z_\rho}\frac{\Sigma_\sigma(\lambda)}{z_\sigma} = \sum_{\tau\in\mathbb{Y}} p_{\rho\sigma}^{\ \tau}\frac{\Sigma_\tau(\lambda)}{z_\tau}, \qquad \lambda \in \mathbb{Y}. \tag{6.4.15}$$

(6.4.15) に補題 6.38 を適用する．特に, (6.4.10) によって $\frac{z_\rho z_\sigma}{z_{\rho\sqcup\sigma}} p_{\rho\sigma}^{\rho\sqcup\sigma} = 1$ である．したがって, 次の結果を得る．

命題 6.42 $\rho, \sigma \in \mathbb{Y}$ に対し, $\lambda \in \mathbb{Y}$ の関数として

$$\Sigma_\rho(\lambda)\Sigma_\sigma(\lambda) = \Sigma_{\rho\sqcup\sigma}(\lambda) + \sum_{\tau\in\mathbb{Y}:|\rho|\vee|\sigma|\leqq|\tau|<|\rho|+|\sigma|} \frac{z_\rho z_\sigma}{z_\tau} p_{\rho\sigma}^{\tau} \Sigma_\tau(\lambda) \tag{6.4.16}$$

が成り立つ． ■

補題 6.43 $\Sigma_\rho \in \mathbb{A}$ であって, $\deg \Sigma_\rho = |\rho|$ が成り立つ．

証明 $l(\rho) = 1$ のときは (6.3.15) による．ρ の箱数に関する帰納法によって証明する．$\rho \in \mathbb{Y}_n$ として, $\rho = \sigma \sqcup (k)$, $k \geqq 1$, $\sigma \in \mathbb{Y}_{n-k}$ とする．(6.4.16) により,

$$\Sigma_\sigma \Sigma_k = \Sigma_\rho + \sum_{\tau\in\mathbb{Y}:|\sigma|\vee k\leqq|\tau|<n} \frac{z_\sigma z_{(k)}}{z_\tau} p_{\sigma\,(k)}^{\tau} \Sigma_\tau$$

を得る．したがって, $\Sigma_\rho \in \mathbb{A}$ である．さらに, 左辺の deg は帰納法の仮定によって $|\sigma| + k = n$ であり, 右辺の Σ_ρ 以外の項では, $\deg \Sigma_\tau = |\tau| < n$．したがって, $\deg \Sigma_\rho = n$ を得る． ■

定理 6.44 $\rho \in \mathbb{Y}$ に対して次式が成り立つ:

$$\Sigma_\rho = p_\rho + (\text{自然な次数 deg に関する低次項}). \tag{6.4.17}$$

証明 $\rho = (\rho_1 \geqq \cdots \geqq \rho_r)$ $(r = l(\rho))$ に対し, (6.4.16) をくり返し適用して補題 6.43 に注意すれば, $\Sigma_\rho = \Sigma_{\rho_1} \cdots \Sigma_{\rho_r} + (\deg$ が $(|\rho| - 1)$ 以下の項 $)$ を得る．さらに (6.3.15) を用いて Σ_{ρ_i} を p_{ρ_i} に置き換えても違いが低次項に吸収されるので, (6.4.17) が成り立つ． ■

定理 6.44 から対称群の既約指標に対する漸近公式が得られる．簡単のため,

$$\sum_{i=1}^{\infty} \Big\{ \Big(\frac{a_i(\lambda)}{n} \Big)^k + (-1)^{k-1} \Big(\frac{b_i(\lambda)}{n} \Big)^k \Big\}, \qquad k, n \in \mathbb{N}, \quad \lambda \in \mathbb{Y}_n$$

を $p_k(\lambda/n)$ と略記しよう．そうすると, $p_k(\lambda/n) = p_k(\lambda)/n^k$.

定理 6.45 $\rho = (\rho_1 \geqq \cdots \geqq \rho_r) \in \mathbb{Y}$, $\lambda \in \mathbb{Y}_n$ に対し, $n \to \infty$ で漸近公式

$$\begin{aligned} \tilde{\chi}^\lambda_{(\rho, 1^{n-|\rho|})} &= p_\rho\Big(\frac{\lambda}{n}\Big) + O\Big(\frac{1}{n}\Big) = p_{\rho_1}\Big(\frac{\lambda}{n}\Big) \cdots p_{\rho_r}\Big(\frac{\lambda}{n}\Big) + O\Big(\frac{1}{n}\Big) \\ &= \prod_{j=1}^{r} \Big[\sum_{i=1}^{\infty} \Big\{ \Big(\frac{a_i(\lambda)}{n} \Big)^{\rho_j} + (-1)^{\rho_j - 1} \Big(\frac{b_i(\lambda)}{n} \Big)^{\rho_j} \Big\} \Big] + O\Big(\frac{1}{n}\Big) \end{aligned} \tag{6.4.18}$$

が成り立つ.

証明　(6.4.17) によって

$$\begin{aligned}\tilde{\chi}^{\lambda}_{(\rho,1^{n-|\rho|})} &= \frac{1}{n^{\downarrow|\rho|}}\{p_\rho(\lambda)+(\deg \text{ が } (|\rho|-1) \text{ 以下})\} \\ &= \frac{n^{|\rho|}}{n^{\downarrow|\rho|}}\Big\{p_{\rho_1}(\frac{\lambda}{n})\cdots p_{\rho_r}(\frac{\lambda}{n})+\frac{(\deg \text{ が } (|\rho|-1) \text{ 以下})}{n^{|\rho|}}\Big\} \end{aligned} \tag{6.4.19}$$

を得る. $k \in \mathbb{N}$ に対して

$$\Big|\frac{1}{n^k}p_k(\lambda)\Big| \leqq \sum_i \Big(\frac{a_i(\lambda)}{n}+\frac{b_i(\lambda)}{n}\Big)=1$$

だから, (6.4.19) の剰余項は $O(1/n)$ で表せる. ゆえに (6.4.18) を得る. ■

5.2 節で, Young グラフ上の $\mu \in \mathbb{Y}_k$ から $\lambda \in \mathbb{Y}_n$ に至る経路の個数を $d(\mu,\lambda)$ で表した (ただし, $k \leqq n$ で, そのような経路が存在しないときは $d(\mu,\lambda)=0$).

べき和対称関数と Schur 関数の間の関係式 (3.4.8) に基づき, $\mu \in \mathbb{Y}_k$ に対して $\mathbb{A}$ の元である超対称 Schur 関数を

$$s_\mu(\lambda)=s_\mu(a_1(\lambda),\cdots,a_d(\lambda)\,|\,b_1(\lambda),\cdots,b_d(\lambda))=\sum_{\rho\in\mathbb{Y}_k}\frac{1}{z_\rho}\chi^\mu_\rho p_\rho(\lambda) \tag{6.4.20}$$

によって定義する. (6.4.20) は

$$p_\rho(\lambda)=\sum_{\mu\in\mathbb{Y}_k}\chi^\mu_\rho s_\mu(\lambda), \qquad \rho\in\mathbb{Y}_k \tag{6.4.21}$$

と同値である.

定理 6.46　$\mu \in \mathbb{Y}$, $\lambda \in \mathbb{Y}_n$ に対し, $n \to \infty$ で次の漸近公式が成り立つ.

$$\begin{aligned}\frac{d(\mu,\lambda)}{d(\lambda)} &= s_\mu(\frac{\lambda}{n})+O(\frac{1}{n}) \\ &= s_\mu(\frac{a_1(\lambda)}{n},\cdots,\frac{a_d(\lambda)}{n}\,|\,\frac{b_1(\lambda)}{n},\cdots,\frac{b_d(\lambda)}{n})+O(\frac{1}{n}). \end{aligned} \tag{6.4.22}$$

証明　$k \leqq n$, $\lambda \in \mathbb{Y}_n$ とすると, 既約表現の分岐則 (3.4.10) をくり返し用いて

$$\begin{aligned}\chi^\lambda|_{\mathfrak{S}_k} &= \chi^\lambda|_{\mathfrak{S}_{n-1}}|_{\mathfrak{S}_k}=\sum_{\nu\nearrow\lambda}\chi^\nu|_{\mathfrak{S}_k}=\cdots \\ &= \sum_{\mu\nearrow\nu^{(1)}\nearrow\cdots\nearrow\nu^{(n-k-1)}\nearrow\lambda}\chi^\mu=\sum_{\mu\in\mathbb{Y}_k}d(\mu,\lambda)\chi^\mu. \end{aligned}$$

したがって, $\rho \in \mathbb{Y}_k$ に対して $\chi^\lambda_{(\rho,1^{n-k})}=\sum_{\mu\in\mathbb{Y}_k}d(\mu,\lambda)\chi^\mu_\rho$ が成り立つ. 既約指標

の直交性を用いてこれを逆に解くと,

$$d(\mu,\lambda)=\sum_{\rho\in\mathbb{Y}_k}\frac{1}{z_\rho}\chi^\mu_\rho\chi^\lambda_{(\rho,1^{n-k})},\qquad \mu\in\mathbb{Y}_k,\ \lambda\in\mathbb{Y}_n. \tag{6.4.23}$$

(6.4.23) を $d(\lambda)=\dim\lambda$ で割って (6.4.18) を用いれば,

$$\frac{d(\mu,\lambda)}{d(\lambda)}=\sum_{\rho\in\mathbb{Y}_k}\frac{\chi^\mu_\rho}{z_\rho}\Big\{p_\rho(\frac{\lambda}{n})+O(\frac{1}{n})\Big\}.$$

これに (6.4.20) を代入すれば (6.4.22) を得る. ■

注意 6.47 定理 6.45 と定理 6.46 は (超対称) べき和と Schur 関数の対応によって等価である. 定理 6.46 を先に証明する方針も考えられる. 定理 3.35 で $\dim\lambda=d(\lambda)$ に対するフック公式を示したが, それと類似の議論によって $d(\mu,\lambda)$ をある行列式の形で表示する公式が知られている ([53, Proposition 1.2, Theorem 2.1]). それを使って定理 6.46 の証明を行うことができる.

定理 6.44 は自然な次数 deg に関する Σ_ρ の項の整理を与えているが, 重み次数 wt に関する整理も与えておこう.

命題 6.48 $\rho,\sigma\in\mathbb{Y}$ に対し, 次式が成り立つ:

$$\Sigma_\rho\Sigma_\sigma=\Sigma_{\rho\sqcup\sigma}+\sum_{\tau\in\mathbb{Y}:|\tau|+l(\tau)\leqq|\rho|+l(\rho)+|\sigma|+l(\sigma)-2}a_\tau\Sigma_\tau,\qquad a_\tau\in\mathbb{Q}_{\geqq 0}, \tag{6.4.24}$$

$$\Sigma_\rho=\Sigma_{\rho_1}\cdots\Sigma_{\rho_{l(\rho)}}+\sum_{\tau\in\mathbb{Y}:|\tau|+l(\tau)\leqq|\rho|+l(\rho)-2}b_\tau\Sigma_\tau,\qquad b_\tau\in\mathbb{Q}, \tag{6.4.25}$$

$$\mathrm{wt}(\Sigma_\rho)=|\rho|+l(\rho).$$

したがって, (6.4.25) は

$$\Sigma_\rho=\Sigma_{\rho_1}\cdots\Sigma_{\rho_{l(\rho)}}+(\text{重み次数が }(\mathrm{wt}(\Sigma_\rho)-2)\text{ 以下の低次項}) \tag{6.4.26}$$

とも表せる.

証明 まず, $\rho\in\mathbb{Y}$, $k\in\mathbb{N}$ に対し,

$$\Sigma_\rho\Sigma_k=\Sigma_{(\rho,k)}+\sum_{\tau\in\mathbb{Y}:|\tau|+l(\tau)\leqq|\rho|+l(\rho)+k-1}c_\tau\Sigma_\tau,\qquad c_\tau\in\mathbb{Q}_{\geqq 0} \tag{6.4.27}$$

を示す. $\rho=\varnothing$ のときは, $\Sigma_\varnothing=1$, $\Sigma_{(\varnothing,k)}=\Sigma_k$ である. $k=1$ のときは,

$$\Sigma_\rho\Sigma_1=\Sigma_{(\rho,1)}+|\rho|\Sigma_\rho$$

であるから成り立つ. 今, $k \geqq 2$ として, (6.4.16) により

$$\Sigma_k \Sigma_\rho = \Sigma_{(\rho,k)} + \sum_{\tau \in \mathbb{Y}: |\rho| \vee k \leqq |\tau| < |\rho|+k} \frac{z_{(k)} z_\rho}{z_\tau} p^\tau_{(k)\rho} \Sigma_\tau$$

が成り立つが, この右辺で, $p^\tau_{(k)\rho} > 0$ ならば $|\tau| + l(\tau) \leqq |\rho| + l(\rho) + k - 1$ であることを示そう. $d_1 = \{j_1, \cdots, j_k\}$, $w_1 = (j_1 \cdots j_k)$ とおき, サイクル型が (k) の $(d_1, w_1) \in \mathcal{P}_\infty$ とサイクル型が ρ の $(d_2, w_2) \in \mathcal{P}_\infty$ をとる. $d = d_1 \cup d_2$, $w = w_1 w_2$ とするとき, (d, w) のサイクル型で可能なものを考える.

– $d_1 \cap d_2 = \varnothing$ のとき, 可能なのは (ρ, k) のみである.

– $d_1 \cap d_2 \neq \varnothing$ のとき, $j_k \in d_2$ としてよい. w_2 をサイクル分解して Young 盤状に並べて表示する (自明なサイクルも含め, d_2 の元がすべて現れるように). 第 1 列のコピーとして第 0 列に $l(\rho)$ 個の空箱を並べることにする. これは, 重み次数を視覚的に覚えておくためである. w_2 に左から

$$(j_1 \cdots j_k) = (j_1\, j_2) \cdots (j_{k-2}\, j_{k-1})(j_{k-1}\, j_k)$$

の互換 $(j_{i-1}\, j_i)$ をかける各ステップにおいて, 仮想的な第 0 列も含めた箱数の増減を見ていく. 最初に $(j_{k-1}\, j_k)$ を左からかけると, $j_k \in d_2$ であるから, 箱は高々 1 個しか増えない[22]. 次に $(j_{k-2}\, j_{k-1})$ を左からかけるときも, j_{k-1} はすでに台に属しているので, 箱は高々 1 個しか増えない. そうすると, $(j_1\, j_2)$ までかけても, 増える箱数は高々 $k-1$ 個であり, 計 $|\rho| + l(\rho) + k - 1$ でおさえられる. したがって, 可能なサイクル型 τ は $|\tau| + l(\tau) \leqq |\rho| + l(\rho) + k - 1$ をみたす. これで, (6.4.27) が示された. (6.4.27) は $k = 1$ でも成り立つ.

(6.4.24) を $|\sigma| + l(\sigma)$ に関する帰納法で示そう. 出だしの $|\sigma| + l(\sigma) = 2$ のときは, $\sigma = (1)$ であるから済んでいる. σ の最下行をとり除いたものを σ^- と記し, $l(\sigma) = l$ とおいて (6.4.27) を Σ_σ に適用すると,

$$\Sigma_\rho \Sigma_\sigma = \Sigma_\rho \Big(\Sigma_{\sigma^-} \Sigma_{\sigma_l} + \sum_{\tau: |\tau| + l(\tau) \leqq |\sigma| + l(\sigma) - 2} a_\tau \Sigma_\tau \Big) \tag{6.4.28}$$

を得る. ただし, $|\sigma^-| + l(\sigma^-) + \sigma_l - 1 = |\sigma| + l(\sigma) - 2$ を用いた. (6.4.28) の右辺において帰納法の仮定を適用すれば,

$$\Sigma_\rho \Sigma_\tau = \Sigma_{\rho \sqcup \tau} + \sum_{\pi: |\pi| + l(\pi) \leqq |\rho| + l(\rho) + |\tau| + l(\tau) - 2} b_\pi \Sigma_\pi$$

---

22) もしも $j_{k-1}, j_k \notin d_2$ という状況ならば, $(j_{k-1}\, j_k)$ を左からかけると, 箱は現実の 2 個と仮想的な 1 個の計 3 個増える.

となる. この右辺の各項は (6.4.24) のシグマ記号の部分に吸収される. 実際,

$$|\rho\sqcup\tau|+l(\rho\sqcup\tau)=|\rho|+|\tau|+l(\rho)+l(\tau)\leqq|\rho|+l(\rho)+|\sigma|+l(\sigma)-2,$$
$$|\pi|+l(\pi)\leqq|\rho|+l(\rho)+|\sigma|+l(\sigma)-2-2.$$

$\Sigma_\rho\Sigma_{\sigma^-}\Sigma_{\sigma_l}$ に対しては, 帰納法の仮定と (6.4.27) により,

$$\begin{aligned}
&(\Sigma_\rho\Sigma_{\sigma^-})\Sigma_{\sigma_l}\\
&=\Bigl(\Sigma_{\rho\sqcup\sigma^-}+\sum_{\pi:\,|\pi|+l(\pi)\leqq|\rho|+l(\rho)+|\sigma^-|+l(\sigma^-)-2}a_\pi\Sigma_\pi\Bigr)\Sigma_{\sigma_l}\\
&=\Sigma_{\rho\sqcup\sigma}+\sum_{\tau:\,|\tau|+l(\tau)\leqq|\rho\sqcup\sigma^-|+l(\rho\sqcup\sigma^-)+\sigma_l-1}c_\tau\Sigma_\tau\\
&\qquad+\sum_{\pi:\,|\pi|+l(\pi)\leqq|\rho|+l(\rho)+|\sigma^-|+l(\sigma^-)-2}a_\pi\Bigl(\sum_{\tau:\,|\tau|+l(\tau)\leqq|\pi|+l(\pi)+\sigma_l-1}c_{\pi\tau}\Sigma_\tau\Bigr).
\end{aligned}$$

最右辺において, $\Sigma_{\rho\sqcup\sigma}$ 以外の項に現れる Σ_τ は

$$|\tau|+l(\tau)\leqq|\rho|+l(\rho)+|\sigma|+l(\sigma)-2$$

をみたし, これも (6.4.24) のシグマ記号に吸収される. こうして (6.4.24) を得る.

(6.4.24) から (6.4.25) を導くのは易しい. (6.4.25) をくり返し用いれば

$$\Sigma_\rho=\Sigma_{\rho_1}\cdots\Sigma_{\rho_{l(\rho)}}+\sum_{(j_1+1)+\cdots+(j_q+1)\leqq|\rho|+l(\rho)-2}c_{j_1\cdots j_q}\Sigma_{j_1}\cdots\Sigma_{j_q}$$

を得る. Kerov 多項式によって $R_k(\mathfrak{m}_\cdot)$ たちに書き直せば, $\mathrm{wt}(R_k(\mathfrak{m}_\cdot))=k$ により, $\mathrm{wt}(\Sigma_\rho)=(\rho_1+1)+\cdots+(\rho_{l(\rho)}+1)=|\rho|+l(\rho)$ となる. ■

ノート

定理 6.25 の Kerov 多項式の導出法は, Okounkov による ([5] 参照). Kerov 多項式の係数はすべて自然数であろうという予想が, この多項式を提示したときに Kerov によってなされた. 最終的にこの事実は Féray によって証明された ([13]). Kerov–Olshanski 代数は [37] で導入された. その構造の詳しい解析には, [31] の寄与が大きい.

第7章

Young図形の極限形状

Plancherel 測度が引き起こす Young 図形の成長 (Plancherel 成長過程) において, その極限の著しい状況を記述するのが, Young 図形の極限形状である. 「はじめに」の問題 1 に述べたように, 経路空間上の Plancherel 測度に関する大数の強法則としてその極限形状を把握するのが, 本章の目的である. 2 つのかなり異なるアプローチを紹介する. 1 つめは本書の立場から見れば本筋と言える解法であり, Young 図形に関するさまざまな情報を Kerov–Olshanski 代数の枠組に放り込んで話を既約指標の計算に帰着させる. 一方, 7.4 節に収められるもう 1 つのアプローチは [67] と [42] のもともとの方法に基づくものであり, Plancherel 測度を表示するフック公式をフルに活用した変分法 (汎関数の極値問題) 的計算を実行する. いずれにせよ, Young 図形のプロファイルの極限を許容する関数空間を用意する必要がある (7.1 節).

7.1 連続図形と推移測度

本節では, Young 図形の各箱のサイズを小さく箱数を多くするスケール極限をとる際の極限描像を記述するための枠組を準備する.

定義 7.1 次の条件をみたす $\omega : \mathbb{R} \longrightarrow \mathbb{R}$ あるいはそのグラフ $y = \omega(x)$ を連続図形と呼ぶ.

(i) $|\omega(x_1) - \omega(x_2)| \leqq |x_1 - x_2|, \qquad x_1, x_2 \in \mathbb{R}$.

(ii) $a < 0, b > 0$ があって, $x \leqq a$ または $x \geqq b$ ならば, $\omega(x) = |x|$.

連続図形全体を $\mathbb{D}$ で表す. $\omega \in \mathbb{D}$ に対し, (ii) をみたす最小の閉区間 $[a, b]$ を $\operatorname{supp} \omega$ で表すことにする. □

定義 7.1 の (i), (ii) から, $\omega(x) \geqq |x|$ が成り立つ. 定義 6.7 で折れ線図形を導入し, Young 図形のプロファイルがその特別な場合であることを述べた. 折れ線図

形が (i), (ii) をみたすことは明らかであろう. したがって, $\mathbb{Y} \subset \mathbb{D}_0 \subset \mathbb{D}$ が成り立つ[1]. 連続図形 ω は, (i) によって Lipschitz 定数が 1 以下の Lipschitz 連続関数であり, 特に絶対連続である. したがって, Lebesgue 測度に関して a.e. に微分可能であって, $|\omega'(x)| \leqq 1$ をみたす. 連続図形に対しても推移測度や Rayleigh 測度の定義を拡張することを考える. ここでは $\mathbb{D}$ の元を $\mathbb{D}_0$ の元で近似していく直接的な方法を採ることにする. 測度をつかまえるために使うのは, 結局コンパクト区間上の Riesz の表現定理 (定理 A.10) である. $a > 0$ に対して

$$\mathbb{D}^{(a)} = \{\omega \in \mathbb{D} \mid \operatorname{supp} \omega \subset (-a, a)\} \tag{7.1.1}$$

とおく. 定義 7.1 の (ii) から, $\mathbb{D} = \bigcup_{a>0} \mathbb{D}^{(a)}$ である. $\omega \in \mathbb{D}$ に対して推移測度を以下の手順で定義する. $\omega \in \mathbb{D}^{(a)}$ なる $a > 0$ をとる. $C[-a, a]$ の位相 (一様収束位相) で ω に収束する $\lambda^{(n)} \in \mathbb{D}_0 \cap \mathbb{D}^{(a)}$ がとれる. 実際, 任意の $\varepsilon > 0$ に対し, $[-a, a]$ を幅 ε 以下に分割した $-a = x_0 < x_1 < \cdots < x_p = a$ を考える. 定義 7.1 の (i) により, $[x_{i-1}, x_i]$ での ω の変動は ε 以下である. $\omega(x_{i-1})$ と $\omega(x_i)$ を折れ線関数でつなぐとき, それが $\mathbb{D}_0$ の元の一部をなし, しかも値が $\omega(x_{i-1})$ と $\omega(x_i)$ の間におさまるようにすることは可能である. こうして作られた $\lambda \in \mathbb{D}_0$ は, $\|\omega - \lambda\|_{\sup} \leqq \varepsilon$ をみたす. 今, $\frac{1}{2}(\omega(x) - |x|)$, $\frac{1}{2}(\lambda^{(n)}(x) - |x|)$ を考えると, これらはほとんどいたるところ微分可能であって, $(-a, a)$ に含まれる台をもち, 導関数の絶対値が 1 以下である. $\lambda^{(n)}$ の推移測度 $\mathfrak{m}_{\lambda^{(n)}}$, Rayleigh 測度 $\tau_{\lambda^{(n)}}$ はともに $(-a, a)$ に含まれる台をもつ.

補題 7.2 任意の $f \in C[-a, a]$ に対し,

$$\lim_{n\to\infty} \int_{-a}^{a} f(x) \Big(\frac{\lambda^{(n)}(x) - |x|}{2}\Big)' dx = \int_{-a}^{a} f(x) \Big(\frac{\omega(x) - |x|}{2}\Big)' dx. \tag{7.1.2}$$

証明 f が多項式のときは部分積分によって確かめられる. 一般の f については 3ε-論法を用いる. すなわち, 任意の $\varepsilon > 0$ に対し, $\|f - g\|_{\sup} \leqq \varepsilon$ なる多項式 g をとって, n によらずに

$$\Big(\frac{\lambda^{(n)}(x) - |x|}{2}\Big)', \quad \Big(\frac{\omega(x) - |x|}{2}\Big)'$$

の絶対値が 1 でおさえられることを用いる. ■

---

[1] 空図形 $\varnothing$ のプロファイルは $y = |x|$ なので, 定義によって $\operatorname{supp} \varnothing = \{0\}$ である.

補題 7.3　任意の $k \in \mathbb{N} \sqcup \{0\}$ に対し, $\{M_k(\tau_{\lambda^{(n)}})\}_{n\in\mathbb{N}}$ と $\{M_k(\mathfrak{m}_{\lambda^{(n)}})\}_{n\in\mathbb{N}}$ は Cauchy 列である.

証明　$k=0$ のときは自明である. (6.2.5) により

$$M_k(\tau_{\lambda^{(n)}}) = -\int_{-a}^{a} kx^{k-1}\Big(\frac{\lambda^{(n)}(x)-|x|}{2}\Big)' dx, \qquad k \in \mathbb{N} \tag{7.1.3}$$

であるから, (7.1.2) とあわせれば, $\{M_k(\tau_{\lambda^{(n)}})\}_n$ が Cauchy 列である. 命題 6.14 によって $M_k(\mathfrak{m}_{\lambda^{(n)}})$ が $M_j(\tau_{\lambda^{(n)}})$ たちの多項式 (この多項式は n によらない) で表される. したがって $\{M_k(\mathfrak{m}_{\lambda^{(n)}})\}_n$ も Cauchy 列である. ■

定理 4.12 と補題 7.3 により, $\mathrm{supp}\,\mu \subset [-a,a]$ なる確率測度 μ で

$$M_k(\mu) = \lim_{n\to\infty} M_k(\mathfrak{m}_{\lambda^{(n)}}), \qquad k \in \mathbb{N} \sqcup \{0\} \tag{7.1.4}$$

をみたすものが一意的に存在する. こうして定義された μ は ω の近似列 $\{\lambda^{(n)}\} \subset \mathbb{D}_0 \cap \mathbb{D}^{(a)}$ のとり方によらない. 実際, 別の近似列 $\{\mu^{(n)}\}$ をとっても, $M_k(\tau_{\mu^{(n)}})$ の $n\to\infty$ での極限値が (7.1.2) の右辺で決まり, したがって $M_k(\mathfrak{m}_{\mu^{(n)}})$ の極限値も決まってしまう. また, $\omega \in \mathbb{D}^{(a)}$ なる $a>0$ のとり方にも依存せずに ω のみで決まることを確かめるのは容易である.

定義 7.4　$\omega \in \mathbb{D}$ に対してこの手順で定められた μ を $\mathfrak{m}_\omega$ と書き, ω の Kerov 推移測度または単に推移測度と呼ぶ. □

注意 7.5　$\omega \in \mathbb{D}$ の一様収束位相に関する近似列 $\{\lambda^{(n)}\} \subset \mathbb{D}_0$ をとって, 補題 7.3 から極限操作によって ω の Rayleigh 測度 τ_ω を定義することは, 一般にはできない. k 次モーメントの列 $\{M_k(\tau_{\lambda^{(n)}})\}$ は収束するが, 定理 4.12 は符号つき (確率) 測度では成り立たないことに注意しよう. 実際, $\tau_{\lambda^{(n)}}$ の全変動が n について一様におさえられないので, 定理 4.12 の証明の評価はできない. 全変動ノルムの収束の枠組で扱えるのならよいが, 符号つき測度を極限操作でつかまえるのは一般に容易でない.

補題 7.6　$\omega \in \mathbb{D}$ に対し, $\omega \in \mathbb{D}^{(a)}$ なる $a>0$ と近似列 $\{\lambda^{(n)}\} \subset \mathbb{D}_0 \cap \mathbb{D}^{(a)}$ をとれば, 次式が成り立つ:

$$\lim_{n\to\infty}\int_{-\infty}^{\infty} f(x)\mathfrak{m}_{\lambda^{(n)}}(dx) = \int_{-\infty}^{\infty} f(x)\mathfrak{m}_\omega(dx), \qquad f \in C(\mathbb{R}). \tag{7.1.5}$$

証明　これは推移測度 $\mathfrak{m}_\omega$ の定め方 (7.1.4) と $f1_{[-a,a]}$ の多項式近似からただ

ちに出る．推移測度の台が一斉にコンパクト区間 $[-a,a]$ に含まれるように近似列をとっていることに注意する．ω を $C(\mathbb{R})$ の一様収束位相に関して近似するように $\lambda^{(n)}$ をとるというだけではなかった． ■

命題 7.7 $\omega \in \mathbb{D}$ とその推移測度 $\mathfrak{m}_\omega$ は，次式をみたす：

$$\int_{-\infty}^{\infty} \frac{1}{z-x}\mathfrak{m}_\omega(dx) = \frac{1}{z}\exp\Bigl\{\int_{-\infty}^{\infty} \frac{1}{x-z}\Bigl(\frac{\omega(x)-|x|}{2}\Bigr)' dx\Bigr\}, \qquad z \in \mathbb{C}^+. \tag{7.1.6}$$

証明 $\lambda \in \mathbb{D}_0$ に対して $\lambda \in \mathbb{D}^{(a)}$ なる $a>0$ をとれば，(6.2.16), (7.1.3) から

$$\int_{-\infty}^{\infty} \frac{1}{z-x}\mathfrak{m}_\lambda(dx) = \frac{1}{z}\exp\Bigl\{\int_{-\infty}^{\infty} \frac{1}{x-z}\Bigl(\frac{\lambda(x)-|x|}{2}\Bigr)' dx\Bigr\}, \qquad |z|>a$$

を得る．したがって，$\omega \in \mathbb{D}^{(a)}$ の近似列 $\{\lambda^{(n)}\} \subset \mathbb{D}_0 \cap \mathbb{D}^{(a)}$ に対するこの式に (7.1.2) と (7.1.5) をあわせれば，$|z|>a$ に対して (7.1.6) が成り立つ．(7.1.6) の両辺は $\mathbb{C}^+$ で定義される正則関数であるから，示すべき結論を得る． ■

$\lambda \in \mathbb{D}_0$ に対しては，(6.2.2), (6.2.3) により

$$\tau_\lambda = \Bigl(\frac{\lambda(x)-|x|}{2}\Bigr)'' + \delta_0$$

が成り立った．$\omega \in \mathbb{D}$ に対し，(Schwartz 超関数の意味の)$(\omega(x)-|x|)''$ が実測度になるためには，$(\omega(x)-|x|)'$ が有界変動関数になることが必要十分である[2)]．この条件をみたすとき，

$$\tau_\omega = \Bigl(\frac{\omega(x)-|x|}{2}\Bigr)'' + \delta_0 \tag{7.1.7}$$

を ω の Rayleigh 測度という．

注意 7.8 $\omega \in \mathbb{D}$ であっても，$(\omega(x)-|x|)'$ が有界変動であるとは限らない．有界変動でない連続関数の原始関数を考えれば，このような ω の例を作れる．

命題 7.9 $\omega \in \mathbb{D}$ に対し，Rayleigh 測度 τ_ω が存在すれば，次が成り立つ：

$$\omega(u) = \int_{\mathbb{R}} |u-x|\tau_\omega(dx), \qquad u \in \mathbb{R}.$$

証明 $(\omega(x)-|x|)'$ がコンパクトな台をもつ有界変動関数であるから，命題 6.12 と同じく積分の順序交換によって示される． ■

---

2) [58], p.44, 定理 2

命題 7.10　$\omega \in \mathbb{D}$ に対し, Rayleigh 測度 τ_ω が存在すれば,

$$\frac{1}{G_{\mathfrak{m}_\omega}(z)} \frac{d}{dz} G_{\mathfrak{m}_\omega}(z) = -\int_{\mathbb{R}} \frac{1}{z-x} \tau_\omega(dx), \qquad z \in \mathbb{C}^+ \tag{7.1.8}$$

が成り立つ. 逆に, 平均 0 の $\mu \in \mathcal{P}(\mathbb{R})$ と $\mathbb{R}$ 上の $\mathbb{R}$ 値測度 τ がともにコンパクトな台をもって,

$$\frac{1}{G_\mu(z)} \frac{d}{dz} G_\mu(z) = -\int_{\mathbb{R}} \frac{1}{z-x} \tau(dx), \qquad z \in \mathbb{C}^+ \tag{7.1.9}$$

をみたすとする. このとき,

$$\omega(u) = \int_{\mathbb{R}} |u-x| \tau(dx), \qquad u \in \mathbb{R} \tag{7.1.10}$$

によって τ から ω を定めると, $\omega \in \mathbb{D}$ となり, $\mathfrak{m}_\omega = \mu$, $\tau_\omega = \tau$ が成り立つ.

証明 [Step 1] τ_ω が存在すれば (7.1.7) が成り立ち, $G_{\mathfrak{m}_\omega}(z)$ は (7.1.6) で与えられる. $(\omega(x)-|x|)'$, $(\omega(x)-|x|)''$ がともにコンパクトな台をもつことに注意して部分積分と積分記号下の微分を用いる. すなわち,

$$\int_{\mathbb{R}} \frac{1}{z-x} \tau_\omega(dx) = \frac{1}{z} - \int_{\mathbb{R}} \frac{1}{(z-x)^2} \Big(\frac{\omega(x)-|x|}{2} \Big)' dx,$$
$$\frac{d}{dz} \int_{\mathbb{R}} \frac{1}{x-z} \Big(\frac{\omega(x)-|x|}{2} \Big)' dx = \int_{\mathbb{R}} \frac{1}{(x-z)^2} \Big(\frac{\omega(x)-|x|}{2} \Big)' dx$$

により, (7.1.6) から (7.1.8) が得られる.

[Step 2] (7.1.9) が成り立つとする. $z \in \mathbb{C}^+$ ならば $\operatorname{Im} G_\mu(z) < 0$ であるから, $(-\pi, \pi)$ の範囲で偏角をとって log を考えると, (7.1.9) は

$$\frac{d}{dz} \log G_\mu(z) = -\int_{\mathbb{R}} \frac{1}{z-x} \tau(dx), \qquad z \in \mathbb{C}^+$$

と同じである. さらに, $\operatorname{supp} \tau$ がコンパクトであることを考慮すれば

$$\frac{d}{dz} \int_{\mathbb{R}} \log(z-x) \tau(dx) = \int_{\mathbb{R}} \frac{1}{z-x} \tau(dx)$$

であるから, 定数 $c \in \mathbb{C}$ を用いて

$$\log G_\mu(z) = -\int_{\mathbb{R}} \log(z-x) \tau(dx) + c$$

となる. $z \in \mathbb{C}^+$ に対し,

$$\int_{\mathbb{R}} \log(z-x)\tau(dx) = \int_{\mathbb{R}} (\log z + \log(1-\frac{x}{z}))\tau(dx)$$
$$= \tau(\mathbb{R})\log z + \int_{\mathbb{R}} \log(1-\frac{x}{z})\tau(dx),$$

ゆえに
$$\log G_\mu(z) + \tau(\mathbb{R})\log z = -\int_{\mathbb{R}} \log(1-\frac{x}{z})\tau(dx) + c.$$

ここで, $\lim_{z\to\infty} zG_\mu(z) = 1$ に注意して

$$\log G_\mu(z) + \log z + (\tau(\mathbb{R})-1)\log z = -\int_{\mathbb{R}} \log(1-\frac{x}{z})\tau(dx) + c$$

において $z \to \infty$ とすれば, $\tau(\mathbb{R}) = 1$ でなければならず, 同時に $c = 0$ も導かれる. このとき,

$$\int_{\mathbb{R}} \frac{1}{z-x}\mu(dx) = G_\mu(z) = \frac{1}{z}\exp\Big\{-\int_{\mathbb{R}} \log(1-\frac{x}{z})\tau(dx)\Big\}. \tag{7.1.11}$$

$\mathrm{supp}\,\tau$, $\mathrm{supp}\,\mu$ がともにコンパクト区間に含まれるから, $z \in \mathbb{C}^+$ の絶対値が十分大きいところで (7.1.11) の両辺を Laurent 展開することができる. その係数を比較すれば, 特に $M_1(\tau) = M_1(\mu) = 0$ を得る.

[Step 3] $\mathrm{supp}\,\tau \subset [-a,a]$ なる $a > 0$ をとる. τ の「分布関数」$F(x) = \tau((-\infty,x])$ を考えると, F は各点で右連続かつ左極限をもつ $\mathbb{R}$ 値関数であり, $(-\infty,-a)$ では値 0, $[a,\infty)$ 上では値 1 をとる. さらに,

$$0 \leqq F(x) \leqq 1, \qquad x \in \mathbb{R} \tag{7.1.12}$$

が成り立つことを示す[3]. F を用いて

$$\log G_\mu(z) = -\int_{[-a,a]} \log(z-x)\tau(dx), \qquad z \in \mathbb{C}^+ \tag{7.1.13}$$

の右辺を書き直そう. $x \in [-a,a]$ に対し,

$$\log(z-x) = \log z + \int_0^x \frac{-1}{z-t}dt$$

を (7.1.13) に代入して, 2 重積分の順序を交換する. 右辺の積分域を $x \geqq 0$ と $x < 0$ に分けるのがよい. $x < 0$ では,

---

3) 分布関数とは言っても τ は符号つきなので, もちろん (7.1.12) は自明に成り立つことではない. また, 単調性は一般に成り立たない.

$$\int_{[-a,0)}\Big(\int_0^x \frac{1}{z-t}dt\Big)\tau(dx) = -\int_{-a}^0\Big(\int_{[-a,t]}\frac{1}{z-t}\tau(dx)\Big)dt$$
$$= -\int_{-a}^0 \frac{F(t)}{z-t}dt.$$

$x \geqq 0$ でも同様に,

$$\int_{[0,a]}\Big(\int_0^x \frac{1}{z-t}dt\Big)\tau(dx) = \int_0^a \frac{1-F(t)}{z-t}dt.$$

ゆえに, これらをあわせて

$$\log G_\mu(z) = -\log z - \int_{-a}^0 \frac{F(t)}{z-t}dt + \int_0^a \frac{1-F(t)}{z-t}dt$$
$$= -\log(z-a) - \int_{-a}^a \frac{F(t)}{z-t}dt. \tag{7.1.14}$$

今, $x \in (-a,a)$, $y > 0$ として, (7.1.14) において $z = x+iy$ とおくと,

$$-\pi < \mathrm{Im}\log G_\mu(z) < 0, \qquad \frac{\pi}{2} < \mathrm{Im}\log(z-a) < \pi$$

であり, $\lim_{y\downarrow 0}\mathrm{Im}\log(z-a) = \pi$ である. また, x が F の連続点ならば[4],

$$F(x) = \lim_{y\downarrow 0}\Big(-\frac{1}{\pi}\mathrm{Im}\int_{-a}^a \frac{F(t)}{z-t}dt\Big) \tag{7.1.15}$$

が成り立つ. ゆえに, (7.1.14) の虚部の $1/\pi$ 倍で $y \downarrow 0$ とすると, $-1 \leqq F(x)-1 \leqq 0$. つまり, F の連続点 $x \in (-a,a)$ に対して $0 \leqq F(x) \leqq 1$. F の連続点は稠密にあるので, F の右連続性から, 任意の $x \in \mathbb{R}$ において (7.1.12) が示された.

[Step 4] (7.1.10) で定義された ω が $\mathbb{D}$ に属することを示す. [Step 2] でわかった $M_0(\tau) = 1$, $M_1(\tau) = 0$ により,

$$\omega(u) = \begin{cases} \displaystyle\int_{[-a,a]}(u-x)\tau(dx) = u\tau([-a,a]) - \int_{[-a,a]} x\tau(dx) = u, & u \geqq a, \\ \displaystyle\int_{[-a,a]}(x-u)\tau(dx) = -u, & u \leqq -a. \end{cases}$$

ゆえに, $|u| \geqq a$ ならば $\omega(u) = |u|$ となる. ω の (超関数の意味の) 微分を計算する. テスト関数 $\phi \in C_0^\infty(\mathbb{R})$ に対し,

---

4) $\mathbb{R}$ 上の Poisson 核の性質による. 後の注意 7.11 参照.

$$\begin{aligned}
\int_{\mathbb{R}} \phi'(u)\omega(u)du &= \int_{\mathbb{R}}\int_{\mathbb{R}} \phi'(u)|u-x|du\,\tau(dx) \\
&= \int_{\mathbb{R}}\Big(\int_{-\infty}^{x} \phi'(u)(x-u)du + \int_{x}^{\infty} \phi'(u)(u-x)du\Big)\tau(dx) \\
&= \int_{\mathbb{R}}\Big(\int_{-\infty}^{x} \phi(u)du - \int_{x}^{\infty} \phi(u)du\Big)\tau(dx) \\
&= \int_{\mathbb{R}} \tau((u,\infty))\phi(u)du - \int_{\mathbb{R}} \tau((-\infty,u])\phi(u)du \qquad \text{により,}
\end{aligned}$$

$$\omega'(u) = \tau((-\infty,u]) - \tau((u,\infty)) = 2\tau((-\infty,u]) - 1 = 2F(u) - 1. \tag{7.1.16}$$

(7.1.12) によって, $|\omega'(u)| \leqq 1$. これで 1-Lipschitz となり, $\omega \in \mathbb{D}$ を得る.

[Step 5] (7.1.16) をもう一度 (超関数の意味で) 微分すると, $\omega'' = 2F' = 2\tau$ であるから, ω が Rayleigh 測度をもち, $\tau_\omega = \tau$ となる. 最後に, ω の推移測度 $\mathfrak{m}_\omega$ と Rayleigh 測度 τ_ω を結ぶ関係式が, まさに (7.1.11) の μ と τ に対するものである. したがって, $\mathfrak{m}_\omega$ と μ が同じ Stieltjes 変換をもち, $\mathfrak{m}_\omega = \mu$ が導かれる. ■

注意 7.11 (7.1.15) の説明を念のため補足しておこう. F が $\mathbb{R}$ 値であるから,

$$-\frac{1}{\pi}\mathrm{Im}\int_{-a}^{a} \frac{F(t)}{z-t}dt = \frac{1}{\pi}\int_{\mathbb{R}} \frac{y}{(x-t)^2+y^2}F(t)1_{[-a,a]}(t)dt = (\psi_y * F1_{[-a,a]})(x).$$

ここで, $\psi_y(t) = \frac{y}{\pi(t^2+y^2)}$ は Poisson 核であり, それとの合成積 ψ_y* がいわゆる軟化子を与える. 有界な関数 f が x において連続であれば,

$$\begin{aligned}
|(\psi_y * f)(x) - f(x)| &= \Big|\int_{\mathbb{R}} \psi_y(t)(f(x-t) - f(x))dt\Big| \\
&\leqq \Big(\sup_{|t|\leqq\delta}|f(x-t) - f(x)|\Big)\int_{|t|\leqq\delta} \psi_y(t)dt + 2\|f\|_{\sup}\int_{|t|>\delta} \psi_y(t)dt
\end{aligned}$$

の評価により, $\lim_{y\downarrow 0}(\psi_y * f)(x) = f(x)$ が成り立つ.

注意 7.12 命題 6.15 を $\mathbb{D}$ にまで広げた事実が成り立つ. すなわち, $\omega \mapsto \mathfrak{m}_\omega$ は, $\mathbb{D}$ から $\mathbb{R}$ 上の平均 0 のコンパクト台をもつ確率測度全体への全単射を与える. 全単射性の証明の手がかりはやはり (7.1.6) や (7.1.11) である. 実際, 与えられた μ に対して, 命題 7.10 の証明の [Step 3] にあるような関数 F の存在を (τ の存在を仮定せずに) 示し, (7.1.10) に類似の

$$\omega(u) = \int_{-\infty}^{u} F(x)dx + \int_{u}^{\infty} (1-F(x))dx, \qquad u \in \mathbb{R}$$

によって ω を定めればよい. しかし, F の存在を示すのはそれほど容易ではない

ので, ここでは省略する. [34] を参照.

連続図形の Rayleigh 測度, 推移測度の計算の典型例を 3 つ挙げておこう.

例 7.13　$a>0$ に対し,

$$\omega(x)=\begin{cases} a, & |x|\leqq a, \\ |x|, & |x|>a \end{cases}$$

を三角図形という (図 7.1). 三角図形の Rayleigh 測度と推移測度は, それぞれ

$$\tau_\omega=\frac{1}{2}(\delta_{-a}+\delta_a), \tag{7.1.17}$$

$$\mathfrak{m}_\omega(dx)=\frac{1}{\pi\sqrt{a^2-x^2}}\,1_{(-a,a)}(x)\,dx \qquad (\text{逆正弦分布}) \tag{7.1.18}$$

で与えられる. 実際, $z\in\mathbb{C}^+$ に対し, (7.1.17) の Stieltjes 変換は

$$\int_{\mathbb{R}}\frac{1}{z-x}\tau_\omega(dx)=\frac{1}{2}\Big(\frac{1}{z+a}+\frac{1}{z-a}\Big)$$

である. (7.1.8) によって　$\log G_{\mathfrak{m}_\omega}(z)=-\frac{1}{2}\{\log(z+a)+\log(z-a)\}$　となり[5],

$$G_{\mathfrak{m}_\omega}(z)=\frac{1}{\sqrt{z^2-a^2}}, \qquad z\in\mathbb{C}^+ \tag{7.1.19}$$

を得る. 例 4.54 で計算したように, (7.1.19) を Stieltjes 変換にもつのは (7.1.18) の逆正弦分布である.

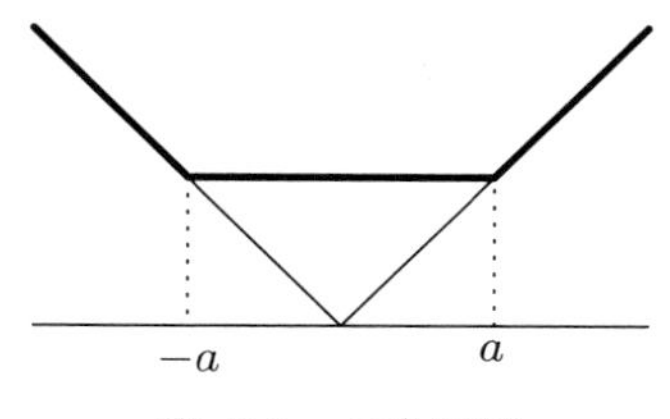

図 7.1　三角図形

例 7.14　後に Young 図形の極限形状として現れるのが

$$\Omega(x)=\begin{cases} \frac{2}{\pi}(x\arcsin\frac{x}{2}+\sqrt{4-x^2}), & |x|\leqq 2, \\ |x|, & |x|>2 \end{cases} \tag{7.1.20}$$

---

[5] log も $\sqrt{\ }$ も $\mathbb{C}\setminus[0,\infty)$ において偏角 $(0,2\pi)$ で考えておく.

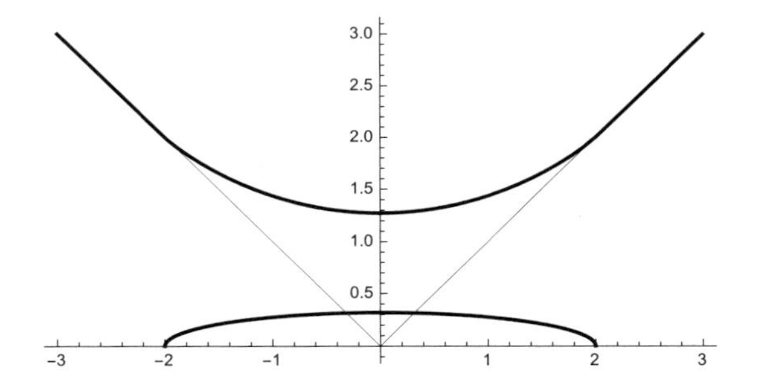

図 7.2 Young 図形の極限形状と標準 Wigner 分布の密度関数

で定義される $\mathbb{D}$ の元である (図 7.2). まず, Ω の Rayleigh 測度を計算する:

$$\left(\frac{\Omega(x)-|x|}{2}\right)' = \begin{cases} \frac{1}{\pi}\arcsin\frac{x}{2}+\frac{1}{2}, & -2 \leqq x < 0, \\ \frac{1}{\pi}\arcsin\frac{x}{2}-\frac{1}{2}, & 0 < x \leqq 2, \\ 0, & |x| > 2 \end{cases}$$

をもう一度微分して

$$\tau_\Omega(dx) = \left(\frac{\Omega(x)-|x|}{2}\right)'' dx + \delta_0(dx) = \frac{1}{\pi\sqrt{4-x^2}}\, 1_{(-2,2)}(x)\, dx. \qquad (7.1.21)$$

次に, (7.1.21) を用いて Stieltjes 変換経由で推移測度 $\mathfrak{m}_\Omega$ を計算する. Rayleigh 測度 (7.1.21) の Stieltjes 変換は, 例 7.13 の計算から

$$\int_{\mathbb{R}} \frac{1}{z-x}\tau_\Omega(dx) = \frac{1}{\sqrt{z^2-4}}, \qquad z \in \mathbb{C}^+$$

である. ゆえに (7.1.8) により,

$$\log G_{\mathfrak{m}_\Omega}(z) = -\int \frac{dz}{\sqrt{z^2-4}} = \log\frac{1}{2}(z-\sqrt{z^2-4}) + c$$

となるが, $\lim_{z\to\infty} zG_{\mathfrak{m}_\Omega}(z) = 1$ から, 定数 c は 0 であることがわかる. したがって,

$$G_{\mathfrak{m}_\Omega}(z) = \frac{z-\sqrt{z^2-4}}{2}, \qquad z \in \mathbb{C}^+$$

となる. この Stieltjes 変換から反転公式によって $\mathfrak{m}_\Omega$ を得るのも容易であり, 例 4.55 で述べた計算から,

$$\mathfrak{m}_\Omega(dx) = \frac{1}{2\pi}\sqrt{4-x^2}\, 1_{[-2,2]}(x)\, dx \qquad (7.1.22)$$

が得られる. (7.1.22) は標準 Wigner 分布 (または半円分布) であった.

例 7.15　例 4.57 で述べた自由 Poisson 分布を推移測度にもつような連続図形を求めよう. ただし, 連続図形の推移測度は平均 0 であるから, (4.3.54) の ν のかわりに $\nu^0(dx)=\nu(dx+\lambda)$ を考える. すなわち,

$$\tilde{\nu}^0(dx)=\frac{\sqrt{4\lambda-(x-1)^2}}{2\pi(x+\lambda)}1_{(1-2\sqrt{\lambda},1+2\sqrt{\lambda})}(x)dx \qquad \text{とおいて,}$$

$$\nu^0=\begin{cases}\tilde{\nu}^0, & \lambda\geqq 1,\\ \tilde{\nu}^0+(1-\lambda)\delta_{-\lambda}, & 0<\lambda\leqq 1\end{cases}$$

とする. このとき, 自由キュムラント列は (4.3.46) から

$$R_1(\nu^0)=0,\quad R_2(\nu^0)=R_3(\nu^0)=\cdots=\lambda>0,$$

Stieltjes 変換は (4.3.48) から

$$G_{\nu^0}(z)=\int_{\mathbb{R}}\frac{1}{z-x}\nu^0(dx)=\frac{z+1-\sqrt{(z-1)^2-4\lambda}}{2(z+\lambda)},\qquad z\in\mathbb{C}^+ \tag{7.1.23}$$

で与えられる. ここでも $\sqrt{\ }$ のとり方はずっと (4.3.34) にしたがう. 命題 7.10 に基づいて, ν^0 から Rayleigh 測度を計算する. (7.1.23) から簡単な計算によって

$$\frac{1}{G_{\nu^0}(z)}\frac{dG_{\nu^0}(z)}{dz}=-\frac{1}{2\sqrt{(z-1)^2-4\lambda}}\Big(1+\frac{\lambda-1}{z+\lambda}\Big)-\frac{1}{2(z+\lambda)}. \tag{7.1.24}$$

(7.1.24) を (7.1.9) と比べて,

$$G_\tau(z)=\int_{\mathbb{R}}\frac{1}{z-x}\tau(dx)=\frac{1}{2\sqrt{(z-1)^2-4\lambda}}\Big(1+\frac{\lambda-1}{z+\lambda}\Big)+\frac{1}{2(z+\lambda)} \tag{7.1.25}$$

をみたすコンパクト台の $\mathbb{R}$ 値測度 τ があるかどうかを見る. 計算の流れは例 4.57 とだいたい同じである. $z=x+iy$ $(y>0)$, $\sqrt{(z-1)^2-4\lambda}=u+iv$ とおくと, (7.1.25) の右辺の虚部の (-1) 倍は

$$\frac{1}{2}\Big\{\frac{v}{u^2+v^2}+\frac{(\lambda-1)(uy+v(x+\lambda))}{(u(x+\lambda)-vy)^2+(uy+v(x+\lambda))^2}+\frac{y}{(x+\lambda)^2+y^2}\Big\}. \tag{7.1.26}$$

今, $(z-1)^2-4\lambda=(x-1)^2-4\lambda-y^2+i2y(x-1)$ であるから, $(x-1)^2-4\lambda>0$ かつ $x+\lambda\neq 0$ ならば, $y\downarrow 0$ のとき (7.1.26) は 0 に収束する. 一方, x が

$$(x-1)^2-4\lambda<0,\quad \text{すなわち}\quad 1-2\sqrt{\lambda}<x<1+2\sqrt{\lambda}$$

をみたせば, $\lim_{y\downarrow 0} u = 0$ に注意して,

$$\lim_{y\downarrow 0}\Big(\frac{1}{\pi}\times(7.1.26)\Big)=\frac{1}{2\pi}\Big(\frac{1}{\sqrt{4\lambda-(x-1)^2}}+\frac{\lambda-1}{(x+\lambda)\sqrt{4\lambda-(x-1)^2}}\Big)$$

を得る. 定理 A.41 により, これで τ があればその絶対連続部分が捉えられた:

$$\tilde{\tau}(dx)=\frac{1}{2\pi}\Big(\frac{1}{\sqrt{4\lambda-(x-1)^2}}+\frac{\lambda-1}{(x+\lambda)\sqrt{4\lambda-(x-1)^2}}\Big)1_{(1-2\sqrt{\lambda},1+2\sqrt{\lambda})}(x)dx. \tag{7.1.27}$$

$\tilde{\tau}$ の Stieltjes 変換を求めよう. まず, 逆正弦分布の Stieltjes 変換はすでに例 4.54 や例 7.13 で現れているので,

$$\int_{1-2\sqrt{\lambda}}^{1+2\sqrt{\lambda}}\frac{1}{z-x}\frac{1}{2\pi\sqrt{4\lambda-(x-1)^2}}dx=\frac{1}{2\sqrt{(z-1)^2-4\lambda}},\qquad z\in\mathbb{C}^+$$

は容易にわかる. 次に (7.1.27) の第 2 項に対しては, $\lambda\neq 1$ として,

$$\begin{aligned}&\int_{1-2\sqrt{\lambda}}^{1+2\sqrt{\lambda}}\frac{1}{z-x}\frac{\lambda-1}{2\pi(x+\lambda)\sqrt{4\lambda-(x-1)^2}}dx\\&=\frac{\lambda-1}{2\pi\lambda}\int_{-2}^{2}\frac{1}{\frac{z-1}{\sqrt{\lambda}}-s}\frac{ds}{(s+\sqrt{\lambda}+\frac{1}{\sqrt{\lambda}})\sqrt{4-s^2}},\qquad z\in\mathbb{C}^+\end{aligned}$$

と書き, $w=\frac{z-1}{\sqrt{\lambda}}\in\mathbb{C}^+$, $\alpha=\sqrt{\lambda}+\frac{1}{\sqrt{\lambda}}>2$ とおくと, 変数変換 $\sqrt{\frac{s+2}{2-s}}=t$ により,

$$=\frac{\lambda-1}{2\pi\lambda}\frac{1}{(w-2)(\alpha+2)}\int_{-\infty}^{\infty}\frac{t^2+1}{(t^2+\frac{w+2}{w-2})(t^2+\frac{\alpha-2}{\alpha+2})}dt. \tag{7.1.28}$$

被積分関数の $\mathbb{C}^+$ に含まれる極 $z=i\sqrt{\frac{\alpha-2}{\alpha+2}}, \sqrt{\frac{w+2}{2-w}}$ (ともに 1 位) における留数を計算することにより,

$$\begin{aligned}(7.1.28)&=\frac{\lambda-1}{\lambda(w-2)(\alpha+2)}\Big\{-\frac{(\alpha+2)(2-w)}{2\sqrt{\alpha^2-4}(\alpha+w)}+i\frac{\alpha+2}{2(\alpha+w)\sqrt{\frac{w+2}{2-w}}}\Big\}\\&=\frac{\lambda-1}{2\lambda}\Big\{\frac{1}{\sqrt{\alpha^2-4}(w+\alpha)}+\frac{1}{(w+\alpha)i(2-w)\sqrt{\frac{w+2}{2-w}}}\Big\}.\end{aligned}$$

ここで,

$$i(2-w)\sqrt{\frac{w+2}{2-w}}=\sqrt{(w+2)(w-2)},\ \sqrt{\alpha^2-4}=|\sqrt{\lambda}-\frac{1}{\sqrt{\lambda}}|,\ w+\alpha=\frac{z+\lambda}{\sqrt{\lambda}}$$

を用いて続けると,

$$= \frac{\lambda-1}{2}\left\{\frac{1}{|\lambda-1|(z+\lambda)} + \frac{1}{(z+\lambda)\sqrt{(z-1)^2-4\lambda}}\right\}.$$

以上で, (7.1.27) の Stieltjes 変換が

$$G_{\tilde{\tau}}(z) = \frac{1}{2\sqrt{(z-1)^2-4\lambda}} + (1-\delta_{\lambda,1}) \\ \times \frac{\lambda-1}{2}\left\{\frac{1}{|\lambda-1|(z+\lambda)} + \frac{1}{(z+\lambda)\sqrt{(z-1)^2-4\lambda}}\right\}, \qquad z \in \mathbb{C}^+ \quad (7.1.29)$$

となることがわかった. (7.1.29) を (7.1.25) と比較すれば,

$$G_\tau(z) = \begin{cases} G_{\tilde{\tau}}(z), & \lambda > 1, \\ G_{\tilde{\tau}}(z) + \frac{1}{2(z+1)}, & \lambda = 1, \\ G_{\tilde{\tau}}(z) + \frac{1}{z+\lambda}, & 0 < \lambda < 1. \end{cases}$$

ゆえに, (7.1.27) で $\tilde{\tau}$ を定めると, (7.1.25) を Stieltjes 変換にもつ $\mathbb{R}$ 値測度 τ が

$$\tau = \begin{cases} \tilde{\tau}, & \lambda > 1, \\ \tilde{\tau} + \frac{1}{2}\delta_{-1}, & \lambda = 1, \\ \tilde{\tau} + \delta_{-\lambda}, & 0 < \lambda < 1 \end{cases} \qquad (7.1.30)$$

で与えられることが示された. (7.1.30) の τ は確かにコンパクトな台をもつ. これで τ が Rayleigh 測度であることがわかり, 対応する連続図形 ω が (7.1.10) によって求められる. 計算の概略を記しておこう.

$\lambda = 1$ の場合. (7.1.30) から容易に計算される. 原始関数として

$$\frac{1}{\sqrt{4-x^2}} = \frac{d}{dx}\arcsin\frac{x}{2}, \qquad \frac{x}{\sqrt{4-x^2}} = \frac{d}{dx}(-\sqrt{4-x^2})$$

を用いる. (7.1.10) の結果は,

$$\int_{\mathbb{R}} |u-x|\tau(dx) = \int_{-2}^{2} |u-1-x| \frac{dx}{2\pi\sqrt{4-x^2}} + \frac{|u+1|}{2} \\ = \begin{cases} \frac{1}{\pi}\{(u-1)\arcsin\frac{u-1}{2} + \sqrt{4-(u-1)^2}\} + \frac{1}{2}(u+1), & -1 \leqq u \leqq 3, \\ |u|, & u \leqq -1 \text{ or } 3 \leqq u. \end{cases}$$

$\lambda \neq 1$ の場合. (7.1.27) の $\tilde{\tau}$ に関する積分をまず扱うと,

$$\int_{\mathbb{R}} |u-x|\tilde{\tau}(dx) = \frac{\sqrt{\lambda}}{2\pi}\int_{-2}^{2}\Big|\frac{u-1}{\sqrt{\lambda}}-x\Big|\frac{dx}{\sqrt{4-x^2}}$$
$$+\frac{\lambda-1}{2\pi}\int_{-2}^{2}\Big|\frac{u-1}{\sqrt{\lambda}}-x\Big|\frac{dx}{(x+\sqrt{\lambda}+\frac{1}{\sqrt{\lambda}})\sqrt{4-x^2}}. \quad (7.1.31)$$

原始関数の計算には,

$$\frac{1}{(x+\sqrt{\lambda}+\frac{1}{\sqrt{\lambda}})\sqrt{4-x^2}} = \frac{d}{dx}\Big(\frac{2}{|\sqrt{\lambda}-\frac{1}{\sqrt{\lambda}}|}\arcsin\frac{\sqrt{(\sqrt{\lambda}+\frac{1}{\sqrt{\lambda}}+2)(x+2)}}{2\sqrt{x+\sqrt{\lambda}+\frac{1}{\sqrt{\lambda}}}}\Big),$$

$$\frac{x}{(x+\sqrt{\lambda}+\frac{1}{\sqrt{\lambda}})\sqrt{4-x^2}} = \frac{1}{\sqrt{4-x^2}} - \frac{\sqrt{\lambda}+\frac{1}{\sqrt{\lambda}}}{(x+\sqrt{\lambda}+\frac{1}{\sqrt{\lambda}})\sqrt{4-x^2}}$$

を用いる[6]. そうすると, たとえば $-2<(u-1)/\sqrt{\lambda}<2$ のときは

$$(7.1.31) = \frac{\sqrt{4\lambda-(u-1)^2}}{\pi}+\frac{u-\lambda}{\pi}\arcsin\frac{u-1}{2\sqrt{\lambda}}-\frac{(\lambda-1)(u+\lambda)}{2|\lambda-1|}$$
$$+\frac{2(\lambda-1)(u+\lambda)}{\pi|\lambda-1|}\arcsin\frac{\sqrt{(\sqrt{\lambda}+\frac{1}{\sqrt{\lambda}}+2)(\frac{u-1}{\sqrt{\lambda}}+2)}}{2\sqrt{\frac{u-1}{\sqrt{\lambda}}+\sqrt{\lambda}+\frac{1}{\sqrt{\lambda}}}}$$

を得る. 後は, (7.1.30) にしたがってアトムの分を勘定に入れればよい. $\lambda>1$ と $\lambda<1$ に分けて $\displaystyle\int_{\mathbb{R}}|u-x|\tau(dx)$ の結果を記すと: $\lambda>1$ の場合[7],

$$= \begin{cases} \frac{\sqrt{4\lambda-(u-1)^2}}{\pi}+\frac{u-\lambda}{\pi}\arcsin\frac{u-1}{2\sqrt{\lambda}}-\frac{u+\lambda}{2} & \\ \quad +\frac{2(u+\lambda)}{\pi}\arcsin\frac{\sqrt{(\sqrt{\lambda}+\frac{1}{\sqrt{\lambda}}+2)(u-1+2\sqrt{\lambda})}}{2\sqrt{u+\lambda}}, & 1-2\sqrt{\lambda}\leqq u\leqq 1+2\sqrt{\lambda}, \\ |u|, & u\leqq 1-2\sqrt{\lambda} \text{ or } 1+2\sqrt{\lambda}\leqq u. \end{cases}$$

$\lambda<1$ の場合[8],

---

6) $\sqrt{\lambda}+\frac{1}{\sqrt{\lambda}}>2$ に注意して, $\sqrt{\frac{x+2}{2-x}}=t$ と変数変換し,
$$\frac{1}{t^2+1}=(\arctan t)'=\Big(\arcsin\frac{t}{\sqrt{1+t^2}}\Big)'.$$

7) $\lambda>1$ ならば $1-2\sqrt{\lambda}<0$.

8) $-\lambda<1-2\sqrt{\lambda}$ であるが, $1-2\sqrt{\lambda}$ と 0 の大小は $\lambda=\frac{1}{4}$ を境にかわる.

$$
= \begin{cases} -u, & u \leqq -\lambda, \\ u + 2\lambda, & -\lambda \leqq u \leqq 1 - 2\sqrt{\lambda}, \\ \frac{\sqrt{4\lambda-(u-1)^2}}{\pi} + \frac{u-\lambda}{\pi} \arcsin \frac{u-1}{2\sqrt{\lambda}} + \frac{3(u+\lambda)}{2} & \\ \quad - \frac{2(u+\lambda)}{\pi} \arcsin \frac{\sqrt{(\sqrt{\lambda}+\frac{1}{\sqrt{\lambda}}+2)(u-1+2\sqrt{\lambda})}}{2\sqrt{u+\lambda}}, & 1 - 2\sqrt{\lambda} \leqq u \leqq 1 + 2\sqrt{\lambda}, \\ |u|, & 1 + 2\sqrt{\lambda} \leqq u. \end{cases}
$$

なお, どちらの結果でも $\lambda = 1$ とおくと, 既出の $\lambda = 1$ の場合と一致する.

7.2　最長増加部分列と均衡条件

Young グラフの経路空間 $\mathfrak{T}$ 上に Plancherel 測度 M_{Pl} を考える (定義 5.38). 経路を (5.2.1) のように $t = (t(0) \nearrow \cdots \nearrow t(n) \nearrow \cdots)$ $(t(n) \in \mathbb{Y}_n)$ と表す. Young 図形 λ の第 i 行の長さを λ_i と書く. 特に, λ_1 が最大の行長, λ'_1 が最大の列長である. 本節の主目的は, Plancherel 測度の次の漸近的な性質を示すことである.

定理 7.16　ある定数 $c > 0$ が存在し, M_{Pl}-a.s. 経路 $t \in \mathfrak{T}$ について,

$$
n \text{ が十分大きければ} \qquad t(n)_1 \leqq c\sqrt{n} \quad \text{かつ} \quad t(n)'_1 \leqq c\sqrt{n} \tag{7.2.1}
$$

が成り立つ.

定理 7.16 の証明で必要になる Plancherel 測度の値をおおざっぱに評価するため, 対称群の元と標準盤のペアとの間に成り立つ Robinson–Schensted 対応 (略して RS 対応) を援用する. RS 対応は組合せ論のよく知られた事実であり, たとえば [56, Chapter 3] に優れた解説がある. ここでは, 読者の便宜のため, 必要になる事柄を簡単にまとめておく.

Young 図形の表示は英式を念頭に置くことにする. $x \in \mathfrak{S}_n$ から $\mathbb{Y}_n$ の元を形状にもつ 2 つの標準盤 $P, Q \in \mathrm{Tab}(n)$ をつくる写像

$$
\mathrm{RS} : x \longmapsto (P, Q) \tag{7.2.2}
$$

を定義する. $x = \begin{pmatrix} 1 & 2 & \cdots & n \\ x_1 & x_2 & \cdots & x_n \end{pmatrix}$ とし, 文字入り Young 図形のペアの列

$$
(P_0, Q_0) = (\varnothing, \varnothing),\ (P_1, Q_1),\ \cdots,\ (P_n, Q_n) = (P, Q) \tag{7.2.3}
$$

を次の規則で順次構成する[9].

- P_1 は, $\mathbb{Y}_1$ の元 $\square$ に文字 x_1 が入ったもの.
- $x_2 > x_1$ ならば, x_1 の右隣に x_2 を置いたものが P_2 (形状は (2^1)). $x_2 < x_1$ ならば, x_1 を押しのけて x_2 を第 1 行に置き, x_1 を第 2 行に置いたものが P_2 (形状は (1^2)).
- $x_1, \cdots, x_{k-1}$ が入った P_{k-1} ができているとして, x_k と P_{k-1} の第 1 行 R_1 の文字との大小を比較する. x_k がどれよりも大きければ, 単に P_{k-1} の第 1 行の右端に x_k をつけ加えたものが P_k. そうでなければ, R_1 の中で x_k よりも大きい最小の文字 y を x_k で置き換える. 押し出された y を P_{k-1} の第 2 行 R_2 の文字と比較し, 同様の操作を行う. そして, P_{k-1} のどれかの行 R に対して上から押し出されてきた文字 z が R のどれよりも大きい状況になれば, R の右端に z をつけ加える (R が空行ならば z を置いた 1 行ができる).
- 以下, x_n を書き込んで P_n を作るまで, この操作を行う.
- 以上の操作で (書き込まれた文字は無視して)P_k の形状 $\lambda^{(k)}$ に着目すると, $\lambda^{(0)} = \varnothing \nearrow \lambda^{(1)} \nearrow \cdots \nearrow \lambda^{(k)}$ というふうに経路をなしている. この経路に対応する標準盤を Q_k とする.

作り方から, $P = P_n$ と $Q = Q_n$ は同一の形状 $\lambda^{(n)}$ をもつ標準盤になっている. P は $x_1, \cdots, x_n$ の文字の挿入によってできる標準盤, Q はその成長の履歴を記録する標準盤である.

例 7.17 $x = (8\,6\,9\,4\,1\,7\,5\,2\,3) \in \mathfrak{S}_9$ に対して $\mathrm{RS}(x)$ を計算すると,

$$
\begin{array}{l}8\end{array}
\to \begin{array}{l}6\\8\end{array}
\to \begin{array}{ll}6&9\\8\end{array}
\to \begin{array}{ll}4&9\\6\\8\end{array}
\to \begin{array}{ll}1&9\\4\\6\\8\end{array}
\to \begin{array}{ll}1&7\\4&9\\6\\8\end{array}
\to \begin{array}{ll}1&5\\4&7\\6&9\\8\end{array}
\to \begin{array}{ll}1&2\\4&5\\6&7\\8&9\end{array}
\to \begin{array}{lll}1&2&3\\4&5\\6&7\\8&9\end{array}
= P,
$$

$$
\begin{array}{l}1\end{array}
\to \begin{array}{l}1\\2\end{array}
\to \begin{array}{ll}1&3\\2\end{array}
\to \begin{array}{ll}1&3\\2\\4\end{array}
\to \begin{array}{ll}1&3\\2\\4\\5\end{array}
\to \begin{array}{ll}1&3\\2&6\\4\\5\end{array}
\to \begin{array}{ll}1&3\\2&6\\4&7\\5\end{array}
\to \begin{array}{ll}1&3\\2&6\\4&7\\5&8\end{array}
\to \begin{array}{lll}1&3&9\\2&6\\4&7\\5&8\end{array}
= Q.
$$

今度は, 同じ形状をもつ 2 つの標準盤 $P, Q \in \mathrm{Tab}(n)$ から順列 $x = (x_1\ x_2\ \cdots\ x_n) \in \mathfrak{S}_n$ をつくる写像

---

9) P_k は, $\mathbb{Y}_k$ の元に行および列に沿って単調増加になるように文字を入れたものであるが, 入る文字が $1, 2, \cdots, k$ とは限らない. このようなものを部分盤ともいう.

$$\mathrm{SR} : (P, Q) \longmapsto x \tag{7.2.4}$$

を与える. (7.2.2) を定めたときの各々のステップを逆回しするだけである. (7.2.3) の列を右から順に作っていく. その過程で, $x_n, x_{n-1}, \cdots, x_1$ が順に定まる. (P_k, Q_k) から x_k を見出すのは次の手順による.

- Q_k において文字 k が入っている箱の位置 (行列番号) を (i,j) とし, Q_k から k をとり除いたものを Q_{k-1} とする. P_k の (i,j) 成分 p_{ij} に着目する.
- $i = 1$ ならば, $x_k = p_{ij}$ とする.
- $i \geqq 2$ ならば, P_k から p_{ij} をとり除き, P_k の第 $(i-1)$ 行 R_{i-1} の文字と p_{ij} を比較する. R_{i-1} の中で p_{ij} よりも小さい最大の文字を y とすると, y を p_{ij} で置き換えて y を直上の行に送る. y と直上の行の文字を比較し, 同様の操作をくり返す. こうして第 1 行から飛び出た文字を x_k とし, 残りの文字入り Young 図形 (部分盤) を P_{k-1} とする.

(7.2.2) と (7.2.4) の構成法により, 次のことがわかる.

定理 7.18　写像 RS と SR は互いに他の逆写像である. これにより, RS 対応と呼ばれる全単射対応 $\mathfrak{S}_n \cong \{(P,Q) \mid P, Q \in \mathrm{Tab}(\lambda),\ \lambda \in \mathbb{Y}_n\}$ が得られる. ■

$x = (x_1\ x_2\ \cdots\ x_n) \in \mathfrak{S}_n$ に対し, $x_{i_1} < x_{i_2} < \cdots < x_{i_k}$ $(i_1 < i_2 < \cdots < i_k)$ となっているとき, $(x_{i_1}\ x_{i_2}\ \cdots\ x_{i_k})$ を x の増加部分列といい, k をその長さという. 例 7.17 では, (4 7) は長さ 2 の (1 2 3) は長さ 3 の増加部分列である. $x \in \mathfrak{S}_n$ の増加部分列の中で長さが最大のものを最長増加部分列といい, x の最長増加部分列の長さを $L_n(x)$ で表す[10]. (7.2.2) の像 $\mathrm{RS}(x)$ を $(P(x), Q(x))$ と書く.

命題 7.19　$x \in \mathfrak{S}_n$ に対し, $P(x), Q(x)$ の形状を $\lambda \in \mathbb{Y}_n$ とすると, $L_n(x) = \lambda_1$ が成り立つ.

証明　次の事実を示せばよい: $(**)$「$x = (x_1\ x_2\ \cdots\ x_n) \in \mathfrak{S}_n$ に $(P(x), Q(x))$ を対応させる途中の (7.2.3) において, 文字 x_k を P_{k-1} の第 j 列に挿入したとすると, x_k で終る x の増加部分列の最大長は j に等しい.」 実際, ある k において x_k が P_{k-1} の第 λ_1 列に挿入されたはずであるから, $(**)$ が言えていれば, x_k で終る増加部分列の最大長が λ_1 である. また, これを超える長さの増加部分列はない.

k に関する帰納法によって $(**)$ を示す. $k = 1$ のときは, ($P_0 = \varnothing$ であって第 1 列に挿入するので) 成り立つ. $k-1$ まで成り立つとする. x_k で終る長さ j の増加

---

[10] x の最長増加部分列は一意的に決まるとは限らない.

部分列があることを検証しよう. P_{k-1} の $(1, j-1)$ 成分 y は x_k よりも小さい. y はそれ以前に (ある P_l に) 挿入されたのだから, 帰納法の仮定により, y で終る長さ $j-1$ の増加部分列がある. この最後に x_k を付加したものが長さ j の増加部分列を与える. 次に, x_k で終る増加部分列の長さが j 以下であることを示そう. もしもそういう部分列で長さが j を超えるものがあったとして矛盾を導く. その増加部分列の中で x_k の 1 つ手前の文字を x_i とする $(i \leqq k-1)$. x_i までの増加部分列の長さが j 以上だから, 帰納法の仮定により, x_i は P_{i-1} の第 j 列以右の列に挿入されたことになる. したがって, P_i の $(1, j)$ 成分を z とすると, $z \leqq x_i < x_k$. しかしながら, (7.2.3) の過程において, P_i から先を進めていくとき, $(1, j)$ 成分には z 以下の文字しか入れない. そうすると, $z < x_k$ なる x_k が P_{k-1} の第 j 列に挿入されることはありえない. これで帰納法が進行することが示された. ■

注意 7.20 例 7.17 の $x \in \mathfrak{S}_9$ に対しては, $\lambda_1 = 3$ であり, 最長増加部分列として (1 2 3) がとれる. 命題 7.19 の証明中の $(**)$ が $k = 1, 2, \cdots, 9$ のすべてで成り立っていることも確認されたい. たまたま P の第 1 行が x の最長増加部分列を与えているが, いつもそうなる訳ではない. 自ら例を作ってみられたい.

命題 7.21 $\mathfrak{S}_n$ 上の一様分布 Prob_n に関する L_n の分布が

$$\mathrm{Prob}_n(L_n = l) = M_{\mathrm{Pl}}^{(n)}(\{\lambda \in \mathbb{Y}_n \mid \lambda_1 = l\}), \qquad l \in \{1, 2, \cdots, n\} \tag{7.2.5}$$

で与えられる. $M_{\mathrm{Pl}}^{(n)}$ は $\mathbb{Y}_n$ 上の Plancherel 測度 (5.3.16) である.

証明 $\mathfrak{S}_n$ における RS 対応 $x \leftrightarrow (P, Q)$ を考える. P, Q の形状を $\lambda \in \mathbb{Y}_n$ とする. 命題 7.19 によって $L_n(x) = \lambda_1$ が成り立つから,

$$\begin{aligned}|\{x \in \mathfrak{S}_n \mid L_n(x) = l\}| &= |\{(P, Q) \mid P, Q \in \mathrm{Tab}(\lambda),\ \lambda \in \mathbb{Y}_n,\ \lambda_1 = l\}| \\ &= \sum_{\lambda \in \mathbb{Y}_n : \lambda_1 = l} (\dim \lambda)^2.\end{aligned}$$

この両辺を $n!$ で割った式が (7.2.5) にほかならない. ■

補題 7.22 $l \in \{1, 2, \cdots, n\}$ に対し[11], $\mathrm{Prob}_n(L_n = l) \leqq n^{\downarrow l}/(l!)^2$.

証明 最長増加部分列の長さ l を指定したとき, それを与えうる置換の数をおおざっぱに見積もる. 順列 $(x_1\ x_2\ \cdots\ x_n)$ において, 増加部分列としてとり出す l 個の位置のとり方, および増加列の文字のとり方がそれぞれ $\binom{n}{l}$ とおりある. 増加列

---

11) 降階乗べきは (6.2.26).

になるようにその l 文字を並べる仕方は一意的に決まる．残りの $n-l$ 個の位置への文字の入れ方は，すでに決めた l-増加列が最長になるためにはそれに何らかの制限がつくかもしれないが，制限ぬきに勘定すれば $(n-l)!$ とおりである[12)]．1 つの順列の出現確率が $1/n!$ だから，これにより

$$\mathrm{Prob}_n(L_n = l) \leqq \frac{1}{n!}\binom{n}{l}^2 (n-l)! = \frac{n^{\downarrow l}}{(l!)^2}$$

を得る (実際，上の議論から，左辺は $L_n \geqq l$ にしてもよい)．■

命題 7.21 と補題 7.22 を合せて

$$M_{\mathrm{Pl}}^{(n)}(\{\lambda \in \mathbb{Y}_n \,|\, \lambda_1 = l\}) \leqq \frac{n^{\downarrow l}}{(l!)^2}, \qquad l \in \{1, 2, \cdots, n\} \tag{7.2.6}$$

という評価が得られた (ここも左辺を $\lambda_1 \geqq l$ にしてもよい)．

定理 7.16 の証明　まずは c を任意の正定数とし，(7.2.6) を用いて評価すると，

$$\begin{aligned} &M_{\mathrm{Pl}}(\{t \in \mathfrak{T} \,|\, t(n)_1 > c\sqrt{n}\}) = M_{\mathrm{Pl}}^{(n)}(\{\lambda \in \mathbb{Y}_n \,|\, \lambda_1 > c\sqrt{n}\}) \\ &\leqq \sum_{l:\, l > c\sqrt{n}} \frac{n^{\downarrow l}}{(l!)^2} \leqq \sum_{l:\, l > c\sqrt{n}} \frac{n^l}{(l!)^2}, \qquad \text{したがって} \end{aligned}$$

$$\sum_{n=1}^{\infty} M_{\mathrm{Pl}}(\{t \in \mathfrak{T} \,|\, t(n)_1 > c\sqrt{n}\}) \leqq \sum_{l:\, l \geqq c} \; \sum_{n:\, 1 \leqq n \leqq l^2/c^2} \frac{n^l}{(l!)^2} \leqq \sum_{l:\, l \geqq c} \frac{1}{(l!)^2}\Bigl(\frac{l^2}{c^2}\Bigr)^{l+1}. \tag{7.2.7}$$

Stirling の公式により，$l \to \infty$ のとき

$$\frac{1}{(l!)^2}\Bigl(\frac{l^2}{c^2}\Bigr)^{l+1} \sim \frac{l}{2\pi c^2}\Bigl(\frac{e}{c}\Bigr)^{2l}$$

であるから，$c > e$ であれば (7.2.7) の最右辺が収束する．Plancherel 測度の対称性から $t(n)'_1$ についても全く同じ評価が成り立つので，$c > e$ ならば，

$$\sum_{n=1}^{\infty} M_{\mathrm{Pl}}(\{t \in \mathfrak{T} \,|\, t(n)_1 > c\sqrt{n} \text{ または } t(n)'_1 > c\sqrt{n}\}) < \infty.$$

したがって，Borel–Cantelli の補題 (命題 4.3) により，M_{Pl}-a.s. 経路 t に対して

$$\text{有限個の } n \text{ をのぞいて} \qquad t(n)_1 \leqq c\sqrt{n} \quad \text{かつ} \quad t(n)'_1 \leqq c\sqrt{n}$$

---

12)　1 つの順列が互いに素な最長 l-増加列を複数含みうる．そういう場合も気にせず重複勘定する．

が成り立つ. ■

$\lambda \in \mathbb{Y}_n$ に対し, $\lambda_1 \lambda'_1 \geqq n$ がいつも成り立つ. 実際, Young 図形 λ がすっぽりと入る長方形を考えればよい. したがって, $\lambda \in \mathbb{Y}_n$ が

$$\lambda_1 \leqq c\sqrt{n}, \qquad \lambda'_1 \leqq c\sqrt{n} \tag{7.2.8}$$

をみたすとすれば,

$$\frac{\sqrt{n}}{c} \leqq \lambda_1 \leqq c\sqrt{n}, \qquad \frac{\sqrt{n}}{c} \leqq \lambda'_1 \leqq c\sqrt{n} \tag{7.2.9}$$

が成り立つ. すなわち, このような $\lambda \in \mathbb{Y}_n$ は縦と横のスケールが $\sqrt{n}$ であって (面積がつぶれてしまわない) ふっくらとした Young 図形だということになる.

定義 7.23 $c > 0$ に対して (7.2.8) を (したがって (7.2.9) も) みたす $\mathbb{Y}_n$ の元を c-均衡 Young 図形という. □

7.3 極限形状 Ω への収束

Plancherel 測度ではかるとき, ほとんどすべての Young 図形が均衡条件 (7.2.9) 下で成長するので, $n \to \infty$ での形状を論じるには $\sqrt{n}$ で割ったスケール極限を考えるのがよい. Young 図形をそのプロファイルと同一視して $\mathbb{D}_0$ の元とみなし,

$$\lambda^{\sqrt{n}}(x) = \frac{1}{\sqrt{n}} \lambda(\sqrt{n}x), \qquad \lambda \in \mathbb{Y}_n \tag{7.3.1}$$

とおく. (7.3.1) の $\lambda^{\sqrt{n}}$ も $\mathbb{D}_0$ の元である. (7.3.1) の変換によって推移測度がどうなるかを見ておく. 一般に, $a > 0$, $\omega \in \mathbb{D}$ に対して $\omega^a(x) = \omega(ax)/a$ とおくと, $\omega^a \in \mathbb{D}$ である. 命題 7.7 から,

$$\begin{aligned}
&\int_{\mathbb{R}} \frac{1}{z-x} \mathfrak{m}_{\omega^a}(dx) = \frac{1}{z} \exp\Big\{ \int_{\mathbb{R}} \frac{1}{x-z} \Big(\frac{\omega(ax) - |ax|}{2} \Big)' \frac{dx}{a} \Big\} \\
&= \frac{1}{z} \exp\Big\{ \int_{\mathbb{R}} \frac{1}{x-z} \Big(\frac{\omega - |\cdot|}{2} \Big)'(ax) dx \Big\} = \frac{1}{z} \exp\Big\{ \int_{\mathbb{R}} \frac{1}{\frac{x}{a} - z} \Big(\frac{\omega(x) - |x|}{2} \Big)' \frac{dx}{a} \Big\} \\
&= a \int_{\mathbb{R}} \frac{1}{az-x} \mathfrak{m}_\omega(dx) = \int_{\mathbb{R}} \frac{1}{z-x} \mathfrak{m}_\omega(a\,dx), \qquad \text{すなわち}
\end{aligned}$$

$$\mathfrak{m}_{\omega^a}(dx) = \mathfrak{m}_\omega(a\,dx) \tag{7.3.2}$$

を得る. 特に, (7.3.2) はモーメントの関係式を導く:

$$M_k(\mathfrak{m}_{\omega^a}) = a^{-k} M_k(\mathfrak{m}_\omega), \qquad k \in \mathbb{N} \cup \{0\}. \tag{7.3.3}$$

次の結果は, 本書の道標の 1 つ (「はじめに」の問題 1) であった.

定理 7.24　M_{Pl}-a.s. 経路 $t \in \mathfrak{T}$ について

$$\lim_{n\to\infty} \sup_{x\in\mathbb{R}} |t(n)^{\sqrt{n}}(x) - \Omega(x)| = 0$$

が成り立つ. $\Omega \in \mathbb{D}$ は (7.1.20) の連続図形である (図 7.2):

$$\Omega(x) = \begin{cases} \frac{2}{\pi}(x \arcsin \frac{x}{2} + \sqrt{4-x^2}), & |x| \leqq 2, \\ |x|, & |x| > 2. \end{cases}$$

定理 7.24 の証明は, 幾つかの準備段階を経た後に完結する. なお, 定理 7.16 の状況も併せて M_{Pl}-a.s. に実現できることに注意しよう. 定理 7.24 は一種の大数の強法則 (概収束) である. 命題 4.4 により, これから弱法則 (確率収束) もしたがう. さらに, 法則収束も成り立つ. これらの形も挙げておこう[13].

定理 7.25　任意の $\varepsilon > 0$ に対し,

$$\lim_{n\to\infty} M_{\mathrm{Pl}}^{(n)}(\{\lambda \in \mathbb{Y}_n \mid \sup_{x\in\mathbb{R}} |\lambda^{\sqrt{n}}(x) - \Omega(x)| \geqq \varepsilon\}) = 0$$

が成り立つ. ■

定理 7.26　確率変数 $X_n : \mathbb{Y}_n \longrightarrow \mathbb{D}$ を $X_n(\lambda) = \lambda^{\sqrt{n}}$ によって定めると, Plancherel 測度に関する X_n の分布 $(X_n)_* M_{\mathrm{Pl}}^{(n)}$ が δ_Ω に弱収束する. ■

定理 7.25 では, 確率空間 $(\mathbb{Y}_n, M_{\mathrm{Pl}}^{(n)})$ 上で Young 図形の関数を考えている訳であるが[14], その状況を「Plancherel 測度にしたがうランダム Young 図形」とか「Young 図形の Plancherel (統計) 集団」とかいう言い方で記述することがある. そうすると, 定理 7.25 を次のように粗く言い表すことができる: 「Plancherel 集団からサイズ n の Young 図形の標本を 1 つ抜き出せば, それは (縦横に $1/\sqrt{n}$ 倍のスケール変換を施すと) おおよそプロファイルが Ω で与えられる形をしている.」

定理 7.24, 定理 7.25, 定理 7.26 では, $\mathbb{D}$ に距離

$$\|\omega_1 - \omega_2\|_{\sup} = \sup_{x\in\mathbb{R}} |\omega_1(x) - \omega_2(x)|, \qquad \omega_1, \omega_2 \in \mathbb{D} \tag{7.3.4}$$

---

13)　確率変数列の収束について, 注意 A.19 参照.

14)　$\mathbb{Y}_n$ は有限集合だから, 可算加法的集合族としては $\mathbb{Y}_n$ の部分集合全体をとる.

が定める一様収束位相を考えている. 一方, $\mathbb{D}$ 上の擬距離の族

$$\{|\omega_1(x) - \omega_2(x)|\}_{x\in\mathbb{R}}, \qquad \omega_1, \omega_2 \in \mathbb{D} \tag{7.3.5}$$

が定めるのが $\mathbb{D}$ の各点収束位相である. 通常は各点収束は一様収束よりもずっと弱いが, $\mathbb{D}$ では次のことが成り立つ.

補題 7.27 $\mathbb{D}$ の各点収束位相と一様収束位相は一致する.

証明 距離 (7.3.4) に関する $\omega_0 \in \mathbb{D}$ の ε-近傍を $U_\varepsilon(\omega_0)$ とする. $\omega_0 \in \mathbb{D}^{(a)}$ なる $a > 0$ をとる[15]. 任意の $\varepsilon > 0$ に対し, $[-a, a]$ を幅 $\varepsilon/3$ 以下に分割する分点を $-a = x_1 < x_2 < \cdots < x_m = a$ とする. 任意の $\omega \in \mathbb{D}$ に対し, ω の 1-Lipschitz 連続性から, $x \in [x_i, x_{i+1}]$ ならば $|\omega(x) - \omega(x_i)| \leqq \varepsilon/3$ となる. ゆえに, $\omega \in \mathbb{D}$ が

$$\max_{i=1,2,\cdots,m} |\omega(x_i) - \omega_0(x_i)| \leqq \frac{\varepsilon}{3} \tag{7.3.6}$$

をみたせば, 任意の $x \in [-a, a]$ に対して $x \in [x_i, x_{i+1}]$ なる x_i をとって,

$$|\omega(x) - \omega_0(x)| \leqq |\omega(x) - \omega(x_i)| + |\omega(x_i) - \omega_0(x_i)| + |\omega_0(x_i) - \omega_0(x)| \leqq \varepsilon.$$

すなわち, $\displaystyle\sup_{x\in[-a,a]} |\omega(x) - \omega_0(x)| \leqq \varepsilon$ となる. $[-a, a]^c$ においては $\omega_0(x) = |x|$ であるから, $\omega \in \mathbb{D}$ が $|\omega(a) - \omega_0(a)| \leqq \varepsilon$, $|\omega(-a) - \omega_0(-a)| \leqq \varepsilon$ をみたせば, $[-a, a]^c$ においても $|\omega(x) - \omega_0(x)| \leqq \varepsilon$ となっている. したがって, (7.3.6) をみたす $\omega \in \mathbb{D}$ は $U_\varepsilon(\omega_0)$ に属する. これは (7.3.5) が定める位相が (7.3.4) による一様収束位相よりも強いことを意味する. ■

この他, 推移測度のモーメントから定まる $\mathbb{D}$ 上の擬距離の族

$$\{|M_k(\mathfrak{m}_{\omega_1}) - M_k(\mathfrak{m}_{\omega_2})|\}_{k\in\mathbb{N}} \tag{7.3.7}$$

が定める $\mathbb{D}$ の位相とさらに

$$\left\{\left|\int_{-\infty}^{\infty} x^k \Big(\frac{\omega_1(x) - |x|}{2}\Big)' dx - \int_{-\infty}^{\infty} x^k \Big(\frac{\omega_2(x) - |x|}{2}\Big)' dx\right|\right\}_{k\in\mathbb{N}}, \tag{7.3.8}$$

$$\left\{\left|\int_{-\infty}^{\infty} x^{k-1} (\omega_1(x) - \omega_2(x)) dx\right|\right\}_{k\in\mathbb{N}} \tag{7.3.9}$$

が定める $\mathbb{D}$ の位相を考える.

補題 7.28 (7.3.7), (7.3.8), (7.3.9) はすべて $\mathbb{D}$ に同じ位相を与える.

---

15) $\mathbb{D}^{(a)}$ は (7.1.1) で与えられた.

証明　$\omega \in \mathbb{D}$ が 1 つ与えられたとし, $\omega \in \mathbb{D}^{(a)}$ なる $a > 0$ をとる. $|z| > a$ で (7.1.6) の両辺を展開すると,

$$\sum_{n=0}^{\infty} \frac{M_n(\mathfrak{m}_\omega)}{z^n} = \exp\Big\{ - \sum_{k=1}^{\infty} \frac{1}{z^{k+1}} \int_{\mathbb{R}} x^k \Big(\frac{\omega(x) - |x|}{2}\Big)' dx \Big\} \tag{7.3.10}$$

を得る. そうすると, 命題 6.14 で推移測度 $\mathfrak{m}_\lambda$ のモーメント列と Rayleigh 測度 τ_λ のモーメント列の間の多項式関係が得られたのと同じ要領によって,

$$\{M_n(\mathfrak{m}_\omega)\}_n \quad と \quad \Big\{ \int_{\mathbb{R}} x^k \Big(\frac{\omega(x) - |x|}{2}\Big)' dx \Big\}_k$$

の間に, 互いに他の多項式で表される関係があることがわかる. したがって, (7.3.7) の族と (7.3.8) の族が $\mathbb{D}$ に同じ位相を与える. (7.3.8) と (7.3.9) の同値性は, $\omega_1, \omega_2 \in \mathbb{D}$ に対して成り立つ

$$\Big| \int_{\mathbb{R}} x^k \Big(\frac{\omega_1(x) - |x|}{2}\Big)' dx - \int_{\mathbb{R}} x^k \Big(\frac{\omega_2(x) - |x|}{2}\Big)' dx \Big| = \frac{k}{2} \Big| \int_{\mathbb{R}} x^{k-1} (\omega_1(x) - \omega_2(x)) dx \Big|$$

からただちにしたがう. ■

上述のように (7.3.10) から得られる多項式関係の最初の方を具体的に書いて,

$$\begin{aligned} &M_0(\mathfrak{m}_\omega) = 1, \quad M_1(\mathfrak{m}_\omega) = - \int_{\mathbb{R}} \Big(\frac{\omega(x) - |x|}{2}\Big)' dx = 0, \\ &M_2(\mathfrak{m}_\omega) = - \int_{\mathbb{R}} x \Big(\frac{\omega(x) - |x|}{2}\Big)' dx = \int_{\mathbb{R}} \frac{\omega(x) - |x|}{2} dx \end{aligned} \tag{7.3.11}$$

を得る. (7.3.11) の右辺は, 2 つのグラフ $y = \omega(x)$ と $y = |x|$ で囲まれる領域の面積の半分である.

補題 7.28 の位相を $\mathbb{D}$ のモーメント位相と呼ぼう[16].

補題 7.29　任意の $a > 0$ に対し, $\mathbb{D}^{(a)}$ 上ではモーメント位相と一様収束位相が一致する.

証明　$\mathbb{D}^{(a)}$ 上でモーメント位相は一様収束位相より弱い. 実際, $\omega_1, \omega_2 \in \mathbb{D}^{(a)}$ とすると, 任意の $k \in \mathbb{N}$ に対して

$$\Big| \int_{\mathbb{R}} x^{k-1} (\omega_1(x) - \omega_2(x)) dx \Big| \leqq 2a^k \|\omega_1 - \omega_2\|_{\sup}.$$

一方, $\omega_1, \omega_2 \in \mathbb{D}^{(a)}$ のとき, $x \in (-a, a)^c$ では $\omega_1(x) = \omega_2(x)$ であるから, $\mathbb{D}^{(a)}$ の

16)　本書での仮の用語である. 流通はしていない.

各点収束位相は $\mathbb{D}$ の各点収束位相の相対位相である. 補題 7.27 により, $\mathbb{D}^{(a)}$ でのモーメント収束が各点収束よりも強いことを示せばよい. $u \in [-a, a]$ に対し,

$$|\omega_1(u) - \omega_2(u)| = 2\Big|\int_{-a}^{a} 1_{[-a,u]}(x)\Big\{\Big(\frac{\omega_1(x)-|x|}{2}\Big)' - \Big(\frac{\omega_2(x)-|x|}{2}\Big)'\Big\}dx\Big|$$

と表せる. ここで, 2 点 $(u-\delta, 1)$ と $(u, 0)$ を線分で結ぶグラフをもつように $1_{[-a,u]}$ を修正した連続関数を ϕ_δ とする. さらに, ϕ_δ を $C([-a,a])$ の中で多項式 $p_{\delta'}$ によって一様に距離 δ' 以下で近似する. そうすると, $|(\omega_i(x)-|x|)'/2| \leqq 1$ も用いて

$$|\omega_1(u)-\omega_2(u)| \leqq 2\delta + 8a\delta' + \Big|\int_{-a}^{a} p_{\delta'}(x)\Big\{\Big(\frac{\omega_1(x)-|x|}{2}\Big)' - \Big(\frac{\omega_2(x)-|x|}{2}\Big)'\Big\}dx\Big|.$$

右辺第 3 項は, 有限個のモーメントの値の調節によっていくらでも小さくできる. これで主張が示された. ■

定理 7.30 M_{Pl}-a.s. 経路 $t \in \mathfrak{T}$ について, 次の収束が成り立つ:

$$\lim_{n\to\infty} R_k(\mathfrak{m}_{t(n)\sqrt{n}}) = R_k(\mathfrak{m}_\Omega), \qquad k \in \mathbb{N}. \tag{7.3.12}$$

証明その 1 [17] 例 7.14 で計算したように, Ω の推移測度は標準 Wigner 分布 (7.1.22) である. また, Wigner 分布の自由キュムラントは例 4.55 で計算した. $R_k(\mathfrak{m}_\Omega)$ を r_k とおくと, $r_k = R_k(\mathfrak{m}_\Omega) = \delta_{k,2}$.

[Step 1] (7.3.3) と自由キュムラント・モーメント公式により, (7.3.1) のスケール変換に対して k 次自由キュムラントは

$$R_k(\mathfrak{m}_{\lambda\sqrt{n}}) = n^{-k/2}R_k(\mathfrak{m}_\lambda), \qquad \lambda \in \mathbb{Y}_n$$

をみたす. 確率変数 $R_k(\mathfrak{m}_{t(n)\sqrt{n}}) - r_k$ に対する大数の強法則の議論を行う. $k=1$ のとき, $R_1(\mathfrak{m}_\lambda) = M_1(\mathfrak{m}_\lambda) = 0$ であるから, 任意の $t \in \mathfrak{T}$ に対して (7.3.12) が成り立つ. $k=2$ のとき, (6.2.17) により,

$$R_2(\mathfrak{m}_{\lambda\sqrt{n}}) = \frac{1}{n}R_2(\mathfrak{m}_\lambda) = \frac{1}{n}(M_2(\mathfrak{m}_\lambda) - M_1(\mathfrak{m}_\lambda)^2) = 1 = r_2$$

であるから, 任意の $t \in \mathfrak{T}$ に対して (7.3.12) が成り立つ. そこで, $k \geqq 3$ とする. $c > 0$ を固定し, (7.2.8) をみたす $\lambda \in \mathbb{Y}_n$, すなわちサイズ n の c-均衡 Young 図形全体を $\mathbb{Y}_{n,c}$ で表そう. 定理 6.25 を用いて計算すれば,

---

17) 証明その 2 は本節末近くに.

$$\int_{\{t\in\mathfrak{T}\,|\,t(n)\in\mathbb{Y}_{n,c}\}} R_k(\mathfrak{m}_{t(n)\sqrt{n}})^4 M_{\mathrm{Pl}}(dt) = \sum_{\lambda\in\mathbb{Y}_{n,c}} R_k(\mathfrak{m}_{\lambda\sqrt{n}})^4 M_{\mathrm{Pl}}^{(n)}(\lambda)$$
$$= \sum_{\lambda\in\mathbb{Y}_{n,c}} n^{-2k} R_k(\mathfrak{m}_\lambda)^4 M_{\mathrm{Pl}}^{(n)}(\lambda)$$
$$= \sum_{\lambda\in\mathbb{Y}_{n,c}} n^{-2k} \{\Sigma_{k-1}(\lambda) - P_{k-1}(R_2(\mathfrak{m}_\lambda),\cdots,R_{k-2}(\mathfrak{m}_\lambda))\}^4 M_{\mathrm{Pl}}^{(n)}(\lambda)$$
$$\leqq 8\Big\{\sum_{\lambda\in\mathbb{Y}_{n,c}} n^{-2k}\Sigma_{k-1}(\lambda)^4 M_{\mathrm{Pl}}^{(n)}(\lambda)$$
$$+ \sum_{\lambda\in\mathbb{Y}_{n,c}} n^{-2k} P_{k-1}(R_2(\mathfrak{m}_\lambda),\cdots,R_{k-2}(\mathfrak{m}_\lambda))^4 M_{\mathrm{Pl}}^{(n)}(\lambda)\Big\} \tag{7.3.13}$$

を得る[18]. まず, (7.3.13) の最右辺の第 2 の和の評価を考える. (7.3.2) により, $\lambda\in\mathbb{Y}_{n,c}$ ならば $\mathrm{supp}\,\mathfrak{m}_{\lambda\sqrt{n}}\subset[-c,c]$ だから, j 次モーメント $M_j(\mathfrak{m}_{\lambda\sqrt{n}})$ は $2c^{j+1}$ でおさえられる. 自由キュムラント・モーメント公式 (4.3.17) によって $R_j(\mathfrak{m}_{\lambda\sqrt{n}})$ も j と c のみによる正定数 C' でおさえられ,

$$|R_j(\mathfrak{m}_\lambda)| = n^{j/2}|R_j(\mathfrak{m}_{\lambda\sqrt{n}})| \leqq C' n^{j/2} \tag{7.3.14}$$

が成り立つ. (7.3.13) の第 2 の和において

$$\mathrm{wt}(P_{k-1}(R_2(\mathfrak{m}_\lambda),\cdots,R_{k-2}(\mathfrak{m}_\lambda))) \leqq k-2$$

が成り立っている. したがって, $\mathrm{wt}R_j(\mathfrak{m}_\lambda)=j$ に注意して (7.3.14) を用いれば, 第 2 の和の絶対値が, k と c のみに依存する正定数 C'' を使って

$$C''\sum_{\lambda\in\mathbb{Y}_{n,c}} n^{-2k}\, n^{4(k-2)/2} M_{\mathrm{Pl}}^{(n)}(\lambda) = C''\sum_{\lambda\in\mathbb{Y}_{n,c}} n^{-4} M_{\mathrm{Pl}}^{(n)}(\lambda) \leqq Bn^{-4}$$

とおさえられる[19]. したがって

$$(7.3.13) \leqq 8\Big\{\sum_{\lambda\in\mathbb{Y}_n} n^{-2k}\Sigma_{k-1}(\lambda)^4 M_{\mathrm{Pl}}^{(n)}(\lambda) + C'' n^{-4}\Big\}. \tag{7.3.15}$$

[Step 2] (7.3.15) の右辺の和の漸近挙動を見る. $\mathfrak{S}_n$ における $(k-1)$-サイクルの共役類 $C_{(k-1,1^{n-k+1})}$ とそれに属する元の和 $A_{(k-1,1^{n-k+1})}$ を考える. $k\geqq 3$ のときは $|C_{(k-1,1^{n-k+1})}| = n^{\downarrow(k-1)}/(k-1)$. 正規化された既約指標が群環の中心の上で乗法的である (補題 1.27) から,

---

18)　$(a+b)^4 \leqq 8(a^4+b^4)$ を用いた.

19)　誤差項の wt を $k-1$ でおさえれば最後が n^{-2} になるが, あとの評価ではそれでも事足りる. つまり, Kerov 多項式の最高次以外の項についての粗い情報で十分である.

$$\sum_{\lambda\in\mathbb{Y}_n} n^{-2k}\Sigma_{k-1}(\lambda)^4 M_{\mathrm{Pl}}^{(n)}(\lambda) = \sum_{\lambda\in\mathbb{Y}_n} n^{-2k}\big(n^{\downarrow(k-1)}\tilde{\chi}^{\lambda}_{(k-1,1^{n-k+1})}\big)^4 M_{\mathrm{Pl}}^{(n)}(\lambda)$$
$$= \sum_{\lambda\in\mathbb{Y}_n}(k-1)^4 n^{-2k}\tilde{\chi}^{\lambda}(A^4_{(k-1,1^{n-k+1})})M_{\mathrm{Pl}}^{(n)}(\lambda)$$
$$= (k-1)^4 n^{-2k}\delta_e(A^4_{(k-1,1^{n-k+1})}). \tag{7.3.16}$$

最後の等式は正則表現の既約分解による. (7.3.16) において,

$$\delta_e(A^4_{(k-1,1^{n-k+1})}) = \sum_{w,x,y,z\in C_{(k-1,1^{n-k+1})}} \delta_e(wxyz) = O(n^{2(k-1)}) \quad (n\to\infty) \tag{7.3.17}$$

を見るのは易しい. 実際[20], (7.3.17) において

$$r = |\mathrm{supp}\, w\cup\mathrm{supp}\, x\cup\mathrm{supp}\, y\cup\mathrm{supp}\, z|$$

とおくと, $2r > 4(k-1)$ ならば $wxyz$ は e になりえない. ゆえに, $r \leqq 2(k-1)$ なる項のみが (7.3.17) で寄与し, それらは r について加えても $n^{2(k-1)}$ のオーダーである. したがって, k のみによる正定数 C''' を用いて

$$\delta_e(A^4_{(k-1,1^{n-k+1})}) \leqq C''' n^{2(k-1)}$$

が成り立つので, (7.3.16) は n^{-2} の定数倍でおさえられ,

$$(7.3.15) \leqq C(n^{-2}+n^{-4}) \tag{7.3.18}$$

を得る. ただし, C は k と c に依存する正定数である.

[Step 3]　(7.3.18) によって, $k \geqq 3$ に対して

$$\sum_{n=1}^{\infty}\int_{\{t\in\mathfrak{T}\,|\,t(n)\in\mathbb{Y}_{n,c}\}} R_k(\mathfrak{m}_{t(n)\sqrt{n}})^4 M_{\mathrm{Pl}}(dt) < \infty$$

がわかった. Chebyshev の不等式により, 任意の $\varepsilon > 0$ に対して

$$M_{\mathrm{Pl}}(\{t\in\mathfrak{T}\,|\,t(n)\in\mathbb{Y}_{n,c}\,,\ |R_k(\mathfrak{m}_{t(n)\sqrt{n}})| \geqq \varepsilon\})$$
$$\leqq \frac{1}{\varepsilon^4}\int_{\{t\in\mathfrak{T}\,|\,t(n)\in\mathbb{Y}_{n,c}\}} R_k(\mathfrak{m}_{t(n)\sqrt{n}})^4 M_{\mathrm{Pl}}(dt)$$

であるから, $\displaystyle\sum_{n=1}^{\infty} M_{\mathrm{Pl}}(\{t\in\mathfrak{T}\,|\,t(n)\in\mathbb{Y}_{n,c}\,,\ |R_k(\mathfrak{m}_{t(n)\sqrt{n}})| \geqq \varepsilon\}) < \infty$. そうすると, Borel–Cantelli の補題 (命題 4.3) により, M_{Pl}-a.s. $t\in\mathfrak{T}$ に対し,

$$\text{有限個の } n \text{ をのぞいて, } t(n)\notin\mathbb{Y}_{n,c} \text{ または } |R_k(\mathfrak{m}_{t(n)\sqrt{n}})| < \varepsilon \tag{7.3.19}$$

---

[20] 一般に, 後の命題 7.33 参照. 置換の台 (supp) は 2.1 節の (2.1.2) で定義された.

が成り立つ. 一方, 定理 7.16 により, $c > 0$ をある程度大きくとれば, M_{Pl}-a.s. $t \in \mathfrak{T}$ について, 有限個の n をのぞいて $t(n) \in \mathbb{Y}_{n,c}$ となる. ゆえに (7.3.19) とあわせると, M_{Pl}-a.s. $t \in \mathfrak{T}$ に対し, 有限個の n をのぞいて $t(n) \in \mathbb{Y}_{n,c}$ かつ $|R_k(\mathfrak{m}_{t(n)^{\sqrt{n}}})| < \varepsilon$ が成り立つ. $\varepsilon_1 > \varepsilon_2 > \cdots \to 0$ となる列をとり,

$$\mathfrak{T}^0 = \bigcap_{k=1}^{\infty} \bigcap_{j=1}^{\infty} \left\{ t \in \mathfrak{T} \;\middle|\; \begin{array}{c} \text{有限個の } n \text{ を除いて } t(n) \in \mathbb{Y}_{n,c}, \\ |R_k(\mathfrak{m}_{t(n)^{\sqrt{n}}}) - r_k| < \varepsilon_j \end{array} \right\} \tag{7.3.20}$$

とおく. そうすると, $M_{\mathrm{Pl}}(\mathfrak{T}^0) = 1$ であり, $t \in \mathfrak{T}^0$ ならば

$$\lim_{n\to\infty} R_k(\mathfrak{m}_{t(n)^{\sqrt{n}}}) = r_k, \qquad k \in \mathbb{N}$$

が成り立つ. ■

定理 7.24 の証明[21] (7.3.20) の $\mathfrak{T}^0$ は $M_{\mathrm{Pl}}(\mathfrak{T}^0) = 1$ をみたす. $t \in \mathfrak{T}^0$ に対し,

$$n \text{ が十分大きければ} \quad t(n)^{\sqrt{n}} \in \mathbb{D}^{(c)} \text{ ゆえに } \operatorname{supp} \mathfrak{m}_{t(n)^{\sqrt{n}}} \subset [-c, c], \tag{7.3.21}$$

$$\text{任意の } k \in \mathbb{N} \text{ に対して} \quad \lim_{n\to\infty} R_k(\mathfrak{m}_{t(n)^{\sqrt{n}}}) = R_k(\mathfrak{m}_\Omega). \tag{7.3.22}$$

自由キュムラント・モーメント公式によって (7.3.22) は

$$\text{任意の } k \in \mathbb{N} \text{ に対して} \quad \lim_{n\to\infty} M_k(\mathfrak{m}_{t(n)^{\sqrt{n}}}) = M_k(\mathfrak{m}_\Omega) \tag{7.3.23}$$

と同値である. 補題 7.29 により, $\mathbb{D}^{(c)}$ 上でモーメント位相と一様収束位相が一致する. したがって, $t \in \mathfrak{T}^0$ とすれば, (7.3.21), (7.3.23) を用いて

$$\lim_{n\to\infty} \sup_{x\in[-c,c]} |t(n)^{\sqrt{n}}(x) - \Omega(x)| = 0$$

を得る. これで定理 7.24 の主張が示された. ■

以上で, Plancherel 集団においては, サイズ n の Young 図形のプロファイルの $1/\sqrt{n}$-スケール極限が Ω になることが, $\mathbb{D}$ の一様位相のもとでもモーメント位相のもとでも示された. 実は, $\mathbb{D}$ という集合の特殊性により, $\mathbb{D}$ 上ではモーメント位相の方が一様位相よりも強いことがわかる (命題 7.31). 上に述べた定理 7.30 の証明その 1 は, Plancherel 集団に属する Young 図形の均衡条件 (定理 7.16) に依拠している. Plancherel 以外の集団を考えるときなど, この均衡条件の検証が必ずしも可能とは限らないので, 定理 7.16 を援用せずに定理 7.30 を示し, それと命題 7.31 を合せて Ω への一様収束を示すやり方も述べておこう. しかしながら, 定理

---

21) 別証明を 7.4 節で与える.

7.16 は, 単に Ω への一様収束ということだけではわからないような Young 図形の均衡性およびその推移測度の台を規定する詳しい情報を与えていること, また $1/\sqrt{n}$ というスケールの自然な発見に導く点でも意味があることを強調しておく. さらに言えば, $\mathbb{D}=\bigcup_{a>0}\mathbb{D}^{(a)}$ には $\mathbb{D}^{(a)}$ の一様収束位相の帰納極限位相が入り, それは $\mathbb{D}$ のモーメント位相や一様収束位相よりも強い. 上述の定理 7.24 の証明では, 定理 7.16 のおかげで, $\mathbb{D}$ の帰納極限位相に関する概収束が示されている.

これまでは実質的にあらかじめ定められたコンパクトな台にのる測度の収束の議論で事足りたのであるが, モーメント位相による収束からの帰結を読みとるには, もう少し確率論の立ち入った議論が必要である. たとえば, (定理 4.12 よりも一般的な) 命題 A.24 に注意する[22].

命題 7.31 $\mathbb{D}$ 上では, モーメント位相が一様収束位相よりも強い.

証明 ともに距離づけ可能な位相であるから, 点列の収束を論じれば十分である. $\omega_0\in\mathbb{D}$ とし, モーメント位相で ω_0 に収束する $\mathbb{D}$ の点列 $\{\omega_n\}_{n=1}^{\infty}$ をとる. $\omega_0(x)\equiv|x|$ のときをまず考えておく. ω_n が ω_0 に一様収束しないとすれば,

$$\exists\varepsilon>0,\quad \exists\ \text{部分列}\ \{\omega_{n_j}\}_{j=1}^{\infty},\quad \forall j,\quad \sup_{x\in\mathbb{R}}\bigl|\omega_{n_j}(x)-|x|\bigr|\geqq\varepsilon. \tag{7.3.24}$$

$\omega_{n_j}\in\mathbb{D}$ であるから, (7.3.24) が成り立てば必然的に $\omega_{n_j}(0)\geqq\varepsilon$ となる. そうすると, ω_{n_j} は, $\triangle_\varepsilon(0)=\varepsilon$ なる三角図形 $\triangle_\varepsilon$ に対して[23], $\omega_{n_j}(x)\geqq\triangle_\varepsilon(x)$ $(\forall x\in\mathbb{R})$ をみたす. (7.3.11) と $\mathfrak{m}_{\omega_0}=\delta_0$ によって

$$M_2(\mathfrak{m}_{\omega_{n_j}})=\int_{\mathbb{R}}\frac{\omega_{n_j}(x)-|x|}{2}dx\geqq\int_{\mathbb{R}}\frac{\triangle_\varepsilon(x)-|x|}{2}dx\geqq\frac{\varepsilon^2}{2}>0=M_2(\mathfrak{m}_{\omega_0}).$$

ゆえに, ω_n が ω_0 にモーメント収束することに矛盾する.

以後, $\omega_0(x)\not\equiv|x|$ とする. $\displaystyle\int_{\mathbb{R}}(\omega_0(x)-|x|)dx>0$ となる. (7.3.8) により,

$$\lim_{n\to\infty}\int_{\mathbb{R}}x^{k-1}(-x)\Bigl(\frac{\omega_n(x)-|x|}{2}\Bigr)'dx=\int_{\mathbb{R}}x^{k-1}(-x)\Bigl(\frac{\omega_0(x)-|x|}{2}\Bigr)'dx,\quad k\in\mathbb{N} \tag{7.3.25}$$

が成り立つ. 特に, $k=1$ とおくと,

---

[22] 命題 7.31, 命題 A.24 の証明中に用いられる $\mathbb{R}$ 上の確率測度の弱収束については, 注意 A.18 を参照.

[23] ただし, 例 7.13 のような水平なものとは限らず, 傾きをもつものも許す.

$$0 < c_0 = \int_{\mathbb{R}} (-x)\Big(\frac{\omega_0(x)-|x|}{2}\Big)' dx = \lim_{n\to\infty} \int_{\mathbb{R}} (-x)\Big(\frac{\omega_n(x)-|x|}{2}\Big)' dx = \lim_{n\to\infty} c_n.$$

ゆえに, 十分大きい n で $c_n > 0$ である. ω_n の ω_0 への一様収束を示したいのであるから, 任意の $n \in \mathbb{N}$ に対して $c_n > 0$ として一般性を失わない. そうして

$$\nu_n(dx) = \frac{1}{c_n}(-x)\Big(\frac{\omega_n(x)-|x|}{2}\Big)' dx, \qquad n \in \mathbb{N} \sqcup \{0\}$$

とおくと, $\omega_n \in \mathbb{D}$ であるから $\nu_n \in \mathcal{P}(\mathbb{R})$ となり, (7.3.25) は

$$\lim_{n\to\infty} M_{k-1}(\nu_n) = M_{k-1}(\nu_0), \qquad k \in \mathbb{N}$$

を意味する. ν_0 はコンパクトな台にのっているので, 命題 A.24 により, ν_n が ν_0 に弱収束する. ν_n はすべて絶対連続な確率測度である. $\omega_0(x) \not\equiv |x|$ からわかるように, $\nu_0((0,\infty)) > 0$, $\nu_0((-\infty,0)) > 0$ が成り立つ. ゆえに, $\delta > 0$ を十分小さくとれば, $c_0^{(+\delta)} = \nu_0([\delta,\infty)) > 0$, $c_0^{(-\delta)} = \nu_0((-\infty,-\delta]) > 0$ となり, ν_n が (絶対連続な) ν_0 に弱収束するから, n が十分大きければ

$$c_n^{(+\delta)} = \nu_n([\delta,\infty)) > \frac{c_0^{(+\delta)}}{2}, \qquad c_n^{(-\delta)} = \nu_n((-\infty,-\delta]) > \frac{c_0^{(-\delta)}}{2}$$

である. 確率測度 $c_n^{(+\delta)-1}\nu_n|_{[\delta,\infty)}$ と $c_n^{(-\delta)-1}\nu_n|_{(-\infty,-\delta]}$ はそれぞれ $c_0^{(+\delta)-1}\nu_0|_{[\delta,\infty)}$ と $c_0^{(-\delta)-1}\nu_0|_{(-\infty,-\delta]}$ に弱収束する. $f \in C_b(\mathbb{R})$ に対し,

$$\lim_{n\to\infty} \int_{[\delta,\infty)} \frac{f(x)}{x} \frac{1}{c_n^{(+\delta)}} \nu_n|_{[\delta,\infty)}(dx) = \int_{[\delta,\infty)} \frac{f(x)}{x} \frac{1}{c_0^{(+\delta)}} \nu_0|_{[\delta,\infty)}(dx), \text{ ゆえに}$$

$$\lim_{n\to\infty} \int_{[\delta,\infty)} f(x)\Big\{-\Big(\frac{\omega_n(x)-|x|}{2}\Big)'\Big\} dx = \int_{[\delta,\infty)} f(x)\Big\{-\Big(\frac{\omega_0(x)-|x|}{2}\Big)'\Big\} dx. \tag{7.3.26}$$

今, $|(\omega_n(x)-|x|)'/2| \leqq 1$ であるから, 任意の n に対し,

$$0 \leqq \int_{[0,\delta]} -\Big(\frac{\omega_n(x)-|x|}{2}\Big)' dx \leqq \delta.$$

したがって,

$$\begin{aligned} &\Big|\int_{[0,\infty)} f(x)\Big\{-\Big(\frac{\omega_n(x)-|x|}{2}\Big)'\Big\} dx - \int_{[0,\infty)} f(x)\Big\{-\Big(\frac{\omega_0(x)-|x|}{2}\Big)'\Big\} dx\Big| \\ &\leqq \Big|\int_{[\delta,\infty)} f(x)\Big\{-\Big(\frac{\omega_n(x)-|x|}{2}\Big)'\Big\} dx - \int_{[\delta,\infty)} f(x)\Big\{-\Big(\frac{\omega_0(x)-|x|}{2}\Big)'\Big\} dx\Big| \\ &\quad + 2\delta\|f\|_{\sup} \end{aligned}$$

と (7.3.26) により,

$$\lim_{n\to\infty}\int_{[0,\infty)} f(x)\Big\{-\Big(\frac{\omega_n(x)-|x|}{2}\Big)'\Big\}dx=\int_{[0,\infty)} f(x)\Big\{-\Big(\frac{\omega_0(x)-|x|}{2}\Big)'\Big\}dx.$$

こうして, 正定数 d_n, d_0 によって正規化すれば, $\mathcal{P}([0,\infty))$ での弱収束

$$\lim_{n\to\infty}\Big\{-\frac{1}{d_n}\Big(\frac{\omega_n(x)-|x|}{2}\Big)'dx\Big|_{[0,\infty)}\Big\}=-\frac{1}{d_0}\Big(\frac{\omega_0(x)-|x|}{2}\Big)'dx\Big|_{[0,\infty)}$$

を得る. $(-\infty,0]$ でも同様の考察ができる. また, $\{0\}$ をアトムにもつ測度は登場していない. そうすると, $[0,\infty)$, $(-\infty,0]$ 上で分布関数の各点収束が言えるので, 結局 $\lim_{n\to\infty}\omega_n(u)=\omega(u)$ $(u\in\mathbb{R})$. 補題 7.27 によって一様収束も成り立つ. ■

定理 7.30 の証明その 2 定理 7.16 の均衡条件を用いない証明を与える.

証明その 1 の Step 1 において, Kerov 多項式を用いて $R_k(\mathfrak{m}_\lambda)^4$ を書き換える際, wt の低い項も Σ_j たちを使って表示する. すなわち, (7.3.13) のかわりに,

$$\int_{\mathfrak{T}} R_k(\mathfrak{m}_{t(n)\sqrt{n}})^4 M_{\mathrm{Pl}}(dt)\leqq 8\Big\{\sum_{\lambda\in\mathbb{Y}_n}\frac{1}{n^{2k}}\Sigma_{k-1}(\lambda)^4 M_{\mathrm{Pl}}^{(n)}(\lambda)+\sum_{\lambda\in\mathbb{Y}_n}\frac{1}{n^{2k}}Q(\Sigma_1(\lambda),\cdots,\Sigma_{k-3}(\lambda))^4 M_{\mathrm{Pl}}^{(n)}(\lambda)\Big\}\tag{7.3.27}$$

となる. ここで, Q は多項式であって, $\mathrm{wt}(Q(\Sigma_1(\lambda),\cdots,\Sigma_{k-3}(\lambda)))\leqq k-2$ をみたす[24]. (7.3.27) の第 1 の和の評価は, 証明その 1 と同じであり, n^{-2} の定数倍でおさえられる. (7.3.27) の第 2 の和を評価する. $Q(\Sigma_1(\lambda),\cdots,\Sigma_{k-3}(\lambda))$ は $\Sigma_{j_1}(\lambda)\Sigma_{j_2}(\lambda)\cdots\Sigma_{j_p}(\lambda)$ たちの線型結合であるが,

$$\mathrm{wt}(\Sigma_{j_1}\Sigma_{j_2}\cdots\Sigma_{j_p})=(j_1+1)+\cdots+(j_p+1)=j_1+\cdots+j_p+p\leqq k-2\tag{7.3.28}$$

をみたしている. (7.3.16) と同じように, 正規化された既約指標の中心での乗法性を用いるが, Σ_1 があると注意せねばならない. 今, $j_1,\cdots,j_q\geqq 2$, $j_{q+1}=\cdots=j_p=1$ とすると $(0\leqq q\leqq p)$,

$$\begin{aligned}
&\sum_{\lambda\in\mathbb{Y}_n} n^{-2k}(\Sigma_{j_1}(\lambda)\cdots\Sigma_{j_p}(\lambda))^4 M_{\mathrm{Pl}}^{(n)}(\lambda)\\
&=\sum_{\lambda\in\mathbb{Y}_n} n^{-2k+4(p-q)}(\Sigma_{j_1}(\lambda)\cdots\Sigma_{j_q}(\lambda))^4 M_{\mathrm{Pl}}^{(n)}(\lambda)\\
&=\sum_{\lambda\in\mathbb{Y}_n} n^{-2k+4(p-q)} j_1^4\cdots j_q^4\,\tilde{\chi}^\lambda\Big(\prod_{i=1}^q A^4_{(j_i,1^{n-j_i})}\Big)M_{\mathrm{Pl}}^{(n)}(\lambda)\\
&=n^{-2k+4(p-q)} j_1^4\cdots j_q^4\,\delta_e\Big(\prod_{i=1}^q A^4_{(j_i,1^{n-j_i})}\Big)
\end{aligned}$$

---

[24] $k=3$ のときは, $R_3(\mathfrak{m}_\lambda)=\Sigma_2(\lambda)$ だから, Q は 0 である.

が得られる. (7.3.17) と同様の評価 (あるいは (7.3.29)) と (7.3.28) により, この式のオーダーが次のようにおさえられる:

$$\lesssim n^{-2k+4(p-q)} n^{\frac{1}{2} 4(j_1+\cdots+j_q)} \leqq n^{-2k+4(p-q)+2(k-2-2p+q)} = n^{-4-2q}.$$

したがって, (7.3.27) の第 2 の和は n^{-4} の定数倍でおさえられる. ゆえに, (7.3.27) が n^{-2} のオーダーでおさえられることになり, $k \geqq 3$ に対して

$$\sum_{n=1}^{\infty} \int_{\mathfrak{T}} R_k(\mathfrak{m}_{t(n)\sqrt{n}})^4 M_{\mathrm{Pl}}(dt) < \infty$$

を得る. そうすると, 証明その 1 と同様に, Chebyshev の不等式を経由して Borel–Cantelli の補題に持ち込むことにより, M_{Pl}-a.s. $t \in \mathfrak{T}$ に対し,

$$\lim_{n\to\infty} R_k(\mathfrak{m}_{t(n)\sqrt{n}}) = r_k, \qquad k \in \mathbb{N}$$

が導かれる. これで主張が示された. ■

注意 7.32 確率論になじみのある読者は, 独立同分布の実確率変数列 $\{X_n\}$ に対する大数の強法則を証明する際, X_1 が 4 次モーメントをもつと仮定すれば, 比較的簡単な評価によって Borel–Cantelli の補題に持ち込めたことを思い出されるかもしれない. 定理 7.30 の証明 (その 1, その 2) は, それと似た雰囲気のものである. ただし, 確率変数の独立性は背後に必ずしもなく, それに代わる役割を果たすのが Plancherel 測度のエルゴード性であると言えよう.

命題 7.33 $\rho^{(1)}, \rho^{(2)}, \cdots, \rho^{(m)} \in \mathbb{Y}^\times$ とする. $p_1, p_2, \cdots, p_m \in \mathbb{N}$ に対し,

$$\delta_e\Bigl(\prod_{i=1}^{m} A_{(\rho^{(i)},1^{n-|\rho^{(i)}|})}^{\ p_i}\Bigr) \lesssim n^{\frac{1}{2}\sum_{i=1}^{m} p_i|\rho^{(i)}|} \tag{7.3.29}$$

が成り立つ. すなわち, (7.3.29) の (左辺)/(右辺) という比が ($\rho^{(i)}, p_i$ たちによるが n によらない) 定数でおさえられる. なお, (7.3.29) の右辺のオーダーは $\prod_{i=1}^{m} |C_{(\rho^{(i)},1^{n-|\rho^{(i)}|})}|^{p_i/2}$ と同じである.

証明 $n > p_1|\rho^{(1)}| + \cdots + p_m|\rho^{(m)}|$ として, (7.3.29) の左辺を展開した

$$\sum_{g_i^{(l)} \in C_{(\rho^{(i)},1^{n-|\rho^{(i)}|})}:\, l=1,\cdots,p_i,\, i=1,\cdots,m} \delta_e(g_1^{(1)} \cdots g_1^{(p_1)} \cdots\cdots g_m^{(1)} \cdots g_m^{(p_m)}) \tag{7.3.30}$$

を考える. (7.3.30) の各項は, $g_1^{(1)} \cdots g_m^{(p_m)}$ が e であるか否かによって, 1 または

0 である. (7.3.30) の各項において, $g_i^{(l)}$ たちの非自明なサイクルに現れる文字の (重複勘定なしの) 個数を r とする: $r=\left|\bigcup_{i=1}^m \bigcup_{l=1}^{p_i} \operatorname{supp} g_i^{(l)}\right|$. (7.3.30) の項を次の 2 種類に分別する.

(i) $2r > p_1|\rho^{(1)}|+\cdots+p_m|\rho^{(m)}|$ をみたす項たち. この場合, その項の中に 1 回だけ現れる文字が少なくとも 1 つある. そうすると, その項はもはや e にはなり得ず, δ_e をとれば消える.

(ii) $2r \leqq p_1|\rho^{(1)}|+\cdots+p_m|\rho^{(m)}|$ をみたす項たち. それらの個数は (7.3.29) の右辺以下のオーダーである. 実際, $\rho^{(1)}$ 型の盤を p_1 個, $\rho^{(2)}$ 型の盤を p_2 個, $\cdots$, $\rho^{(m)}$ 型の盤を p_m 個並べてみよう. r 個の文字を使ってどれだけの盤の列ができるかを大雑把に評価すると, $\binom{n}{r}\times(n$ に無関係な定数$)=n^r$の定数倍 でおさえられる. 一方, 今考えている項たちの個数は, この可能な盤の列の個数の r についての和よりも少ない.

これで (7.3.29) の評価が示された. ■

ついでにもう少し考察を整理しておく[25].

補題 7.34 (7.3.29) の両辺の比の $n\to\infty$ での極限を計算するには, 左辺を展開した (7.3.30) において,

$$\bigcup_{i=1}^m \bigcup_{l=1}^{p_i} \operatorname{supp} g_i^{(l)} \text{ を構成する文字が } g_1^{(1)}\cdots g_1^{(p_1)}\cdots\cdots g_m^{(1)}\cdots g_m^{(p_m)}$$
$$\text{の中にちょうど 2 回ずつ現れている} \tag{7.3.31}$$

という条件をみたすものだけ考慮に入れればよい.

証明 命題 7.33 の証明の続きを見る. (ii) で $2r < p_1|\rho^{(1)}|+\cdots+p_m|\rho^{(m)}|$ なる項たちは, (ii) の考察から, (7.3.29) の右辺で割った $n\to\infty$ の極限でもって消える. したがって, $2r = p_1|\rho^{(1)}|+\cdots+p_m|\rho^{(m)}|$ をみたす項を扱えばよい. その項の中に 1 回だけ現れる文字があれば δ_e をとって消えてしまうので, 結局 (7.3.31) をみたすものが残る. ■

注意 7.35 命題 7.33 から,

$$\delta_e\Bigl(\prod_{i=1}^m\Bigl(\frac{A_{(\rho^{(i)},1^{n-|\rho^{(i)}|})}}{|C_{(\rho^{(i)},1^{n-|\rho^{(i)}|})}|^{1/2}}\Bigr)^{p_i}\Bigr)$$

---

25) 後に 10.3 節で使うため.

の $n \to \infty$ での極限値に何か意味がありそうである. 実はこれが一種の中心極限定理だとみなせる話を 10.3 節で述べる. 独立性や正規分布との関係も明らかにされる.

7.4　連続フックと極限形状

本節では, 極限形状への集中を変分問題として捉える見方を紹介する. $\mathbb{Y}_n$ 上の Plancherel 測度 $M_{\mathrm{Pl}}^{(n)}$ の値が最大になる Young 図形を見出すために, $\dim\lambda$ に対するフック公式 (3.4.13) に着目し, その連続版 (連続フック) を導入する.

$\lambda \in \mathbb{Y}_n$ に対し, (3.4.13) により,

$$M_{\mathrm{Pl}}^{(n)}(\lambda) = \frac{(\dim\lambda)^2}{n!} = \frac{n!}{(\prod_{b\in\lambda} h_\lambda(b))^2} = n!\exp\{-2\sum_{b\in\lambda}\log h_\lambda(b)\},$$

λ のプロファイルに縦横 $1/\sqrt{n}$ のスケール変換を施すことを考慮して

$$= n!\exp\Big\{-2\sum_{b\in\lambda}\Big(\log\sqrt{\frac{n}{2}} + \log\frac{\sqrt{2}h_\lambda(b)}{\sqrt{n}}\Big)\Big\}$$
$$= \frac{n!2^n}{n^n}\exp\Big\{-n\sum_{b\in\lambda}(\frac{\sqrt{2}}{\sqrt{n}})^2\log\frac{\sqrt{2}h_\lambda(b)}{\sqrt{n}}\Big\},$$

Stirling の公式を用いて書き直すと,

$$= (1+o(1))\sqrt{2\pi n}\exp\Big\{-n\Big(1-\log 2+\sum_{b\in\lambda}(\frac{\sqrt{2}}{\sqrt{n}})^2\log\frac{\sqrt{2}h_\lambda(b)}{\sqrt{n}}\Big)\Big\}. \tag{7.4.1}$$

ただし, $o(1)$ は n のみに依存する量である. 今, $\omega \in \mathbb{D}$ に対して曲線 $y=\omega(x)$ と $y=|x|$ で囲まれた領域を $D(\omega)$ で表す. $\lambda \in \mathbb{Y}_n$ ならば, $D(\lambda^{\sqrt{n}})$ の面積が 2 である. $(x,y) \in D(\omega)$ に対し, 図 7.3 の太線部を (x,y) における連続フックと呼び, その長さを $h_\omega(x,y)$ で表す. すなわち, 図 7.3 の点 $\mathrm{A}(s,\xi)$ と点 $\mathrm{A}'(t,\eta)$ は

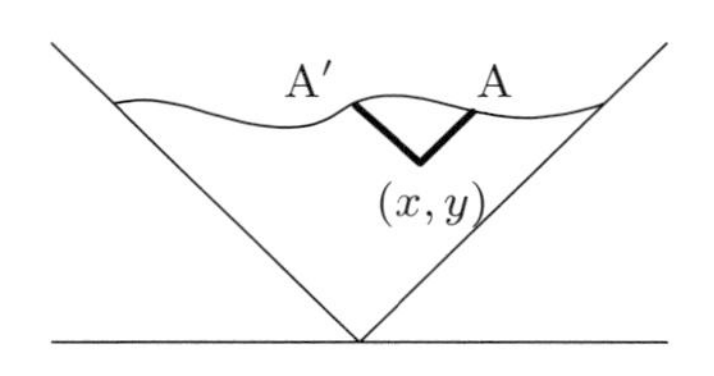

図 7.3　連続フック

$$\begin{cases} \xi - y = s - x \\ \xi = \omega(s) \end{cases}, \qquad \begin{cases} \eta - y = -(t - x) \\ \eta = \omega(t) \end{cases} \tag{7.4.2}$$

から求まり, $h_\omega(x, y) = \sqrt{2}(s - x) + \sqrt{2}(x - t) = \sqrt{2}(s - t)$ をみたす. $\lambda \in \mathbb{Y}_n$ のとき, $D(\lambda^{\sqrt{n}})$ に含まれる小さな箱 $b^{\sqrt{n}}$ 上では $b^{\sqrt{n}}$ の中心 (x_0, y_0) における値に揃えたものを $\tilde{h}_{\lambda^{\sqrt{n}}}(x, y)$ とおく[26]: $\tilde{h}_{\lambda^{\sqrt{n}}}(x, y) = h_{\lambda^{\sqrt{n}}}(x_0, y_0)$, $(x, y) \in b^{\sqrt{n}}$. このとき, 箱 $b \in \lambda$ に対し, $(x, y) \in b^{\sqrt{n}}$ なる点においては

$$\tilde{h}_{\lambda^{\sqrt{n}}}(x, y) = \sqrt{\frac{2}{n}} h_\lambda(b) \tag{7.4.3}$$

が成り立つ. (7.4.3) を用いれば, (7.4.1) の和の部分は $\tilde{h}_{\lambda^{\sqrt{n}}}$ の積分で書きかえられ,

$$(7.4.1) = (1 + o(1))\sqrt{2\pi n} \exp\Big\{-n\Big(1 + \iint_{D(\lambda^{\sqrt{n}})} \log \frac{1}{\sqrt{2}} \tilde{h}_{\lambda^{\sqrt{n}}}(x, y) dxdy\Big)\Big\} \tag{7.4.4}$$

を得る. ただし, $\iint_{D(\lambda^{\sqrt{n}})} dxdy = 2$ を用いた. (7.4.4) の積分の部分で, $\tilde{h}_{\lambda^{\sqrt{n}}}$ を $h_{\lambda^{\sqrt{n}}}$ に置き換えるとどれくらいのずれが生じるかを評価しよう.

補題 7.36 n のみによる誤差項を用いて, $n \to \infty$ のとき

$$\iint_{D(\lambda^{\sqrt{n}})} \log h_{\lambda^{\sqrt{n}}}(x, y) dxdy - \iint_{D(\lambda^{\sqrt{n}})} \log \tilde{h}_{\lambda^{\sqrt{n}}}(x, y) dxdy = O(\frac{1}{\sqrt{n}}). \tag{7.4.5}$$

証明 1 辺の長さ $\sqrt{2/n}$ の小さな箱 $b^{\sqrt{n}}$ 上の積分値の差をまず計算する. $b^{\sqrt{n}}$ の中心における連続フック長を h とおき, 中心を原点に移動して時計回りに 45° 回転させると, 当該の積分値の差は

$$\begin{aligned} &\int_{-1/\sqrt{2n}}^{1/\sqrt{2n}} \int_{-1/\sqrt{2n}}^{1/\sqrt{2n}} (\log(h - x - y) - \log h) dxdy \\ &= \frac{h^2}{2}\Big(1 + \frac{\sqrt{2}}{h\sqrt{n}}\Big)^2 \log\Big(1 + \frac{\sqrt{2}}{h\sqrt{n}}\Big) + \frac{h^2}{2}\Big(1 - \frac{\sqrt{2}}{h\sqrt{n}}\Big)^2 \log\Big(1 - \frac{\sqrt{2}}{h\sqrt{n}}\Big) - \frac{3}{n} \end{aligned}$$

で与えられる. ここで, (7.4.3) から $h\sqrt{n}/\sqrt{2} = j \in \mathbb{N}$ は箱 b のフック長 $h_\lambda(b)$ に等しい. この j を用いて書き直すと,

$$= \frac{1}{n}\Big\{(j + 1)^2 \log(1 + \frac{1}{j}) + (j - 1)^2 \log(1 - \frac{1}{j}) - 3\Big\}. \tag{7.4.6}$$

---

26) もともとの箱を $1/\sqrt{n}$ 倍したものであるので, $\lambda^{\sqrt{n}}$ と同じように箱に対しても右肩に $\sqrt{n}$ を添える記号を用いた.

(7.4.6) は $j=1$ でも成り立つ. これらを λ のすべての箱にわたって加え合せればよい. (7.4.6) の右辺の中括弧内を b_j とおく. 以下の補題 7.37 を用いると,

$$\begin{aligned}|(7.4.5)| &= \Bigl|\sum_{j=1}^{n}|\{b\in\lambda\mid h_\lambda(b)=j\}|\frac{b_j}{n}\Bigr| \\ &= \sum_{j=1}^{n}\frac{|\{b\in\lambda\mid h_\lambda(b)=j\}|}{n}|b_j| \leqq \sum_{j=1}^{n}\frac{\sqrt{2j}}{\sqrt{n}}|b_j| \end{aligned}\tag{7.4.7}$$

とおさえられる. また, $j\geqq 2$ に対して

$$b_j=\sum_{k=1}^{\infty}\Bigl(-\frac{1}{k}-\frac{1}{k+1}+\frac{4}{2k+1}\Bigr)\frac{1}{j^{2k}}=-\sum_{k=1}^{\infty}\frac{1}{k(k+1)(2k+1)j^{2k}}$$

である (特に $b_j<0$, また $b_1<0$ も OK) から,

$$(7.4.7)=\frac{定数}{\sqrt{n}}+\sum_{k=1}^{\infty}\frac{1}{k(k+1)(2k+1)}\sum_{j=2}^{\infty}\frac{\sqrt{2}}{\sqrt{n}}\frac{1}{j^{2k-(1/2)}}\leqq\frac{定数}{\sqrt{n}}.$$

これで (7.4.5) が示された. ■

補題 7.37　$j\leqq n$ に対し, 長さ j のフックの個数について次式が成り立つ:

$$\max_{\lambda\in\mathbb{Y}_n}|\{b\in\lambda\mid h_\lambda(b)=j\}|\leqq\sqrt{2jn}. \tag{7.4.8}$$

証明　Young 図形の英式表示を考えよう. 箱 b におけるフックが境界の水平辺と共有する箱 (つまり脚の先端) b' に着目する. ただし, b 自身が水平辺上にある (つまり脚がない) 場合は, $b'=b$ としておく. b' が直右の角から j 箱分よりも離れていれば, b における長さ j のフックにはならない. ゆえに, 境界の 1 つの水平辺に対して高々($j\wedge$(その水平辺長)) 個のフックを考慮すればよい. したがって, 長さ j のフックの個数は $u=\sum_{i:\,m_i(\lambda)\geqq 1} j\wedge m_i(\lambda)$ 以下である. 与えられた n と j に対し, この u を最大にするのは図 7.4 のような Young 図形にほかならない. 図 7.4 で長さ j の水平辺の個数を $p-1$ とおくと,

$$n=\frac{1}{2}jp(p-1)+j'p,\qquad u=j(p-1)+j',\qquad 0\leqq j'\leqq j-1. \tag{7.4.9}$$

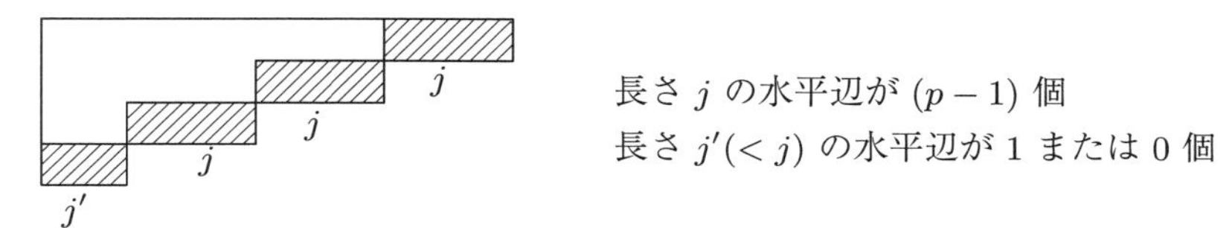

図 7.4　補題 7.37 の証明中の Young 図形：斜線部が境界の水平辺たち

(7.4.9) から $u^2 \leqq 2jn$ を得る. 実際,

$$\begin{aligned} 2jn - u^2 &= j^2 p(p-1) + 2jj'p - j^2(p-1)^2 - 2jj'(p-1) - j'^2 \\ &= j^2(p-1) + j'(2j-j') \geqq 0. \end{aligned}$$

ゆえに $u \leqq \sqrt{2jn}$ となり, (7.4.8) が示された. ■

さて, (7.4.4) と (7.4.5) をまとめると, $\lambda \in \mathbb{Y}_n$ に対し, $n \to \infty$ のとき

$$M_{\mathrm{Pl}}^{(n)}(\lambda) = (1+o(1))\sqrt{2\pi n}\exp\Big\{-n\Big(1+\iint_{D(\lambda^{\sqrt{n}})} \log\frac{h_{\lambda^{\sqrt{n}}}(x,y)}{\sqrt{2}}dxdy+O(\frac{1}{\sqrt{n}})\Big)\Big\} \tag{7.4.10}$$

が得られた訳である. 2 つの誤差項はともに n のみによる. (7.4.10) の連続フックの長さの積分に着目し,

$$\theta(\omega) = 1 + \iint_{D(\omega)} \log\frac{h_\omega(x,y)}{\sqrt{2}}dxdy, \qquad \omega \in \mathbb{D} \tag{7.4.11}$$

なる汎関数を考える. まず, (7.4.11) をもう少し扱いやすい積分範囲に変換する.

補題 7.38 $\omega \in \mathbb{D}$ に対し, 次式が成り立つ:

$$\iint_{D(\omega)} \log\frac{h_\omega(x,y)}{\sqrt{2}}dxdy = \frac{1}{2}\iint_{\{s>t\}}(1-\omega'(s))(1+\omega'(t))\log(s-t)dsdt. \tag{7.4.12}$$

証明 (x,y) と (s,t) の間の変数変換を

$$\begin{cases} x-y = s-\omega(s) \\ x+y = t+\omega(t) \end{cases}, \quad \text{すなわち} \quad \begin{cases} x = \frac{1}{2}(s-\omega(s)+t+\omega(t)) \\ y = \frac{1}{2}(t+\omega(t)-s+\omega(s)) \end{cases} \tag{7.4.13}$$

によって定めると, Jacobi 行列式が

$$\det\begin{pmatrix} \frac{\partial x}{\partial s} & \frac{\partial x}{\partial t} \\ \frac{\partial y}{\partial s} & \frac{\partial y}{\partial t} \end{pmatrix} = \frac{1}{2}(1-\omega'(s))(1+\omega'(t))$$

となる. (7.4.13) は (7.4.2) と同じである. (7.4.13) の $(s,t) \mapsto (x,y)$ は全射であるが一般に単射でない. しかし, Jacobi 行列式が消えないところ, すなわち $\omega'(s) \neq 1$ かつ $\omega'(t) \neq -1$ なる (s,t) に制限すれば単射になる. たとえば, 図 7.5 では, st 平面の直角三角形 $C = \{(s,t) \mid a < t < s < b\}$ と xy 平面の $D(\omega)$ との対応について, Jacobi 行列式が消える部分を斜線で塗り, 全単射対応する領域をそれぞれ I, II, III の番号で表した. ■

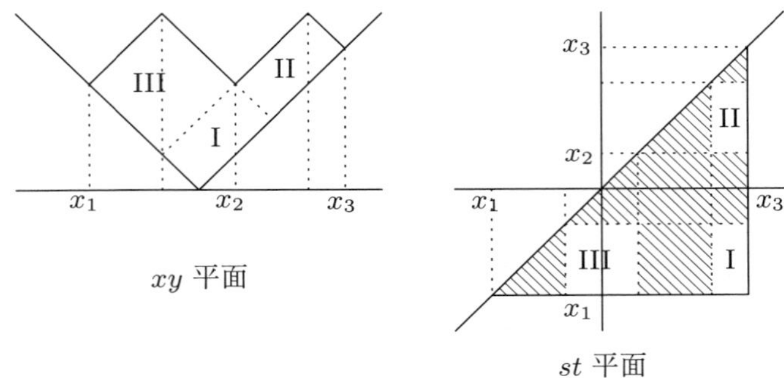

図 7.5　(7.4.13) の変数変換

命題 7.39　$\mathbb{D}$ 上の汎関数 θ について, 次のことが成り立つ.

(1) (7.1.20) の Ω が $\theta(\Omega)=0$ をみたす.

(2) $\Omega+\phi\in\mathbb{D}$ ならば,

$$\begin{aligned}\theta(\Omega+\phi)=&\frac{1}{4}\iint_{\{s>t\}}\Big(\frac{\phi(s)-\phi(t)}{s-t}\Big)^2 dsdt\\&+\int_{\{|s|\geqq 2\}}\phi(s)\log\Big(\frac{|s|}{2}+\sqrt{\frac{s^2}{4}-1}\Big)ds.\end{aligned}\tag{7.4.14}$$

(3) Ω は $\mathbb{D}$ における θ のただ 1 つの最小点である.

証明　途中, 具体的な定積分の計算が必要になるが, 込み入ったものは補題としてこの証明の後にまわす.

(1) (7.4.12) により,

$$\theta(\Omega)=1+\frac{1}{2}\iint_{\{-2<t<s<2\}}(1-\frac{2}{\pi}\arcsin\frac{s}{2})(1+\frac{2}{\pi}\arcsin\frac{t}{2})\log(s-t)dsdt\tag{7.4.15}$$

である. (7.4.15) の積分の部分を $(*)$ とおくと,

$$\begin{aligned}(*)&=\int_{-2}^{2}\Big\{\int_{-2}^{s}\Big(1+\frac{2}{\pi}\arcsin\frac{t}{2}\Big)\log(s-t)dt\Big\}\Big(1-\frac{2}{\pi}\arcsin\frac{s}{2}\Big)ds\\&=\int_{-2}^{2}\Big\{\int_{-2}^{t}\Big(1+\frac{2}{\pi}\arcsin\frac{s}{2}\Big)\log(t-s)ds\Big\}\Big(1-\frac{2}{\pi}\arcsin\frac{t}{2}\Big)dt\\&=\int_{-2}^{2}\Big\{\int_{t}^{2}\Big(1-\frac{2}{\pi}\arcsin\frac{s}{2}\Big)\log(s-t)ds\Big\}\Big(1-\frac{2}{\pi}\arcsin\frac{t}{2}\Big)dt.\end{aligned}$$

ただし, 最後の等号は後述の補題 7.44 による. 一方,

$$(*)=\int_{-2}^{2}\Big\{\int_{t}^{2}\Big(1-\frac{2}{\pi}\arcsin\frac{s}{2}\Big)\log(s-t)ds\Big\}\Big(1+\frac{2}{\pi}\arcsin\frac{t}{2}\Big)dt$$

が成り立つから, これら 2 式により,

$$(*)=\int_{-2}^{2}\Big\{\int_{t}^{2}\Big(1-\frac{2}{\pi}\arcsin\frac{s}{2}\Big)\log(s-t)ds\Big\}dt$$

が成り立つ. この中括弧の中の関数を $h(t)$ とおけば $(-2<t<2)$, 補題 7.44 によって $h(-t)=h(t)$ である. ゆえに,

$$\begin{aligned}(*)&=2\int_{0}^{2}\Big\{\int_{t}^{2}\Big(1-\frac{2}{\pi}\arcsin\frac{s}{2}\Big)\log(s-t)ds\Big\}dt\\&=2\int_{0}^{2}\Big\{\Big(1-\frac{2}{\pi}\arcsin\frac{s}{2}\Big)\int_{0}^{s}\log(s-t)dt\Big\}ds\\&=2\int_{0}^{2}(s\log s-s)\Big(1-\frac{2}{\pi}\arcsin\frac{s}{2}\Big)ds.\end{aligned}\tag{7.4.16}$$

ここで, 部分積分によって

$$\int_{0}^{2}(s\log s-s)\arcsin\frac{s}{2}\,ds=(2\log 2-2)\pi-\int_{0}^{2}(\sqrt{4-s^2}+s\ \arcsin\frac{s}{2})\log s\,ds$$

となることから,

$$\int_{0}^{2}s(\log s)\arcsin\frac{s}{2}\,ds=\frac{1}{2}\int_{0}^{2}s\ \arcsin\frac{s}{2}\,ds-\frac{1}{2}\int_{0}^{2}\sqrt{4-s^2}\ \log s\,ds+(\log 2-1)\pi.$$

さらに, 部分積分による計算で, $\displaystyle\int_{0}^{2}s\ \arcsin\frac{s}{2}ds=\pi/2$ も出る. また,

$$\int_{0}^{2}\sqrt{4-s^2}\log s ds=4\int_{0}^{2}\frac{\log s}{\sqrt{4-s^2}}ds-\int_{0}^{2}\frac{s^2}{\sqrt{4-s^2}}\log s\,ds$$

と変形すれば, 右辺第 1 項は補題 7.40 の形に帰着され, 第 2 項は

$$\int_{0}^{2}\frac{-s}{\sqrt{4-s^2}}s\log s\,ds=-\int_{0}^{2}\sqrt{4-s^2}(\log s+1)ds=-\int_{0}^{2}\sqrt{4-s^2}\log s\,ds-\pi$$

となるから, $\displaystyle\int_{0}^{2}\sqrt{4-s^2}\log s\,ds=-\pi/2$ を得る. これらの値を (7.4.16) に代入すると, $(*)=-2$ が得られる. すなわち, $\theta(\Omega)=1-1=0$ である.

(2) (1) で得た $\theta(\Omega)=0$ を用いると, (7.4.12) により,

$$\begin{aligned}\theta(\Omega+\phi)&=1+\frac{1}{2}\iint_{\{s>t\}}(1-\Omega'(s)-\phi'(s))(1+\Omega'(t)+\phi'(t))\log(s-t)dsdt\\&=\frac{1}{2}\iint_{\{s>t\}}(1-\Omega'(s))\phi'(t)\log(s-t)dsdt\end{aligned}$$

$$- \frac{1}{2} \iint_{\{s>t\}} (1 + \Omega'(t))\phi'(s) \log(s-t) ds dt$$
$$- \frac{1}{2} \iint_{\{s>t\}} \phi'(s)\phi'(t) \log(s-t) ds dt.$$

累次積分にして少し変形すれば,

$$\begin{aligned}
&= \frac{1}{2} \int_{-\infty}^{-2} \Big(\int_t^2 (1 - \Omega'(s)) \log(s-t) ds \Big) \phi'(t) dt \\
&\quad - \frac{1}{2} \int_2^{\infty} \Big(\int_{-2}^{s} (1 + \Omega'(t)) \log(s-t) dt \Big) \phi'(s) ds \\
&\quad + \frac{1}{2} \Big\{ \int_{-2}^{2} \Big(\int_t^2 (1 - \Omega'(s)) \log(s-t) ds - \int_{-2}^{t} (1 + \Omega'(s)) \log(t-s) ds \Big) \phi'(t) dt \Big\} \\
&\quad - \frac{1}{2} \iint_{\{s>t\}} \phi'(s)\phi'(t) \log(s-t) ds dt. \qquad (7.4.17)
\end{aligned}$$

補題 7.44 から (7.4.17) の第 3 項は 0 である. (7.4.17) の第 1 項の計算のため

$$a(t) = \int_t^2 (1 - \Omega'(s)) \log(s-t) ds, \qquad t \in (-\infty, -2)$$

とおく. 積分範囲を -2 で分割した

$$a(t) = 2\{(-2-t)\log(-2-t) + 2 + t\} + \int_{-2}^{2} (1 - \frac{2}{\pi} \arcsin \frac{s}{2}) \log(s-t) ds$$

を t で微分すれば,

$$a'(t) = -2\log(-2-t) + \int_{-2}^{2} (1 - \frac{2}{\pi} \arcsin \frac{s}{2}) \frac{1}{t-s} ds, \qquad t \in (-\infty, -2)$$

を得る. 部分積分と補題 7.40 により,

$$a'(t) = -\frac{2}{\pi} \int_{-2}^{2} \frac{\log|t-s|}{\sqrt{4-s^2}} ds = -2\log\Big(-\frac{t}{2} + \sqrt{\frac{t^2}{4} - 1}\Big), \qquad t \in (-\infty, -2).$$

そうすると, (7.4.17) の第 1 項は, 部分積分を用いて

$$\frac{1}{2} \int_{-\infty}^{-2} a(t)\phi'(t) dt = \int_{-\infty}^{-2} \phi(t) \log\Big(-\frac{t}{2} + \sqrt{\frac{t^2}{4} - 1}\Big) dt$$

となる. ただし, 補題 7.44 によって $a(-2) = 0$ となることを用いた. (7.4.17) の第 2 項の計算も同様である. すなわち

$$b(s) = \int_{-2}^{s} (1 + \Omega'(t)) \log(s-t) dt, \qquad s \in (2, \infty)$$

とおくと, 上と同様にして

$$b'(s) = \frac{2}{\pi}\int_{-2}^{2} \frac{\log|s-t|}{\sqrt{4-t^2}}dt = 2\log\Big(\frac{s}{2} + \sqrt{\frac{s^2}{4}-1}\Big), \quad s \in (2,\infty) \quad \text{となって}$$

$$-\frac{1}{2}\int_{2}^{\infty} b(s)\phi'(s)ds = \int_{2}^{\infty} \phi(s)\log\Big(\frac{s}{2} + \sqrt{\frac{s^2}{4}-1}\Big)ds.$$

最後に, (7.4.17) の第 4 項を見る:

$$-\frac{1}{2}\iint_{\{s>t\}} \phi'(s)\phi'(t)\log(s-t)dsdt = -\frac{1}{2}\int_{-a}^{a}\Big(\int_{t}^{a} \phi'(s)\log(s-t)ds\Big)\phi'(t)dt.$$

ここで, a は $\mathrm{supp}\phi \subset (-a,a)$ をみたす任意の正数である. ϕ が Lipschitz 連続であることに注意し, 部分積分によって計算を続けると,

$$= \frac{1}{2}\int_{-a}^{a} \phi(t)\log(a-t)\phi'(t)dt + \frac{1}{2}\int_{-a}^{a}\Big(\int_{t}^{a} \frac{\phi(s)-\phi(t)}{s-t}\phi'(t)ds\Big)dt. \tag{7.4.18}$$

(7.4.18) の第 1 項は, 部分積分により

$$\frac{1}{2}\Big\{\Big[\frac{1}{2}\phi(t)^2\log(a-t)\Big]_{-a}^{a} + \int_{-a}^{a} \frac{1}{2}\phi(t)^2\frac{1}{a-t}dt\Big\} = \frac{1}{4}\int_{-a}^{a} \frac{\phi(t)^2}{a-t}dt.$$

(7.4.18) の第 2 項は, 積分順序の交換と部分積分により,

$$\begin{aligned}
&\frac{1}{2}\int_{-a}^{a}\Big(\int_{-a}^{s} \frac{(\phi(s)-\phi(t))\phi'(t)}{s-t}dt\Big)ds \\
&= \frac{1}{2}\int_{-a}^{a}\Big\{\Big[-\frac{1}{2}\frac{(\phi(s)-\phi(t))^2}{s-t}\Big]_{-a}^{s} + \frac{1}{2}\int_{-a}^{s} \frac{(\phi(s)-\phi(t))^2}{(s-t)^2}dt\Big\}ds \\
&= \frac{1}{4}\int_{-a}^{a} \frac{\phi(s)^2}{s+a}ds + \frac{1}{4}\iint_{\{-a<t<s<a\}}\Big(\frac{\phi(s)-\phi(t)}{s-t}\Big)^2dsdt.
\end{aligned}$$

ゆえに, この 2 項を加えて

$$\begin{aligned}
&-\frac{1}{2}\iint_{\{s>t\}} \phi'(s)\phi'(t)\log(s-t)dsdt \\
&\qquad = \frac{a}{2}\int_{-a}^{a} \frac{\phi(s)^2}{a^2-s^2}ds + \frac{1}{4}\iint_{\{-a<t<s<a\}}\Big(\frac{\phi(s)-\phi(t)}{s-t}\Big)^2dsdt
\end{aligned} \tag{7.4.19}$$

を得る. $\mathrm{supp}\,\phi \subset (-a,a)$ に注意すれば, $a \to \infty$ のとき (7.4.19) の右辺の第 1 項は 0 に収束し, 第 2 項は $\{s>t\}$ 上の積分に収束する. こうして (7.4.17) の計算を終え, (7.4.14) が得られた.

(3) $\Omega + \phi \in \mathbb{D}$ であれば, $|s| \geqq 2$ では $\phi(s) \geqq 0$ である. このとき, (7.4.14) によって $\theta(\Omega+\phi) \geqq 0 = \theta(\Omega)$ を得る. また, $\theta(\Omega+\phi) = 0$ ならば, $\phi(s)$ は $|s| \geqq$

2 で 0, $|s| < 2$ で定数となり, 結局 ϕ は恒等的に 0 である. これは Ω が唯一の最小点であることを意味する. ■

補題 7.40　$s \in \mathbb{R}$ に対して

$$\int_{-2}^{2} \frac{\log|s-x|}{\pi\sqrt{4-x^2}} dx = \begin{cases} \log(-\frac{s}{2} + \sqrt{\frac{s^2}{4} - 1}), & s \leqq -2, \\ 0, & -2 \leqq s \leqq 2, \\ \log(\frac{s}{2} + \sqrt{\frac{s^2}{4} - 1}), & 2 \leqq s. \end{cases} \tag{7.4.20}$$

注意 7.41　(7.4.20) の右辺に現れる $\log(u + \sqrt{u^2 - 1})$ $(u \geqq 1)$ は, $u = \cosh t$ $(t \geqq 0)$ の逆関数である. x を $\frac{a}{2}x$ に置換すれば, (7.4.20) から

$$\int_{-a}^{a} \frac{\log|s-x|}{\pi\sqrt{a^2-x^2}} dx, \qquad a > 0$$

の値もただちに出る.

補題 7.40 の証明　まず, $s = \pm 2$ の場合の (7.4.20) の左辺の積分の値を求める. 積分の収束は問題ない. $x \leftrightarrow -x$ の変数変換を考えれば, どちらか一方, たとえば $s = 2$ のときのみでよい. このとき,

$$\begin{aligned} \int_{-2}^{2} \frac{\log(2-x)}{\pi\sqrt{4-x^2}} dx &= \log 2 + \int_{-1}^{1} \frac{\log(1-u)}{\pi\sqrt{1-u^2}} du \\ &= \log 2 + \int_{0}^{1} \frac{\log(1+u)}{\pi\sqrt{1-u^2}} du + \int_{0}^{1} \frac{\log(1-u)}{\pi\sqrt{1-u^2}} du \\ &= \log 2 + 2\int_{0}^{1} \frac{\log v}{\pi\sqrt{1-v^2}} dv = 0. \end{aligned} \tag{7.4.21}$$

最後から 2 番めの等号は $1 - u^2 = v^2$ $(u \geqq 0, v \geqq 0)$ の変数変換による. 最後の等号を計算するにも若干の工夫が要るが, 定積分の演習問題でよく見かけるものである. これで, $s = \pm 2$ のときに (7.4.20) の左辺が 0 であることが確かめられた.

次に, $s \in \mathbb{R}$, $t > 0$ に対し,

$$f(s+it) = \int_{-2}^{2} \frac{\log|s+it-x|}{\pi\sqrt{4-x^2}} dx$$

とおくと, 積分の単調収束により, $\lim_{t \downarrow 0} f(s+it)$ が求める (7.4.20) の左辺を与える. $t > 0$ を固定すれば, $f(s+it)$ は s に関して積分記号下で微分可能である. 逆正弦分布の Stieltjes 変換

$$\int_{-2}^{2} \frac{1}{z-x} \frac{1}{\pi\sqrt{4-x^2}} dx = \frac{1}{\sqrt{z^2-4}}, \qquad z \in \mathbb{C}^+$$

を思い出すと[27],

$$\begin{aligned}\frac{\partial}{\partial s} f(s+it) &= \int_{-2}^{2} \frac{1}{\pi\sqrt{4-x^2}} \frac{s-x}{(s-x)^2+t^2} dx \\ &= \mathrm{Re}\frac{1}{\sqrt{(s+it)^2-4}} \xrightarrow{t\downarrow 0} \begin{cases} -\frac{1}{\sqrt{s^2-4}}, & s<-2, \\ 0, & -2<s<2, \\ \frac{1}{\sqrt{s^2-4}}, & 2<s. \end{cases}\end{aligned} \tag{7.4.22}$$

ここで, $-2<s<2$ ならば,

$$f(s+it) = f(it) + \int_0^s \frac{\partial}{\partial u} f(u+it) du$$

において, $0<\delta<2-|s|$ なる δ をとれば, $0<t<\delta$ である限り, $u \in [0,s]$ または $[s,0]$ に対し,

$$\begin{aligned}\left|\frac{\partial}{\partial u} f(u+it)\right| &\leqq \frac{1}{\sqrt{|(u+it-2)(u+it+2)|}} \leqq \frac{1}{\sqrt{(|2-u|-t)(|2+u|-t)}} \\ &\leqq \frac{1}{2-|s|-\delta}\end{aligned}$$

となる. したがって, (7.4.22) と積分の有界収束, 単調収束を用いて

$$\lim_{t\downarrow 0} f(s+it) = \lim_{t\downarrow 0} f(it) = \int_{-2}^{2} \frac{\log x^2}{2\pi\sqrt{4-x^2}} dx$$

を得る. 最後の積分値が 0 であることは, (7.4.21) からわかる. 一方, $2<s$ ならば,

$$\begin{aligned}\int_{-2}^{2} \frac{1}{\pi\sqrt{4-x^2}} \frac{s-x}{(s-x)^2+t^2} dx &\xrightarrow{t\downarrow 0} \int_{-2}^{2} \frac{1}{\pi\sqrt{4-x^2}} \frac{1}{s-x} dx \\ &= \frac{d}{ds} \int_{-2}^{2} \frac{\log|s-x|}{\pi\sqrt{4-x^2}} dx\end{aligned} \tag{7.4.23}$$

であるから, (7.4.22), (7.4.23) により,

$$\int_{-2}^{2} \frac{\log|s-x|}{\pi\sqrt{4-x^2}} dx = \log\left(\frac{s}{2} + \sqrt{\frac{s^2}{4}-1}\right) + C \qquad (C \text{ は定数})$$

を得る. $s\downarrow 2$ とすると, 積分の単調収束と (7.4.21) により, $C=0$ がわかる. $s<-2$ のときも同様である. ■

[27] 例 4.54, 例 7.13. $\sqrt{\ }$ の偏角の決め方に留意.

補題 7.42　$s \in \mathbb{R}$ に対して

$$\int_{-2}^{2} \frac{x \log|s-x|}{\pi\sqrt{4-x^2}} dx = \begin{cases} -s-\sqrt{s^2-4}, & s \leqq -2, \\ -s, & -2 \leqq s \leqq 2, \\ -s+\sqrt{s^2-4}, & 2 \leqq s. \end{cases} \tag{7.4.24}$$

証明　半円分布の Stieltjes 変換

$$\frac{1}{2\pi}\int_{-2}^{2} \frac{\sqrt{4-x^2}}{z-x} dx = \frac{z-\sqrt{z^2-4}}{2}, \qquad z \in \mathbb{C}^+$$

から[28], $s \in \mathbb{R}$, $t > 0$ に対し,

$$\begin{aligned} \frac{1}{\pi}\int_{-2}^{2} \frac{s-x}{(s-x)^2+t^2}\sqrt{4-x^2} dx &= s - \mathrm{Re}\sqrt{(s+it)^2-4} \\ &\xrightarrow{t\downarrow 0} \begin{cases} s+\sqrt{s^2-4}, & s<-2, \\ s, & -2 \leqq s \leqq 2, \\ s-\sqrt{s^2-4}, & 2<s. \end{cases} \end{aligned} \tag{7.4.25}$$

一方, 積分の単調収束によって

$$\int_{-2}^{2} \frac{x\log|s+it-x|}{\pi\sqrt{4-x^2}} dx \xrightarrow{t\downarrow 0} \int_{-2}^{2} \frac{x\log|s-x|}{\pi\sqrt{4-x^2}} dx$$

であるが, この左辺は, 部分積分を用いて

$$\int_{-2}^{2} \frac{x\log((s-x)^2+t^2)}{2\pi\sqrt{4-x^2}} dx = -\frac{1}{\pi}\int_{-2}^{2} \frac{s-x}{(s-x)^2+t^2}\sqrt{4-x^2} dx$$

に等しい. (7.4.25) と比べれば, (7.4.24) を得る. ■

注意 7.43　補題 7.40, 補題 7.42 の証明で, 関数 f の Stieltjes 変換の $z=s+it$ における値の実部をとって $t\downarrow 0$ なる極限値を考えたが, $s \in \mathrm{supp}\, f$ のときに非自明である. ある種の可積分条件のもとで, この値は Cauchy の主値を用いて表され, s の関数として f の Hilbert 変換 (の定数倍) になる. 一方, 反転公式 (定理 A.41) によって Stieltjes 変換の虚部の同様の極限値が f を与える.

補題 7.44　$-2 \leqq t \leqq 2$ に対し,

---

28) 例 4.55, 例 7.14.

$$\int_t^2 (1-\Omega'(s))\log(s-t)ds = \int_{-2}^t (1+\Omega'(s))\log(t-s)ds. \tag{7.4.26}$$

証明 $-2<t<2$ に対して (7.4.26) が示せたとすれば, (7.4.26) の両辺が $t\downarrow -2$, $t\uparrow 2$ のとき連続であるので, $t=\mp 2$ のときにも成り立つ. $-2<t<2$ とし, (7.4.26) の左辺から右辺を引いたものを $\psi(t)$ とおく. (7.4.26) の両辺を部分積分 (log の原始関数を考慮) によってそれぞれ計算すれば,

$$\psi(t) = \frac{2}{\pi}\left\{\int_{-2}^2 \frac{s\log|s-t|}{\sqrt{4-s^2}}ds - t\int_{-2}^2 \frac{\log|s-t|}{\sqrt{4-s^2}}ds - \int_{-2}^2 \frac{s-t}{\sqrt{4-s^2}}ds\right\}$$

を得る. 第 3 項が πt であるのはただちに求められるので, 補題 7.40 と補題 7.42 により, $\psi(t)=0$ となる. ■

(7.4.10) で得た Plancherel 測度に対する漸近公式から, 大偏差原理と呼ばれる確率論の極限定理を導くことができる. 本書では大偏差原理を一般的に扱うことはしないので, 今の状況に話を限って一端を述べるにとどめる. 命題 7.39 により, (7.4.11) の汎関数 θ を最小値 0 にする唯一の $\mathbb{D}$ の元が Ω であるので, $\varepsilon>0$ のとき, $\theta(\lambda^{\sqrt{n}}) \geqq \varepsilon$ なる $\lambda\in\mathbb{Y}_n$ たちの確率がどれくらい小さいかを見る. $\lambda\in\mathbb{Y}_n$ が $\theta(\lambda^{\sqrt{n}}) \geqq \varepsilon$ をみたすとき, (7.4.10) から,

$$M_{\mathrm{Pl}}^{(n)}(\lambda) \leqq (1+o(1))\sqrt{2\pi n}\, e^{-n\varepsilon+O(\sqrt{n})}$$

が成り立つ. (4.2.7) で紹介した Hardy–Ramanujan の公式を援用すれば, $\mathbb{Y}_n$ の元の個数は全体でも $\exp\{(\text{定数})\sqrt{n}\}$ 程度でおさえられる. こうして次の結果を得る.

命題 7.45 任意の $\varepsilon>0$ に対し,

$$M_{\mathrm{Pl}}^{(n)}(\{\lambda\in\mathbb{Y}_n \mid \theta(\lambda^{\sqrt{n}}) \geqq \varepsilon\}) \leqq \frac{C_1}{\sqrt{n}} e^{-\varepsilon n + C_2\sqrt{n}} \tag{7.4.27}$$

が成り立つ. ただし, C_1, C_2 は普遍的な正定数である. ■

最後に, 命題 7.45 を用いて極限形状への集中を示す定理 7.24 を示しておこう. これはいわば変分問題の観点からの証明である.

定理 7.24 の別証明 まず, 均衡条件 (7.2.1) をみたすような経路に着目する. すなわち, ある定数 $c>2$ をとって $\mathfrak{T}^0 = \{t\in\mathfrak{T} \mid n \text{ が十分大きければ } t(n)\in\mathbb{Y}_{n,c}\}$ とおき, $M_{\mathrm{Pl}}(\mathfrak{T}^0)=1$ となっている. ただし, $\mathbb{Y}_{n,c}$ はサイズ n の c-均衡 Young 図形全体である (定義 7.23). $c>2$ としているので, $\lambda\in\mathbb{Y}_{n,c}$ ならば $\mathrm{supp}(\lambda^{\sqrt{n}}-$

$\Omega) \subset [-c,c]$ である．このとき，$\phi = \lambda^{\sqrt{n}} - \Omega$ について，一様ノルム $\|\phi\|_{\sup}$ と汎関数 θ の値 $\theta(\Omega+\phi)$ を比較してみる．(7.4.14) の右辺において，命題 7.39 の (2) の証明の途中で得た (7.4.19) に戻ると，今の場合

$$\theta(\Omega+\phi) \geqq \frac{c}{2}\int_{-c}^{c}\frac{\phi(s)^2}{c^2-s^2}ds$$

が成り立つことがわかる．$\|\phi\|_{\sup} \geqq \varepsilon > 0$ とすると，$\phi = \lambda^{\sqrt{n}} - \Omega$ は Lipschitz 係数が 2 以下の Lipschitz 連続関数であるから，$\|\phi\|_{\sup} = |\phi(s_0)|$ なる s_0 の $\varepsilon/2$-近傍で $|\phi|$ のグラフは高さ ε, 底辺長 ε の二等辺三角形よりも上にある．ゆえに

$$\int_{-c}^{c}\frac{\phi(s)^2}{c^2-s^2}ds \geqq \frac{1}{c^2}\int_{-c}^{c}\phi(s)^2ds \geqq \frac{2}{c^2}\int_{s_0-\frac{\varepsilon}{2}}^{s_0}(2x-2s_0+\varepsilon)^2dx = \frac{\varepsilon^3}{3c^2}.$$

これで，$\lambda \in \mathbb{Y}_{n,c}$ に対して

$$\|\lambda^{\sqrt{n}} - \Omega\|_{\sup} \geqq \varepsilon \quad \Longrightarrow \quad \theta(\lambda^{\sqrt{n}}) \geqq \frac{\varepsilon^3}{6c} \tag{7.4.28}$$

が示された．任意の $\varepsilon > 0$ に対し，(7.4.27), (7.4.28) により，

$$\begin{aligned} M_{\mathrm{Pl}}^{(n)}(\{\lambda \in \mathbb{Y}_{n,c} \,|\, \|\lambda^{\sqrt{n}} - \Omega\|_{\sup} \geqq \varepsilon\}) &\leqq M_{\mathrm{Pl}}^{(n)}(\{\lambda \in \mathbb{Y}_{n,c} \,|\, \theta(\lambda^{\sqrt{n}}) \geqq \frac{\varepsilon^3}{6c}\}) \\ &\leqq \frac{C_1}{\sqrt{n}}\exp\Big(-\frac{\varepsilon^3 n}{6c} + C_2\sqrt{n}\Big) \end{aligned}$$

となるから，$\sum_{n=1}^{\infty} M_{\mathrm{Pl}}(\{t \in \mathfrak{T} \,|\, t(n) \in \mathbb{Y}_{n,c},\ \|t(n)^{\sqrt{n}} - \Omega\|_{\sup} \geqq \varepsilon\}) < \infty$. Borel–Cantelli の補題により，$M_{\mathrm{Pl}}(\mathfrak{T}^1) = 1$ なる $\mathfrak{T}^1$ があって，

$$t \in \mathfrak{T}^1 \implies \text{有限個の } n \text{ を除いて } t(n) \notin \mathbb{Y}_{n,c} \text{ または } \|t(n)^{\sqrt{n}} - \Omega\|_{\sup} < \varepsilon.$$

そうすると，$t \in \mathfrak{T}^0 \cap \mathfrak{T}^1$ ならば十分大きい n で $\|t(n)^{\sqrt{n}} - \Omega\|_{\sup} < \varepsilon$ となる．後は ε を 0 に収束する正数列に置き換える手続きで，定理 7.24 の証明が完了する．■

ノート

7.1 節の連続図形とその推移測度，Rayleigh 測度の種々の性質の導出について，積分変換に関する Pick や Nevanlinna の名を冠した定理を用いれば，エレガントであると同時に，台がコンパクトでない測度も含めたもっと一般的な議論が可能である．しかしながら，それには関数論のやや高度な議論が要るので，本書ではコン

パクトな台の場合に話をほぼ限定し, あまり予備知識を要しない方法を採った. 特に, Rayleigh 測度が存在しない場合, Rayleigh 関数 (それが有界変動であるとき, その微分が Rayleigh 測度) の存在を示すには, ここに挙げたような定理を援用する必要がある. 詳細は [34] に譲る.

Robinson–Schensted 対応に関する 7.2 節の記述は [56, Chapter 3] にしたがった. 本書で述べたのは順列と標準盤のペアとの対応についてのみであるが, RS 対応はもっと広い枠組で成り立つことが知られている. これについても [56, Chapter 3] を参照されたい.

7.3 節に述べた Young 図形の極限形状への集中は, Logan–Shepp [42] と Vershik–Kerov [67] によって独立に発見された. 7.3 節にある証明から察せられるように, 極限形状の問題を解くだけならば, 強法則を含めても, Kerov–Olshanski 代数を持ち出すのは大げさである. [20] や [21] では, Jucys–Murphy 元と共役類の組合せ論的考察を主にした方法を説明してある. そこでは, 自由キュムラントは実質的に用いられず, モーメントの評価で話が完結する. その際, Young 図形の形状と対称群の既約指標を結びつける鍵になるのが定理 6.19 の跡公式である.

7.4 節における極限形状への集中の証明は, 結局のところフック公式のみに依拠しているので, 群の表現論は直接必要ないとも言える. ただし, Young 図形の個数についての Hardy–Ramanujan の公式を証明なしに用いているので, 自己充足的とは言いにくいかもしれない. 7.4 節では, [69], [35] の議論にしたがい, 細部の計算や考察を補ってみた. Vershik による [66] も, 表現論を必要としない解説である. ついでにもう 1 つ, 群の表現が表面に出ない極限形状の話として, 直交多項式との興味深い関連がある. r 次と $r-1$ 次の直交多項式の零点を (適当に平行移動して) 山谷座標にもつ Young 図形のスケール極限を考えるものである. [35, Chapter 4] を見られたい.

第 Ⅲ 部

第 8 章

無限対称群の表現と指標

ここから第 III 部に入る.

これまでは有限群やコンパクト群を念頭に置いて群の表現の話を進めてきたので, これから主役になる無限対称群 $\mathfrak{S}_\infty$ の場合にも通用する形で, 群の表現に関するいくつかの事項をあらためて確認しておく必要がある. 特に, これからは主として無限次元の表現空間を扱うことになる. 記号使いが以前と異なるところもあろうが, この際気分一新ということで, 御容赦願いたい. 5.2 節において, $\mathfrak{S}_\infty$ 上の正定値関数, Young グラフ上の調和関数, Young グラフの経路空間上の中心的確率測度の間の対応について述べた (特に, 定理 5.31). 本章では, これらの概念と $\mathfrak{S}_\infty$ のユニタリ表現との関係を見る.

8.1　正定値関数とユニタリ表現

本節では, $\mathfrak{S}_\infty$ 上の正定値関数から $\mathfrak{S}_\infty$ のユニタリ表現を構成する一般的な手順と, 逆にユニタリ表現から正定値関数を得る仕方について述べる. そして, それぞれの「端的な (極小の)」対象がどのように対応しているかを概観する.

位相群 G の Hilbert 空間 H 上の表現 π とは, G から H 上の可逆な有界線型作用素全体のなす群への連続準同型である. ただし, 表現 π の連続性としては, 写像

$$x \in G \longmapsto \pi(x)u, \qquad u \in H \tag{8.1.1}$$

の連続性 (すなわち強作用素連続性) を課す. H を π の表現空間と呼び, H_π で表す. すべての $\pi(x)$ $(x \in G)$ が H_π 上のユニタリ作用素であるとき, π をユニタリ表現と呼ぶ. $G = \mathfrak{S}_\infty$ の場合は, G に離散位相を入れるので, 表現の連続性は自明である. すべての $\pi(x)$ $(x \in G)$ に対して $\pi(x)W \subset W$ をみたすような H_π の閉部分空間 W が $\{0\}$ と H_π のみであるとき, π は既約であるという. G の Hilbert 空間上の表現 π と ρ に対し, H_π から H_ρ への有界線型作用素 A が

$$A\pi(x) = \rho(x)A, \qquad x \in G$$

をみたすとき, A を π から ρ への絡作用素と呼び, それら全体を $R(\pi,\rho)$ で表す[1]. π から π への絡作用素全体は $R(\pi)$ と略記する. 可逆な $A \in R(\pi,\rho)$ が存在するとき, π と ρ は同値であるといい, $\pi \cong \rho$ で表す. 特にこの A がユニタリ作用素であるときは, π と ρ がユニタリ同値であるという (次の命題 8.1(2) 参照).

命題 8.1 位相群 G の表現について次のことが成り立つ.

(1) G のユニタリ表現 π に対して, (8.1.1) の強作用素連続性は, 写像

$$x \in G \longmapsto \langle u, \pi(x)v \rangle, \qquad u, v \in H_\pi$$

の連続性 (すなわち弱作用素連続性) と同値である.

(2) G のユニタリ表現 π と ρ が同値ならば, それらはユニタリ同値でもある.

(3) G のユニタリ表現に対する Schur の補題が成り立つ:

- π が既約 $\quad\Longleftrightarrow\quad \dim R(\pi) = 1$,
- π, ρ が既約ならば

$$R(\pi,\rho) \cong \begin{cases} \mathbb{C}, & \pi \cong \rho, \\ \{0\}, & \pi \not\cong \rho. \end{cases}$$

証明 (2), (3) については, コンパクト群の場合の命題 3.5, 定理 3.6 の証明が変更なしに通用する. (1) は

$$\begin{aligned} \|\pi(x)u - \pi(y)u\|^2 &= 2\langle u, u \rangle - \langle u, \pi(y)^*\pi(x)u \rangle - \langle \pi(y)^*\pi(x)u, u \rangle \\ &= 2(\langle u, u \rangle - \mathrm{Re}\langle u, \pi(y^{-1}x)u \rangle) \end{aligned}$$

からしたがう. ■

以下, 扱う表現 π はすべて Hilbert 空間上のユニタリ表現である. $R(\pi)$ の中心を $CR(\pi)$ と書こう. $CR(\pi)$ がスカラー作用素のみから成るとき, π は因子的あるいは原初的であるという. $R(\pi)$ が可換であるとき, π が無重複であるという.

注意 8.2 Schur の補題 (命題 8.1(3)) により, G のユニタリ表現 π が既約ならば因子的である. 因子的ユニタリ表現 π が無重複ならば, $R(\pi) = CR(\pi) \cong \mathbb{C}$ であるから, 既約になる.

例 8.3 ユニタリ群 $U(n)$ の $\mathbb{C}^n$ 上の自然表現 π は既約である[2]. $\pi \oplus \pi$ は既約

---

1) 定義 3.3 で既出. $\mathrm{Hom}_G(H_\pi, H_\rho)$ とも表した.

2) $\pi(x)$ は $U(n)$ の元である行列 x を $\mathbb{C}^n$ の縦ベクトルに左からかけるという作用.

でないが, 因子的である. $R(\pi \oplus \pi)$ が非可換なので, $\pi \oplus \pi$ は無重複でない.

補題 8.4　ユニタリ表現 π が因子的であるためには, $CR(\pi)$ が自明でない (すなわち 0 でも恒等作用素 I でもない) 直交射影を含まないことが必要十分である.

証明　必要性は明らかである. π が因子的でなければ, $CR(\pi)$ は 2 次元以上になり, それはスカラーでない有界自己共役作用素 A を含む[3]. A のスペクトル分解を与える直交射影のうち自明でないもの E がとれて, $A \in CR(\pi)$ から $E \in CR(\pi)$ がしたがう (命題 A.49 参照). ■

(π, H) を位相群 G のユニタリ表現とする. $u \in H$ に対して, $\pi(G)u = \{\pi(x)u \,|\, x \in G\}$ の線型結合全体が H で稠密であるとき, u を π の巡回ベクトルという. u が $\langle u, \pi(x)\pi(y)u \rangle = \langle u, \pi(y)\pi(x)u \rangle$ $(x, y \in G)$ をみたすとき, u (あるいは正規化された u が定める状態 $\langle \frac{u}{\|u\|}, \cdot \frac{u}{\|u\|} \rangle$) が π に関してトレース的であるという. H 上の有界線型作用素全体 $B(H)$ における $\pi(G)$ の強作用素位相に関する閉線型包, すなわち $\pi(G)$ が生成する von Neumann 環を $\mathcal{A}_\pi$ とする. $u \in H$ に対して $\mathcal{A}_\pi u = \{au \,|\, a \in \mathcal{A}_\pi\}$ が H で稠密であるとき, u を $\mathcal{A}_\pi$ の巡回ベクトルという. u が $\langle u, abu \rangle = \langle u, bau \rangle$ $(a, b \in \mathcal{A}_\pi)$ をみたすとき, u は $\mathcal{A}_\pi$ に関してトレース的であるという. u が「$a \in \mathcal{A}_\pi,\ au = 0 \implies a = 0$」をみたすとき, u は $\mathcal{A}_\pi$ に関して分離的であるという.

$R(\pi)$ は $\mathcal{A}_\pi$ の可換子環 $\mathcal{A}'_\pi$ にほかならず, $CR(\pi) = \mathcal{A}_\pi \cap \mathcal{A}'_\pi$ が $\mathcal{A}_\pi$ および $\mathcal{A}'_\pi$ の中心である. π が因子的であることと $\mathcal{A}_\pi$ が因子環であることが同じである.

次のことは, von Neumann 環の (位相の) 性質からしたがう (命題 A.54).

補題 8.5　(π, H) が位相群 G のユニタリ表現とし, $u \in H$ とする.
(1) u が π の巡回ベクトル $\iff$ u が $\mathcal{A}_\pi$ の巡回ベクトル.
(2) u が π のトレース的ベクトル $\iff$ u が $\mathcal{A}_\pi$ のトレース的ベクトル. ■

定理 8.6　位相群 G のユニタリ表現 (π, H_π) と (ρ, H_ρ) およびそれぞれの巡回ベクトル $u \in H_\pi$, $v \in H_\rho$ があって

$$\langle u, \pi(x)u \rangle_{H_\pi} = \langle v, \rho(x)v \rangle_{H_\rho}, \qquad x \in G \tag{8.1.2}$$

が成り立つとすると, $Au = v$ をみたすユニタリ作用素 $A \in R(\pi, \rho)$ が存在する.

証明　$\pi(G)u$, $\rho(G)v$ の線型結合全体をそれぞれ H_π^0, H_ρ^0 とおく. 任意の

[3]　定理 3.6 の証明を参照. $R(\pi)$ も $CR(\pi)$ も作用素の共役 * をとる操作で閉じている.

$x_1, \cdots, x_k \in G$ に対して

$$\sum_{j=1}^{k} \pi(x_j)u = 0 \iff \sum_{j=1}^{k} \rho(x_j)v = 0 \tag{8.1.3}$$

が成り立つとすれば, 線型作用素 $A : H_\pi^0 \longrightarrow H_\rho^0$ を

$$A\pi(x)u = \rho(x)v, \qquad x \in G \tag{8.1.4}$$

によって定義することができる. (8.1.2) を用いると, 任意の $y \in G$ に対して

$$\begin{aligned}\langle \rho(y)v, \sum_{j=1}^{k} \rho(x_j)v \rangle_{H_\rho} &= \sum_{j=1}^{k} \langle v, \rho(y^{-1}x_j)v \rangle_{H_\rho} = \sum_{j=1}^{k} \langle u, \pi(y^{-1}x_j)u \rangle_{H_\pi} \\ &= \langle \pi(y)u, \sum_{j=1}^{k} \pi(x_j)u \rangle_{H_\pi}\end{aligned}$$

が言える. u, v がそれぞれ H_π, H_ρ の巡回ベクトルであることをあわせれば, (8.1.3) を得る. 同時に, (8.1.4) で定まる A が等長であることもわかる. (8.1.4) で $x = e$ とおけば, $Au = v$. A を H_π^0 から H_π へ等長に拡大した作用素も同じく A で表そう. そうすると, A の値域は, H_ρ^0 を含む H_ρ の閉部分空間であるから, H_ρ 自身である. すなわち A はユニタリ作用素である. $A \in R(\pi, \rho)$ であることは, (8.1.4) から直接したがう. 実際, 任意の $x \in G$ に対し,

$$A\pi(x)\pi(y)u = \rho(x)\rho(y)v = \rho(x)A\pi(y)u, \qquad y \in G.$$

したがって, $A\pi(x) = \rho(x)A$. ■

正定値関数からユニタリ表現を作り出す一般的な手順を $\mathfrak{S}_\infty$ に即して述べる.

$\mathfrak{S}_\infty$ 上の台が有限集合であるような $\mathbb{C}$-値測度全体を M_{fin} で表す. $f \in \mathcal{K}(\mathfrak{S}_\infty)$ に対し, M_{fin} 上に半正定値内積を

$$\langle \mu, \nu \rangle_f = \sum_{x, y \in \mathfrak{S}_\infty} \overline{\mu(x)} \nu(y) f(x^{-1}y), \qquad \mu, \nu \in M_{\text{fin}} \tag{8.1.5}$$

によって定める. (8.1.5) が半正定値内積であることは, (5.2.10) と (5.2.11) からしたがう. この零化空間を $J_f = \{\mu \in M_{\text{fin}} \mid \langle \mu, \mu \rangle_f = 0\}$ とおき, 商空間 M_{fin}/J_f を完備化して得られる Hilbert 空間を H_f と書く:

$$H_f = \overline{M_{\text{fin}}/J_f}. \tag{8.1.6}$$

H_f の内積も $\langle \ , \ \rangle_f$ で表す. H_f の元として

$$u_f = \delta_e + J_f \tag{8.1.7}$$

を考えると, $\langle u_f, u_f\rangle_f = \langle\delta_e, \delta_e\rangle_f = \sum_{x,y}\overline{\delta_e(x)}\delta_e(y)f(x^{-1}y) = f(e) = 1$ であるから, u_f は H_f の単位ベクトルである.

H_f への $\mathfrak{S}_\infty$ の作用を 2 とおり定義する. $\mu \in J_f$ ならば, 任意の $g \in \mathfrak{S}_\infty$ に対して $\delta_g * \mu \in J_f$ が成り立つ. 実際, $(\delta_g * \mu)(x) = \mu(g^{-1}x)$ だから,

$$\begin{aligned}\langle\delta_g * \mu, \delta_g * \mu\rangle_f &= \sum_{x,y}\overline{\mu(g^{-1}x)}\mu(g^{-1}y)f(x^{-1}y) = \sum_{x,y}\overline{\mu(x)}\mu(y)f((gx)^{-1}(gy)) \\ &= \langle\mu, \mu\rangle_f.\end{aligned}$$

したがって, 任意の $g \in \mathfrak{S}_\infty$ に対して H_f 上の線型作用素

$$\pi_f(g) : \mu + J_f \longmapsto \delta_g * \mu + J_f \tag{8.1.8}$$

が定義でき, $\pi_f(g)^* = \pi_f(g^{-1})$ となって, π_f がユニタリ表現である. (8.1.7) の $u_f \in H_f$ に対して $\pi_f(g)u_f = \delta_g + J_f$ $(g \in \mathfrak{S}_\infty)$ の線型結合全体が M_{fin}/J_f にほかならないから, u_f は π_f の巡回ベクトルである. 任意の $g \in \mathfrak{S}_\infty$ に対して

$$\langle u_f, \pi_f(g)u_f\rangle_f = \langle\delta_e, \delta_g\rangle_f = \sum_{x,y}\overline{\delta_e(x)}\delta_g(y)f(x^{-1}y) = f(g).$$

u_f のトレース性は f が類関数であることからしたがう:

$$\langle u_f, \pi_f(x)\pi_f(y)u_f\rangle_f = f(xy) = f(yx) = \langle u_f, \pi_f(y)\pi_f(x)u_f\rangle_f.$$

$\mu \in J_f$ ならば, 任意の $g \in \mathfrak{S}_\infty$ に対して, $\mu*\delta_g \in J_f$ となる. 実際, $(\mu*\delta_g)(x) = \mu(xg^{-1})$ と f が類関数であることを用いて,

$$\langle\mu*\delta_g, \mu*\delta_g\rangle_f = \sum_{x,y}\overline{\mu(xg^{-1})}\mu(yg^{-1})f(x^{-1}y) = \sum_{x,y}\overline{\mu(x)}\mu(y)f(g^{-1}x^{-1}yg) = \langle\mu, \mu\rangle_f.$$

したがって, 任意の $g \in \mathfrak{S}_\infty$ に対して, H_f 上の線型作用素

$$\rho_f(g) : \mu + J_f \longmapsto \mu * \delta_{g^{-1}} + J_f \tag{8.1.9}$$

が定義でき, ρ_f がユニタリ表現であることがわかる. (8.1.7) の $u_f \in H_f$ に対して

$$\rho_f(g)u_f = \delta_{g^{-1}} + J_f$$

であるから, u_f は ρ_f の巡回ベクトルである. 任意の $g \in \mathfrak{S}_\infty$ に対して

$$\langle u_f, \rho_f(g^{-1})u_f\rangle_f = \langle\delta_e, \delta_g\rangle_f = f(g). \tag{8.1.10}$$

さらに, (8.1.10) によって

$$\langle u_f, \rho_f(x)\rho_f(y)u_f\rangle_f = f(y^{-1}x^{-1}) = f(x^{-1}y^{-1}) = \langle u_f, \rho_f(y)\rho_f(x)u_f\rangle_f$$

だから, u_f は ρ_f のトレース的ベクトルである.

π_f と ρ_f が可換であることが定義からただちにわかる. したがって, $\mathcal{A}_{\pi_f} \subset \mathcal{A}'_{\rho_f}$, $\mathcal{A}_{\rho_f} \subset \mathcal{A}'_{\pi_f}$. 後に見るように, 実際は等号が成り立つ.

補題 8.7 u_f は $\mathcal{A}_{\pi_f}$ のトレース的かつ分離的な巡回単位ベクトルである. $\mathcal{A}_{\rho_f}$ に関してもそうなる.

証明 u_f が $\mathcal{A}_{\pi_f}$ および $\mathcal{A}_{\rho_f}$ のトレース的な巡回単位ベクトルであることは確認済みである. 補題 8.5 に注意しよう. $a \in \mathcal{A}_{\pi_f}$, $au_f = 0$ とすると, 任意の $b \in \mathcal{A}_{\rho_f}$ に対して $0 = bau_f = abu_f$. u_f が $\mathcal{A}_{\rho_f}$ の巡回ベクトルだから, 任意の $v \in H_f$ に対して $av = 0$ となり, $a = 0$. 同様に, $\mathcal{A}_{\pi_f}$ に関する巡回性から $\mathcal{A}_{\rho_f}$ に関する分離性がしたがう. ■

定義 8.8 (GR 表現, GNS 構成) $f \in \mathcal{K}(\mathfrak{S}_\infty)$ に対し, 上記のように (8.1.5) – (8.1.9) によって, Hilbert 空間 H_f 上のトレース的かつ分離的な巡回単位ベクトル u_f をもつ $\mathfrak{S}_\infty$ の互いに可換なユニタリ表現 π_f と ρ_f が存在し,

$$f(x) = \langle u_f, \pi_f(x)u_f \rangle_f = \langle u_f, \rho_f(x^{-1})u_f \rangle_f, \qquad x \in \mathfrak{S}_\infty \tag{8.1.11}$$

をみたす. 定理 8.6 の意味において, π_f と ρ_f はユニタリ同値を除いてそれぞれ一意的に定まる. 群上の正定値関数からこうして定まるユニタリ表現を Gelfand–Raikov (GR) 表現, あるいはこの手順を Gelfand–Naimark–Segal (GNS) 構成と呼ぶ. □

$\mathcal{A}_{\pi_f} u_f$ 上の共役線型作用素を

$$jau_f = a^* u_f, \qquad a \in \mathcal{A}_{\pi_f} \tag{8.1.12}$$

によって定める. この定義が無矛盾であること, すなわち $au_f = bu_f$ ならば $a^*u_f = b^*u_f$ であることは, 補題 8.7 にある u_f の分離性からしたがう. 同じく u_f がトレース的だから, $\langle a^*u_f, a^*u_f \rangle_f = \langle u_f, aa^*u_f \rangle_f = \langle u_f, a^*au_f \rangle_f = \langle au_f, au_f \rangle_f$. したがって j は等長である. u_f が巡回ベクトルだから, この j は H_f から H_f の上へ等長的に拡張される. それも同じ j で表す. $j^2 = I$ が成り立つ.

補題 8.9 (8.1.12) から定義された $j : H_f \longrightarrow H_f$ に対し,

$$jbu_f = b^* u_f, \qquad b \in \mathcal{A}'_{\pi_f} \tag{8.1.13}$$

が成り立つ.

証明 $b \in \mathcal{A}'_{\pi_f}$ とする. u_f が $\mathcal{A}_{\pi_f}$ に関して巡回的だから, 点列 $\{a_n\} \subset \mathcal{A}_{\pi_f}$ が

あって, H_f の中で

$$bu_f = \lim_{n\to\infty} a_n u_f, \quad したがって \quad jbu_f = \lim_{n\to\infty} ja_n u_f = \lim_{n\to\infty} a_n^* u_f.$$

u_f が $\mathcal{A}_{\pi_f}$ に関してトレース的だから, 任意の $c \in \mathcal{A}_{\pi_f}$ に対して

$$\langle a_n^* u_f, cu_f \rangle_f = \langle u_f, a_n cu_f \rangle_f = \langle u_f, ca_n u_f \rangle_f. \tag{8.1.14}$$

$n \to \infty$ のとき (8.1.14) の左辺は $\langle jbu_f, cu_f \rangle_f$ に収束する. 一方, (8.1.14) の右辺の収束先は $\langle u_f, cbu_f \rangle_f = \langle u_f, bcu_f \rangle_f = \langle b^* u_f, cu_f \rangle_f$. ただし, $b \in \mathcal{A}'_{\pi_f}$ を用いた. $c \in \mathcal{A}_{\pi_f}$ が任意だから, u_f の $\mathcal{A}_{\pi_f}$ に関する巡回性によって, (8.1.13) を得る. ■

命題 8.10　$\mathcal{A}_{\pi_f}$ と $\mathcal{A}_{\rho_f}$ に対して次のことが成り立つ:

$$\mathcal{A}_{\rho_f} = j\mathcal{A}_{\pi_f} j = \mathcal{A}'_{\pi_f}, \tag{8.1.15}$$

$$\mathcal{A}_{\pi_f} = j\mathcal{A}_{\rho_f} j = \mathcal{A}'_{\rho_f}. \tag{8.1.16}$$

証明　$g, x \in \mathfrak{S}_\infty$ に対し,

$$j\pi_f(g)j(\delta_x + J_f) = j\pi_f(g)(\delta_{x^{-1}} + J_f) = j(\delta_{gx^{-1}} + J_f) = \delta_{xg^{-1}} + J_f = \rho_f(g)(\delta_x + J_f).$$

したがって, M_{fin}/J_f 上で $j\pi_f(g)j = \rho_f(g)$ が成り立つ. von Neumann 環の位相により, これから $j\mathcal{A}_{\pi_f} j = \mathcal{A}_{\rho_f}$ がしたがう. ゆえに $j\mathcal{A}_{\pi_f} j \subset \mathcal{A}'_{\pi_f}$.

$j\mathcal{A}'_{\pi_f} j \subset \mathcal{A}_{\pi_f}$ $(= \mathcal{A}''_{\pi_f})$ を示す. 補題 8.9 により, $a, c \in \mathcal{A}'_{\pi_f}$ に対して

$$jajcu_f = jac^* u_f = (ac^*)^* u_f = ca^* u_f. \tag{8.1.17}$$

(8.1.17) に左から $b \in \mathcal{A}'_{\pi_f}$ をかけた式 $bjajcu_f = bca^* u_f$ と, (8.1.17) で c に bc を代入した $jajbcu_f = bca^* u_f$ をつなぐ. u_f が $\mathcal{A}_{\rho_f}$ の, したがって $\mathcal{A}'_{\pi_f} (\supset \mathcal{A}_{\rho_f})$ の巡回ベクトルであることを用いると, $bjaj = jajb$. ゆえに $jaj \in \mathcal{A}''_{\pi_f}$. すなわち, $j\mathcal{A}'_{\pi_f} j \subset \mathcal{A}_{\pi_f}$. この両辺をもう一度 j ではさんで, $\mathcal{A}'_{\pi_f} \subset j\mathcal{A}_{\pi_f} j$. これで, 等号 $j\mathcal{A}_{\pi_f} j = \mathcal{A}'_{\pi_f}$ が示せた.

(8.1.16) は (8.1.15) から容易にしたがう. ■

定理 8.11　$f \in \mathcal{K}(\mathfrak{S}_\infty)$ から得られる $\mathfrak{S}_\infty$ の GR 表現 π_f, ρ_f (定義 8.8) に対して次の 4 つの条件が同値である.

(ア) $f \in \mathcal{E}(\mathfrak{S}_\infty)$, すなわち f が $\mathcal{K}(\mathfrak{S}_\infty)$ の端点である ((5.2.13) を参照).

(イ) π_f が因子的である.　　(ウ) ρ_f が因子的である.

(エ) $\mathfrak{S}_\infty \times \mathfrak{S}_\infty$ の H_f 上のユニタリ表現

$$T_f(g,h) = \pi_f(g)\rho_f(h), \qquad (g,h) \in \mathfrak{S}_\infty \times \mathfrak{S}_\infty \tag{8.1.18}$$

が既約である.

証明 (ア)⟹(イ): $f \in \mathcal{K}(\mathfrak{S}_\infty)$ が端点であるとし, 直交射影 $p \in CR(\pi_f) = \mathcal{A}_{\pi_f} \cap \mathcal{A}'_{\pi_f}$ をとる. 補題 8.4 により, $p = 0$ または I であることを示せばよい. 任意の $x \in \mathfrak{S}_\infty$ に対し,

$$\begin{aligned} f(x) &= \langle pu_f + (I-p)u_f, \pi_f(x)(pu_f + (I-p)u_f)\rangle_f \\ &= \langle pu_f, \pi_f(x)pu_f\rangle_f + \langle (I-p)u_f, \pi_f(x)(I-p)u_f\rangle_f \\ &= g_1(x) + g_2(x). \end{aligned} \tag{8.1.19}$$

g_1, g_2 は $\mathfrak{S}_\infty$ 上の正定値関数である. g_1 が類関数であることを見よう. 実際, $a, b \in \mathcal{A}_{\pi_f}$ に対し, $\langle pu_f, abpu_f\rangle_f = \langle u_f, pabu_f\rangle_f = \langle u_f, bpau_f\rangle_f = \langle pu_f, bapu_f\rangle_f$ が成り立つ. 途中, $p \in \mathcal{A}'_{\pi_f} \cap \mathcal{A}_{\pi_f}$ と u_f のトレース性を用いた. 同様に g_2 も類関数である. 今, $g_1(e) > 0$ かつ $g_2(e) > 0$ とすれば, (8.1.19) と f の端性により, $f = g_1/g_1(e) = g_2/g_2(e)$ が成り立つ. このとき,

$$\langle g_1(e)u_f, \pi_f(x)u_f\rangle_f = \langle pu_f, \pi_f(x)u_f\rangle_f, \qquad x \in \mathfrak{S}_\infty$$

となり, u_f が巡回ベクトルであることから, $pu_f = g_1(e)u_f$, したがって $u_f \in p(H_f)$ を得る. そうすると, $g_2(e) = \|(I-p)u_f\|^2 = 0$ となって矛盾が生じる. ゆえに, $g_1(e) = 0$ または $g_2(e) = 0$ である. $g_1(e) = 0$ ならば, $pu_f = 0$ となるので, u_f の分離性から, $p = 0$ となる. 同様に, $g_2(e) = 0$ ならば, $I - p = 0$ を得る. これで π_f の因子性が示された.

(イ)⟹(ア): $\mathcal{K}(\mathfrak{S}_\infty)$ の中で, f が

$$f = \alpha f_1 + (1-\alpha)f_2, \qquad 0 \leqq \alpha \leqq 1, \quad f_j \in \mathcal{K}(\mathfrak{S}_\infty)$$

と凸結合で表されるとする. $\alpha = 0$ ならば f_1, f_2 の役割をかえればよいので, $\alpha > 0$ としてよい. f_1 に対して (8.1.5) と同じように M_{fin} での半正定値内積

$$\langle \mu, \nu\rangle_{f_1} = \sum_{x,y \in \mathfrak{S}_\infty} \overline{\mu(x)}\nu(y)f_1(x^{-1}y), \qquad \mu, \nu \in M_{\mathrm{fin}}$$

を定める. f_2 も正定値だから,

$$\langle \mu, \mu\rangle_f = \sum_{x,y} \overline{\mu(x)}\mu(y)(\alpha f_1(x^{-1}y) + (1-\alpha)f_2(x^{-1}y)) \geqq \alpha\langle \mu, \mu\rangle_{f_1}.$$

したがって

$$\mu \in J_f \quad \Longrightarrow \quad \langle \mu, \mu \rangle_{f_1} = 0 \tag{8.1.20}$$

となる．(8.1.20) から，M_{fin}/J_f の中で $\langle \mu + J_f, \nu + J_f \rangle_{f_1} = \langle \mu, \nu \rangle_{f_1}$ によって半正定値内積が定義できる．これを $\| \cdot \|_f$ による完備化 H_f 上に拡張したものも $\langle\ ,\ \rangle_{f_1}$ と書くと，

$$\langle v, v \rangle_{f_1} \leqq \frac{1}{\alpha} \langle v, v \rangle_f, \qquad v \in H_f. \tag{8.1.21}$$

(8.1.21) により，$\langle v, \cdot \rangle_{f_1}$ が H_f 上の有界線型汎関数になるので，Riesz の補題から $\langle v, w \rangle_{f_1} = \langle Av, w \rangle_f$ $(w \in H_f)$ をみたす正定値の線型作用素 $A \in B(H_f)$ が定まる．$A \in \mathcal{A}'_{\pi_f} \cap \mathcal{A}'_{\rho_f}$ を確認しよう．$g, x, y \in \mathfrak{S}_\infty$ に対し，

$$\begin{aligned}
\langle \delta_x + J_f, A\pi_f(g)(\delta_y + J_f) \rangle_f &= \langle \delta_x + J_f, \delta_{gy} + J_f \rangle_{f_1} = f_1(x^{-1}gy), \\
\langle \delta_x + J_f, \pi_f(g)A(\delta_y + J_f) \rangle_f &= \langle \delta_{g^{-1}x} + J_f, \delta_y + J_f \rangle_{f_1} \\
&= f_1((g^{-1}x)^{-1}y) = f_1(x^{-1}gy).
\end{aligned}$$

ゆえに $A\pi_f(g) = \pi_f(g)A$，すなわち $A \in \mathcal{A}'_{\pi_f}$ が成り立つ．ρ_f についても同様に，

$$\begin{aligned}
\langle \delta_x + J_f, A\rho_f(g)(\delta_y + J_f) \rangle_f &= \langle \delta_x + J_f, \delta_{yg^{-1}} + J_f \rangle_{f_1} = f_1(x^{-1}yg^{-1}), \\
\langle \delta_x + J_f, \rho_f(g)A(\delta_y + J_f) \rangle_f &= \langle \delta_{xg} + J_f, \delta_y + J_f \rangle_{f_1} \\
&= f_1((xg)^{-1}y) = f_1(x^{-1}yg^{-1}).
\end{aligned}$$

最後の等号では f_1 が類関数であることを用いた．ゆえに $A\rho_f(g) = \rho_f(g)A$，すなわち $A \in \mathcal{A}'_{\rho_f}$ が成り立つ．(8.1.16) を用いれば，$A \in \mathcal{A}_{\pi_f} \cap \mathcal{A}'_{\pi_f} = CR(\pi_f)$ が示せた．このことから，今，π_f が因子的であれば，A はスカラー作用素である．そうすると，内積の定義から，f_1 が f のスカラー倍になるが，$f(e) = f_1(e) = 1$ だから，$f = f_1$ である．$f = \alpha f_1 + (1-\alpha) f_2$ だったから，$\alpha = 1$ または $f_2 = f$．したがって f は $\mathcal{K}(\mathfrak{S}_\infty)$ の端点である．

(イ)$\Longleftrightarrow$(ウ): 命題 8.10 によって $CR(\pi_f) = \mathcal{A}_{\pi_f} \cap \mathcal{A}_{\rho_f} = CR(\rho_f)$ であるから，結論を得る．

(イ)$\Longleftrightarrow$(エ): $\pi_f(g)$ と $\rho_f(h)$ が可換だから，(8.1.18) が $\mathfrak{S}_\infty \times \mathfrak{S}_\infty$ のユニタリ表現 T_f を定めるのはよい．このとき，

$$R(T_f) = R(\rho_f) \cap R(\pi_f) = \mathcal{A}'_{\rho_f} \cap \mathcal{A}'_{\pi_f} = \mathcal{A}_{\pi_f} \cap \mathcal{A}'_{\pi_f} = CR(\pi_f).$$

Schur の補題 (命題 8.1(3)) によって，$R(T_f)$ がスカラー作用素のみから成ることが T_f の既約性と同値である．■

定理 8.11 は $\mathcal{E}(\mathfrak{S}_\infty)$ と $\mathfrak{S}_\infty$ の因子的ユニタリ表現の対応を示唆する. 因子的ユニタリ表現から $\mathcal{E}(\mathfrak{S}_\infty)$ への対応を述べるには, von Neumann 環のトレースについての若干の一般論と, ユニタリ表現に対する準同値性の概念が必要になる. 本書では von Neumann 環の道具の本格的な使用には踏み込まないので, 以下本節の終りまで, きちんとした証明は抜きで話の概略を述べるにとどめるところがある. ここで用いる von Neumann 環に関する用語については, A.3 節を参照されたい.

今, $\mathfrak{S}_\infty$ において, $f \in \mathcal{K}(\mathfrak{S}_\infty)$ から GR 表現 π_f が与えられているとする. (8.1.11) は自然に $\pi_f(G)$ から $\mathcal{A}_{\pi_f}$ まで

$$\phi(a) = \langle u_f, a u_f \rangle_f, \qquad a \in \mathcal{A}_{\pi_f} \tag{8.1.22}$$

と拡張された. (8.1.22) の ϕ は $\mathcal{A}_{\pi_f}$ の正規的トレース状態である. 補題 8.7 によって u_f が分離的であるから, ϕ は忠実である. 特に, π_f が因子的ならば, $\mathcal{A}_{\pi_f}$ は有限型の因子環である.

逆に, 有限型の因子環 $\mathcal{A}$ には正規化されたトレース ψ が一意的に定まり, ψ は $\mathcal{A}$ の忠実な正規状態になる (命題 A.55). したがって, π が位相群 G の因子的ユニタリ表現であって $\mathcal{A}_\pi$ が有限型であるとき[4], $\mathcal{A}_\pi$ 上で一意的に定まる ψ をとって

$$f(x) = \psi(\pi(x)), \qquad x \in G \tag{8.1.23}$$

とおくと, G 上の $\mathbb{C}$ 値関数 f が得られる.

位相群 G のユニタリ表現 π, ρ に対し:

(i) $R(\pi, \rho) = \{0\}$ のとき, π と ρ が互いに素であるという[5].

(ii) π のどの部分表現も ρ と互いに素にならないとき, ρ が π を覆うといい, $\pi \prec \rho$ と表す.

(iii) $\pi \prec \rho$ かつ $\rho \prec \pi$ のとき, π と ρ が準同値であるといい, $\pi \sim \rho$ と表す.

命題 8.12 位相群 G のユニタリ表現 π, ρ に対して次の条件が同値である.

(ア) $\pi \sim \rho$.

(イ) $\mathcal{A}_\pi$ から $\mathcal{A}_\rho$ への von Neumann 環の同型 Ξ で $\Xi(\pi(x)) = \rho(x)$ $(x \in G)$ をみたすものが存在する.

証明は省略する. [10] の 13.1.4 および Proposition 5.3.1 を参照されたい. ■

π, ρ が G の準同値な有限型因子的ユニタリ表現とする. $\mathcal{A}_\pi$, $\mathcal{A}_\rho$ 上でそれぞれ

---

4) このとき, π が有限型の因子的ユニタリ表現であるという.

5) $R(\pi, \rho) = \{0\}$ と $R(\rho, \pi) = \{0\}$ は同値である.

一意的に定まる忠実で正規的なトレース状態 ψ_π, ψ_ρ をとり, (8.1.23) のように

$$f_\pi(x) = \psi_\pi(\pi(x)), \qquad f_\rho(x) = \psi_\rho(\rho(x)), \qquad x \in G$$

とおく. 命題 8.12 にある同型 $\Xi : \mathcal{A}_\pi \longrightarrow \mathcal{A}_\rho$ をとると, $\mathcal{A}_\pi$ の正規化されたトレースの一意性により $\psi_\pi = \psi_\rho \circ \Xi$ であるから, $f_\pi = f_\rho$ を得る. したがって, (8.1.23) は, G の有限型の因子的ユニタリ表現の準同値類 $[\pi]$ に対して G 上の関数 f を対応させる写像を与える.

$G = \mathfrak{S}_\infty$ において上の状況を整理してみると, 次の結果を得る. 証明は概略を述べるにとどめる. 詳細は [10] の Proposition 17.3.4, Corollary 6.8.6, Proposition 6.6.5 とその周辺を参照されたい[6].

定理 8.13　$\mathfrak{S}_\infty$ の有限型の因子的ユニタリ表現の準同値類全体と $\mathcal{E}(\mathfrak{S}_\infty)$ との間に全単射対応 $[\pi] \longleftrightarrow f \in \mathcal{E}(\mathfrak{S}_\infty)$ が存在する. $[\pi] \longmapsto f$ は $\mathcal{A}_\pi$ のトレース状態をとる操作 (8.1.23) で与えられ, $f \longmapsto [\pi]$ は GR 表現 (8.1.5) – (8.1.8) により与えられる.

略証　$\mathfrak{S}_\infty$ の有限型の因子的ユニタリ表現 π に対し, $\mathcal{A}_\pi$ 上で一意的に定まる ψ をとって (8.1.23) によって $\mathbb{C}$ 値関数 f を定義すれば, $f \in \mathcal{K}(\mathfrak{S}_\infty)$ であることは容易に検証される. 一方, f から $\mathfrak{S}_\infty$ の GR 表現 π_f をつくれば, π_f は (ψ が忠実だから) π と準同値になる. そうすると, 命題 8.12 によって π_f も因子的であり, 定理 8.11 から $f \in \mathcal{E}(\mathfrak{S}_\infty)$ を得る. 逆に $f \in \mathcal{E}(\mathfrak{S}_\infty)$ から始めれば, (8.1.22) の ϕ が有限型因子環 $\mathcal{A}_{\pi_f}$ の一意的なトレース的状態であり, $\phi(\pi_f(x)) = f(x)$ ($x \in \mathfrak{S}_\infty$) が成り立つ. これで, 互いに逆を与える写像 $[\pi] \longmapsto f$, $f \longmapsto [\pi_f]$ が構成された. ■

定義 8.14　$\mathcal{E}(\mathfrak{S}_\infty)$ の元を $\mathfrak{S}_\infty$ の指標 (あるいは分解不可能な指標) と呼ぶ. 定理 8.13 の対応により, この関数は $\mathfrak{S}_\infty$ の有限型の因子的ユニタリ表現が生成する有限型の因子環のトレース的状態からくるものである[7]. □

例 8.15　定理 8.13 にあるように, 因子的ユニタリ表現 π から始まって $\pi \longmapsto f \longmapsto \pi_f$ とするとき, $\pi \sim \pi_f$(準同値) であるが, $\pi \cong \pi_f$(同値) とは言えない. たとえば, π を 2 次元以上の有限次元空間上の自明な表現としてみるとよい.

---

6)　そこでは, 一般の局所コンパクト群について書かれている.

7)　定義 1.24 のように行列のトレースをとってできる指標とは言葉遣いが異なっている.

例 8.16 π が因子的でないとし, $\mathcal{A}_\pi$ のトレース状態で忠実でない ψ をとれば, (8.1.23) で定まる f に基づく π_f をつくっても, $\pi \sim \pi_f$ とは言えない. たとえば, 同値でない有限次元既約表現 π_1, π_2 の直和 $\pi = \pi_1 \oplus \pi_2$ を考えるとよい.

8.2 Choquet の定理と $\mathcal{K}(\mathfrak{S}_\infty)$ の元の積分表示

本節の目的は, Choquet の定理の比較的簡単な場合を証明し, それを用いて $\mathcal{K}(\mathfrak{S}_\infty)$ の元を指標の重ね合せとして表示する一般的な積分公式を示すことである. Choquet の定理は, 積分表示を得るための強力な手立てであり, 非常に応用範囲が広い.

命題 8.17 $\mathcal{K}(\mathfrak{S}_\infty)$ について次のことが成り立つ.
(1) $\mathcal{K}(\mathfrak{S}_\infty)$ は $\ell^\infty(\mathfrak{S}_\infty)$ の単位球面の部分集合である.
(2) $\mathcal{K}(\mathfrak{S}_\infty)$ の次の 3 つの位相が同値である.
(ア) $\mathfrak{S}_\infty$ 上の関数の各点収束の位相の相対位相.
(イ) $\mathfrak{S}_\infty$ 上の関数のコンパクト一様収束の位相の相対位相.
(ウ) $\ell^\infty(\mathfrak{S}_\infty)$ の汎弱位相の相対位相.
(3) $\mathcal{K}(\mathfrak{S}_\infty)$ は (2) の位相に関して距離づけ可能なコンパクト凸集合である.

証明 命題 5.25 でほとんど済んでいる. $\delta_x \in \ell^1(\mathfrak{S}_\infty)$ であるから, (ウ) が (ア) よりも強い. 逆に (ア) が (ウ) よりも強いことを確認しよう. $\xi \in \ell^1(\mathfrak{S}_\infty)$ と δ 関数の線型結合 $\eta = \sum_x c_x \delta_x$ に対し, $f \in \ell^\infty(\mathfrak{S}_\infty)$ とすれば,

$$|\langle \xi, f \rangle| \leqq |\langle \xi - \eta, f \rangle| + |\langle \eta, f \rangle| \leqq \|\xi - \eta\|_{\ell^1} \|f\|_{\ell^\infty} + \sum_x |c_x| |\langle \delta_x, f \rangle|$$

となる. $\ell^1(\mathfrak{S}_\infty)$ の中でこのような η たちが ℓ^1-ノルム位相で稠密であるから, (ウ) の任意の近傍が (ア) の近傍を含む. ■

以後も, $\mathcal{K}(\mathfrak{S}_\infty)$ にはこの位相を入れる.

注意 8.18 局所コンパクト群 G に対する $\mathcal{K}(G)$ についても, 命題 8.17(2) の (イ) と (ウ) の位相が同値であり, $\mathcal{K}(G)$ の条件の $f(e) = 1$ を $f(e) \leqq 1$ にかえた集合がその位相でコンパクト凸集合になる. たとえば [14, §3.3], [63, 第 5 章 §11] 参照. 命題 8.17 では, $G = \mathfrak{S}_\infty$ という可算濃度の離散群を扱っているので, 状況がかなり簡単になっている.

次の事実を示すことが本節の主目標である.

定理 8.19　$f_0 \in \mathcal{K}(\mathfrak{S}_\infty)$ とすると,

$$f_0(g) = \int_{\mathcal{E}(\mathfrak{S}_\infty)} f(g)\mu(df), \qquad g \in \mathfrak{S}_\infty \tag{8.2.1}$$

をみたす $\mathcal{E}(\mathfrak{S}_\infty)$ 上の確率測度 μ が存在する.

$\mathcal{K}(\mathfrak{S}_\infty)$ の端点の集合 $\mathcal{E}(\mathfrak{S}_\infty)$ の可測構造をきちんとおさえないとその上の測度を定義することができないが, この点については, 後に定理 8.19 の証明を述べるときにはっきりさせよう. 定理 8.19 の根拠になるのは, 凸集合に関する Choquet の定理である. いくつかの準備から始める.

定義 8.20　局所凸線型空間 E とその Borel 集合族 $\mathcal{B}(E)$ から成る可測空間を考える. $x_0 \in E$ と E 上の確率測度 μ が

$${}_{E^*}\langle \xi, x_0 \rangle_E = \int_E {}_{E^*}\langle \xi, x \rangle_E \, \mu(dx), \qquad \xi \in E^* \tag{8.2.2}$$

をみたすとき, x_0 が μ によって $x_0 = \displaystyle\int_E x\mu(dx)$ と積分表示されるという. μ によって積分表示される点が一意的に定まることは, 次の補題による.　□

補題 8.21　E 上の確率測度 μ が与えられて (8.2.2) をみたすとき, このような x_0 は一意的に定まる.

証明　x_0, x_1 がともに (8.2.2) をみたすとすれば, 任意の $\xi \in E^*$ に対して $\langle \xi, x_0 \rangle = \langle \xi, x_1 \rangle$ が成り立つ. E が局所凸線型空間だから E^* が E の 2 点を分離する (命題 A.3 参照). ゆえに $x_0 = x_1$.　■

X を局所凸線型空間 E の凸部分集合とする. X 上の $\mathbb{R}$-値関数 h が

$$h(cx + (1-c)y) = ch(x) + (1-c)h(y), \qquad x, y \in X, \quad 0 \leqq c \leqq 1 \tag{8.2.3}$$

をみたすとき, h をアファイン関数と呼ぶ[8]. X 上の $\mathbb{R}$ 値連続アファイン関数全体を $A(X)$ で表す. ちなみに, (8.2.3) において等号のかわりに $\leqq$ が成り立つときには h を凸関数, $\geqq$ が成り立つときには h を凹関数というのであった. f が X 上の $\mathbb{R}$ 値有界関数であるとき,

---

[8] 凸性を保つというこのアファイン性は, すでに命題 5.9, 定理 5.31 等で登場している.

$$\tilde{f}(x) = \inf\{h(x) \mid h \in A(X),\ f \leqq h\}, \qquad x \in X \tag{8.2.4}$$

とおく. 定数関数は $A(X)$ の元である. また, $\xi \in E^*$ の実部 $\mathrm{Re}\,\xi$ と虚部 $\mathrm{Im}\,\xi$ はともに $A(X)$ の元である. ここで, $\mathrm{Re}\,\xi$, $\mathrm{Im}\,\xi$ は, それぞれ

$$(\mathrm{Re}\,\xi)(x) = \mathrm{Re}\,{}_{E^*}\langle \xi, x\rangle_E, \quad (\mathrm{Im}\,\xi)(x) = \mathrm{Im}\,{}_{E^*}\langle \xi, x\rangle_E, \qquad x \in E$$

で定義される E 上の $\mathbb{R}$-線型汎関数である. (8.2.4) の操作で定まる $\tilde{f}$ は Choquet の定理の証明に用いられるので, そのいくつかの性質を見ておく. 以下, 補題 8.22 から補題 8.25 まで, X は E の凸集合, f は X 上の $\mathbb{R}$ 値有界関数とする.

補題 8.22 $\tilde{f}$ は X 上の凹関数である.

証明 $x, y \in X$, $0 \leqq c \leqq 1$ とする. $h \in A(X)$, $f \leqq h$ に対して成り立つ

$$h(cx + (1-c)y) = ch(x) + (1-c)h(y)$$

において, h をこの条件下で動かして下限をとれば,

$$\tilde{f}(cx + (1-c)y) \geqq c\tilde{f}(x) + (1-c)\tilde{f}(y)$$

を得る. ゆえに $\tilde{f}$ は凹である. ■

補題 8.23 (1) $f \leqq \tilde{f}$. (2) $r \geqq 0$ ならば, $\widetilde{rf} = r\tilde{f}$. (3) $\tilde{f}$ は有界である.

証明 (1), (2) は定義式 (8.2.4) からただちにしたがう. $\tilde{f}$ の下からの有界性は (1) による. $f \leqq \|f\|_{\mathrm{sup}} \in A(X)$ だから, $\tilde{f}(x) \leqq \|f\|_{\mathrm{sup}}$. したがって, $\tilde{f}$ が上からも有界である. ■

補題 8.24 $\tilde{f}$ は X 上の上半連続関数, したがって Borel 可測関数である.

証明 任意の $a \in \mathbb{R}$ に対して $\{x \in X \mid \tilde{f}(x) < a\}$ が X の開集合であることを確認すればよい. x に対する条件として, 「$\tilde{f}(x) < a \iff f \leqq h,\ h(x) < a$ となる $h \in A(X)$ が存在」であるから,

$$\{x \in X \mid \tilde{f}(x) < a\} = \bigcup_{h \in A(X):\, f \leqq h} \{x \in X \mid h(x) < a\}.$$

この右辺は X の開集合である. ■

補題 8.25 (1) g も X 上の $\mathbb{R}$ 値有界関数ならば, $\widetilde{f+g} \leqq \tilde{f} + \tilde{g}$.
(2) さらに $g \in A(X)$ ならば, $\widetilde{f+g} = \tilde{f} + g$.

証明 (1) $h_1, h_2 \in A(X)$, $f \leqq h_1, g \leqq h_2$ とすると, $f+g \leqq h_1+h_2 \in A(X)$ だから, $\widetilde{f+g} \leqq h_1+h_2$. 条件をみたすように h_1 と h_2 について別々に下限をとると, $\widetilde{f+g} \leqq \tilde{f}+\tilde{g}$ を得る.

(2) $g=\tilde{g}$ は定義からただちにしたがうので, (1) によって, $\widetilde{f+g} \leqq \tilde{f}+g$ である. $h \in A(X)$, $f+g \leqq h$ ならば, $f \leqq h-g \in A(X)$ だから, $\tilde{f} \leqq h-g$. ゆえに $\tilde{f}+g \leqq h$. 条件をみたしながら h について下限をとると, $\tilde{f}+g \leqq \widetilde{f+g}$ を得る. ■

定理 8.26 (Choquet の定理) X を局所凸線型空間 E の距離づけ可能なコンパクト凸部分集合とする. このとき, 任意の $x_0 \in X$ に対し,

$$x_0 = \int_X x\,\mu(dx) \tag{8.2.5}$$

と積分表示されるような $\mu \in \mathcal{P}(X)$ が存在する. μ は X の端点集合 $\mathcal{E}$ にのるようにとれる. すなわち, $X \setminus \mathcal{E}$ が μ に関する零集合であるようにできる.

定理 8.26 の証明の前に, あたりをつけるために発見的な考察をしてみよう. X 上の測度を得るために, Riesz の表現定理 (定理 A.10) の援用を考える. そのためには, 目的にかなうような $C(X;\mathbb{R})$ 上の正値線型汎関数 l を定めたい. この l に対応する測度 μ について (8.2.5) が得られているとする. $h \in A(X)$ に対しては

$$h(x_0) = \int_X h(x)\mu(dx)$$

となるであろう. なぜならば, (8.2.5) の右辺が凸結合 (の連続版) であるから. したがって, l は $A(X)(\subset C(X;\mathbb{R}))$ 上では

$$l : h \in A(X) \ \longmapsto\ h(x_0) \in \mathbb{R} \tag{8.2.6}$$

とするのがよい. (8.2.5) の μ が X の端点集合 $\mathcal{E}$ にのるようにするためには, (8.2.4) の操作が役に立つ. 今, X 上の連続狭義凸関数 f をとったとする. (8.2.5) と補題 8.22, 補題 8.23(1) から,

$$\tilde{f}(x_0) \geqq \int_X \tilde{f}(x)\mu(dx) \geqq \int_X f(x)\mu(dx) = l(f).$$

したがって, もし

$$l(f) = \tilde{f}(x_0) \tag{8.2.7}$$

となれば, X 上で μ-a.e. に $\tilde{f}=f$ とならざるをえない. 図 8.1 からも推察される

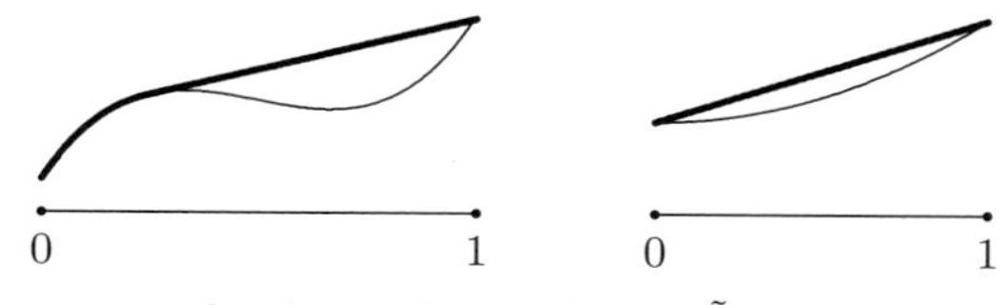

図 8.1 $X = [0,1], \mathcal{E} = \{0,1\}$. 太線が $\tilde{f}$ のグラフ

ように[9], f の狭義凸性が効いて, これは μ が $\mathcal{E}$ のみに測度の値をもつことを示唆する. つまり (8.2.6) と (8.2.7) が, われわれの求める汎関数 l がみたすべき条件である. Riesz の表現定理を適用するには, このような汎関数が $C(X;\mathbb{R})$ 全体で定義されねばならないが, そこは Hahn–Banach の拡張定理の出番である.

定理 8.26 の証明 [Step 1] $A(X)$ が X の 2 点を分離する (くらいに大きい) ことと, 可分である (くらいに大きくない) ことを確認する. X がコンパクト距離空間だから, $C(X;\mathbb{R})$, したがって $A(X)$ も一様ノルム位相に関して可分である[10]. $x, y \in X$ においてすべての $A(X)$ の元の値が一致するとすれば, 特に任意の $\xi \in E^*$ に対し, $(\mathrm{Re}\,\xi)(x) = (\mathrm{Re}\,\xi)(y)$, $(\mathrm{Im}\,\xi)(x) = (\mathrm{Im}\,\xi)(y)$. ゆえに, $\langle \xi, x\rangle = \langle \xi, y\rangle$. E が局所凸だから, これは $x = y$ を意味する.

[Step 2] $A(X)$ が可分であるから, $A(X)$ の単位球面が稠密な可算部分集合 $\{h_n\}_{n\in\mathbb{N}}$ を含む. $h_n \in A(X)$ だから, h_n^2 は X 上の凸関数である. 実際, $x, y \in X$, $0 \leqq c \leqq 1$ のとき,

$$h_n(cx + (1-c)y)^2 = (ch_n(x) + (1-c)h_n(y))^2 \leqq ch_n(x)^2 + (1-c)h_n(y)^2.$$

ここで不等号は $ca^2 + (1-c)b^2 - (ca + (1-c)b)^2 = c(1-c)(a-b)^2$ $(a, b \in \mathbb{R})$ からしたがう. この h_n たちを用いて

$$f(x) = \sum_{n=0}^{\infty} \frac{1}{2^n} h_n(x)^2, \qquad x \in X \tag{8.2.8}$$

とおく. $\|h_n\|_{\sup} = 1$ だから (8.2.8) の右辺が一様収束し, $f \in C(X;\mathbb{R})$. f は凸関数の和だから凸関数である. さらに, f が狭義凸であることを示そう. $x, y \in X$, $x \neq y$, $0 < c < 1$ として, $f(cx + (1-c)y) < cf(x) + (1-c)f(y)$ を言えばよい. $A(X)$ が 2 点を分離することと $\{h_n\}$ が $A(X)$ の単位球面で稠密であることから, $h_n(x) \neq h_n(y)$ をみたす h_n が存在する. そうすると,

---

9) X が 1 次元の区間では一般的な説得力には乏しいが.

10) 可分距離空間の部分集合は相対位相に関して可分である. 定理 A.14 の脚注も参照.

$$
\begin{aligned}
&cf(x)+(1-c)f(y)-f(cx+(1-c)y)\\
&=\sum_k \frac{1}{2^k}\{ch_k(x)^2+(1-c)h_k(y)^2-h_k(cx+(1-c)y)^2\}\\
&=\sum_k \frac{1}{2^k}c(1-c)(h_k(x)-h_k(y))^2>0.
\end{aligned}
$$

特に, $f \notin A(X)$ である.

[Step 3]　$C(X;\mathbb{R})$ の部分空間 $A(X)+\mathbb{R}f$ 上で $\mathbb{R}$-線型汎関数を定める. $f \notin A(X)$ だから, $A(X)+\mathbb{R}f$ の元は一意的に $h+rf$ ($h \in A(X)$, $r \in \mathbb{R}$) の形に書ける. 発見的考察で現れた (8.2.6), (8.2.7) を思い出そう. そこで,

$$l(h+rf)=h(x_0)+r\tilde{f}(x_0), \qquad h+rf \in A(X)+\mathbb{R}f \tag{8.2.9}$$

とおく. 一方,

$$p(g)=\tilde{g}(x_0), \qquad g \in C(X;\mathbb{R}) \tag{8.2.10}$$

とおくと, 補題 8.25(1), 補題 8.23(2) によって, p は次式をみたす:
$g_1, g_2, g \in C(X;\mathbb{R})$ と $r \geqq 0$ に対し,

$$
\begin{aligned}
&p(g_1+g_2)=\widetilde{g_1+g_2}(x_0) \leqq \widetilde{g_1}(x_0)+\widetilde{g_2}(x_0)=p(g_1)+p(g_2),\\
&p(rg)=\widetilde{rg}(x_0)=r\tilde{g}(x_0)=rp(g).
\end{aligned}
$$

(8.2.9) の汎関数 l と (8.2.10) の p について

$$l(h+rf) \leqq p(h+rf), \qquad h+rf \in A(X)+\mathbb{R}f \tag{8.2.11}$$

が成り立つことを示す. $r \geqq 0$ のときは, 補題 8.25(2), 補題 8.23(2) によって

$$l(h+rf)=h(x_0)+r\tilde{f}(x_0)=\widetilde{h+rf}(x_0)=p(h+rf).$$

$r<0$ のときは, 補題 8.23(1) を 2 回用いて

$$l(h+rf)=h(x_0)+r\tilde{f}(x_0) \leqq h(x_0)+rf(x_0) \leqq \widetilde{h+rf}(x_0)=p(h+rf).$$

これで (8.2.11) が言えた.

[Step 4]　(8.2.11) により, Hahn–Banach の拡張定理 (定理 A.1) を使って, 次式をみたす $C(X;\mathbb{R})$ 上の $\mathbb{R}$-線型汎関数 m が存在する:

$$
\begin{aligned}
&m(h+rf)=l(h+rf), && h+rf \in A(X)+\mathbb{R}f,\\
&m(g) \leqq p(g), && g \in C(X;\mathbb{R}).
\end{aligned} \tag{8.2.12}
$$

(8.2.12) の汎関数 m は正値である. 実際, $g \in C(X;\mathbb{R})$ かつ $g \leqq 0$ ならば, $\tilde{g} \leqq 0$

$(\in A(X))$ となり, $m(g) \leqq \tilde{g}(x_0) \leqq 0$ を得る. したがって, Riesz の表現定理 (定理 A.10) を使って,

$$m(g) = \int_X g(x)\mu(dx), \qquad g \in C(X;\mathbb{R}) \tag{8.2.13}$$

をみたす X 上の測度 μ が一意的に存在する. ただし, コンパクト距離空間 X にはもちろん可測構造として Borel 集合族を考える. $h \in A(X)$ に対しては, (8.2.13), (8.2.12), (8.2.9) により,

$$\int_X h(x)\mu(dx) = m(h) = l(h) = h(x_0) \tag{8.2.14}$$

が成り立つ. 特に (8.2.14) で $h = 1$ とすれば, $\mu \in \mathcal{P}(X)$ を得る. また, $\xi \in E^*$ に対し, (8.2.14) で $h = \mathrm{Re}\,\xi$ および $h = \mathrm{Im}\,\xi$ とすることにより,

$$\int_X {}_{E^*}\langle \xi, x\rangle_E\, \mu(dx) = {}_{E^*}\langle \xi, x_0\rangle_E \tag{8.2.15}$$

を得る. 定義 8.20 によって, (8.2.15) は (8.2.5) を意味している.

[Step 5] μ がのっている集合について考察しよう. まず,

$$\int_X f(x)\mu(dx) = \int_X \tilde{f}(x)\mu(dx) \tag{8.2.16}$$

を示す. 補題 8.23(3), 補題 8.24 によって $\tilde{f}$ は有界 Borel 可測関数だから, 右辺の積分が意味をもつ. (8.2.16) において $\leqq$ とした不等式は補題 8.23(1) からしたがうので, 逆向きの不等号を言おう. $h \in A(X)$, $f \leqq h$ とすると, $\tilde{f} \leqq h$ となり,

$$\int_X \tilde{f}(x)\mu(dx) \leqq \int_X h(x)\mu(dx) = h(x_0).$$

h を条件下で動かして最右辺の下限をとることにより,

$$\int_X \tilde{f}(x)\mu(dx) \leqq \tilde{f}(x_0) = \int_X f(x)\mu(dx).$$

ここで, 等号は (8.2.13), (8.2.12), (8.2.9) からしたがう. これで (8.2.16) が示された. (8.2.16) は, μ-a.e. に $\tilde{f} = f$ が成り立つこと, すなわち

$$\mu(\{x \in X \mid \tilde{f}(x) \neq f(x)\}) = 0 \tag{8.2.17}$$

を意味する. ここで,

$$\mathcal{E} \supset \{x \in X \mid \tilde{f}(x) = f(x)\} \tag{8.2.18}$$

が成り立つことを示す. $x \in X \setminus \mathcal{E}$ とすると, 端点の定義から,

$$x = cy + (1-c)z, \qquad y, z \in X,\ y \neq z,\ 0 < c < 1$$

と書ける. [Step 2] で示したように f が狭義凸関数であるから,

$$f(x) < cf(y) + (1-c)f(z).$$

一方, 補題 8.22 によって $\tilde{f}$ が凹関数であるから, 補題 8.23(1) もあわせて

$$\tilde{f}(x) \geqq c\tilde{f}(y) + (1-c)\tilde{f}(z) \geqq cf(y) + (1-c)f(z).$$

したがって, $f(x) < \tilde{f}(x)$ となる. これで (8.2.18) が言えた. (8.2.17) と (8.2.18) により, $X \setminus \mathcal{E}$ が μ-測度 0 の集合の部分集合になっていることが示された. ■

定理 8.26 の積分表示において $X \setminus \mathcal{E}$ が μ-零集合だから, (8.2.5) を $\mathcal{E}$ 上の積分で書き表すことができる. $\mathcal{E}$ が X の Borel 集合ならば, μ を $\mathcal{E}$ に制限すればよい[11]. 実は $\mathcal{E}$ が Borel 集合であることが証明できるのであるが, そのことを使わなくても, 一般に補集合が零集合であるような集合 $\mathcal{E}$ への測度の「制限」が次のようにしてなされる[12]. X の Borel 集合と $\mathcal{E}$ の共通部分全体

$$\mathcal{B}(X) \cap \mathcal{E} = \{B \cap \mathcal{E} \mid B \in \mathcal{B}(X)\}$$

を考えると, $(\mathcal{E}, \mathcal{B}(X) \cap \mathcal{E})$ が可測空間である. $E_0 \in \mathcal{B}(X)$ があって $\mu(E_0) = 0$, $E_0 \supset X \setminus \mathcal{E}$ となっていれば, $\nu(B \cap \mathcal{E}) = \mu(B)$ $(B \cap \mathcal{E} \in \mathcal{B}(X) \cap \mathcal{E})$ によって $(\mathcal{E}, \mathcal{B}(X) \cap \mathcal{E})$ 上の確率測度が無矛盾に定義される. つまり, $B_1, B_2 \in \mathcal{B}(X)$ に対して $B_1 \cap \mathcal{E} = B_2 \cap \mathcal{E}$ ならば, $\mu(B_1) = \mu(B_2)$ である. $X \setminus E_0 \subset \mathcal{E}$, $\nu(E_0 \cap \mathcal{E}) = \mu(E_0) = 0$ だから,

$$\begin{aligned}\int_X {}_{E^*}\langle \xi, x \rangle_E \, \mu(dx) &= \int_{X \setminus E_0} {}_{E^*}\langle \xi, x \rangle_E \, \mu(dx) = \int_{X \setminus E_0} {}_{E^*}\langle \xi, x \rangle_E \, \nu(dx) \\ &= \int_{\mathcal{E}} {}_{E^*}\langle \xi, x \rangle_E \, \nu(dx)\end{aligned}$$

と書き表せる. したがって, $\mathcal{E}$ 上の確率測度 ν による積分表示を得る:

$$x_0 = \int_{\mathcal{E}} x \, \nu(dx). \tag{8.2.19}$$

定理 8.19 の証明　命題 8.17 で確認したように, $X = \mathcal{K}(\mathfrak{S}_\infty)$ は汎弱位相を備

---

11) Borel 可測な $\mathcal{E}$ の定義関数をかけて積分すると言ってもよい.

12) このような $\mathcal{E}$ は μ に関して厚いとも言われる. [73] 上巻の §7 参照.

えた $E = \ell^\infty(\mathfrak{S}_\infty)$ の距離づけ可能なコンパクト凸部分集合である. ゆえに, 定理 8.26 (Choquet の定理) を適用すれば,

$$f_0 = \int_{\mathcal{K}(\mathfrak{S}_\infty)} f\mu(df)$$

を得る. μ が端点集合 $\mathcal{E}(\mathfrak{S}_\infty)$ にのっていることから, (8.2.19) のように $\mathcal{E}(\mathfrak{S}_\infty)$ 上の確率測度 ν を用いて

$$f_0 = \int_{\mathcal{E}(\mathfrak{S}_\infty)} f\nu(df) \tag{8.2.20}$$

と書ける. 定義 8.20 により, (8.2.20) は $\xi \in \ell^1(\mathfrak{S}_\infty)$ との対をとった意味の等式であった. 特に $\xi = \delta_g$ とおいて, ν を μ と書き直せば (8.2.1) を得る. ■

定理 5.31 の対応によって, (8.2.1) を $\mathbb{Y}$ 上の調和関数や経路空間 $\mathfrak{T}$ 上の中心的確率測度の積分表示に翻訳することができる. $\mathcal{H}(\mathbb{Y})$ には各点収束の位相, $\mathcal{M}(\mathfrak{T})$ には測度の弱収束の位相が入っている.

定理 8.27 $\varphi_0 \in \mathcal{H}(\mathbb{Y})$ とすると,

$$\varphi_0(\lambda) = \int_{\mathcal{E}(\mathcal{H}(\mathbb{Y}))} \varphi(\lambda)\mu(d\varphi), \qquad \lambda \in \mathbb{Y} \tag{8.2.21}$$

をみたす $\mathcal{E}(\mathcal{H}(\mathbb{Y}))$ 上の確率測度 μ が存在する. ここで, $\mathcal{E}(\mathcal{H}(\mathbb{Y}))$ は $\mathcal{H}(\mathbb{Y})$ の端点全体の集合である. ■

注意 8.28 定理 8.27 や定理 8.19 は Choquet の定理に基づく積分表示の一般論であるが, 後の定理 9.11, 定理 9.16 では, $\mathfrak{S}_\infty$ とその表現の構造に即して精密化・具体化された結果を述べる.

定理 8.29 $M_0 \in \mathcal{M}(\mathfrak{T})$ とすると,

$$M_0(C_u) = \int_{\mathcal{E}(\mathcal{M}(\mathfrak{T}))} M(C_u)\mu(dM), \qquad u \in \mathrm{Tab}(n),\ n \in \{0, 1, 2, \cdots\} \tag{8.2.22}$$

をみたす $\mathcal{E}(\mathcal{M}(\mathfrak{T}))$ 上の確率測度 μ が存在する. ここで, $\mathcal{E}(\mathcal{M}(\mathfrak{T}))$ は $\mathfrak{T}$ 上のエルゴード的な中心的確率測度全体の集合である. さらに, 定義 8.20 の記号のもと,

$$M_0 = \int_{\mathcal{E}(\mathcal{M}(\mathfrak{T}))} M\mu(dM) \tag{8.2.23}$$

が成り立つ. ■

注意 8.30　$\mathcal{M}(\mathfrak{T})$ の位相の定め方により, 各 $u \in \mathrm{Tab}(n)$ に対して, (8.2.22) の右辺における $M(C_u)$ は M の関数として $\mathcal{P}(\mathfrak{T})$ 上の連続関数であることに注意する. (8.2.22) は (8.2.21) の言い換えにほかならない. (8.2.23) を示すのに, 定理 8.26 (Choquet の定理) を直接用いてもよい. その場合, $E = C(\mathfrak{T})^* \cong \{\mathfrak{T}$ 上の $\mathbb{C}$ 値測度$\}$, $X = \mathcal{M}(\mathfrak{T})$ である.

8.3　無限対称群の正則表現と Thoma による $\mathfrak{S}_\infty$ の指標の判定条件

$\mathcal{K}(\mathfrak{S}_\infty)$ の元の最も重要な例として, $f = \delta_e$ を考える. (5.3.19) にあるように, 定理 5.31 の対応のもとで, δ_e には Young グラフの経路空間 $\mathfrak{T}$ 上の Plancherel 測度 M_{Pl} が対応する. δ_e から得られる $\mathfrak{S}_\infty$ の GR 表現は正則表現にほかならないことを確認しよう. (8.1.5) の M_{fin} 上の内積は

$$\langle \mu, \nu \rangle_{\delta_e} = \sum_{x \in \mathfrak{S}_\infty} \overline{\mu(x)} \nu(x), \qquad \mu, \nu \in M_{\mathrm{fin}}$$

だから, $J_{\delta_e} = \{0\}$. (8.1.6) の H_{δ_e} は $\ell^2(\mathfrak{S}_\infty)$ に一致する. (8.1.7) は, $u_{\delta_e} = \delta_e$. したがって, (8.1.8) と (8.1.9) で与えられる $\mathfrak{S}_\infty$ の $\ell^2(\mathfrak{S}_\infty)$ への作用 π_{δ_e} と ρ_{δ_e} は, それぞれ左右の正則表現 $L = L_{\mathfrak{S}_\infty}$ と $R = R_{\mathfrak{S}_\infty}$ に等しい. このとき, (8.1.18) で定まる $\mathfrak{S}_\infty \times \mathfrak{S}_\infty$ の $\ell^2(\mathfrak{S}_\infty)$ 上のユニタリ表現 ($\mathfrak{S}_\infty$ の両側正則表現) T_{δ_e} を簡単のため T と書く:

$$T(g,h) = L(g)R(h), \qquad (g,h) \in \mathfrak{S}_\infty \times \mathfrak{S}_\infty \tag{8.3.1}$$

あるいは　$(T(g,h)f)(x) = (L(g)R(h)f)(x) = f(g^{-1}xh) \ \ (f \in \ell^2(\mathfrak{S}_\infty))$.

定理 8.31　(8.3.1) の T は $\mathfrak{S}_\infty \times \mathfrak{S}_\infty$ の既約ユニタリ表現である.

証明　$A \in R(T)$ として, A がスカラーであることを示せば, Schur の補題から T が既約である. $\ell^2(\mathfrak{S}_\infty)$ の内積を単に $\langle\ ,\ \rangle$ と書く. 任意の $g, x \in \mathfrak{S}_\infty$ に対し,

$$\begin{aligned}\langle \delta_{g^{-1}xg}, A\delta_e \rangle &= \langle L(g^{-1})R(g^{-1})\delta_x, A\delta_e \rangle = \langle \delta_x, R(g)L(g)A\delta_e \rangle \\ &= \langle \delta_x, AR(g)L(g)\delta_e \rangle = \langle \delta_x, A\delta_e \rangle.\end{aligned} \tag{8.3.2}$$

第 3 等号で, A が $R(g), L(g)$ と可換であるという仮定を用いた. (8.3.2) は, $\ell^2(\mathfrak{S}_\infty)$ の正規直交基底 $\{\delta_x \,|\, x \in \mathfrak{S}_\infty\}$ に関する $A\delta_e$ の展開係数 (Fourier 係数) が, 共役類の上では一定であることを意味する. Parseval の等式から,

$$\|A\delta_e\|^2 = \sum_{x \in \mathfrak{S}_\infty} |\langle \delta_x, A\delta_e \rangle|^2 = \sum_{C:\text{共役類}} |C| \, |\langle \delta_{x_C}, A\delta_e \rangle|^2. \tag{8.3.3}$$

ただし, 各共役類 C から代表元 x_C をとった. (8.3.3) が有限値であるから, (8.3.2) を考慮に入れれば,

$$|C| = \infty \quad \Longrightarrow \quad x \in C \text{ に対して } \langle \delta_x, A\delta_e \rangle = 0. \tag{8.3.4}$$

$\mathfrak{S}_\infty$ の $\{e\}$ 以外の共役類はすべて無限集合であるから, (8.3.4) によって, $x \neq e$ ならば $\langle \delta_x, A\delta_e \rangle = 0$ となる. したがって, ある $c \in \mathbb{C}$ を用いて $A\delta_e = c\,\delta_e$ と書ける. そうすると, 任意の $x, y \in \mathfrak{S}_\infty$ に対して

$$\begin{aligned}\langle \delta_y, A\delta_x \rangle &= \langle \delta_y, AL(x)\delta_e \rangle = \langle \delta_y, L(x)A\delta_e \rangle = \langle L(x)^{-1}\delta_y, A\delta_e \rangle \\ &= c\langle \delta_{x^{-1}y}, \delta_e \rangle = c\,\delta_{x,y}.\end{aligned}$$

ゆえに $A\delta_x = c\delta_x$. すなわち $A = c$ が得られる. ■

注意 8.32 $\{e\}$ 以外の共役類がすべて無限集合であるような離散群を ICC(= infinite conjugacy classes) 群という. ICC 群の両側正則表現が既約であることは, (8.3.4) を用いて定理 8.31 と全く同様に示される.

定理 8.11, 定理 8.31 および (5.3.19) から次のことがわかった.

系 8.33 $\mathfrak{S}_\infty$ の左正則表現および右正則表現は因子的である.

系 8.34 δ_e は $\mathcal{K}(\mathfrak{S}_\infty)$ の端点 (すなわち $\mathfrak{S}_\infty$ の指標) である.

系 8.35 $\mathfrak{T}$ 上の Plancherel 測度 M_{Pl} がエルゴード的である.

例 5.37 において, $\mathfrak{S}_n$ の部分群 $\mathfrak{S}_r \times \mathfrak{S}_{n-r}$ から誘導された

$$U = \mathrm{Ind}_{\mathfrak{S}_r \times \mathfrak{S}_{n-r}}^{\mathfrak{S}_n}(1_r \boxtimes L_{n-r})$$

の既約分解を求め, $[U : T^\lambda] = d((r), \lambda)$ を得た. $d((r), \lambda) \leqq d(\lambda)$ だから, U は左正則表現 L_n の部分表現に同型である. 特に, $r \geqq 2$ ならば真の部分表現である. 同様の考えによって, $\mathfrak{S}_\infty$ の正則表現の真部分表現を 1 つとり出してみる. $\mathfrak{S}_\infty$ の左右の正則表現 L_∞, R_∞ が因子的であるが既約ではないことの確認にもなる.

例 8.36 $\mathfrak{S}_\infty$ において, 部分群 $H = \mathfrak{S}_{\{1,2\}} \times \mathfrak{S}_{\{3,4,\cdots\}}$ を考える. 簡単のため, $\mathfrak{S}_2 = \mathfrak{S}_{\{1,2\}}$, $\mathfrak{S}' = \mathfrak{S}_{\{3,4,\cdots\}}$ $(\cong \mathfrak{S}_\infty)$ とおき, $\mathfrak{S}'$ の単位元を e' で表す. $\mathfrak{S}'$ の左正則表現を L' とし, $H = \mathfrak{S}_2 \times \mathfrak{S}'$ から誘導された $U = \mathrm{Ind}_{\mathfrak{S}_2 \times \mathfrak{S}'}^{\mathfrak{S}_\infty}(1_2 \boxtimes L')$ を考える. U の表現空間は

$$\mathcal{H}_U = \{f : \mathfrak{S}_\infty \longrightarrow \ell^2(\mathfrak{S}') \mid f(xh) = (1_2 \boxtimes L')(h)^{-1} f(x),\ x \in \mathfrak{S}_\infty,\ h \in H,$$
$$\|f\|^2_{\mathcal{H}_U} = \sum_{\mathfrak{S}_\infty/H} \|f(x)\|^2_{\ell^2(\mathfrak{S}')} < \infty\} \tag{8.3.5}$$

である．ただし, (8.3.5) の条件における和は, $\mathfrak{S}_\infty/H$ の 1 つの完全代表系にわたる和を意味する．$1_2 \boxtimes L'$ がユニタリ表現だから, この和は完全代表系のとり方によらない．U は $\mathcal{H}_U$ に $(Uf)(x) = f(g^{-1}x)$ $(g, x \in \mathfrak{S}_\infty,\ f \in \mathcal{H}_U)$ によって作用する．$H = \mathfrak{S}_2 \times \mathfrak{S}'$ から $\mathfrak{S}'$ への射影を p' で表す．$f \in \mathcal{H}_U$ に対して

$$f(xh)(s) = ((1_2 \boxtimes L')(h^{-1})f(x))(s) = f(x)((p'h)s), \qquad x \in \mathfrak{S}_\infty,\ h \in H,\ s \in \mathfrak{S}' \tag{8.3.6}$$

が成り立つ．$f \in \mathcal{H}_U$ に対し, $\mathfrak{S}_\infty$ 上の関数 $F = Af$ を

$$F(x) = (Af)(x) = \frac{1}{\sqrt{2}} f(x)(e'), \qquad x \in \mathfrak{S}_\infty \tag{8.3.7}$$

によって定める．$\mathfrak{S}_\infty/H$ の完全代表系 Δ を 1 つとると[13],

$$\|F\|^2_{\ell^2(\mathfrak{S}_\infty)} = \sum_{x\in\Delta}\sum_{h\in H} |F(xh)|^2 = \sum_{x\in\Delta}\sum_{h\in H} \frac{|f(xh)(e')|^2}{2} = \sum_{x\in\Delta}\sum_{h\in H} \frac{|f(x)(p'h)|^2}{2}$$
$$= \sum_{x\in\Delta}\sum_{s\in\mathfrak{S}'} |f(x)(s)|^2 = \sum_{x\in\Delta} \|f(x)\|^2_{\ell^2(\mathfrak{S}')} = \|f\|^2_{\mathcal{H}_U}.$$

したがって, (8.3.7) は等長線型作用素 $A : \mathcal{H}_U \longrightarrow \ell^2(\mathfrak{S}_\infty)$ を与える．特に, $\mathrm{Ran}\, A$ は閉部分空間である．(8.3.6) と (8.3.7) により,

$$(Af)((1\ 2)) = \frac{1}{\sqrt{2}} f((1\ 2))(e') = \frac{1}{\sqrt{2}} f(e)(e') = (Af)(e), \quad f \in \mathcal{H}_U$$

が成り立つから, A は全射ではない．また, $f \in \mathcal{H}_U$ に対して

$$(AU(g)f)(x) = \frac{1}{\sqrt{2}}((U(g)f)(x))(e') = \frac{1}{\sqrt{2}} f(g^{-1}x)(e'),$$
$$= (Af)(g^{-1}x) = (L_\infty(g)Af)(x), \qquad g,\ x \in \mathfrak{S}_\infty$$

であるから, $A \in R(U, L_\infty)$．したがって, $\mathrm{Ran}\, A$ に制限して L_∞ の真部分表現が得られる．

Thoma が与えた $\mathcal{K}(\mathfrak{S}_\infty)$ の端点 (すなわち $\mathfrak{S}_\infty$ の指標) の特徴づけを示す．$x \in \mathfrak{S}_\infty$ に対し, $x(k) \neq k$ なる $k \in \mathbb{N}$ 全体を x の台といい, $\mathrm{supp}\, x$ で表す[14]．$x \in$

---

[13] $\{e,\ (1\ i),\ (2\ j),\ (1\ k)(2\ l) \mid i > 2,\ j > 2,\ l > k > 2,\ i, j, k, l \in \mathbb{N}\}$ は $\mathfrak{S}_\infty/\mathfrak{S}_{\{1,2\}} \times \mathfrak{S}_{\{3,4,\cdots\}}$ の完全代表系の 1 つの例である．

[14] $\mathfrak{S}_n$ に対しては (2.1.2) で既出．

$\mathfrak{S}_\infty$ の台は有限集合である. $\mathfrak{S}_\infty$ 上の $\mathbb{C}$ 値関数 f が

$$x, y \in \mathfrak{S}_\infty \setminus \{e\}, \quad \operatorname{supp} x \cap \operatorname{supp} y = \varnothing \implies f(xy) = f(x)f(y) \tag{8.3.8}$$

をみたすとき, f は乗法的であるという.

定理 8.37 $f \in \mathcal{K}(\mathfrak{S}_\infty)$ について, 次の 2 つの条件が同値である.
(ア) $f \in \mathcal{E}(\mathfrak{S}_\infty)$. (イ) f が乗法的である.

証明 (ア) $\Longrightarrow$ (イ) を示す.

[Step 1] $f \in \mathcal{E}(\mathfrak{S}_\infty)$ とする. $\mathbb{N}$ の任意の空でない有限部分集合 S をとる. $\mathfrak{S}_\infty$ の元のうち, 台が S に含まれるもの全体を G_1, 台が $\mathbb{N} \setminus S$ に含まれるもの全体を G_2 とおく. G_2 は $\mathfrak{S}_\infty$ と同型である. $h \in G_2$ とし, $g \in G_1$ の関数 $f(gh)$ を考える. $f(\cdot\, h)$ は G_1 上の類関数である. 実際, G_1 と G_2 が可換であるから,

$$f(g_1^{-1} g g_1 h) = f(g_1^{-1} g h g_1) = f(gh), \qquad g_1,\ g \in G_1.$$

この類関数 $f(\cdot\, h)$ を G_1 の既約指標で展開すると,

$$f(gh) = \sum_{\lambda \in \widehat{G_1}} c_\lambda(h) \chi^\lambda(g), \qquad g \in G_1. \tag{8.3.9}$$

各 λ について, $c_\lambda(h)$ は $h \in G_2$ の関数として正定値かつ類関数であることを示そう. $\alpha_j \in \mathbb{C}$, $h_j \in G_2$ に対し,

$$\sum_{\lambda \in \widehat{G_1}} \Big(\sum_{j,k} \overline{\alpha_j} \alpha_k c_\lambda(h_j^{-1} h_k) \Big) \chi^\lambda(g) = \sum_{j,k} \overline{\alpha_j} \alpha_k f(g h_j^{-1} h_k)$$

は $g \in G_1$ の正定値関数である. 実際, G_1 と G_2 の可換性から,

$$\begin{aligned} \sum_{l,m} \overline{\beta_l} \beta_m \Big(\sum_{j,k} \overline{\alpha_j} \alpha_k f(g_l^{-1} g_m h_j^{-1} h_k) \Big) &= \sum_{l,m} \overline{\beta_l} \beta_m \Big(\sum_{j,k} \overline{\alpha_j} \alpha_k f(h_j^{-1} g_l^{-1} g_m h_k) \Big) \\ = \sum_{(j,l),(k,m)} \overline{\alpha_j \beta_l} \alpha_k \beta_m f((g_l h_j)^{-1} (g_m h_k)) &\geqq 0, \qquad \beta_l \in \mathbb{C},\ g_l \in G_1. \end{aligned}$$

G_1 上の正定値関数の Fourier 係数について, 補題 5.28 により,

$$\sum_{j,k} \overline{\alpha_j} \alpha_k c_\lambda(h_j^{-1} h_k) \geqq 0.$$

ゆえに c_λ が正定値である. また, $h_1, h \in G_2$ とすると, (8.3.9) により,

$$\sum_{\lambda \in \widehat{G_1}} c_\lambda(h_1^{-1} h h_1) \chi^\lambda(g) = f(g h_1^{-1} h h_1) = f(h_1^{-1} g h h_1) = f(gh).$$

したがって, 任意の $\lambda \in \widehat{G_1}$ に対し, $c_\lambda(h_1^{-1} h h_1) = c_\lambda(h)$. ゆえに c_λ は G_2 上の類

関数である.

[Step 2] $f|_{G_2} \in \mathcal{K}(G_2)$ は明らかであるが, $f|_{G_2} \in \mathcal{E}(G_2)$ でもある. 実際, $f_1, f_2 \in \mathcal{K}(G_2)$, $0 \leqq \gamma \leqq 1$ で

$$f|_{G_2}(x) = \gamma f_1(x) + (1-\gamma) f_2(x), \qquad x \in G_2 \tag{8.3.10}$$

とする. $\mathbb{N}$ から $\mathbb{N} \setminus S$ への全単射によってできる同型 $a : \mathfrak{S}_\infty \longrightarrow G_2$ を用いて, f_1, f_2 を $\mathfrak{S}_\infty$ 上の関数に引き戻す: $(a^* f_i)(g) = f_i(a(g))$ $(g \in \mathfrak{S}_\infty,\ i = 1, 2)$. $a^* f_i \in \mathcal{K}(\mathfrak{S}_\infty)$ はただちにしたがう. $x \in \mathfrak{S}_\infty$ に対し, $g_x \in \mathfrak{S}_\infty$ が存在して $a(x) = g_x^{-1} x g_x$ と書けるから, $a^*(f|_{G_2})(x) = f(a(x)) = f(g_x^{-1} x g_x) = f(x)$. すなわち, $a^*(f|_{G_2}) = f$ である. したがって, (8.3.10) を a で引き戻せば,

$$f = \gamma a^* f_1 + (1-\gamma) a^* f_2.$$

ゆえに, f が $\mathcal{K}(\mathfrak{S}_\infty)$ の端点ならば, $f|_{G_2}$ は $\mathcal{K}(G_2)$ の端点である.

[Step 3] (8.3.9) で $g = e$ とおくと, $f(h) = \sum_{\lambda \in \widehat{G_1}} (\dim \lambda) c_\lambda(h)$ $(h \in G_2)$. 左辺が $\mathcal{E}(G_2)$ の元だから G_2 上の正定値類関数 c_λ はすべて互いに非負実数倍になり,

$$c_\lambda(h) = \frac{k_\lambda}{\dim \lambda} f(h) \quad (h \in G_2), \qquad \sum_{\lambda \in \widehat{G_1}} k_\lambda = 1 \quad (k_\lambda \geqq 0). \tag{8.3.11}$$

(8.3.11) を (8.3.9) に代入すると,

$$f(gh) = \sum_{\lambda \in \widehat{G_1}} \frac{k_\lambda}{\dim \lambda} f(h) \chi^\lambda(g) = \Big(\sum_{\lambda \in \widehat{G_1}} \frac{k_\lambda}{\dim \lambda} \chi^\lambda(g) \Big) f(h). \tag{8.3.12}$$

(8.3.12) で特に $h = e$ とおけば, 最右辺の大きな括弧内が $f(g)$ だとわかる. ゆえに

$$f(gh) = f(g) f(h), \qquad g \in G_1,\ h \in G_2. \tag{8.3.13}$$

$\mathbb{N}$ の有限部分集合 S のとり方が任意であったから, (8.3.13) は f が乗法的であることを意味する.

次に, (イ) $\Longrightarrow$ (ア) を示す.

[Step 4] $g \in \mathcal{K}(\mathfrak{S}_\infty)$ が乗法的とする. g の値は $\mathfrak{S}_\infty$ の共役類たちの上で決まる. 補題 5.24 により, $g(x) \in [-1, 1]$ である. 共役類たちの上の関数とみたときも, 同じ g で表そう. つまり, $x \neq e$ のとき, x が属する共役類のサイクル型を $(2^{m_2} 3^{m_3} \cdots)$ として, $g(x) = g((2^{m_2} 3^{m_3} \cdots))$. 長さ j のサイクルでの g の値を t_j とおき, g の乗法性を考慮すると, g の値は t_j たちで決定されて,

$$g((2^{m_2}3^{m_3}\cdots)) = t_2^{m_2}t_3^{m_3}\cdots, \qquad t_j \in [-1,1], \quad m_j \in \mathbb{Z}_{\geqq 0} \tag{8.3.14}$$

(ただし, m_j は有限個を除いて 0). [Step 3] までで, $\mathcal{E}(\mathfrak{S}_\infty)$ の元が乗法的であることがわかっている. したがって, (8.3.14) の $g \longmapsto (t_2, t_3, \cdots)$ によって, うめ込み

$$\iota : \mathcal{E}(\mathfrak{S}_\infty) \longrightarrow [-1,1]^\infty \tag{8.3.15}$$

が定まる. $\mathcal{E}(\mathfrak{S}_\infty)$ の各点収束位相と $[-1,1]^\infty$ の積位相に関して ι は連続である.

[Step 5] $f \in \mathcal{K}(\mathfrak{S}_\infty)$ に対して定理 8.19 (Choquet の定理の帰結) を適用すると,

$$f((2^{m_2}3^{m_3}\cdots)) = \int_{\mathcal{E}(\mathfrak{S}_\infty)} g((2^{m_2}3^{m_3}\cdots))\nu(dg). \tag{8.3.16}$$

f が乗法的であるとし, 長さ j のサイクルでの値を s_j とおく. さらに, (8.3.14), (8.3.15) を用いて, (8.3.16) を書き換える. 有限個を除いて 0 であるような非負整数列 $m_2, m_3, \cdots$ に対し,

$$\begin{aligned} s_2^{m_2}s_3^{m_3}\cdots &= \int_{\mathcal{E}(\mathfrak{S}_\infty)} g((2))^{m_2}g((3))^{m_3}\cdots\nu(dg) \\ &= \int_{[-1,1]^\infty} t_2^{m_2}t_3^{m_3}\cdots\iota_*\nu(dt). \end{aligned} \tag{8.3.17}$$

(8.3.17) で $m_3 = m_4 = \cdots = 0$ とおくと,

$$s_2^{m_2} = \int_{[-1,1]^\infty} t_2^{m_2}\iota_*\nu(dt) = \int_{[-1,1]} t_2^{m_2}p_{2*}\iota_*\nu(dt_2), \qquad m_2 \in \mathbb{Z}_{\geqq 0}.$$

ここで, 最初の成分への射影 $[-1,1]^\infty \longrightarrow [-1,1]$ を p_2 とおいた. $[-1,1]$ 上の確率測度のモーメント問題の一意性から, $p_{2*}\iota_*\nu = \delta_{s_2}$ を得る. 同様に, すべての成分への射影 p_j について, $p_{j*}\iota_*\nu = \delta_{s_j}$ $(j = 2, 3, \cdots)$ である. したがって

$$(\iota_*\nu)\Big(\bigcup_{j=2}^{\infty} p_j^{-1}([-1,1]\setminus\{s_j\})\Big) \leqq \sum_{j=2}^{\infty}(p_{j*}\iota_*\nu)([-1,1]\setminus\{s_j\}) = 0.$$

$t \neq (s_2, s_3, \cdots)$ ならばどれかの j について $p_j t \in [-1,1]\setminus\{s_j\}$ だから, $\iota_*\nu$ は $(s_2, s_3, \cdots)$ のみにのっていることになり, $\iota_*\nu = \delta_{(s_2,s_3,\cdots)}$. ι が単射だから, ν の台も 1 点集合である. したがって, f は端点である. ■

注意 8.38 $\delta_e \in \mathcal{K}(\mathfrak{S}_\infty)$ が乗法的であることは明らかである. したがって, 定理 8.37 により, $\delta_e \in \mathcal{E}(\mathfrak{S}_\infty)$ である. こうして系 8.34 の (したがって定理 8.31, 系 8.33, 系 8.35 の) 別証明が得られる.

$\mathbb{Y}$ 上の極小な正規化された非負調和関数を対称関数の言葉で特徴づける事実を示そう．定義 3.27 で与えたように, 対称関数全体を Λ で表す．べき和対称関数 $\{p_\rho \,|\, \rho \in \mathbb{Y}\}$ や Schur 関数 $\{s_\lambda \,|\, \lambda \in \mathbb{Y}\}$ が Λ の基底であることを思い出そう (命題 3.28, 定理 3.33)．添字が 1 行だけの Young 図形 (k) のときには, $p_{(k)} = p_k$, $s_{(k)} = s_k$ 等と略記する．特に, $p_\varnothing = p_0 = 1$ であり, 変数を $x_1, x_2, x_3, \cdots$ と書いて, $p_1 = s_1 = x_1 + x_2 + x_3 + \cdots$ であった.

命題 8.39　$\mathcal{H}(\mathbb{Y})$ と Λ 上の次のような線型汎関数のなす集合

$$\{\psi : \Lambda \longrightarrow \mathbb{C} \mid \text{線型},\ \psi(1) = 1,\ \psi(s_\lambda) \geqq 0,\ \operatorname{Ker}\psi \supset (s_1 - 1)\Lambda\} \tag{8.3.18}$$

の間には,

$$\varphi(\lambda) = \psi(s_\lambda), \qquad \lambda \in \mathbb{Y} \tag{8.3.19}$$

によって全単射対応が存在する.

証明　$[\varphi \mapsto \psi]$ $\varphi \in \mathcal{H}(\mathbb{Y})$ とする．$\{s_\lambda \,|\, \lambda \in \mathbb{Y}\}$ が Λ の基底だから, (8.3.19) によって Λ 上の線型汎関数 ψ が定まる．$\psi(s_\lambda) \geqq 0$ および $\psi(1) = \varphi(\varnothing) = 1$ はただちにしたがう．Pieri の公式 (定理 3.34) を用いると,

$$\psi((s_1 - 1)s_\lambda) = \psi\Big(\sum_{\mu \in \mathbb{Y}:\lambda \nearrow \mu} s_\mu\Big) - \psi(s_\lambda) = \sum_{\mu \in \mathbb{Y}:\lambda \nearrow \mu} \varphi(\mu) \ - \varphi(\lambda). \tag{8.3.20}$$

ゆえに, φ の調和性から, ψ が (8.3.18) をみたす.

$[\psi \mapsto \varphi]$ ψ が (8.3.18) をみたすとし, (8.3.19) によって φ を定める．$\varphi(\varnothing) = 1$ と $\varphi(\lambda) \geqq 0$ は明らかである．φ の調和性も再び (8.3.20) からしたがう.

上の 2 つの写像が互いに他の逆写像になるから, 全単射対応が得られた.　■

定理 8.40　$\varphi \in \mathcal{H}(\mathbb{Y})$ と (8.3.18) の ψ が (8.3.19) によって対応しているとき, 次の 2 つの条件が同値である.

(ア) φ が $\mathcal{H}(\mathbb{Y})$ の端点, すなわち $\mathbb{Y}$ 上の極小な正規化された非負調和関数である.

(イ) ψ が環準同型である.

証明　$\mathfrak{S}_\infty$ の指標を仲立ちにして定理 8.37 を用いて示す．φ と ψ が (8.3.19) をみたすように与えられているとする．$\mathfrak{S}_\infty$ 上の類関数 f を

$$f(g) = \psi(p_\rho), \qquad g \in C_\rho, \quad \rho \in \mathbb{Y}^\times \tag{8.3.21}$$

によって定義する．C_ρ は $\mathfrak{S}_\infty$ の ρ 型の共役類である ((5.2.8) および (5.2.9) 参

照). (8.3.18) によって $\psi((p_1-1)p_\rho)=0$ だから,

$$\psi(p_1^k p_\rho)=\psi(p_\rho), \qquad \rho\in\mathbb{Y}^\times, \quad k\in\mathbb{N}. \tag{8.3.22}$$

$n\in\mathbb{N}$, $g\in\mathfrak{S}_n$ に対し, g の $\mathfrak{S}_\infty$ での共役類の型を $\rho\in\mathbb{Y}^\times$ ($|\rho|\leqq n$) として,

$$\begin{aligned} f|_{\mathfrak{S}_n}(g) &= \psi(p_\rho)=\psi(p_1^{n-|\rho|}p_\rho) \\ &= \psi\Bigl(\sum_{\lambda\in\mathbb{Y}_n}\chi^\lambda_{(\rho,1^{n-|\rho|})}s_\lambda\Bigr)=\sum_{\lambda\in\mathbb{Y}_n}\varphi(\lambda)\chi^\lambda_{(\rho,1^{n-|\rho|})}. \end{aligned} \tag{8.3.23}$$

ここで, 第 1,2,3,4 の等号において, それぞれ (8.3.21), (8.3.22), Frobenius の公式 (3.4.8), (8.3.19) を用いた. (8.3.23) により, $f\in\mathcal{K}(\mathfrak{S}_\infty)$ であり, $f\longleftrightarrow\varphi$ の対応が定理 5.31(すなわち (5.2.14)) のものである. そうすると, 定理 8.37 により, φ が $\mathcal{H}(\mathbb{Y})$ の端点であることと f が乗法的であることが同値になる. f と ψ とが (8.3.21) で結ばれているから, f の乗法性は

$$\psi(p_\rho p_\sigma)=\psi(p_\rho)\psi(p_\sigma), \qquad \rho,\sigma\in\mathbb{Y}^\times\setminus\{\varnothing\} \tag{8.3.24}$$

と同値である. $\{p_\rho\,|\,\rho\in\mathbb{Y}\}$ が Λ の基底であるから, (8.3.22) により, (8.3.24) は ψ が環準同型であることを意味する. これで (ア) と (イ) の同値が示された. ■

定理 8.37 により, $\mathfrak{S}_\infty$ の指標は各サイクルでの値によって完全に決定される. このサイクルでの値がどのような特徴を有するかに関し, 次のことが成り立つ.

定理 8.41　実数列 $s_1=1, s_2, s_3, \cdots$ に対し, 形式的べき級数として

$$S(t)=\sum_{k=1}^\infty \frac{s_k}{k}t^k, \qquad e^{S(t)}=\sum_{n=0}^\infty a_n t^n$$

が成り立つように実数列 $a_0=1, a_1, a_2, \cdots$ をとるとき, 次の条件が同値である.

(ア) ある $f\in\mathcal{E}(\mathfrak{S}_\infty)$ が, 任意の $k\in\mathbb{N}$ に対して $f(k\text{-サイクル})=s_k$ をみたす.

(イ) 実数列 $\{a_n\}$ が全正である.

ここで, 実数列 $\{a_n\}$ が全正であるとは, $\{a_n\}$ からできる Toeplitz 行列

$$[a_{-i+j}]_{i,j}=\begin{bmatrix} a_0 & a_1 & a_2 & a_3 & \cdots \\ 0 & a_0 & a_1 & a_2 & \cdots \\ 0 & 0 & a_0 & a_1 & \cdots \\ 0 & 0 & 0 & a_0 & \cdots \\ \vdots & \vdots & \vdots & \vdots & \ddots \end{bmatrix} \tag{8.3.25}$$

のすべての小行列式が非負であることをいう[15].

定理 8.40 を用いて定理 8.41 を示すために, Schur 関数に関する幾つかの事実を確認しておく. Schur 関数全体 $\{s_\lambda\}_{\lambda\in\mathbb{Y}}$ が Λ の基底をなす (定理 3.33) ので,

$$s_\mu s_\nu = \sum_{\lambda\in\mathbb{Y}} c_{\mu\nu}^\lambda s_\lambda, \qquad \mu,\ \nu\in\mathbb{Y} \tag{8.3.26}$$

をみたす係数 $c_{\mu\nu}^\lambda$ が存在する. $c_{\mu\nu}^\lambda$ を Littlewood–Richardson 係数と呼ぶ[16]. Schur 関数 s_λ の定義をした際 (定義 3.32) に見たように, 与えられた $\mu,\nu\in\mathbb{Y}$ に対して $k\in\mathbb{N}$ を十分大きくとれば, (8.3.26) は k 変数の Schur 多項式の間の等式として成り立つ. 定義 3.16, 定理 3.14 により, Schur 多項式 $s_\lambda(z_1,\cdots,z_k)$ は, $z_i\in\mathbb{T}$ に対し, 最高ウェイト $\lambda=(\lambda_1,\cdots,\lambda_{l(\lambda)},0,\cdots,0)\in\mathbb{Z}^k$ をもつ $U(k)$ の既約指標 (の $\mathbb{T}^k$ での値) である. そうすると, $s_\mu s_\nu$ は $U(k)$ のテンソル積表現 $\mu\otimes\nu$ の指標であり[17], (8.3.26) はその既約分解にほかならない. 実際, テンソル積表現の定義から, $\mu\otimes\nu$ (に属する表現) のウェイトは μ,ν のウェイトの和になるので, $\mu\otimes\nu$ の既約分解に現れるのは Young 図形の行長から来るもので足りる. 特に, そういう Young 図形 λ は $\lambda_1+\cdots+\lambda_{l(\lambda)}=\mu_1+\cdots+\mu_{l(\mu)}+\nu_1+\cdots+\nu_{l(\nu)}$ をみたす. これで次のことがわかった.

補題 8.42 (1) $c_{\mu\nu}^\lambda$ は非負の整数である.
(2) $|\lambda|=|\mu|+|\nu|$ でなければ, $c_{\mu\nu}^\lambda=0$ である. ■

さらに,

$$s_{\lambda/\mu} = \sum_{\nu\in\mathbb{Y}} c_{\mu\nu}^\lambda s_\nu, \qquad \lambda,\ \mu\in\mathbb{Y} \tag{8.3.27}$$

を歪 Schur 関数と呼ぶ. 補題 8.42 の (2) により, λ,μ が与えられれば, (8.3.27) の右辺は有限和である.

定理 8.43 (Jacobi–Trudi の公式) 歪 Schur 関数 $s_{\lambda/\mu}$ と完全対称関数 h_n について, 次の等式が成り立つ. $\lambda,\mu\in\mathbb{Y}$ に対し, $p\geqq l(\lambda)\vee l(\mu)$ とすると,

$$s_{\lambda/\mu} = \det[h_{\lambda_i-\mu_j-i+j}]_{i,j=1,\cdots,p}. \tag{8.3.28}$$

---

[15] (8.3.25) では, $a_{-n}=0$ ($n\in\mathbb{N}$) とおくことによって添字を $\mathbb{Z}$ に拡張している. 数列に対して, totally positive の訳語に「全正」をあてた.

[16] Littlewood–Richardson 係数には, 10.1 節で再び立ち戻り, 漸近的な性質を論じる.

[17] もちろん, μ,ν のそれぞれに属する既約表現を 1 つずつとってそれらのテンソル積表現が属する同値類を表すのが $\mu\otimes\nu$ である.

(8.3.28) は $p \geqq l(\lambda) \vee l(\mu)$ なる p によらない. 特に, $\mu = \varnothing$ のとき

$$s_\lambda = \det[h_{\lambda_i - i + j}]_{i,j=1,\cdots,p}. \tag{8.3.29}$$

証明は省略するので, たとえば [48] 下巻の 9.4 節を参照されたい. ■

定理 8.41 の証明 (ア) $\Longrightarrow$ (イ): (8.3.21) で f に対応する環準同型 ψ をとる[18]:

$$\psi(p_k) = f(k\text{-サイクル}) = s_k, \qquad k \in \mathbb{N}.$$

そうすると, h_n と p_k のみたす関係式 (3.4.6) を用いて[19],

$$\sum_{n=0}^{\infty} a_n t^n = \exp\Big(\sum_{k=1}^{\infty} \frac{\psi(p_k)}{k} t^k\Big) = \sum_{n=0}^{\infty} \psi(h_n) t^n. \tag{8.3.30}$$

ゆえに, $a_n = \psi(h_n)$ $(n \in \mathbb{N} \sqcup \{0\})$. 一方, (8.3.28), (8.3.27), (8.3.18) に補題 8.42 をあわせれば, 任意の $\lambda, \mu \in \mathbb{Y}$ に対し,

$$\det[\psi(h_{\lambda_i - \mu_j - i + j})] = \psi(s_{\lambda/\mu}) = \sum_\nu c^\lambda_{\mu\nu} \psi(s_\nu) \geqq 0, \qquad \text{したがって}$$

$$\det[a_{\lambda_i - \mu_j - i + j}] \geqq 0, \qquad \lambda,\ \mu \in \mathbb{Y} \tag{8.3.31}$$

を得る. $\lambda_1 - 1 > \lambda_2 - 2 > \cdots$, $\mu_1 - 1 > \mu_2 - 2 > \cdots$ であるから, (8.3.31) は Toeplitz 行列 $[a_{-k+l}]_{k,l}$ の任意の小行列式が非負であることを示している.

(イ) $\Longrightarrow$ (ア): $\psi(p_k) = s_k$ $(k \geqq 2)$, $\psi(p_1) = \psi(s_1) = 1$ によって環準同型 ψ を定めると, (8.3.30) により, $\psi(h_n) = a_n$ $(n \in \mathbb{N} \sqcup \{0\})$. $\{a_n\}$ が全正であるから, (8.3.29) を用いて $\psi(s_\lambda) = \det[\psi(h_{\lambda_i - i + j})] = \det[a_{\lambda_i - i + j}] \geqq 0$ $(\lambda \in \mathbb{Y})$. したがって, ψ は (8.3.18) をみたす環準同型になるから, (8.3.21) と定理 8.40 によって対応する $f \in \mathcal{E}(\mathfrak{S}_\infty)$ がとれ, $f(k\text{-サイクル}) = \psi(p_k) = s_k$ $(k \in \mathbb{N})$ をみたす. ■

ノート

8.1 節で述べたのは, $\mathfrak{S}_\infty$ という離散群における GR 表現, GNS 構成法であったので, 群の位相や Haar 測度, 表現の連続性に関する議論を省略できた. 一般の局所コンパクト群 G では, Haar 測度に基づく $C_c(G)$ における積分を用いて (π_f, H_f, u_f) を構成するのが通常の仕方である. 離散群 G では, $C_c(G)$ は測度の

---

18) $k = 1$ でも大丈夫である.

19) べき級数の係数間の関係式である. ψ の連続性は... などと考える必要はない.

空間 M_{fin} と一致する. 一方, このような M_{fin} への作用に基づく GR 表現の構成は, 群 G が局所コンパクトでない場合にも拡張可能である.

GR 表現は, f が類関数でなくても構成可能であって, 巡回単位ベクトル u_f をもつユニタリ表現 π_f が作れる. このとき, 定理 8.11 に関連した次の事実が成り立つ. 「次の 2 つの条件が同値である.

(ア) $\mathfrak{S}_\infty$ 上の正規化された正定値関数全体のなす凸集合の中で, f が端点である.

(イ) π_f が既約である. 」

この事実は, 定理 8.11 と同様に (それよりも少ないステップで) 証明される. [14, §3.3], [63, 第 5 章 §11] を参照.

定理 8.11 の (イ)$\Longleftrightarrow$(エ) に関し, [51] の §2.4 と §8 のノートに関連事項の解説・文献があるので, 参考にされたい. u_f は $G = \mathfrak{S}_\infty \times \mathfrak{S}_\infty$ の対角型部分群 $K = \{(g,g) \,|\, g \in \mathfrak{S}_\infty\}$ の作用で不変に保たれる: $T_f(g,g)u_f = u_f$. (T_f, H_f, u_f) は (G,K) の球表現と呼ばれる.

8.2 節の Choquet の定理の説明には, [54] を参考にした. さらに, 距離づけ可能でないコンパクト凸集合の場合を含めた詳細についても, [54] を参照.

定理 8.37, 定理 8.41 は Thoma [64] による. [64] では, 定理 8.41 における全正数列の生成関数を $\mathbb{C}$ 上の有理型関数に拡張したものの特徴づけを与えることにより, $\mathfrak{S}_\infty$ の指標のパラメータづけを完成した. 複素関数の進んだ理論を必要とするその部分の再現は本書では行わないこととし, そのかわりに 9 章において確率論的な方法による $\mathfrak{S}_\infty$ の指標の分類を述べることにする.

第9章

無限対称群の指標の分類と Young グラフ上の調和解析

Young グラフの Martin 境界の構成を皮切に, $\mathfrak{S}_\infty$ の調和解析における漸近的なアプローチを展開しよう. その結果,「はじめに」の問題 2 の解答に到達する. Young グラフ上の調和関数の分解が, 経路空間上の中心的確率測度, $\mathfrak{S}_\infty$ 上の正定値関数および $\mathfrak{S}_\infty$ の Gelfand–Raikov 表現のそれぞれの分解としても解釈されることになる.

9.1 Young グラフの Martin 境界, 積分表示, Thoma の公式

本節では, 無限対称群の指標の分類パラメータを完全に決定し, Thoma の指標公式を示す. 本節の方法は, Vershik–Kerov のアイデアに沿うものであり, 確率論的 (あるいはエルゴード理論的, ポテンシャル論的) 色彩が強い. 指標の分類パラメータの空間は, Young グラフの Martin 境界と同一視されることがわかる. 本節では, Young グラフの Martin 核の漸近挙動の帰結としてこの分類パラメータを導出する. 定理 5.31 における同型 (アファイン同相) 対応

$$f \in \mathcal{K}(\mathfrak{S}_\infty) \;\longleftrightarrow\; \varphi \in \mathcal{H}(\mathbb{Y}) \;\longleftrightarrow\; M \in \mathcal{M}(\mathfrak{T}) \tag{9.1.1}$$

はいつも念頭に置いておこう.

補題 9.1 2 重数列 $\{a_i(n)\}_{(i,n)\in\mathbb{N}^2}$ が

$$a_1(n) \geqq a_2(n) \geqq a_3(n) \geqq \cdots \geqq 0, \quad \sum_{i=1}^{\infty} a_i(n) \leqq C, \qquad n \in \mathbb{N},$$
$$\lim_{n\to\infty} a_i(n) = a_i, \qquad i \in \mathbb{N}$$

をみたすとする. ただし, C は n によらない正定数である. このとき,

$$\lim_{n\to\infty} \sum_{i=1}^{\infty} a_i(n)^p = \sum_{i=1}^{\infty} a_i^p, \qquad p > 1. \tag{9.1.2}$$

証明　まず, $0 \leqq \sum_{i=1}^{\infty} a_i \leqq \liminf_{n\to\infty} \sum_{i=1}^{\infty} a_i(n) \leqq C$ であるから, $p \geqq 1$ に対して $0 \leqq \sum_{i=1}^{\infty} a_i^p < \infty$ が成り立つ. $\varepsilon > 0$ を任意に与える. $\sum_{i=i_1+1}^{\infty} a_i^p \leqq \varepsilon$ なる $i_1 \in \mathbb{N}$ をとる. $a_i(n)$ の i に沿う単調性から, 任意の l に対し

$$\sum_{i=l}^{\infty} a_i(n)^p \leqq a_l(n)^{p-1} \sum_{i=l}^{\infty} a_i(n) \leqq C a_l(n)^{p-1}.$$

$\lim_{i\to\infty} a_i = 0$ かつ $p-1>0$ だから, $0 \leqq a_{i_2+1}^{p-1} \leqq C^{-1}\varepsilon$ となるような $i_2 \in \mathbb{N}$ で $i_2 \geqq i_1$ なるものをとる. $n_1 \in \mathbb{N}$ が存在して, $n \geqq n_1$ ならば $|a_{i_2+1}(n)^{p-1} - a_{i_2+1}^{p-1}| \leqq C^{-1}\varepsilon$ となる. そうすると,

$$\left| \sum_{i=1}^{\infty} a_i(n)^p - \sum_{i=1}^{\infty} a_i^p \right| \leqq \left| \sum_{i=1}^{i_2} a_i(n)^p - \sum_{i=1}^{i_2} a_i^p \right| + \sum_{i=i_2+1}^{\infty} a_i(n)^p + \sum_{i=i_2+1}^{\infty} a_i^p$$

において, 右辺第 3 項は ε 以下であるし, 第 2 項は, $n \geqq n_1$ ならば

$$C a_{i_2+1}(n)^{p-1} \leqq C |a_{i_2+1}(n)^{p-1} - a_{i_2+1}^{p-1}| + C a_{i_2+1}^{p-1} \leqq 2\varepsilon$$

でおさえられる. そのとき, さらに大きな $n_2 \in \mathbb{N}$ が存在して, $n \geqq n_2$ ならば右辺第 1 項が ε 以下になる. これで (9.1.2) が示された. ■

注意 9.2　補題 9.1 において, $a_i(n)$ の単調減少性がなければ結論が必ずしも言えない. たとえば, $a_i(n) = \delta_{i,n}$ としてみればよい. また, 補題 9.1 の仮定のもとで, $p = 1$ に対しては (9.1.2) が成り立つとは言えない. たとえば, 各 $n \in \mathbb{N}$ に対して

$$a_1(n) = \frac{1}{n},\ \cdots,\ a_n(n) = \frac{1}{n},\ a_{n+1}(n) = 0,\ a_{n+2}(n) = 0,\ \cdots$$

とすると, $a_i = 0$ で仮定がみたされるが, $\sum_{i=1}^{\infty} a_i(n) = 1 \neq 0 = \sum_{i=1}^{\infty} a_i$ となる.

$\mathbb{Y}$ 上の調和関数の概念 (5.2.3) に基づいて, Young グラフの Martin 境界を考察しよう. (5.2.3) は推移確率に関する調和性ではなく, 4.4 節の (4.4.26) に相当する. その場合, いたるところ正値の調和関数 h を用いて (4.4.27) のように変換すれば, 推移確率に基づく議論に移行するのであった. 今は, h としてたとえば (5.3.15) の $\varphi = \varphi_{\mathrm{Pl}}$ をとればよい. (5.2.3) あるいは (5.2.4) から Young グラフの Green 関数と Martin 核は容易に求められ,

$$K(\lambda, \mu) = \frac{d(\lambda, \mu)}{d(\mu)}, \qquad \lambda,\ \mu \in \mathbb{Y}$$

を得る. なお, $\mathbb{Y}$ の任意の点が非再帰的であること, および $\varnothing$ を基準点として (4.4.30) の条件がみたされることは明らかである. Martin 核 $K(\lambda,\mu)$ の $\mu\to\infty$ での漸近挙動を調べるのであるが[1], 先回りして次の定義を与えておく.

定義 9.3　$[0,1]^\infty\times[0,1]^\infty$ の部分集合

$$\Delta=\{(\alpha,\beta)\mid\alpha=(\alpha_i)_{i\in\mathbb{N}},\ \beta=(\beta_i)_{i\in\mathbb{N}},$$
$$\alpha_1\geqq\alpha_2\geqq\cdots\geqq0,\ \beta_1\geqq\beta_2\geqq\cdots\geqq0,\ \sum_{i=1}^\infty(\alpha_i+\beta_i)\leqq1\}\qquad(9.1.3)$$

を Thoma 単体と呼ぶ. Δ には各点収束の位相 (すなわち $[0,1]^\infty\times[0,1]^\infty$ における積位相の相対位相) を入れる.

$k\in\mathbb{N}$ に対し, $(\alpha,\beta)\in\Delta$ の関数 p_k を

$$p_1(\alpha,\beta)=1,\qquad(9.1.4)$$

$$p_k(\alpha,\beta)=\sum_{i=1}^\infty(\alpha_i^k+(-1)^{k-1}\beta_i^k),\qquad k\in\{2,3,\cdots\}\qquad(9.1.5)$$

によって定める. □

$\lambda\in\mathbb{Y}$ の Frobenius 座標 (定義 6.1)

$$a_i(\lambda)=\lambda_i-i+\frac{1}{2},\quad b_i(\lambda)=\lambda'_i-i+\frac{1}{2},\qquad i\in\{1,2,\cdots,d\}$$

(λ' は λ の転置図形, d は λ の主対角線をなす箱の数) に関する (超対称) べき和関数 $p_k(\lambda)$ を (6.3.7) で定めた. $p_k(\alpha,\beta)$ はこれの Δ 上での類似物である.

補題 9.4 (1) Δ はコンパクト距離空間である.

(2) p_k は Δ 上の $\mathbb{R}$ 値連続関数である.

(3) 任意の $m\in\mathbb{N}$, $m\geqq2$ に対し, $\{p_k\}_{k=m}^\infty$ は Δ の 2 点を分離する. すなわち, $(\alpha,\beta)\neq(\alpha',\beta')$ ならば, $p_k(\alpha,\beta)\neq p_k(\alpha',\beta')$ となる $k\in\mathbb{N}$, $k\geqq m$ がある.

証明 (1) $[0,1]^\infty\times[0,1]^\infty$ の位相は可算個の擬距離で定まるので, Δ が閉部分集合であることを確認すればよい. 実際, $\{(\alpha^{(n)},\beta^{(n)})\}\subset\Delta$ が $n\to\infty$ で (α,β) に収束するとすれば, $\sum_{i=1}^\infty(\alpha_i+\beta_i)\leqq\liminf_{n\to\infty}\sum_{i=1}^\infty(\alpha_i^{(n)}+\beta_i^{(n)})\leqq1$ が成り立つ.

(2) $k\geqq2$ なる p_k が Δ 上の連続関数であることは, 補題 9.1 からしたがう.

(3) $(\alpha,\beta)\in\Delta$ とすると, $\{z\in\mathbb{C}\mid|z|<1\}$ において $\sum_{k=1}^\infty\sum_{i=1}^\infty(\alpha_i^k+(-1)^{k-1}\beta_i^k)\frac{z^k}{k}$

---

[1] $\mu\to\infty$ の意味は, 命題 A.61 の脚注と同じ.

は絶対収束する．実際，$\sum_{k=1}^{\infty}\sum_{i=1}^{\infty}(\alpha_i^k+\beta_i^k)\frac{|z|^k}{k} \leqq \sum_{k=1}^{\infty}\sum_{i=1}^{\infty}(\alpha_i+\beta_i)\frac{|z|^k}{k} \leqq \sum_{k=1}^{\infty}\frac{|z|^k}{k}$. このとき，

$$\begin{aligned}\sum_{k=1}^{\infty}\sum_{i=1}^{\infty}(\alpha_i^k+(-1)^{k-1}\beta_i^k)\frac{z^k}{k} &= \sum_{i=1}^{\infty}\Big\{\sum_{k=1}^{\infty}\frac{(\alpha_i z)^k}{k}-\sum_{k=1}^{\infty}\frac{(-\beta_i z)^k}{k}\Big\} \\ &= \sum_{i=1}^{\infty}\{-\log(1-\alpha_i z)+\log(1+\beta_i z)\}. \qquad (9.1.6)\end{aligned}$$

ただし，log は $|z-1|<1$ の範囲で考えて $\log 1=0$ なる枝をとる．(9.1.6) の両辺が絶対収束しているから，exp をとれば，右辺は

$$\prod_{i=1}^{\infty}\exp\{-\log(1-\alpha_i z)+\log(1+\beta_i z)\}=\prod_{i=1}^{\infty}\frac{1+\beta_i z}{1-\alpha_i z}$$

となる．左辺を $k\leqq m$ と $k>m$ に 2 分割することにより，

$$\exp\Big(\sum_{k=m}^{\infty}p_k(\alpha,\beta)\frac{z^k}{k}\Big)=\exp\Big(-\sum_{k=1}^{m-1}p_k(\alpha,\beta)\frac{z^k}{k}\Big)\prod_{i=1}^{\infty}\frac{1+\beta_i z}{1-\alpha_i z} \qquad (9.1.7)$$

を得る．(9.1.7) は z が 0 の近傍にあるときに示されたが，(9.1.7) の右辺は $\mathbb{C}$ 上の有理型関数を与える．α_i^{-1} がその極，$-\beta_i^{-1}$ がその零点であり，有理型関数から一意的に決まる ($\alpha_i=0$ や $\beta_i=0$ となれば，それぞれ極や零点が有限個になるだけである)．これで $\{p_k\}_{k=m}^{\infty}$ から α_i,β_i が決定されることが言え，主張が示された．■

注意 9.5 (9.1.4) は (9.1.5) で $k=1$ とおいたものではないことに注意する．一般に，$(\alpha,\beta)\in\Delta$ に対して $\sum_{i=1}^{\infty}(\alpha_i+\beta_i)$ が 1 に等しいとは限らない．$\sum_{i=1}^{\infty}(\alpha_i+\beta_i)$ は Δ 上で定義できるが，連続関数にはならない (注意 9.2 参照)．

命題 9.6 $\lim_{n\to\infty}|\mu^{(n)}|=\infty$ なる Young 図形の列 $\{\mu^{(n)}\}_{n\in\mathbb{N}}$ に対して次の 2 つの条件が同値である[2]．

(ア) 任意の $\lambda\in\mathbb{Y}$ に対し，$K(\lambda,\mu^{(n)})$ が $n\to\infty$ で収束する．

(イ) Frobenius 座標のスケール極限

$$\alpha_i=\lim_{n\to\infty}\frac{a_i(\mu^{(n)})}{|\mu^{(n)}|},\qquad \beta_i=\lim_{n\to\infty}\frac{b_i(\mu^{(n)})}{|\mu^{(n)}|},\qquad i\in\mathbb{N} \qquad (9.1.8)$$

が存在する．

---

2) Young 図形の列が経路をなすことは要請していない．

注意 9.7 (9.1.8) は各 $i \in \mathbb{N}$ での極限値だから, Frobenius 座標を使わずに

$$\alpha_i = \lim_{n\to\infty} \frac{\mu_i^{(n)}}{|\mu^{(n)}|}, \qquad \beta_i = \lim_{n\to\infty} \frac{\mu_i^{(n)\prime}}{|\mu^{(n)}|}, \qquad i \in \mathbb{N} \tag{9.1.9}$$

と表しても同じである. (9.1.8), (9.1.9) は Young 図形の増大列に関する Vershik–Kerov の条件とも呼ばれる. このとき, 補題 9.4(1) によって (あるいは証明中の同じ不等式を用いて), $((\alpha_i), (\beta_i)) \in \Delta$ が成り立つ.

命題 9.6 の証明 (ア)$\Longrightarrow$(イ): 漸近公式 (6.4.22) により, $\lambda \in \mathbb{Y}$ に対して

$$K(\lambda, \mu^{(n)}) = s_\lambda\Big(\frac{a_1(\mu^{(n)})}{|\mu^{(n)}|}, \cdots, \frac{a_d(\mu^{(n)})}{|\mu^{(n)}|} \mid \frac{b_1(\mu^{(n)})}{|\mu^{(n)}|}, \cdots, \frac{b_d(\mu^{(n)})}{|\mu^{(n)}|}\Big) + O\Big(\frac{1}{|\mu^{(n)}|}\Big). \tag{9.1.10}$$

(6.4.21) の $\rho = (k)$ の場合と (9.1.10) により, $n \to \infty$ において

$$p_k\Big(\frac{a_1(\mu^{(n)})}{|\mu^{(n)}|}, \cdots, \frac{a_d(\mu^{(n)})}{|\mu^{(n)}|} \mid \frac{b_1(\mu^{(n)})}{|\mu^{(n)}|}, \cdots, \frac{b_d(\mu^{(n)})}{|\mu^{(n)}|}\Big) = \sum_{i=1}^{\infty}\Big\{\Big(\frac{a_i(\mu^{(n)})}{|\mu^{(n)}|}\Big)^k + (-1)^{k-1}\Big(\frac{b_i(\mu^{(n)})}{|\mu^{(n)}|}\Big)^k\Big\} \tag{9.1.11}$$

の極限が存在する. (9.1.8) を示すには,

「Δ内の点列 $\Big\{\Big(\big(\frac{a_i(\mu^{(n)})}{|\mu^{(n)}|}\big)_{i\in\mathbb{N}}, \big(\frac{b_i(\mu^{(n)})}{|\mu^{(n)}|}\big)_{i\in\mathbb{N}}\Big)\Big\}_{n\in\mathbb{N}}$ の

任意の部分列 $\Big\{\Big(\big(\frac{a_i(\mu^{(n')})}{|\mu^{(n')}|}\big)_{i\in\mathbb{N}}, \big(\frac{b_i(\mu^{(n')})}{|\mu^{(n')}|}\big)_{i\in\mathbb{N}}\Big)\Big\}_{n'}$ が

共通の $((\alpha_i)_{i\in\mathbb{N}}, (\beta_i)_{i\in\mathbb{N}})$ に収束するさらなる部分列を含む」

ことを言えばよい[3]. (9.1.8) はコンパクト距離空間 Δ における収束であることに注意しよう. Δ に属する点列

$$\Big(\big(\frac{a_i(\mu^{(n')})}{|\mu^{(n')}|}\big)_{i\in\mathbb{N}}, \big(\frac{b_i(\mu^{(n')})}{|\mu^{(n')}|}\big)_{i\in\mathbb{N}}\Big)$$

は収束する部分列を含むので,

$$\lim_{n''\to\infty}\Big(\big(\frac{a_i(\mu^{(n'')})}{|\mu^{(n'')}|}\big)_{i\in\mathbb{N}}, \big(\frac{b_i(\mu^{(n'')})}{|\mu^{(n'')}|}\big)_{i\in\mathbb{N}}\Big) = ((\alpha_i)_{i\in\mathbb{N}}, (\beta_i)_{i\in\mathbb{N}}) \in \Delta$$

とおく. 補題 9.1 により, $k \in \{2, 3, \cdots\}$ に対し,

---

[3] Pascal 三角形における補題 5.11 の証明もこの論法であった.

$$\lim_{n''\to\infty}\sum_{i=1}^{\infty}\Big(\frac{a_i(\mu^{(n'')})}{|\mu^{(n'')}|}\Big)^k=\sum_{i=1}^{\infty}\alpha_i^k,\quad \lim_{n''\to\infty}\sum_{i=1}^{\infty}\Big(\frac{b_i(\mu^{(n'')})}{|\mu^{(n'')}|}\Big)^k=\sum_{i=1}^{\infty}\beta_i^k.$$

ゆえに, n'' に沿って (9.1.11) の収束を考えると,

$$\begin{aligned}&\lim_{n\to\infty}p_k\Big(\frac{a_1(\mu^{(n)})}{|\mu^{(n)}|},\dots,\frac{a_d(\mu^{(n)})}{|\mu^{(n)}|}\mid\frac{b_1(\mu^{(n)})}{|\mu^{(n)}|},\dots,\frac{b_d(\mu^{(n)})}{|\mu^{(n)}|}\Big)\\&=\lim_{n''\to\infty}\sum_{i=1}^{\infty}\Big\{\Big(\frac{a_i(\mu^{(n'')})}{|\mu^{(n'')}|}\Big)^k+(-1)^{k-1}\Big(\frac{b_i(\mu^{(n'')})}{|\mu^{(n'')}|}\Big)^k\Big\}\\&=\sum_{i=1}^{\infty}(\alpha_i^k+(-1)^{k-1}\beta_i^k)=p_k((\alpha_i),(\beta_i)).\end{aligned}\tag{9.1.12}$$

(9.1.12) の最左辺は部分列 n' や n'' のとり方によらないから, 最右辺も部分列のとり方によらない. そうすると, 補題 9.4(3) によって $\{p_k\}_{k=2}^{\infty}$ が Δ の 2 点を分離することがわかっているから, 個々の α_i,β_i も部分列 n' や n'' のとり方によらない. これで (9.1.8) が示された.

(イ)$\Longrightarrow$(ア): 補題 9.1 により, (9.1.8) から任意の $k\geqq 2$ に対する (9.1.11) の収束が導かれる. そうすると (6.4.20) を用いて, (9.1.10) の右辺の第 1 項 $s_\lambda(\cdots)$ が $n\to\infty$ で収束する. したがって, $K(\lambda,\mu^{(n)})$ も収束する. ■

定義 9.8　$\rho=(\rho_1\geqq\cdots\geqq\rho_{l(\rho)}),\ \lambda\in\mathbb{Y}$ に対し, $(\alpha,\beta)\in\Delta$ の関数としてべき和関数と Schur 関数 (の類似物) をそれぞれ次式で定める:

$$p_\rho(\alpha,\beta)=p_{\rho_1}(\alpha,\beta)p_{\rho_2}(\alpha,\beta)\cdots p_{\rho_{l(\rho)}}(\alpha,\beta),\qquad p_\varnothing(\alpha,\beta)=1,\tag{9.1.13}$$

$$s_\lambda(\alpha,\beta)=\sum_{\rho\in\mathbb{Y}_{|\lambda|}}\frac{1}{z_\rho}\chi_\rho^\lambda p_\rho(\alpha,\beta).\tag{9.1.14}$$

(9.1.14) は

$$p_\rho(\alpha,\beta)=\sum_{\lambda\in\mathbb{Y}_{|\rho|}}\chi_\rho^\lambda s_\lambda(\alpha,\beta)\tag{9.1.15}$$

と同じことである. □

定理 9.9　Young グラフの Martin 境界 $\partial\mathbb{Y}$ が Δ に位相同型である. $\omega\in\partial\mathbb{Y}\leftrightarrow(\alpha,\beta)\in\Delta$ に対する Martin 核は, 次で与えられる:

$$K(\lambda,\omega)=s_\lambda(\alpha,\beta),\qquad \lambda\in\mathbb{Y}.\tag{9.1.16}$$

証明 [Step 1]　$\omega\in\partial\mathbb{Y}$ とすると, 補題 4.70 に基づく Martin コンパクト化の定義により, (4.4.31) の距離 (を $\hat{\mathbb{Y}}$ にまで拡張したもの: Martin 距離) で ω に収束する Young 図形の列 $\{\mu^{(n)}\}_{n\in\mathbb{N}}$ がある. $\{\mu^{(n)}\}$ は $\lim_{n\to\infty}|\mu^{(n)}|=\infty$ および命題 9.6

の (ア) の条件をみたす. そうすると (イ) も成り立ち, (9.1.8) で定まる α_i, β_i によって $\alpha = (\alpha_i)$, $\beta = (\beta_i)$ とおけば, $(\alpha, \beta) \in \Delta$ となる. 命題 9.6 の (ア)$\Longrightarrow$(イ) の証明で使った議論から, (α, β) は $\{\mu^{(n)}\}$ のとり方によらず ω のみで決まる. 実際, (9.1.10) の $n \to \infty$ での極限値が $\{\mu^{(n)}\}$ によらず ω のみによる. これで

$$\omega \in \partial\mathbb{Y} \longmapsto (\alpha, \beta) \in \Delta \tag{9.1.17}$$

なる写像が得られた.

[Step 2] 逆の対応を得るために, 任意の $(\alpha, \beta) \in \Delta$ に対し,

$$\lim_{n\to\infty} \frac{\mu_i^{(n)}}{n} = \alpha_i, \quad \lim_{n\to\infty} \frac{\mu_i^{(n)\prime}}{n} = \beta_i, \qquad i \in \mathbb{N} \tag{9.1.18}$$

をみたす Young 図形の列 $\{\mu^{(n)} \in \mathbb{Y}_n\}_{n\in\mathbb{N}}$ を構成しよう. 各行と各列に割り当てられるべきおおよその箱数は (9.1.18) から素朴に定まる. その後, 自然数に丸める誤差の積算が無視できる程度であることを示す. $n \in \mathbb{N}$ をとる. まず, 第 1 行長が $\lfloor n\alpha_1 \rfloor$, 第 2 行長が $\lfloor n\alpha_2 \rfloor, \cdots$ となる $\lambda^{(n)} \in \mathbb{Y}$ をつくる. $n\alpha_i < 1$ となる最小の $i \in \mathbb{N}$ を $I(n)$ とおくと, $l(\lambda^{(n)}) = I(n) - 1$ である. 次に, $\lambda^{(n)}$ の第 1 列に $\lfloor n\beta_1 \rfloor$, 第 2 列に $\lfloor n\beta_2 \rfloor, \cdots$ をつけ加えて $\nu^{(n)} \in \mathbb{Y}$ をつくる. $n\beta_i < 1$ となる最小の $i \in \mathbb{N}$ を $J(n)$ とおく. このとき,

$$\lim_{n\to\infty} \frac{I(n)}{n} = 0, \qquad \lim_{n\to\infty} \frac{J(n)}{n} = 0 \tag{9.1.19}$$

が成り立っていることを確認する. 実際, $\sum_{i=1}^{\infty} \alpha_i < \infty$ だから, 図 9.1 における高さ $1/n$ 以下の柱の面積の和 (斜線部) は $n \to \infty$ で 0 に収束する. 一方, その和は $(I(n)-1)/n$ 以上である. ゆえに, $\lim_{n\to\infty} I(n)/n = 0$. $J(n)$ についても全く同様であるから, (9.1.19) が示された. 作り方から $|\nu^{(n)}| \leqq n(\sum_{i=1}^{\infty} \alpha_i + \sum_{i=1}^{\infty} \beta_i) \leqq n$ である. $\nu^{(n)}$ に $n - |\nu^{(n)}|$ 個の箱を次のようにつけ加える: 第 1 行に $\lceil \sqrt{n} \rceil$, 第 2 行に $\lceil \sqrt{n} \rceil, \cdots$, 最後は $\lceil \sqrt{n} \rceil$ 以下の残り. こうしてつけ加える行数は $\sqrt{n}$ 以下である. これでできる $\mu^{(n)} \in \mathbb{Y}_n$ は次式をみたす:

$$\begin{aligned} \lfloor n\alpha_i \rfloor &\leqq \mu_i^{(n)} \leqq \lfloor n\alpha_i \rfloor + J(n) + \lceil \sqrt{n} \rceil, \\ \lfloor n\beta_i \rfloor &\leqq \mu_i^{(n)\prime} \leqq \lfloor n\beta_i \rfloor + I(n) + \lceil \sqrt{n} \rceil, \qquad i \in \mathbb{N}. \end{aligned}$$

したがって, (9.1.19) により, (9.1.18) がみたされる. (9.1.18) が成り立てば, $\{\mu^{(n)}\}_{n\in\mathbb{N}}$ は (9.1.8) をみたす. したがって命題 9.6 により, $\{\mu^{(n)}\}$ は (4.4.31) の

Martin 距離に関して Cauchy 列になり, ある $\omega \in \partial\mathbb{Y}$ に収束する. こうして

$$(\alpha,\beta) \in \Delta \ \longmapsto \ \omega \in \partial\mathbb{Y} \tag{9.1.20}$$

なる写像が得られるが, (9.1.17) と (9.1.20) とが互いに逆の写像を与えることは, 作り方からただちに読みとれる.

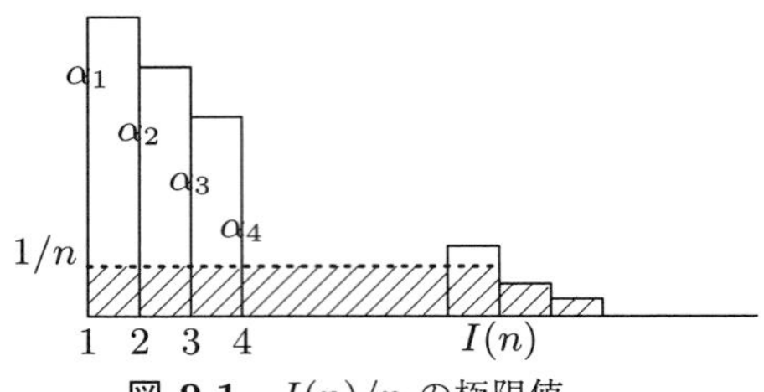

図 9.1　$I(n)/n$ の極限値

[Step 3]　Young 図形の列 $\{\mu^{(n)}\}_{n\in\mathbb{N}}$ が $\omega \in \partial\mathbb{Y}$ に Martin 距離の位相で収束すれば, $|\mu^{(n)}| \to \infty$ であって, (9.1.17), (9.1.20) で対応する (α,β) をとると, (9.1.8) が成り立つ. そうすると, 補題 9.1, (9.1.11) および (9.1.5) により,

$$\lim_{n\to\infty} p_k\Big(\frac{a_1(\mu^{(n)})}{|\mu^{(n)}|},\cdots,\frac{a_d(\mu^{(n)})}{|\mu^{(n)}|}\ \Big|\ \frac{b_1(\mu^{(n)})}{|\mu^{(n)}|},\cdots,\frac{b_d(\mu^{(n)})}{|\mu^{(n)}|}\Big) = p_k(\alpha,\beta), \quad k \in \mathbb{N}.$$

ゆえに, 定義 9.8 により,

$$\lim_{n\to\infty} s_\lambda\Big(\frac{a_1(\mu^{(n)})}{|\mu^{(n)}|},\cdots,\frac{a_d(\mu^{(n)})}{|\mu^{(n)}|}\ \Big|\ \frac{b_1(\mu^{(n)})}{|\mu^{(n)}|},\cdots,\frac{b_d(\mu^{(n)})}{|\mu^{(n)}|}\Big) = s_\lambda(\alpha,\beta), \quad \lambda \in \mathbb{Y}. \tag{9.1.21}$$

(9.1.21) と (9.1.10) により,

$$K(\lambda,\omega) = \lim_{n\to\infty} K(\lambda,\mu^{(n)}) = s_\lambda(\alpha,\beta), \qquad \lambda \in \mathbb{Y} \tag{9.1.22}$$

となり, (9.1.16) を得る. 補題 9.4(2) により, s_λ は Δ 上の連続関数である. そうすると, 補題 4.74(2) により, (9.1.20) の $\Delta \longrightarrow \partial\mathbb{Y}$ が連続になる. $\partial\mathbb{Y}$ はもちろん Hausdorff 的であるから, $\Delta \longleftrightarrow \partial\mathbb{Y}$ が位相同型である. ■

以後, 定理 9.9 の $\omega \leftrightarrow (\alpha,\beta)$ によって Young グラフの Martin 境界 $\partial\mathbb{Y}$ と Thoma 単体 Δ を同一視し, $s_\lambda(\omega) = s_\lambda(\alpha,\beta)$ 等と記す.

系 9.10　$\omega \in \Delta$ に対し, λ の関数 $s_\lambda(\omega)$ が $\mathcal{H}(\mathbb{Y})$ の元である[4].

---

[4] 一般論では, Martin 核が (4.4.22) のように優調和であった.

証明 (9.1.22) によって $s_\lambda(\omega) = \lim_{n\to\infty} K(\lambda, \mu^{(n)})$, $\lim_{n\to\infty} |\mu^{(n)}| = \infty$ と書ける. $|\lambda| < |\mu^{(n)}|$ の状況では $K(\lambda, \mu^{(n)})$ の λ に関する調和性の条件等式がみたされるから, $n \to \infty$ として $s_\lambda(\omega)$ が調和関数になる. $s_\lambda(\omega) \geqq 0$, $s_\varnothing(\omega) = 1$ もこの表示からただちにしたがう. ■

すでに見たように, (6.4.22) によって Martin 核 $K(\lambda, \mu) = d(\lambda, \mu)/d(\mu)$ の $|\mu| \to \infty$ のときの漸近挙動がわかっている. Landau 記号を用いずに (より正確に) 書けば: $k \in \mathbb{N}$ のとき, k に依存した (しかし n には依存しない) 定数 $C_k > 0$ があって, 任意の $\lambda \in \mathbb{Y}_k$ に対して

$$\max_{\mu\in\mathbb{Y}_n}\Big|K(\lambda,\mu) - s_\lambda\Big(\big(\frac{a_1(\mu)}{n}, \cdots, \frac{a_d(\mu)}{n}, 0, \cdots\big), \big(\frac{b_1(\mu)}{n}, \cdots, \frac{b_d(\mu)}{n}, 0, \cdots\big)\Big)\Big| \leqq \frac{C_k}{n}. \tag{9.1.23}$$

ここで, 超対称 Schur 関数のところは, (6.4.20) の

$$s_\lambda(\mu) = \sum_{\rho\in\mathbb{Y}_k} \frac{1}{z_\rho} \chi_\rho^\lambda p_\rho(\mu), \qquad \lambda \in \mathbb{Y}_k$$

を Δ 上の関数としての定義 (9.1.14) に即して書いている. ここで, 各 n 層 $\mathbb{Y}_n$ の Δ へのうめ込み $\iota_n = \iota|_{\mathbb{Y}_n} : \mathbb{Y}_n \longrightarrow \Delta$,

$$\mu \longmapsto \Big(\big(\frac{a_1(\mu)}{n}, \cdots, \frac{a_d(\mu)}{n}, 0, \cdots\big), \big(\frac{b_1(\mu)}{n}, \cdots, \frac{b_d(\mu)}{n}, 0, \cdots\big)\Big) \tag{9.1.24}$$

が自然に登場している.

$\mathcal{H}(\mathbb{Y})$ や $\mathcal{K}(\mathfrak{S}_\infty)$ の元を Martin 境界 (と位相同型な)Δ 上の積分で表す式 (Martin 積分表示) を示す. それは, よく知られた単位円板上の調和関数の境界 (単位円周) 上での積分表示や, 5.1 節で述べた Pascal 三角形上の調和関数の $[0, 1]$ 上での積分表示 (定理 5.13) と同系統の事実である. 単位円板内の半径 r の円周 $(0 < r < 1)$ の単位円周への動径方向に沿ううめ込みにあたるのが, 今は (9.1.24) である.

定理 9.11 任意の $\varphi \in \mathcal{H}(\mathbb{Y})$ に対し,

$$\varphi(\lambda) = \int_\Delta s_\lambda(\omega) Q(d\omega), \qquad \lambda \in \mathbb{Y} \tag{9.1.25}$$

をみたす $Q \in \mathcal{P}(\Delta)$ が一意的に存在する. (9.1.25) によって, $\mathcal{H}(\mathbb{Y})$ と $\mathcal{P}(\Delta)$ の間にアファイン同相な全単射対応ができる.

注意 9.12 コンパクト距離空間 Δ には, 可測構造としてそれに関する Borel

集合族 $\mathcal{B}(\Delta)$ を付与する. $\mathcal{P}(\Delta)$ の構造については, A.1 節参照. 定理 9.11 は抽象的には Choquet の定理に基づく定理 8.27 と同じ形式であるが, ここでは端点の分類パラメータや積分核の関数形, および重ね合せのための確率測度の求め方がすべて明示的に与えられ, その結果表示の一意性も自然に得られることに注意しよう.

定理 9.11 の証明 証明の流れは, Pascal 三角形の場合の定理 5.13 と同様である.

[Step 1] $Q \in \mathcal{P}(\Delta)$ から (9.1.25) によって定められる $\mathbb{Y}$ 上の関数 φ が $\mathcal{H}(\mathbb{Y})$ に属することは系 9.10 からわかるので, $\varphi \in \mathcal{H}(\mathbb{Y})$ に対する Q の存在と一意性が示されれば, $\mathcal{H}(\mathbb{Y})$ と $\mathcal{P}(\Delta)$ の間の全単射対応がしたがう. $\varphi \in \mathcal{H}(\mathbb{Y})$ に対して (9.1.25) の表示が得られたとして, Q が φ から一意的に定まることを示そう. $\{s_\lambda \,|\, \lambda \in \mathbb{Y}\}$ が張る部分空間 $\mathcal{S}$ が $C(\Delta; \mathbb{R})$ の中で稠密であることがわかれば, Q の一意性が言える. 定義 9.8 からわかるように, $\mathcal{S}$ は $\{p_\rho \,|\, \rho \in \mathbb{Y}\}$ によっても張られる. (9.1.4), (9.1.5), (9.1.13) により, $\mathcal{S}$ は 1 を含む $\mathbb{R}$ 上の代数である. また, 補題 9.4(3) により, $\mathcal{S}$ は Δ の任意の 2 点を分離する. したがって, Stone–Weierstrass の定理 (定理 A.5) を用いて, $\mathcal{S}$ が $C(\Delta; \mathbb{R})$ で稠密であることがわかる.

[Step 2] $M \in \mathcal{M}(\mathfrak{T})$ の第 n 層の周辺分布を $M^{(n)}$ とする[5]. すなわち, $M \in \mathcal{M}(\mathfrak{T}) \longleftrightarrow \varphi \in \mathcal{H}(\mathbb{Y})$ の対応のもとに,

$$M^{(n)}(\mu) = M(\{t \in \mathfrak{T} \,|\, t(n) = \mu\}) = d(\mu)\varphi(\mu), \qquad \mu \in \mathbb{Y}_n. \tag{9.1.26}$$

(9.1.24) のうめ込み $\iota_n : \mathbb{Y}_n \longrightarrow \Delta$ による $M^{(n)}$ の像測度 $\iota_{n*}M^{(n)}$ を考える. $\iota_{n*}M^{(n)}$ が $n \to \infty$ のときある $Q_0 \in \mathcal{P}(\Delta)$ に弱収束するとすれば,

$$\varphi(\lambda) = \int_\Delta s_\lambda(\omega) Q_0(d\omega), \qquad \lambda \in \mathbb{Y} \tag{9.1.27}$$

が成り立つことを示そう. (9.1.27) の両辺の差を 2 つに分けて

$$\begin{aligned}
&\left|\varphi(\lambda) - \int_\Delta s_\lambda(\omega) Q_0(d\omega)\right| \\
&\leqq \left|\varphi(\lambda) - \int_\Delta s_\lambda(\omega)(\iota_{n*}M^{(n)})(d\omega)\right| \\
&\quad + \left|\int_\Delta s_\lambda(\omega)(\iota_{n*}M^{(n)})(d\omega) - \int_\Delta s_\lambda(\omega) Q_0(d\omega)\right| = (\mathrm{I}) + (\mathrm{II})
\end{aligned}$$

とおく. (9.1.26) により,

$$\varphi(\lambda) = \sum_{\mu \in \mathbb{Y}_n} d(\lambda, \mu)\varphi(\mu) = \sum_{\mu \in \mathbb{Y}_n} K(\lambda, \mu) M^{(n)}(\mu).$$

---

5) 1 点集合での値 $M^{(n)}(\{\mu\})$ を $M^{(n)}(\mu)$ と略記する.

一方,
$$\int_\Delta s_\lambda(\omega)(\iota_{n*}M^{(n)})(d\omega) = \sum_{\mu\in\mathbb{Y}_n} s_\lambda(\iota_n\mu)M^{(n)}(\mu).$$
ゆえに, (9.1.23) を用いて, $\lambda \in \mathbb{Y}_k$ であれば,
$$(\mathrm{I}) \leqq \sum_{\mu\in\mathbb{Y}_n} |K(\lambda,\mu) - s_\lambda(\iota_n\mu)|M^{(n)}(\mu) \leqq \frac{C_k}{n}.$$
したがって, (I) は $n\to\infty$ で 0 に収束する. $s_\lambda \in C(\Delta;\mathbb{R})$ であるから, 弱収束の定義から (II) は $n\to\infty$ で 0 に収束する. これで (9.1.27) が言えた.

[Step 3] (9.1.25) の Q の存在を示す. 与えられた $\varphi\in\mathcal{H}(\mathbb{Y})$ に対応する $M\in\mathcal{M}(\mathfrak{T})$ から, (9.1.26) と (9.1.24) を使って $Q^{(n)} = \iota_{n*}M^{(n)}$ を定める. $\mathcal{P}(\Delta)$ のコンパクト性 (定理 A.14) によって, $\{Q^{(n)}\}_{n\in\mathbb{N}}$ の任意の部分列 $\{Q^{(n')}\}_{n'}$ は収束部分列 $\{Q^{(n'')}\}_{n''}$ を含む. $Q = \lim_{n''\to\infty} Q^{(n'')}$ とおくと, [Step 2] の議論により, この Q に対して (9.1.27) が成り立つ. [Step 1] の結果から, Q は φ によって一意的に決まり, 部分列 n' のとり方によらない. したがって, $\{Q^{(n)}\}_{n\in\mathbb{N}}$ 自体が Q に弱収束し, (9.1.25) が得られる. これで, (9.1.25) による全単射対応 $\mathcal{H}(\mathbb{Y}) \cong \mathcal{P}(\Delta)$ が示された. この写像がアファインであるのは明らかであるし, 同相であることもコンパクト性を利用した議論の援用によってただちにわかる. ■

定理 9.13 $\mathcal{H}(\mathbb{Y})$ の端点 (極小調和関数) 全体は $\{s_\lambda(\omega)\,|\,\omega\in\Delta\}$ と一致し, Δ と位相同型である.

証明 定理 9.11 によって $\mathcal{H}(\mathbb{Y})$ と $\mathcal{P}(\Delta)$ がアファイン同相であるから, その写像によって両者の端点どうしも対応する. $\mathcal{P}(\Delta)$ の端点全体は $\{\delta_\omega\,|\,\omega\in\Delta\}$ であり, $\mathcal{P}(\Delta)$ の相対位相 (弱収束の位相) に関して Δ と位相同型である. (9.1.25) によって, $\delta_\omega\in\mathcal{P}(\Delta) \longleftrightarrow s_\lambda(\omega)\in\mathcal{H}(\mathbb{Y})$ である. ■

系 9.14 $\mathfrak{S}_\infty$ の指標全体 $\mathcal{E}(\mathfrak{S}_\infty)$, $\mathbb{Y}$ 上の極小な正規化された非負調和関数全体, $\mathfrak{T}$ 上のエルゴード的な中心的確率測度全体, および $\mathfrak{S}_\infty$ の有限型の因子的ユニタリ表現の準同値類全体が, Thoma 単体 Δ によってパラメータづけされる. ■

定理 9.15 (Thoma の指標公式) $\omega\in\Delta$ に対応する $\mathfrak{S}_\infty$ の指標 ($\mathcal{E}(\mathfrak{S}_\infty)$ の元) f_ω の値は次式で与えられる:
$$f_\omega(x) = p_\rho(\omega), \qquad x\in C_\rho\subset\mathfrak{S}_\infty, \quad \rho\in\mathbb{Y}^\times. \tag{9.1.28}$$

証明 定理 9.13 により, 任意の $n\in\mathbb{N}$ に対して

$$f_\omega|_{\mathfrak{S}_n} = \sum_{\lambda\in\mathbb{Y}_n} \chi^\lambda s_\lambda(\omega)$$

が成り立つ. ゆえに (9.1.15) により, (9.1.28) を得る. ■

定理 9.16　任意の $f \in \mathcal{K}(\mathfrak{S}_\infty)$ に対し,

$$f(x) = \int_\Delta p_\rho(\omega)Q(d\omega), \qquad x \in C_\rho \subset \mathfrak{S}_\infty, \quad \rho \in \mathbb{Y}^\times \tag{9.1.29}$$

をみたす $Q \in \mathcal{P}(\Delta)$ が一意的に存在する. (9.1.29) によって, $\mathcal{K}(\mathfrak{S}_\infty)$ と $\mathcal{P}(\Delta)$ の間にアファイン同相な全単射対応ができる.

証明　定理 9.11 から定理 9.16 を導くのは容易である. 与えられた $f \in \mathcal{K}(\mathfrak{S}_\infty)$ に対応する $\varphi \in \mathcal{H}(\mathbb{Y})$ をとり, (9.1.25) で得られる $Q \in \mathcal{P}(\Delta)$ をとる. $x \in C_\rho \subset \mathfrak{S}_\infty$, $\rho \in \mathbb{Y}^\times$, $|\rho| \leqq n$ のとき, (9.1.15) も用いて,

$$\begin{aligned} f(x) &= \sum_{\lambda\in\mathbb{Y}_n} \chi^\lambda_{(\rho,1^{n-|\rho|})}\varphi(\lambda) = \int_\Delta \Big(\sum_{\lambda\in\mathbb{Y}_n} \chi^\lambda_{(\rho,1^{n-|\rho|})} s_\lambda(\omega)\Big) Q(d\omega) \\ &= \int_\Delta p_{(\rho,1^{n-|\rho|})}(\omega)Q(d\omega) = \int_\Delta p_\rho(\omega)Q(d\omega). \end{aligned}$$

すなわち (9.1.29) を得る. 逆に, (9.1.14) も用いて (9.1.29) から (9.1.25) が得られるから, $Q \in \mathcal{P}(\Delta)$ の一意性も言える. ■

注意 9.17　上の証明からわかるように, $\varphi \longleftrightarrow f$ が (5.2.16) の対応のもとにあるとき, (9.1.25) と (9.1.29) の Q は同一である.

注意 9.18　本節では $\mathfrak{S}_\infty$ の指標よりも先に $\mathcal{H}(\mathbb{Y})$ の極小元の特徴づけを行ったので, Thoma の指標公式を導くのに, $\mathcal{K}(\mathfrak{S}_\infty)$ での端点が乗法性によって特徴づけられるという事実 (定理 8.37) は用いていないことに注意しておく.

9.2　エルゴード的測度に関する概収束定理

9.1 節では, 対称群の既約指標や Young グラフの Martin 核の具体形を与える公式を用いて, それらの漸近挙動と Martin 境界の導出を行った. Young グラフの経路空間上の測度を用いれば, マルチンゲールの収束定理を援用した一般論として, Young 図形の増大列に沿う Martin 核の概収束を示すことができる. 本節では, ある程度一般的な分岐グラフ (またはネットワーク) の上で, この種の Martin 核の収束を示す. その後 Pascal 三角形や Young グラフに状況を特化して, 5.1 節や

9.1 節の結果との関係を見よう.

定義 9.19 高々可算な集合 $\mathbb{G}_n$ $(n \in \{0,1,2,\cdots\})$ を用意し, $\mathbb{G} = \bigsqcup_{n=0}^{\infty} \mathbb{G}_n$ とおく. $\mathbb{G}$ を頂点集合とし, 次の条件をみたすように辺が定義されたグラフを考える. $\mathbb{G}_n$ を第 n 層と呼ぶ.

(i) $\alpha, \beta \in \mathbb{G}$ に対し, α と β が辺でつながれるためには, α と β が隣接する層に属することが必要である. $\alpha \in \mathbb{G}_n$ と $\beta \in \mathbb{G}_{n+1}$ が辺でつながれているとき, $\alpha \nearrow \beta$ と書き, 辺 (α, β) を β の流入辺, α の流出辺と呼ぶ[6].

(ii) $\mathbb{G}_0$ は 1 頂点 $\varnothing$ のみから成り, $\varnothing$ は流入辺をもたない.

(iii) $\varnothing$ 以外の任意の頂点の流入辺全体は空でない有限集合である. 任意の頂点の流出辺全体は空でない (無限かもしれない) 集合である.

(iv) $\alpha, \beta \in \mathbb{G}$, $\alpha \nearrow \beta$ ならば, 辺 (α, β) には重複度 $\kappa(\alpha, \beta) > 0$ が割り当てられている. $\kappa(\alpha, \beta)$ は自然数でなくてよい.

$\alpha, \beta \in \mathbb{G}$ が隣接する層 (たとえばそれぞれ $\mathbb{G}_n$ と $\mathbb{G}_{n+1}$) にあって辺でつながれていないとき, $\kappa(\alpha, \beta) = 0$ と定めておく. α, β が隣接層にないときは, $\kappa(\alpha, \beta)$ を考えない. このようなグラフを分岐グラフということにし[7], 簡単のため頂点集合と同じ記号 $\mathbb{G}$ で表す. □

注意 9.20 Pascal 三角形と Young グラフは定義 9.19 における分岐グラフの例である. ともに辺の重複度は 0 でなければ常に 1 である.

定義 9.21 Young グラフのときと同じように, 分岐グラフ $\mathbb{G}$ の経路を

$$t = (t(0) \nearrow t(1) \nearrow \cdots \nearrow t(n) \nearrow \cdots), \qquad t(n) \in \mathbb{G}_n$$

と表す. 定義 9.19(ii) により, $t(0)$ はいつも $\varnothing$ である. このような $\varnothing$ からはじまる $\mathbb{G}$ の経路全体を $\mathfrak{T}(\mathbb{G})$ と書く. $\alpha \in \mathbb{G}_m$, $\beta \in \mathbb{G}_n$, $m < n$ とし, α から β に至る経路 u をとる: $\alpha = u(m) \nearrow u(m+1) \nearrow \cdots \nearrow u(n) = \beta$. u の重み w_u を

$$w_u = \kappa(u(m), u(m+1))\kappa(u(m+1), u(m+2)) \cdots \kappa(u(n-1), u(n)) \qquad (9.2.1)$$

と経路に沿う辺の重複度の積で定める. α から β に至るすべての経路で重みをたしあわせて得られる

$$d(\alpha, \beta) = \sum_{\text{経路 } u:\, \alpha \nearrow \cdots \nearrow \beta} w_u \qquad (9.2.2)$$

---

6) 流入辺, 流出辺は本書での仮の用語である.

7) 辺に重複度がのっているので, 分岐ネットワークという用語を使ってもよい.

を $\mathbb{G}$ の組合せ論的次元関数と呼ぼう．α から β に至る経路が存在しないときは $d(\alpha,\beta)=0$ とみなす．また，$d(\alpha,\alpha)=1$ と定める．□

注意 9.22　Young グラフでは経路の重みはいつも 1 であり，(9.2.2) で $\alpha=\varnothing$, $\beta=\lambda$ のとき $d(\varnothing,\lambda)=\dim\lambda$ を得る．$\mathbb{G}$ のときでも「次元関数」と呼ぶのはこの事実に基づく．

5.2 節との類似で，$\mathbb{G}$ 上の調和関数と $\mathfrak{T}(\mathbb{G})$ 上の中心的測度を導入する．

定義 9.23　分岐グラフ $\mathbb{G}$ において，$\varphi:\mathbb{G}\longrightarrow\mathbb{C}$ が調和関数であるとは，

$$\varphi(\alpha)=\sum_{\beta:\,\alpha\nearrow\beta}\kappa(\alpha,\beta)\varphi(\beta),\qquad \alpha\in\mathbb{G} \tag{9.2.3}$$

が成り立つことをいう．$\mathbb{G}$ 上の正規化された非負調和関数全体を

$$\mathcal{H}(\mathbb{G})=\{\varphi:\mathbb{G}\longrightarrow\mathbb{C}\,|\,\varphi \text{ は調和},\ \varphi(\alpha)\geqq 0,\ \varphi(\varnothing)=1\}$$

で表す．$\mathcal{H}(\mathbb{G})$ には各点収束の位相を入れる．□

$\mathcal{H}(\mathbb{G})$ は凸集合であり，可分な距離空間である．

補題 9.24　φ が $\mathbb{G}$ 上の調和関数ならば，

$$\varphi(\alpha)=\sum_{\beta\in\mathbb{G}_n}d(\alpha,\beta)\varphi(\beta),\qquad \alpha\in\mathbb{G}_m,\quad m\leqq n. \tag{9.2.4}$$

証明　(9.2.3) をくり返し用いて

$$\begin{aligned}\varphi(\alpha)&=\sum_{\beta\in\mathbb{G}_{m+1}}\kappa(\alpha,\beta)\varphi(\beta)=\sum_{\beta\in\mathbb{G}_{m+1}}\sum_{\gamma\in\mathbb{G}_{m+2}}\kappa(\alpha,\beta)\kappa(\beta,\gamma)\varphi(\gamma)\\&=\sum_{\gamma\in\mathbb{G}_{m+2}}d(\alpha,\gamma)\varphi(\gamma).\end{aligned}$$

これを第 n 層までくり返せば (9.2.4) を得る．$m=n$ のときは，(9.2.4) は自明な式である．■

$\varnothing$ からはじまる第 n 層までの有限の経路 $u=(u(0)\nearrow u(1)\nearrow\cdots\nearrow u(n))$ 全体をここでは $\mathfrak{T}_n(\mathbb{G})$ と書く．また，$\alpha\in\mathbb{G}_n$ に対し，$\mathfrak{T}(\alpha)=\{u\in\mathfrak{T}_n(\mathbb{G})\,|\,u(n)=\alpha\}$ とおく[8]．定義 9.19 の (iii) により，$\mathfrak{T}(\alpha)$ は有限集合である．

$u\in\mathfrak{T}_n(\mathbb{G})$ に対し，$C_u=\{t\in\mathfrak{T}(\mathbb{G})\mid t(k)=u(k),\ k=0,1,\cdots,n\}$ とおく．

---

[8] Young グラフでは，Young 盤との対応上，これらを $\mathrm{Tab}(n)$ や $\mathrm{Tab}(\alpha)$ と書いた．

$\mathfrak{T}(\mathbb{G})$ にはこれらの集合全体 $\mathcal{C} = \mathcal{C}(\mathfrak{T}(\mathbb{G})) = \{C_u \mid u \in \mathfrak{T}_n(\mathbb{G}),\ n \in \{0,1,2,\cdots\}\}$ を基底とする位相を考える. $\mathcal{C}$ は可算濃度であることに注意しよう. また, $\mathcal{C}$ に属する 2 つの集合は, 共通部分をもたないか包含関係をもつかのどちらかである. $\mathfrak{T}(\mathbb{G})$ をその位相を与えるように距離づけし, その距離に関して $\mathfrak{T}(\mathbb{G})$ を完全不連結な完備可分距離空間にできる. その位相に関する Borel 集合族 $\mathcal{B} = \mathcal{B}(\mathfrak{T}(\mathbb{G}))$ によって $\mathfrak{T}(\mathbb{G})$ に可測構造を付与する. $\mathcal{B}$ は $\mathcal{C}$ で生成される可算加法的集合族でもある. $\mathcal{C}$ の元の有限個の合併が筒集合であり, 筒集合全体は π-系である[9]. $M \in \mathcal{P}(\mathfrak{T}(\mathbb{G}))$ は $\mathcal{C}$ での値で決まる.

定義 9.25 $M \in \mathcal{P}(\mathfrak{T}(\mathbb{G}))$ が任意の $n \in \mathbb{N}$ に対して

$$u, v \in \mathfrak{T}_n(\mathbb{G}),\ u(n) = v(n) \quad \Longrightarrow \quad \frac{M(C_u)}{w_u} = \frac{M(C_v)}{w_v} \tag{9.2.5}$$

をみたすとき, M は中心的であるという. $\mathfrak{T}(\mathbb{G})$ 上の中心的確率測度全体を $\mathcal{M}(\mathfrak{T}(\mathbb{G}))$ と書く: $\mathcal{M}(\mathfrak{T}(\mathbb{G})) = \{M \in \mathcal{P}(\mathfrak{T}(\mathbb{G})) \mid M \text{ は中心的}\}$. $\mathcal{P}(\mathfrak{T}(\mathbb{G}))$ には確率測度の弱収束による位相を与え, $\mathcal{M}(\mathfrak{T}(\mathbb{G}))$ にはその相対位相を考える. M が $\mathcal{M}(\mathfrak{T}(\mathbb{G}))$ の端点であるとき, M はエルゴード的であるという. □

$\mathcal{M}(\mathfrak{T}(\mathbb{G}))$ は凸集合である. $\mathfrak{T}(\mathbb{G})$ が完備可分距離空間であるから, $\mathcal{P}(\mathfrak{T}(\mathbb{G}))$ では (したがって $\mathcal{M}(\mathfrak{T}(\mathbb{G}))$ でも) 命題 A.21 の距離がその位相を決める.

Young グラフにおいては, 経路空間上の測度の中心性が群 $\mathfrak{S}_0(\mathbb{Y}) = \langle \mathfrak{S}(\lambda) \mid \lambda \in \mathbb{Y} \rangle$ に関する不変性で特徴づけられた (補題 5.19). 一般の $\mathbb{G}$ においても同様の特徴づけが成り立つ. $\alpha \in \mathbb{G}_n$ に対し, $\mathfrak{T}(\alpha)$ の元の置換全体のなす群を $\mathfrak{S}(\alpha)$ とおく. (5.2.6) と同じように, $\sigma \in \mathfrak{S}(\alpha)$ の $\mathfrak{T}(\mathbb{G})$ への作用を $t \in \mathfrak{T}(\mathbb{G})$ に対して

$$\sigma(t) = \begin{cases} \sigma(t(0) \nearrow \cdots \nearrow t(n)) \nearrow t(n+1) \nearrow \cdots, & t(n) = \alpha \\ t, & t(n) \neq \alpha \end{cases} \tag{9.2.6}$$

と定める. (9.2.6) によって $\mathfrak{S}(\alpha)$ を $\mathfrak{T}(\mathbb{G})$ の置換群とみなす (うめ込む) ことができる. こうしてうめ込まれた $\{\mathfrak{S}(\alpha) \mid \alpha \in \mathbb{G}\}$ が生成する $\mathfrak{T}(\mathbb{G})$ の置換群を $\mathfrak{S}_0(\mathbb{G})$ と書く. $\sigma \in \mathfrak{S}_0(\mathbb{G})$, $t \in \mathfrak{T}(\mathbb{G})$ に対し, t と $\sigma(t)$ とはある層以降はずっと一致するので, ある $n_0 \in \mathbb{N}$ があって $n \geqq n_0 \implies \sigma(t)(n) = t(n)$. ゆえに, 重みの比

---

[9] π-λ 定理 (定理 A.7) 参照. 空集合も筒集合に含めている. このあたりは, 5.1 節の Pascal 三角形のときの $\sigma[\mathcal{C}_{\mathbb{P}}] = \mathcal{B}(\mathfrak{T}_{\mathbb{P}})$ と同じ事情である.

$$f_\sigma(t) = \frac{w_{\sigma(t)}}{w_t}, \qquad t \in \mathfrak{T}(\mathbb{G}) \tag{9.2.7}$$

を定義することができる. (9.2.7) の関数は, コサイクル条件をみたす:

$$f_{\sigma_1\sigma_2}(t) = f_{\sigma_1}(\sigma_2(t))f_{\sigma_2}(t), \qquad \sigma_1, \sigma_2 \in \mathfrak{S}_0(\mathbb{G}), \quad t \in \mathfrak{T}(\mathbb{G}).$$

補題 9.26　$M \in \mathcal{P}(\mathfrak{T}(\mathbb{G}))$ が中心的であるためには, (9.2.7) を用いた次の式が成り立つことが必要十分である:

$$M(\sigma B) = \int_B f_\sigma(t)M(dt), \qquad B \in \mathcal{B}, \quad \sigma \in \mathfrak{S}_0(\mathbb{G}). \tag{9.2.8}$$

証明　M が中心的, すなわち (9.2.5) をみたすとする. $\alpha \in \mathbb{G}_n$, $\sigma \in \mathfrak{S}(\alpha)$ とし, 有限の経路 $u = (u(0) \nearrow \cdots \nearrow u(m)) \in \mathfrak{T}_m(\mathbb{G})$ とそれが定める集合 C_u をとる.

(i) $m = n$ のとき. $u(m) = \alpha$ ならば,

$$\begin{aligned}\int_{C_u} f_\sigma(t)M(dt) &= \int_{C_u} \frac{w_{\sigma(t)}}{w_t}M(dt) = \int_{C_u} \frac{w_{\sigma(u)}}{w_u}M(dt) = \frac{w_{\sigma(u)}}{w_u}M(C_u) \\ &= M(C_{\sigma(u)}) = M(\sigma C_u).\end{aligned}$$

$u(m) \neq \alpha$ ならば, この左辺は $M(C_u) = M(\sigma C_u)$ に等しい.

(ii) $m < n$ のとき. C_u の分割 $C_u = \bigsqcup_{\beta \in \mathbb{G}_n} \bigsqcup_{\text{経路}\, u \nearrow \cdots \nearrow \beta} C_{u \nearrow \cdots \nearrow \beta}$ をとると,

$$\begin{aligned}\int_{C_u} f_\sigma(t)M(dt) &= \sum_{\beta \in \mathbb{G}_n} \sum_{u(m) \nearrow \cdots \nearrow \beta} \int_{C_{u \nearrow \cdots \nearrow \beta}} f_\sigma(t)M(dt) \\ &= \sum_{u(m) \nearrow \cdots \nearrow \alpha} \int_{C_{u \nearrow \cdots \nearrow \alpha}} f_\sigma(t)M(dt) \\ &\qquad + \sum_{\beta \in \mathbb{G}_n : \beta \neq \alpha} \sum_{u(m) \nearrow \cdots \nearrow \beta} \int_{C_{u \nearrow \cdots \nearrow \beta}} f_\sigma(t)M(dt).\end{aligned} \tag{9.2.9}$$

(9.2.9) の第 1 項は,

$$\begin{aligned}\sum_{u(m) \nearrow \cdots \nearrow \alpha} \int_{C_{u \nearrow \cdots \nearrow \alpha}} \frac{w_{\sigma(u \nearrow \cdots \nearrow \alpha)}}{w_{u \nearrow \cdots \nearrow \alpha}} M(dt) &= \sum_{u(m) \nearrow \cdots \nearrow \alpha} \frac{w_{\sigma(u \nearrow \cdots \nearrow \alpha)}}{w_{u \nearrow \cdots \nearrow \alpha}} M(C_{u \nearrow \cdots \nearrow \alpha}) \\ = \sum_{u(m) \nearrow \cdots \nearrow \alpha} M(C_{\sigma(u \nearrow \cdots \nearrow \alpha)}) &= \sum_{u(m) \nearrow \cdots \nearrow \alpha} M(\sigma C_{u \nearrow \cdots \nearrow \alpha}).\end{aligned}$$

一方, (9.2.9) の第 2 項は,

$$\sum_{\beta \in \mathbb{G}_n : \beta \neq \alpha} \sum_{u(m) \nearrow \cdots \nearrow \beta} M(C_{u \nearrow \cdots \nearrow \beta}) = \sum_{\beta \in \mathbb{G}_n : \beta \neq \alpha} \sum_{u(m) \nearrow \cdots \nearrow \beta} M(\sigma C_{u \nearrow \cdots \nearrow \beta}).$$

この 2 式を加えると,

$$\sum_{\beta\in\mathbb{G}_n}\sum_{u(m)\nearrow\cdots\nearrow\beta} M(\sigma C_{u\nearrow\cdots\nearrow\beta}) = M\Big(\sigma(\bigsqcup_{\beta\in\mathbb{G}_n}\bigsqcup_{u(m)\nearrow\cdots\nearrow\beta} C_{u\nearrow\cdots\nearrow\beta})\Big) = M(\sigma C_u).$$

(iii) $m > n$ のとき. α が経路 u 上にあってもなくても,

$$\int_{C_u} f_\sigma(t)M(dt) = \frac{w_{\sigma(u)}}{w_u}M(C_u) = M(C_{\sigma(u)}) = M(\sigma C_u).$$

(i) – (iii) により, 任意の $C_u \in \mathcal{C}$ 上で (9.2.8) が成り立つ. そうすると, $\mathcal{B}$ 上でも, (9.2.8) を得る.

逆に, (i) の議論により, (9.2.8) から中心性 (9.2.5) がしたがう. ■

命題 9.27 $\mathcal{H}(\mathbb{G})$ と $\mathcal{M}(\mathfrak{T}(\mathbb{G}))$ の間には次の式によって全単射対応が定まる: $\varphi \in \mathcal{H}(\mathbb{G})$ と $M \in \mathcal{M}(\mathfrak{T}(\mathbb{G}))$ に対し,

$$\varphi(\alpha) = \frac{M(C_u)}{w_u}, \qquad \alpha \in \mathbb{G}, \quad u \in \mathfrak{T}(\alpha). \tag{9.2.10}$$

この $\mathcal{H}(\mathbb{G}) \cong \mathcal{M}(\mathfrak{T}(\mathbb{G}))$ はアファイン同相である.

証明 (9.2.10) が $\mathcal{H}(\mathbb{G})$ と $\mathcal{M}(\mathfrak{T}(\mathbb{G}))$ の間の全単射対応を与えることは, 測度の加法性と調和関数の性質が対応していることからわかる:

$$\begin{aligned}\frac{M(C_u)}{w_u} &= \sum_{\beta:\,\alpha\nearrow\beta}\frac{M(C_{u\nearrow\beta})}{w_u} = \sum_{\beta:\,\alpha\nearrow\beta}\frac{w_{u\nearrow\beta}}{w_u}\frac{M(C_{u\nearrow\beta})}{w_{u\nearrow\beta}}\\ &= \sum_{\beta:\,\alpha\nearrow\beta}\kappa(\alpha,\beta)\frac{M(C_{u\nearrow\beta})}{w_{u\nearrow\beta}}\end{aligned}$$

など. アファイン性は明らかである.

$M \in \mathcal{M}(\mathfrak{T}(\mathbb{G})) \mapsto \varphi \in \mathcal{H}(\mathbb{G})$ の連続性の証明は命題 5.9 や命題 5.21 と同様で, $\mathcal{C}$ に属する集合が $\mathfrak{T}(\mathbb{G})$ の閉かつ開部分集合であること, したがってその定義関数が連続関数であることに注意すればよい. 逆の $\varphi \mapsto M$ の連続性を確認しよう[10]. $\mathcal{H}(\mathbb{G})$ の中で点列 $\{\varphi_n\}$ が φ に $n \to \infty$ で収束するとし, 対応する $\{M_n\}$ が M に弱収束することを見る. そのためには, $\mathfrak{T}(\mathbb{G})$ の任意の開集合 O に対して

$$M(O) \leqq \liminf_{n\to\infty} M_n(O)$$

が成り立つことを言えばよい (定理 A.17). $\mathfrak{T}(\mathbb{G})$ の位相の特性から, O は $C_j \in \mathcal{C}$ (可算濃度) の互いに素な合併で表示される: $O = \bigsqcup_{j=1}^{\infty} C_j$. このとき,

---

10) 今度は $\mathbb{P}$ や $\mathbb{Y}$ のときのようにコンパクト性の議論で済ますことはできない.

$$M(O) = \sum_{j=1}^{\infty} M(C_j) = \sum_{j=1}^{\infty} \lim_{n\to\infty} M_n(C_j) \leqq \liminf_{n\to\infty} \sum_{j=1}^{\infty} M_n(C_j) = \liminf_{n\to\infty} M_n(O).$$

第 2 等号は $\varphi = \lim_{n\to\infty} \varphi_n$ による．これで同相が示された．■

各 $n \in \mathbb{N}$ に対し，$X_n : \mathfrak{T}(\mathbb{G}) \longrightarrow \mathbb{G}_n$ を $X_n(t) = t(n)$ で定める[11)]．$\mathfrak{T}(\mathbb{G})$ の Borel 集合族 $\mathcal{B}$ は $X_1, X_2, \cdots$ で生成される (すなわち，$\mathbb{G}_n$ ではすべての部分集合を可測として，$X_1, X_2, \cdots$ を可測にする $\mathfrak{T}(\mathbb{G})$ の最小の可算加法的集合族である)．$X_n, X_{n+1}, \cdots$ で生成される $\mathcal{B}$ の部分可算加法的集合族を $\mathcal{B}_n$ と書く．$\mathcal{B}_\infty = \bigcap_{n=1}^{\infty} \mathcal{B}_n$ とおく．$\mathcal{B}_\infty$ は末尾可算加法的集合族とも呼ばれる．

補題 9.28　$M \in \mathcal{M}(\mathfrak{T}(\mathbb{G}))$ がエルゴード的ならば，$\mathfrak{S}_0(\mathbb{G})$-不変 (mod M) な集合に対して 0-1 法則が成り立つ．すなわち，$B \in \mathcal{B}$ が $M(B \triangle \sigma B) = 0$ ($\forall \sigma \in \mathfrak{S}_0(\mathbb{G})$) をみたせば，$M(B) = 0$ または 1 である．特に $B \in \mathcal{B}_\infty$ ならば，$M(B) = 0$ または 1 である．

証明　命題 5.7 の (ア)$\Longrightarrow$(イ) と同様である．$E \in \mathcal{B}$ が $\mathfrak{S}_0(\mathbb{G})$-不変 (mod M) であって $M(E) \neq 0, 1$ と仮定し，

$$M_1(B) = \frac{M(B \cap E)}{M(E)}, \quad M_2(B) = \frac{M(B \cap E^c)}{M(E^c)}, \qquad B \in \mathcal{B}$$

とおく．$M_1, M_2 \in \mathcal{P}(\mathfrak{T}(\mathbb{G}))$ は中心的である．実際，$\alpha \in \mathbb{G}$ と $\sigma \in \mathfrak{S}(\alpha)$ を任意にとる．E が $M(E \triangle \sigma E) = 0$ をみたすから，(9.2.8) も用いることにより，

$$\begin{aligned} M_1(\sigma B) &= \frac{M((\sigma B) \cap E)}{M(E)} = \frac{M(\sigma(B \cap E))}{M(E)} \\ &= \frac{1}{M(E)} \int_B f_\sigma(t) 1_E(t) M(dt) = \int_B f_\sigma(t) M_1(dt), \qquad B \in \mathcal{B}. \end{aligned}$$

$E^c \triangle \sigma E^c = E \triangle \sigma E$ だから，M_2 についても同様である．こうして，台が共通部分をもたない中心的な確率測度 M_1 と M_2 を用いて M の凸分解

$$M = M(E) M_1 + M(E^c) M_2$$

を得る．これは M のエルゴード性に矛盾する．これで結論が示された．

$\alpha \in \mathbb{G}_n$, $n < m$ ならば，$B \in \mathcal{B}_m$ と $\sigma \in \mathfrak{S}(\alpha)$ に対して $\sigma B = B$ が成り立つ．したがって，$B \in \mathcal{B}_\infty$ ならば，B は $\mathfrak{S}_0(\mathbb{G})$-不変である．■

---

11)　単に確率変数らしい表記のため．

補題 9.29 $M \in \mathcal{M}(\mathfrak{T}(\mathbb{G}))$ がエルゴード的であるとする. $\mathcal{B}_\infty$-可測な $\mathfrak{T}(\mathbb{G})$ 上の $\mathbb{R}$ 値関数 ϕ は M-a.s. に定数である.

証明 補題 9.28 により, M に関する ϕ の分布関数の値は 0 か 1 しかないので, $\phi_* M = \delta_a$ となる $a \in \mathbb{R}$ がある. そうすると, M-a.s. に $\phi = a$ が成り立つ. ■

定理 9.30 $M \in \mathcal{M}(\mathfrak{T}(\mathbb{G}))$ がエルゴード的であるとし, M に対応する $\mathcal{H}(\mathbb{G})$ の極小元を φ とする. このとき, M-a.s. 経路 $t \in \mathfrak{T}(\mathbb{G})$ に対し,

$$\lim_{n\to\infty} K(\alpha, t(n)) = \varphi(\alpha), \qquad \alpha \in \mathbb{G}$$

が成り立つ.

定理 9.30 の証明には, 逆向きのマルチンゲールの収束定理を使うと見通しがよく, ほとんど何の工夫も要らずに証明が進行する. まず, この収束定理の定式化を述べる (定理 9.31). 定理 9.31 の証明は A.6 節にまわす. A.5 節に述べられている条件つき平均 $E[X \mid \mathcal{C}]$ を思い出そう.

定理 9.31 $(\Omega, \mathcal{F}, P)$ を確率空間とし, $(\mathcal{G}_n)_{n=0}^\infty$ を $\mathcal{F}$ の部分可算加法的集合族の減少列 (すなわち $\mathcal{F} \supset \mathcal{G}_0 \supset \mathcal{G}_1 \supset \cdots$) とする. 次の条件をみたす $\mathbb{R}$-値確率変数列 $(Z_n)_{n=0}^\infty$ を考える: $n = 0, 1, 2, \cdots$ に対し,

$$Z_n \text{が } \mathcal{G}_n\text{-可測} \quad \text{かつ} \qquad E[|Z_n|] < \infty,$$
$$E[Z_n|\mathcal{G}_{n+1}] = Z_{n+1} \qquad P\text{-a.s.}$$

このとき, $\{Z_n\}_{n=0}^\infty$ は一様可積分であり, ある $\mathbb{R}$ 値確率変数 Z_∞ があって

$$Z_\infty = \lim_{n\to\infty} Z_n \qquad P\text{-a.s.} \ \text{かつ} \ \text{in } L^1(\Omega, \mathcal{F}, P)$$

が成り立つ. さらに, $\mathcal{G}_\infty = \bigcap_{n=0}^\infty \mathcal{G}_n$ とおくと, $n = 0, 1, 2, \cdots$ に対して

$$Z_\infty = E[Z_n|\mathcal{G}_\infty] \quad P\text{-a.s.} \tag{9.2.11}$$

が成り立つ.

定理 9.30 の証明 $\alpha \in \mathbb{G}_k$, $n \geqq k$ に対して

$$Z_n^{(\alpha)}(t) = \frac{d(\alpha, X_n(t))}{d(X_n(t))} = \frac{d(\alpha, t(n))}{d(t(n))} = K(\alpha, t(n)), \qquad t \in \mathfrak{T}(\mathbb{G}) \tag{9.2.12}$$

とおく. $Z_n^{(\alpha)}$ は確率空間 $(\mathfrak{T}(\mathbb{G}), \mathcal{B}, M)$ 上の $\mathcal{B}_n$-可測な非負確率変数である.

$(Z_n^{(\alpha)})_{n\geqq k}$ が部分可算加法的集合族の減少列 $(\mathcal{B}_n)_{n\geqq k}$ に関して

$$E[Z_n^{(\alpha)} \mid \mathcal{B}_{n+1}] = Z_{n+1}^{(\alpha)} \qquad M\text{-a.s.}$$

をみたすことを示そう. それには, 任意の $n \geqq k$ に対し,

$$\int_A Z_n^{(\alpha)}(t)M(dt) = \int_A Z_{n+1}^{(\alpha)}(t)M(dt), \qquad A \in \mathcal{B}_{n+1} \tag{9.2.13}$$

を検証すればよい. $\mathcal{B}_{n+1}$ は $X_{n+1}, X_{n+2}, \cdots$ で生成される:

$$\mathcal{B}_{n+1} = \sigma\Big[\bigcup_{r=1}^{\infty} \sigma[X_{n+1}, \cdots, X_{n+r}]\Big].$$

任意の $r \in \mathbb{N}$ に対して

$$A = \{t \in \mathfrak{T}(\mathbb{G}) \,|\, t(n+1) = \beta_1, \cdots, t(n+r) = \beta_r\}, \qquad \beta_j \in \mathbb{G}_{n+j} \tag{9.2.14}$$

という形の筒集合 ($\sigma[X_{n+1}, \cdots, X_{n+r}]$ の元) について (9.2.13) が成り立つことを確認する. (9.2.14) の A の測度の値を計算すると,

$$\begin{aligned} M(A) &= \sum_{u \in \mathfrak{T}_n(\mathbb{G}): u(n) \nearrow \beta_1} M(C_{u \nearrow \beta_1 \nearrow \cdots \nearrow \beta_r}) \\ &= \sum_{u \in \mathfrak{T}_n(\mathbb{G}): u(n) \nearrow \beta_1} w_{u \nearrow \beta_1 \nearrow \cdots \nearrow \beta_r} \varphi(\beta_r) = d(\beta_1)\, w_{\beta_1 \nearrow \cdots \nearrow \beta_r} \varphi(\beta_r). \end{aligned}$$

したがって (9.2.13) の右辺は

$$\int_A \frac{d(\alpha, t(n+1))}{d(t(n+1))} M(dt) = \frac{d(\alpha, \beta_1)}{d(\beta_1)} M(A) = d(\alpha, \beta_1)\, w_{\beta_1 \nearrow \cdots \nearrow \beta_r} \varphi(\beta_r).$$

一方, A の分割

$$A = \bigsqcup_{\beta \in \mathbb{G}_n: \beta \nearrow \beta_1} A_\beta, \quad A_\beta = \{t \in \mathfrak{T}(\mathbb{G}) \,|\, t(n) = \beta, t(n+1) = \beta_1, \cdots, t(n+r) = \beta_r\}$$

を考えると, (9.2.13) の左辺は

$$\begin{aligned} &\sum_{\beta \in \mathbb{G}_n: \beta \nearrow \beta_1} \int_{A_\beta} \frac{d(\alpha, t(n))}{d(t(n))} M(dt) = \sum_{\beta \in \mathbb{G}_n: \beta \nearrow \beta_1} \frac{d(\alpha, \beta)}{d(\beta)} M(A_\beta) \\ &= \sum_{\beta \in \mathbb{G}_n: \beta \nearrow \beta_1} \frac{d(\alpha, \beta)}{d(\beta)} d(\beta)\, w_{\beta \nearrow \beta_1 \nearrow \cdots \nearrow \beta_r} \varphi(\beta_r) = d(\alpha, \beta_1)\, w_{\beta_1 \nearrow \cdots \nearrow \beta_r} \varphi(\beta_r). \end{aligned}$$

ゆえに, (9.2.14) の A に対して (9.2.13) が示された. そうすると, $A = \mathfrak{T}(\mathbb{G})$ に対しても (9.2.13) が成り立ち,

$$E[Z_n^{(\alpha)}] = E[Z_k^{(\alpha)}] = \frac{M(X_k = \alpha)}{d(\alpha)} = \frac{1}{d(\alpha)} \sum_{u \in \mathfrak{T}_k(\alpha)} w_u \varphi(\alpha) = \varphi(\alpha). \qquad (9.2.15)$$

特に, $Z_n^{(\alpha)}$ は可積分である. (9.2.13) の等式をみたすような集合 A 全体は λ-系をなすから (定理 A.7), $\mathcal{B}_{n+1}$ 上で (9.2.13) が成り立つことが言えた. 定理 9.31 により, ある $Z_\infty^{(\alpha)}$ があって $Z_n^{(\alpha)}$ が $n \to \infty$ のとき $Z_\infty^{(\alpha)}$ に M-a.s. かつ $L^1(\mathfrak{T}(\mathbb{G}), M)$ で収束する. (9.2.11) のように, $Z_\infty^{(\alpha)}$ は $\mathcal{B}_\infty$-可測関数 $E[Z_n^{(\alpha)} \,|\, \mathcal{B}_\infty]$ に M-a.s. に等しいから, 補題 9.29 によって M-a.s. に定数 C であることがわかる. ここで, (9.2.15) により, $C = E[Z_\infty^{(\alpha)}] = \lim_{n\to\infty} E[Z_n^{(\alpha)}] = \varphi(\alpha)$. すなわち, 各 $\alpha \in \mathbb{G}$ ごとに (9.2.12) が M-a.s. に $\varphi(\alpha)$ に収束することが言えた. $\mathbb{G}$ が可算集合だから, 収束の除外集合は α に共通にとり直せる. これで定理の結論が示された. ■

分岐グラフ $\mathbb{G}$ として Young グラフの場合を考える.

定理 9.32 $M \in \mathcal{M}(\mathfrak{T})$ がエルゴード的であるとし, (9.1.1) で M に対応する $\mathcal{H}(\mathbb{Y})$ の極小元を φ とする. このとき, M-a.s. 経路 $t \in \mathfrak{T}$ に対し,

$$\lim_{n\to\infty} \frac{d(\lambda, t(n))}{d(t(n))} = \varphi(\lambda), \qquad \lambda \in \mathbb{Y}$$

が成り立つ. したがって, M-a.s. 経路 $t \in \mathfrak{T}$ に対し,

$$\alpha_i = \lim_{n\to\infty} \frac{a_i(t(n))}{n}, \qquad \beta_i = \lim_{n\to\infty} \frac{b_i(t(n))}{n}, \qquad i \in \mathbb{N} \qquad (9.2.16)$$

なる極限が存在する.

証明 前半は定理 9.30 の特殊化である. 後半はそれに命題 9.6 をあわせた. ■

定理 9.33 $f \in \mathcal{E}(\mathfrak{S}_\infty)$ が与えられたとし, (9.1.1) で f に対応するエルゴード的な $M \in \mathcal{M}(\mathfrak{T})$ をとる. このとき, M-a.s. 経路 $t \in \mathfrak{T}$ に対し,

$$\lim_{n\to\infty} \tilde{\chi}^{t(n)}(g) = f(g), \qquad g \in \mathfrak{S}_\infty$$

が成り立つ.

証明 f と M に対応する極小な $\varphi \in \mathcal{H}(\mathbb{Y})$ をとる. 対応の仕方から

$$f|_{\mathfrak{S}_k} = \sum_{\lambda \in \mathbb{Y}_k} \varphi(\lambda) \chi^\lambda, \qquad k \in \mathbb{N} \qquad (9.2.17)$$

である. 対称群の既約指標の制限の分岐則をくり返し用いて得られる

$$\tilde{\chi}^{t(n)}|_{\mathfrak{S}_k} = \sum_{\lambda \in \mathbb{Y}_k} \frac{d(\lambda, t(n))}{d(t(n))} \chi^\lambda$$

と (9.2.17) を比較し, 定理 9.32 を用いれば,

$$\lim_{n \to \infty} \tilde{\chi}^{t(n)}|_{\mathfrak{S}_k} = f|_{\mathfrak{S}_k} \qquad M\text{-a.s.}$$

k について除外集合を共通にとり直せば, 定理の主張を得る. ■

例 9.34　$\mathbb{G} = \mathbb{P}$ の場合に適用した結果も記しておこう. Martin 境界 $\partial\mathbb{P}$ は閉区間 $[0,1]$ と同一視され, 系 5.14 により, $p \in [0,1]$ に対応する $\mathcal{H}(\mathbb{P})$ の極小元 φ_p は

$$\varphi_p((a,b)) = p^a(1-p)^b, \qquad (a,b) \in \mathbb{P}$$

であった. これに対応する $M_p \in \mathcal{M}(\mathfrak{T}_{\mathbb{P}})$ を $\mathfrak{T}_{\mathbb{P}} \cong \{-1,1\}^{\mathbb{N}}$ のもとで $\mathcal{P}(\{-1,1\}^{\mathbb{N}})$ の元とみなしたものが $P_p = (p\delta_1 + (1-p)\delta_{-1})^\infty$ であった (系 5.15). つまり表の確率が p のコイン投げの独立試行列を記述する確率測度である. 定理 9.30 によって, 確率測度 M_p, P_p に関する概収束が得られるが, 補題 5.11 を考慮すれば, それは

$$\lim_{n \to \infty} \frac{c_n}{n} = p, \qquad M_p\text{-a.s. 経路 } (0,0) \nearrow \cdots \nearrow (c_n, d_n) \nearrow \cdots$$

(ただし, $(c_n, d_n) \in \mathbb{P}_n$) を意味する. まさしくコイン投げにおける大数の強法則にほかならない.

9.3　Gelfand–Raikov 表現の中心分解

正定値関数 f と GR 表現 π_f の関係 (定義 8.8), 端点と因子表現の対応 (定理 8.11), および正定値関数の分解 (粗くは定理 8.19, 詳しくは定理 9.16) をあわせると, $\mathfrak{S}_\infty$ の GR 表現 π_f の因子分解が得られると見込まれる. 本節ではこのことを示し, できるだけ具体的な分解の表示を得よう. ユニタリ表現の直積分についてのやや進んだ概念が必要になるが, 本書では一般的な定義に踏み込むのはやめて, $\mathfrak{S}_\infty$ や Δ (Thoma 単体 (9.1.3)) に即して自己充足的に述べる. 記号の説明をあとまわしにして, まずは定理を掲げてみよう.

定理 9.35　$f \in \mathcal{K}(\mathfrak{S}_\infty)$ の端点分解

$$f(x) = \int_\Delta f_\omega(x) Q(d\omega), \qquad x \in \mathfrak{S}_\infty \tag{9.3.1}$$

を考える. ここで, $f_\omega \in \mathcal{E}(\mathfrak{S}_\infty)$, $Q \in \mathcal{P}(\Delta)$ であり, $x \in C_\rho$ $(\rho \in \mathbb{Y}^\times)$ における値

は (9.1.29) にあるように, $f_\omega(x) = p_\rho(\omega)$ と超対称べき和を用いて表される. f および各 f_ω $(\omega \in \Delta)$ が定める GR 表現における 3 つ組をそれぞれ (π, H, u) および $(\pi_\omega, H_\omega, u_\omega)$ で表す. すなわち, 定義 8.8 における π_f を π, π_{f_ω} を π_ω 等々と略記する. このとき,

$$\mathfrak{H} = \int_\Delta H_\omega Q(d\omega), \quad \mathfrak{u} = \int_\Delta u_\omega Q(d\omega), \quad \varpi = \int_\Delta \pi_\omega Q(d\omega) \tag{9.3.2}$$

とおくと, $\mathfrak{u}$ が ϖ の巡回ベクトルになり, (π, H, u) を $(\varpi, \mathfrak{H}, \mathfrak{u})$ に写すユニタリ作用素 A が存在する. すなわち, $A \in R(\pi, \varpi)$, $Au = \mathfrak{u}$ が成り立ち, π と ϖ が同値になる.

(9.3.2) の直積分の定義を述べる. 直観的には, Δ という基盤の上に Q という糊でもって Hilbert 空間なり作用素環なりを植えつけたものが直積分である. (9.3.2) の $\varpi(x)$ は, 各 ω に生えているファイバーから作用素 $\pi_\omega(x)$ を 1 つずつ選び出したものであって, Δ 上の作用素場である. 8.1 節の GR 表現の構成のときに使った記号 M_{fin}, J_f 等をここでも使う. ただし, J_{f_ω} を J_ω と略記する. $\mu \in M_{\mathrm{fin}}$ に対し, $\mu + J_\omega$ を $\tilde{\mu}^\omega$ と書く: $\mu \in M_{\mathrm{fin}} \longmapsto \tilde{\mu}^\omega = \mu + J_\omega \in M_{\mathrm{fin}}/J_\omega \subset H_\omega = \overline{M_{\mathrm{fin}}/J_\omega}$. オーバーラインは, $M_{\mathrm{fin}}/J_\omega$ の内積

$$\langle \tilde{\mu}^\omega, \tilde{\nu}^\omega \rangle_{H_\omega} = \langle \mu, \nu \rangle_{f_\omega} = \sum_{x,y \in \mathfrak{S}_\infty} \overline{\mu(x)} \nu(y) f_\omega(x^{-1}y)$$

による完備化を表すのであった. このとき, $u_\omega = \delta_e + J_\omega = \tilde{\delta_e}^\omega$ である. ファイバー H_ω たちを植えつける際, ω に関する可測性に注意を払う必要がある. 一般にはそこに微妙な論点が生じるが, 本節では, 可算濃度の離散群 $\mathfrak{S}_\infty$ の作用とコンパクト距離空間 Δ の Borel 集合族を扱うだけであるので, さほど心配はいらない. Δ 上のベクトル場の可算族 $\{\tilde{\delta}_x = (\tilde{\delta}_x^\omega)_{\omega \in \Delta} \,|\, x \in \mathfrak{S}_\infty\}$ は, 次の性質をもつ:

- 任意の $x, y \in \mathfrak{S}_\infty$ に対し,

$$\langle \tilde{\delta}_x^\omega, \tilde{\delta}_y^\omega \rangle_{H_\omega} = f_\omega(x^{-1}y) \quad \text{は } \omega \text{ の連続関数.} \tag{9.3.3}$$

- 任意の $\omega \in \Delta$ に対し, $\mathrm{L.h.}\{\tilde{\delta}_x^\omega \,|\, x \in \mathfrak{S}_\infty\} = \{\tilde{\xi}^\omega \,|\, \xi \in M_{\mathrm{fin}}\}$ は H_ω で稠密.

(9.3.3) により, $\tilde{\delta}_x^\omega$ は H_ω の単位ベクトルである. $(H_\omega)_{\omega \in \Delta}$ は Δ 上の Hilbert 空間の可測な場と呼ばれるものの 1 つの例である. $v = (v_\omega) \in \prod_{\omega \in \Delta} H_\omega$ が可測なベクトル場であるとは, 任意の $x \in \mathfrak{S}_\infty$ に対して $\langle \tilde{\delta}_x^\omega, v_\omega \rangle_{H_\omega}$ が Δ 上の Borel 可測関数であることを意味する. このとき, $\|v_\omega\|_{H_\omega}$ も Borel 可測関数である. 実際, 次

の命題 9.36 を認めれば，$\|v_\omega\|_{H_\omega}^2 = \sum_{k=1}^{\infty} |\langle e_k(\omega), v_\omega \rangle_{H_\omega}|^2$ $(\omega \in \Delta)$ となる．

命題 9.36　Δ 上の Hilbert 空間の可測場 $(H_\omega)_{\omega\in\Delta}$ において，次の条件をみたす Δ 上の可測ベクトル場の列 $\{e_k\}_{k\in\mathbb{N}}$ がとれる:

(i) 任意の $\omega \in \Delta$ に対し[12]，

$$\cdot\ \ \{e_k(\omega)\}_{k=1}^{\dim H_\omega} \text{ が } H_\omega \text{ の正規直交基底},$$

$$\cdot\ \ k > \dim H_\omega \quad \text{ならば} \quad e_k(\omega) = 0.$$

(ii) 各 $k \in \mathbb{N}$ ごとに Δ の高々可算な可測分割 $\Delta = \bigsqcup_{p=1}^{\infty} \Delta_p^k$, $\Delta_p^k \in \mathcal{B}(\Delta)$ があって[13]，$\omega \in \Delta_p^k$ では $e_k(\omega)$ は有限個の $\tilde{\delta}_x^\omega$ たちの線型結合: $F_p^k \subset \mathfrak{S}_\infty$, $|F_p^k| < \infty$,

$$e_k(\omega) = \sum_{x \in F_p^k} \alpha_{k,p}(x,\omega)\tilde{\delta}_x^\omega, \qquad \alpha_{k,p}(x,\omega) \in \mathbb{C} \tag{9.3.4}$$

で，しかも $\alpha_{k,p}(x,\omega)$ が ω の Borel 可測関数であるようにできる．

証明　[Step 1] $\mathfrak{S}_\infty$ を整列して $\{x_1, x_2, x_3, \cdots\}$ としておく．$\omega \in \Delta$ を 1 つとる．H_ω の単位ベクトルの列 $\{\tilde{\delta}_{x_1}^\omega, \tilde{\delta}_{x_2}^\omega, \cdots\}$ から次のようにベクトルを抜き出す．$\varepsilon_1(\omega) = \tilde{\delta}_{x_1}^\omega$ とおき，$j > 1$ に対しては $\mathrm{L.h.}\{\varepsilon_1(\omega), \cdots, \varepsilon_{j-1}(\omega)\}$ に属さない最初のベクトルを $\varepsilon_j(\omega)$ とおく．そういうベクトルがない場合は，$\varepsilon_j(\omega) = 0$ とおく．こうして Δ 上のベクトル場の列 $\{\varepsilon_j\}_{j\in\mathbb{N}}$ ができ[14]，任意の $\omega \in \Delta$ に対して $\mathrm{L.h.}\{\tilde{\delta}_x^\omega\}_x = \mathrm{L.h.}\{\varepsilon_j(\omega)\}_j$ が成り立つ．

[Step 2] $k \in \mathbb{N}$ に対し，次のような Δ の可測分割 $\Delta = \bigsqcup_{p=1}^{\infty} \Delta_p^k$ が存在することを示す:「任意の $j \in \{1, \cdots, k\}$ と任意の $p \in \mathbb{N}$ に対して

$$\cdot\ \ \varepsilon_j(\omega) = 0 \quad (\omega \in \Delta_p^k),$$

$$\cdot\ \ \varepsilon_j(\omega) = \tilde{\delta}_{x_{n(j)}}^\omega \quad (\omega \in \Delta_p^k), \quad \text{ただし } n(j) \text{ は } \omega\ (\in \Delta_p^k) \text{ によらない}$$

のどちらかが成り立つ.」$k = 1$ のときは，$\varepsilon_1(\omega) = \tilde{\delta}_{x_1}^\omega$ であるから，分割せずとも明らかである．$k = 2$ のとき，

$$\Delta_1^2 = \{\omega \in \Delta \,|\, \varepsilon_2(\omega) = 0\}, \quad \Delta_p^2 = \{\omega \in \Delta \,|\, \varepsilon_2(\omega) = \tilde{\delta}_{x_p}^\omega\}\ (p \in \{2, 3, \cdots\})$$

とおくと，$\Delta = \bigsqcup_{p=1}^{\infty} \Delta_p^2$ である．可測性を確認しよう．一般に，内積空間のベクト

12)　$\dim H_\omega \in \mathbb{N} \cup \{\infty\}$.

13)　実際，$\{\Delta_q^{k+1}\}_{q=1}^{\infty}$ は $\{\Delta_p^k\}_{p=1}^{\infty}$ の細分にとれる．

14)　ω についての可測性はとりあえず保留．

ル $w_1, \cdots, w_m$ が線型従属であることの必要十分条件が

$$D[w_1, \cdots, w_m] = \det[\langle w_i, w_j \rangle]_{i,j=1}^{m} = 0$$

で与えられる[15]. $p \geqq 2$ に対し,

$$\begin{aligned}\omega \in \Delta_p^2 &\iff \{\tilde{\delta}_{x_1}^{\omega}, \tilde{\delta}_{x_q}^{\omega}\} \text{ が線型従属 } (2 \leqq q \leqq p-1),\ \{\tilde{\delta}_{x_1}^{\omega}, \tilde{\delta}_{x_p}^{\omega}\} \text{ が線型独立} \\ &\iff D[\tilde{\delta}_{x_1}^{\omega}, \tilde{\delta}_{x_q}^{\omega}] = 0\ (2 \leqq q \leqq p-1),\ D[\tilde{\delta}_{x_1}^{\omega}, \tilde{\delta}_{x_p}^{\omega}] \neq 0\end{aligned}$$

であるから, (9.3.3) によって $\Delta_p^2 \in \mathcal{B}(\Delta)$ である. また,

$$\omega \in \Delta_1^2 \iff \{\tilde{\delta}_{x_1}^{\omega}, \tilde{\delta}_{x_q}^{\omega}\} \text{ が線型従属 } (q \geqq 2)$$

から, $\Delta_1^2 \in \mathcal{B}(\Delta)$ もしたがう. 次に, $k = 3$ のときを考える. $\omega \in \Delta_1^2$ ならば $\varepsilon_3(\omega) = 0$ なので, Δ_1^2 は分割不要. $p \geqq 2$ なる Δ_p^2 を分割するため,

$$B_0 = \{\omega \in \Delta_p^2 \mid \varepsilon_3(\omega) = 0\},\ B_n = \{\omega \in \Delta_p^2 \mid \varepsilon_3(\omega) = \tilde{\delta}_{x_n}^{\omega}\}\ (n \in \{p+1, p+2, \cdots\})$$

とおくと, $\Delta_p^2 = B_0 \sqcup \bigsqcup_{n=p+1}^{\infty} B_n$ である. $B_n \in \mathcal{B}(\Delta)$ であることは

$$\begin{aligned}\omega \in B_n \iff \omega \in \Delta_p^2,\ &\{\tilde{\delta}_{x_1}^{\omega}, \tilde{\delta}_{x_p}^{\omega}, \tilde{\delta}_{x_q}^{\omega}\} \text{ が線型従属 } (p+1 \leqq q \leqq n-1), \\ &\{\tilde{\delta}_{x_1}^{\omega}, \tilde{\delta}_{x_p}^{\omega}, \tilde{\delta}_{x_n}^{\omega}\} \text{ が線型独立}\end{aligned}$$

からしたがう. $B_0 \in \mathcal{B}(\Delta)$ も同様. p を動かしてそれぞれの B_n たち全体に番号を振り直せば, 求める $\{\Delta_p^3\}$ を得る. さらに, 各 Δ_p^3 を $\varepsilon_4(\omega)$ に応じて同様の方針で分割する. この操作をくり返せば任意の $k \in \mathbb{N}$ に対して求める可測分割を得る.

[Step 3] 各 $\omega \in \Delta$ に対して $\{\varepsilon_k(\omega)\}_{k=1}^{\dim H_\omega}$ を考え, それに Gram–Schmidt 直交化を施して $\{e_k(\omega)\}_{k=1}^{\dim H_\omega}$ をつくる. $\{e_k(\omega)\}$ は主張の条件 (i) をみたす. [Step 2] の主張から, $\omega \in \Delta_p^k$ のとき, ある有限集合 $F_p^k \subset \mathfrak{S}_\infty$ があって, $e_k(\omega)$ は $\{\tilde{\delta}_x^{\omega}\}_{x \in F_p^k}$ の線型結合で書けている. (9.3.3) によって $\tilde{\delta}_x^{\omega}$ たちの内積は Δ_p^k 上 ω の Borel 可測関数であるから, その線型結合の係数も ω の Borel 可測関数である. これで条件 (ii) も示された. ■

系 9.37 任意の $k \in \mathbb{N} \cup \{\infty\}$ に対し, $\{\omega \in \Delta \mid \dim H_\omega = k\} \in \mathcal{B}(\Delta)$.

証明 命題 9.36 の証明の [Step 2] の主張から, 任意の $k \in \mathbb{N}$ に対して $\{\omega \in$

---

15) 実際, 正規直交基底に関して行列表示して各 w_i を行列 W の列ベクトルと思えば, $D[w_1, \cdots, w_m] = \det(W^* W)$ であるが, $\operatorname{Ker} W = \operatorname{Ker} |W|$ である (補題 A.43) から, $D[w_1, \cdots, w_m] \neq 0 \iff \operatorname{rank} W = m$ となる.

$\Delta \mid \varepsilon_k(\omega) \neq 0\} \in \mathcal{B}(\Delta)$ である．そうすると，

$$\dim H_\omega = k \in \mathbb{N} \iff \varepsilon_k(\omega) \neq 0 \text{ かつ } \varepsilon_{k+1}(\omega) = 0,$$
$$\dim H_\omega = \infty \iff \text{任意の } k \in \mathbb{N} \text{ に対して } \varepsilon_k(\omega) \neq 0$$

であるから，系の主張がしたがう． ■

2 乗可積分な可測ベクトル場全体

$$\mathfrak{H} = \Big\{ v = (v_\omega) \in \prod_{\omega \in \Delta} H_\omega \;\Big|\; v \text{ が可測}, \ \|v\|_{\mathfrak{H}}^2 = \int_\Delta \|v_\omega\|_{H_\omega}^2 Q(d\omega) < \infty \Big\}$$

を考える．$\mathfrak{H}$ は (通常の L^2 と同様に) 内積

$$\langle v, w \rangle_{\mathfrak{H}} = \int_\Delta \langle v_\omega, w_\omega \rangle_{H_\omega} Q(d\omega) \tag{9.3.5}$$

を備えた Hilbert 空間になる[16]．これを Hilbert 空間の可測場 $(H_\omega)_{\omega \in \Delta}$ の (Δ, Q) 上の直積分と呼ぶ．直積分およびその元を

$$\mathfrak{H} = \int_\Delta H_\omega Q(d\omega) \ \ni \ v = \int_\Delta v_\omega Q(d\omega)$$

で表す．これで (9.3.2) の $\mathfrak{H}, \mathfrak{u}$ が定義された．

作用素場 $(A_\omega)_{\omega \in \Delta}$ は，可測ベクトル場 (v_ω) に対して $(A_\omega v_\omega)$ も可測であるとき，可測な作用素場と言われ，さらに

$$\operatorname{ess\,sup}_{\omega \in \Delta} \|A_\omega\| < \infty \tag{9.3.6}$$

をみたすとき，その直積分が

$$\int_\Delta A_\omega Q(d\omega) \Big(\int_\Delta v_\omega Q(d\omega) \Big) = \int_\Delta A_\omega v_\omega Q(d\omega) \tag{9.3.7}$$

によって定義される．ユニタリ表現の場が (9.3.6) をみたすのは自明である．$\big(\pi_\omega(g)\big)_{\omega \in \Delta}$ が可測な作用素場であることは見やすい．実際，可測ベクトル場 (v_ω) に対し，$\langle \tilde{\delta}_x^\omega, \pi_\omega(g) v_\omega \rangle_{H_\omega} = \langle \pi_\omega(g^{-1}) \tilde{\delta}_x^\omega, v_\omega \rangle_{H_\omega} = \langle \tilde{\delta}_{g^{-1}x}^\omega, v_\omega \rangle_{H_\omega}$．こうして (9.3.7) を $(A_\omega) = (\pi_\omega(g))$ に適用して直積分

$$\varpi(g) = \int_\Delta \pi_\omega(g) Q(d\omega)$$

が定義され，(9.3.5) から，任意の $v, w \in \mathfrak{H}$ に対して

---

16)　もちろん，Q-a.e. の同一視のもとに．

$$\langle \varpi(g)v, \varpi(g)w\rangle_{\mathfrak{H}} = \int_\Delta \langle \pi_\omega(g)v_\omega, \pi_\omega(g)w_\omega\rangle_{H_\omega} Q(d\omega) = \langle v, w\rangle_{\mathfrak{H}}$$

が成り立つ. すなわち, ϖ は $\mathfrak{S}_\infty$ の $\mathfrak{H}$ 上のユニタリ表現である. こうして (9.3.2) の定義ができた.

定理 9.35 の証明の最も本質的な部分は, $\mathfrak{u} = \displaystyle\int_\Delta u_\omega Q(d\omega)$ が ϖ の巡回ベクトルであることを示すところにある. そこで f_ω が端点であることが効く. 今,

$$\varpi(g)\mathfrak{u} = \int_\Delta \tilde{\delta}_g^\omega Q(d\omega), \qquad g \in \mathfrak{S}_\infty$$

であるから, $\varpi(\mathfrak{S}_\infty)\mathfrak{u}$ の線型結合全体は

$$\mathcal{V} = \left\{ \int_\Delta \tilde{\xi}^\omega Q(d\omega) \,\middle|\, \xi \in M_{\mathrm{fin}} \right\} \tag{9.3.8}$$

に一致する. したがって, $\mathfrak{H}$ の中でこの $\mathcal{V}$ が稠密であることを示せば, $\mathfrak{u}$ の巡回性の証明が完了する. $\mathfrak{H}$ の元の近似の形を少しずつ限定していって $\mathcal{V}$ につなげよう.

補題 9.38 $\mathfrak{H}$ の中で, 次の部分空間は稠密である:

$$\left\{ \sum_{x\in\mathfrak{S}_\infty:\,\text{有限和}} a_x(\omega)\tilde{\delta}_x^\omega \,\middle|\, a_x \in L^2(\Delta, Q) \right\}. \tag{9.3.9}$$

証明 命題 9.36 の $\{e_k\}_{k\in\mathbb{N}}$ をとると, $v \in \mathfrak{H}$ に対して

$$\|v\|_{\mathfrak{H}}^2 = \sum_{k=1}^\infty \int_\Delta |\langle e_k(\omega), v_\omega\rangle_{H_\omega}|^2 Q(d\omega)$$

であるから, v は $\displaystyle\sum_{k=1}^n \langle e_k(\omega), v_\omega\rangle_{H_\omega} e_k(\omega)$ でいくらでも近似できる. ゆえに, $(a(\omega)e_k(\omega))_{\omega\in\Delta}$ $(a \in L^2(\Delta, Q))$ なる元を近似できればよい. 命題 9.36 の条件 (ii) の Δ_p^k $(p \in \mathbb{N})$ を考える. $r \in \mathbb{N}$ に対して

$$\Delta_p^k(r) = \{\omega \in \Delta_p^k \mid r-1 \leqq \max_{x\in F_p^k} |\alpha_{k,p}(x,\omega)| < r\} \in \mathcal{B}(\Delta)$$

とおくと, $\Delta = \bigsqcup_{p=1}^\infty \bigsqcup_{r=1}^\infty \Delta_p^k(r)$. したがって, $\left(1_{\Delta_p^k(r)}(\omega)a(\omega)e_k(\omega)\right)_{\omega\in\Delta}$ を近似すればよい. (9.3.4) を用いた

$$1_{\Delta_p^k(r)}(\omega)a(\omega)e_k(\omega) = \sum_{x\in F_p^k} 1_{\Delta_p^k(r)}(\omega)a(\omega)\alpha_{k,p}(x,\omega)\tilde{\delta}_x^\omega$$

の右辺において $1_{\Delta_p^k(r)}a\,\alpha_{k,p}(x,\cdot) \in L^2(\Delta, Q)$ であるから, 結局 (9.3.9) の形の元

で v を近似できることがわかった. ■

補題 9.39　$\mathfrak{H}$ の中で, 部分空間

$$\left\{ \sum_{x\in\mathfrak{S}_\infty:\text{有限和}} a_x(\omega)\tilde{\delta}_x^\omega \;\middle|\; a_x \in \mathcal{S}_\Delta \right\}$$

が稠密である. ここで $\mathcal{S}_\Delta$ は p_ρ たちの線型結合全体を表す. つまり $a \in \mathcal{S}_\Delta$ とは

$$a(\omega) = \sum_{j=1}^{k} c_j\, p_{\rho_j}(\omega), \qquad \omega \in \Delta$$

をみたす $k \in \mathbb{N}$, $\rho_1, \cdots, \rho_k \in \mathbb{Y}^\times$, $c_1, \cdots, c_k \in \mathbb{C}$ があることとする. (係数 c_j を $\mathbb{R}$ に制限した場合は $(\mathcal{S}_\Delta)_\mathbb{R}$ と表す.)

証明　補題 9.38 により, $a \in L^2(\Delta, Q)$ を $\mathcal{S}_\Delta$ の元でいくらでも L^2-近似できることを示せばよい. a を有界に切ることによって, $a \in L^\infty(\Delta, Q)$ に帰着できる. 次に単関数で近似し, 線型性を使って Borel 集合の定義関数 $a = 1_B$ に帰着する. Δ がコンパクト距離空間であるから, $Q \in \mathcal{P}(\Delta)$ は正則である. そうすると, $C \subset B \subset O$ なるコンパクト集合 C と開集合 O をとって $Q(O \setminus C)$ をいくらでも小さくできる. さらにこのとき, $f \in C(\Delta; \mathbb{R})$ であって $0 \leqq f \leqq 1$, $\mathrm{supp} f \subset O$, $f|_C \equiv 1$ をみたす関数がある. こうして $a \in C(\Delta; \mathbb{R})$ まで落とせる. Stone–Weierstrass の定理 (定理 A.5) を用いて, $C(\Delta; \mathbb{R})$ の中で $(\mathcal{S}_\Delta)_\mathbb{R}$ が一様収束位相に関して稠密であることが確認できる. $(\mathcal{S}_\Delta)_\mathbb{R}$ が 1 を含む代数であり, Δ の 2 点を分離することは, 定理 9.11 の証明の Step 1 にある $\mathcal{S}$ についての議論と同じである. ■

補題 9.39 を考慮すれば, $a = p_\rho$ ($\rho \in \mathbb{Y}^\times$) と $x \in \mathfrak{S}_\infty$ が与えられたとして, $\xi \in M_{\mathrm{fin}}$ をうまくとって

$$\int_\Delta \| a(\omega)\tilde{\delta}_x^\omega - \tilde{\xi}^\omega \|_{H_\omega}^2 Q(d\omega) \tag{9.3.10}$$

の値が小さくなるようにしたい. (9.3.10) の被積分関数は

$$\| a(\omega)\tilde{\delta}_x^\omega - \tilde{\xi}^\omega \|_{H_\omega}^2 = |a(\omega)|^2 - \overline{a(\omega)}\langle \delta_x, \xi\rangle_{f_\omega} - a(\omega)\langle \xi, \delta_x\rangle_{f_\omega} + \langle \xi, \xi\rangle_{f_\omega}. \tag{9.3.11}$$

$\xi = \delta_x * \nu$ とおくと,

$$\langle \delta_x, \xi\rangle_{f_\omega} = \sum_{y\in\mathfrak{S}_\infty} \xi(y) f_\omega(x^{-1}y) = \sum_{y\in\mathfrak{S}_\infty} \nu(x^{-1}y) f_\omega(x^{-1}y) = \sum_{y\in\mathfrak{S}_\infty} \nu(y) f_\omega(y). \tag{9.3.12}$$

さて, f_ω が端点であることがどのように効くか, また ν をどうとればよいかを

考えるため, ムシのよい計算をしてみよう. (9.3.11) における $\langle\xi,\xi\rangle_{f_\omega}$ について, あたかもコンパクト群で話をしているかの如く, ν を類関数にとり, 正規化された Haar 測度に関する積分でもって和を書き直してみる:

$$\begin{aligned}\langle\xi,\xi\rangle_{f_\omega} &= \sum_{y,z}\overline{\nu(y)}\nu(z)f_\omega(y^{-1}z) \doteqdot \iint\overline{\nu(y)}\nu(z)f_\omega(y^{-1}z)dydz \\ &= \iint\Big(\int\overline{\nu(uyu^{-1})}du\Big)\nu(z)f_\omega(y^{-1}z)dydz \\ &= \iiint\overline{\nu(y)}\nu(z)f_\omega(u^{-1}y^{-1}uz)dudydz.\end{aligned}$$

ここで, y,z を固定すれば, 「だいたいすべての」u について f_ω の「乗法性」:

$$f_\omega(u^{-1}y^{-1}uz)=f_\omega(u^{-1}y^{-1}u)f_\omega(z)$$

が成り立つ. 定理 8.37 で, $\mathcal{K}(\mathfrak{S}_\infty)$ の端点が乗法性 (8.3.8) で特徴づけられたことを思い出そう. そうすると,

$$\doteqdot\Big(\int\overline{\nu(y)}f_\omega(y^{-1})dy\Big)\Big(\int\nu(z)f_\omega(z)dz\Big)\doteqdot\Big(\overline{\sum\nu(y)f_\omega(y)}\Big)\Big(\sum\nu(y)f_\omega(y)\Big).$$

したがって, $\sum_y\nu(y)f_\omega(y)=a(\omega)$ をみたす類関数 ν をとれれば, (9.3.11) で $\xi=\delta_x*\nu$ とおいて, 任意の $\omega\in\Delta$ に対して誤差 $\|a(\omega)\tilde{\delta}_x^\omega-\tilde{\xi}^\omega\|_{H_\omega}$ がなくなる. もちろん実際にはこのような条件をみたす ν はとり得ないので, 有限の $\mathfrak{S}_n$ のレベルで近似して $n\to\infty$ の極限を考えることにする. $\rho\in\mathbb{Y}^\times$ に対応する $\mathfrak{S}_n$ の共役類 (ただし $|\rho|\leqq n$ として) を $C_\rho^{(n)}$ と書き, ν のかわりに $|C_\rho^{(n)}|^{-1}1_{C_\rho^{(n)}}\in M_{\mathrm{fin}}$ をとって $n\to\infty$ にもっていく.

定理 9.35 の証明　(9.3.2) の $(\varpi,\mathfrak{H},\mathfrak{u})$ の定義はすでにできている.

[Step 1] $\mathfrak{u}$ が ϖ の巡回ベクトルであることを示そう. (9.3.8) の $\mathcal{V}=\mathrm{L.h.}\{\varpi(\mathfrak{S}_\infty)\mathfrak{u}\}$ の稠密性を示したい訳であるが, 補題 9.39 により, 任意の $\rho\in\mathbb{Y}^\times$, $x\in\mathfrak{S}_\infty$ に対して, (9.3.10) に当たる

$$\int_\Delta\|p_\rho(\omega)\tilde{\delta}_x^\omega-\tilde{\xi_n}^\omega\|_{H_\omega}^2Q(d\omega)$$

が $n\to\infty$ で 0 に収束するような列 $\{\xi_n\}_{n\in\mathbb{N}}\subset M_{\mathrm{fin}}$ がとれればよい. $\xi_n=\delta_x*\nu_n$ とおいたとすると, (9.3.11), (9.3.12) から, $\omega\in\Delta$ に対し[17],

---

17) $p_\rho(\omega)\in\mathbb{R}$ である.

$$\|p_\rho(\omega)\tilde{\delta}_x^\omega - \tilde{\xi_n}^\omega\|_{H_\omega}^2 = p_\rho(\omega)^2 - p_\rho(\omega)\Big(\sum_{y\in\mathfrak{S}_\infty}\nu_n(y)f_\omega(y)\Big)$$
$$- p_\rho(\omega)\Big(\overline{\sum_{y\in\mathfrak{S}_\infty}\nu_n(y)f_\omega(y)}\Big) + \sum_{y,z\in\mathfrak{S}_\infty}\overline{\nu_n(y)}\nu_n(z)f_\omega(y^{-1}z). \quad (9.3.13)$$

$n \geqq |\rho|$ とし, $C_\rho^{(n)} \subset \mathfrak{S}_n \subset \mathfrak{S}_\infty$ とみなして $\nu_n = |C_\rho^{(n)}|^{-1}1_{C_\rho^{(n)}}$ とおく. (9.3.13) において $\displaystyle\sum_{y\in\mathfrak{S}_\infty}\nu_n(y)f_\omega(y) = \frac{1}{|C_\rho^{(n)}|}\sum_{y\in C_\rho^{(n)}}p_\rho(\omega) = p_\rho(\omega)$ である. また,

$$\sum_{y,z\in\mathfrak{S}_\infty}\overline{\nu_n(y)}\nu_n(z)f_\omega(y^{-1}z) = \frac{1}{|C_\rho^{(n)}|^2}\sum_{y,z\in C_\rho^{(n)}}f_\omega(y^{-1}z) \quad (9.3.14)$$

であるが,

$$\begin{aligned}E_n &= \{(y,z)\in C_\rho^{(n)}\times C_\rho^{(n)} \mid \operatorname{supp} y\cap\operatorname{supp} z \neq \varnothing\}\\ &= \bigcup_{j=1}^{\infty}\{(y,z)\in C_\rho^{(n)}\times C_\rho^{(n)} \mid j\in\operatorname{supp} y\cap\operatorname{supp} z\}\end{aligned}$$

の元の個数は $n(n^{|\rho|-1})^2 = n^{2|\rho|-1}$ の定数倍でおさえられるので,

$$\begin{aligned}(9.3.14) &= \frac{1}{|C_\rho^{(n)}|^2}\Big(\sum_{y,z\in E_n}f_\omega(y^{-1}z) + \sum_{y,z\in C_\rho^{(n)}\times C_\rho^{(n)}\setminus E_n}f_\omega(y^{-1})f_\omega(z)\Big\}\\ &\xrightarrow{n\to\infty} p_\rho(\omega)^2.\end{aligned}$$

ゆえに, $n\to\infty$ で (9.3.13) は 0 に収束する. これに $\|\tilde{\xi}_n^\omega\|_{H_\omega} \leqq 1$, $\|p_\rho(\omega)\tilde{\delta}_x^\omega\|_{H_\omega} \leqq 1$ をあわせれば, Lebesgue の収束定理により,

$$\lim_{n\to\infty}\int_\Delta \|p_\rho(\omega)\tilde{\delta}_x^\omega - \tilde{\xi}_n^\omega\|_{H_\omega}^2 Q(d\omega) = 0$$

を得る. これで $\mathfrak{u}$ の巡回性の証明が完結した.

[Step 2] 残りは定理 8.6 に帰着される. それには, (π, H, u) と $(\varpi, \mathfrak{H}, \mathfrak{u})$ に対して (8.1.2) に相当する式を示せばよい. $g\in\mathfrak{S}_\infty$ に対し,

$$\langle\mathfrak{u}, \varpi(g)\mathfrak{u}\rangle_{\mathfrak{H}} = \Big\langle\int_\Delta u_\omega Q(d\omega), \int_\Delta \pi_\omega(g)u_\omega Q(d\omega)\Big\rangle_{\mathfrak{H}} = \int_\Delta\langle u_\omega, \pi_\omega(g)u_\omega\rangle_{H_\omega}Q(d\omega)$$

であり, GR 表現の定義と (9.3.1) から,

$$= \int_\Delta f_\omega(g)Q(d\omega) = f(g) = \langle u, \pi(g)u\rangle_H.$$

これで証明が完了した. ■

注意 9.40 定理 9.35 により, (GR 表現 $\pi = \pi_f$ に対してしか示していないが)

$$\pi \;\cong\; \varpi = \int_\Delta \pi_\omega Q(d\omega) \tag{9.3.15}$$

という $\mathfrak{S}_\infty$ のユニタリ表現の直積分分解を得た. (9.3.15) により, π が生成する von Neumann 環 $\mathcal{A}_\pi$ の中心 ($\mathcal{A}_\pi \cap \mathcal{A}_\pi' = CR(\pi)$) が $\mathcal{A}_\varpi$ の中心に対応するが, $\mathcal{A}_{\pi_\omega}$ が因子環であることから, $\mathcal{A}_\varpi$ の中心は

$$\int_\Delta \mathbb{C}_\omega Q(d\omega), \qquad \mathbb{C}_\omega \equiv \mathbb{C} \tag{9.3.16}$$

に等しい. (9.3.16) のように各積分因子上ではスカラーではたらく作用素を対角作用素と呼ぶ. つまり (9.3.15) は, 中心を対角化する分解である. 定理 8.13 により, Δ は $\mathfrak{S}_\infty$ の因子的ユニタリ表現の準同値類全体 $\check{\mathfrak{S}}_\infty$ ($\mathfrak{S}_\infty$ の quasi-dual) にうめ込まれる. このように群 G のユニタリ表現 π の中心を対角化するような $\check{G}$ 上の直積分分解を π の中心分解と呼ぶ. 一般には, $R(\pi)$ の可換な von Neumann 部分環 $\mathcal{B}$ に応じて, それを対角化するようにユニタリ表現 π を直積分分解できる. つまり, $\mathcal{B}$ を生成する (同時スペクトル分解する) 射影作用素の可換な族 $\mathfrak{B}$ に応じて[18], H_π が不変部分空間に刻まれる. $\mathcal{B}$ を (したがって $\mathfrak{B}$ も) 極大にとった場合が既約分解になる. 極大な可換 von Neumann 部分環 $\mathcal{B}$ は常に $CR(\pi)$ を含むから, 中心分解は極大な $\mathcal{B}$ に付随する分解よりも粗いけれども, $\mathcal{B}$ とはちがって中心は一意的に決まるので, その意味で中心分解は最も標準的な分解であると言える.

ノート

9.1 節に述べた $\mathfrak{S}_\infty$ の指標を Young 図形の増大列の Vershik–Kerov 条件 (注意 9.7) で特徴づける結果は, [68] による. [33] も優れた解説である. 9.1 節での説明の仕方は, おおむね [23] を Young グラフに特化したものである.

9.2 節のマルチンゲールの収束定理を援用する方法も [68] による. 9.2 節の叙述は, [24] にしたがっている.

9.3 節に関し, 群のユニタリ表現の中心分解の一般的な取扱いは, [45], [10] にある. 直積分の導入には, [45], [14] を参考にした. 命題 9.36 の証明は, [14, (7.27) Proposition] にしたがった. 群や Hilbert 空間に可分性を仮定しないより本格的な直積分分解の展開については, [63, 第 6 章] を参照されるとよい.

---

[18] [45] の用語にしたがえば, $\mathfrak{B}$ は complete Boolean algebra of projections である.

第 10 章

いくつかの話題

本章では, 漸近的表現論に連なるいくつかの話題を紹介する. 10.1 節と 10.2 節は, 前章までに述べた事柄の延長線上を歩む話である. 10.3 節では, Plancherel 集団におけるゆらぎ (中心極限定理) にごく簡単に触れる. 前章までとは違って, 多くの箇所で詳細な証明抜きのお話し的な書き方になることをご容赦願いたい.

10.1 Young 図形の統計集団

7.3 節でも言及したように, Young 図形の統計集団 (アンサンブル) とは, Young 図形のなす集合上に確率測度を考えたもの, すなわち Young 図形のサイズ n を固定すれば確率空間 $(\mathbb{Y}_n, M^{(n)})$ にほかならない. 統計力学の用語にしたがうとアンサンブルというのは平衡状態を示すものであろうが, ここではあまり言葉遣いにこだわらないことにしよう. 実際, ここで言う確率測度 $M^{(n)}$ を平衡分布にもつような Markov 連鎖を $\mathbb{Y}_n$ 上で考え[1], $M^{(n)}$ に関する $n \to \infty$ での極限形状の巨視的な時間発展 (動的モデル) を考察することは, たいへん興味深いテーマである[2].

前章まで, このような統計集団のうち表現論的な観点からは最も典型的で重要な Plancherel 集団を詳しく扱った. $\mathbb{Y}_n$ 上の Plancherel 測度 $M_{\mathrm{Pl}}^{(n)}$ は, $\mathfrak{S}_n$ の正則表現の既約分解, あるいは同じことであるがデルタ関数 δ_e の既約指標による凸結合表示を記述する. このような表現の既約分解は, Young 図形のおもしろい統計集団を生じさせる豊かな源泉である. 本節では, Plancherel 集団以外の例として, Littlewood–Richardson 係数から定まるものと Thoma パラメータに付随するものを取り上げ, とりわけ極限形状への集中とそれが自由確率論によって記述されるしくみを見てみよう.

---

1) 時刻は離散に限らず連続でもよい.

2) [22] の 5 章には, Plancherel 集団にまつわるこの種の動的モデルの記述が含まれる. [22] はある意味本書のスピンオフのような本である.

このような表現論的特性をもつ Young 図形の統計集団において, 極限形状の計算に自由確率論が有効にはたらくからくりは, 次の要因に集約されると言える.

- 指標と相性のよい統計集団である. つまり, Young 図形のいろいろな統計量の計算が対称群の指標を通して行われうる.
- Young 図形のプロファイルを復元するのに便利な推移測度や Rayleigh 測度のモーメント・キュムラントは, 均衡条件のもとで Young 図形のサイズ n を大きくするとき, $\sqrt{n}$ の重み次数 (wt) 乗で増大度が測られる.
- 重み次数で測ると, 対称群の既約指標のサイクル値と Young 図形の推移測度の自由キュムラントが 1 次近似ではピタリと一致する (Kerov 多項式).

Littlewood–Richardson 係数と自由合成積

ユニタリ群の既約表現のテンソル積の既約分解として (8.3.26) で現れた Littlewood–Richardson 係数 $c_{\mu\nu}^{\lambda}$ を (Schur–Weyl 双対性に基づいて) 対称群の表現の言葉で述べてみよう. $\lambda, \mu, \nu \in \mathbb{Y}$ に対し, 十分大きい $k \in \mathbb{N}$ をとる. Schur 多項式 $s_\lambda(z_1, \cdots, z_k)$ が $U(k)$ の既約指標の $\mathbb{T}^k$ での値を与えるから, 既約指標たちの正規直交性 (定理 3.10) と Weyl の積分公式 (定理 3.11) により, (8.3.26) から

$$c_{\mu\nu}^{\lambda} = \langle s_\lambda, s_\mu s_\nu \rangle_{L^2(U(k))} = \frac{1}{k!} \int_{\mathbb{T}^k} \overline{s_\lambda(z)} s_\mu(z) s_\nu(z) |V(z)|^2 dz \tag{10.1.1}$$

がしたがう. ただし, $V(z)$ は (3.2.7) の差積である. $\lambda \in \mathbb{Y}_l$, $\mu \in \mathbb{Y}_m$, $\nu \in \mathbb{Y}_n$ とすれば, 補題 8.42 により, (10.1.1) において $l = m + n$ のときのみ考慮すればよい. Frobenius の指標公式 (3.4.2) あるいは (3.4.8) を用いて (10.1.1) をべき和と対称群の既約指標に書き換えると,

$$c_{\mu\nu}^{\lambda} = \sum_{\rho \in \mathbb{Y}_m} \sum_{\sigma \in \mathbb{Y}_n} \sum_{\pi \in \mathbb{Y}_{m+n}} \frac{1}{z_\rho z_\sigma z_\pi} \chi_\rho^\mu \chi_\sigma^\nu \overline{\chi_\pi^\lambda} \langle p_\pi, p_\rho p_\sigma \rangle_{L^2(U(k))}$$

を得る. べき和の内積の部分は, $p_\rho p_\sigma = p_{\rho \sqcup \sigma}$ から, 命題 1.30 も用いて

$$\langle p_\pi, p_{\rho \sqcup \sigma} \rangle = \sum_{\lambda, \mu \in \mathbb{Y}_{m+n}} \overline{\chi_\pi^\lambda} \chi_{\rho \sqcup \sigma}^\mu \langle s_\lambda, s_\mu \rangle = \sum_{\lambda \in \mathbb{Y}_{m+n}} \overline{\chi_\pi^\lambda} \chi_{\rho \sqcup \sigma}^\lambda = \delta_{\pi, \rho \sqcup \sigma} z_\pi.$$

ゆえに, $\lambda \in \mathbb{Y}_{m+n}$, $\mu \in \mathbb{Y}_m$, $\nu \in \mathbb{Y}_n$ に対して

$$c_{\mu\nu}^{\lambda} = \sum_{\pi \in \mathbb{Y}_{m+n}} \sum_{\rho \in \mathbb{Y}_m, \sigma \in \mathbb{Y}_n : \rho \sqcup \sigma = \pi} \frac{\overline{\chi_\pi^\lambda} \chi_\rho^\mu \chi_\sigma^\nu}{z_\rho z_\sigma}. \tag{10.1.2}$$

(10.1.2) に誘導指標公式 (5.3.8) の構造が組み込まれているのを見よう. 今, $\mathfrak{S}_m \times \mathfrak{S}_n \subset \mathfrak{S}_{m+n}$ とみなし, $\mu \in \mathbb{Y}_m$ と $\nu \in \mathbb{Y}_n$ に対して

$$\mu \circ \nu = \mathrm{Ind}_{\mathfrak{S}_m \times \mathfrak{S}_n}^{\mathfrak{S}_{m+n}} \mu \boxtimes \nu \tag{10.1.3}$$

という積を定義する．$\mu \circ \nu$ は μ と ν の外部積と呼ばれる．次元を勘定すれば，

$$\dim \mu \circ \nu = \frac{(m+n)!}{m!n!} \dim \mu \dim \nu \tag{10.1.4}$$

を得る．(5.3.8) によって $\mu \circ \nu$ の指標 $\chi^{\mu \circ \nu}$ を計算するため，共役類の構造を確認しておく．$\pi \in \mathbb{Y}_{m+n}$ に対し，$C_\pi \cap (\mathfrak{S}_m \times \mathfrak{S}_n) = \bigsqcup_{(\rho,\sigma) \in \mathbb{Y}_m \times \mathbb{Y}_n : (*)} C_\rho \times C_\sigma$ において，(ρ, σ) がみたすべき条件 $(*)$ は，$\pi = \rho \sqcup \sigma$ にほかならない．したがって，(5.3.8) を適用すると，

$$\chi_\pi^{\mu \circ \nu} = \sum_{(\rho,\sigma) \in \mathbb{Y}_m \times \mathbb{Y}_n : \rho \sqcup \sigma = \pi} \frac{z_\pi}{z_\rho z_\sigma} \chi_\rho^\mu \chi_\sigma^\nu \tag{10.1.5}$$

となる．(10.1.5) を用いて $L^2(\mathfrak{S}_{m+n})$ での内積を計算すれば，(10.1.2) と比べて

$$\langle \chi^\lambda, \chi^{\mu \circ \nu} \rangle_{L^2(\mathfrak{S}_{m+n})} = \sum_{\pi \in \mathbb{Y}_{m+n}} \overline{\chi_\pi^\lambda} \chi_\pi^{\mu \circ \nu} \frac{1}{z_\pi} = c_{\mu\nu}^\lambda$$

を得る．すなわち，

$$\mu \circ \nu \ \cong \bigoplus_{\lambda \in \mathbb{Y}_{m+n}} [c_{\mu\nu}^\lambda]\, \lambda, \qquad \mu \in \mathbb{Y}_m,\ \nu \in \mathbb{Y}_n. \tag{10.1.6}$$

(10.1.6) の次元をとって (10.1.4) を用いれば，

$$\sum_{\lambda \in \mathbb{Y}_{m+n}} \frac{m!n!}{(m+n)!} \frac{c_{\mu\nu}^\lambda \dim \lambda}{\dim \mu \dim \nu} = 1$$

となるので，$(\mu, \nu) \in \mathbb{Y}_m \times \mathbb{Y}_n$ に対し，

$$M_{\mathrm{LR}}^{(\mu,\nu)}(\lambda) = \frac{m!n!}{(m+n)!} \frac{c_{\mu\nu}^\lambda \dim \lambda}{\dim \mu \dim \nu}, \qquad \lambda \in \mathbb{Y}_{m+n}$$

は $\mathbb{Y}_{m+n}$ 上の確率を与える．$M_{\mathrm{LR}}^{(\mu,\nu)}$ を $\mathbb{Y}_{m+n}$ 上の Littlewood–Richardson 測度と呼ぶ．$M_{\mathrm{LR}}^{(\mu,\nu)}(\lambda)$ は，μ と ν の外部積 $\mu \circ \nu$ における λ-成分 (= 因子表現 $[c_{\mu\nu}^\lambda]\lambda$) の相対的な大きさを表す．

Littlewood–Richardson 係数に関する集中現象を述べよう．均衡 Young 図形の列 $\{\mu^{(m)} \in \mathbb{Y}_m\}_{m \in \mathbb{N}}$, $\{\nu^{(n)} \in \mathbb{Y}_n\}_{n \in \mathbb{N}}$ があって，それぞれ $1/\sqrt{m}$, $1/\sqrt{n}$ のスケール極限でプロファイルが $\phi \in \mathbb{D}$, $\psi \in \mathbb{D}$ に収束するとする．すなわち，

$$\mu_1^{(m)} \vee \mu_1^{(m)\prime} \leqq c\sqrt{m}, \quad \nu_1^{(n)} \vee \nu_1^{(n)\prime} \leqq c\sqrt{n}, \qquad m, n \in \mathbb{N}, \tag{10.1.7}$$

$$\lim_{m \to \infty} \mu^{(m)\sqrt{m}} = \phi, \quad \lim_{n \to \infty} \nu^{(n)\sqrt{n}} = \psi \qquad \text{in } \ \mathbb{D}^{(c)} \subset \mathbb{D} \tag{10.1.8}$$

なる $c>0$ が存在するとする. ここで, 上添字 $\sqrt{m}$ は (7.3.1) で定めたようにプロファイルを縦横 $1/\sqrt{m}$ に縮めることを表す. 補題 7.29 により, (10.1.8) から推移測度の収束もしたがう. 特に, $D(\phi)$, $D(\psi)$ の面積はともに 2 である[3]. m,n が非常に大きいとき, $\mu^{(m)}$, $\nu^{(n)}$ はそれぞれおおよそ ϕ を $\sqrt{m}$ 倍, ψ を $\sqrt{n}$ 倍に拡大した形状をしている. このような大きな ϕ 形状の $\mathfrak{S}_m$ の既約表現と大きな ψ 形状の $\mathfrak{S}_n$ の既約表現の外部積として得られる $\mathfrak{S}_{m+n}$ の表現を考えると, それはほとんど因子表現のように見える, つまり 1 つの成分が圧倒的に大きな部分を占めるというのが, ここで言う集中現象である.

定理 10.1 (10.1.7) と (10.1.8) のもとで Littlewood–Richardson 測度の族 $\{M_{\mathrm{LR}}^{(\mu^{(m)},\nu^{(n)})}\}_{m,n\in\mathbb{N}}$ を考え, $m,n\to\infty$ かつ $\frac{m}{m+n}\to q\in[0,1]$ なる極限をとる[4]. このとき, 次の大数の弱法則が成り立つ: 任意の $\varepsilon>0$ に対し,

$$\lim_{m,n} M_{\mathrm{LR}}^{(\mu^{(m)},\nu^{(n)})}\Bigl(\Bigl\{\lambda\in\mathbb{Y}_{m+n}\;\Big|\;\sup_{x\in\mathbb{R}}|\lambda^{\sqrt{m+n}}(x)-\omega(x)|\geqq\varepsilon\Bigr\}\Bigr)=0.$$

ここで, $\omega\in\mathbb{D}$ は推移測度に対する次の関係式で特徴づけられる[5]:

$$\mathfrak{m}_{\omega}=\mathfrak{m}_{\phi^{1/\sqrt{q}}}\boxplus\mathfrak{m}_{\psi^{1/\sqrt{1-q}}}. \tag{10.1.9}$$

すなわち, 大きな既約表現の外部積における支配的な成分が, 推移測度の自由合成積を用いて特定される. ■

定理 10.1 の証明の詳細を記すことまではしないが, アイデアの概略を述べておく. 定理 10.1 に言うところの

(i) 測度の集中がなぜ起こるか?

(ii) 集中先をどのようにして捉えるか?

の 2 つを一応分けて考えよう. 確率論において大数の弱法則として測度の集中が観察される典型例は, 確率変数たちの独立性が使える場合, 特に平均の乗法性

$$E[X_1X_2\cdots X_n]=E[X_1]E[X_2]\cdots E[X_n]$$

---

3) $D(\phi)$ は曲線 $y=\phi(x)$ と $y=|x|$ で囲まれた領域であった (7.4 節の第 2 段落).

4) たとえば m が有界にとどまって $n\to\infty$ のときは, $\frac{m}{m+n}\to 0$ である. この場合は, 最初から $\phi\in\mathbb{D}_0$ と同じ状況であると思ってよい. 結局, m,n が有界にとどまる場合も本質的に含まれていると考えてよい.

5) (10.1.9) においても, $\phi^{1/\sqrt{q}}$ は連続図形 ϕ を縦横 $\sqrt{q}$ 倍に縮めたものである. ちなみに $q=0$ のときは, $\phi^{1/\sqrt{q}}$ は空図形のプロファイルであり, その推移測度は δ_0 である.

が成り立っている場合である．もう少し条件を緩めて，小さな誤差項を除いてこのような乗法性が成り立つ状況下で大数の弱法則が見られることも多い．今，$\mathbb{Y}_n$ 上の確率測度 $M^{(n)}$ に対し，$\mathfrak{S}_n$ 上の正規化された正定値関数

$$f^{(n)}_{(\rho,1^{n-|\rho|})} = \sum_{\lambda\in\mathbb{Y}_n} M^{(n)}(\lambda)\,\tilde{\chi}^{\lambda}_{(\rho,1^{n-|\rho|})}, \qquad \rho\in\mathbb{Y}^{\times},\ |\rho|\leqq n \tag{10.1.10}$$

を考える．既約指標を指数関数 (=可換群の指標) の類似だと思えば，$f^{(n)}$ はまさに $M^{(n)}$ の特性関数のようなものである．$\mathbb{Y}_n$ 上の確率変数として Σ_ρ ($\rho\in\mathbb{Y}^{\times}$, $|\rho|\leqq n$) をとれば，$E_{M^{(n)}}[\Sigma_\rho] = n^{\downarrow|\rho|}E_{M^{(n)}}[\tilde{\chi}^{\lambda}_{(\rho,1^{n-|\rho|})}] = n^{\downarrow|\rho|}f^{(n)}_{(\rho,1^{n-|\rho|})}$．特に，$k\geqq 2$ に対して $E_{M^{(n)}}[\Sigma_k] = n^{\downarrow k}f^{(n)}_{(k,1^{n-k})}$．(6.4.26) により，$\Sigma_\rho$ と $\Sigma_{\rho_1}\Sigma_{\rho_2}\cdots\Sigma_{\rho_{l(\rho)}}$ との違いは小さいとみなそう．そうすると，平均の乗法性に類似の条件として，$f^{(n)}_{(\rho,1^{n-|\rho|})}$ と $f^{(n)}_{(\rho_1,1^{n-\rho_1})}\cdots f^{(n)}_{(\rho_{l(\rho)},1^{n-\rho_{l(\rho)}})}$ の差を規定することを考えるという着想に達する．この差をはかる適正なオーダーの導出はここでは省略するが[6]，次の条件が有用であることが知られている．

定義 10.2　確率空間の列 $\{(\mathbb{Y}_n, M^{(n)})\}_{n\in\mathbb{N}}$ があり[7]，任意の $\rho=(\rho_1\geqq\cdots\geqq\rho_{l(\rho)})\in\mathbb{Y}^{\times}$ に対して $n\to\infty$ で

$$f^{(n)}_{(\rho,1^{n-|\rho|})} - f^{(n)}_{(\rho_1,1^{n-\rho_1})}\cdots f^{(n)}_{(\rho_{l(\rho)},1^{n-\rho_{l(\rho)}})} = o(n^{-\frac{1}{2}(|\rho|-l(\rho))}) \tag{10.1.11}$$

が成り立つとき，$M^{(n)}$ あるいは $f^{(n)}$ は近似的乗法性をみたすと言う．ただし，$M^{(n)}$ と $f^{(n)}$ は (10.1.10) で結びつけられている．□

(10.1.7) と (10.1.8) をみたすような $\nu^{(n)}\in\mathbb{Y}_n$ の列をとれば，$\delta_{\nu^{(n)}}$(および対応する $\tilde{\chi}^{\nu^{(n)}}$) は近似的乗法性をもつことが示せる．

さて，$\mathbb{Y}_{m+n}$ 上の Littlewood–Richardson 測度 $M_{\mathrm{LR}}^{(\mu^{(m)},\nu^{(n)})}$ に話をもどすと，(10.1.10) によってそれと対応する $\mathfrak{S}_{m+n}$ 上の正定値関数は

$$\begin{aligned}\sum_{\lambda\in\mathbb{Y}_{m+n}} M_{\mathrm{LR}}^{(\mu^{(m)},\nu^{(n)})}(\lambda)\,\tilde{\chi}^{\lambda} &= \sum_{\lambda\in\mathbb{Y}_{m+n}} \frac{m!n!}{(m+n)!}\frac{c^{\lambda}_{\mu\nu}\dim\lambda}{\dim\mu^{(m)}\dim\nu^{(n)}}\,\tilde{\chi}^{\lambda}\\ &= \tilde{\chi}^{\mu^{(m)}\circ\nu^{(n)}}\end{aligned}$$

である．共役類の構造に留意して (10.1.5) を用いれば，$\pi\in\mathbb{Y}^{\times}$ に対して (m,n を

6) Kerov 多項式を勘案した (10.1.17) の前後の議論がヒントになる．

7) n が $\mathbb{N}$ 全体でなくとびとびの値をとる場合も許そう．

$|\pi|$ よりも大きくとって)

$$\tilde{\chi}^{\mu^{(m)}\circ\nu^{(n)}}_{(\pi,1^{m+n-|\pi|})} = \sum_{\rho,\sigma\in\mathbb{Y}^\times:\rho\sqcup\sigma=\pi} \frac{m^{\downarrow|\rho|}n^{\downarrow|\sigma|}}{(m+n)^{\downarrow|\pi|}} \frac{z_\pi}{z_\rho z_\sigma} \tilde{\chi}^{\mu^{(m)}}_{(\rho,1^{m-|\rho|})} \tilde{\chi}^{\nu^{(n)}}_{(\sigma,1^{n-|\sigma|})}.$$

さらに, $\pi = (2^{m_2}3^{m_3}\cdots)$, $\rho = (2^{h_2}3^{h_3}\cdots)$, $\sigma = (2^{m_2-h_2}3^{m_3-h_3}\cdots)$ と表して書き直せば,

$$= \sum_{h_2=0}^{m_2}\sum_{h_3=0}^{m_3}\cdots\Big\{\Big(m^{\downarrow\sum_{i\geqq 2} ih_i} n^{\downarrow\sum_{i\geqq 2} i(m_i-h_i)} \Big/ (m+n)^{\downarrow\sum_{i\geqq 2} im_i}\Big)\prod_{i\geqq 2}\binom{m_i}{h_i}$$
$$\tilde{\chi}^{\mu^{(m)}}_{(2^{h_2}3^{h_3}\cdots,1^{m-\sum_{i\geqq 2} ih_i})} \tilde{\chi}^{\nu^{(n)}}_{(2^{m_2-h_2}3^{m_3-h_3}\cdots,1^{n-\sum_{i\geqq 2} i(m_i-h_i)})}\Big\} \tag{10.1.12}$$

を得る. 特に, k-サイクル $\pi = (k)$ のときは,

$$\tilde{\chi}^{\mu^{(m)}\circ\nu^{(n)}}_{(k,1^{m+n-k})} = \frac{m^{\downarrow k}}{(m+n)^{\downarrow k}}\tilde{\chi}^{\mu^{(m)}}_{(k,1^{m-k})} + \frac{n^{\downarrow k}}{(m+n)^{\downarrow k}}\tilde{\chi}^{\nu^{(n)}}_{(k,1^{n-k})}. \tag{10.1.13}$$

(10.1.13) から,

$$\prod_{j\geqq 2}\Big(\tilde{\chi}^{\mu^{(m)}\circ\nu^{(n)}}_{(j,1^{m+n-j})}\Big)^{m_j} = \sum_{h_2=0}^{m_2}\sum_{h_3=0}^{m_3}\cdots\Big\{\frac{\prod_{i\geqq 2}(m^{\downarrow i})^{h_i}\prod_{i\geqq 2}(n^{\downarrow i})^{m_i-h_i}}{\prod_{i\geqq 2}((m+n)^{\downarrow i})^{m_i}}$$
$$\prod_{i\geqq 2}\binom{m_i}{h_i}\prod_{i\geqq 2}\Big(\tilde{\chi}^{\mu^{(m)}}_{(i,1^{m-i})}\Big)^{h_i}\prod_{i\geqq 2}\Big(\tilde{\chi}^{\nu^{(n)}}_{(i,1^{n-i})}\Big)^{m_i-h_i}\Big\}. \tag{10.1.14}$$

(10.1.7) と (10.1.8) のもとで, (10.1.12) から (10.1.14) を減じた式の各項の大きさを評価しよう. (10.1.7) と (10.1.8) から, (Kerov 多項式による) Σ_j と R_{j+1} との関係にも留意して, $m, n \to \infty$ のときに

$$\tilde{\chi}^{\mu^{(m)}}_{(i,1^{m-i})} = O(m^{-(i-1)/2}), \qquad \tilde{\chi}^{\nu^{(n)}}_{(i,1^{n-i})} = O(n^{-(i-1)/2}) \tag{10.1.15}$$

が示される. 近似的乗法性の確認のためには, 問題の各項が $(m+n)^{-\frac{1}{2}\sum_{i\geqq 2}(i-1)m_i}$ よりも高位の無限小になることを示したい. (10.1.15) を考慮すれば, 結局, $\frac{m}{m+n} \to q \in [0,1]$ のときに次の極限値が有限になることからそれがしたがう:

$$\frac{m^{\sum_i ih_i} n^{\sum_i i(m_i-h_i)}}{(m+n)^{\sum_i im_i}} \frac{(m+n)^{\frac{1}{2}\sum_i(i-1)m_i}}{m^{\frac{1}{2}\sum_i(i-1)h_i} n^{\frac{1}{2}\sum_i(i-1)(m_i-h_i)}}$$
$$= \Big(\frac{m}{m+n}\Big)^{\frac{1}{2}(|\rho|+l(\rho))}\Big(\frac{n}{m+n}\Big)^{\frac{1}{2}(|\sigma|+l(\sigma))}$$
$$\longrightarrow q^{\frac{1}{2}(|\rho|+l(\rho))}(1-q)^{\frac{1}{2}(|\sigma|+l(\sigma))}.$$

集中先をどのように捉えるかについては, (10.1.13) に着目すればよい. (10.1.13) を Littlewood–Richardson 測度に関する平均で書き直すと,

$$E_{M_{\mathrm{LR}}^{(\mu^{(m)},\nu^{(n)})}}[\Sigma_k] = \Sigma_k(\mu^{(m)}) + \Sigma_k(\nu^{(n)}), \qquad k \geqq 2. \tag{10.1.16}$$

今, (10.1.7), (10.1.8) のスケール極限を扱うので, 推移測度で言えば, $\mathfrak{m}_{\mu^{(m)}}$ や $\mathfrak{m}_{\nu^{(n)}}$ の k 次モーメント, k 次キュムラントが $m^{k/2}$ や $n^{k/2}$ のオーダーで増大する状況である. ゆえに, Kerov 多項式を勘案すれば, (10.1.16) において Σ_k を $R_{k+1}(\mathfrak{m}_\cdot)$ で置き換えることが正当化され, 任意の $k \geqq 2$ に対して

$$\begin{aligned} &E_{M_{\mathrm{LR}}^{(\mu^{(m)},\nu^{(n)})}}[R_{k+1}(\mathfrak{m}_{\lambda^{\sqrt{m+n}}})] + O(1/(m+n)) \\ &= \Big(\frac{m}{m+n}\Big)^{\frac{k+1}{2}} R_{k+1}(\mathfrak{m}_{\mu^{(m)\sqrt{m}}}) + \Big(\frac{n}{m+n}\Big)^{\frac{k+1}{2}} R_{k+1}(\mathfrak{m}_{\nu^{(n)\sqrt{n}}}) \\ &\qquad + O(1/m) + O(1/n) \end{aligned} \tag{10.1.17}$$

が得られる. 集中先を $\lim_{m,n} \lambda^{\sqrt{m+n}} = \omega \in \mathbb{D}$ とおくと, (10.1.17) により,

$$\begin{aligned} R_{k+1}(\mathfrak{m}_\omega) &= q^{\frac{k+1}{2}} R_{k+1}(\mathfrak{m}_\phi) + (1-q)^{\frac{k+1}{2}} R_{k+1}(\mathfrak{m}_\psi) \\ &= R_{k+1}(\mathfrak{m}_{\phi^{1/\sqrt{q}}}) + R_{k+1}(\mathfrak{m}_{\psi^{1/\sqrt{1-q}}}), \qquad k \geqq 2. \end{aligned} \tag{10.1.18}$$

ω, ϕ, ψ の 2 次キュムラントはすべて 1 であるから, (10.1.18) は $k=1$ でも成り立つ. R_1 はすべて 0 である. これは (10.1.9) を意味する.

注意 10.3　7 章で大数の法則を詳しく論じた Plancherel 測度の場合には, 経路空間 $\mathfrak{T}$ 上の M_{Pl} という 1 つの確率測度の周辺分布族として得られる $\{(\mathbb{Y}_n, M_{\mathrm{Pl}}^{(n)})\}_{n\in\mathbb{N}}$ を扱ったので, M_{Pl} に関する概収束という意味の強法則を示すことが可能であった. (10.1.10) によって $M_{\mathrm{Pl}}^{(n)}$ に対応する $\mathfrak{S}_n$ 上の関数は δ_e であるから, (10.1.11) の近似的乗法性は誤差項なしで成立する. そういう意味で, 7.3 節ではこの項で行ったような議論が直接は見えにくくなっているかもしれない.

Thoma 集団

この項では, Thoma パラメータに付随して定まる表現論的な特性をもつ Young 図形上の確率測度を考察する. それらは Plancherel 測度とその q-類似を含む.

Thoma 単体を Δ と書く (定義 9.3). Δ は Young グラフの Martin 境界と位相同型であり (定理 9.9), (9.1.1) の 3 つの対象の端点の分類パラメータの空間であった (系 9.14). $\omega \in \Delta$ に対応する $\mathfrak{S}_\infty$ の指標を f_ω, 経路空間 $\mathfrak{T}$ 上のエルゴード的

な中心的確率測度を M_ω とする. $\omega=(\alpha,\beta)$, $\alpha=(\alpha_i)$, $\beta=(\beta_i)$ とおくと, 定理 9.32 により, 各行各列を $1/n$ 倍した量が M_ω-a.s. に α_i,β_i に収束する. したがって, $\alpha_1>0$ や $\beta_1>0$ のときは, 極限形状を論じたときのように Young 図形のプロファイルの $1/\sqrt{n}$ スケール極限を考えることの意味がなくなってしまう. ただ 1 つの例外が, $\alpha_1=\beta_1=0$ (したがってすべての $\alpha_i=\beta_i=0$), すなわち M_ω が Plancherel 測度 $M_{\rm Pl}$ に一致する場合である. $M_{\rm Pl}$ のように強法則を論じられなくとも, 弱法則で満足するなら n に応じて確率空間が変化してもかまわないので, Thoma パラメータの方も n に沿って変化する状況を考えよう. プロファイルの $1/\sqrt{n}$ スケール極限を扱うには, (9.2.16) を考慮すれば, 第 1 成分の α_1,β_1 が $1/\sqrt{n}$ のオーダーであると都合がよい. そのような Thoma パラメータの列 $\{\omega^{(n)}\}_{n\in\mathbb{N}}\subset\Delta$ を考え, $M_{\omega^{(n)}}$ の $\mathbb{Y}_n$ 上の周辺分布

$$M^{(n)}_{\omega^{(n)}}(\lambda)=M_{\omega^{(n)}}(\{t\in\mathfrak{T}\,|\,t(n)=\lambda\}),\qquad \lambda\in\mathbb{Y}_n$$

をとる. $\omega=(\alpha,\beta)\in\Delta$ に対し, $\gamma=1-\sum_{i=1}^{\infty}(\alpha_i+\beta_i)$ として

$$\nu_\omega=\nu_{\alpha,\beta}=\sum_{i=1}^{\infty}(\alpha_i\delta_{\alpha_i}+\beta_i\delta_{-\beta_i})+\gamma\delta_0 \tag{10.1.19}$$

とおく. ν_ω は $\mathbb{R}$ 上の確率測度である. ν_ω はしばしば Thoma 測度と呼ばれる[8)].

定理 10.4 Thoma パラメータの列 $\{\omega^{(n)}=(\alpha^{(n)},\beta^{(n)})\}_{n\in\mathbb{N}}\subset\Delta$ が次の 2 つの条件をみたすとする:

$$\alpha_1^{(n)}=O(1/\sqrt{n}),\quad \beta_1^{(n)}=O(1/\sqrt{n})\qquad (n\to\infty), \tag{10.1.20}$$

$$\lim_{n\to\infty}\nu_{\omega^{(n)}}(dx/\sqrt{n})=\nu(dx)\qquad \text{in }\ \mathcal{P}(\mathbb{R}). \tag{10.1.21}$$

このとき, 次の大数の弱法則が成り立つ: 任意の $\varepsilon>0$ に対し,

$$\lim_{n\to\infty}M^{(n)}_{\omega^{(n)}}\Big(\Big\{\lambda\in\mathbb{Y}_n\,\Big|\,\sup_{x\in\mathbb{R}}|\lambda^{\sqrt{n}}(x)-\psi(x)|\geqq\varepsilon\Big\}\Big)=0.$$

ここで, $\psi\in\mathbb{D}$ は推移測度の R-変換の言葉により,

$$R_{\mathfrak{m}_\psi}(\zeta)=\int_{\mathbb{R}}\frac{\zeta}{1-\zeta x}\,\nu(dx) \tag{10.1.22}$$

によって特徴づけられる. ■

8) これまでの言葉遣いに合せれば, どちらかと言うと $M^{(n)}_{\omega^{(n)}}$ を Thoma 測度と呼んでもよいところであるが, 気にしないことにしよう.

定理 10.4 についても証明の詳細を記すのは省略するが, 幾つか注釈を述べる.

• (10.1.10) によって $M_{\omega(n)}^{(n)}$ に対応する関数 $f_{\omega(n)}^{(n)}$ は

$$f_{\omega(n)}^{(n)} = \sum_{\lambda\in\mathbb{Y}_n} M_{\omega(n)}^{(n)}(\lambda)\,\tilde{\chi}^\lambda = \sum_{\lambda\in\mathbb{Y}_n} (\dim\lambda)\,\varphi_{\omega(n)}(\lambda)\,\tilde{\chi}^\lambda = f_{\omega(n)}|_{\mathfrak{S}_n} \qquad (10.1.23)$$

である. ただし, $\varphi_{\omega(n)}$ は (9.1.1) で $M_{\omega(n)}$ に対応する $\mathbb{Y}$ 上の調和関数である. $\mathfrak{S}_\infty$ の指標は乗法的であるから (定理 8.37, 定理 9.15), $M_{\omega(n)}^{(n)}$ については, 定義 10.2 の近似的乗法性は誤差項なしで成り立つ.

• (10.1.20) と (10.1.21) から $\{\mathrm{supp}\,\nu_{\omega(n)}(dx/\sqrt{n})\}_{n\in\mathbb{N}}$ は一様に有界であり, したがって $\mathrm{supp}\,\nu$ もコンパクトである.

• $\mathfrak{m}_\psi$ の R-変換が (10.1.22) で与えられることは,

$$R_{k+1}(\mathfrak{m}_\psi) = M_{k-1}(\nu), \qquad k\in\mathbb{N} \qquad (10.1.24)$$

と同値である. 実際,

$$\int_{\mathbb{R}} \frac{\zeta}{1-\zeta x}\,\nu(dx) = \sum_{k=0}^{\infty}\int_{\mathbb{R}}\zeta^{k+1}x^k\nu(dx) = \sum_{k=1}^{\infty} M_{k-1}(\nu)\zeta^k,$$
$$R_{\mathfrak{m}_\psi}(\zeta) = \sum_{k=0}^{\infty} R_{k+1}(\mathfrak{m}_\psi)\zeta^k = \sum_{k=1}^{\infty} R_{k+1}(\mathfrak{m}_\psi)\zeta^k.$$

$\mathrm{supp}\,\nu$ がコンパクトだから, (10.1.24) によって $\mathrm{supp}\,\mathfrak{m}_\psi$ もコンパクト, したがってある $c>0$ があって $\psi\in\mathbb{D}^{(c)}$ となる.

• 定理 10.4 の仮定から (10.1.24) を導く計算は次のようになる. $k\in\mathbb{N}$ に対し, (10.1.19) によって

$$\begin{aligned}\int_{\mathbb{R}} x^k\nu_{\omega(n)}\Big(\frac{dx}{\sqrt{n}}\Big) &= n^{\frac{k}{2}}\sum_{i=1}^{\infty}\big((\alpha_i^{(n)})^{k+1} + (-1)^k(\beta_i^{(n)})^{k+1}\big)\\ &= n^{\frac{k}{2}} f_{\omega(n)}((k+1)\text{-サイクル}),\end{aligned} \qquad (10.1.25)$$

さらに (10.1.23) により,

$$= n^{\frac{k}{2}}\sum_{\lambda\in\mathbb{Y}_n} M_{\omega(n)}^{(n)}(\lambda)\,\tilde{\chi}^\lambda_{(k+1,1^{n-k-1})} = \frac{n^{\frac{k}{2}}}{n^{\downarrow(k+1)}} E_{M_{\omega(n)}^{(n)}}[\Sigma_{k+1}]$$

となる. そうすると, (10.1.17) を得たときと同じように, Kerov 多項式を根拠にした Σ_{k+1} を R_{k+2} に置き換えるトリックにより,

$$\sim\ n^{-\frac{k+2}{2}} E_{M_{\omega(n)}^{(n)}}[R_{k+2}(\mathfrak{m}_\cdot)]\ \sim\ R_{k+2}(\mathfrak{m}_\psi).$$

一方, (10.1.25) の左辺が $n\to\infty$ で $M_k(\nu)$ に収束する. なお, $k=1$ のときには

(10.1.24) の両辺ともに 1 である.

定理 10.4 の具体例を挙げてみよう.

例 10.5 Thoma パラメータ $\omega=(\alpha,\beta)\in\Delta$ として

$$\alpha_1=\cdots=\alpha_k=\frac{1}{k},\ \alpha_{k+1}=\alpha_{k+2}=\cdots=0,\quad \beta_1=\beta_2=\cdots=0$$

を考える. ただし, $k\in\mathbb{N}$ である. 対応する $\mathfrak{S}_\infty$ の指標 f_ω は

$$f_\omega(j\text{-サイクル})=(\frac{1}{k})^j\cdot k=\frac{1}{k^{j-1}},\qquad j\geqq 2 \tag{10.1.26}$$

をみたす. k を $n\in\mathbb{N}$ とともに動くパラメータとし, (10.1.20) をみたすように

$$\frac{1}{k}=O(\frac{1}{\sqrt{n}})\quad(n\to\infty),\qquad \text{さらに}\quad c=\lim_{n\to\infty}\frac{\sqrt{n}}{k}$$

が存在するとしておく. Thoma 測度は $\nu_\omega=\delta_{1/k}$ となるから,

$$\nu_{\omega^{(n)}}(\frac{1}{\sqrt{n}}dx)=\delta_{\sqrt{n}/k}\ \xrightarrow{n\to\infty}\ \delta_c \tag{10.1.27}$$

を得る. $\mathfrak{S}_n$ 上の関数 $f^{(n)}_{\omega^{(n)}}$ は, (10.1.23), (10.1.26) により

$$(f^{(n)}_{\omega^{(n)}})_{(\rho,1^{n-|\rho|})}=(f_{\omega^{(n)}}|_{\mathfrak{S}_n})_{(\rho,1^{n-|\rho|})}=\frac{1}{k^{\rho_1-1}}\cdots\frac{1}{k^{\rho_{l(\rho)}-1}}=k^{l(\rho)-|\rho|},$$
$$\rho=(\rho_1\geqq\cdots\geqq\rho_{l(\rho)})\in\mathbb{Y}^\times \tag{10.1.28}$$

で与えられる. 一方, (3.3.9) の $\mathfrak{S}_n$ の $(\mathbb{C}^k)^{\otimes n}$ への作用

$$S(g)(v_1\otimes\cdots\otimes v_n)=v_{g^{-1}(1)}\otimes\cdots\otimes v_{g^{-1}(n)},\qquad g\in\mathfrak{S}_n,\quad v_i\in\mathbb{C}^k$$

において, g のサイクル型が $(\rho,1^{n-|\rho|})$, $\rho\in\mathbb{Y}^\times$ であれば, 定理 3.26 の証明中に計算したように $\operatorname{tr}S(g)=k^{l(\rho)+n-|\rho|}$, したがって $\operatorname{tr}S(g)/\dim S=k^{l(\rho)-|\rho|}$ となり[9], (10.1.28) と一致する. S の既約成分がテンソルの型を与えるのであるから[10], 今考えている $\{f^{(n)}_{\omega^{(n)}}\}_{n\in\mathbb{N}}$ あるいは $\{M^{(n)}_{\omega^{(n)}}\}_{n\in\mathbb{N}}$ に関する集中現象は, k と n のバランスに応じたテンソルの最尤型を見ることである. (10.1.24) と (10.1.27) から, 極限の $\mathfrak{m}_\psi$ の自由キュムラントは

---

9) 定理 3.26 の証明では, サイズ n の Young 図形の行数 (長さ 1 の行を含む) を $l(\rho)$ で表しているので, ここでは $n-(|\rho|-l(\rho))$ に等しい.

10) 特に, 自明成分が対称テンソル, 符号成分が交代テンソルである.

$$R_1 = 0,\ R_2 = 1,\ R_3 = c,\ R_4 = c^2,\ \cdots,\ R_j = c^{j-2},\ \cdots \tag{10.1.29}$$

となる．$c=0$ のときは, $\mathfrak{m}_\psi$ は標準 Wigner 分布である．例 4.57 で述べたように, 自由キュムラントがすべての次数で等しいような分布が自由 Poisson 分布である．$c>0$ として, 確率変数 a がパラメータ $1/c^2$ の自由 Poisson 分布にしたがうとすると[11], 命題 4.45(2) により, $ca-\frac{1}{c}$ が

$$R_1(ca-\frac{1}{c}) = cR_1(a) - \frac{1}{c} = c\cdot\frac{1}{c^2} - \frac{1}{c} = 0,$$
$$R_j(ca-\frac{1}{c}) = c^j R_j(a) = c^{j-2} \qquad (j \geqq 2)$$

をみたす．すなわち, (10.1.29) が定める $\mathfrak{m}_\psi$ は, $ca-\frac{1}{c}$ の分布にほかならない．

例 10.6　Thoma パラメータ $\omega=(\alpha,\beta)\in\Delta$ として

$$\alpha_i = (1-q)q^{i-1}, \quad \beta_i = 0, \qquad i \in \mathbb{N} \tag{10.1.30}$$

をとる．ただし, $0<q\leqq 1$ とする．(10.1.30) に対応するエルゴード的な中心的確率測度は, しばしば Plancherel 測度の q 類似 (q-Plancherel 測度) と呼ばれる．(10.1.20) をみたすように $1-q=r/\sqrt{n}$ $(r>0)$ としてみよう．Thoma 測度 (を $\sqrt{n}$ で引き伸ばしたもの) は

$$\nu_{\omega(n)}(\frac{1}{\sqrt{n}}dx) = \sum_{i=1}^{\infty}\frac{r}{\sqrt{n}}\Big(1-\frac{r}{\sqrt{n}}\Big)^{i-1}\delta_{r(1-\frac{r}{\sqrt{n}})^{i-1}}$$

であるから, $n\to\infty$ の極限をとると,

$$\lim_{n\to\infty}\nu_{\omega(n)}(\frac{1}{\sqrt{n}}dx) = \frac{1}{r}\,1_{[0,r]}(x)dx$$

を得る．実際, モーメントの計算

$$\int_{\mathbb{R}} x^j\nu_{\omega(n)}(\frac{1}{\sqrt{n}}dx) = \sum_{i=1}^{\infty}\frac{r^{j+1}}{\sqrt{n}}\Big(1-\frac{r}{\sqrt{n}}\Big)^{(j+1)(i-1)} = \frac{r^{j+1}}{\sqrt{n}}\,\frac{1}{1-(1-\frac{r}{\sqrt{n}})^{j+1}}$$
$$\xrightarrow{n\to\infty}\ \frac{r^{j+1}}{(j+1)r} = \int_0^r x^j\frac{1}{r}dx.$$

と定理 4.12 による．(10.1.22) の R-変換は

$$R(\zeta) = \int_0^r \frac{\zeta}{1-\zeta x}\frac{dx}{r} = -\frac{1}{r}\log(1-r\zeta)$$

となる．これから得られる $K(\zeta)=\frac{1}{\zeta}-\frac{1}{r}\log(1-r\zeta)$ を反転して $G(z)$ を求め,

11)　a はある代数的な確率空間で定義されているとすればよい．

それを Stieltjes 変換にもつ $\mathbb{R}$ 上の確率測度を計算するのは, なかなか困難である.

注意 10.7 例 10.5, 例 10.6 はそれぞれ, Thoma パラメータが $\mathbb{N}$ 上の一様分布, 幾何分布で与えられるものである. ω に対応する調和関数 $\varphi_\omega(\lambda)$ は Schur 関数 (の超対称類似)$s_\lambda(\omega)$ で表される (定理 9.13). したがって, Schur 関数の $\omega = (\alpha, \beta)$ 変数に $\mathbb{N}$ 上の確率分布を代入した特殊化を扱っていることになる[12].

10.2 分岐グラフ

5 章, 8 章および 9 章で展開したような Young グラフとその上の調和解析にまつわる話は, 対称群の増大列を他の群にとりかえることにより, Young グラフとは異なる類似の分岐グラフの上でも論じることが可能である. 本節では, そのような群の例として, ユニタリ群と環積群を例にとり, 話のとっかかりを紹介する.

無限次元ユニタリ群

対称群の増大列 (2.1.1) において, $\mathfrak{S}_n \subset \mathfrak{S}_{n+1}$ のうめ込みは, 文字 $n+1$ の固定部分群としてのものであった. ユニタリ群においても, $U(n+1)$ の $\mathbb{C}^{n+1}$ への自然な作用に関し, 第 $(n+1)$ 基本ベクトル e_{n+1} が $u \in U(n+1)$ によって固定されるとする. そうすると, u の第 $(n+1)$ 列は e_{n+1} であり, ユニタリ性から u の第 n 列までの列ベクトルの第 $(n+1)$ 成分は 0 である. ゆえに e_{n+1} の固定部分群は

$$U(n+1) \supset \left\{ \begin{bmatrix} x & 0 \\ 0 & 1 \end{bmatrix} \,\middle|\, x \in U(n) \right\} \quad (\cong\ U(n)) \tag{10.2.1}$$

となる. (10.2.1) のうめ込み $U(n) \subset U(n+1)$ を定め, ユニタリ群の増大列

$$\{e\} = U(0) \subset U(1) \subset U(2) \subset \cdots \subset U(n) \subset \cdots \tag{10.2.2}$$

を考える. $U(1)$ は $\mathbb{T}$ と同型である. 定理 3.14 で求めたように $U(n)$ の既約ユニタリ表現の同値類は $(\mathbb{Z}^n)_+ = \{\nu = (\nu_1, \cdots, \nu_n) \in \mathbb{Z}^n \mid \nu_1 \geqq \cdots \geqq \nu_n\}$ でパラメータづけされる. $\nu \in (\mathbb{Z}^n)_+$ に対し, 誤解の恐れがなければ, ν に対応する同値類に属する $U(n)$ の既約ユニタリ表現の 1 つを「$U(n)$ の既約表現 ν」とも言う[13].

$\nu \in (\mathbb{Z}^{n+1})_+$ を $U(n)$ に制限した $\mathrm{Res}^{U(n+1)}_{U(n)} \nu$ の分岐則を求めよう. 3.2 節では

---

12) (超) 対称な関数なので, 代入する確率分布 $\{p_i\}_{i \in \mathbb{N}}$ が i についての単調性をみたさなくても支障はない.

13) 対称群の既約表現に対しても, (10.1.3) などではすでにそのようにした.

ユニタリ群の既約表現の分類を指標の考察に基づいて行ったので，ここでも指標の計算によることにする．ν の指標を χ^ν と書く．定理 3.14 により，$\mu \in (\mathbb{Z}^n)_+$ が $\nu \in (\mathbb{Z}^{n+1})_+$ に (どれだけ) 含まれているかは，次の内積を計算すればわかる：

$$[\nu : \mu] = \int_{U(n)} \overline{\chi^\mu(x)} \chi^\nu|_{U(n)} dx = \frac{1}{n!} \int_{\mathbb{T}^n} \overline{s_\mu(z)} s_\nu|_{\mathbb{T}^n}(z) |V(z)|^2 dz. \qquad (10.2.3)$$

ただし，s_μ, s_ν は Schur 多項式 (定義 3.16)，$V(z)$ は (3.2.7) の差積である．(10.2.3) の第 2 等号は Weyl の積分公式 (定理 3.11) による．また，$\mathbb{T}^n \subset \mathbb{T}^{n+1}$ のうめ込みは (10.2.1) から受け継ぐ．ここで，Schur 多項式と交代多項式の関係 (3.2.21) を用いる．$\delta^{(n)} = (n-1, n-2, \cdots, 0) \in (\mathbb{Z}^n)_+$ とおくと，

$$(10.2.3) = \frac{1}{n!} \int_{\mathbb{T}^n} \overline{a_{\mu+\delta^{(n)}}(z)} a_{\nu+\delta^{(n+1)}}|_{\mathbb{T}^n}(z) \prod_{i=1}^{n} (z_i - 1)^{-1} dz. \qquad (10.2.4)$$

$z = (z_1, \cdots, z_n) \in \mathbb{T}^n$ に対し，

$$a_{\nu+\delta^{(n+1)}}|_{\mathbb{T}^n}(z) = \begin{vmatrix} z_1^{\nu_1+n} & z_1^{\nu_2+n-1} & \cdots & z_1^{\nu_{n+1}} \\ \vdots & \vdots & \ddots & \vdots \\ z_n^{\nu_1+n} & z_n^{\nu_2+n-1} & \cdots & z_n^{\nu_{n+1}} \\ 1 & 1 & \cdots & 1 \end{vmatrix}$$

$$= (z_1 \cdots z_n)^{\nu_{n+1}} \begin{vmatrix} z_1^{\nu_1-\nu_{n+1}+n} & z_1^{\nu_2-\nu_{n+1}+n-1} & \cdots & 1 \\ \vdots & \vdots & \ddots & \vdots \\ z_n^{\nu_1-\nu_{n+1}+n} & z_n^{\nu_2-\nu_{n+1}+n-1} & \cdots & 1 \\ 1 & 1 & \cdots & 1 \end{vmatrix}$$

$$= (z_1 \cdots z_n)^{\nu_{n+1}} \begin{vmatrix} z_1^{\nu_1-\nu_{n+1}+n} - 1 & z_1^{\nu_2-\nu_{n+1}+n-1} - 1 & \cdots & 0 \\ \vdots & \vdots & \ddots & \vdots \\ z_n^{\nu_1-\nu_{n+1}+n} - 1 & z_n^{\nu_2-\nu_{n+1}+n-1} - 1 & \cdots & 0 \\ 1 & 1 & \cdots & 1 \end{vmatrix}$$

であるから，これを $\prod_{i=1}^{n} (z_i - 1)$ で割った

$$\begin{vmatrix} z_1^{\nu_1-\nu_{n+1}+n-1} + \cdots + 1 & z_1^{\nu_2-\nu_{n+1}+n-2} + \cdots + 1 & \cdots & z_1^{\nu_n-\nu_{n+1}} + \cdots + 1 \\ \vdots & \vdots & \ddots & \vdots \\ z_n^{\nu_1-\nu_{n+1}+n-1} + \cdots + 1 & z_n^{\nu_2-\nu_{n+1}+n-2} + \cdots + 1 & \cdots & z_n^{\nu_n-\nu_{n+1}} + \cdots + 1 \end{vmatrix} \times (z_1 \cdots z_n)^{\nu_{n+1}} \qquad (10.2.5)$$

が (10.2.4) の被積分関数の中に現れている. (10.2.5) の行列式の部分の第 j 列を

$$\sum_{l=0}^{\nu_j-\nu_{n+1}+n-j} v_l, \qquad v_l=[z_i^l]_{i=1}^n$$

のように $\nu_j-\nu_{n+1}+n-j+1$ 個の列ベクトルの和に表し, 行列式の列線型性を用いて展開する:

$$(10.2.5)=(z_1\cdots z_n)^{\nu_{n+1}}\sum_{l_1=0}^{\nu_1-\nu_{n+1}+n-1}\sum_{l_2=0}^{\nu_2-\nu_{n+1}+n-2}\cdots\sum_{l_n=0}^{\nu_n-\nu_{n+1}} \det[v_{l_1}\ v_{l_2}\ \cdots\ v_{l_n}]. \tag{10.2.6}$$

今, $\nu_1-\nu_{n+1}+n-1>\nu_2-\nu_{n+1}+n-2>\cdots>\nu_n-\nu_{n+1}\geqq 0$ であるが, (10.2.6) の和において

$$\begin{aligned}&\nu_1-\nu_{n+1}+n-1\geqq l_1\geqq \nu_2-\nu_{n+1}+n-1,\\ &\nu_2-\nu_{n+1}+n-2\geqq l_2\geqq \nu_3-\nu_{n+1}+n-2,\\ &\cdots,\quad \nu_n-\nu_{n+1}\geqq l_n\geqq 0\end{aligned} \tag{10.2.7}$$

をみたさないような $l_1,\cdots,l_n$ をとった項を見る. $l_1,\cdots,l_n$ がすべて異なるのでなければ, (10.2.6) においてその項は消える. $l_1,\cdots,l_n$ がすべて異なってかつ (10.2.7) をみたさなければ, どれか 2 つの l_h と l_k を入れ換えたとり方に対応する項も (10.2.6) の中にある. 行列式の交代性からその 2 つの項の和は 0 になる. したがって, (10.2.6) の和において, 生き残りうるのは (10.2.7) をみたすような $l_1,\cdots,l_n$ のとり方の項のみである. ゆえに,

$$(10.2.6)=(z_1\cdots z_n)^{\nu_{n+1}}\sum_{l_1,\cdots,l_n:(10.2.7)}\begin{vmatrix} z_1^{l_1} & z_1^{l_2} & \cdots & z_1^{l_n}\\ \vdots & \vdots & \ddots & \vdots\\ z_n^{l_1} & z_n^{l_2} & \cdots & z_n^{l_n}\end{vmatrix}.$$

ここで $l_j+\nu_{n+1}-(n-j)=\mu_j$ とおくと

$$(10.2.7)\quad\Longleftrightarrow\quad \nu_i\geqq\mu_i\geqq\nu_{i+1}\quad (i\in\{1,2,\cdots,n\})$$

であるから, 上式を続けて

$$=(z_1\cdots z_n)^{\nu_{n+1}}\sum_{\nu_i\geqq\mu_i\geqq\nu_{i+1}}\begin{vmatrix} z_1^{\mu_1+n-1-\nu_{n+1}} & \cdots & z_1^{\mu_n-\nu_{n+1}}\\ \vdots & \ddots & \vdots\\ z_n^{\mu_1+n-1-\nu_{n+1}} & \cdots & z_n^{\mu_n-\nu_{n+1}}\end{vmatrix}$$

$$= \sum_{\nu_i \geqq \mu_i \geqq \nu_{i+1}} a_{\mu+\delta^{(n)}}(z).$$

これを (10.2.4) に代入して (3.2.9) を用いれば,

$$[\nu : \mu] = \begin{cases} 1, & \nu_1 \geqq \mu_1 \geqq \nu_2 \geqq \mu_2 \geqq \cdots \geqq \nu_n \geqq \mu_n \geqq \nu_{n+1}, \\ 0, & \text{それ以外} \end{cases}$$

を得る. すなわち, 次式が成り立つ:

$$\mathrm{Res}_{U(n)}^{U(n+1)} \nu \;\cong \bigoplus_{\mu \in (\mathbb{Z}^n)_+ : \, \nu_i \geqq \mu_i \geqq \nu_{i+1}} \mu, \qquad \nu \in (\mathbb{Z}^{n+1})_+. \tag{10.2.8}$$

今度は $\mu \in (\mathbb{Z}^n)_+$ を $U(n+1)$ に誘導した表現 $\mathrm{Ind}_{U(n)}^{U(n+1)} \mu$ を考える. 有限群に対する誘導表現を 5.3 節で述べたが, 今の場合 $U(n+1)/U(n)$ が無限集合になるので, 定義に少し修正を施さねばならない. (10.2.1) によって $U(n) \subset U(n+1)$ を与えているので, $x, y \in U(n+1)$ に対し,

$$xU(n) = yU(n) \iff x^{-1} y e_{n+1} = e_{n+1} \iff x, y \text{ の第 } (n+1) \text{ 列が一致}$$

が言える. ゆえに, $U(n+1)/U(n) \;\cong\; U(n+1)e_{n+1} \;\cong\; (\mathbb{C}^{n+1}$の単位球面 $S)$ なる同相がある. $U(n+1)$ の $U(n+1)/U(n)$ への自然な作用は, $\mathbb{C}^{n+1}$ への $(n+1)$ 次行列の左掛け算 (の S への制限) と同一視される. 特に, S 上の一様な測度が $U(n+1)/U(n)$ 上の $U(n+1)$ 不変測度にほかならない[14]. $\mu \in (\mathbb{Z}^n)_+$(に属する $U(n)$ の既約ユニタリ表現 (T^μ, H^μ)) に対して (5.3.1) で定めた関数空間にあたる

$$H = \{ f : U(n+1) \longrightarrow H^\mu \mid f(xy) = T^\mu(y)^{-1} f(x), \; x \in U(n+1), \; y \in U(n) \}$$

を用意し, (5.3.2) の内積の定義では, 剰余類にわたる和を $U(n+1)/U(n)$ 上の $U(n+1)$ 不変な確率測度 $d[x]$ に関する積分に置き換える:

$$\langle f_1, f_2 \rangle_H = \int_{U(n+1)/U(n)} \langle f_1([x]), f_2([x]) \rangle_{H^\mu} d[x].$$

ただし, $\langle f_1(x), f_2(x) \rangle_{H^\mu}$ が $[x] \in U(n+1)/U(n)$ のみによるので, $\langle f_1([x]), f_2([x]) \rangle_{H^\mu}$ と書いた. そうすると, (5.3.4) と同じ作用

$$(\Pi^\mu(g)f)(x) = f(g^{-1}x), \qquad g \in U(n+1), \quad f \in H$$

---

14)　一般論としては, 局所コンパクト群 G をコンパクト部分群 K で割った等質空間 G/K 上には G 不変な Radon 測度が一意的に存在する.

によって $U(n+1)$ のユニタリ表現が定まり, それを $\mathrm{Ind}_{U(n)}^{U(n+1)}\mu$ ($\Pi^\mu = \mathrm{Ind}_{U(n)}^{U(n+1)}T^\mu$ が属する同値類) で表す. コンパクト群に対しても Frobenius の相互律 (定理 5.34) が成り立つ:

$$[\mathrm{Ind}_{U(n)}^{U(n+1)}\mu : \nu] = [\mathrm{Res}_{U(n)}^{U(n+1)}\nu : \mu], \qquad \mu \in (\mathbb{Z}^n)_+,\ \nu \in (\mathbb{Z}^{n+1})_+. \tag{10.2.9}$$

分岐則 (10.2.8) から定義 9.19 のような分岐グラフを構成する. 頂点集合を

$$\mathbb{U} = \bigsqcup_{n=0}^{\infty} \mathbb{U}_n, \qquad \mathbb{U}_n = (\mathbb{Z}^n)_+ \cong \widehat{U(n)}, \quad \mathbb{U}_0 = \{\varnothing\} \tag{10.2.10}$$

とし, (10.2.9) が 0 にならない (したがって 1 になる) μ と ν を辺で結んで $\mu \nearrow \nu$ と表す. こうしてできるグラフ $\mathbb{U}$ は定義 9.19 の条件をすべてみたす. 特に, 1 つの頂点からの流出辺は無限個あり, 辺の重複度はすべて 1 である. 定義 9.21 と同じように, $\varnothing$ から延びる経路の全体を $\mathfrak{T}(\mathbb{U})$ で表す. これで分岐グラフが手に入り, $U(n)$ の既約指標もわかっているので, 8 章, 9 章で展開した議論の舞台は整った訳である. しかしここでは, 一足飛びに結果の一部のみ紹介するにとどめる.

(10.2.2) の増大列とみなして $U(\infty) = \bigcup_{n=0}^{\infty} U(n)$ とおく. $U(\infty)$ は無限次元ユニタリ群と呼ばれる. $U(\infty)$ は帰納極限位相に関して位相群になるが, 局所コンパクトではない. 5.2 節で述べたアファイン同相な 3 つの対象 (5.2.16) に相当するものを定義する:

$$\begin{aligned}
&\mathcal{K}(U(\infty)) = \{f : U(\infty) \longrightarrow \mathbb{C} \mid f \text{ は連続正定値類関数},\ f(e) = 1\},\\
&\mathcal{H}(\mathbb{U}) = \{\varphi : \mathbb{U} \longrightarrow \mathbb{C} \mid \varphi \text{ は非負値調和関数},\ \varphi(\varnothing) = 1\},\\
&\mathcal{M}(\mathfrak{T}(\mathbb{U})) = \{M \in \mathcal{P}(\mathfrak{T}(\mathbb{U})) \mid M \text{ は中心的 }\}.
\end{aligned} \tag{10.2.11}$$

$\mathcal{K}(U(\infty))$ にはコンパクト一様収束位相, $\mathcal{H}(\mathbb{U})$ には各点収束位相, $\mathcal{M}(\mathfrak{T}(\mathbb{U}))$ には弱収束位相をそれぞれ入れる.

定理 10.8 (10.2.11) の 3 つの凸集合はアファイン同相である:

$$\mathcal{K}(U(\infty)) \ \cong\ \mathcal{H}(\mathbb{U}) \ \cong\ \mathcal{M}(\mathfrak{T}(\mathbb{U})). \tag{10.2.12}$$

$\mathcal{K}(U(\infty)) \cong \mathcal{H}(\mathbb{U})$ の対応は, (5.2.14) と同じように各 $U(n)$ 上での Fourier 展開による. $\mathcal{H}(\mathbb{U}) \cong \mathcal{M}(\mathfrak{T}(\mathbb{U}))$ の対応は, (5.2.7) と同じように有限経路に付随する集合 ($\mathcal{C}(\mathfrak{T}(\mathbb{U}))$ の元) での値を通して定まる. アファイン同相であるので, (10.2.12) のそれぞれの端点集合どうしも対応する. ■

$U(\infty)$ の位相は, 局所コンパクトでないこともあって取り扱いやすいものではない．一方，$\mathcal{H}(\mathbb{U})$ や $\mathcal{M}(\mathfrak{T}(\mathbb{U}))$ の方は，(グラフ $\mathbb{U}$ が局所有限でないという事情はあるにせよ) Young グラフの場合と取り扱いにさほど差はないとも思える．$U(\infty)$ 上の調和解析において分岐グラフを考えるという双対的なアプローチの利点は，こういうところに現れていると言えよう．

$(\mathbb{R}^\infty)^4 \times \mathbb{R}^2$ の次のような部分集合を考える[15]：

$$\Delta = \Big\{(\alpha^+, \beta^+, \alpha^-, \beta^-, \delta^+, \delta^-) \,\Big|\, \alpha^\pm = (\alpha_i^\pm)_{i=1}^\infty,\ \beta^\pm = (\beta_i^\pm)_{i=1}^\infty,\ \delta^\pm \geqq 0,$$
$$\alpha_1^\pm \geqq \alpha_2^\pm \geqq \cdots \geqq 0,\ \beta_1^\pm \geqq \beta_2^\pm \geqq \cdots \geqq 0,\ \sum_{i=1}^\infty (\alpha_i^\pm + \beta_i^\pm) \leqq \delta^\pm,\ \beta_1^+ + \beta_1^- \leqq 1\Big\}. \tag{10.2.13}$$

定理 10.9　(10.2.12) の端点集合が (10.2.13) の Δ でパラメータづけされる．■

ユニタリ行列の対角化を考慮すれば，$U(\infty)$ 上の類関数は

$$D(\infty) = \{\mathrm{diag}(z_1, z_2, \cdots) \,|\, z_j \in \mathbb{T},\ \text{有限個の番号を除いて}\ z_j = 1\}$$

の上での値によって決まる．対角成分の置換は共役で移りあうので，$U(\infty)$ の共役類全体は $D(\infty)$ を $\mathfrak{S}_\infty$ の作用で割った $\mathfrak{S}_\infty \backslash D(\infty)$ でパラメータづけされる．

定理 10.10 (Voiculescu の公式)　$\omega = (\alpha^\pm, \beta^\pm, \delta^\pm) \in \Delta$ に対応する $\mathcal{K}(U(\infty))$ の端点 ($= U(\infty)$ の指標) f_ω が

$$f_\omega(z) = \prod_{j=1}^\infty \Big\{ e^{\gamma^+(z_j - 1) + \gamma^-(z_j^{-1} - 1)} \prod_{i=1}^\infty \frac{1 + \beta_i^+(z_j - 1)}{1 - \alpha_i^+(z_j - 1)} \frac{1 + \beta_i^-(z_j^{-1} - 1)}{1 - \alpha_i^-(z_j^{-1} - 1)} \Big\},$$
$$z = \mathrm{diag}(z_j) \in D(\infty) \tag{10.2.14}$$

で与えられる[16]．ただし，$\gamma^\pm = \delta^\pm - \sum_{i=1}^\infty (\alpha_i^\pm + \beta_i^\pm)$ とおく．■

Δ の元 (あるいは $\delta^\pm$ を $\gamma^\pm$ に書き直したもの) は Voiculescu パラメータと呼ばれる[17]．$\mathfrak{S}_\infty$ の指標の場合は，Thoma パラメータが Young 図形の漸近的なデータとして (9.2.16) のように捉えられた (定理 9.32, 命題 9.6, 注意 9.7)．$U(\infty)$ の指標の Voiculescu パラメータについても同じような特徴づけが知られている．$\mu = (\mu_1, \cdots, \mu_n) \in (\mathbb{Z}^n)_+$ に対し，$\tilde{\mu} = (-\mu_n, \cdots, -\mu_1) \in (\mathbb{Z}^n)_+$ とおく．μ, $\tilde{\mu}$ の正成

---

15) 簡単のため Thoma 単体 (9.1.3) と同じ記号 Δ を用いるが，もちろん別物である．

16) j に関する積は実際は有限積になり，i に関する無限積は (10.2.13) によって収束する．

17) 後の注意 10.11 も参照．

分を行長にして並べた Young 図形をそれぞれ μ^+, μ^- とする. 図 10.1 は

$$\mu = (4,2,2,1,0,-1,-2,-3) \in (\mathbb{Z}^8)_+,\ \mu^+ = (4,2,2,1) \in \mathbb{Y}_9,\ \mu^- = (3,2,1) \in \mathbb{Y}_6$$

という例である. このとき, Δ の元 $(\alpha^\pm, \beta^\pm, \delta^\pm)$ は, 列 $\{\mu^{(n)}\}_{n\in\mathbb{N}}$ ($\mu^{(n)} \in \mathbb{U}_n = (\mathbb{Z}^n)_+$) の漸近的なデータとして

$$\alpha_i^\pm = \lim_{n\to\infty} \frac{(\mu^{(n)\pm})_i}{n}, \quad \beta_i^\pm = \lim_{n\to\infty} \frac{(\mu^{(n)\pm})'_i}{n}, \quad \delta^\pm = \lim_{n\to\infty} \frac{|\mu^{(n)\pm}|}{n} \tag{10.2.15}$$

というふうに捉えられる. $\mu^{(n)} \in (\mathbb{Z}^n)_+$ ならば $(\mu^{(n)+})'_1 + (\mu^{(n)-})'_1 \leqq n$ である. Voiculescu パラメータの $\beta_1^+ + \beta_1^- \leqq 1$ なる条件はこれからしたがう.

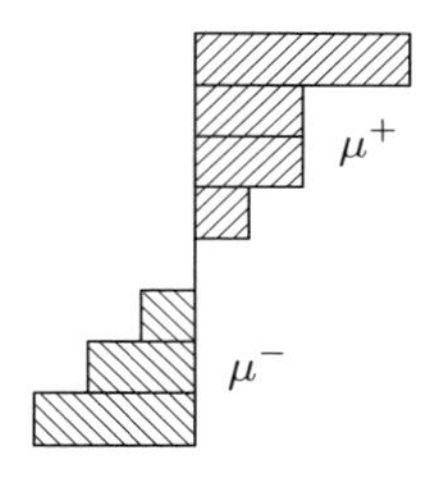

図 10.1 $\mu \in (\mathbb{Z}^8)_+$ と $\mu^+ \in \mathbb{Y}_9$, $\mu^- \in \mathbb{Y}_6$

注意 10.11 Young 図形の場合の注意 9.7 のように, (10.2.15) の極限が存在するような $\{\mu^{(n)}\}_{n\in\mathbb{N}}$ を Vershik–Kerov (条件をみたす) 列と呼ぶ. そしてその極限値として得られる $(\alpha^\pm, \beta^\pm, \delta^\pm)$ を Vershik–Kerov パラメータとも呼ぶ. それは結局は Voiculescu パラメータと同じものである. 歴史的には, $U(\infty)$ の指標に対する Voiculescu の公式がまず発見されたが ([71]), その時点では (10.2.14) の $\{f_\omega \,|\, \omega \in \Delta\}$ が $U(\infty)$ の指標をすべて尽くしていることは未証明であった. その後, Boyer, Vershik–Kerov, Olshanski たちの貢献を経て最終的な形に至った.

無限環積群

まず環積の概念を確認する. T を任意の群とし, T^n への $\mathfrak{S}_n$ の作用

$$\sigma(\boldsymbol{t}) = \sigma(t_1, \cdots, t_n) = (t_{\sigma^{-1}(1)}, \cdots, t_{\sigma^{-1}(n)}), \qquad \boldsymbol{t} \in T^n,\ \sigma \in \mathfrak{S}_n$$

による半直積 $T^n \rtimes \mathfrak{S}_n$ を T の環積と呼び, $\mathfrak{S}_n(T)$, $T \wr \mathfrak{S}_n$, $T \operatorname{wr} \mathfrak{S}_n$ 等と書く. 本書では最初の記法を採る[18]. $\mathfrak{S}_n(T)$ での積は

18) 特に, $\mathfrak{S}_1(T) = T$, $\mathfrak{S}_0(T) = \{$単位元$\}$ である. また, n 元集合 A に対しても $\mathfrak{S}_A(T) = T^A \rtimes \mathfrak{S}_A$ が定義され, $\mathfrak{S}_n(T)$ と同型である.

$$(\boldsymbol{t},\sigma)(\boldsymbol{t}',\sigma') = (\boldsymbol{t}\sigma(\boldsymbol{t}'),\sigma\sigma'), \qquad (\boldsymbol{t},\sigma),\ (\boldsymbol{t}',\sigma') \in T^n \rtimes \mathfrak{S}_n = \mathfrak{S}_n(T)$$

で与えられる. T^n, $\mathfrak{S}_n$ を自然に $\mathfrak{S}_n(T)$ の部分群とみなす. そうすると, $\sigma(\boldsymbol{t}) = \sigma\boldsymbol{t}\sigma^{-1}$. 右辺は $\mathfrak{S}_n(T)$ の中での積である. T^n は $\mathfrak{S}_n(T)$ の正規部分群である.

$\mathfrak{S}_n(T)$ の共役類の構造を見よう. $g = \boldsymbol{t}\sigma = (\boldsymbol{t},\sigma) \in \mathfrak{S}_n(T)$ に対し, $\boldsymbol{t} = (t_i)_{i=1}^n (t_i \in T)$ とおき, σ のサイクル分解 $\sigma = \sigma_1 \cdots \sigma_k$ を考える. ただし, 自明なサイクルも含めて $\{1,\cdots,n\} = \bigsqcup_{j=1}^k \mathrm{supp}\,\sigma_j$ としておく. 第 i 成分にのみ $t \in T$ をもち, 他の成分がすべて e_T (T の単位元) である T^n の元を $(t:i)$ と書くことにする. 互いに素なサイクルの可換性と T^n の直積因子どうしの可換性から,

$$g = \boldsymbol{t}\sigma = \prod_{j=1}^k g_j = \prod_{j=1}^k \boldsymbol{t}_j\sigma_j,$$

$$g_j = \boldsymbol{t}_j\sigma_j = \Bigl(\prod_{i\in\mathrm{supp}\,\sigma_j} (t_i:i)\Bigr)\sigma_j \ \in\ \mathfrak{S}_{\mathrm{supp}\,\sigma_j}(T) \subset \mathfrak{S}_n(T) \tag{10.2.16}$$

なる分解を得る. これを g の標準分解という. (10.2.16) の g_j ($j \in \{1,\cdots,k\}$) は g から一意的に定まり, 互いに可換である. (10.2.16) では, $j \neq j'$ ならば $\boldsymbol{t}_j$ と $\sigma_{j'}$ も可換である: $\sigma_{j'}\boldsymbol{t}_j = \sigma_{j'}\boldsymbol{t}_j\sigma_{j'}^{-1}\sigma_{j'} = \sigma_{j'}(\boldsymbol{t}_j)\sigma_{j'} = \boldsymbol{t}_j\sigma_{j'}$. (10.2.16) のように表示された $g = \boldsymbol{t}\sigma \in \mathfrak{S}_n(T)$ に対する共役作用を計算する. まず, $\tau \in \mathfrak{S}_n$ に対し,

$$\tau g\tau^{-1} = \prod_{j=1}^k (\tau\boldsymbol{t}_j\tau^{-1})(\tau\sigma_j\tau^{-1}) = \prod_{j=1}^k \Bigl\{\Bigl(\prod_{i\in\mathrm{supp}(\tau\sigma_j\tau^{-1})} (t_{\tau^{-1}(i)}:i)\Bigr)(\tau\sigma_j\tau^{-1})\Bigr\} \tag{10.2.17}$$

となるが, (10.2.17) が $\tau g\tau^{-1}$ の標準分解を与える. 次に, 標準分解の各因子

$$\boldsymbol{t}\sigma = \Bigl(\prod_{i\in\mathrm{supp}\,\sigma} (t_i:i)\Bigr)\sigma = \Bigl(\prod_{h=1}^l (t_{i_h}:i_h)\Bigr)(i_1\,i_2\,\cdots\,i_l) \tag{10.2.18}$$

につき, $T^{\mathrm{supp}\,\sigma}$ の元による共役作用によって $T^{\mathrm{supp}\,\sigma}$ 部分を 1 つの成分に寄せてしまうことを考える. (10.2.18) の $\boldsymbol{t}\sigma$ に対し,

$$(t_{i_1}:i_1)^{-1}\boldsymbol{t}\sigma(t_{i_1}:i_1) = (t_{i_1}^{-1}:i_1)\boldsymbol{t}(t_{i_1}:i_2)\sigma = (t_{i_2}t_{i_1}:i_2)\prod_{h=3}^l (t_{i_h}:i_h)\sigma. \tag{10.2.19}$$

ただし, $\sigma(t_{i_1}:i_1)\sigma^{-1} = (t_{i_1}:\sigma(i_1)) = (t_{i_1}:i_2)$ を用いた. さらに, $(t_{i_2}t_{i_1}:i_2)$ による共役作用を (10.2.19) に施せば, 同様の計算で

$$(t_{i_3}t_{i_2}t_{i_1}:i_3)\prod_{h=4}^l (t_{i_h}:i_h)\sigma$$

を得る. このようにある $\boldsymbol{s} \in T^{\mathrm{supp}\,\sigma}$ による共役作用により, (10.2.18) の $\boldsymbol{t}\sigma$ が

$$\boldsymbol{s}(\boldsymbol{t}\sigma)\boldsymbol{s}^{-1} = (t_{i_l} \cdots t_{i_2} t_{i_1} : i_l)(i_1\, i_2\, \cdots\, i_l) \tag{10.2.20}$$

にうつる. (10.2.17) と (10.2.20) を考慮し, (10.2.16) の $g = \boldsymbol{t}\sigma \in \mathfrak{S}_n(T)$ に対して

$$\{([u_1], |\sigma_1|),\ ([u_2], |\sigma_2|),\ \cdots,\ ([u_k], |\sigma_k|)\} \tag{10.2.21}$$

なるデータを割り当てる. ここで, 各 $u_j \in T$ は $\{t_i\}_{i \in \operatorname{supp} \sigma_j}$ を σ_j のサイクルと逆順にしたがって (10.2.20) の右辺に現れるように積をとったもの, $[t]$ は $t \in T$ の属する共役類, $|\sigma_j|$ はサイクルの長さを表す. なお, (10.2.20) において σ の表示を巡回的に変えれば成分として現れる T の元の積も巡回的に変るが, それらは T の同一の共役類に属するので, (10.2.21) の決め方は無矛盾である. 逆に, (10.2.17) と (10.2.20) により, (10.2.21) のデータが一致するような $\mathfrak{S}_n(T)$ の 2 つの元は共役であることがわかる. その際,

$$(t : i)\sigma \ \sim\ (t : j)\sigma, \qquad t \in T,\ \sigma : \text{サイクル},\ i, j \in \operatorname{supp} \sigma, \tag{10.2.22}$$

$$(st : i)\sigma \ \sim\ (ts : i)\sigma, \qquad s, t \in T,\ \sigma : \text{サイクル},\ i \in \operatorname{supp} \sigma \tag{10.2.23}$$

が成り立つことに注意する. 実際, (10.2.22) は (10.2.20) の特別な場合である. (10.2.23) は, $i \neq \sigma(i)$ なので,

$$(s : i)^{-1}(st : i)\sigma(s : i) = (t : i)(s : \sigma(i))\sigma = (s : \sigma(i))(t : i)(\sigma(i)\ \cdots\ i) \sim (ts : i)\sigma$$

からわかる. 最後の共役は (10.2.20) による. (10.2.21) の割り当て方は結局, T の各共役類にサイクルの長さの組 (該当するサイクルがない場合は $\varnothing$) を乗せたものと同じである. したがって, $\mathfrak{S}_n(T)$ の共役類全体をパラメータづけする集合として

$$\mathbb{Y}_n([T]) = \{(\rho_\theta)_{\theta \in [T]} \mid \rho_\theta \in \mathbb{Y},\ \sum_{\theta \in [T]} |\rho_\theta| = n\} \tag{10.2.24}$$

をとることができる. $(\rho_\theta)_{\theta \in [T]} \in \mathbb{Y}_n([T])$ においては, もちろん有限個の共役類を除いて $\rho_\theta = \varnothing$ である.

ここからは T が可分なコンパクト群であるとし[19], $\mathfrak{S}_n(T)$ の既約ユニタリ表現の同値類の分類を考える. $\mathfrak{S}_n(T)$ は半直積であるから, それは誘導表現を活用した Mackey 理論の範疇にある. $\widehat{\mathfrak{S}_n(T)}$ は

$$\mathbb{Y}_n(\widehat{T}) = \{(\lambda^\zeta)_{\zeta \in \widehat{T}} \mid \lambda^\zeta \in \mathbb{Y},\ \sum_{\zeta \in \widehat{T}} |\lambda^\zeta| = n\} \tag{10.2.25}$$

でパラメータづけされることが知られている. ここでは, (10.2.25) のデータから

[19] T の既約ユニタリ表現の同値類全体 $\widehat{T}$ は高々可算集合になる.

$\mathfrak{S}_n(T)$ の既約ユニタリ表現を構成する手順を手短に述べるにとどめ，既約性や同値性の証明等の詳細は省略しよう．$(\lambda^\zeta)_{\zeta\in\widehat{T}} \in \mathbb{Y}_n(\widehat{T})$ を 1 つとったとする．まず T^n の既約ユニタリ表現

$$\eta = \boxtimes_{\zeta\in\widehat{T}}(\zeta^{\boxtimes|\lambda^\zeta|}) \tag{10.2.26}$$

を考える．(10.2.26) の表示では外部テンソル積の順序が明示されていないが，$\widehat{T}$ を整列し，それに基づく順序で積をとる．また，ζ に属する既約ユニタリ表現の 1 つを ζ と書いてしまっている．$\mathfrak{S}_n$ の T^n への作用は，T^n の既約ユニタリ表現への作用を自然に引き起こす:

$$\sigma\eta(\boldsymbol{t}) = \eta(\sigma^{-1}\boldsymbol{t}), \qquad \boldsymbol{t}\in T^n, \quad \sigma\in\mathfrak{S}_n. \tag{10.2.27}$$

(10.2.27) に関する不変部分群

$$S^\eta = \{\sigma\in\mathfrak{S}_n \,|\, \sigma\eta\cong\eta\} \quad \Bigl(\cong \prod_{\zeta\in\widehat{T}} \mathfrak{S}_{|\lambda^\zeta|}\Bigr) \subset \mathfrak{S}_n$$

をとって，$H_n = T^n \rtimes S^\eta$ とおく．H_n は環積の直積 $\prod_{\zeta\in\widehat{T}} \mathfrak{S}_{|\lambda^\zeta|}(T)$ と同型である．(10.2.26) の $\zeta^{\boxtimes|\lambda^\zeta|}$ の表現空間 $(V^\zeta)^{\otimes|\lambda^\zeta|}$ 上の作用素として

$$\pi^\zeta(\boldsymbol{t},\sigma) = (\zeta^{\boxtimes|\lambda^\zeta|})(\boldsymbol{t})I(\sigma), \quad I(\sigma)(\bigotimes_i v_i) = \bigotimes_i v_{\sigma^{-1}(i)} \quad (\boldsymbol{t}\in T^{|\lambda^\zeta|},\ \sigma\in\mathfrak{S}_{|\lambda^\zeta|})$$

をとり，これらから $\pi^\eta = \boxtimes_{\zeta\in\widehat{T}}\pi^\zeta$ をつくる．π^η は H_n の既約ユニタリ表現になる．一方，$\xi^\eta = \boxtimes_{\zeta\in\widehat{T}}\lambda^\zeta$ は (λ^ζ を $\mathfrak{S}_{|\lambda^\zeta|}$ の既約表現とみなして) S^η の既約ユニタリ表現であるが，T^n の自明な作用と合せて H_n の既約ユニタリ表現を与える．そうすると，$\pi^\eta\otimes\xi^\eta$ もまた H_n の既約ユニタリ表現であり，それを $\mathfrak{S}_n(T)$ に誘導して

$$\Pi^{(\lambda^\zeta)} = \mathrm{Ind}_{H_n}^{\mathfrak{S}_n(T)}(\pi^\eta\otimes\xi^\eta) \tag{10.2.28}$$

を考えると，結論として，$\Pi^{(\lambda^\zeta)}$ がデータ $(\lambda^\zeta)_{\zeta\in\widehat{T}}$ に対応する $\mathfrak{S}_n(T)$ の既約ユニタリ表現を与える．ちなみに，(10.2.28) は次の次元をもつ:

$$\dim(\lambda^\zeta)_{\zeta\in\widehat{T}} = \frac{n!}{\prod_{\zeta\in\widehat{T}}|\lambda^\zeta|!}\prod_{\zeta\in\widehat{T}}\{(\dim\zeta)^{|\lambda^\zeta|}\dim\lambda^\zeta\}. \tag{10.2.29}$$

$\mathfrak{S}_n(T)$ の既約指標の表示式を紹介しよう．つまり，(10.2.25) の $\Lambda = (\lambda^\zeta)_{\zeta\in\widehat{T}} \in \mathbb{Y}_n(\widehat{T})$ に対応する $\mathfrak{S}_n(T)$ の既約ユニタリ表現の指標 χ^Λ に対し，(10.2.24) の $P = (\rho_\theta)_{\theta\in[T]} \in \mathbb{Y}_n([T])$ に対応する $\mathfrak{S}_n(T)$ の共役類での値 χ^Λ_P を Λ と P を使って

明示したい訳である．P の成分のうちで $\varnothing$ でない ρ_θ は有限個であるが，その ρ_θ たちを全部行に刻み，そうして得られる行全体の集合を $\mathrm{rows}(P)$ と書くことにする．長さが同じ行もすべて区別する．したがって，$\mathrm{rows}(P)$ の元の個数は $\sum_{\theta\in[T]} l(\rho_\theta)$ に等しい．$\mathrm{rows}(P)$ の各元に $\widehat{T}$ からとったラベルを貼る．つまり，それは写像 $r: \mathrm{rows}(P) \longrightarrow \widehat{T}$ を定めるのと同じことである．$\zeta\in\widehat{T}$ に対し，逆像 $r^{-1}(\zeta)$ は行の組であるが，それらを行として並べてできる Young 図形を (簡単のため) 同じ記号 $r^{-1}(\zeta)$ で表す．定義から，任意の $r: \mathrm{rows}(P) \longrightarrow \widehat{T}$ に対し，

$$\sum_{\zeta\in\widehat{T}} |r^{-1}(\zeta)| = \sum_{\theta\in[T]} |\rho_\theta| = n$$

が成り立つ．さらに，$r^{-1}(\zeta)$ の行でもあり ρ_θ の行でもあるもの (つまり ρ_θ の行のうち ζ というラベルが貼られているもの) たちから成る Young 図形を $r^{-1}(\zeta)\cap\rho_\theta$ と書く．与えられた Λ と P に対し，写像 r についての条件

$$r: \mathrm{rows}(P) \longrightarrow \widehat{T}, \qquad |r^{-1}(\zeta)| = |\lambda^\zeta| \quad (\forall\zeta\in\widehat{T}) \tag{10.2.30}$$

を設定する．$\zeta\in\widehat{T}$ に対応する T の既約指標の $\theta\in[T]$ における値を χ_θ^ζ で表す．この記号のもとに，$\mathfrak{S}_n(T)$ の既約指標の値 χ_P^Λ が

$$\chi_P^\Lambda = \sum_{r:\,(10.2.30)} \prod_{\zeta\in\widehat{T}} \Bigl(\prod_{\theta\in[T]} (\chi_\theta^\zeta)^{l(r^{-1}(\zeta)\cap\rho_\theta)} \Bigr) \chi_{r^{-1}(\zeta)}^{\lambda^\zeta},$$
$$\Lambda = (\lambda^\zeta)_{\zeta\in\widehat{T}} \in \mathbb{Y}_n(\widehat{T}), \quad P = (\rho_\theta)_{\theta\in[T]} \in \mathbb{Y}_n([T]) \tag{10.2.31}$$

で与えられる．たとえば，単位元での値を確認するために，$\rho_{\{e_T\}} = (1^n)$ とおく．r が (10.2.30) をみたすときには，(10.2.31) の右辺の和のメンバーはすべて $\prod_{\zeta\in\widehat{T}} (\dim\zeta)^{|\lambda^\zeta|} \dim\lambda^\zeta$ になり，和の項数 (=写像 r のとり方の数) は，ラベルの貼り方 $n!/\prod_{\zeta\in\widehat{T}} |\lambda^\zeta|!$ に等しいので，(10.2.29) に確かに一致する．

$\mathfrak{S}_n(T)$ の $\mathfrak{S}_{n+1}(T)$ へのうめ込みは

$$(\boldsymbol{t},\sigma)\in\mathfrak{S}_n(T) \longmapsto ((\boldsymbol{t},e_T),\sigma(n+1))\in\mathfrak{S}_{n+1}(T)$$

で与えられ[20)]，$\mathfrak{S}_n(T)$ は $\mathfrak{S}_{n+1}(T)$ の部分群になる．こうして環積群の増大列

$$\mathfrak{S}_0(T)\ (=\{e\}) \subset \mathfrak{S}_1(T)\ (=T) \subset \mathfrak{S}_2(T) \subset \cdots \subset \mathfrak{S}_n(T) \subset \cdots \tag{10.2.32}$$

---

20) $(n+1)$ は自明なサイクルである．つまり，$\sigma(n+1)$ は $\mathfrak{S}_{n+1}$ にうめ込まれた σ のことである．

を得る. $\Lambda \in \mathbb{Y}_n(\widehat{T})$ に対し, Λ の成分のうちの $\varnothing$ でない 1 つの $\lambda^\zeta \in \mathbb{Y}$ から箱を 1 つとり除いて $M = (\mu^\zeta)_{\zeta\in\widehat{T}} \in \mathbb{Y}_{n-1}(\widehat{T})$ ができるとき, $M \nearrow \Lambda$ と表す. すなわち, M と Λ とは, ただ 1 つの成分のみ $\mu^{\zeta_0} \nearrow \lambda^{\zeta_0}$ となっていて, $\zeta \neq \zeta_0$ では $\mu^\zeta = \lambda^\zeta$ である. この ζ_0 は $M \nearrow \Lambda$ なる M, Λ から一意的に決まるので, それを $\zeta_{M,\Lambda}$ と書こう. Λ に対応する $\mathfrak{S}_n(T)$ の既約ユニタリ表現を $\mathfrak{S}_{n-1}(T)$ に制限したものは, 次の分岐則をもつ:

$$\mathrm{Res}^{\mathfrak{S}_n(T)}_{\mathfrak{S}_{n-1}(T)} \Lambda \;\cong \bigoplus_{M\in\mathbb{Y}_{n-1}(\widehat{T}):\, M\nearrow\Lambda} [\dim \zeta_{M,\Lambda}]\, M. \tag{10.2.33}$$

(10.2.33) は, たとえば両辺の指標を (10.2.31) を用いて計算すれば検証できる.

(10.2.32) の状況下で, $\mathfrak{S}_\infty(T) = \bigcup_{n=0}^\infty \mathfrak{S}_n(T)$ とおく. $\mathfrak{S}_\infty(T)$ を T の無限環積群という. $\mathfrak{S}_\infty(T)$ も半直積の形に書かれる. 実際,

$$D_\infty(T) = \{\boldsymbol{t} = (t_1, t_2, \cdots) \in T^\infty \mid \text{有限個の成分を除いて } t_j = e_T\}$$

とおくと, $\mathfrak{S}_\infty$ の $D_\infty(T)$ への作用が

$$\sigma(\boldsymbol{t}) = (t_{\sigma^{-1}(1)}, t_{\sigma^{-1}(2)}, \cdots), \qquad \boldsymbol{t} \in D_\infty(T), \quad \sigma \in \mathfrak{S}_\infty$$

で与えられ, この作用によって $\mathfrak{S}_\infty(T) \cong D_\infty(T) \rtimes \mathfrak{S}_\infty$ とみなされる. (10.2.16) に記した $\mathfrak{S}_n(T)$ の元の標準分解は, 十分大きい n に対して安定しているので[21], $g \in \mathfrak{S}_\infty(T)$ の標準分解が (10.2.16) によって定まる. そうすると, $\mathfrak{S}_\infty(T)$ の共役類全体が次の集合でパラメータづけされることがわかる:

$$\mathbb{Y}([T]) = \{(\rho_\theta)_{\theta\in[T]} \mid \rho_\theta \in \mathbb{Y},\ m_1(\rho_{\{e_T\}}) = 0\}. \tag{10.2.34}$$

(10.2.34) によるパラメータづけでは, 自明なサイクルを省いていることに注意する. 特に, $\mathfrak{S}_\infty(T)$ の単位元から成る共役類のラベルは, すべての成分が $\varnothing$ である $\mathbb{Y}([T])$ の元 (すなわち $(\rho_\theta)_{\theta\in[T]}$ で, $\rho_\theta = \varnothing$ $(\forall\theta \in [T])$) である[22].

(10.2.33) の分岐則から, 定義 9.19 にしたがって環積群の分岐グラフを導入する. 頂点集合は $\mathbb{Y}(\widehat{T}) = \bigsqcup_{n=0}^\infty \mathbb{Y}_n(\widehat{T})$, $\mathbb{Y}_0(\widehat{T}) = \{\varnothing = (\varnothing)_{\zeta\in\widehat{T}}\}$ であり, $M \nearrow \Lambda$ なる $M \in \mathbb{Y}_{n-1}(\widehat{T})$ と $\Lambda \in \mathbb{Y}_n(\widehat{T})$ を辺で結ぶ. さらに, (10.2.33) の分解が重複度をもつので, 辺 $M \nearrow \Lambda$ には, $\dim \zeta_{M,\Lambda}$ なる重複度をのせておく. T が有限群でなければ, 分岐グラフ $\mathbb{Y}(\widehat{T})$ も (10.2.10) の $\mathbb{U}$ と同じく局所有限でなくなる. $\mathbb{Y}(\widehat{T})$

---

21) $n < m$ のとき, $g \in \mathfrak{S}_n(T)$ の標準分解を $\mathfrak{S}_n(T) \subset \mathfrak{S}_m(T)$ のうめ込みによって $\mathfrak{S}_m(T)$ の中で扱ってもまた標準分解を与える.

22) $\rho_{\{e_T\}}$ も (1^∞) ではなくて $\varnothing$ である. $m_1(\varnothing) = 0$ に注意.

上の関数の調和性は (9.2.3) のように重複度を考慮して定義される:

$$\varphi(\Lambda) = \sum_{M:\,\Lambda\nearrow M} (\dim \zeta_{\Lambda,M})\varphi(M), \qquad \Lambda \in \mathbb{Y}(\widehat{T}).$$

$\mathbb{Y}(\widehat{T})$ は辺に重複度をもつグラフであるけれども, $\Lambda = (\lambda^{\zeta})_{\zeta\in\widehat{T}} \in \mathbb{Y}_l(\widehat{T})$ から $M = (\mu^{\zeta})_{\zeta\in\widehat{T}} \in \mathbb{Y}_m(\widehat{T})$ $(l < m)$ に至る経路 $u = (\Lambda = u(l) \nearrow \cdots \nearrow u(m) = M)$ に対して (9.2.1) で定まる重み w_u は

$$w_u = \prod_{i=l}^{m-1} \dim \zeta_{u(i),u(i+1)} = \prod_{\zeta\in\widehat{T}} (\dim\zeta)^{|\mu^{\zeta}|-|\lambda^{\zeta}|}$$

となり, 経路の途中の頂点によらずに始点 Λ と終点 M のみで決まる. これにより, 経路空間 $\mathfrak{T}(\mathbb{Y}(\widehat{T}))$ 上の確率測度の中心性の定義 (9.2.5) は, 辺に重複度がない場合の (5.2.5) に一致する. 次元関数や Martin 核も辺に重複度がない場合に帰着することができ, このことは幾分考察を簡単にするのに役立つ.

(10.2.11) に相当する 3 つの凸集合のアファイン同相

$$\mathcal{K}(\mathfrak{S}_\infty(T)) \;\cong\; \mathcal{H}(\mathbb{Y}(\widehat{T})) \;\cong\; \mathcal{M}(\mathfrak{T}(\mathbb{Y}(\widehat{T}))) \tag{10.2.35}$$

はここでも成り立つ. $(\mathbb{R}^{\widehat{T}\times\mathbb{N}})^2 \times \mathbb{R}^{\widehat{T}}$ の部分集合として

$$\begin{aligned}
\widetilde{\Delta}_T = \Big\{(\alpha,\beta,c) \;\Big|\; & \alpha = (\alpha_{\zeta,i})_{\zeta\in\widehat{T},i\in\mathbb{N}},\ \beta = (\beta_{\zeta,i})_{\zeta\in\widehat{T},i\in\mathbb{N}},\ c = (c_\zeta)_{\zeta\in\widehat{T}},\\
& \alpha_{\zeta,1} \geqq \alpha_{\zeta,2} \geqq \cdots \geqq 0,\ \beta_{\zeta,1} \geqq \beta_{\zeta,2} \geqq \cdots \geqq 0,\ c_\zeta \geqq 0,\\
& \sum_{i=1}^{\infty}(\alpha_{\zeta,i}+\beta_{\zeta,i}) \leqq c_\zeta\ (\forall\zeta\in\widehat{T}), \quad \sum_{\zeta\in\widehat{T}} c_\zeta \leqq 1\Big\},\\
\Delta_T = \Big\{(\alpha,\beta,c) \in \widetilde{\Delta}_T \;\Big|\; & \sum_{\zeta\in\widehat{T}} c_\zeta = 1\Big\}
\end{aligned} \tag{10.2.36}$$

とおく. $\widetilde{\Delta}_T$ には $(\widehat{T}\times\mathbb{N})\sqcup(\widehat{T}\times\mathbb{N})\sqcup\widehat{T}$ 上の $\mathbb{R}$ 値関数の各点収束の位相を入れる. あるいは, ℓ^1 空間の汎弱位相の相対位相としても同値である. $\widetilde{\Delta}_T$ はコンパクトであるが, $\widehat{T}$ が無限集合ならば Δ_T は $\widetilde{\Delta}_T$ の閉部分集合ではない.

定理 10.12 分岐グラフ $\mathbb{Y}(\widehat{T})$ の Martin 境界 $\partial\mathbb{Y}(\widehat{T})$ の位相同型として次のことが成り立つ:

(ア) T が有限群ならば, $\partial\mathbb{Y}(\widehat{T}) \cong \Delta_T$,

(イ) T が無限群ならば, $\partial\mathbb{Y}(\widehat{T}) \cong \widetilde{\Delta}_T$. ■

定理 10.13 (10.2.35) の端点集合が (T の濃度が有限でも無限でも) (10.2.36)

の Δ_T でパラメータづけされる[23]. ■

$\mathfrak{S}_\infty(T)$ の指標公式を書くために, $\widetilde{\Delta}_T$ 上の (超対称な) べき和関数の記号を定める: $\zeta \in \widehat{T}$ に対し,

$$p_k^\zeta(\alpha,\beta,c) = \begin{cases} \sum_{i=1}^\infty (\alpha_{\zeta,i}^k + (-1)^{k-1}\beta_{\zeta,i}^k), & k \in \{2,3,4,\cdots\}, \\ c_\zeta, & k=1, \end{cases}$$

$$p_\rho^\zeta(\alpha,\beta,c) = p_{\rho_1}^\zeta(\alpha,\beta,c)\cdots p_{\rho_{l(\rho)}}^\zeta(\alpha,\beta,c), \qquad \rho = (\rho_1 \geqq \cdots \geqq \rho_{l(\rho)}) \in \mathbb{Y}\setminus\{\varnothing\},$$

$$p_\varnothing^\zeta(\alpha,\beta,c) = 1. \tag{10.2.37}$$

$\mathfrak{S}_\infty(T)$ の共役類全体が $\mathbb{Y}([T])$ でパラメータづけされることを踏まえ, $\omega \in \Delta_T$ に対応する $\mathfrak{S}_\infty(T)$ の指標 $(= \mathcal{K}(\mathfrak{S}_\infty(T))$ の端点) f_ω の値が次式で与えられる.

定理 10.14 (平井の公式) $\omega = (\alpha,\beta,c) \in \Delta_T$ に対応する $\mathfrak{S}_\infty(T)$ の指標 f_ω の共役類 $P = (\rho_\theta)_{\theta\in[T]} \in \mathbb{Y}([T])$ での値は

$$f_\omega(P) = \prod_{j=1}^\infty \prod_{\theta\in[T]} \Big(\sum_{\zeta\in\widehat{T}} \frac{\chi_\theta^\zeta p_j^\zeta(\omega)}{(\dim\zeta)^j} \Big)^{m_j(\rho_\theta)} \tag{10.2.38}$$

である. ■

指標 f_ω の乗法性が (10.2.38) から読みとれる. 定理 10.12 の証明の過程で, $\widetilde{\Delta}_T$ や Δ_T の元が Young 図形の漸近的なデータによって表される様子が見える. T が有限または無限に対応し, Δ_T または $\widetilde{\Delta}_T$ の元 (α,β,c) は, $\mathbb{Y}_n(\widehat{T})$ の元 $(\mu^{(n)\zeta})_{\zeta\in\widehat{T}}$ の列 $\{(\mu^{(n)\zeta})_{\zeta\in\widehat{T}}\}_{n\in\mathbb{N}}$ によって

$$\alpha_{\zeta,i} = \lim_{n\to\infty}\frac{(\mu^{(n)\zeta})_i}{n}, \quad \beta_{\zeta,i} = \lim_{n\to\infty}\frac{(\mu^{(n)\zeta})_i'}{n}, \quad c_\zeta = \lim_{n\to\infty}\frac{|\mu^{(n)\zeta}|}{n} \tag{10.2.39}$$

という極限で捉えられる. また, $\omega = (\alpha,\beta,c) \in \Delta_T$ に対応する $\mathcal{M}(\mathfrak{T}(\mathbb{Y}(\widehat{T})))$ の端点, すなわち経路空間上のエルゴード的な中心的確率測度 M_ω をとれば, (10.2.39) を M_ω-a.s. 収束として見ることができる. T が有限群ならば, (10.2.39) から $\sum_{\zeta\in\widehat{T}} c_\zeta = 1$ がしたがうことはすぐにわかる. $\mathbb{Y}_n(\widehat{T})$ の元 $\Lambda^{(n)}$ の列が $n\to\infty$ で $\omega \in \Delta_T$ に (Martin 距離で) 収束すれば, $\mathfrak{S}_n(T)$ の正規化された既約指標 $\tilde{\chi}^{\Lambda^{(n)}}$ ((10.2.31) 参

---

23) 定理 10.12 に述べた Martin 境界との関係で言えば, Δ_T が $\mathbb{Y}(\widehat{T})$ の極小 Martin 境界に同型であるということになる.

照) が (10.2.38) の $\mathfrak{S}_\infty(T)$ の指標 f_ω にコンパクト一様収束する.

べき和関数と Schur 関数の関係を念頭に, (10.2.37) を用いて

$$s^\zeta_\lambda(\alpha,\beta,c)=\sum_{\rho\in\mathbb{Y}_{|\lambda|}}\frac{1}{z_\rho}\chi^\lambda_\rho p^\zeta_\rho(\alpha,\beta,c),\qquad(\alpha,\beta,c)\in\widetilde{\Delta}_T,\ \zeta\in\widehat{T},\ \lambda\in\mathbb{Y}\quad(10.2.40)$$

とおく. 定理 10.12 における Martin 境界 $\partial\mathbb{Y}(\widehat{T})$ の同一視のもとで, Martin 核 $K(\Lambda,\omega)$ が (10.2.40) による次の表示をもつ: (ア) T が有限群のときは $\omega\in\Delta_T$, (イ) T が無限群のときは $\omega\in\widetilde{\Delta}_T$ とすると,

$$K(\Lambda,\omega)=\prod_{\zeta\in\widehat{T}}\frac{1}{(\dim\zeta)^{|\lambda^\zeta|}}s^\zeta_{\lambda^\zeta}(\omega),\qquad\Lambda=(\lambda^\zeta)_{\zeta\in\widehat{T}},\quad\omega=(\alpha,\beta,c).\quad(10.2.41)$$

さらに, 定理 10.13 における $\mathcal{H}(\mathbb{Y}(\widehat{T}))$ の端点集合が $\{K(\,\cdot\,,\omega)\}_{\omega\in\Delta_T}$ に一致する. 定理 9.11 は今の場合に自然に拡張され, (10.2.41) の $K(\Lambda,\omega)$ を核とする Δ_T 上の Martin 積分表示により, $\mathcal{H}(\mathbb{Y}(\widehat{T}))$ と $\mathcal{P}(\Delta_T)$ の間にアファイン同相な全単射対応ができる. ただし, T が無限群ならば Δ_T がコンパクトでないので, 定理 9.11 の証明のように双連続性は (成立するが) ただちにわかる訳ではない.

10.3 極限形状のゆらぎ

本書でこれまで論じてきた確率変数の漸近挙動は, 4.1 節に述べた極限定理の範疇で言えば, ほとんどが大数の法則である. つまり, 独立性やエルゴード性に類する性質の効果によって, 極限としてランダムでない量が浮かび上がる状況である. これに対し, 極限のまわりをもっと小さなスケールで見て (標準偏差が巨視的なスケールになる程度まで拡大して) ゆらぎを捉えるのが, 中心極限定理であった. 本節では, Plancherel 集団における極限形状のまわりのゆらぎについて, 導入的な一端の紹介をしよう.

7.3 節において, Young 図形 $\lambda\in\mathbb{Y}_n$ を縦横 $1/\sqrt{n}$ 倍した $\lambda^{\sqrt{n}}$ が Plancherel 測度のもとで極限形状 Ω に収束することを見た. その 1 つの記述が, 定理 7.30 にある推移測度の自由キュムラントの概収束: M_{Pl}-a.s. $t\in\mathfrak{T}$ に対し,

$$\lim_{n\to\infty}\left(R_k(\mathfrak{m}_{t(n)\sqrt{n}})-R_k(\mathfrak{m}_\Omega)\right)=0,\qquad k\in\mathbb{N}\qquad(10.3.1)$$

である[24]. Kerov 多項式を通した R_k と Σ_j の関係を考慮すれば, 定理 7.30 の証

[24] $k=1,2$ では極限をとる前から 0 である.

明中でも見たように, (10.3.1) は

$$\lim_{n\to\infty} n^{-k/2}\Sigma_{k-1}(t(n)) = 0, \qquad k\in\{3,4,\cdots\} \tag{10.3.2}$$

と同値である. ゆらぎを論じるために,

$$E_{M_{\mathrm{Pl}}}[\Sigma_{k-1}(t(n))^2] = E_{M_{\mathrm{Pl}}^{(n)}}[\Sigma_{k-1}^2] = (k-1)n^{\downarrow(k-1)}, \qquad k\in\{3,4,\cdots\}$$

を勘案する. すなわち, $k \geqq 3$ なる Σ_{k-1} の標準偏差が $n^{\frac{k-1}{2}}$ のオーダーであるので, (10.3.2), (10.3.1) を $\sqrt{n}$ 倍した量

$$\{\sqrt{n}R_k(\mathfrak{m}_{\lambda\sqrt{n}})\}_{k\in\{3,4,\cdots\}} \quad や \quad \{n^{-(k-1)/2}\Sigma_{k-1}\}_{k\in\{3,4,\cdots\}} \tag{10.3.3}$$

の結合分布の $n\to\infty$ での挙動を調べてみる. この文脈で基本的な重要性をもつのが, [32] による次の結果である.

定理 10.15 (Kerov の中心極限定理)　確率空間 $(\mathbb{Y}_n, M_{\mathrm{Pl}}^{(n)})$ 上で定義された確率変数列 $\{n^{-k/2}\Sigma_k/\sqrt{k}\}_{k\in\{2,3,\cdots\}}$ の任意の m 次元分布 ($m\in\mathbb{N}$) は, $n\to\infty$ で m 次元標準正規分布 $N(0,1)^m$ に弱収束する. したがって, (10.3.3) は, $n\to\infty$ で漸近的に独立で正規分布にしたがう確率変数列になる.

証明　任意の $m\in\mathbb{N}$, $m\geqq 2$ に対し, $\{n^{-k/2}\Sigma_k/\sqrt{k}\}_{k\in\{2,3,\cdots,m\}}$ の結合分布が $m-1$ 次元標準正規分布に弱収束することを示せばよい.

正規化された既約指標 $\tilde{\chi}^\lambda$ ($\lambda\in\mathbb{Y}_n$) の $\mathfrak{S}_n$ の群環の中心上での乗法性から

$$\begin{aligned} E_{M_{\mathrm{Pl}}^{(n)}}\Big[\prod_{k=2}^m \big(n^{-\frac{k}{2}}\frac{1}{\sqrt{k}}\Sigma_k\big)^{p_k}\Big] &= \prod_{k=2}^m \Big(\frac{\sqrt{k}}{n^{k/2}}\Big)^{p_k} E_{M_{\mathrm{Pl}}^{(n)}}\Big[\tilde{\chi}^\lambda\Big(\prod_{k=2}^m A_{(k,1^{n-k})}^{p_k}\Big)\Big] \\ &= \prod_{k=2}^m \Big(\frac{\sqrt{k}}{n^{k/2}}\Big)^{p_k} \delta_e\Big(\prod_{k=2}^m A_{(k,1^{n-k})}^{p_k}\Big), \qquad p_2,\cdots,p_m\in\mathbb{N}\cup\{0\} \end{aligned} \tag{10.3.4}$$

が成り立つ. ここで, 7.3 節末で触れた隣接作用素 $A_{(k,1^{n-k})}$ のべきに関する考察を用いる. (7.3.29) の Young 図形として 1 行だけのものたちを考えると, 補題 7.34 により, (10.3.4) の積を展開したときにサイクルたちの中にちょうど 2 個ずつ文字が現れる項を勘定すればよい. さらにこのとき, 簡単な考察により, 単位元として生き残る項は, サイクルとその逆サイクルの対を含むものに限られることがわかる. 特に, すべての p_k が偶数のときのみ考えればよい. $p_k = 2q_k$ ($q_k\in\mathbb{N}\cup\{0\}$) とおくと, そのようなサイクル-逆サイクルの対のとり方の個数は

$$\prod_{k=2}^m |\mathcal{P}_2(2q_k)| \tag{10.3.5}$$

に一致する．そして 2 個ずつの文字を配置してそのような置換をつくる仕方は $n^{\downarrow(\sum_{k=2}^{m} kq_k)} / \prod_{k=2}^{m} k^{q_k}$ とおりあるから, (10.3.4) の $n \to \infty$ での極限値は結局 (10.3.5) に一致する．一方, 標準正規分布 $N(0,1)$ の $2q$ 次モーメントが $|\mathcal{P}_2(2q)|$ である (キュムラント・モーメント公式 (4.2.8), 例 4.27) から, (10.3.5) は

$$\int_{\mathbb{R}^{m-1}} x_2^{2q_2} \cdots x_m^{2q_m} N(0,1)^{m-1}(dx_2 \cdots dx_m) \tag{10.3.6}$$

に等しい．これで結合分布の混合モーメントの収束が示された．

(10.3.6) の混合モーメントが $\mathbb{R}^{m-1}$ 上の確率測度を一意的に定めることはよい．ただし, 奇数べきを含む混合モーメントは 0 としておく．また, 命題 A.24 は $\mathbb{R}$ 上の確率測度に対するモーメント収束と弱収束の関係を言ったものであるが, それを多次元に焼き直すことは難しくない．そうすると, $\{n^{-k/2}\Sigma_k/\sqrt{k}\}$ の結合分布の弱収束がしたがう． ■

注意 10.16 (10.3.4) をサイクルに限らず一般の $\mathbb{Y}^{\times}$ の元で考えれば, Σ_ρ たち ($\rho \in \mathbb{Y}^{\times}$) に関する中心極限定理が得られる．その際, 注意 7.35 で予告したように, (10.3.4) の右辺の拡張として

$$\prod_{i=1}^{m} \left(A_{(\rho^{(i)}, 1^{n-|\rho^{(i)}|})} \Big/ |C_{(\rho^{(i)}, 1^{n-|\rho^{(i)}|})}|^{1/2} \right)^{p_i}, \qquad \rho^{(i)} \in \mathbb{Y}^{\times},\ p_i \in \mathbb{N} \cup \{0\}$$

の単位元成分を計算することになる．数え方のアイデアは定理 10.15 の上述の証明と同様であるが, サイクル-逆サイクルの対のとり方が異なる Young 図形間に及ぶので, (10.3.5) よりも複雑にはなる．グラフの完全マッチングを勘定する作業が要り, Hermite 多項式が現れる[25]．詳細は [18] に譲る．

注意 10.17 Kerov の中心極限定理を基点にして, Plancherel 集団における Young 図形のプロファイルの極限形状のゆらぎを論じることができる．今, Kerov–Olshanski 代数 $\mathbb{A}$ の元 X で重み次数 p をもつものをとる (定義 6.23). X は $\Sigma_{p-1}, \Sigma_{p-2}, \cdots$ の多項式で表される:

$$X = Q(\Sigma_{p-1}, \Sigma_{p-2}, \cdots, \Sigma_1) = \cdots + a\Sigma_{k_1} \cdots \Sigma_{k_l} \Sigma_1^r + \cdots, \quad k_i \geqq 2,\ a \in \mathbb{C}.$$

ここで, 右辺の各項において

$$\mathrm{wt}(\Sigma_{k_1} \cdots \Sigma_{k_l} \Sigma_1^r) = (k_1 + 1) + \cdots + (k_l + 1) + 2r \leqq p \tag{10.3.7}$$

---

[25] 完全グラフ K_r のマッチング多項式が r 次 Hermite 多項式に一致する．

が成り立っている．X を $\mathbb{Y}_n$ に制限したものを $X^{(n)}$ と書こう．Kerov の中心極限定理により，Plancherel 集団の中では $n^{-k/2}\Sigma_k$ $(k \geqq 2)$ が $n \to \infty$ でのゆらぎの巨視的な量だとみなされる．(10.3.7) により，

$$\Sigma_{k_1} \cdots \Sigma_{k_l} \Sigma_1^r = n^{r+\frac{1}{2}(k_1+\cdots+k_l)}(n^{-\frac{k_1}{2}}\Sigma_{k_1}) \cdots (n^{-\frac{k_l}{2}}\Sigma_{k_l})$$

において，$r + \frac{1}{2}(k_1 + \cdots + k_l) \leqq \frac{p}{2} - \frac{l}{2}(l \in \mathbb{N} \cup \{0\})$．$l = 0$ の項は非ランダム $(\Sigma_1^{(n)} \equiv n)$ なので，ゆらぎを巨視的にとり出すには $\{n^{-p/2}X^{(n)} - (\text{平均})\} \cdot n^{1/2}$ なる量を考えるのが妥当である．特に，$X(\lambda) = M_k(\tau_\lambda)$ のときは，$\lambda \in \mathbb{Y}_n$ に対して

$$\begin{aligned}\sqrt{n}(M_k(\tau_{\lambda^{\sqrt{n}}}) - M_k(\tau_\Omega)) &= \int_{\mathbb{R}} x^k \sqrt{n}\Big(\frac{\lambda^{\sqrt{n}}(x) - \Omega(x)}{2}\Big)'' dx \\ &= \frac{k(k-1)}{2}\int_{\mathbb{R}} x^{k-2}\sqrt{n}(\lambda^{\sqrt{n}}(x) - \Omega(x))dx, \qquad k \in \{2, 3, \cdots\}.\end{aligned} \tag{10.3.8}$$

Kerov の中心極限定理を援用すれば，(10.3.8) から，スケール変換されたプロファイル $\lambda^{\sqrt{n}}$ の Ω からのずれを $\sqrt{n}$ 倍に拡大した量の漸近挙動が読みとれる．詳細は [31] に譲る．

注意 10.18　注意 10.17 は，Plancherel 集団における Gauss 的なゆらぎをランダム Fourier 級数によってとらえる方向である．ただし，Fourier 級数の収束は良くないので，(台がコンパクトな) Schwartz 超関数として認識することになる．一方，Gauss 的なゆらぎを作用素論的に記述する手段として，Boson Fock 空間がしばしば用いられる．Kerov の中心極限定理の延長上で，Boson Fock 空間を用いて Plancherel 集団のゆらぎを定式化した結果が [19], [25, Chapter 11] にある．なお，例 10.5 で触れたテンソルの型から察せられるかもしれないが，対称群の表現と Fock 空間のつながりは深い．

注意 10.19　この節で述べているのは，Plancherel 集団に属する Young 図形のスケール変換されたプロファイル全体を眺めてその極限形状からのゆらぎを評価した中心極限定理である．実はこれよりも有名な話として，同じ Plancherel 集団に属する Young 図形の行長・列長の極限形状からのゆらぎに関する中心極限定理の結果がある．つまり，極限形状の端っこのあたりの接線方向のゆらぎに着目する．そこには，通常の $\sqrt{n}$ 法則とは異なる特徴的なスケールといわゆる Tracy–Widom 分布によって記述されるゆらぎが観察される．これはランダム行列の集団の固有値のゆらぎとよく似た枠組におさまる話であり，実際，ランダム行列とランダム置換 (あるいは Young 図形の統計集団) については，現象面のアナロジーからもっと本

質的と思われるつながりに至るまで, さまざまなレベルでの関連が探究されている. 単なる類似の話として挙げるだけではかえって誤解を生む恐れもあるので, 本書ではランダム置換とランダム行列の類似性を前面に出すことは抑制し, Young 図形の統計集団の話として自己完結的な展開を心がけた[26]. 単なるアナロジーを超えた本質的な連関を正確に描写することは, 筆者の手に余る. 関心のある読者にとって, たとえば Okounkov の論文 [49] は良い手がかりになるであろう.

ノート

定義 10.2 の近似的乗法性の導入は, Biane [3], [4] による. 定理 10.1 は [3] による. 例 10.5, 例 10.6 も [4] にある. [20] には, Jucys–Murphy 元を利用した定理 10.1 の証明の説明がある. 近似的乗法性と Young 図形のプロファイルの集中現象についてのもう少し系統だった解説や, その Thoma 集団への応用 (定理 10.4 の証明) の仕方について, [22] の 4.4 節も参考にされたい.

10.2 節の $U(\infty)$ の調和解析にとりかかるには, [52] がよい指針となろう. 10.2 節の無限環積群の指標についての詳細は, [17], [24], [23] とそれらの参考文献にある平井の一連の仕事を参照されたい. ここでの分岐グラフに関する記述は, [24], [23] にしたがっている. さらに, 無限複素鏡映群に対しては, スピン表現まで枠組をひろげた詳細な解説が [16] に収録されている. また, 作用素環の視点を前面に出した最近の [12] も, この節で扱ったテーマの研究の流れを学ぶのに好適である.

Young グラフも 10.2 節に述べた分岐グラフも, コンパクト群の帰納系の既約表現の制限・誘導の分岐則から構成されるものであった. このように群から来るものではない分岐グラフの代表例が, Jack グラフである. Jack グラフは Young グラフと同じ頂点集合と辺構造をもつが, 辺に特徴的な重複度がのっている. Young グラフの辺の構造が Schur 関数の Pieri 公式 (定理 3.34) を述べるものだと思うと, これを Jack 関数について考えることによって, Jack グラフの導入に至る. Jack グラフの Martin 境界, 極小調和関数については, [36] を見られたい.

---

[26] 本書にも登場した Schur–Weyl 双対性は 1 つの直通道路であるが.

付録 A

補充説明

A.1 測度と位相

本書では, 位相と測度についての予備知識は相応に仮定しているのであるが, 幾つかの有用だと思われる事項の説明をまとめておく.

単に線型空間と言うときには係数体は $\mathbb{R}$ または $\mathbb{C}$ のどちらでもよいものとし, 係数体を $\mathbb{R}$ や $\mathbb{C}$ に限るときには, それぞれ実線型空間や複素線型空間と言うことにする. 線型汎関数の拡張に関する次の Hahn–Banach の定理は基本的である.

定理 A.1 実線型空間 E 上に

$$p(\alpha x) = \alpha p(x) \ \ (x \in E,\ \alpha > 0), \quad p(x+y) \leqq p(x) + p(y) \ \ (x, y \in E)$$

をみたす $\mathbb{R}$ 値関数 p があるとし, E の部分空間 D 上の $\mathbb{R}$ 値線型汎関数 ξ が $\xi(y) \leqq p(y) \ \ (y \in D)$ をみたすとする. このとき, ξ を E 上の $\mathbb{R}$ 値線型汎関数 $\tilde{\xi}$ に拡張して $\tilde{\xi}(x) \leqq p(x) \ \ (x \in E)$ が成り立つようにできる.

定理 A.2 複素線型空間 E 上に

$$p(\alpha x) = |\alpha| p(x)\ (x \in E,\ \alpha \in \mathbb{C}), \quad p(x+y) \leqq p(x) + p(y)\ (x, y \in E) \tag{A.1.1}$$

をみたす $\mathbb{R}$ 値関数 p があるとし, E の部分空間 D 上の $\mathbb{C}$ 値線型汎関数 ξ が $|\xi(y)| \leqq p(y) \ \ (y \in D)$ をみたすとする. このとき, ξ を E 上の $\mathbb{C}$ 値線型汎関数 $\tilde{\xi}$ に拡張して $|\tilde{\xi}(x)| \leqq p(x) \ \ (x \in E)$ が成り立つようにできる.

(A.1.1) をみたす p を E 上の半ノルムという[1]. なお, (A.1.1) で $x = 0$ とおいて $p(0) = 0$ となり, さらに $y = -x$ とおいて, $0 = p(0) \leqq p(x) + p(-x) = 2p(x)$. すなわち, 半ノルムは非負値である.

---

[1] 実線型空間なら $\alpha \in \mathbb{R}$ に置き換える. これに分離公理「$p(x) = 0$ ならば $x = 0$」を加えたものがノルムである.

定理 A.1, 定理 A.2 の証明には, 部分空間とその上の線型汎関数の対の集合に拡張 (と制限) によって半順序を定め, Zorn の補題に持ち込む ([46] の 2.8 節). ■

線型空間 E 上に半ノルムの族 $\{p_\alpha\}_{\alpha\in A}$ があって, 分離的すなわち「$p_\alpha(x)=0$ $(\forall\alpha\in A)$ ならば $x=0$」をみたすとする. このとき,

$$\{\{x\in E \mid \max_{\alpha\in F} p_\alpha(x)<\varepsilon\} \mid F \text{ は } A \text{ の有限部分集合}, \ \varepsilon>0\}$$

を 0 の基本近傍系にもつ線型位相が E に定まる. これが E の局所凸線型位相である. 本書で登場する例は, 専ら E が位相空間 S から $\mathbb{R}, \mathbb{C}$ や Hilbert 空間 H への写像から成る場合である. たとえば, $s\in S$, $x\in E$ に対して $p_s(x)=|x(s)|$ や $p_s(x)=\|x(s)\|_H$ で定まる E 上の半ノルムの族 $\{p_s \mid s\in S\}$ をとるのが各点収束の位相であり, $C\subset S$ に対して $p_C(x)=\sup_{x\in C}|x(s)|$ と定めて $\{p_C \mid C \text{ は } S \text{ のある部分集合}\}$ をとるのが各種の一様収束の位相である. また, E が $B(H)$ の部分空間のとき, E 上の半ノルムの族として $\{\|xv\|_H \mid v\in H\}$, $\{|\langle u, xv\rangle_H| \mid u, v\in H\}$ をとったのが, それぞれ強作用素位相, 弱作用素位相である.

線型位相空間 E 上の連続線型汎関数全体を E^* で表す. 次の事実は, Hahn–Banach の拡張定理 (定理 A.1, 定理 A.2) を用いて示される.

命題 A.3 局所凸線型空間 E においては, E^* が E の点を分離する: $x\in E$ に対し, $\xi(x)=0$ $(\forall\xi\in E^*) \Longrightarrow x=0$. ■

E と E^* が互いに他を分離する線型空間の対をなすという意味を込めて, $x\in E$, $\xi\in E^*$ に対して $\xi(x)=\langle\xi, x\rangle = {}_{E^*}\langle\xi, x\rangle_E$ と書くこともある[2)].

Banach 空間 B は, 1 つのノルム $\|\cdot\|_B$ で定まる完備な局所凸線型空間である. B の閉単位球 $C=\{x\in B \mid \|x\|_B\leqq 1\}$ 上の一様収束を規定する B^* 上の半ノルム $\sup_{x\in C}|{}_{B^*}\langle\xi, x\rangle_B|$ はノルムになり, これを $\|\xi\|_{B^*}$ と書く. B^* はこのノルムに関する Banach 空間である. 各点収束を規定する B^* 上の半ノルムの族 $\{p_x(\xi)=|{}_{B^*}\langle\xi, x\rangle_B|\}_{x\in B}$ が定める位相を B^* の汎弱位相と呼び, $\sigma(B^*, B)$ と記す. 一方, B 上の半ノルムの族 $\{p_\xi(x)=|{}_{B^*}\langle\xi, x\rangle_B|\}_{\xi\in B^*}$ が定める各点収束位相を B の弱位相と呼び, $\sigma(B, B^*)$ と記す[3)].

コンパクト性に依拠した議論は, 本書でも随所に登場する. コンパクト性を保証

---

2) 8.2 節で用いている.

3) B^* の弱位相 $\sigma(B^*, B^{**})$ は一般に (半ノルムが多い分) 汎弱位相 $\sigma(B^*, B)$ より強い.

する最も基本的な状況は, コンパクト集合の (任意濃度の) 直積が積位相に関してコンパクトになるという Tikhonov の定理によって与えられるが, それから派生した次の Alaoglu の定理も応用範囲が広い.

定理 A.4　Banach 空間 B に対し, B^* の閉単位球 $C = \{\xi \in B^* \mid \|\xi\|_{B^*} \leqq 1\}$ は汎弱位相 $\sigma(B^*, B)$ に関してコンパクトである.

証明　係数体を $\mathbb{K}$ ($= \mathbb{R}$ または $\mathbb{C}$) とおき, B の代数的な双対 ($= B$ 上の線型汎関数全体) を B^a と書く. $\xi \in B^a \leftrightarrow ({}_{B^a}\langle \xi, x \rangle_B)_{x \in B} \in \mathbb{K}^B$ によって, $B^a \subset \mathbb{K}^B$ とみなす. 線型性を規定する条件:

$$\langle \xi, x + y \rangle = \langle \xi, x \rangle + \langle \xi, y \rangle, \quad \langle \xi, \alpha x \rangle = \alpha \langle \xi, x \rangle \quad (x, y \in B,\ \alpha \in \mathbb{K})$$

は $\mathbb{K}^B$ の積位相に関する閉部分集合を与える. 一方, B^* の閉単位球 C は, $\mathbb{K}^B$ の中で $B^a \cap \prod_{x \in B} \{z \in \mathbb{K} \mid |z| \leqq \|x\|_B\}$ と表されるので, $\mathbb{K}^B$ のコンパクト部分集合である. ゆえに, C が $\sigma(B^*, B)$ に関する B^* のコンパクト部分集合である. ■

定理 A.4 から, 汎弱位相に関して B^* が局所コンパクトだなどと勘違いしないようにしよう. B^* が無限次元ならば, 閉単位球 C は汎弱位相に関する 0 の近傍を含み得ない.

コンパクト集合 K 上の $\mathbb{C}$ 値連続関数全体が一様収束ノルムのもとでなす複素 Banach 空間を $C(K) = C(K; \mathbb{C})$ で表す[4]. $\mathbb{R}$ 値の場合は実 Banach 空間になり, $C(K; \mathbb{R})$ と書く. $C(K)$ や $C(K; \mathbb{R})$ での稠密性を示すための次の Stone–Weierstrass の定理は基本的である.

定理 A.5　コンパクト集合 K において, $C(K; \mathbb{R})$ の部分代数 $\mathcal{S}$ が定数関数 1 を含み, K の 2 点を分離する, すなわち任意の $x, y \in K$, $x \neq y$ に対して $f(x) \neq f(y)$ となる $f \in \mathcal{S}$ が存在するとする. このとき, $\mathcal{S}$ は $C(K; \mathbb{R})$ で稠密である.

定理 A.6　コンパクト集合 K において, $C(K)$ の部分代数 $\mathcal{S}$ が定数関数 1 を含み, K の 2 点を分離し, さらに複素共役で閉じている, すなわち $f \in \mathcal{S}$ ならば $\bar{f} \in \mathcal{S}$ が成り立つとする[5]. このとき, $\mathcal{S}$ は $C(K)$ で稠密である.

定理 A.5 を証明するには, $\mathcal{S}$ の閉包 $\overline{\mathcal{S}}$ の中で関数を適当に整形しながら任意の

---

4)　K の Hausdorff 性も定義に含める.

5)　$\bar{f}$ は, $\bar{f}(x) = \overline{f(x)}$ で定義される.

コンパクト部分集合の定義関数に近いものを作っていく．その際，$\overline{\mathcal{S}}$ の中で関数の平方根 (Taylor 展開経由)，絶対値，min や max をとる操作が可能なことが効く．定理 A.6 は，実部と虚部を考慮して定理 A.5 に帰着される ([46] の 7.4 節)． ■

測度に関する事柄に移る．次の π-λ 定理は，測度に関する等式を示す際等に頻繁に用いられる．

定理 A.7 Ω の部分集合族である π-系 $\mathcal{P}$ と λ-系 $\mathcal{L}$ が $\mathcal{P} \subset \mathcal{L}$ をみたせば，$\mathcal{P}$ が生成する可算加法的集合族 $\sigma[\mathcal{P}]$ に対しても $\sigma[\mathcal{P}] \subset \mathcal{L}$ が成り立つ．ただし，

- $\mathcal{P}$ が π-系であるとは，
  (i) $\Omega \in \mathcal{P}$, (ii) $A, B \in \mathcal{P}$ ならば $A \cap B \in \mathcal{P}$.
- $\mathcal{L}$ が λ-系であるとは，
  (i) $\Omega \in \mathcal{L}$, (ii) $A, B \in \mathcal{L}$, $A \subset B$ ならば $B \setminus A \in \mathcal{L}$,
  (iii) $A_1, A_2, \cdots \in \mathcal{L}$, $A_1 \subset A_2 \subset \cdots$ ならば $\bigcup_{n=1}^{\infty} A_n \in \mathcal{L}$.

証明は，たとえば [15] の付録参照．Lebesgue 積分の教科書では π-λ 定理と呼ばないが，実質的に同様の議論は収められているであろう． ■

可測空間 $(X, \mathcal{X})$ から $(Y, \mathcal{Y})$ への可測写像 $f : X \longrightarrow Y$ によって $(X, \mathcal{X})$ 上の測度 μ を $(Y, \mathcal{Y})$ に押し出したものを $f_*\mu$ と書く: $f_*\mu(B) = \mu(f^{-1}(B))$, $B \in \mathcal{Y}$. $f_*\mu$ は $(Y, \mathcal{Y})$ 上の測度になり，μ の f による像測度と呼ばれる．像測度に関する積分について，次の変数変換公式が成り立つ．

命題 A.8 $(Y, \mathcal{Y})$ 上の非負値 Borel 可測関数 ϕ に対し，

$$\int_Y \phi(y)\, f_*\mu(dy) = \int_X \phi(f(x))\mu(dx)$$

が成り立つ．ϕ が $\mathbb{C}$ 値でも，実部・虚部の可積分条件下で同じ式が成り立つ．

証明 被積分関数 ϕ の範囲を 定義関数・単関数・非負値関数 と広げてゆく積分論の常套手段を使う．ϕ が定義関数のときは，像測度の定義そのものである． ■

次の公式も有用である．

命題 A.9 $(X, \mathcal{X})$ 上の非負値 Borel 可測関数 ϕ に対し，

$$\int_X \phi(x)\mu(dx) = \int_0^{\infty} \mu(\phi \geqq t)dt = \int_0^{\infty} \mu(\phi > t)dt \tag{A.1.2}$$

が成り立つ．ただし，$\mu(\{x \in X \mid \phi(x) > t\})$ を $\mu(\phi > t)$ と略記している．

証明　まず, μ を $\{\phi > 0\}$ に制限した測度が準有界ならば, Fubini の定理によって

$$\int_X \phi(x)\mu(dx) = \int_{\{\phi>0\}} \Big(\int_0^\infty 1_{(0,\phi(x))}(t)dt\Big)\mu(dx)$$
$$= \int_0^\infty \Big(\int_{\{\phi>0\}} 1_{\{\phi>t\}}(x)\mu(dx)\Big)dt = \int_0^\infty \mu(\phi > t)dt.$$

$\mu(\phi = t) > 0$ なる t は高々可算個だから, (A.1.2) が言えた. 次に, (A.1.2) の最左辺または最右辺が有限値ならば, 任意の $t > 0$ に対して $\mu(\phi > t)$ が有限値である. そうすると μ を $\{\phi > 0\}$ に制限して準有界になる. したがって, $\{\phi > 0\}$ 上で準有界でなければ各辺がすべて ∞ で等しい. ■

位相空間 X の可測構造としては, X の開集合全体が生成する可算加法的集合族である Borel 集合族 $\mathcal{B}(X)$ を考えるのが最も自然である. X が (i) コンパクト空間 または (ii) 距離空間の場合は, 扱いやすさが増す. 本文中で出会うのはこの (i), (ii) の両方が備わった状況に帰着できる場合が大半であるので, さほど神経質になる必要はない.

本書における測度の構成の問題は, ほとんどすべての場合に Riesz の表現定理に帰着される. 中でも, コンパクト集合上の話が最も基本になる.

定理 A.10 (Riesz の表現定理) K をコンパクト集合とし, $C(K;\mathbb{R})$ 上の線型汎関数 ψ が正値:「$f \in C(K;\mathbb{R}),\ f \geqq 0 \implies \psi(f) \geqq 0$」とする. このとき,

$$\psi(f) = \int_K f(x)\mu(dx), \qquad f \in C(K;\mathbb{R}) \tag{A.1.3}$$

をみたす K 上の正則な Borel 測度 μ が一意的に存在する[6].

定理 A.10 の証明には, K の Borel 集合の定義関数 1_A に対し, K のコンパクト性を使いながら 1_A を $C(K;\mathbb{R})$ の元で近似する工夫を行う[7]. 一般にはそこまで近似しきれないので, 測度に正則性を課する. 証明の詳細は, たとえば [73] 上巻第 4 章, [46] の 7.3 節に譲る. なお, 定数関数 1 が $C(K;\mathbb{R})$ に属することと ψ の正値性から, ψ の連続性 ($\Longleftrightarrow$ 有界性) がしたがうことに注意する[8]. ■

定理 A.11　K をコンパクト集合とすると, $C(K;\mathbb{R})^*$ と K 上の正則な $\mathbb{R}$ 値測

---

6) Borel 測度の正則性の定義は, 定理 3.2 の直前にある「外正則性+内正則性」である.

7) ちなみに, (A.1.3) で $f = 1_A$ とおくことがもしできれば, 測度 μ はただちに決まる.

8) $-\|f\| \leqq f \leqq \|f\|$ から, $-\psi(1)\|f\| \leqq \psi(f) \leqq \psi(1)\|f\|$.

度全体との間に, (A.1.3) による $\mu \longleftrightarrow \psi$ の線型同型対応がつく.

証明の詳細は, たとえば [46] の 7.3 節参照. (A.1.3) が $\mu \mapsto \psi \in C(K;\mathbb{R})^*$ という写像を与えることはすぐにわかる. 逆の写像 $\psi \mapsto \mu$ をつくるとき, $\psi \in C(K;\mathbb{R})^*$ に対し, 正値な $\psi^+, \psi^- \in C(K;\mathbb{R})^*$ をとって $\psi = \psi^+ - \psi^-$ と表せることが示せる. そうすれば, 定理 A.10 から対応する正則 $\mathbb{R}$ 値測度 μ がとれる. ■

注意 A.12 定理 A.11 をそのまま $\mathbb{C}$ 値版に拡張することも可能である. さらに, 測度の方には全変動ノルムを付与すれば, (A.1.3) の線型同型は等長になる.

注意 A.13 コンパクト集合 K が距離づけ可能ならば, K 上の有界な Borel 測度は正則になる. 距離空間に対しては後述の命題 A.16 が成り立つからである.

コンパクト集合 K 上の確率測度全体を $\mathcal{P}(K)$ で表す. K がコンパクト距離空間ならば, 定理 A.11 の線型同型によって $\mathcal{P}(K)$ を $C(K;\mathbb{R})^*$ の中に写すことができ, その像は $\mathcal{P} = \{\psi \in C(K;\mathbb{R})^* \mid \psi\text{が正値},\ \psi(1) = 1\}$ に等しい. $\mathcal{P}$ の元を規定する条件は $C(K;\mathbb{R})^*$ の汎弱位相に関する閉部分集合を与え, $\psi \in \mathcal{P}$ は $\|\psi\| \leqq 1$ をみたす. したがって, 定理 A.4 によって $\mathcal{P}$ は $C(K;\mathbb{R})^*$ の汎弱位相に関するコンパクト部分集合である. こうして次の結果を得た.

定理 A.14 コンパクト距離空間 K に対し, $\mathcal{P}(K)$ は

$$d_f(\mu,\nu) = \left|\int_K f(x)\mu(dx) - \int_K f(x)\nu(dx)\right|, \qquad \mu,\nu \in \mathcal{P}(K) \tag{A.1.4}$$

という擬距離の族 $\{d_f \mid f \in C(K;\mathbb{R})\}$ が定める位相に関し, コンパクト距離空間である. $\mathcal{P}(K)$ の距離としては, たとえば, $C(K;\mathbb{R})$ の稠密可算部分集合 $\{f_j\}_{j\in\mathbb{N}}$ をとり[9], (A.1.4) の擬距離を使って

$$D(\mu,\nu) = \sum_{j=1}^{\infty} \frac{1}{2^j}(d_{f_j}(\mu,\nu) \wedge 1), \qquad \mu,\nu \in \mathcal{P}(K)$$

とおけばよい. ■

定理 A.14 の応用として, $\mathbb{Z}$ 上の正定値関数 (定義 5.23) と $\mathbb{T}$ 上の測度を結びつける次の Herglotz の定理が示される. $\mathbb{Z}$ 上の Bochner の定理にほかならないが,

[9] K がコンパクト距離空間ならば, 一様ノルム位相に関して $C(K;\mathbb{R})$ が可分である. K の $[0,1]^\infty$ への同相なうめ込みを考えれば見やすい.

コンパクトな双対 $\mathbb{T}$ をもつ分, 証明は見やすい. (5.2.12) と同じように,

$$\mathcal{K}(\mathbb{Z}) = \{f : \mathbb{Z} \longrightarrow \mathbb{C} \mid f \text{ は正定値}, \ f(0) = 1\}$$

とおき, 各点収束位相を入れる. f の正定値性は, 両側に延びた Toeplitz 行列 $[f_{-i+j}]$ の正定値性と同じことである.

定理 A.15　$f \in \mathcal{K}(\mathbb{Z})$ と $\mu \in \mathcal{P}(\mathbb{T})$ とが

$$f(n) = \int_{\mathbb{T}} t^n \mu(dt), \qquad n \in \mathbb{Z} \tag{A.1.5}$$

によって全単射的に対応する. (A.1.5) の対応はアファイン同相である.

証明　f の正定値性から, 任意の $N \in \mathbb{N}$, $t \in \mathbb{T}$ に対して

$$\begin{aligned} 0 \leqq \sum_{m,n=0}^{N} f(-m+n)\, \overline{t^{-m}} t^{-n} &= \sum_{k=-N}^{N} \Big(\sum_{n-m=k} 1 \Big) f(k) t^{-k} \\ &= \sum_{k=-N}^{N} (N+1-|k|) f(k) t^{-k} = (N+1) g_N(t). \end{aligned}$$

このとき, $\mathbb{T}$ 上の正規化された Haar 測度を単に dt と書くと,

$$\begin{aligned} \int_{\mathbb{T}} t^n g_N(t) dt &= \int_{\mathbb{T}} t^n \sum_{k=-N}^{N} \Big(1 - \frac{|k|}{N+1} \Big) f(k) t^{-k} dt \\ &= \begin{cases} (1 - \frac{|n|}{N+1}) f(n), & -N \leqq n \leqq N \\ 0, & \text{その他}. \end{cases} \end{aligned} \tag{A.1.6}$$

特に, $f(0) = 1$ だから $g_N(t)dt \in \mathcal{P}(\mathbb{T})$ である. 定理 A.14 により, 適当な部分列 $\{g_{N_j}(t)dt\}_{j=1}^{\infty}$ が $j \to \infty$ で $\mu \in \mathcal{P}(\mathbb{T})$ に収束する. (A.1.6) により,

$$\int_{\mathbb{T}} t^n \mu(dt) = \lim_{j \to \infty} \int_{\mathbb{T}} t^n g_{N_j}(t) dt = f(n), \qquad n \in \mathbb{Z}.$$

定理の主張の残りの部分は易しい. $\mathbb{T}$ 上の測度に関する積分は, 被積分関数が t^n $(n \in \mathbb{Z})$ のときの値で決まってしまうことに注意する[10]. ■

K がコンパクト距離空間の場合は, 定理 A.14 のように $C(K; \mathbb{R})$ の元をテスト関数として $\mathcal{P}(K)$ の位相を考えるのが自然であった. 本書でもコンパクトでない

---

10)　このことは, $t, \bar{t}$ の多項式が $C(\mathbb{T})$ の中で稠密であること (Stone–Weierstrass の定理) からしたがう. 定理 A.6 を適用してもよいし, より直接的に例 4.9 にある $[0, 1]$ 上の Bernstein 多項式を使った議論に帰着してもよい.

集合上の確率測度 (の族) を扱う必要が生じるので, 距離空間上の測度の話を補っておく. まず, 次の事実に注意する.

命題 A.16 距離空間 (S,d) 上の有界な Borel 測度 μ があるとき, 任意の $A \in \mathcal{B}(S)$ と任意の $\varepsilon > 0$ に対して次のような開集合 O と閉集合 C がとれる:

$$C \subset A \subset O, \qquad \mu(O \setminus C) < \varepsilon. \tag{A.1.7}$$

証明 (A.1.7) をみたすような $A \in \mathcal{B}(S)$ 全体を $\mathcal{A}$ とおき, $\mathcal{A} = \mathcal{B}(S)$ を示す標準的な論法を用いる. 閉集合 C は開集合の減少列の共通部分として $C = \bigcap_{j=1}^{\infty}\{x \in S \,|\, d(x,C) < \frac{1}{j}\}$ と書けるから, $C \in \mathcal{A}$. すなわち, $\mathcal{A}$ はすべての閉集合を含む. $\mathcal{A}$ が補集合をとる操作と可算合併の操作で閉じていることの検証も容易である. ■

距離空間 S 上の確率測度全体 $\mathcal{P}(S)$ の中で, 点列の収束について次の事実が成り立つ. S 上の有界な $\mathbb{R}$ 値連続関数全体を $C_b(S;\mathbb{R})$ で表す.

定理 A.17 距離空間 (S,d) において, 列 $\{\mu_n\}_{n\in\mathbb{N}} \subset \mathcal{P}(S)$ と $\mu \in \mathcal{P}(S)$ に対し, 次の 4 つの条件が同値である.

(ア) 任意の $f \in C_b(S;\mathbb{R})$ に対して $\lim_{n\to\infty} \int_S f(x)\mu_n(dx) = \int_S f(x)\mu(dx)$.

(イ) 任意の一様連続な $f \in C_b(S;\mathbb{R})$ に対して $\lim_{n\to\infty} \int_S f(x)\mu_n(dx) = \int_S f(x)\mu(dx)$.

(ウ) 任意の開集合 $O \subset S$ に対して $\liminf_{n\to\infty} \mu_n(O) \geqq \mu(O)$.

(エ) 任意の閉集合 $C \subset S$ に対して $\limsup_{n\to\infty} \mu_n(C) \leqq \mu(C)$.

証明 (ア)$\Longrightarrow$(イ) と (ウ)$\Longleftrightarrow$(エ) は自明. (イ)$\Longrightarrow$(エ) と (ウ)$\Longrightarrow$(ア) を示す.

(イ)$\Longrightarrow$(エ): 各 $k \in \mathbb{N}$ に対し, $[0,\infty)$ 上の一様連続関数

$$g_k(s) = \begin{cases} 1, & s = 0, \\ 0, & s \geqq \frac{1}{k}, \\ 1 \text{ 次関数}, & 0 \leqq s \leqq \frac{1}{k} \end{cases}$$

を用意する. $g_k(d(x,C))$ は S 上一様連続である. 閉集合 $C \subset S$ に対し, $1_C(x) = 1_{\{0\}}(d(x,C))$ が成り立つ. (イ) を用いると,

$$\limsup_{n\to\infty} \mu_n(C) \leqq \limsup_{n\to\infty} \int_S g_k(d(x,C))\mu_n(dx) = \int_S g_k(d(x,C))\mu(dx).$$

ゆえに, $k \to \infty$ として

$$\limsup_{n\to\infty}\mu_n(C) \leqq \lim_{k\to\infty}\int_S g_k(d(x,C))\mu(dx) = \int_S 1_{\{0\}}(d(x,C))\mu(dx) = \mu(C).$$

(ウ)$\Longrightarrow$(ア): $0 \leqq f \leqq 1$ なる $f \in C_b(S;\mathbb{R})$ に対して (ア) を示せばよい. $\{f > t\}$ が S の開集合であるから, (ウ) を用いると,

$$\int_S f(x)\mu(dx) = \int_0^\infty \mu(f>t)dt \leqq \int_0^\infty \Big(\liminf_{n\to\infty}\mu_n(f>t)\Big)dt$$
$$\leqq \liminf_{n\to\infty}\int_0^\infty \mu_n(f>t)dt = \liminf_{n\to\infty}\int_S f(x)\mu_n(dx).$$

f のかわりに $1-f$ をとると,

$$1-\int_S f(x)\mu(dx) = \int_S (1-f(x))\mu(dx) \leqq \liminf_{n\to\infty}\int_S (1-f(x))\mu_n(dx)$$
$$= 1-\limsup_{n\to\infty}\int_S f(x)\mu_n(dx).$$

2 つをあわせて (ア) の収束が示された. ■

注意 A.18　(ア), (ウ), (エ) は S の距離が定める位相にのみ依存する条件である一方, (イ) は関数の一様連続性を用いるので, テスト関数の空間が距離自体による[11]. しかし, 定理 A.17 の主張で, (イ) の条件も結果的に位相のみによることになる. 定理 A.17 の条件がみたされるとき, (確率論における慣用として) μ_n が μ に弱収束するという. S がコンパクト距離空間のときは, 定理 A.14 のように, これは $\mathcal{P}(S)$ の汎弱位相に関する収束であるので, 少し紛らわしいかもしれない.

注意 A.19　$(\Omega,\mathcal{F},P)$ 上の距離空間 (S,d) 値確率変数列 $\{X_n\}$ について

(i) X_n が X に概収束： P-a.s. に $\lim_{n\to\infty} X_n = X$,

(ii) X_n が X に確率収束： 任意の $\varepsilon > 0$ に対して $\lim_{n\to\infty} P(d(X_n,X) \geqq \varepsilon) = 0$,

(iii) X_n が X に法則収束： $\lim_{n\to\infty}(X_n)_*P = X_*P$ (弱収束)

という 3 種類の収束を考えると, (i) $\Longrightarrow$ (ii) $\Longrightarrow$ (iii) が成り立つ. (i) $\Longrightarrow$ (ii) は, 4.1 節で大数の強法則から弱法則を導いたのと同様の議論からしたがう. (ii) $\Longrightarrow$ (iii) では, $\mathcal{P}(S)$ における弱収束を特徴づける定理 A.17 の (イ) の条件を用いると見やすい. なお, 大数の法則のように, 極限の X の値が 1 点 a に集中する状況では, (ii) と (iii) は同値になる. 実際, 距離空間上では, a の開近傍 U_a の定義関数 1_{U_a} を $C_b(S)$ の元で容易に近似できる.

---

[11] 同値な距離 d_1, d_2: $\alpha d_1 \leqq d_2 \leqq \beta d_1$ $(\alpha,\beta>0)$ なら (イ) のテスト関数空間も同じ.

コンパクト距離空間は可分である. 全有界な距離空間も可分であり, 完備化すればコンパクト距離空間になる. 一般の可分距離空間については次の事実がある.

命題 A.20 可分距離空間 (S,d) は全有界距離空間 (S,d') に同相である.

証明 (S,d) の稠密な可算部分集合 $\{x_n\}_{n\in\mathbb{N}}$ をとり,

$$d'(x,y) = \sum_{n=1}^{\infty} \frac{1}{2^n} |d(x,x_n)\wedge 1 - d(y,x_n)\wedge 1|, \qquad x,\ y \in S$$

とおく. d' も S 上の距離になり, 点列 $\{y_k\}_{k=1}^{\infty}$ が d' に関して y に収束するのは, 任意の $n\in\mathbb{N}$ に対して $\lim_{k\to\infty} d(y_k,x_n)\wedge 1 = d(y,x_n)\wedge 1$ となることと同値である. そうすると, d' と d が同じ位相を定めることは見やすい[12]. (S,d') が全有界であることを確認しよう. 任意の点列 $\{y_k\}\subset S$ が d' に関する Cauchy 部分列を含むことを言う[13]. まず有界数列 $\{d(y_k,x_1)\wedge 1\}_k$ から Cauchy 部分列 $\{d(y_{1,j},x_1)\wedge 1\}_j$ を選ぶ. 次に有界数列 $\{d(y_{1,j},x_2)\wedge 1\}_j$ から Cauchy 部分列 $\{d(y_{12,j},x_2)\wedge 1\}_j$ を選ぶ. これをくり返した後に, $y^{(j)} = y_{12\cdots j,j}$ とおくと, $\{y^{(j)}\}_j$ が $\{y_k\}_k$ の部分列であって, 任意の n に対して $\{d(y^{(j)},x_n)\wedge 1\}_j$ が Cauchy 列になっている. そうすると $\{y^{(j)}\}_j$ が d' に関する Cauchy 列をなす. ■

命題 A.20 の距離のとりかえは, 一般に一様構造を破壊してしまう. 実際, 可分な Banach 空間に対してもこの命題が通用する訳であるが, ノルム距離に関して $\mathbb{R}^n$ は全有界でないし, 無限次元 Banach 空間は局所全有界ですらない.

可分距離空間 S 上の確率測度全体 $\mathcal{P}(S)$ の構造を考える.

命題 A.21 S を可分距離空間とする. $C_b(S;\mathbb{R})$ の可算部分集合 $\{f_j\}_{j\in\mathbb{N}}$ を適当にとって $\mathcal{P}(S)$ の距離

$$D(\mu,\nu) = \sum_{j=1}^{\infty} \frac{1}{2^j} \left(\left| \int_S f_j(x)\mu(dx) - \int_S f_j(x)\nu(dx) \right| \wedge 1 \right), \qquad \mu,\nu\in\mathcal{P}(S)$$

を定め, $\mathcal{P}(S)$ の点列に対して D に関する収束と弱収束 (注意 A.18) とが同値であるようにできる.

証明 命題 A.20 を用いて S と同相な全有界距離空間 (S,d') をとり, それを完

---

12) $d(y_k,y)$ が 0 に収束しないとすれば, ある $\varepsilon\in(0,1)$ と部分列をとって $d(y_{k_j},y)\geqq\varepsilon$ となることを使う.

13) 命題 4.71 で用いたのと同様の対角線論法である.

備化したコンパクト距離空間を $\hat{S}$ で表す. $C(\hat{S};\mathbb{R})$ の稠密可算部分集合 $\{\hat{f}_j\}_{j\in\mathbb{N}}$ をとると, $\hat{f}_j|_S = f_j \in C_b(S;\mathbb{R})$ は d' に関して一様連続である. この $\{f_j\}_{j\in\mathbb{N}}$ が求めるものであることを示す[14]. D が対称性や三角不等式をみたすことはよい. $\{\mu_n\}_{n\in\mathbb{N}} \subset \mathcal{P}(S)$, $\mu \in \mathcal{P}(S)$ に対して

$$\lim_{n\to\infty} D(\mu_n,\mu) = 0 \iff \lim_{n\to\infty} \mu_n = \mu \text{ (弱収束)} \tag{A.1.8}$$

を示そう. $\Longleftarrow$ は自明である. $\Longrightarrow$ を見るため, d' に関して一様連続な $f \in C_b(S;\mathbb{R})$ を任意にとり, $\hat{f} \in C(\hat{S};\mathbb{R})$ に一意的に拡張する. 任意の $\varepsilon > 0$ に対し, $\|\hat{f} - \hat{f}_j\|_{C(\hat{S};\mathbb{R})} \leqq \varepsilon$ となる $\hat{f}_j$ があり,

$$\begin{aligned}\left|\int_S f d\mu_n - \int_S f d\mu\right| &\leqq \int_S |f - f_j| d\mu_n + \left|\int_S f_j d\mu_n - \int_S f_j d\mu\right| + \int_S |f - f_j| d\mu \\ &\leqq 2\varepsilon + \left|\int_S f_j d\mu_n - \int_S f_j d\mu\right|.\end{aligned}$$

$\lim_{n\to\infty} D(\mu_n,\mu) = 0$ ならば, 最右辺第 2 項は $n \to \infty$ で 0 に収束する. 定理 A.17 により, f を $C_b(S;\mathbb{R})$ の任意の元としても収束が成り立つ. これで (A.1.8) が言えた. (A.1.8) で特に $\mu_n \equiv \nu \in \mathcal{P}(S)$ とおくと, $D(\mu,\nu) = 0$ から, 任意の $f \in C_b(S;\mathbb{R})$ に対して $\int_S f d\mu = \int_S f d\nu$, ゆえに $\mu = \nu$ がしたがう. ■

定理 A.22 (Prohorov の定理) S を可分距離空間として, $\mathcal{P}(S)$ の部分集合 $\mathcal{Q}$ に対する次の 2 つの条件を考えるとき, (ア)$\Longrightarrow$(イ) が成り立つ.

(ア) $\mathcal{Q}$ が緊密である. すなわち, 任意の $\varepsilon > 0$ に対して次をみたすコンパクト集合 $K \subset S$ がとれる: $\inf_{\mu\in\mathcal{Q}} \mu(K) \geqq 1 - \varepsilon$.

(イ) $\mathcal{Q}$ の中の任意の列 $\{\mu_n\}_{n\in\mathbb{N}}$ に対し, その部分列 $\{\mu_{n_k}\}_k$ と $\mu \in \mathcal{P}(S)$ がとれて, μ_{n_k} が μ に $k \to \infty$ で弱収束するようにできる.

証明　命題 A.20 により, S と同相な全有界距離空間 (S,d') をとれる. (S,d') の完備化 $\hat{S}$ はコンパクト距離空間である. 中への同相写像である埋め込み $\iota : S \to \hat{S}$ による像測度を考えれば, $\mu \in \mathcal{P}(S) \mapsto \iota_*\mu \in \mathcal{P}(\hat{S})$. $\mathcal{Q}$ の中の点列 $\{\mu_n\}$ から $\mathcal{P}(\hat{S})$ の中の点列 $\{\iota_*\mu_n\}$ が得られるが, 定理 A.14 によって $\mathcal{P}(\hat{S})$ がコンパクト距離空間であるから, 適当な部分列をとって

$$\exists\nu \in \mathcal{P}(\hat{S}), \quad \nu = \lim_{k\to\infty} \iota_*\mu_{n_k} \quad \text{in } \mathcal{P}(\hat{S}). \tag{A.1.9}$$

---

14) $\{f_j\}_{j\in\mathbb{N}}$ が $C_b(S;\mathbb{R})$ で稠密とは言っていない. たとえば $C_b(\mathbb{N};\mathbb{R})$ は可分でない.

$\mathcal{Q}$ の緊密性により, 任意の $j \in \mathbb{N}$ に対してコンパクト集合 $K_j \subset S$ がとれて, $\inf_{k\in\mathbb{N}} \mu_{n_k}(K_j) \geqq 1 - \frac{1}{j}$. K_j がコンパクトであるから, ι で $\hat{S}$ に埋め込んでもコンパクト, したがって閉集合である. (A.1.9) と定理 A.17 により,

$$\nu(K_j) \geqq \limsup_{k\to\infty} \iota_* \mu_{n_k}(K_j) = \limsup_{k\to\infty} \mu_{n_k}(K_j) \geqq 1 - \frac{1}{j}.$$

$B = \bigcup_{j=1}^{\infty} K_j$ は $\hat{S}$ の Borel 集合であって, $\nu(B) = 1$ をみたす. したがって, ι を通して $\nu|_B$ は S 上の (B にのる) 測度 $\mu \in \mathcal{P}(S)$ を定める. μ_{n_k} が μ に $k \to \infty$ で弱収束することを確認しよう. $f \in C_b(S;\mathbb{R})$ が距離 d' に関して一様連続ならば, $\hat{f} \in C(\hat{S};\mathbb{R})$ に一意的に拡張される: $\hat{f} \circ \iota = f$. そうすると (A.1.9) により,

$$\begin{aligned}\int_S f(x)\mu_{n_k}(dx) &= \int_{\hat{S}} \hat{f}(y)(\iota_*\mu_{n_k})(dy) \\ &\xrightarrow{k\to\infty} \int_{\hat{S}} \hat{f}(y)\nu(dy) = \int_B \hat{f}|_B(y)\nu|_B(dy) = \int_S f(x)\mu(dx).\end{aligned}$$

こうして, $\{\mu_n\}$ から弱収束する部分列が選び出された. ■

注意 A.23 S が完備可分距離空間ならば, 定理 A.22 の (イ)⟹(ア) も成り立つ. この場合, 上の (ア)⟹(イ) の証明で用いた中への同相写像 $\iota : S \longrightarrow \hat{S}$ について, $\iota(S)$ が $\hat{S}$ の Borel 集合であることが示される[15]. したがって, $\{\iota(A) \mid A \in \mathcal{B}(S)\} = \{B \cap \iota(S) \mid B \in \mathcal{B}(\hat{S})\}$ のもとで, $\mu \in \mathcal{P}(S)$ が $\mathcal{P}(\hat{S})$ の元で $\hat{S}$ の Borel 集合 $\iota(S)$ にのるようなもの $(= \iota_*\mu)$ と同一視できる. そうすると, 1 つの測度 $\mu \in \mathcal{P}(S)$ が緊密であることは, 注意 A.13 に述べたような $\iota_*\mu$ の正則性からしたがう. (イ) は $\mathcal{P}(S)$ の距離に関する $\{\mu_n\}$ の全有界性を意味するので, 任意の $\varepsilon > 0$ に対して有限な ε-網が張られ, それに付随する有限個のコンパクト集合の合併 (したがってコンパクト) を K としてとればよい.

命題 A.24 任意次数のモーメントをもつ $\mathcal{P}(\mathbb{R})$ の元の列 $\{\mu_n\}_{n\in\mathbb{N}}$ について,

$$\lim_{n\to\infty} M_k(\mu_n) = m_k, \qquad k \in \{0, 1, 2, \cdots\} \tag{A.1.10}$$

が成り立つとする. このとき, $\{m_k\}_{k=0}^{\infty}$ が測度を一意的に決めれば[16], 任意の k に対して $m_k = M_k(\mu)$ なる $\mu \in \mathcal{P}(\mathbb{R})$ が一意的に存在し, μ_n が $n \to \infty$ で μ に

---

15) [73] 上巻の §9, §10, 特に定理 10.1(2), 定理 9.4, §10 の Lemma を参照.

16) つまり, $\mathbb{R}$ 上の測度 μ_1, μ_2 が任意の k に対して $M_k(\mu_1) = M_k(\mu_2) = m_k$ をみたせば, $\mu_1 = \mu_2$ となること.

弱収束する. 特に, (A.1.10) のかわりに, コンパクト台をもつ $\mu \in \mathcal{P}(\mathbb{R})$ に対し

$$\lim_{n\to\infty} M_k(\mu_n) = M_k(\mu), \qquad k \in \{0, 1, 2, \cdots\}$$

が成り立てば, μ_n が $n \to \infty$ で μ に弱収束する.

証明　まず, 後半の主張を確認する. そのために, $\mu, \nu \in \mathcal{P}(\mathbb{R})$ で μ がコンパクトな台をもち, 任意の $k \in \mathbb{N}$ に対して $M_k(\mu) = M_k(\nu)$ ならば, $\mu = \nu$ が成り立つことを示す. そうすれば, 前半の主張から後半がしたがう. 命題 4.13 により, ν もコンパクトな区間にのっていることがわかる. そうすると, Weierstrass の多項式近似定理 (命題 4.10) を用いてそのコンパクト区間上で連続関数 f を一様近似することにより, $\int_{\mathbb{R}} f d\mu = \int_{\mathbb{R}} f d\nu$ を得る.

(A.1.10) から, $\{\mu_n\}$ の $\mathcal{P}(\mathbb{R})$ の中での緊密性がしたがう. 実際, $\sup_n M_2(\mu_n) \leqq C$ なる正定数 C がとれるので, $a > 0$ に対し,

$$\mu_n(|x| > a) \leqq \frac{C}{a^2}, \quad \text{ゆえに} \quad \mu_n([-a, a]) \geqq 1 - \frac{C}{a^2}.$$

任意の $\varepsilon > 0$ に対して $C/a^2 < \varepsilon$ なる $a > 0$ をとれば, $\sup_n \mu_n([-a, a]) \geqq 1 - \varepsilon$. そうすると, Prohorov の定理 (定理 A.22) によって, $\{\mu_n\}$ の任意の部分列 $\{\mu'_j\}$ に対し, それの収束部分列 $\{\mu''_l\}$ がある. その極限を μ とする. この μ は任意次数のモーメントをもつ. 実際, (A.1.10) によって任意の $k \in \mathbb{N}$ に対して $\lim_{l\to\infty} M_{2k}(\mu''_l) = m_{2k}$ が言えているので, 任意の $r > 0$ に対し,

$$\int_{\mathbb{R}} (x^{2k} \wedge r)\mu(dx) = \lim_{l\to\infty} \int_{\mathbb{R}} (x^{2k} \wedge r)\mu''_l(dx) \leqq \lim_{l\to\infty} \int_{\mathbb{R}} x^{2k} \mu''_l(dx) = m_{2k}.$$

$r \uparrow \infty$ として, $M_{2k}(\mu) < \infty$ を得る.

次に, $k \in \mathbb{N}$ として

$$\lim_{a\uparrow\infty} \sup_n \int_{\{|x|>a\}} |x|^k \mu_n(dx) = 0 \tag{A.1.11}$$

を確認する (一様可積分性). 実際,

$$\int_{\{|x|>a\}} |x|^k \mu_n(dx) \leqq \int_{\{|x|>a\}} |x|^k (\frac{|x|}{a})^k \mu_n(dx) \leqq \frac{1}{a^k} M_{2k}(\mu_n)$$

であり, (A.1.10) によって $\sup_n M_{2k}(\mu_n) < \infty$ であるから, (A.1.11) が導かれる.

任意の $k \in \mathbb{N}$ に対し,

$$\lim_{l\to\infty} M_k(\mu_l'') = M_k(\mu) \tag{A.1.12}$$

を示そう. $a > 0$ として, k が奇数のとき,

$$\begin{aligned}
&\left|\int_{\mathbb{R}} x^k \mu_l''(dx) - \int_{\mathbb{R}} x^k \mu(dx)\right| \\
&\leqq \left|\int_{\mathbb{R}} (x^k \wedge a^k) \vee (-a^k) \mu_l''(dx) - \int_{\mathbb{R}} (x^k \wedge a^k) \vee (-a^k) \mu(dx)\right| \\
&\quad + \sup_n \int_{\{|x|>a\}} |x|^k \mu_n(dx) + \int_{\{|x|>a\}} |x|^k \mu(dx).
\end{aligned} \tag{A.1.13}$$

a が十分大きければ, 右辺の第 2, 第 3 項がいくらでも小さくなり, 第 1 項は弱収束性から 0 に収束する. k が偶数のときも,

$$\int_{\mathbb{R}} x^k \mu(dx) = \int_{\mathbb{R}} (x^k \wedge a^k) \mu(dx) + \int_{\{|x|>a\}} (x^k - a^k) \mu(dx)$$

等を用いて, 同様の評価が成り立つ. これで (A.1.12) が示された. (A.1.10) により, (A.1.12) は $m_k = M_k(\mu)$ $(\forall k \in \mathbb{N})$ が成り立つことを意味する. 仮定から $\{m_k\}$ が μ を一意的に決めるので, 結局 $\{\mu_n\}$ 自身が $n \to \infty$ で μ に弱収束する. これで主張がすべて示された. ■

本節の最後に, 6 章や 7 章の数か所で使った Schwartz の超関数の意味の微分法に触れておく. 一般に, 良いなめらかさと無限遠での減少度を備えた関数 (テスト関数) の空間 E の双対空間 E^* の元として超関数が捉えられる. 代表的な例は $E = C_c^\infty(\mathbb{R}) = \{\phi \in C^\infty(\mathbb{R}) \,|\, \mathrm{supp}\,\phi$ がコンパクト $\}$ である. $\{\phi \in C_c^\infty(\mathbb{R}) \,|\, \mathrm{supp}\,\phi \subset [a,b]\}$ にはなめらかさとモーメント条件を反映した半ノルムの族から定まる局所凸線型位相が入れられ, $C_c^\infty(\mathbb{R})$ はその帰納極限として得られる局所凸線型空間である. E の位相や E^* の特徴づけ等の詳細については, [58] を見られたい. $E = C_c^\infty(\mathbb{R})$, $\omega \in E^*$ に対し, 部分積分公式によって ω の導関数が定義される:

$$\int_{\mathbb{R}} \phi(x)\omega'(x)dx = -\int_{\mathbb{R}} \phi'(x)\omega(x)dx, \qquad \phi \in C_c^\infty(\mathbb{R}).$$

ただし, 双線型形式を表すのに積分記号を流用している. 局所可積分な関数は, この積分を通して E^* の元とみなされる. 今, ω が 1 点 $c \in \mathbb{R}$ で跳びををもつ階段関数 $\omega = a1_{(-\infty,c)} + b1_{(c,\infty)}$ $(a \neq b)$ のときを考える[17]. 簡単な計算から

---

17) 点 c での値は任意でよい. $c = 0, a = 0, b = 1$ のときが Heaviside 関数である.

$$-\int_{\mathbb{R}} \phi'(x)\omega(x)dx = (b-a)\phi(c) = \int_{\mathbb{R}} \phi(x)(b-a)\delta_c(dx), \qquad \phi \in C_c^\infty(\mathbb{R})$$

となるので, ω' は c にのるデルタ測度の定数倍に (E^* の元として) 一致する.

ω が $\mathbb{R}$ 上の有界変動関数ならば, 単調増加関数 ω_+, ω_- の差として $\omega = \omega_+ - \omega_-$ と表せる. ω_+ と ω_- の不連続点は跳びをもつ点に限られ, 高々可算個である. この ω を微分すると, そういう不連続点で上のようなデルタ測度の定数 (跳び幅) 倍が生じる. ω_+, ω_- は確率測度の分布関数に類似のものであり, ω' はこうして $\mathbb{R}$ 上の $\mathbb{R}$ 値測度とみなされる.

A.2　測度のモーメント問題

4.2 節, 4.3 節や 7.3 節に現れた $\mathbb{R}$ 上の測度のモーメント問題に関する説明を補っておく. 実数列 $\{m_k\}_{k=0}^\infty$ に対し,

$$m_k = \int_{\mathbb{R}} x^k \mu(dx) \ (= M_k(\mu)), \qquad k \in \{0, 1, 2, \cdots\} \tag{A.2.1}$$

をみたす $\mathbb{R}$ 上の測度 μ の存在と一意性を問うのが, Hamburger のモーメント問題である. $\mu = 0$ という自明な場合を除くと同時に, μ を確率測度としても一般性を失わないので, はじめから $m_0 = 1$ としておく. 実数列 $\{m_k\}_{k=0}^\infty$ に対し, $m_0 = 1, \cdots, m_{2n-2}$ からできる n 次対称行列

$$H_n = [m_{j+k}]_{j,k=0}^{n-1} = \begin{bmatrix} m_0 & m_1 & m_2 & \cdots & m_{n-1} \\ m_1 & m_2 & m_3 & \cdots & m_n \\ m_2 & m_3 & m_4 & \cdots & m_{n+1} \\ \vdots & \vdots & \vdots & \ddots & \vdots \\ m_{n-1} & m_n & m_{n+1} & \cdots & m_{2n-2} \end{bmatrix} \tag{A.2.2}$$

を n 次の Hankel 行列という.

まず, $\mathbb{R}$ 上の確率測度 μ が与えられて (A.2.1) によって $\{m_k\}$ が定まったとする. 任意の $[a_j]_{j=0}^{n-1} \in \mathbb{C}^n$ に対して

$$\sum_{j,k=0}^{n-1} \overline{a_j} a_k m_{j+k} = \int_{\mathbb{R}} \left| \sum_{k=0}^{n-1} a_k x^k \right|^2 \mu(dx) \geqq 0$$

となる. すなわち, 測度のモーメント列から来る Hankel 行列 H_n は, 任意の $n \in \mathbb{N}$ に対して正定値行列である.

逆に, $\{m_k\}_{k=0}^{\infty}$ から (A.2.2) で与えられる Hankel 行列の列において, すべての H_n が正定値であるとする. $\mathbb{C}$ 係数の多項式全体 $\mathbb{C}[x]$ の中に

$$\langle p(x), q(x)\rangle = \sum_{j,k} \overline{a_j} b_k m_{j+k},\ p(x) = \sum_k a_k x^k,\ q(x) = \sum_k b_k x^k \in \mathbb{C}[x] \tag{A.2.3}$$

によって (退化した) 内積が定まる. p, q の次数を明示していないが, a_k, b_k たちに適当に 0 を補ってもよいので, (A.2.3) の定義は無矛盾である. (A.2.3) から,

$$\langle x\, p(x), q(x)\rangle = \sum_{j,k} \overline{a_j} b_k m_{j+k+1} = \langle p(x), x\, q(x)\rangle \tag{A.2.4}$$

を得る. $\langle\ ,\ \rangle$ に関する零化空間 $\mathcal{N} = \{p \in \mathbb{C}[x] \mid \langle p, p\rangle = 0\}$ は $\mathbb{C}[x]$ の部分空間であるが, $\mathbb{C}[x]$ のイデアルでもあることを確認する. 実際, $p(x) \in \mathcal{N}$ であるとして $xp(x) \in \mathcal{N}$ を示せば十分であるが, (A.2.4) と Schwarz の不等式により,

$$\begin{aligned}\langle xp(x), xp(x)\rangle &= \langle p(x), x^2 p(x)\rangle \\ &\leqq \langle p(x), p(x)\rangle^{1/2} \langle x^2 p(x), x^2 p(x)\rangle^{1/2} = 0\end{aligned}$$

を得る. ゆえに, 環構造を保って $\mathbb{C}[x]/\mathcal{N}$ が定まる. $\mathcal{N}$ は単項イデアルになるが, 以下のように $\mathcal{N}$ を生成する多項式が自然に捕まる. $\mathcal{N} = \{0\}$ は,

$$\text{任意の } n \in \mathbb{N} \text{ に対して } H_n \text{が狭義正定値} \tag{A.2.5}$$

と同値である. $\mathcal{N} \neq \{0\}$ ならば, H_n が狭義正定値で H_{n+1} が狭義正定値でない $n \in \mathbb{N}$ がある. このとき, $m \in \{1, \cdots, n-1\}$ に対する H_m は当然狭義正定値であるし, $m \in \{n+2, n+3, \cdots\}$ に対する H_m は狭義正定値でない. 実際,

$$\boldsymbol{a} = [a_k]_{k=0}^{n} \in \mathbb{R}^{n+1}, \quad a_n \neq 0, \quad \boldsymbol{a}^* H_{n+1} \boldsymbol{a} = 0 \tag{A.2.6}$$

なる $\boldsymbol{a}$ が存在する. まずは $\boldsymbol{a} \in \mathbb{C}^{n+1}$ だが, $m_{j+k} \in \mathbb{R}$ だから, $\sum_{j,k=0}^{n} \overline{a_j} a_k m_{j+k} = 0$ ならば, $[\mathrm{Re}\, a_k]_{k=0}^{n}$ と $[\mathrm{Im}\, a_k]_{k=0}^{n}$ も同じ等式をみたす. そして $\mathrm{Re}\, a_n, \mathrm{Im}\, a_n$ の少なくとも一方が 0 でない. $a_{n+1} = 0$ とおいた $[a_k]_{k=0}^{n+1} \in \mathbb{R}^{n+2}$ も簡単のため同じ $\boldsymbol{a}$ で表す. $\mathbb{C}_0^{\infty} = \{\boldsymbol{x} = [x_j] \in \mathbb{C}^{\infty} \mid \text{有限個の } j \text{ を除いて } x_j = 0\}$ におけるシフト作用素 $S : [x_0, x_1, x_2, \cdots] \longmapsto [0, x_0, x_1, x_2, \cdots]$ を考えると, $a_n \neq 0$ だから, $\boldsymbol{a}$ と $S\boldsymbol{a}$ は $\mathbb{C}^{n+2}$ の中で線型独立である. 記号の定義から, $\boldsymbol{a}^* H_{n+2} \boldsymbol{a} = \boldsymbol{a}^* H_{n+1} \boldsymbol{a} = 0$. また, $\mathcal{N}$ がイデアルであることを示した Schwarz の不等式を使う議論によって, $(S\boldsymbol{a})^* H_{n+2} (S\boldsymbol{a}) = 0$ を得る. $p(x) \leftrightarrow \boldsymbol{a}$ のとき, $xp(x) \leftrightarrow S\boldsymbol{a}$ であることに注意しよう. これで, $\mathrm{Ker} H_{n+2} = \mathrm{Ker}\sqrt{H_{n+2}}$ が 2 次元以上あることがわかった. 一方, $\mathrm{rank} H_{n+2} \geqq \mathrm{rank} H_{n+1} = \mathrm{rank} H_n = n$ である. H_{n+1} のある列ベクトルたちが線

型独立ならば H_{n+2} の同じ列番号の列ベクトルたちも線型独立であることから, 階数の不等式がしたがう. ゆえに, $\dim \mathrm{Ker} H_{n+2} = 2$, $\mathrm{rank} H_{n+2} = n$ となる. 同様に, $\boldsymbol{a}, S\boldsymbol{a}, \cdots, S^j\boldsymbol{a}$ が $\mathbb{C}^{n+1+j}$ の中で線型独立であることと $(S^i\boldsymbol{a})^* H_{n+1+j}(S^i\boldsymbol{a}) = 0$ により, 任意の $j \in \mathbb{N}$ に対して $\dim \mathrm{Ker} H_{n+1+j} = j+1$, $\mathrm{rank} H_{n+1+j} = n$ を得る. すなわち, H_n まで狭義正定値で H_{n+1} 以降が狭義正定値でなく,

$$\dim(\mathbb{C}[x]/\mathcal{N}) = \mathrm{rank} H_n = n. \tag{A.2.7}$$

また, (A.2.6) の $\boldsymbol{a}$ に対応する $\mathbb{R}$ 係数 n 次多項式 $p(x) = \sum_{k=0}^{n} a_k x^k$ をとると,

$$\mathcal{N} = \mathrm{L.h.}\{x^l p(x) \mid l \in \mathbb{N} \sqcup \{0\}\} = p(x)\mathbb{C}[x] \tag{A.2.8}$$

と表されることもわかった.

$\mathcal{N} \neq \{0\}$ の場合の考察をもう少し続け, モーメント問題に付随する直交多項式, Jacobi 行列, Stieltjes 変換, 連分数等に関する話の有限次元版を簡単にまとめておく. これは基本的に線型代数の範疇に属することである. (A.2.7) の $n \in \mathbb{N}$ を固定する. $1, x, \cdots, x^{n-1}$ を (A.2.3) の (それらの包では非退化な) 内積 $\langle\ ,\ \rangle$ に関して順に直交化してモニックな多項式 $p_0(x) = 1, p_1(x), \cdots, p_{n-1}(x)$ をつくる[18]. これらがすべて $\mathbb{R}$ 係数であることは, (A.2.3) を用いて帰納的に確認される. $(n-1)$ 次までの多項式は自然に $\mathbb{C}[x]/\mathcal{N}$ にうめ込む.

補題 A.25　$\omega_1, \cdots, \omega_{n-1} > 0$ と $\alpha_1, \cdots, \alpha_n \in \mathbb{R}$ が存在し, $\mathbb{C}[x]$ で $p_0(x), \cdots, p_{n-1}(x)$ が次の関係式をみたす:

$$xp_0(x) = p_1(x) + \alpha_1 p_0(x), \tag{A.2.9}$$

$$xp_k(x) = p_{k+1}(x) + \alpha_{k+1} p_k(x) + \omega_k p_{k-1}(x), \qquad k \in \{1, \cdots, n-2\}, \tag{A.2.10}$$

$$xp_{n-1}(x) = p(x) + \alpha_n p_{n-1}(x) + \omega_{n-1} p_{n-2}(x). \tag{A.2.11}$$

$p(x)$ は (A.2.8) の $\mathcal{N}$ を生成する n 次多項式である. また, 次式が成り立つ:

$$\omega_k = \frac{\langle p_k, p_k \rangle}{\langle p_{k-1}, p_{k-1} \rangle}, \qquad k \in \{1, \cdots, n-1\}. \tag{A.2.12}$$

証明　$\langle p_0, p_0 \rangle = m_0 = 1$ と $\langle p_0, p_1 \rangle = 0$ から, $\alpha_1 = m_1$ として (A.2.9) が成り立つ. $k \in \{1, \cdots, n-2\}$ に対して

---

18)　モニックは最高次の係数が 1 であること.

$$xp_k(x) = p_{k+1}(x) + \sum_{i=0}^{k} c_{k,i}\, p_i(x), \qquad c_{k,i} \in \mathbb{R}$$

と表されるが, $j \in \{0, \cdots, k-2\}$ に対し, (A.2.4) から

$$0 = \langle xp_j(x), p_k(x) \rangle = \langle p_j(x), xp_k(x) \rangle = c_{k,j} \langle p_j, p_j \rangle.$$

ゆえに, $j \in \{0, \cdots, k-2\}$ に対しては, $c_{k,j} = 0$. そこで $c_{k,k-1} = \omega_k$, $c_{k,k} = \alpha_{k+1}$ とおけば, (A.2.10) を得る. $xp_{n-1}(x)$ は $\mathbb{C}[x]$ の中で L.h.$\{1, \cdots, p_{n-1}\}$ の元と $\mathcal{N}$ の元の和で表されるが, 次数を考慮すれば,

$$xp_{n-1}(x) = p(x) + \sum_{i=0}^{n-1} c_{n-1,i}\, p_i(x)$$

と書ける. $p(x)$ は $\mathbb{R}$ 係数だから, $c_{n-1,i} \in \mathbb{R}$ である. 上と同様にして, $i \in \{0, \cdots, n-3\}$ に対しては $c_{n-1,i} = 0$ となり, $c_{n-1,n-2} = \omega_{n-1}$, $c_{n-1,n-1} = \alpha_n$ とおけば, (A.2.11) を得る. (A.2.10) と p_{k-1} との内積をとると,

$$\begin{aligned} \omega_k \langle p_{k-1}, p_{k-1} \rangle &= \langle p_{k-1}, xp_k \rangle = \langle xp_{k-1}, p_k \rangle \\ &= \langle p_k, p_k \rangle. \end{aligned}$$

(A.2.11) と p_{n-2} との内積をとると, これは $k = n-1$ でも成り立つ. すなわち, (A.2.12) が示され, $\omega_k > 0$ となる. ■

(A.2.12) と $\langle p_0, p_0 \rangle = 1$ によって $\langle p_k, p_k \rangle = \omega_1 \cdots \omega_k$ $(k \in \{1, \cdots, n-1\})$ が成り立つので,

$$\tilde{p}_0(x) = p_0(x) = 1, \qquad \tilde{p}_k(x) = \frac{1}{\sqrt{\omega_1 \cdots \omega_k}} p_k(x), \quad k \in \{1, \cdots, n-1\}$$

とおけば, $\mathbb{C}[x]$ の正規直交系が得られる. (A.2.9) – (A.2.11) を $\tilde{p}_k$ に置き換えれば,

$$\begin{aligned} &x\,\tilde{p}_0(x) = \sqrt{\omega_1}\,\tilde{p}_1(x) + \alpha_1 \tilde{p}_0(x), \\ &x\,\tilde{p}_k(x) = \sqrt{\omega_{k+1}}\,\tilde{p}_{k+1}(x) + \alpha_{k+1}\tilde{p}_k(x) + \sqrt{\omega_k}\,\tilde{p}_{k-1}(x), \quad k \in \{1, \cdots, n-2\}, \\ &x\,\tilde{p}_{n-1}(x) = \alpha_n\,\tilde{p}_{n-1}(x) + \sqrt{\omega_{n-1}}\,\tilde{p}_{n-2}(x) + \frac{p(x)}{\sqrt{\omega_1 \cdots \omega_{n-1}}}. \end{aligned} \tag{A.2.13}$$

$\mathbb{C}[x]/\mathcal{N}$ に移り, 正規直交基底 $\{\tilde{p}_0, \cdots, \tilde{p}_{n-1}\}$ に関して x の掛け算作用素が

$$[x\tilde{p}_0(x)\ x\tilde{p}_1(x)\ \cdots\ x\tilde{p}_{n-1}(x)] = [\tilde{p}_0(x) x\,\tilde{p}_1(x)\ \cdots\ \tilde{p}_{n-1}(x)] T^{(n)},$$

$$T^{(n)} = \begin{bmatrix} \alpha_1 & \sqrt{\omega_1} & & & & \\ \sqrt{\omega_1} & \alpha_2 & \sqrt{\omega_2} & & & \\ & \sqrt{\omega_2} & \alpha_3 & \ddots & & \\ & & \ddots & \ddots & \ddots & \\ & & & \ddots & \alpha_{n-1} & \sqrt{\omega_{n-1}} \\ & & & & \sqrt{\omega_{n-1}} & \alpha_n \end{bmatrix} \tag{A.2.14}$$

というふうに 3 重対角行列 $T^{(n)}$ (有限 Jacobi 行列) で表示される.

今度は, 任意の $\omega_1, \cdots, \omega_{n-1} > 0$ と $\alpha_1, \cdots, \alpha_n \in \mathbb{R}$ から (A.2.9) と (A.2.10) によって多項式 $p_0(x) = 1, p_1(x), \cdots, p_{n-1}(x)$ を定め, (A.2.11) を顧みて

$$xp_{n-1}(x) = p_n(x) + \alpha_n p_{n-1}(x) + \omega_{n-1} p_{n-2}(x) \tag{A.2.15}$$

によって多項式 $p_n(x)$ を定義する.

補題 A.26　(A.2.14) の Jacobi 行列 $T^{(n)}$ と多項式 $p_1(x), \cdots, p_n(x)$ に対し,

$$p_k(x) = \det \begin{bmatrix} x-\alpha_1 & -\sqrt{\omega_1} & & & & \\ -\sqrt{\omega_1} & x-\alpha_2 & -\sqrt{\omega_2} & & & \\ & -\sqrt{\omega_2} & x-\alpha_3 & \ddots & & \\ & & \ddots & \ddots & \ddots & \\ & & & \ddots & x-\alpha_{k-1} & -\sqrt{\omega_{k-1}} \\ & & & & -\sqrt{\omega_{k-1}} & x-\alpha_k \end{bmatrix},$$

$$k \in \{1, \cdots, n\} \tag{A.2.16}$$

が成り立つ. 特に, $p_n(x) = \det(xI_n - T^{(n)})$ である.

証明　(A.2.16) の最終行 (あるいは最終列) に沿う余因子展開をとれば, 関係式 (A.2.10), (A.2.15) が得られる. ■

補題 A.27　多項式 $p_1(x), \cdots, p_n(x)$ について, $p_k(x)$ と $p_{k+1}(x)$ $(1 \leqq k \leqq n-1)$ の根は互いに他を分離する (つまり交互に並ぶ). すなわち, $p_k(x)$ の根を $\lambda_1^{(k)}, \cdots, \lambda_k^{(k)}$ とおいて

$$\lambda_1^{(k+1)} < \lambda_1^{(k)} < \lambda_2^{(k+1)} < \lambda_2^{(k)} < \cdots < \lambda_k^{(k+1)} < \lambda_k^{(k)} < \lambda_{k+1}^{(k+1)} \tag{A.2.17}$$

が成り立つ. 特に, $p_k(x)$ $(k \in \{1, \cdots, n\})$ の根は実数であって単純である.

証明 3 項間関係式に基づく帰納法で証明される. p_1 と p_2 に対しては (A.2.10) からただちにわかる. $k-1$ まで示されたとしよう. (A.2.10) により, λ が $p_k(x)$ の根ならば, $p_{k+1}(\lambda)$ と $p_{k-1}(\lambda)$ が異符号をもつ. ここで, $p_{k-1}(\lambda)\neq 0$ も帰納法の仮定による. そうすると, $p_{k-1}(\lambda)$ の符号や k の偶奇での場合分けの議論と中間値の定理により, $p_{k+1}(x)$ が $\lambda_1^{(k)}$ よりも小さい根と $\lambda_k^{(k)}$ よりも大きい根をもつことも含め, (A.2.17) のような位置関係が示される. ■

系 A.28 Jacobi 行列 $T^{(n)}$ の固有値は無重複である. ■

系 A.28 により, $T^{(n)}$ の各固有値に属する固有ベクトルを 1 本ずつとってくれば, $T^{(n)}$ が対角化される.

補題 A.29 $T^{(n)}$ の固有値 $\lambda\in\mathbb{R}$ に対し,

$$\begin{bmatrix} p_0(\lambda) \\ p_1(\lambda)/\sqrt{\omega_1} \\ \vdots \\ p_{n-1}(\lambda)/\sqrt{\omega_1\cdots\omega_{n-1}} \end{bmatrix} \tag{A.2.18}$$

が λ に属する固有ベクトルを与える.

証明 (A.2.18) のベクトル v は 0 ではなく, (A.2.9), (A.2.10), (A.2.15) によって

$$(\lambda I_n - T^{(n)})v = \begin{bmatrix} 0 \\ \vdots \\ 0 \\ p_n(\lambda)/\sqrt{\omega_1\cdots\omega_{n-1}} \end{bmatrix}.$$

(A.2.16) から $p_n(\lambda)=\det(\lambda I_n - T^{(n)})=0$ であるから, $T^{(n)}v=\lambda v$. ■

$T=T^{(n)}$ の固有値を $\lambda_1<\cdots<\lambda_n$ とおく. (A.2.18) を正規化した λ_l に属する固有ベクトルを $[\theta_{kl}]_{k=1}^n$ とおく:

$$\theta_{kl}=\frac{p_{k-1}(\lambda_l)}{\sqrt{\omega_1\cdots\omega_{k-1}}}\frac{1}{\left(\sum_{i=1}^{n}\frac{p_{i-1}(\lambda_l)^2}{\omega_1\cdots\omega_{i-1}}\right)^{1/2}}. \tag{A.2.19}$$

そうすると, $\Theta=[\theta_{kl}]_{k,l=1}^n$ は T を対角化する n 次実直交行列である:

$${}^t\Theta T\Theta=\mathrm{diag}(\lambda_1,\cdots,\lambda_n).$$

$k \in \mathbb{N}$ に対し, T^k の $(1,1)$ 成分が $(T^k)_{11} = \langle e_1, T^k e_1 \rangle_{\mathbb{C}^n} = \sum_{l=1}^{n} \lambda_l^k \theta_{1l}^2$ で与えられる. (A.2.19) から $\theta_{1l} > 0$ であり, T が直交行列だから $\sum_{l=1}^{n} \theta_{1l}^2 = 1$. ゆえに,

$$\mu = \sum_{l=1}^{n} w_l \delta_{\lambda_l}, \qquad w_l = \theta_{1l}^2 \ (> 0) \tag{A.2.20}$$

とおくと, $\mu \in \mathcal{P}(\mathbb{R})$, $\operatorname{supp} \mu = \{\lambda_1, \cdots, \lambda_n\} = \{T$ の固有値$\}$ が成り立つ.

補題 A.30　$T(= T^{(n)})$ と μ について

$$\langle e_1, T^k e_1 \rangle_{\mathbb{C}^n} = M_k(\mu), \qquad k \in \mathbb{N} \sqcup \{0\}, \tag{A.2.21}$$

$$\langle e_1, (zI_n - T)^{-1} e_1 \rangle_{\mathbb{C}^n} = \int_{\mathbb{R}} \frac{1}{z - x} \mu(dx), \qquad z \notin \{T \text{ の固有値}\} \tag{A.2.22}$$

が成り立つ. ■

(A.2.14) により, $p_k(x)$ を正規化した $\tilde{p}_k(x)$ を $\mathbb{C}[x]/\mathcal{N}$ の中で掛けるという作用素の表現行列が $\tilde{p}_k(T)$ である:

$$[\tilde{p}_k \tilde{p}_0 \ \tilde{p}_k \tilde{p}_1 \ \cdots \ \tilde{p}_k \tilde{p}_{n-1}] = [\tilde{p}_0 \ \tilde{p}_1 \ \cdots \ \tilde{p}_{n-1}] \tilde{p}_k(T), \quad k \in \{0, \cdots, n-1\}. \tag{A.2.23}$$

(A.2.23) の第 1 列は $\tilde{p}_k$ にほかならないので, $\tilde{p}_k(T)$ の第 1 列は $\mathbb{C}^n$ の基本ベクトル e_{k+1} である. そうすると, (A.2.21) により,

$$\begin{aligned}
\langle \tilde{p}_j, \tilde{p}_k \rangle_\mu &= \int_{\mathbb{R}} \tilde{p}_j(x) \tilde{p}_k(x) \mu(dx) = \langle e_1, \tilde{p}_j(T) \tilde{p}_k(T) e_1 \rangle_{\mathbb{C}^n} \\
&= \langle \tilde{p}_j(T) e_1, \tilde{p}_k(T) e_1 \rangle_{\mathbb{C}^n} \\
&= \langle e_{j+1}, e_{k+1} \rangle_{\mathbb{C}^n} = \delta_{j,k}, \qquad j, k \in \{0, 1, \cdots, n-1\}.
\end{aligned} \tag{A.2.24}$$

さて, 実数列 $m_0 = 1, m_1, m_2, \cdots$ から始まって $\mathbb{C}[x]$ に内積を導入し, (A.2.7) の状況に戻る. 補題 A.25 によって直交多項式 $p_0, \cdots, p_{n-1}$ とパラメータ $\omega_1, \cdots, \omega_{n-1} > 0$; $\alpha_1, \cdots, \alpha_n \in \mathbb{R}$ を得る. このとき, (A.2.8) の n 次多項式 $p(x)$ は, (A.2.15) の $p_n(x)$ にほかならない. したがって, (A.2.20) で定義される $\mu \in \mathcal{P}(\mathbb{R})$ は $\operatorname{supp} \mu = \{p$ の零点$\}$ をみたす. ここで, p の n 個の零点はすべて単純である. (A.2.8) により, $f \in \mathcal{N}$ ならば $\operatorname{supp} \mu$ 上で f の値が 0 であるから,

$$\mathcal{N} \subset \{f \in \mathbb{C}[x] \,|\, \langle f, f \rangle_\mu = 0\} \tag{A.2.25}$$

が成り立つ. 一方, $\langle \ , \ \rangle$ に関する直交多項式 $\tilde{p}_0, \cdots, \tilde{p}_{n-1}$ が (A.2.24) をみたすので, L.h.$\{1, x, \cdots, x^{n-1}\}$ においては $\langle \ , \ \rangle$ と $\langle \ , \ \rangle_\mu$ が一致する. これに (A.2.25)

をあわせれば, 結局次のことが示された.

命題 A.31 $\mathbb{C}[x]$ において, $\langle\ ,\ \rangle$ と $\langle\ ,\ \rangle_\mu$ が一致する. 特に, $m_k = M_k(\mu)$ $(k \in \mathbb{N} \sqcup \{0\})$ が成り立つ. ■

命題 A.31 は,

$$H_1, \cdots, H_n \text{が狭義正定値であり}, H_{n+1}, H_{n+2}, \cdots \text{が狭義正定値でない} \tag{A.2.26}$$

という場合のモーメント問題の解を与える. $n = |\operatorname{supp}\mu|$ であることに注意する.

補題 A.32 直交多項式 $p_k(x)$ の (A.2.16) とは別の表示として

$$p_k(x) = \frac{1}{\det H_k} \det \begin{bmatrix} m_0 & m_1 & \cdots & m_k \\ \vdots & \vdots & \ddots & \vdots \\ m_{k-1} & m_k & \cdots & m_{2k-1} \\ 1 & x & \cdots & x^k \end{bmatrix} \tag{A.2.27}$$

$(k \in \{1, \cdots, n-1\})$ が成り立つ.

証明 (A.2.27) の右辺を $q_k(x)$ とおく. $q_1(x) = p_1(x)$ であり, 最終行に沿う展開から, $q_k(x)$ はモニックな k 次多項式である. $j \in \{0, \cdots, k-1\}$ に対し,

$$\langle x^j, q_k(x)\rangle = \frac{1}{\det H_k} \det \begin{bmatrix} m_0 & m_1 & \cdots & m_k \\ \vdots & \vdots & \ddots & \vdots \\ m_{k-1} & m_k & \cdots & m_{2k-1} \\ \langle x^j, 1\rangle & \langle x^j, x\rangle & \cdots & \langle x^j, x^k\rangle \end{bmatrix}.$$

$\langle x^j, x^i\rangle = m_{j+i}$ であるから, 最終行は $m_j, m_{j+1}, \cdots, m_{j+k}$ であり, どれかの行と一致する. ゆえに $\langle x^j, q_k(x)\rangle = 0$. $p_0, \cdots, p_{n-1}$ のつくり方から, $k \leqq n-1$ まではこの性質 (とモニックであること) が p_k を特徴づける. したがって, $p_k(x) = q_k(x)$ を得る. ■

次式は Stieltjes 変換の連分数表示を与える.

補題 A.33 (A.2.22) について, z の有理関数として次式が成り立つ:

$$\int_{\mathbb{R}} \frac{1}{z-x}\mu(dx) = \cfrac{1}{z-\alpha_1-\cfrac{\omega_1}{z-\alpha_2-\cfrac{\omega_2}{z-\alpha_3-\cfrac{\omega_3}{\ddots\ \cfrac{\omega_{n-1}}{z-\alpha_n}}}}}. \tag{A.2.28}$$

証明　(A.2.22) により,

$$\begin{bmatrix} z-\alpha_1 & -\sqrt{\omega_1} & & & & \\ -\sqrt{\omega_1} & z-\alpha_2 & -\sqrt{\omega_2} & & & \\ & -\sqrt{\omega_2} & z-\alpha_3 & \ddots & & \\ & & \ddots & \ddots & \ddots & \\ & & & \ddots & z-\alpha_{n-1} & -\sqrt{\omega_{n-1}} \\ & & & & -\sqrt{\omega_{n-1}} & z-\alpha_n \end{bmatrix} \begin{bmatrix} u_1 \\ u_2 \\ u_3 \\ \vdots \\ u_{n-1} \\ u_n \end{bmatrix} = \begin{bmatrix} 1 \\ 0 \\ 0 \\ \vdots \\ 0 \\ 0 \end{bmatrix} \tag{A.2.29}$$

から $u_2, \cdots, u_n$ を消去して u_1 を求めればよい. (A.2.29) を成分に分けた第 j 式を $(*j)$ とおこう $(j \in \{1, \cdots, n\})$. $(*n)$ から得た $u_n = \sqrt{\omega_{n-1}}u_{n-1}/(z-\alpha_n)$ を $(*n-1)$ に代入すれば,

$$u_{n-1} = \cfrac{\sqrt{\omega_{n-2}}\,u_{n-2}}{z-\alpha_{n-1}-\cfrac{\omega_{n-1}}{z-\alpha_n}}.$$

これを $(*n-2)$ に代入 $\cdots$ というふうに順次 1 つ上の式に代入すれば, u_1 が (A.2.28) の右辺で表される. ■

注意 A.34　以上の考察により, 次の 3 種類のパラメータ間の対応が得られた:

- (A.2.26) の Hankel 行列の条件をみたすような

$$m_0 = 1, m_1, m_2, \cdots. \tag{A.2.30}$$

- (A.2.14) の有限 Jacobi 行列をつくる

$$\omega_1, \cdots, \omega_{n-1} > 0\ ;\ \alpha_1, \cdots, \alpha_n \in \mathbb{R}. \tag{A.2.31}$$

- (A.2.20) の $\mathbb{R}$ 上の確率測度, すなわちその台である n 点と重み

$$\lambda_1 < \cdots < \lambda_n \ ; \ w_1, \cdots, w_n > 0, \ w_1 + \cdots + w_n = 1. \tag{A.2.32}$$

(A.2.30) – (A.2.32) はすべて $(2n-1)$ 次元の集合を動く. これらのパラメータたちを結びつける関係式がいろいろ得られた訳であるが, 以上に挙げた他に, (A.2.31) によって (A.2.30) を表示する公式も知られている ([25] の 1.6 節を参照).

$\mathcal{N} = \{0\}$ の場合を考える. この条件のもとで $m_0 = 1, m_1, m_2, \cdots$ をモーメント列にもつ $\mu \in \mathcal{P}(\mathbb{R})$ を構成するため, 前段までの考察を参考にして台が有限集合である測度の列をつくり, そこから収束極限 μ をとり出す方針でいく. (A.2.3) の内積が非退化であるので, $1, x, x^2, \cdots$ を順次直交化することにより, モニックな直交多項式の列 $p_0 = 1, p_1, p_2, \cdots$ およびそれらを正規化した $\tilde{p}_0 = 1, \tilde{p}_1, \tilde{p}_2, \cdots$ が得られる. (A.2.13) と全く同様に, 各 $n \in \mathbb{N}$ に対し,

$$\begin{aligned} x\,\tilde{p}_k(x) &= \sqrt{\omega_{k+1}}\,\tilde{p}_{k+1}(x) + \alpha_{k+1}\tilde{p}_k(x) + \sqrt{\omega_k}\,\tilde{p}_{k-1}(x), \qquad k \in \{1, \cdots, n-1\} \\ x\,\tilde{p}_0(x) &= \sqrt{\omega_1}\,\tilde{p}_1(x) + \alpha_1\tilde{p}_0(x), \end{aligned} \tag{A.2.33}$$

が成り立つ. (A.2.33) に現れるパラメータのうちの $\omega_1, \cdots, \omega_{n-1} > 0$ と $\alpha_1, \cdots, \alpha_n \in \mathbb{R}$ を使って (A.2.14) と同じ n 次対称行列 $T^{(n)}$ をつくる. いわば $\tilde{p}_n$ を切り捨てて無理やり有限におさめたものであるので, (A.2.14) の第 1 式はもはや成り立たないが, (A.2.33) によって

$$[x\tilde{p}_0(x)\ x\tilde{p}_1(x)\ \cdots\ x\tilde{p}_{n-2}(x)\ *] = [\tilde{p}_0(x)\ \tilde{p}_1(x)\ \cdots\ \tilde{p}_{n-2}(x)\ \tilde{p}_{n-1}(x)]T^{(n)}$$

までは言える. これをくり返して, $k \leqq n-1$ ならば

$$[x^k\tilde{p}_0(x)\ *\ \cdots\ *] = [\tilde{p}_0(x)\ \tilde{p}_1(x)\ \cdots\ \tilde{p}_{n-1}(x)]T^{(n)k}$$

となる. したがって, (A.2.23) のかわりに, $k \in \{0, 1, \cdots, n-1\}$ に対して

$$[\tilde{p}_k(x)\tilde{p}_0(x)\ *\ \cdots\ *] = [\tilde{p}_0(x)\ \tilde{p}_1(x)\ \cdots\ \tilde{p}_{n-1}(x)]\tilde{p}_k(T^{(n)}). \tag{A.2.34}$$

(A.2.34) の第 1 列から, $\tilde{p}_k(T^{(n)})$ の第 1 列は $\mathbb{C}^n$ の基本ベクトル e_{k+1} である.

各 $n \in \mathbb{N}$ に対し, この $T^{(n)}$ から始めて (A.2.15) から (A.2.20) に至る議論により, n 点集合を台にもつ $\mu = \mu^{(n)} \in \mathcal{P}(\mathbb{R})$ が定まる. その任意次数のモーメントは (A.2.21) で与えられる. そうすると, $j, k \in \{0, 1, \cdots, n-1\}$ に対し,

$$\begin{aligned} \langle \tilde{p}_j, \tilde{p}_k \rangle_{\mu^{(n)}} &= \int_{\mathbb{R}} \tilde{p}_j(x)\tilde{p}_k(x)\mu^{(n)}(dx) = \langle e_1, \tilde{p}_j(T^{(n)})\tilde{p}_k(T^{(n)})e_1 \rangle_{\mathbb{C}^n} \\ &= \langle \tilde{p}_j(T^{(n)})e_1, \tilde{p}_k(T^{(n)})e_1 \rangle_{\mathbb{C}^n} = \langle e_{j+1}, e_{k+1} \rangle_{\mathbb{C}^n} = \delta_{j,k}. \end{aligned}$$

ゆえに, L.h.$\{1, x, \cdots, x^{n-1}\}$ 上では $\langle\ ,\ \rangle_{\mu^{(n)}}$ と $\langle\ ,\ \rangle$ が一致する. 特に, $\langle x^j, x^k \rangle_{\mu^{(n)}}$

$= \langle 1, x^{j+k} \rangle_{\mu^{(n)}}$ であるから, 次式が成り立つ:

$$M_k(\mu^{(n)}) = m_k, \qquad k \in \{0, 1, \cdots, 2n-2\}. \tag{A.2.35}$$

補題 A.35　$\{\mu^{(n)}\}_{n \in \mathbb{N}} \subset \mathcal{P}(\mathbb{R})$ は緊密である.

証明　(A.2.35) により, $n \geqq 2$, $a > 0$ に対し,

$$m_2 = \int_{\mathbb{R}} x^2 \mu^{(n)}(dx) \geqq a^2 \mu^{(n)}(|x| > a) \text{ だから,} \quad \inf_{n \geqq 2} \mu^{(n)}(|x| \leqq a) \geqq 1 - \frac{m_2}{a^2}.$$

したがって $\{\mu^{(n)}\}_{n \in \mathbb{N}}$ が緊密である. ■

Prohorov の定理 (定理 A.22) と補題 A.35 をあわせれば, $\{\mu^{(n)}\}_{n \in \mathbb{N}}$ の部分列 $\{\mu^{(n_k)}\}_{k \in \mathbb{N}}$ と $\mu \in \mathcal{P}(\mathbb{R})$ がとれて, $\mu^{(n_k)}$ が μ に $k \to \infty$ で弱収束する.

補題 A.36　この $\mu \in \mathcal{P}(\mathbb{R})$ は m_p を p 次モーメントにもつ:

$$m_p = M_p(\mu), \qquad p \in \mathbb{N} \sqcup \{0\}. \tag{A.2.36}$$

証明　まず, μ が $2p$ 次モーメントをもつことを見る. (A.2.35) によって

$$\begin{aligned} \int_{\mathbb{R}} (x^{2p} \wedge r) \mu(dx) &= \lim_{k \to \infty} \int_{\mathbb{R}} (x^{2p} \wedge r) \mu^{(n_k)}(dx) \\ &\leqq \liminf_{k \to \infty} \int_{\mathbb{R}} x^{2p} \mu^{(n_k)}(dx) = m_{2p} \end{aligned}$$

が任意の $r > 0$ に対して成り立つから,

$$\int_{\mathbb{R}} x^{2p} \mu(dx) = \lim_{r \uparrow \infty} \int_{\mathbb{R}} (x^{2p} \wedge r) \mu(dx) \leqq m_{2p}.$$

次に, 任意の $p \in \mathbb{N}$ に対して一様可積分性

$$\lim_{r \uparrow \infty} \sup_{n \in \mathbb{N}} \int_{\{|x| > r\}} |x|^p \mu^{(n)}(dx) = 0 \tag{A.2.37}$$

を確認する. 実際, (A.2.35) を用いて

$$\begin{aligned} \int_{\{|x|>r\}} |x|^p \mu^{(n)}(dx) &\leqq \int_{\{|x|>r\}} |x|^p \left(\frac{|x|}{r}\right)^p \mu^{(n)}(dx) \leqq \frac{1}{r^p} \int_{\mathbb{R}} x^{2p} \mu^{(n)}(dx) \\ &\leqq \frac{1}{r^p} \max\{m_{2p}, M_{2p}(\mu^{(1)}), \cdots, M_{2p}(\mu^{(p)})\}. \end{aligned}$$

$p \in \mathbb{N}$ が奇数のとき, (A.1.13) の評価により,

$$\begin{aligned}&\left|\int_{\mathbb{R}} x^p \mu^{(n_k)}(dx) - \int_{\mathbb{R}} x^p \mu(dx)\right| \\ &\leqq \left|\int_{\mathbb{R}} (x^p \wedge r^p) \vee (-r^p) \mu^{(n_k)}(dx) - \int_{\mathbb{R}} (x^p \wedge r^p) \vee (-r^p) \mu(dx)\right| \\ &\qquad + \sup_{n\in\mathbb{N}} \int_{\{|x|>r\}} |x|^p \mu^{(n)}(dx) + \int_{\{|x|>r\}} |x|^p \mu(dx).\end{aligned}$$

(A.2.37) により, 任意の $\varepsilon > 0$ に対して右辺第 2, 第 3 項は r が十分大きければ ε よりも小さい. 弱収束性から, その r に対して第 1 項は $k \to \infty$ で 0 に収束する. $p \in \mathbb{N}$ が偶数のときは,

$$\int_{\mathbb{R}} x^p \mu^{(n_k)}(dx) = \int_{\mathbb{R}} (x^p \wedge r^p) \mu^{(n_k)}(dx) + \int_{\{|x|>r\}} (x^p - r^p) \mu^{(n_k)}(dx)$$

を用いて同様の評価ができる. ゆえに

$$M_p(\mu) = \lim_{k\to\infty} M_p(\mu^{(n_k)}), \qquad p \in \mathbb{N} \tag{A.2.38}$$

となる. (A.2.38) と (A.2.35) をあわせれば (A.2.36) が得られる. ■

これで, この μ が $\mathcal{N} = \{0\}$ の状況下でのモーメント問題の解を与えることがわかった. (A.2.36) をみたす $\mu \in \mathcal{P}(\mathbb{R})$ に関する $\mathbb{C}[x]$ 上の内積 $\langle\ ,\ \rangle_\mu$ は, (A.2.3) の $\langle\ ,\ \rangle$ と一致する. $\operatorname{supp}\mu$ が無限集合ならば, これらの内積は非退化 (すなわち $\mathcal{N} = \{0\}$) である.

こうして, モーメント問題の解の存在について次のことが示された.

定理 A.37 実数列 $\{m_k\}_{k=0}^{\infty}$ に対し, (A.2.2) によって Hankel 行列の列 $\{H_n\}_{n\in\mathbb{N}}$ を定めるとき, 次の 2 つの条件が同値である.

(ア) $\{m_k\}$ が $\mathbb{R}$ 上のある測度 μ のモーメント列である, つまり (A.2.1) をみたす.

(イ) 任意の $n \in \mathbb{N}$ に対し, H_n が正定値行列である.

このとき,

$$|\operatorname{supp}\mu| = \infty \iff \text{(A.2.5)}$$

$$|\operatorname{supp}\mu| = n \in \mathbb{N} \iff \text{(A.2.26) をみたす } n \in \mathbb{N} \text{ が存在}$$

が成り立つ. ■

定理 A.37 は, 解の一意性については何も言っていない. モーメント問題が一意的に解けるための十分条件を $\{m_k\}$ の言葉で述べたものとして,

$$\sum_{k=1}^{\infty} \frac{1}{m_{2k}^{1/(2k)}} = \infty \tag{A.2.39}$$

が有名である. (A.2.39) は Carleman 条件と呼ばれ, 応用上使いやすい. 証明については, たとえば [1] の Chapter 2 を参照. ちなみに, $\mathrm{supp}\,\mu$ がコンパクトならば, $m_{2k}^{1/(2k)}$ が定数でおさえられるので, 当然 (A.2.39) が成り立つ.

注意 A.38 $m_0 = 1, m_1, m_2, \cdots$ が (A.2.5) をみたすとすれば, $\mathbb{C}[x]$ において (A.2.3) の非退化な内積 $\langle\,,\,\rangle$ に関する直交多項式 $p_0(x) = 1, p_1(x), p_2(x), \cdots$ が得られた. すなわち, $\omega_1, \omega_2, \cdots > 0$ と $\alpha_1, \alpha_2, \cdots \in \mathbb{R}$ が存在して

$$xp_0(x) = p_1(x) + \alpha_1 p_0(x), \tag{A.2.40}$$

$$xp_n(x) = p_{n+1}(x) + \alpha_{n+1} p_n(x) + \omega_n p_{n-1}(x), \qquad n \in \mathbb{N}, \tag{A.2.41}$$

$$\omega_n = \frac{\langle p_n, p_n \rangle}{\langle p_{n-1}, p_{n-1} \rangle}, \qquad n \in \mathbb{N}$$

が成り立つ[19]. このパラメータたちを用い, (A.2.14) のように有限で打ち切らずに無限に延びた 3 重対角の Jacobi 行列

$$T = \begin{bmatrix} \alpha_1 & \sqrt{\omega_1} & & \\ \sqrt{\omega_1} & \alpha_2 & \sqrt{\omega_2} & \\ & \sqrt{\omega_2} & \alpha_3 & \ddots \\ & & \ddots & \ddots \end{bmatrix}$$

をつくる. (A.2.14) のときと同じように, T は $\mathbb{C}[x]$ 上の掛け算作用素 $x\cdot$ の表現行列である. 実は, この掛け算作用素 (すなわち T) は自己共役作用素に拡張できることが示され, そのスペクトル分解を与える射影値測度 E を用いて $\mu = \langle 1, E(\cdot)1 \rangle$ とおくと, $m_k = M_k(\mu) = (T^k)_{11}$ ($k \in \mathbb{N} \sqcup \{0\}$) が得られる. 測度のモーメント問題に対するこのような作用素論的アプローチについては, [1, Chapter 4], [55, X 章] あるいは [60] を参照されたい. 作用素論の枠組では, スペクトル測度の台が有限集合のとき (すなわち (A.2.3) の内積が退化するとき) は自明な例外として扱われることが多い. 本節に述べたモーメント問題の解説は, そのような有限次元の場合の具体形をむしろ積極的に利用し, その極限として一般の場合を捉えようとするものであった.

注意 A.39 (A.2.2) の Hankel 行列の列 $\{H_n\}$ は, 順次外側に行と列を 1 本ず

---

19) (A.2.33) のように正規化する前の段階である.

つ貼りつけて増大させていく構造をもっている. 一般に, n 次 Hermite 行列 A_n に行と列を 1 本ずつ貼りつけて $(n+1)$ 次 Hermite 行列 A_{n+1} がつくられているとき, それぞれの固有値は交互に並んでいる. すなわち, A_n の固有値を $\alpha_1^{(n)} \leqq \cdots \leqq \alpha_n^{(n)}$, A_{n+1} の固有値を $\alpha_1^{(n+1)} \leqq \cdots \leqq \alpha_{n+1}^{(n+1)}$ とおくと,

$$\alpha_1^{(n+1)} \leqq \alpha_1^{(n)} \leqq \alpha_2^{(n+1)} \leqq \cdots \leqq \alpha_n^{(n+1)} \leqq \alpha_n^{(n)} \leqq \alpha_{n+1}^{(n+1)} \tag{A.2.42}$$

が成り立つ. このことを用いると, このような構造をもつ Hermite 行列の増大列 $\{A_n\}$ について, たとえば次のことがわかる:

(i) $\det A_1 > 0, \cdots, \det A_n > 0 \Longrightarrow A_n$ が狭義正定値,

(ii) $\det A_1 > 0, \cdots, \det A_{n-1} > 0, \det A_n \geqq 0 \Longrightarrow A_n$ が正定値.

(i) は逆も正しい. (ii) でもしすべて $\geqq 0$ に置き換えれば, もはや A_n の正定値性は崩れる. (A.2.42) の性質やその証明に使われる Hermite 行列の固有値に関する最大最小原理, 最小最大原理については, [26] の 4.2 節, 4.3 節を見られるとよい.

注意 A.40 Stieltjes 変換の連分数表示は, 補題 A.33 において台が有限集合であるような測度についてしか述べていないが, 然るべき極限操作のもとで無限連分数の場合に拡張される. $|\mathrm{supp}\,\mu| = \infty$, $M_{2n}(\mu) < \infty$ $(\forall n \in \mathbb{N})$ なる $\mu \in \mathcal{P}(\mathbb{R})$ が与えられたとし, そのモーメント列を $\{m_n\}$ とする: $m_n = M_n(\mu)$. $n \in \mathbb{N}$ に対し, $m_0 = 1, m_1, \cdots, m_{2n-2}$ から (A.2.35) をみたす $\mu^{(n)}$ をとる. 今, $\{m_n\}$ が μ を一意的に定めると仮定すると, $\{\mu^{(n)}\}$ の緊密性と集積点の一意性から, $\mu^{(n)}$ が μ に $n \to \infty$ で弱収束する (命題 A.24 も参照). ゆえに

$$\int_{\mathbb{R}} \frac{1}{z-x}\,\mu(dx) = \lim_{n\to\infty} \int_{\mathbb{R}} \frac{1}{z-x}\,\mu^{(n)}(dx), \qquad z \in \mathbb{C}^+. \tag{A.2.43}$$

$\mathbb{C}[x]$ の内積 $\langle\ ,\ \rangle$ に関する直交多項式 (A.2.40), (A.2.41) が定めるパラメータ $\omega_1, \omega_2, \cdots > 0$ と $\alpha_1, \alpha_2, \cdots \in \mathbb{R}$ を考えれば, $\mu^{(n)}$ のつくり方から, (A.2.43) の右辺はまさに (A.2.28) の右辺の $n \to \infty$ での極限にほかならない. こうしてモーメント問題の一意解 μ の Stieltjes 変換の連分数表示が得られる.

測度 μ の Stieltjes 変換は, 本書ではまず 4.2 節でモーメント列 $\{M_n(\mu)\}$ の生成関数と関連した積分変換として導入された:

$$\frac{1}{z}\sum_{n=0}^{\infty} \frac{M_n(\mu)}{z^n} = \int_{\mathbb{R}} \frac{1}{z-x}\,\mu(dx). \tag{A.2.44}$$

$\mathrm{supp}\,\mu$ がコンパクトならば, 絶対値が十分大きい $z \in \mathbb{C}$ に対して (A.2.44) が成り

立つが, 一般には (A.2.44) がどのような $z \in \mathbb{C}$ でよいかは自明でない. Stieltjes 変換から直接測度 μ を復元する作業は, 本書で何度か行われる. その際に用いられるのが Stieltjes 変換の反転公式である. それはおおよそ

$$\text{“}\lim_{y \downarrow 0}\Bigl(-\frac{1}{\pi}\operatorname{Im}\int_{\mathbb{R}}\frac{1}{(x+iy)-t}\,\mu(dt)\Bigr)dx = \mu(dx)\text{”}$$

を主張するものであるが, 正確には次のように述べられる.

定理 A.41　$\mathbb{R}$ 上の有界測度 μ の Stieltjes 変換

$$G(z) = G_\mu(z) = \int_{\mathbb{R}}\frac{1}{z-x}\,\mu(dx), \qquad z \in \mathbb{C}^+$$

に対して次が成り立つ. μ の分布関数を $F(x) = F_\mu(x) = \mu((-\infty, x])$ とおく[20].

(1) $\phi \in C_b(\mathbb{R})$ に対し,

$$\lim_{y \downarrow 0}\int_{\mathbb{R}}\phi(x)\Bigl(-\frac{1}{\pi}\operatorname{Im}G(x+iy)\Bigr)dx = \int_{\mathbb{R}}\phi(x)\mu(dx). \tag{A.2.45}$$

(2) $t \in \mathbb{R}$ に対し,

$$\lim_{y \downarrow 0}\int_{\mathbb{R}}1_{(-\infty,t]}(x)\Bigl(-\frac{1}{\pi}\operatorname{Im}G(x+iy)\Bigr)dx = \int_{\mathbb{R}}\Bigl(1_{(-\infty,t)}+\frac{1_{\{t\}}}{2}\Bigr)(x)\mu(dx). \tag{A.2.46}$$

(3) t が F の連続点ならば[21],

$$\lim_{y \downarrow 0}\int_{\mathbb{R}}1_{(-\infty,t]}(x)\Bigl(-\frac{1}{\pi}\operatorname{Im}G(x+iy)\Bigr)dx = F(t) = \int_{\mathbb{R}}1_{(-\infty,t]}(x)\mu(dx). \tag{A.2.47}$$

(4) x が F の微分可能な点ならば[22],

$$\lim_{y \downarrow 0}\Bigl(-\frac{1}{\pi}\operatorname{Im}G(x+iy)\Bigr) = F'(x). \tag{A.2.48}$$

したがって, Lebesgue 測度に関して a.e. に $\rho(x) = \lim_{y \downarrow 0}\bigl(-\frac{1}{\pi}\operatorname{Im}G(x+iy)\bigr)$ が存在し, $\rho(x)dx$ が Lebesgue 測度に関する μ の絶対連続部分を与える.

証明　(1)–(3) は,

---

20) μ は確率測度でなくてもよい.

21) F は高々可算個の点を除いて連続である.

22) F は Lebesgue 測度に関して a.e. に微分可能である.

$$-\frac{1}{\pi}\operatorname{Im} G(x+iy) = \int_{\mathbb{R}} \frac{1}{\pi}\frac{y}{(x-\xi)^2+y^2}\,\mu(d\xi) \tag{A.2.49}$$

に現れる Poisson 核の性質

$$\lim_{y\downarrow 0}\int_{\mathbb{R}} \phi(x)\frac{1}{\pi}\frac{y}{(x-\xi)^2+y^2}dx = \phi(\xi), \qquad \phi\in C_b(\mathbb{R}), \tag{A.2.50}$$

$$\lim_{y\downarrow 0}\int_{\mathbb{R}} 1_{(-\infty,t]}(x)\frac{1}{\pi}\frac{y}{(x-\xi)^2+y^2}dx = 1_{(-\infty,t)}(\xi) + \frac{1_{\{t\}}(\xi)}{2}, \quad t\in\mathbb{R} \tag{A.2.51}$$

を用いる. (A.2.50) は注意 7.11 に記したのと同じであり, (A.2.51) は $t-\xi$ の符号で場合分けすれば容易にわかる. 後は, Fubini の定理と Lebesgue の収束定理によって (1)–(3) が言える.

(4) を示すために, (A.1.2) によって (A.2.49) を書き直すと,

$$\int_0^\infty \mu\Big(\{\xi\in\mathbb{R} \mid \frac{1}{\pi}\frac{y}{(x-\xi)^2+y^2} > s\}\Big)ds = \int_0^\infty \mu((x-\xi(s,y), x+\xi(s,y)))ds. \tag{A.2.52}$$

ただし, $y>0$ に対して $\frac{1}{\pi}\frac{y}{\xi^2+y^2}=s$ によって決まる $\xi\geqq 0$ と $s>0$ の関係を $\xi=\xi(s,y)$ と表す. この関係式から,

$$\lim_{y\downarrow 0}\xi(s,y)=0, \quad \lim_{y\downarrow 0}\frac{\xi(s,y)}{y}=\infty \quad (s>0), \quad \int_0^\infty \xi(s,y)ds = \frac{1}{2} \tag{A.2.53}$$

となる. F が x において微分可能であれば, $h>0$ として

$$\mu((x-h,x+h]) = 2hF'(x) + h\eta(h), \qquad \lim_{h\to 0}|\eta(h)| = 0 \tag{A.2.54}$$

が成り立つ. 仮に (A.2.54) で誤差項の $h\eta(h)$ を無視すれば, (A.2.52) の右辺が

$$\int_0^\infty 2\xi(s,y)F'(x)ds - \int_0^\infty \mu(\{x+\xi(s,y)\})ds = 2F'(x)\int_0^\infty \xi(s,y)ds = F'(x)$$

となる. s が小さいときは ξ が大きくなるのでいきなり誤差項として無視するのはやり過ぎであり, もう少し丁寧にいこう. (A.2.54) を代入すると

$$\text{(A.2.52)} = \int_0^\infty \Big\{2\xi(s,y)F'(x) + \xi(s,y)\eta(\xi(s,y)) - \mu(\{x+\xi(s,y)\})\Big\}ds$$

であって, μ のアトムが高々可算個であることと (A.2.53) から,

$$= F'(x) + \int_0^\infty \xi(s,y)\eta(\xi(s,y))ds.$$

ゆえに,

$$|-\frac{1}{\pi}\operatorname{Im} G(x+iy) - F'(x)| \leqq \int_0^\infty \xi(s,y)|\eta(\xi(s,y))|ds,$$

積分範囲を $\varepsilon > 0$ で区切り, $[0,\varepsilon]$ では (A.2.54) を用いて

$$\leqq \varepsilon\mu(\mathbb{R}) + 2|F'(x)|\int_0^\varepsilon \xi(s,y)ds + \int_\varepsilon^\infty \xi(s,y)|\eta(\xi(s,y))|ds. \tag{A.2.55}$$

(A.2.55) の右辺において, (A.2.53) により,

$$\begin{aligned}\int_0^\varepsilon \xi(s,y)ds &= \varepsilon\,\xi(\varepsilon,y) + \int_{\xi(\varepsilon,y)}^\infty \frac{1}{\pi}\frac{y}{\xi^2+y^2}\,d\xi \\ &= \varepsilon\,\xi(\varepsilon,y) + \int_{\xi(\varepsilon,y)/y}^\infty \frac{dt}{\pi(t^2+1)} \xrightarrow{y\downarrow 0} 0.\end{aligned}$$

また, (A.2.53) と (A.2.54) により,

$$\begin{aligned}\int_\varepsilon^\infty \xi(s,y)|\eta(\xi(s,y))|ds &\leqq \sup_{s\geqq\varepsilon}|\eta(\xi(s,y))|\int_\varepsilon^\infty \xi(s,y)ds \\ &\leqq \frac{1}{2}\sup_{0\leqq h\leqq\xi(\varepsilon,y)}|\eta(h)| \xrightarrow{y\downarrow 0} 0.\end{aligned}$$

したがって, (A.2.48) が示された. 最後の主張は, 測度の絶対連続／特異部分への分解 (Lebesgue 分解) の一般論による. ■

注意 A.42 $\mathbb{R}$ 上の $\mathbb{R}$ 値測度 μ に対し, μ の Jordan 分解 $\mu = \mu_+ - \mu_-$ を考え, $\mu_\pm$ の Stieltjes 変換をそれぞれ $G_\pm$ とおく. 明らかに, $G = G_+ - G_-$. (A.2.45), (A.2.46) が $\mu_\pm$ と $G_\pm$ について成り立つので, 差をとって μ と G についても成り立つ. 同様に, x が $F_\pm$ の共通の連続点あるいは微分可能な点ならば, それぞれ (A.2.47) あるいは (A.2.48) が成り立つ. $\mu_\pm$ の特異部分をそれぞれ $s_\pm$ とおくと,

$$\mu = \mu_+ - \mu_- = (\rho_+dx) + s_+ - (\rho_-dx) - s_- = (\rho_+ - \rho_-)dx + (s_+ - s_-). \tag{A.2.56}$$

$s_+ - s_-$ が新たに絶対連続部分に寄与することはないから, (A.2.56) は μ の Lebesgue 分解である. すなわち, μ の絶対連続部分が $(\rho_+ - \rho_-)dx$ で与えられる.

A.3 Hilbert 空間上の有界線型作用素

内積を備えた複素線型空間であって内積が導くノルムに関して完備なものを Hilbert 空間と呼ぶ. Hilbert 空間 H の内積を $\langle u,v\rangle_H$ または単に $\langle u,v\rangle$ で表す. 本書では v に関して線型にしていることをあらためて確認しておく.

Hilbert 空間 H_1 から H_2 への有界線型作用素全体を $B(H_1,H_2)$ で表す. Riesz

の補題を用いて[23], $A \in B(H_1, H_2)$ の共役作用素 $A^* \in B(H_2, H_1)$ が定義される:

$$\langle v, Au \rangle_{H_2} = \langle A^* v, u \rangle_{H_1}, \qquad u \in H_1,\ v \in H_2. \tag{A.3.1}$$

すなわち, 任意の $v \in H_2$ に対し, (A.3.1) の左辺が H_1 上の有界線型汎関数を与えるので, Riesz の補題を適用して右辺にある $A^* v \in H_1$ が定まる. $A^* \in B(H_2, H_1)$ を確認するのは易しい. $A \in B(H_1, H_2), B \in B(H_2, H_3)$ のとき, $(BA)^* = A^* B^* \in B(H_3, H_1)$. さらに, A が可逆 (つまり A^{-1} が存在して有界) ならば A^* も可逆であり, $(A^{-1})^* = (A^*)^{-1} \in B(H_1, H_2)$.

有界線型作用素 $A \in B(H) = B(H, H)$ のスペクトル分解とその若干の応用について説明しよう.

まず, H が有限次元の場合を述べる. $\dim H = n$ とすれば, H は標準内積を備えた $\mathbb{C}^n$ と同一視できる. $A \in B(H) \cong M(n, \mathbb{C})$ が正規作用素 (行列) ならば[24], 異なる $\alpha_1, \alpha_2, \cdots, \alpha_r$ と互いに直交する直交射影 $P_1, P_2, \cdots, P_r$ $(r \leqq n)$ がとれて

$$A = \sum_{j=1}^{r} \alpha_j P_j \tag{A.3.2}$$

と表される[25]. $\mathrm{Ran} P_j$ が A の固有値 α_j に属する固有空間になる. (A.3.2) で

A が正定値	$\Longleftrightarrow$	$\forall \alpha_j \geqq 0$,
A が自己共役 $(A = A^*)$	$\Longleftrightarrow$	$\forall \alpha_j \in \mathbb{R}$,
A がユニタリ $(A^* A = AA^* = I)$	$\Longleftrightarrow$	$\forall \lvert\alpha\rvert = 1$.

この正規作用素 A のスペクトル分解から, A の固有値をすべて含む $\mathbb{C}$ の部分集合上で定義された $\mathbb{C}$ 値関数 ϕ に A を代入した作用素が定義できる:

$$\phi(A) = \sum_{j=1}^{r} \phi(\alpha_j) P_j.$$

任意の $A \in B(H_1, H_2)$ に対して $A^* A \in B(H_1)$ は正定値である. ゆえに, スペクトル分解 $A^* A = \sum_{j=1}^{r} \alpha_j P_j$ $(\alpha_j \geqq 0)$ をもち, 正定値作用素 $\sqrt{A^* A} = \sum_{j=1}^{r} \sqrt{\alpha_j}\, P_j$ は $(\sqrt{A^* A})^2 = A^* A$ をみたす. $\sqrt{A^* A}$ を $|A|$ (A の絶対値) とも書く.

---

[23] Hilbert 空間の双対についての次の事実:「Hilbert 空間上の有界線型汎関数 η に対し, $\eta(v) = \langle y, v \rangle_H$ $(v \in H)$ をみたす $y \in H$ がただ 1 つ存在する」.

[24] $A^* A = AA^*$ が成り立つこと.

[25] 正規行列のユニタリ行列による対角化.

補題 A.43　$\mathrm{Ker}A = \mathrm{Ker}|A|$.

証明　$v \in H_1$ に対し,

$$Av = 0 \iff \langle v, A^*Av\rangle_1 = 0 \iff \sum_{j=1}^{r} \alpha_j \langle v, P_j v\rangle_1 = 0$$
$$\iff \alpha_j > 0 \text{ に対して } \langle v, P_j v\rangle_1 = 0 \iff |A|v = 0$$

からしたがう. ■

補題 A.43 により, $\mathrm{Ran}|A|$ 上で写像 $U : |A|v \mapsto Av$ が無矛盾に定義され, 線型作用素を与える. U は $\mathrm{Ran}|A|$ 上で等長である. 実際,

$$\langle |A|u, |A|v\rangle_1 = \langle \sqrt{A^*A}u, \sqrt{A^*A}v\rangle_1 = \langle u, A^*Av\rangle_1 = \langle Au, Av\rangle_2. \tag{A.3.3}$$

$(\mathrm{Ran}|A|)^\perp$ $(= \mathrm{Ker}|A| = \mathrm{Ker}A)$ 上では $U = 0$ と定めて, 次の極分解を得る.

命題 A.44　H_1, H_2 を有限次元 Hilbert 空間とする. $A \in B(H_1, H_2)$ に対し, 部分等長作用素 $U \in B(H_1, H_2)$ があって $A = U|A|$ と分解される. U は $\mathrm{Ran}|A|$ を $\mathrm{Ran}A$ に等長に写し, $(\mathrm{Ran}|A|)^\perp = \mathrm{Ker}A$ 上では 0 にとれる. したがって, 特に A が可逆ならば U はユニタリ作用素になる. ■

次に, H が無限次元の場合を考える. この場合は (A.3.2) のように有限個の固有値で事足りず, 無限個の固有値ないしは連続スペクトルも現れるので, 事情は格段に繁雑になる. 本書ではスペクトル理論に踏み込む余裕はないので, Herglotz の定理 (定理 A.15) を足掛かりにして, ユニタリ作用素と自己共役作用素のスペクトル分解の様子を概観しよう. ちなみに, H が有限次元の場合に自己共役作用素 A を固有値 $\alpha_j \in \mathbb{R}$ を用いて (A.3.2) のように表示したとき,

$$Q_A(E) = \sum_{j:\, \alpha_j \in E} P_j, \qquad E \in \mathcal{B}(\mathbb{R})$$

とおくと, $\langle u, Q_A(dx)v\rangle$ は $\mathbb{R}$ 上の $\mathbb{C}$ 値測度になり,

$$\langle u, Av\rangle = \int_{\mathbb{R}} x\, \langle u, Q_A(dx)v\rangle, \qquad u, v \in H$$

をみたす. このことを H が無限次元の場合に拡張する.

H 上のユニタリ作用素 U と単位ベクトル $u \in H$ が与えられたとき,

$$f(n) = \langle u, U^n u\rangle_H, \qquad n \in \mathbb{Z}$$

は $\mathbb{Z}$ 上の正規化された正定値関数 f を定める. 実際, 正定値性の確認は易しい:

$$\sum_{m,n} \overline{\alpha_m}\alpha_n f(-m+n) = \sum_{m,n} \overline{\alpha_m}\alpha_n \langle U^m u, U^n u\rangle = \Big\langle \sum_m \alpha_m U^m u, \sum_n \alpha_n U^n u \Big\rangle.$$

したがって, 定理 A.15 により, $\mu_u \in \mathcal{P}(\mathbb{T})$ があって

$$\langle u, U^n u\rangle_H = \int_{\mathbb{T}} t^n \mu_u(dt), \qquad n \in \mathbb{Z} \tag{A.3.4}$$

と表される. この確率測度 μ_u から極化の手順を踏んで[26], U のスペクトル分解へと向かう. 単位ベクトルとは限らない αu ($\|u\| = 1, \alpha \in \mathbb{C}$) に対しては, $\mu_{\alpha u} = |\alpha|^2 \mu_u$ と定める. 一般に, $\mu_v(\mathbb{T}) = \|v\|^2$ が成り立つ. さらに, $u, v \in H$ に対して

$$\mu_{u,v} = \frac{1}{4}(\mu_{u+v} - \mu_{-u+v} + i\mu_{iu+v} - i\mu_{-iu+v}) \tag{A.3.5}$$

とおくと, $\mu_{u,v}$ は $\mathbb{T}$ 上の有界な $\mathbb{C}$ 値測度である. (A.3.4) を用いることにより, 次の性質が型どおりに導かれる.

補題 A.45 (A.3.5) の $\mathbb{C}$ 値測度 $\mu_{u,v}$ は

$$\mu_{u,v_1+v_2} = \mu_{u,v_1} + \mu_{u,v_2}, \qquad \mu_{u,\alpha v} = \alpha\mu_{u,v}, \quad \alpha \in \mathbb{C},$$

$$\overline{\mu_{u,v}} = \mu_{v,u}, \qquad \mu_{u,u} = \mu_u.$$

をみたす. ■

(A.3.4) の両辺を極化して (A.3.5) の定義を用いると, $u, v \in H$ に対し,

$$\langle u, U^n v\rangle_H = \int_{\mathbb{T}} t^n \mu_{u,v}(dt), \qquad n \in \mathbb{Z}. \tag{A.3.6}$$

$\mathbb{T}$ 上の有界な Borel 可測関数 ϕ に対し, $\mu_{u,v}$ に関する積分 $\int_{\mathbb{T}} \phi(t)\mu_{u,v}(dt)$ が考えられ, 補題 A.45 によってそれは u, v の有界半線型形式を定める. したがって, Riesz の補題を用いれば次のことを得る.

定理 A.46 $\mathbb{T}$ 上の有界 Borel 可測関数 ϕ に対し,

$$\langle u, \phi(U)v\rangle_H = \int_{\mathbb{T}} \phi(t)\mu_{u,v}(dt), \qquad u,\ v \in H \tag{A.3.7}$$

をみたすような $\phi(U) \in B(H)$ が定まる. 特に, $1(U) = I$. ■

---

[26] 内積 $\langle u, v\rangle$ を引数が揃った形で書き表すこと: $\langle u, v\rangle = \frac{1}{4}(\langle u+v, u+v\rangle - \langle -u+v, -u+v\rangle + i\langle iu+v, iu+v\rangle - i\langle -iu+v, -iu+v\rangle)$.

ϕ が多項式のときはもとから $\phi(U)$ が意味をもっているが, (A.3.4) により, それは (A.3.7) による定義と一致する. (A.3.7) から, 次のことは容易にわかる.

$$\phi(U)^* = \overline{\phi}(U). \tag{A.3.8}$$

定理 A.47　$\mathbb{T}$ 上の有界 Borel 可測関数 ϕ, ψ に対し,

$$\langle u, \psi(U)\phi(U)v\rangle_H = \int_{\mathbb{T}} \psi(t)\phi(t)\mu_{u,v}(dt), \qquad u, v \in H, \tag{A.3.9}$$

すなわち $\psi(U)\phi(U) = (\psi\phi)(U)$ が成り立つ.

証明　まず,

$$t^k \mu_{u,v}(dt) = \mu_{U^{-k}u,v}(dt), \qquad k \in \mathbb{Z} \tag{A.3.10}$$

を示す. (A.3.6) により,

$$\int_{\mathbb{T}} t^n t^k \mu_{u,v}(dt) = \langle u, U^{k+n}v\rangle_H = \langle U^{-k}u, U^n v\rangle_H = \int_{\mathbb{T}} t^n \mu_{U^{-k}u,v}(dt).$$

これは (A.3.10) を意味する. 次に, (A.3.9) を示す. (A.3.10) と (A.3.7) から

$$\begin{aligned}\int_{\mathbb{T}} t^k \phi(t)\mu_{u,v}(dt) &= \int_{\mathbb{T}} \phi(t)\mu_{U^{-k}u,v}(dt) = \langle U^{-k}u, \phi(U)v\rangle_H \\ &= \langle u, U^k\phi(U)v\rangle_H = \int_{\mathbb{T}} t^k \mu_{u,\phi(U)v}(dt)\end{aligned}$$

となるので, $\phi(t)\mu_{u,v}(dt) = \mu_{u,\phi(U)v}(dt)$. したがって

$$\int_{\mathbb{T}} \psi(t)\phi(t)\mu_{u,v}(dt) = \int_{\mathbb{T}} \psi(t)\mu_{u,\phi(U)v}(dt) = \langle u, \psi(U)\phi(U)v\rangle_H$$

を得る. ■

(A.3.9) により, 任意の $u, v \in H$ に対して $\mu_{u,v}$ の台の上で $|\phi|$ の下限が 0 にならなければ, (A.3.9) で ψ のかわりに ϕ^{-1} をとって

$$\phi(U)^{-1} = \phi^{-1}(U) \tag{A.3.11}$$

を得る. 定理 A.46 において ϕ として $E \in \mathcal{B}(\mathbb{T})$ の定義関数 1_E をとると, $\langle u, 1_E(U)v\rangle$ は E について次の性質をみたすことがわかる.

$$\begin{aligned}&1_{E\cap F}(U) = 1_E(U)1_F(U), \qquad E,\ F \in \mathcal{B}(\mathbb{T}), \\ &\langle u, 1_{\bigsqcup_{k=1}^{\infty} E_k}(U)v\rangle = \sum_{k=1}^{\infty} \langle u, 1_{E_k}(U)v\rangle, \qquad E_k \in \mathcal{B}(\mathbb{T}), \quad u,\ v \in H.\end{aligned}$$

つまり, 射影作用素 $1_E(U)$ が E について可算加法的である. 射影値測度らしく

$$P_U(E) = 1_E(U), \qquad E \in \mathcal{B}(\mathbb{T}) \tag{A.3.12}$$

とおこう. そうすると $\mu_{u,v}(E) = \langle u, 1_E(U)v\rangle = \langle u, P_U(E)v\rangle$ であるから,

$$\langle u, \phi(U)v\rangle = \int_{\mathbb{T}} \phi(t)\langle u, P_U(dt)v\rangle, \qquad u,\ v \in H \tag{A.3.13}$$

を得る. これを

$$\phi(U) = \int_{\mathbb{T}} \phi(t)P_U(dt) \tag{A.3.14}$$

と表す[27]. 特に $\phi(t) = t$ のとき,

$$U = \int_{\mathbb{T}} tP_U(dt). \tag{A.3.15}$$

次の事実も重要である.

命題 A.48 $B \in B(H)$ が U と可換ならば, $\mathbb{T}$ 上の任意の有界 Borel 可測関数 ϕ に対して B は $\phi(U)$ と可換である. 特に, 任意の $E \in \mathcal{B}(\mathbb{T})$ に対して B は $P_U(E)$ と可換である.

証明 $U^nB = BU^n$ と (A.3.6) から,

$$\int_{\mathbb{T}} t^n \mu_{B^*u,v}(dt) = \int_{\mathbb{T}} t^n \mu_{u,Bv}(dt).$$

ゆえに, $\mu_{B^*u,v} = \mu_{u,Bv}$ を得る. したがって, (A.3.7) にもどせば, $B\phi(U) = \phi(U)B$ となる. 残りは, (A.3.12) の定義からただちにしたがう. ■

作用素の Cayley 変換により, ユニタリ作用素のスペクトル分解 (A.3.15) を自己共役作用素のスペクトル分解に言い換えることができる. Cayley 変換のアイデアは 1 次分数変換から来ている. 今,

$$\psi_0(z) = \frac{z-i}{z+i}, \quad \phi_0(w) = i\frac{1+w}{1-w}, \qquad z,\ w \in \mathbb{C}\cup\{\infty\} \tag{A.3.16}$$

とおくと, ψ_0 と ϕ_0 は互いに逆を与える 1 次分数変換であって, ψ_0 は実軸を単位円周に写し, ϕ_0 はその逆である. 特に, $\mathbb{R}$ の閉区間 $[-a, a]$ は ψ_0 によって $\mathbb{T}$ の -1 を含む区間 (円弧)J_a に写される (図 A.1).

---

[27] (A.3.14) の積分をもう少し強い意味の収束でもって述べることもできるが, ここでは (A.3.13) の弱い意味で満足しておくことにする.

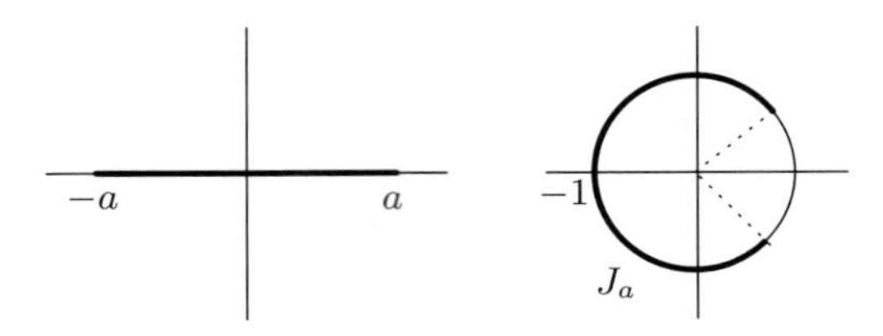

図 A.1　ψ_0, ϕ_0 による対応

A が Hilbert 空間 H 上の有界な自己共役作用素であるとし, $a = \|A\|$ とおく. $A+i$ の逆作用素 $(A+i)^{-1} \in B(H)$ が存在することは容易にわかるので[28], (A.3.16) を勘案して

$$U = (A-i)(A+i)^{-1} \tag{A.3.17}$$

とおく. U はユニタリ作用素になる. U のスペクトル分解から $\mathbb{T}$ 上の $\mathbb{C}$ 値測度 $\mu_{u,v}(dt) = \langle u, P_U(dt)v\rangle$ が定まるが, これらの台がすべて J_a に含まれることを示そう. そのためには, 任意の単位ベクトル $u \in H$ に対して

$$\mu_u(\mathbb{T} \setminus J_a) = \langle u, P_U(\mathbb{T} \setminus J_a)u\rangle = 0 \tag{A.3.18}$$

を示せばよい. $x \in \mathbb{R} \setminus [-a, a]$ ならば $(A-x)^{-1} \in B(H)$ が存在する[29]. このとき $s = \psi_0(x) = (x-i)(x+i)^{-1}$ とおくと, $(U-s)^{-1} \in B(H)$ が存在する. 実際,

$$(U-s)^{-1} = \frac{x+i}{2i}(A+i)(A-x)^{-1} \tag{A.3.19}$$

が簡単な計算で確認できる[30]. $z \in \mathbb{T} \setminus J_a$ とする. $(U-z)^{-1} \in B(H)$ が存在するので, ある $c_z > 0$ があって $\|v\| \leqq c_z\|(U-z)v\|$ $(v \in H)$ となる. $E \in \mathcal{B}(\mathbb{T})$ として v のかわりに $P_U(E)v$ とおき, (A.3.13) を用いると

$$\begin{aligned} \frac{1}{c_z^2}\|P_U(E)v\|^2 &\leqq \|(U-z)P_U(E)v\|^2 = \langle (U-z)1_E(U)v, (U-z)1_E(U)v\rangle \\ &= \langle v, 1_E(U)(U^*-\overline{z})(U-z)1_E(U)v\rangle = \int_{\mathbb{T}} 1_E(t)|t-z|^2\mu_v(dt) \\ &\leqq \left(\sup_{t\in E}|t-z|^2\right)\|v\|^2. \end{aligned} \tag{A.3.20}$$

z に収縮する $\mathbb{T}$ の開区間列 $\{E_n\}$ をとる: $E_1 \supset E_2 \supset \cdots, \bigcap_{n=1}^{\infty} E_n = \{z\}$.

---

28) $A+iI$ の恒等作用素 I を省略して $A+i$ と書いている. 逆作用素を得るには Neumann 級数 (作用素の等比級数) を用いるとよい.

29) 再び Neumann 級数.

30) (A.3.19) の見つけ方: 通分によって $U-s = \frac{A-i}{A+i} - \frac{x-i}{x+i} = \frac{2i(A-x)}{(x+i)(A+i)}$.

$P_U(E_n) \neq 0$ ならば, 単位ベクトル $u_n \in \mathrm{Ran} P_U(E_n)$ が選べる. このとき, $\|P_U(E_n)u_n\| = \|u_n\| = 1$. したがって, (A.3.20) で $v = u_n$ ととって,

$$\frac{1}{c_z^2} \leqq \sup_{t \in E_n} |t - z|^2.$$

$n \to \infty$ で右辺が 0 に収束してしまうから, $P_U(E_m) = 0$ なる $m \in \mathbb{N}$ がある. これにより, (A.3.18) がしたがい, $\mu_{u,v}$ の台が J_a に含まれることが言えた.

(A.3.11) により, $(1-U)^{-1} = (1 - \ \cdot\ )^{-1}(U) \in B(H)$ が存在する. (A.3.17) を逆に解いて $A = i(1+U)(1-U)^{-1} = \phi_0(U)$ を得る. さらに, $k \in \mathbb{N}$ に対して

$$\langle u, A^k v\rangle = \langle u, \phi_0(U)^k v\rangle = \int_{\mathbb{T}} \phi_0(t)^k \mu_{u,v}(dt) = \int_{\mathbb{R}} x^k (\phi_{0*}\mu_{u,v})(dx).$$

ただし, $\phi_{0*}\mu_{u,v}$ は ϕ_0 による $\mu_{u,v}$ の像測度を表す. 同じく P_U の像測度 $\phi_{0*}P_U$ を Q_A と書く. すなわち, $F \in \mathcal{B}(\mathbb{T})$ に対し,

$$\phi_{0*}\mu_{u,v}(F) = \mu_{u,v}(\phi_0^{-1}F) = \langle u, P_U(\phi_0^{-1}F)v\rangle = \langle u, Q_A(F)v\rangle.$$

Q_A は $\mathbb{R}$ 上の射影値測度であり, (A.3.18) によって $[-a, a]$ にのっているから,

$$\langle u, Av\rangle = \int_{[-a,a]} x\langle u, Q_A(dx)v\rangle.$$

これを A のスペクトル分解

$$A = \int_{[-a,a]} x\, Q_A(dx) \tag{A.3.21}$$

と称する. (A.3.7) – (A.3.9) も自己共役作用素に焼き直される. 命題 A.48 により, 次のことが成り立つ.

命題 A.49 $B \in B(H)$ が A と可換ならば, 任意の $E \in \mathcal{B}(\mathbb{R})$ に対して B は $Q_A(E)$ と可換である. ■

スペクトル分解を用いれば, $A \in B(H_1, H_2)$ の極分解を有限次元のときと同様に定めることができる. A^*A は正定値作用素であって $\|A^*A\| = \|A\|^2 = a^2$ だから, 上述の議論により, $[0, a^2]$ にのる射影値測度を用いて A^*A のスペクトル分解:

$$\langle u, A^*Av\rangle_1 = \int_{[0,a^2]} x\langle u, Q_{A^*A}(dx), v\rangle_1 \tag{A.3.22}$$

を得る. これにより, $|A| = \sqrt{A^*A} \in B(H_1)$ が定義できて

$$\langle u, |A|v\rangle_1 = \int_{[0,a^2]} \sqrt{x}\langle u, Q_{A^*A}(dx), v\rangle_1 \tag{A.3.23}$$

をみたす. (A.3.22), (A.3.23) から, 有限次元の場合の補題 A.43 と同じ要領で

$$|A|u = 0 \iff \mathrm{supp}\langle u, Q_{A^*A}(dx)u\rangle \subset \{0\} \iff Au = 0$$

となるから, 次のことを得る.

補題 A.50　H_1 内で, $\mathrm{Ker}A = \mathrm{Ker}|A|$ が成り立つ.　■

今, (A.3.8) によって

$$(\sqrt{A^*A})^* = (\sqrt{\cdot}(A^*A))^* = \overline{\sqrt{\cdot}}(A^*A) = \sqrt{\cdot}(A^*A) = \sqrt{A^*A}$$

が成り立つから, (A.3.3) に対応して $\langle |A|u, |A|v\rangle_1 = \langle u, A^*Av\rangle_1 = \langle Au, Av\rangle_2$. したがって, $U : |A|v \mapsto Av$ によって $\overline{\mathrm{Ran}|A|}$ で等長な作用素が得られ, 次の極分解が成り立つ.

定理 A.51　$A \in B(H_1, H_2)$ に対して部分等長作用素 $U \in B(H_1, H_2)$ があって $A = U|A|$ が成り立つ. U は $\overline{\mathrm{Ran}|A|}$ を $\overline{\mathrm{Ran}A}$ に等長に写し, $(\mathrm{Ran}|A|)^\perp$ 上では 0 である. したがって, 特に A が可逆ならば, U はユニタリ作用素である.　■

注意 A.52　ここでは有界な自己共役作用素に話を限った. 非有界自己共役作用素 A に対しても, Cayley 変換を経由してユニタリ作用素 U のスペクトル分解から A のスペクトル分解を導くことができる. ただし, $z = 1$ の近くでの $U - z$ の挙動を精密に評価しなければならない. ユニタリ作用素 U のスペクトル分解を導くにあたり, (A.3.4) のように U を含む可換な作用素の族 $\{U^n \mid n \in \mathbb{Z}\}$ を考えたことは, 注意に値する. いわゆる同時スペクトル分解である. 単一の作用素から生成される族のみならず, 可換 C^* 環上の Gelfand 変換の理論として, このような同時スペクトル分解の一般論が見通しよく述べられる. この Gelfand 理論については, 多くの関数解析や調和解析の本で扱われている. たとえば [14, Chapter 1] を参照.

Hilbert 空間 H 上の線型作用素 A について, H の任意の有界集合の A による像が全有界になるとき, A をコンパクト作用素と呼ぶ[31]. H 上のコンパクト作用素全体を $C(H)$ と書こう. $A \in C(H)$ のためには, A が H の単位球を全有界な集

[31] H の部分集合 S に対し, S が全有界であることと S の閉包 $\bar{S}$ がコンパクトであることとが同値である.

合に写せばよい.

命題 A.53 Hilbert 空間 H 上のコンパクト作用素について次が成り立つ.

(1) A が有限階数の有界線型作用素ならばコンパクト作用素である.

(2) $A \in C(H)$ かつ $B \in B(H)$ ならば, $AB, BA \in C(H)$ が成り立つ.

(3) $\mathcal{C} \subset C(H)$ のとき, A が $\mathcal{C}$ の作用素ノルムに関する閉包に属していれば, $A \in C(H)$ である.

(4) $A \in C(H)$ の 0 でない固有値に属する固有空間は有限次元である.

(5) $A \in C(H)$ が自己共役ならば, スペクトル分解 (A.3.21) において Q_A の台は有限または可算集合 $\{\lambda_1, \lambda_2, \cdots\}$ であり, (A.3.21) は

$$A = \sum_{j=1}^{\infty} \lambda_j Q_j, \qquad H = \bigoplus_{j=1}^{\infty} \operatorname{Ran} Q_j \quad (\text{Hilbert 空間の直和})$$

と表される. λ_j は A の固有値であり, λ_j に属する固有空間が $\mathrm{Ran}Q_j$ である. $\{\lambda_j\}$ は 0 以外に集積点を有しえない.

証明 (1), (2), (4) はコンパクト性の定義から容易であろう.

(3) 任意の $\varepsilon > 0$ に対し, $\|A - A_0\| \leqq \varepsilon/3$ なる $A_0 \in \mathcal{C}$ をとる. H の閉単位球を E とおき, $A_0(E)$ の有限な $\varepsilon/3$-ネット $\{A_0v_1, \cdots, A_0v_n\}$ $(v_j \in E)$ をとる. つまり, 任意の $v \in E$ に対し, $\|A_0v - A_0v_j\| \leqq \varepsilon/3$ をみたす v_j がある. このとき,

$$\|Av - Av_j\| \leqq \|Av - A_0v\| + \|A_0v - A_0v_j\| + \|A_0v_j - Av_j\| \leqq \varepsilon/3 + \varepsilon/3 + \varepsilon/3 = \varepsilon.$$

$A(E)$ が任意に細かい有限のネットをもつから, H の全有界な部分集合である.

(5) $Q_A(\{0\})$ は A の 0-固有空間への直交射影である. 0 を含まない有界閉区間 $[\alpha, \beta]$ をとると, $L = \mathrm{Ran}Q_A([\alpha, \beta])$ は A の不変部分空間であるが (命題 A.49), (A.3.9) を自己共役作用素に焼き直した結果から, $L \neq \{0\}$ ならば $A|_L$ は L 上で可逆な作用素になる. $[\alpha, \beta]$ 上では関数 $1/x$ が有界だからである. A がコンパクトであるから, これは L が有限次元であることを意味する. $[-a, a] = [-a, 0) \sqcup \{0\} \sqcup (0, a]$ において, $[-a, 0)$ を可算個の右閉区間たちで, $(0, a]$ を可算個の左閉区間たちで分割すると, それに即して H が A の有限次元不変部分空間の直和に分解される. 後は, 必要に応じて有限次元不変部分空間を固有空間に分解すればよい. ■

最後に, 本文中で用いられた von Neumann 環に関する用語の意味をまとめておこう. 詳細は, たとえば [27] に譲る.

Hilbert 空間 H 上の有界線型作用素全体 $B(H)$ の部分代数であって, 作用素の

共役 $*$ と強作用素位相に関して閉じているものを von Neumann 環と呼ぶ. von Neumann 環 $\mathcal{A}$ の可換子環を $\mathcal{A}'$ で表す: $\mathcal{A}' = \{b \in B(H) \mid ba = ab,\ a \in \mathcal{A}\}$. 以下本節終りまで, $\mathcal{A}$ は単位元 $1_{\mathcal{A}}$ をもつ von Neumann 環 ($\subset B(H)$) とする[32].

命題 A.54　(1) $\mathcal{A}'$ も von Neumann 環である.

(2) $B(H)$ の $*$-部分代数 $\mathcal{B}$ に対して次の 3 つの条件が同値である. (ア) 弱作用素位相で閉じている. (イ) 強作用素位相で閉じている. (ウ) $\mathcal{B}'' = \mathcal{B}$.

証明　[27] の 2.1.4 節を参照. ■

$\mathcal{A}$ の正部分を $\mathcal{A}_+$ と書く[33]. 線型汎関数 $\phi : \mathcal{A} \longrightarrow \mathbb{C}$ が正値 ($\phi(a) \geqq 0$, $a \in \mathcal{A}_+$) であって正規化されている ($\phi(1_{\mathcal{A}}) = 1$) とき, ϕ を $\mathcal{A}$ の状態という[34]. 特に, $v \in H$ によって $\langle v, \cdot\, v \rangle_H$ と表される状態をベクトル状態という. 条件

加法性: $\psi(a+b) = \psi(a) + \psi(b), \qquad a, b \in \mathcal{A}_+,$

斉次性: $\psi(\alpha a) = \alpha\psi(a), \qquad a \in \mathcal{A}_+,\ \alpha \geqq 0,$

不変性: $\psi(a^*a) = \psi(aa^*), \qquad a \in \mathcal{A}_+$

をみたす写像 $\psi : \mathcal{A}_+ \longrightarrow [0, \infty]$ をトレースと呼ぶ. さらに, $\psi(1_{\mathcal{A}}) < \infty$ をみたすとき有限であるといい, $\psi(a) = 0$ $(a \in \mathcal{A}_+) \Longrightarrow a = 0$ をみたすとき忠実であるという. また, 有界な単調増加族 $\{a_i\}_{i \in I} \subset \mathcal{A}_+$ に対して $\psi(\sup\limits_{i \in I} a_i) = \sup\limits_{i \in I} \psi(a_i)$ をみたすとき, 正規であるという[35].

$\mathcal{A}$ の中心 $\mathcal{A} \cap \mathcal{A}'$ がスカラーのみから成るとき, $\mathcal{A}$ を因子環と呼ぶ. 因子環 $\mathcal{A}$ が有限なトレースをもつとき, $\mathcal{A}$ を有限型の因子環と呼ぶ.

命題 A.55　(1) $\mathcal{A}_+$ 上に有限なトレース ψ があれば, ψ は $\mathcal{A}$ 上の有界な正値線型汎関数に一意的に拡張され, $\psi(ab) = \psi(ba)$ $(a, b \in \mathcal{A})$ をみたす. この拡張された ψ を $\psi(1_{\mathcal{A}})$ で割って正規化すれば[36], $\mathcal{A}$ のトレース的状態が得られる.

(2) 有限型の因子環にはトレース的状態 ψ が一意的に存在する. ψ は正規かつ忠実である.

証明　[27] の 2.6.4 節を参照. ■

---

[32] $1_{\mathcal{A}}$ は H 上の恒等作用素に限らずともよい.

[33] $\mathcal{A}_+$ の元は a^*a $(a \in \mathcal{A})$ なる形で特徴づけられる.

[34] 定義 4.31 で $*$-代数に対してすでに定義した. そこでは ϕ は期待値の役割を担った.

[35] 単調増加や上限は, $\mathcal{A}_+$ から決まる順序構造に基づいている.

[36] もちろん ψ が自明でなければの話.

A.4 Weyl の積分公式

本節では, ユニタリ群 $U(n)$ 上の類関数に対する Weyl の積分公式 (定理 3.11) を導出する. $U(n)$ の極大トーラス $D = \mathbb{T}^n = \{\mathrm{diag}(t_1, \cdots, t_n) \mid t_i \in \mathbb{C},\ |t_i| = 1\}$ をとり, $U(n)$ および D 上の正規化された Haar (確率) 測度をそれぞれ dx および dt で表す. $t = \mathrm{diag}(t_1, \cdots, t_n) \in D$ に対し, 差積 (Vandermonde 行列式) を

$$V(t) = V(t_1, \cdots, t_n) = \det \begin{bmatrix} t_1^{n-1} & t_1^{n-2} & \cdots & 1 \\ t_2^{n-1} & t_2^{n-2} & \cdots & 1 \\ \vdots & \vdots & \ddots & \vdots \\ t_n^{n-1} & t_n^{n-2} & \cdots & 1 \end{bmatrix} = \prod_{1 \leqq i < j \leqq n} (t_i - t_j)$$

とおく. 公式を再掲しよう.

定理 A.56 $U(n)$ 上の可積分な類関数 f に対し, 次式が成り立つ:

$$\int_{U(n)} f(x)dx = \frac{1}{n!} \int_D f(t)|V(t)|^2 dt. \tag{A.4.1}$$

証明の取っ掛かりのために, $\mathbb{R}^3$ の閉球 $U = \{(x, y, z) \in \mathbb{R}^3 \mid x^2 + y^2 + z^2 \leqq R^2\}$ 上の球対称な関数の積分を類似物として考えてみよう. その場合は, 動径方向成分と単位球面成分への分解 (極座標変換) を行うのが自然である. すなわち, 単位球面を S とし, 写像

$$\phi : (r, \xi) \in (0, R] \times S \longmapsto r\xi \in U \tag{A.4.2}$$

を考える. 直観的な書き方をすれば, $dxdydz = (r^2 d\xi)dr$ が成り立つので,

$$\int_U f(x, y, z)dxdydz = \int_0^R \Big(\int_S f(r\xi) r^2 d\xi \Big) dr = 4\pi \int_0^R f(r) r^2 dr \tag{A.4.3}$$

となる. ただし, S 上の測度 $d\xi$ は正規化されたものではない. (A.4.3) に現れる r^2 は, (A.4.2) の写像の Jacobi 行列式から生じる. (A.4.2) の対応において, 原点 (すなわち $r = 0$) は除外されていることに注意しよう. (A.4.2) に原点を含めてしまうと, 1 対 1 対応が崩れてしまうからである. それにもかかわらず, U 上の測度 $dxdydz$ で測って原点は測度 0 の集合であるから, (A.4.3) には影響していない.

さて, 今は $U(n)$ 上の類関数 (つまり共役によって対称な関数) を扱っている. 簡単のため, $G = U(n)$ とおく. G の任意の元はある D の元と共役である. そこで, 上述の極座標変換と同じように,

$$\varphi : (gD, t) \in (G/D) \times D \longmapsto gtg^{-1} \in G \tag{A.4.4}$$

という写像を考える. 定義の無矛盾性は容易にわかる: D が可換だから, $gD = g'D$ ならば $gtg^{-1} = g'tg'^{-1}$. φ はもちろん単射ではないし, 何対 1 かも一般には言い難い. そこで, (A.4.2) において原点を除外したのと同じように,

$$G_1 = \{g \in G \mid g \text{ の固有値がすべて異なる }\}, \quad D_1 = D \cap G_1 \tag{A.4.5}$$

とおく. (A.4.4) の φ の制限

$$\varphi_1 : (gD, t) \in (G/D) \times D_1 \longmapsto gtg^{-1} \in G_1 \tag{A.4.6}$$

を考える. φ_1 のファイバーの構造は簡明である. 任意の $x \in G_1$ に対し, x が n 個の異なる固有値をもつので, 各固有ベクトルがスカラー倍を除いて決まる. x の固有ベクトルを列に並べて $gtg^{-1} = x$ なる $g \in G$ をつくるのに, 各列ベクトルに $\mathbb{T}$ の元をかける任意性が残るが, それが gD を考えて吸収される. ゆえに, $\varphi_1^{-1}(x)$ の濃度は固有値と固有ベクトルの置換の個数の $n!$ である. したがって, φ_1 は $n!$ 対 1 の写像であり, 局所的に同相写像を与えるから, $n!$ 重の被覆写像である.

G がコンパクト群であって D がその閉部分群であるから, G と D 上には有界な不変測度がある. それらをそれぞれ μ_G, μ_D と表そう. μ_G, μ_D は左右ともに不変な測度である. さらに, G/D 上にも G の自然な作用に関して不変な有界測度 $\mu_{G/D}$ が存在する. これらは正の定数倍を除いて一意的に定まるが,

$$\mu_G(G) = \mu_{G/D}(G/D)\mu_D(D) \tag{A.4.7}$$

をみたすようにとるのが自然である. (A.4.5) の G_1, D_1 に対し, $\mu_G(G_1^c) = \mu_D(D_1^c) = 0$ が成り立つことに注意しよう. コンパクト Lie 群では, 不変測度は不変微分形式から得られる. $G, D, G/D$ の多様体としての次元はそれぞれ $n^2, n, n^2 - n$ である. $m = n^2 - n$ とおき, n^2 は $m + n$ と書く. G および D の $e = e_G$ および $e = e_D$ における接空間は, それぞれの Lie 環と同一視される:

$$\begin{aligned} T_eG &\cong \mathfrak{g} = \{X \in M(n, \mathbb{C}) \mid X^* = -X\}, \\ T_eD &\cong \mathfrak{h} = \{\mathrm{diag}(y_1, \cdots, y_n) \mid y_j \in i\mathbb{R}\}. \end{aligned} \tag{A.4.8}$$

さらに,

$$\mathfrak{g}' = \{X = (X_{ij}) \in \mathfrak{g} \mid X_{ii} = 0\} \tag{A.4.9}$$

とおくと, $\mathfrak{g} = \mathfrak{g}' \oplus \mathfrak{h}$ となり, G/D の D における接空間について

$$T_D(G/D) \cong \mathfrak{g}/\mathfrak{h} \cong \mathfrak{g}' \qquad \text{(線型空間の同型)}$$

が得られる．後者の同型対応を $X \in \mathfrak{g}' \leftrightarrow \tilde{X} \in \mathfrak{g}/\mathfrak{h}$ と表すことにする．$\mathfrak{g}'$ は $\mathrm{Ad}(t)(t \in D)$ の不変部分空間である．不変微分形式として，G 上の $(m+n)$ 形式 ω, D 上の n 形式 η, G/D 上の m 形式 ξ をとる．ξ を得るにも，G の推移的な作用によって D での値を移動させればよい．このとき，

$$\eta_e \in \wedge^n \mathfrak{h}^*, \qquad \xi_D \in \wedge^m (\mathfrak{g}/\mathfrak{h})^* \cong \wedge^m \mathfrak{g}^*/\mathfrak{h}^\perp \cong \wedge^m \mathfrak{g}'^*$$

であるが，$\mathfrak{h}^*, \mathfrak{g}'^*$ の元を (それぞれ $\mathfrak{g}', \mathfrak{h}$ 上では値 0 をとるように延ばして) $\mathfrak{g}^*$ の元だとみなせば，$\xi_D \wedge \eta_e$ は 1 次元空間 $\wedge^{m+n}\mathfrak{g}^*$ の元であるから，

$$\xi_D \wedge \eta_e = c\,\omega_e \in \wedge^{m+n}\mathfrak{g}^* \qquad (c \in \mathbb{R}) \tag{A.4.10}$$

を得る．このとき，$\mathfrak{g}'$ の基底 $X_1, \cdots, X_m$ と $\mathfrak{h}$ の基底 $Y_1, \cdots, Y_n$ をとると，

$$\begin{aligned} c\,\omega_e(X_1, \cdots, X_m, Y_1, \cdots, Y_n) &= \xi_D \wedge \eta_e(X_1, \cdots, X_m, Y_1, \cdots, Y_n) \\ &= \xi_D(\tilde{X}_1, \cdots, \tilde{X}_m)\eta_e(Y_1, \cdots, Y_n). \end{aligned} \tag{A.4.11}$$

不変測度の間に (A.4.7) の関係が成り立つことを要請すれば，(A.4.10), (A.4.11) において $|c| = 1$ となる．

(A.4.4) の写像 φ による ω の引き戻し $\varphi^*\omega$ を計算する．まず，φ の微分 $D\varphi$ を考える．$g \in G$ の (G や G/D への) 作用が接空間に誘導する写像 (押し出し) を g_* と書く．$X \in \mathfrak{g}' \leftrightarrow \tilde{X} \in \mathfrak{g}/\mathfrak{h} \cong T_D(G/D)$ に対し，

$$\begin{aligned} &(D\varphi)_{(gD,t)}(g_*\tilde{X}) = \frac{d}{ds} g(\exp sX)t(g(\exp sX))^{-1}\big|_{s=0} \\ &= \frac{d}{ds} gt(\exp s\mathrm{Ad}(t^{-1})X)(\exp -sX)g^{-1}\big|_{s=0} \\ &= (gtg^{-1})_*\mathrm{Ad}(g)(\mathrm{Ad}(t^{-1})X - X). \end{aligned} \tag{A.4.12}$$

また，$Y \in \mathfrak{h} \cong T_e D$ に対して

$$(D\varphi)_{(gD,t)}(t_*Y) = \frac{d}{ds} gt(\exp sY)g^{-1}\big|_{s=0} = (gtg^{-1})_*\mathrm{Ad}(g)Y. \tag{A.4.13}$$

$\mathfrak{g}'$ の基底 $X_1, \cdots, X_m$ と $\mathfrak{h}$ の基底 $Y_1, \cdots, Y_n$ をとるとき，(A.4.12), (A.4.13) と ω の不変性を用いて

$$\begin{aligned} &(\varphi^*\omega)_{(gD,t)}(g_*\tilde{X}_1, \cdots, g_*\tilde{X}_m,\, t_*Y_1, \cdots, t_*Y_n) \\ &= \omega_{\varphi(gD,t)}(\cdots, D\varphi_{(gD,t)}(g_*\tilde{X}_j), \cdots, \cdots, D\varphi_{(gD,t)}(t_*Y_k), \cdots) \\ &= \omega_{\varphi(gD,t)}(\cdots, \varphi(gD,t)_*\mathrm{Ad}(g)(\mathrm{Ad}(t^{-1}) - I)(X_j), \cdots, \cdots, \varphi(gD,t)_*\mathrm{Ad}(g)Y_k, \cdots) \\ &= \omega_e(\cdots, \mathrm{Ad}(g)(\mathrm{Ad}(t^{-1}) - I)(X_j), \cdots, \cdots, \mathrm{Ad}(g)Y_k, \cdots) \\ &= \det \mathrm{Ad}(g)\ \det(\mathrm{Ad}(t^{-1}) - I|_{\mathfrak{g}'} \oplus I_{\mathfrak{h}})\omega_e(X_1, \cdots, X_m, Y_1, \cdots, Y_n). \end{aligned}$$

今, $\det \mathrm{Ad} : G \longrightarrow GL(\mathfrak{g}) \longrightarrow \mathbb{R}^\times$ はコンパクトな G から $\mathbb{R}^\times$ への連続準同型だから, 任意の $g \in G$ に対して $\det \mathrm{Ad}(g) = 1$ である. これに (A.4.11) と ξ, η の不変性をあわせて

$$= \frac{1}{c} \det((\mathrm{Ad}(t^{-1}) - I)|_{\mathfrak{g}'})\, \xi_{gD}(g_* \tilde{X}_1, \cdots, g_* \tilde{X}_m)\, \eta_t(t_* Y_1, \cdots, t_* Y_n).$$

これで, μ_G に関する積分を $\mu_{G/D}$ と μ_D に関する積分に書き直すことができる. $f \in C(G)$ の台 $\mathrm{supp} f$ が G_1 に含まれるコンパクト集合であるとし, (A.4.6) の φ_1 が $n!$ 重の被覆写像であることを考慮して変数変換公式 (命題 A.8) を用いれば,

$$\begin{aligned}
&\int_G f(x)\mu_G(dx) = \int_{G_1} f(x)\mu_G(dx) = \int_{G_1} f|\omega| = \frac{1}{n!}\int_{(G/D)\times D_1} (f\circ\varphi)|\varphi^*\omega| \\
&= \frac{1}{n!}\int_{(G/D)\times D_1} (f\circ\varphi)|\det(\mathrm{Ad}(t^{-1}) - I)|_{\mathfrak{g}'}|\,|\xi|\,|\eta| \\
&= \frac{1}{n!}\int_D \Big(\int_{G/D} f(gtg^{-1})|\det(\mathrm{Ad}(t^{-1}) - I)|_{\mathfrak{g}'}|\,\mu_{G/D}(dgD)\Big)\mu_D(dt).
\end{aligned}$$

ここで, (A.4.11) の直後の注意のように, (A.4.7) を仮定して $|c| = 1$ とした. 可積分な関数を連続関数で近似することにより, $f \in L^1(G)$ に適用範囲を広げて,

$$\begin{aligned}
&\int_G f(x)\mu_G(dx) \\
&= \frac{1}{n!}\int_D \Big(\int_{G/D} f(gtg^{-1})|\det(\mathrm{Ad}(t^{-1}) - I)|_{\mathfrak{g}'}|\,\mu_{G/D}(dgD)\Big)\mu_D(dt) \qquad \text{(A.4.14)}
\end{aligned}$$

を得る. (A.4.14) の行列式の部分の計算を行う. [39] の補題 8.14 にあるように, Lie 環を複素化することによって, 行列式の計算に役立つ固有ベクトルをとることができる. (A.4.8) の $\mathfrak{g}$ の複素化は $M(n, \mathbb{C})$ と同一視できる. このことは, 任意の行列 A の分解: $A = iB + C$, $B = \frac{1}{2i}(A + A^*)$, $C = \frac{1}{2}(A - A^*) \in \mathfrak{g}$ からわかる. そうすると, (A.4.9) の $\mathfrak{g}'$ の複素化は, $M(n, \mathbb{C})$ の部分空間として, $\bigoplus_{i \neq j} \mathbb{C}E_{ij}$ と同一視される. E_{ij} は行列単位である. $t = \mathrm{diag}(t_1, \cdots, t_n) \in D$ とすると, $i \neq j$ なる E_{ij} に対しては $(\mathrm{Ad}(t^{-1}) - I)(E_{ij}) = (\frac{t_j}{t_i} - 1)E_{ij}$ となるので,

$$\begin{aligned}
\det(\mathrm{Ad}(t^{-1}) - I)|_{\mathfrak{g}'} &= \prod_{i \neq j}(\frac{t_j}{t_i} - 1) = \prod_{i<j}(\frac{t_j}{t_i} - 1)\prod_{i<j}(\frac{t_i}{t_j} - 1) \\
&= \prod_{i<j}(\frac{t_j}{t_i} - 1)\,(\overline{\frac{t_j}{t_i}} - 1) = \prod_{i<j}|t_j - t_i|^2 = |V(t)|^2. \qquad \text{(A.4.15)}
\end{aligned}$$

(A.4.15) を (A.4.14) に代入すれば, $f \in L^1(G)$ に対して

$$\int_G f(x)\mu_G(dx) = \frac{1}{n!}\int_D \Big(\int_{G/D} f(gtg^{-1})|V(t)|^2 \mu_{G/D}(dgD)\Big)\mu_D(dt) \qquad \text{(A.4.16)}$$

を得る. ただし, (A.4.7) の仮定に再度注意する. (A.4.16) も $G = U(n)$ における Weyl の積分公式である. 不変測度を確率測度にとれば (A.4.7) がみたされる. f が類関数ならば, $f(gtg^{-1}) = f(t)$ $(\forall g \in G)$ である. そのときは, (A.4.16) が (A.4.1) の形に簡略化される. これで定理 A.56 の証明が完了した.

A.5 Markov 連鎖

有限または可算集合上の Markov 連鎖の定義は 4.4 節の冒頭に述べたとおりであるが, ここに条件つき確率と条件つき平均の説明を補っておく. $(\Omega, \mathcal{F}, P)$ を確率空間とする. $0 < P(C) < 1$ なる $C \in \mathcal{F}$ による条件つき確率が

$$P(A \,|\, C) = \frac{P(A \cap C)}{P(C)}, \qquad A \in \mathcal{F}$$

によって定義される. A と C が独立ならば, $P(A \,|\, C) = P(A)$ が成り立つ. $P(\,\cdot\,|\,C)$ が確率測度であることの検証はやさしい. 今, C と C^c による条件づけを一挙に考え, $\mathcal{C} = \{\varnothing, C, C^c, \Omega\}$ という部分可算加法的集合族に対し[37],

$$P(A \,|\, \mathcal{C})(\omega) = P(A \,|\, C) 1_C(\omega) + P(A \,|\, C^c) 1_{C^c}(\omega), \qquad A \in \mathcal{F}$$

とおく. あるいはもう少し一般に, Ω の可算分割 $\Omega = \bigsqcup_{n=1}^{\infty} C_n$ $(0 < P(C_n) < 1)$ に対して $\mathcal{F}$ の部分可算加法的集合族 $\mathcal{C} = \{\bigsqcup_{n \in J} C_n \,|\, J \subset \mathbb{N}\}$ をとり,

$$P(A \,|\, \mathcal{C})(\omega) = \sum_{n=1}^{\infty} P(A \,|\, C_n) 1_{C_n}(\omega), \qquad A \in \mathcal{F} \tag{A.5.1}$$

とおく. $P(A \,|\, \mathcal{C})$ は $\mathcal{C}$-可測な $\mathbb{R}$ 値関数である. ω を固定するごとに $P(\,\cdot\,|\,\mathcal{C})(\omega)$ が Ω 上の確率測度であるから, $\mathbb{R}$ 値確率変数 X のそれに関する積分

$$E[X \,|\, \mathcal{C}](\omega) = \int_{\Omega} X(\omega') P(d\omega' \,|\, \mathcal{C})(\omega) \tag{A.5.2}$$

が考えられる. この $E[X \,|\, \mathcal{C}]$ を条件つき平均という. $E[X \,|\, \mathcal{C}]$ も $\mathcal{C}$-可測な $\mathbb{R}$ 値関数である. (A.5.1) と (A.5.2) から,

$$\int_A X(\omega) P(d\omega) = \int_A E[X \,|\, \mathcal{C}](\omega) P(d\omega), \qquad A \in \mathcal{C}. \tag{A.5.3}$$

言い換えれば, 条件つき平均 $E[X \,|\, \mathcal{C}]$ は $\mathcal{C}$-可測な (したがってもとの X よりも単純な) $\mathbb{R}$ 値確率変数であって, (A.5.3) が表すように, $\mathcal{C}$ の上では確率的なふるまい

---

[37] $\mathcal{C}$ は C が生成する可算加法的集合族である.

が X と同じものである．なお，(A.5.2) で $X = 1_A$ $(A \in \mathcal{F})$ とおけば，(A.5.1) の $P(A \mid \mathcal{C})$ が得られる．定義 4.62 の理解のためにはこれで十分である．

$\mathcal{C}$ が $\mathcal{F}$ の任意の部分可算加法的集合族の場合も，(A.5.3) と $\mathcal{C}$-可測性によって条件つき平均 $E[X \mid \mathcal{C}]$ を定めることができる．実際，$X \in L^1(\Omega, \mathcal{F}, P)$ に対して

$$Q(A) = \int_A X(\omega) P(d\omega), \qquad A \in \mathcal{C} \tag{A.5.4}$$

とおくと，Q は $(\Omega, \mathcal{C}, P|_{\mathcal{C}})$ 上の $\mathbb{R}$ 値測度であり，$P|_{\mathcal{C}}$ に関する絶対連続性

$$A \in \mathcal{C}, \quad P(A) = 0 \implies Q(A) = 0$$

が成り立つ．したがって，Radon–Nikodym の定理 (すぐ後の注意 A.57) により，

$$Q(A) = \int_A Y(\omega) P(d\omega), \qquad A \in \mathcal{C} \tag{A.5.5}$$

をみたすような Ω 上の $\mathcal{C}$-可測 $\mathbb{R}$ 値関数 Y が $P|_{\mathcal{C}}$-a.s. に一意的に存在する．この Y を $E[X \mid \mathcal{C}]$ と記し，条件つき平均という．(A.5.4) と (A.5.5) の形は，先の (A.5.3) にほかならない．特に，$X = 1_B$ $(B \in \mathcal{F})$ のとき，$E[1_B \mid \mathcal{C}] = P(B \mid \mathcal{C})$ と書いて，これを条件つき確率という．ただし，条件つき確率が Radon–Nikodym の定理を経由して $P|_{\mathcal{C}}$-a.s. にしか定まらないので，B に応じて確率 0 の除外集合は一般に異なる．したがって，共通の除外集合を取り直すことは無条件にはできず，$P(\,\cdot \mid \mathcal{C})(\omega)$ が確率であるとは言えない．もとの確率空間 $(\Omega, \mathcal{F}, P)$ がある種の良い性質をもっていれば，この状況を修正することができて，実際に $\omega \in \Omega$ ごとに $P(\,\cdot \mid \mathcal{C})(\omega)$ が $(\Omega, \mathcal{F})$ 上の確率測度になるようにできる[38]．

注意 A.57　上で用いた Radon–Nikodym の定理とは次の事実をいう[39]:

「可測空間 $(\Omega, \mathcal{F})$ 上の準有界測度 μ と $\mathbb{R}$ 値測度 ν に対し，ν が μ に関して絶対連続 ($A \in \mathcal{F}$, $\mu(A) = 0$ ならば $\nu(A) = 0$) であれば，

$$\nu(A) = \int_A f(\omega) \mu(d\omega), \qquad A \in \mathcal{F}$$

となるような Ω 上の $\mathcal{F}$ 可測 $\mathbb{R}$ 値関数 f が μ-a.e. に一意的に存在する.」
ただし，測度 μ が準有界であるとは，$\Omega = \bigcup_{n=1}^{\infty} A_n$, $\mu(A_n) < \infty$ となるような可算族 $\{A_n\}_{n=1}^{\infty} \subset \mathcal{F}$ がとれることである．

---

38)　たとえば [29, II, 3.5 節] 参照.

39)　たとえば [73] 下巻 §1 参照.

さて, (4.4.1) の定義式から, 任意の $k \in \mathbb{N}$ と $x_0, \cdots, x_{n+k} \in S$ に対し,

$$P(X_{n+1} = x_{n+1}, \cdots, X_{n+k} = x_{n+k} \,|\, X_0 = x_0, \cdots, X_n = x_n)$$
$$= P(X_{n+1} = x_{n+1}, \cdots, X_{n+k} = x_{n+k} \,|\, X_n = x_n)$$

もしたがう. さらに, 部分可算加法的集合族に関する条件づけの言葉を用いれば, 任意の $n \in \{0, 1, 2, \cdots\}$ と任意の $B \in \sigma[X_{n+1}, X_{n+2}, \cdots]$ に対して

$$P(B \,|\, \sigma[X_0, \cdots, X_n]) = P(B \,|\, \sigma[X_n]), \qquad P\text{-a.s.} \tag{A.5.6}$$

が成り立つことも同値であることがわかる. (A.5.6) の右辺は $\sigma[X_n]$-可測であるから, 集合 $\{X_n = x_n\}$ 上では (A.5.6) は (a.s. に) 定数である[40].

推移行列のべき乗を計算すれば Markov 連鎖の各時刻での分布の様子がわかる. しかしながら, Markov 連鎖の確率的な描像を得るには, これだけでは不十分である. たとえば, 4.1 節に述べた簡単なコイン投げモデルにしても, 大数の強法則のような典型的な極限定理を定式化するには, 確率空間の設定が必要であった. 初期分布と推移確率から Markov 連鎖, すなわち定義 4.62 の状況を実現する確率空間を構成するのに, (4.4.5) が使える. 今, (4.4.3) をみたす推移確率 p と S 上の確率 ν が与えられたとする. $\Omega = \prod_{n=0}^{\infty} S = S^{\infty}$ とし, $X_n : S^{\infty} \longrightarrow S$ を第 n 成分への射影とする. X_n たちをすべて可測にする最小の可算加法的集合族 $\sigma[X_0, X_1, X_2, \cdots]$ を $\mathcal{F}$ とする. $\mathcal{F}$ を生成する有限加法的集合族 $\mathcal{F}_0 = \bigcup_{n=0}^{\infty} \sigma[X_0, \cdots, X_n]$ の元を筒集合という[41]. $\mathcal{F}_0$ の元

$$A = \{X_{n_1} \in E_{n_1}, \cdots, X_{n_k} \in E_{n_k}\}, \qquad n_1 < \cdots < n_k, \quad E_{n_j} \subset S$$

には, (4.4.5) と

$$P(A) = \sum_{x_1 \in E_{n_1}, \cdots, x_k \in E_{n_k}} P(X_{n_1} = x_1, \cdots, X_{n_k} = x_k)$$

によって $P(A)$ を定めることができるが, この定義は (4.4.3) によって無矛盾である. すなわち, 筒集合 A の表示の仕方によらずに値が一意的に定まる.

命題 A.58 上記のように定められた $\mathcal{F}_0$ 上の有限加法的集合関数 P は, $\mathcal{F}$ 上

---

[40] このように P-a.s. に一致する確率変数は同一視して部分可算加法的集合族に関する可測性を議論するため, 考える部分可算加法的集合族はすべて $\{A \in \mathcal{F} \,|\, P(A) = 0\}$ を含んでいると仮定するのも自然である. このような族を閉可算加法的集合族という.

[41] 指定された有限個以外の座標が任意なので, いわば筒状になっている.

の確率測度 P に一意的に拡張される. $(\Omega, \mathcal{F}, P)$ 上の確率変数列 (X_n) は, 初期分布 ν と推移確率 p をもつ Markov 連鎖である.

証明　まず, 初期分布 ν が δ_x $(x \in S)$ であり, 推移確率 p が局所有限, すなわち任意の $x \in S$ に対して $\{y \in S \,|\, p(x, y) > 0\}$ が有限集合であるとする. この場合は, 命題 4.6 と同様の状況であって, 有限集合 $S^{(n)} = \{y \in S \,|\, p_n(x, y) > 0\}$ の直積である S^∞ のコンパクト部分集合 $\{x\} \times \prod_{n=1}^{\infty} S^{(n)}$ 上に確率測度を構成すればよい. つまり, コンパクト性によって Hopf の拡張定理の条件がみたされることはほぼ自明である. 推移確率が局所有限でない場合は, 注意 4.7 のように進めばよいが, ここでは詳細は省略する[42]. こうして得られた $(\Omega, \mathcal{F})$ 上の確率を P_x と書く[43]. 一般の初期分布に対しては, この P_x を重ね合せればよい:

$$P = \sum_{x \in S} \nu(x) P_x.$$

$(\Omega, \mathcal{F}, P)$ が Markov 連鎖 (X_n) を実現することはただちにわかる. ■

確率測度の族 $\{P_x\}_{x \in S}$ を用いて (4.4.1) と (4.4.2) を表せば,

$$\begin{aligned} &P_x(X_{k+1} = x_1, \cdots, X_{k+n} = x_n \,|\, X_1 = y_1, \cdots, X_k = y_k) \\ &= P_{y_k}(X_1 = x_1, \cdots, X_n = x_n). \end{aligned} \tag{A.5.7}$$

時間を k だけずらす写像 $\theta_k : S^\infty \longrightarrow S^\infty$ を $X_n(\theta_k(\omega)) = X_{n+k}(\omega)$ によって定めると, (A.5.7) は

$$E_x[1_A \circ \theta_k \,|\, \sigma[X_1, \cdots, X_k]] = E_{X_k}[1_A], \qquad A \in \mathcal{F}, \quad k \in \mathbb{N} \tag{A.5.8}$$

となる. (A.5.8) で $A = \{X_1 = x_1, \cdots, X_n = x_n\}$ としたものが (A.5.7) である.

S 上の Markov 連鎖 (X_n) に対して $\tau_y = \inf\{n \in \mathbb{N} \,|\, X_n = y\}$ $(y \in S)$ とおき, τ_y を y への到達時刻と呼ぶ. 下限をとる範囲に $n = 0$ は含めていない. $\{\ \}$ が空集合である (つまり決して y に到達しない) とき, $\tau_y = \infty$ と解釈する.

到達時刻を用いれば, 4.4 節で定義した $x \in S$ の再帰性は

$$P_x(\tau_x < \infty) = 1 \tag{A.5.9}$$

と表される. $\tau_y : \Omega \longrightarrow \mathbb{N} \cup \{\infty\}$ は, 任意の $n \in \mathbb{N}$ に対して

---

42) Kolmogorov の拡張定理を認めることにすれば, ただちに言える.

43) P_x という記号は (4.4.6) で既出.

$$\{\tau_y = n\} = \{X_1 \neq y, \cdots, X_{n-1} \neq y, X_n = y\} \in \sigma[X_0, X_1, \cdots, X_n]$$

をみたすので, 定義 A.71 にある停止時刻である.

再帰性を推移確率の言葉で特徴づけよう. $x, y \in S$ に対し, $0 < s < 1$ として

$$P_{xy}(s) = \sum_{n=0}^{\infty} p_n(x,y)\, s^n, \quad F_{xy}(s) = \sum_{n=0}^{\infty} P_x(\tau_y = n)\, s^n \tag{A.5.10}$$

という生成関数を考える. ただし, $p_0(x,y) = \delta_{xy}$, $p_1(x,y) = p(x,y)$ であり, $\tau_y \in \mathbb{N}$ ではあるが ($\{\tau_y = 0\} = \varnothing$ と思って) $P_x(\tau_y = 0) = 0$ としておく.

補題 A.59 (A.5.10) は次の関係式をみたす: $x, y \in S$, $x \neq y$ に対し,

$$P_{xx}(s) - 1 = F_{xx}(s) P_{xx}(s), \quad P_{xy}(s) = F_{xy}(s) P_{yy}(s). \tag{A.5.11}$$

証明 $x, y \in S$, $n \in \mathbb{N}$ に対して

$$p_n(x,y) = \sum_{k=1}^{n} P_x(X_n = y, \tau_y = k) = \sum_{k=1}^{n} P_x(\tau_y = k) P_x(X_n = y \,|\, \tau_y = k)$$

が成り立つが,

$$\begin{aligned} &P_x(X_n = y \,|\, \tau_y = k) = P(X_n = y \,|\, X_0 = x, X_1 \neq y, \cdots, X_{k-1} \neq y, X_k = y) \\ &= P(X_n = y \,|\, X_k = y) = P(X_{n-k} = y \,|\, X_0 = y) = p_{n-k}(y,y) \end{aligned} \tag{A.5.12}$$

を用いれば,

$$p_n(x,y) = \sum_{k=1}^{n} P_x(\tau_y = k)\, p_{n-k}(y,y), \qquad x, y \in S,\ n \in \mathbb{N} \tag{A.5.13}$$

を得る. (A.5.13) を用いると, $F_{xy}(s) P_{yy}(s) = \sum_{n=1}^{\infty} p_n(x,y) s^n$. これは (A.5.11) を意味する. ■

注意 A.60 離散時刻の場合は特に意識する必要はないが, (A.5.12) での変形は, 停止時刻の分だけのずらしに関する Markov 性を意味している. 後の (A.5.19) や (A.5.24) でも同様である. このような性質を強 Markov 性といい, 連続時刻の確率過程を扱う際には重要な概念になる.

定理 4.63 の証明 x の再帰性の定義 (A.5.9) は

$$\sum_{n \in \mathbb{N}} P_x(\tau_x = n) = 1 \tag{A.5.14}$$

と同値である[44]. (A.5.14) が成り立てば, 単調収束定理により, $\lim_{s\uparrow 1} F_{xx}(s) = 1$. したがって, (A.5.11) によって $\lim_{s\uparrow 1} P_{xx}(s) = \infty$ でなければならない. ゆえに,

$$\sum_{n=0}^{\infty} p_n(x,x) \geqq \sum_{n=0}^{\infty} p_n(x,x)s^n = P_{xx}(s) \xrightarrow[s\uparrow 1]{} \infty.$$

逆に, $\sum_{n=0}^{\infty} p_n(x,x) = \infty$ ならば, $\infty = \sum_{n=0}^{\infty} \lim_{s\uparrow 1} p_n(x,x)s^n \leqq \liminf_{s\uparrow 1} P_{xx}(s)$. (A.5.11) から得られる $P_{xx}(s)(1-F_{xx}(s)) = 1$ にこれを用いると, $\lim_{s\uparrow 1} F_{xx}(s) = 1$. 再び単調収束定理によって (A.5.14) を得る. これで (4.4.7) が示された.

y が非再帰的であるとする. $z = y$ のときは前段から (4.4.8) を得る. $z \neq y$ のときは, (A.5.13) を用いれば,

$$\sum_{n=1}^{\infty} p_n(z,y) = \sum_{k\in\mathbb{N}} \sum_{n=k}^{\infty} P_z(\tau_y = k)p_{n-k}(y,y) = P_z(\tau_y < \infty) \sum_{n=0}^{\infty} p_n(y,y).$$

前段からこれは有限値である. ■

命題 A.61　S 上の Markov 連鎖 (X_n) において, S の任意の点が非再帰的ならば, 任意の $z \in S$ に対して次式が成り立つ (補題 4.70 参照):

$$\lim_{n\to\infty} X_n = \infty, \qquad P_z\text{-a.s.} \tag{A.5.15}$$

証明　$y \in S$ に対して (4.4.8) が成り立つから, Borel–Cantelli の補題によって

$$P_z\Bigl(\bigcap_{N=1}^{\infty} \bigcup_{n=N}^{\infty} \{X_n = y\}\Bigr) = 0, \quad \text{ゆえに} \quad P_z\Bigl(\bigcap_{y\in S} \bigcup_{N=1}^{\infty} \bigcap_{n=N}^{\infty} \{X_n \neq y\}\Bigr) = 1.$$

ω が上の確率 1 の集合に属していれば, $\lim_{n\to\infty} X_n(\omega) = \infty$ が成り立つ. ■

S 上の Markov 連鎖において, x から y へ到達可能であるとき[45], $x \to y$ と記す. $x \neq y$ に対しては, これは $P_x(\tau_y < \infty) > 0$ とも同値である. 実際, $P_x(\tau_y = l) \leqq p_l(x,y) \leqq P_x(\tau_y \leqq l)$ が成り立つ. $x \to y$ かつ $y \to x$ のとき, $x \leftrightarrow y$ と記す. 任意の $x, y \in S$ が $x \leftrightarrow y$ をみたすとき, Markov 連鎖は既約であるという.

---

[44] 到達時刻は ∞ の値もとりうるので, $\sum_{n=0}^{\infty}$ という表記が紛らわしい (上端 ∞ を含むかどうか) ときは避けるのがよいかもしれない.

[45] 定義は (4.4.4) の後.

補題 A.62 (1) $\leftrightarrow$ は同値関係である. したがって, S の類別を与える.

(2) 再帰性はこの類の性質である. すなわち, x が再帰的かつ $x \leftrightarrow y$ ならば, y も再帰的である.

証明 (1) は容易に検証される. $p_{k+l}(x,z) \geqq p_k(x,y)p_l(y,z)$ であることに注意.

(2) これも同様に, $p_{k+l+m}(y,y) \geqq p_k(y,x)p_l(x,x)p_m(x,y)$ に注意して (4.4.7) を適用すればよい. ■

既約な Markov 連鎖では類が 1 つだけだから, ある点が再帰的ならば任意の点が再帰的である. このような場合, Markov 連鎖が再帰的であるともいう.

命題 A.63 Markov 連鎖 (X_n) において次のことが成り立つ.

(1) $x \in S$ が再帰的ならば, P_x-a.s. に無限回 x に戻ってくる. すなわち

$$P_x(X_n = x \ \text{ i.o.}) = 1. \tag{A.5.16}$$

(2) $x \in S$ が再帰的かつ $x \to y$ ならば,

$$P_y(X_n = x \ \text{ i.o.}) = 1. \tag{A.5.17}$$

したがって, $P_y(\tau_x < \infty) = 1$ であり (特に $y \to x$), y も再帰的である.

証明 (1) $N \in \mathbb{N}$ に対し, $q_x^{(N)} = P_x(|\{n \in \mathbb{N} \mid X_n = x\}| \geqq N)$ とおくと,

$$\lim_{N\to\infty} q_x^{(N)} = P_x\Big(\bigcap_{N=1}^{\infty}\{|\{n \in \mathbb{N} \mid X_n = x\}| \geqq N\}\Big) = P_x(X_n = x \text{ i.o.}). \tag{A.5.18}$$

一方, $\{\tau_x = \infty\} \cap \{|\{n \in \mathbb{N} \mid X_n = x\}| \geqq N\} = \varnothing$ だから, Markov 性も用いて

$$\begin{aligned} q_x^{(N)} &= \sum_{k\in\mathbb{N}} P_x(\tau_x = k,\ |\{n \in \mathbb{N} \mid X_n = x\}| \geqq N) \\ &= \sum_{k\in\mathbb{N}} P_x(\tau_x = k)\, P_x(|\{n \in \mathbb{N} \mid X_n = x\}| \geqq N \mid \tau_x = k) \\ &= \sum_{k\in\mathbb{N}} P_x(\tau_x = k)\, P_x(|\{n \in \mathbb{N} \mid X_n = x\}| \geqq N-1) \\ &= P_x(\tau_x < \infty) q_x^{(N-1)} = \cdots = P_x(\tau_x < \infty)^N. \end{aligned} \tag{A.5.19}$$

x の再帰性の仮定によって $P_x(\tau_x < \infty) = 1$ であるから, (A.5.18) と (A.5.19) により, (A.5.16) が導かれる[46].

---

[46] この議論から, x が非再帰的つまり $P_x(\tau_x < \infty) < 1$ ならば, $P_x(X_n = x \text{ i.o.}) = 0$ であることも言える.

(2) (A.5.16) を用いると,

$$P_x(\tau_y < \infty) = P_x(\tau_y < \infty,\ X_n = x \text{ i.o.})$$
$$= \sum_{k \in \mathbb{N}} P_x(\tau_y = k)\, P_x(X_n = x \text{ i.o.} \,|\, \tau_y = k)$$

となる. ここで, Markov 性により,

$$P_x(X_n = x \text{ i.o.} \,|\, \tau_y = k) = P_x(X_n = x \text{ i.o. after } k \,|\, \tau_y = k) = P_y(X_n = x \text{ i.o.})$$

が成り立つから, 上式に代入して $P_x(\tau_y < \infty) = P_x(\tau_y < \infty)\, P_y(X_n = x \text{ i.o.})$ を得る. $x \to y$ の仮定によって $P_x(\tau_y < \infty) > 0$ であるから, (A.5.17) が成り立つ. 補題 A.62 に注意すれば, 残りの主張は明らかである. ■

注意 A.64　命題 A.63 からわかるように, 再帰的な類に属する 1 点から出発する Markov 連鎖は, ほとんど確実に, その類の中にとどまり, しかもその類のすべての点を無限回訪れる.

例 A.65 ($\mathbb{Z}^d$ 上の単純ランダムウォーク) 状態空間 S として d 次元格子 $\mathbb{Z}^d$ をとる. 確率空間 $(\Omega, \mathcal{F}, P)$ 上の $\mathbb{Z}^d$ 値独立確率変数列 $\{X_n\}_{n \in \mathbb{N}}$ の和

$$S_n = X_1 + \cdots + X_n, \qquad n \in \mathbb{N}$$

は $\mathbb{Z}^d$ 上の Markov 連鎖の例を与える. X_n たちが同分布のときは時間に関する一様性が成り立ち, X_1 の分布を μ とおくと, 推移確率は

$$p(x, y) = P(X_1 = y - x) = \mu(y - x)$$

となる. 特に, 1 ステップで格子の隣接点の 1 つに等確率で推移するとき, すなわち

$$\mu(x) = \begin{cases} \frac{1}{2d}, & x = (x_1, \cdots, x_d),\ 1 \text{ つの座標のみ} \pm 1,\ \text{他座標は } 0, \\ 0, & \text{その他} \end{cases}$$

のとき, この Markov 連鎖を単純ランダムウォークと呼ぶ. n ステップの推移確率は, 測度の合成積によって

$$p_n(x, y) = p_n(0, y - x) = \mu^{*n}(y - x), \qquad x, y \in \mathbb{Z}^d$$

となる. 単純ランダムウォークが既約であることは容易にわかる. μ の特性関数

$$\varphi_\mu(t) = \sum_{x \in \mathbb{Z}^d} e^{itx} \mu(x), \qquad t \in (-\pi, \pi]^d$$

を用い, Fourier 変換を適用することによって, $n \in \mathbb{N}$ に対し,

$$\mu^{*n}(x) = \frac{1}{(2\pi)^d}\int_{(-\pi,\pi]^d} e^{-itx}\Big(\frac{e^{it_1}+e^{-it_1}+\cdots+e^{it_d}+e^{-it_d}}{2d}\Big)^n dt$$
$$= \frac{1}{(2\pi)^d}\int_{(-\pi,\pi]^d} \cos(\sum_{j=1}^d t_j x_j)\Big(\frac{1}{d}\sum_{j=1}^d \cos t_j\Big)^n dt \qquad \text{(A.5.20)}$$

を得る. これを使って定理 4.63 によって再帰性の判定ができるが, 無限和と積分の順序交換のため, 定理 4.63 の証明のように $0 < s < 1$ なる変数を入れた状況に戻って考えよう. (A.5.20) により[47],

$$\sum_{n=0}^\infty p_n(0,x)s^n = \frac{1}{(2\pi)^d}\int_{(-\pi,\pi]^d} \cos(\sum_{j=1}^d t_j x_j)\sum_{n=0}^\infty \Big(s\frac{\cos t_1+\cdots+\cos t_d}{d}\Big)^n dt$$
$$= \frac{1}{(2\pi)^d}\int_{(-\pi,\pi]^d} \frac{\cos(t_1x_1+\cdots+t_dx_d)}{1-s\frac{\cos t_1+\cdots+\cos t_d}{d}}dt. \qquad \text{(A.5.21)}$$

(A.5.21) の $s \uparrow 1$ での収束・発散を評価すればよい. 詳細は読者に委ねるが, 積分の収束・発散には $t=0$ の近傍が効いているので, $\cos t_j = 1 - \frac{1}{2}t_j^2 + O(t_j^4)$ および極座標変換で $dt = r^{d-1}drd\omega$ となることから[48], 結局 $\displaystyle\int_0^\varepsilon r^{d-3}dr$ の収束・発散に帰着される. ゆえに, $\mathbb{Z}^d$ 上の単純ランダムウォークは, $d=1,2$ の場合に再帰的であり, $d \geqq 3$ の場合に非再帰的である. $d \geqq 3$ における Green 関数 (4.4.9):

$$G(0,x) = \frac{1}{(2\pi)^d}\int_{(-\pi,\pi]^d} \frac{\cos(t_1x_1+\cdots+t_dx_d)}{1-\frac{\cos t_1+\cdots+\cos t_d}{d}}dt, \qquad x \in \mathbb{Z}^d$$

の $x \to \infty$ での漸近挙動について,

$$G(0,x) \asymp \frac{1}{\|x\|^{d-2}}, \qquad x \in \mathbb{Z}^d,\ \|x\| \to \infty \qquad \text{(A.5.22)}$$

が成り立つ[49]. (A.5.22) を示すのはそれほど易しくもないが, 詳細は省略する. もっと多くの場合を含めた $x \to \infty$ での Green 関数の漸近挙動について, [62, §26] に記述がある[50]. ちなみに, $\|x\|^{2-d}$ は $\mathbb{R}^d \setminus \{0\}$ 上の基本的な調和関数である.

Young グラフ上の非負値調和関数は, 本書での主要な考察対象の 1 つである. 5 章, 9 章でその構造を詳しく調べる. Markov 連鎖の性質に応じて調和関数がほと

---

47) $\mu^{*0} = \delta_0$ である.

48) $d\omega$ は単位球面上の一様測度である.

49) $\asymp$ は両辺の比が 0 でない定数に収束することを意味する. $\|\cdot\|$ は ℓ^2-ノルムである.

50) ただし, そこでは $d=3$ の場合が扱われている.

んどない場合を 1 つ述べておく.

命題 A.66　推移確率 p をもつ S 上の Markov 連鎖が既約かつ再帰的であれば, 非負値 p-調和関数 φ は定数に限られる.

証明　$x, y \in S$ に対し, 命題 A.63 により,

$$P_x(\tau_y < \infty) = P_y(\tau_x < \infty) = 1 \tag{A.5.23}$$

が成り立つ. (4.4.12) を用いると, 任意の $n \in \mathbb{N}$ に対し,

$$\begin{aligned}\varphi(x) &= E_x[\varphi(X_n)] \geqq E_x[\varphi(X_n) : \tau_y \leqq n] = \sum_{k=1}^{n} E_x[\varphi(X_n) : \tau_y = k] \\ &= \sum_{k=1}^{n} P_x(\tau_y = k)\, E_x[\varphi(X_n) \,|\, \tau_y = k] = \sum_{k=1}^{n} P_x(\tau_y = k)\, E_y[\varphi(X_{n-k})] \\ &= \sum_{k=1}^{n} P_x(\tau_y = k)\varphi(y) = \varphi(y) P_x(\tau_y \leqq n).\end{aligned} \tag{A.5.24}$$

(A.5.24) で $n \to \infty$ とすれば, (A.5.23) から

$$\lim_{n\to\infty} P_x(\tau_y \leqq n) = P_x\Big(\bigcup_{n\in\mathbb{N}} \{\tau_y \leqq n\}\Big) = P_x(\tau_y < \infty) = 1$$

であるから, $\varphi(x) \geqq \varphi(y)$ を得る. x と y の役割を入れ換えて議論すれば逆向きの不等式になり, $\varphi(x) = \varphi(y)$ が成り立つ. ■

本節に述べたことは, Markov 連鎖の基本的なコースとしては不十分なので, [40], [15], [28] 等で知識を深められたい. [28] は本書の内容と関連する例も含む.

A.6　離散マルチンゲール

本節でも, Markov 連鎖と同じく, 確率変数列を離散時刻 $n = 0, 1, 2, \cdots$ の確率過程として取り扱い, 公平な賭けの定式化から生まれたマルチンゲールの概念とその収束定理について述べる. 確率空間 $(\Omega, \mathcal{F}, P)$ 上で定義された $\mathbb{R}$ 値確率変数 X_1 と Borel 可測関数 $f : \mathbb{R} \longrightarrow \mathbb{R}$ に対し, $X_2 = f(X_1)$ とおく. f はランダムでない関数なので X_1 の値が決まれば X_2 の値が決まる. それは, 確率変数がもつ情報量として, X_1 の方が X_2 がよりも多いことを意味する. 一方, $\mathcal{G}_i = \sigma[X_i]$ $(i = 1, 2)$ とおくと, $\mathcal{G}_i$ は X_i の値に関する情報をすべて含み, $\mathcal{G}_2 \subset \mathcal{G}_1$ が成り立つ. こうして一般に $\mathcal{F}$ の部分可算加法的集合族 $\mathcal{G}$ が「情報」を与えるものとみなせる. 時刻 $n \in \{0, 1, 2, \cdots\}$ に沿う $\mathcal{F}$ の単調増加な部分可算加法的集合族の列 $(\mathcal{F}_n)_{n=0}^{\infty}$

を増大情報系と呼ぶ.

定義 A.67 $\mathbb{R}$ 値確率変数列 $(X_n)_{n=0}^{\infty}$ と増大情報系 $(\mathcal{F}_n)_{n=0}^{\infty}$ が次の条件をみたすとき, (X_n) が $(\mathcal{F}_n)$-マルチンゲールであるという: $n \in \{0, 1, \cdots\}$ に対し,

$$X_n \text{が} \ \mathcal{F}_n\text{-可測} \quad \text{かつ} \quad E[|X_n|] < \infty,$$

$$E[X_{n+1}|\mathcal{F}_n] = X_n \quad P\text{-a.s.} \tag{A.6.1}$$

(A.6.1) の等号のかわりに

$$E[X_{n+1}|\mathcal{F}_n] \geqq X_n \quad P\text{-a.s.} \tag{A.6.2}$$

が成り立つときに $(\mathcal{F}_n)_{n=0}^{\infty}$-劣マルチンゲールといい, (A.6.2) で逆の不等号 $\leqq$ が成り立つときに $(\mathcal{F}_n)_{n=0}^{\infty}$-優マルチンゲールという. また, $\mathcal{F}_n = \sigma[X_0, \cdots, X_n]$ $(n \in \{0, 1, \cdots\})$ のとき, 単にマルチンゲール ((A.6.2) では劣マルチンゲール, 逆の不等号では優マルチンゲール) という. □

例 A.68 X が可積分な確率変数で $(\mathcal{F}_n)$ が増大情報系ならば, $X_n = E[X|\mathcal{F}_n]$ とおくと, (X_n) は $(\mathcal{F}_n)$-マルチンゲールである.

例 A.69 $\{Y_n\}_{n=0}^{\infty}$ が独立で可積分な確率変数列であって, $E[Y_n] = 0$ $(n \in \mathbb{N})$ とする. $\mathcal{F}_n = \sigma[Y_0, \cdots, Y_n]$, $X_n = Y_0 + \cdots + Y_n$ とおくと, (X_n) は $(\mathcal{F}_n)$-マルチンゲールである.

補題 A.70 (X_n) が $(\mathcal{F}_n)$-マルチンゲールならば, $(|X_n|)$ は $(\mathcal{F}_n)$-劣マルチンゲールである. (X_n) が $(\mathcal{F}_n)$-劣マルチンゲールならば, $(X_n \vee 0)$ も $(\mathcal{F}_n)$-劣マルチンゲールである.

証明は, 凸関数と条件つき平均に対して成立する次の Jensen の不等式による:

「$\phi : \mathbb{R} \longrightarrow \mathbb{R}$ が凸関数であって $E[|X|] < \infty$, $E[|\phi(X)|] < \infty$ をみたせば, 部分可算加法的集合族 $\mathcal{G}$ に関する条件つき平均について $\phi(E[X \mid \mathcal{G}]) \leqq E[\phi(X) \mid \mathcal{G}]$ P-a.s. が成り立つ[51].」

$\phi(x) = |x|$, $\psi(x) = x \vee 0$ はともに凸関数であり, ψ は非減少でもある. Jensen の不等式については, たとえば [15] 第 3.4 節を参照されたい. ■

マルチンゲールの特徴的な性質を述べるために, 標本ごとに異なるランダムな時刻を導入する.

---

[51] $\mathbb{R}$ の開区間で定義された $\mathbb{R}$ 値凸関数 ϕ は連続なので, $\phi(X)$ も確率変数である.

定義 A.71　$(\mathcal{F}_n)_{n=0}^{\infty}$ を $\mathcal{F}$ の増大情報系とし, $\{0,1,\cdots,\infty\}$ 値確率変数 τ が

$$\{\omega \in \Omega \,|\, \tau(\omega) = n\} \in \mathcal{F}_n, \qquad n \in \{0,1,2,\cdots\} \tag{A.6.3}$$

をみたすとき, τ を $(\mathcal{F}_n)_{n=0}^{\infty}$ に関する停止時刻という[52]. (A.6.3) は, 時刻 n でやめるかどうかが時刻 n までの情報 $\mathcal{F}_n$ から決められることを意味する. 停止時刻は確率論的直観に基づく事象の場合分けのための非常に有力な道具である.　□

次の命題 A.72 は離散マルチンゲールの任意抽出定理の一部である. 任意抽出定理そのものは本書では用いない.

命題 A.72　$(X_n)_{n=0}^{\infty}$ が $(\mathcal{F}_n)_{n=0}^{\infty}$-劣マルチンゲールとし, σ と τ がともに $(\mathcal{F}_n)_{n=0}^{\infty}$-停止時刻であって, $\sigma \leqq \tau \leqq N$ (定数) a.s. をみたすとする. このとき,

$$E[X_\sigma] \leqq E[X_\tau] \tag{A.6.4}$$

が成り立つ. なお, (A.6.4) において確率変数 X_σ は $\omega \mapsto X_{\sigma(\omega)}(\omega)$ を表す[53].

証明　X_τ が可積分であることは, 次のように τ の値によって積分範囲を分割することで容易にわかる (X_σ についても同じ):

$$E[|X_\tau|] = \sum_{n=0}^{N} E[|X_\tau| : \tau = n] \leqq \sum_{n=0}^{N} E[|X_n|] < \infty.$$

[Step 1] $\tau - \sigma \in \{0,1\}$ の場合に示す. 任意の n に対して

$$\{\tau = \sigma + 1\} \cap \{\sigma = n\} = \{\tau = \sigma\}^c \cap \{\sigma = n\} = \{\tau = n\}^c \cap \{\sigma = n\} \in \mathcal{F}_n$$

であることから, 劣マルチンゲール性を用いて

$$\begin{aligned}
E[X_\tau] &= E[X_\tau : \tau = \sigma] + E[X_\tau : \tau = \sigma + 1] \\
&= E[X_\tau : \tau = \sigma] + \sum_{n=0}^{N} E[X_{n+1} : \tau = \sigma + 1,\, \sigma = n] \\
&\geqq E[X_\tau : \tau = \sigma] + \sum_{n=0}^{N} E[X_n : \tau = \sigma + 1,\, \sigma = n\}] \\
&= E[X_\sigma : \tau = \sigma] + E[X_\sigma : \tau = \sigma + 1] = E[X_\sigma].
\end{aligned}$$

[Step 2] 一般の場合は, 跳びが高々1 になるように, σ と τ を補間する:

---

[52] [29] にある「やめどき」という術語も語感がよい.

[53] $X_{\sigma(\omega)}(\omega)$ は ω の $\mathcal{F}$-可測関数であることに注意. (A.6.2) の両辺を積分すれば, 時刻 $n \leqq m$ で (A.6.4) が成り立つことはただちにわかる. 命題 A.72 は, それを (ランダムな) 有界停止時刻に置き換えても成り立つことを言っている.

$$\sigma_0 = \sigma, \qquad \sigma_k = \tau \wedge (\sigma + k), \quad k \in \mathbb{N}.$$

そうすると, $\sigma_{k+1} - \sigma_k \in \{0, 1\}$, $\sigma_N = \tau \wedge (\sigma + N) = \tau$ であるから, [Step 1] により, $E[X_{\sigma_k}] \leqq E[X_{\sigma_{k+1}}]$, したがって $E[X_\sigma] \leqq E[X_\tau]$ を得る. ■

マルチンゲールの収束定理を議論するため, 区間の上渡回数の評価を行う. 今, $\mathbb{R}$ 値確率変数列 (X_n) と増大情報系 $(\mathcal{F}_n)$ について, X_n が $\mathcal{F}_n$-可測 $(n \in \{0, 1, 2, \cdots\})$ であるとする. $a < b$ とし, 実数列 $(X_0(\omega), X_1(\omega), X_2(\omega), \cdots)$ が時点 N までに区間 $[a, b]$ を上向きに渡る回数 (上渡回数) を $\beta_N(\omega)$ で表す. より正確に言えば,

$$\begin{aligned}
\sigma_1(\omega) &= \inf\{k \in \{0, 1, 2, \cdots\} \mid X_k(\omega) \leqq a\}, \\
\tau_1(\omega) &= \inf\{k \in \{0, 1, 2, \cdots\} \mid k > \sigma_1(\omega),\ X_k(\omega) \geqq b\}, \\
\sigma_2(\omega) &= \inf\{k \in \{0, 1, 2, \cdots\} \mid k > \tau_1(\omega),\ X_k(\omega) \leqq a\}, \\
\tau_2(\omega) &= \inf\{k \in \{0, 1, 2, \cdots\} \mid k > \sigma_2(\omega),\ X_k(\omega) \geqq b\}
\end{aligned}$$

として $\beta_N(\omega) = \sup\{i \in \mathbb{N} \mid \tau_i(\omega) \leqq N\}$ とおく[54].

補題 A.73 σ_i, τ_i は $(\mathcal{F}_n)_{n=0}^{\infty}$-停止時刻である.

証明 $\{\sigma_1 = n\} \in \mathcal{F}_n$ は容易にわかる. τ_1 については,

$$\{\tau_1 = n\} = \bigsqcup_{k=0}^{n-1} \{\tau_1 = n\} \cap \{\sigma_1 = k\}$$

と場合分けして考えればよい. 以後も同様. ■

概収束の議論に上渡回数が自然に現れる. ω を固定して $n \to \infty$ で $X_n(\omega)$ の極限値 ($\pm\infty$ も含む) が存在しなければ,

$$\liminf_{n\to\infty} X_n(\omega) < a < b < \limsup_{n\to\infty} X_n(\omega)$$

をみたす a, b がとれて, 区間 $[a, b]$ の上渡回数が ∞ になる. 上渡回数の平均を上から評価できれば, 上渡回数が ∞ になる確率が 0, したがって $X_n(\omega)$ の極限値が存在しない確率が 0 という推論ができる[55].

補題 A.74 $N \in \mathbb{N}$ に対し, $Y_N = \sum_{i=1}^{N} (X_{\sigma_{i+1} \wedge N} - X_{\tau_i \wedge N})$ とおくと,

---

54) $\inf \varnothing = \infty$, $\sup \varnothing = 0$ と約束する.

55) ただし, これだけでは $\lim_{n\to\infty} X_n(\omega) = \infty$ または $-\infty$ の可能性は排除していない.

$$Y_N \leqq (a-b)\beta_N + (X_N - a) \vee 0. \tag{A.6.5}$$

証明　$\beta_N = k,\ 0 \leqq k \leqq N$ であるとすれば, $\tau_k \leqq N < \tau_{k+1}$ であるが, σ_{k+1} も考慮すると, (i) $\tau_k \leqq N < \sigma_{k+1} \leqq \tau_{k+1}$, (ii) $\tau_k < \sigma_{k+1} \leqq N < \tau_{k+1}$ の 2 つに場合分けされる. (i) の場合は

$$\begin{aligned} Y_N &= \sum_{i=1}^{k-1}(X_{\sigma_{i+1}} - X_{\tau_i}) + (X_N - X_{\tau_k}) \\ &= \sum_{i=1}^{k-1}(X_{\sigma_{i+1}} - X_{\tau_i}) + (a - X_{\tau_k}) + (X_N - a) \\ &\leqq (k-1)(a-b) + (a-b) + (X_N - a) = (a-b)k + (X_N - a) \end{aligned}$$

となり, (ii) の場合は $Y_N = \sum_{i=1}^{k}(X_{\sigma_{i+1}} - X_{\tau_i}) \leqq (a-b)k$ となる. どちらの場合も (A.6.5) が成り立つ. ■

定理 A.75 (Doob の上渡回数定理) $(X_n)_{n=0}^{\infty}$ が $(\mathcal{F}_n)_{n=0}^{\infty}$-劣マルチンゲールであるとき, 時点 N までの区間 $[a,b]$ の上渡回数 β_N は次式をみたす:

$$E[\beta_N] \leqq \frac{1}{b-a}E[(X_N - a) \vee 0]. \tag{A.6.6}$$

証明　(A.6.5) の平均をとって

$$-(b-a)E[\beta_N] + E[(X_N - a) \vee 0] \geqq E[Y_N] = \sum_{i=1}^{N}(E[X_{\sigma_{i+1} \wedge N}] - E[X_{\tau_i \wedge N}]).$$

補題 A.73 より σ_i, τ_i は停止時刻である. $\sigma_i \wedge N$, $\tau_i \wedge N$ が停止時刻であることも容易に検証される. そうすると, $\tau_i \wedge N$ と $\sigma_{i+1} \wedge N$ に対して命題 A.72 を適用すれば, $E[Y_N] \geqq 0$, したがって (A.6.6) を得る. ■

9 章で実際に必要であったのは, 定理 9.31 として述べたいわゆる逆向きのマルチンゲールの収束定理である.

定理 9.31 の証明 [Step 1] $(Z_n)_{n=0}^{\infty}$ が可積分な確率変数に概収束することを示す. $N \in \mathbb{N}$ を任意にとり, $X_n^N = Z_{(N-n) \vee 0}$, $\mathcal{F}_n^N = \mathcal{G}_{(N-n) \vee 0}$ $(n \in \{0,1,2,\cdots\})$ とおく. 仮定から $(X_n^N)_{n=0}^{\infty}$ が $(\mathcal{F}_n^N)_{n=0}^{\infty}$-マルチンゲールになる. (X_n^N) の時点 k までの区間 $[a,b]$ の上渡回数を $\beta_{N,k}^{a,b}$ とおく. 定理 A.75 と補題 A.70 により,

$$\begin{aligned} E[\beta_{N,k}^{a,b}] &\leqq \frac{1}{b-a}E[(X_k^N - a) \vee 0] \leqq \frac{1}{b-a}E[(X_N^N - a) \vee 0] \\ &= \frac{1}{b-a}E[(Z_0 - a) \vee 0] \leqq \frac{1}{b-a}(E[|Z_0|] + |a|) \qquad (k \leqq N). \end{aligned}$$

$\beta^{a,b}_{N,N}(\omega)$ は $(Z_n(\omega))$ が時点 N までに $[a,b]$ を下向きに渡る回数に等しく, N について単調増加である. 前式より

$$E\Big[\lim_{N\to\infty}\beta^{a,b}_{N,N}\Big] \leqq \frac{1}{b-a}(E[|Z_0|]+|a|)<\infty$$

だから, $a<b$ なる任意の $a,b\in\mathbb{R}$ に対して $P(\lim_{N\to\infty}\beta^{a,b}_{N,N}=\infty)=0$, したがって

$$P\Big(\bigcup_{a,b\in\mathbb{Q}:\,a<b}\{\omega\in\Omega \mid \lim_{N\to\infty}\beta^{a,b}_{N,N}(\omega)=\infty\}\Big)=0. \tag{A.6.7}$$

(A.6.7) の左辺の集合を Ω_0 とおき, $\liminf_{n\to\infty}Z_n(\omega)<\limsup_{n\to\infty}Z_n(\omega)$ をみたす ω 全体を Ω_1 とおく. $\Omega_0\in\mathcal{G}_0$, $\Omega_1\in\mathcal{G}_n$ $(\forall n\in\mathbb{N})$, および $\Omega_1\subset\Omega_0$ が成り立つ. 特に, $P(\Omega_1)=0$. $\omega\notin\Omega_1$ に対しては

$$\liminf_{n\to\infty}Z_n(\omega)=\limsup_{n\to\infty}Z_n(\omega)\in[-\infty,\infty]$$

であるので, その $\lim_{n\to\infty}Z_n(\omega)$ を $Z_\infty(\omega)$ とおく. Ω_1 上では $Z_\infty\equiv 0$ と定めておく. 補題 A.70 により, $E[|Z_\infty|]\leqq\liminf_{n\to\infty}E[|Z_n|]\leqq E[|Z_0|]$. 特に, $|Z_\infty|<\infty$ P-a.s. を得る.

[Step 2] $\{Z_n\}_{n=0}^\infty$ が一様可積分であること:

$$\lim_{r\to\infty}\sup_{n\in\mathbb{N}}E[|Z_n|:|Z_n|\geqq r]=0 \tag{A.6.8}$$

を示す. 補題 A.70 により,

$$E[|Z_0|:|Z_n|\geqq r]\geqq E[|Z_n|:|Z_n|\geqq r]\geqq rP(|Z_n|\geqq r),$$
$$\text{ゆえに}\qquad P(|Z_n|\geqq r)\leqq\frac{1}{r}E[|Z_0|].$$

$E[|Z_0|:\cdot\,]$ は P に関して絶対連続だから,

$$\forall\varepsilon>0,\quad \exists\delta>0,\qquad P(A)\leqq\delta \implies E[|Z_0|:A]\leqq\varepsilon \tag{A.6.9}$$

となる[56]. したがって, 任意の $\varepsilon>0$ に対し, (A.6.9) の $\delta>0$ をとって

$$r\geqq\frac{1}{\delta}E[|Z_0|] \quad\Longrightarrow\quad E[|Z_0|:|Z_n|\geqq r]\leqq\varepsilon\ (\forall n\in\mathbb{N}).$$

これで (A.6.8) が示された. そうすると, $\lim_{n\to\infty}Z_n=Z_\infty$ in $L^1(P)$ も言える.

[Step 3] Z_∞ は, 任意の $n\in\mathbb{N}$ に対して $\mathcal{G}_n$-可測だから $\mathcal{G}_\infty$-可測である. $B\in$

---

56) 有界測度に対しては, 絶対連続性と条件 (A.6.9) が同値である.

$\mathcal{G}_\infty$ のとき, 任意の $N \in \mathbb{N}$ に対して

$$E[E[Z_n|\mathcal{G}_\infty] : B] = E[Z_n : B] = E[E[Z_n|\mathcal{G}_N] : B].$$

$\lim_{N\to\infty} E[Z_n|\mathcal{G}_N] = Z_\infty$ in $L^1(P)$ だから, 最右辺は $E[Z_\infty : B]$ に収束する. したがって, $E[Z_n|\mathcal{G}_\infty] = Z_\infty$ (P-a.s.) が示された. ■

順向きの収束定理は次のように逆向きの場合よりも少し弱い形になる. 証明は定理 9.31 とだいたい同じである. [29] を参照.

定理 A.76 (マルチンゲールの収束定理) $(\Omega, \mathcal{F}, P)$ を確率空間とし, $(\mathcal{F}_n)_{n=0}^\infty$ を部分可算加法的集合族の増大列 ($\mathcal{F}_0 \subset \mathcal{F}_1 \subset \cdots \subset \mathcal{F}$) とする. $\mathbb{R}$ 値確率変数列 $(X_n)_{n=0}^\infty$ が次の条件をみたすとする: $n \in \{0, 1, 2, \cdots\}$ に対し,

$$X_n \text{ が } \mathcal{F}_n\text{-可測} \quad \text{かつ} \qquad E[|X_n|] < \infty,$$
$$E[X_{n+1} \,|\, \mathcal{F}_n] = X_n \quad P\text{-a.s.}$$

このとき, $\sup_n E[|X_n|] < \infty$ ならば, (X_n) は $E[|X_\infty|] < \infty$ なる $\mathbb{R}$ 値確率変数 X_∞ に概収束する. さらに $\{X_n\}$ が一様可積分ならば, (X_n) は X_∞ に $L^1(P)$ でも収束し, $X_n = E[X_\infty \,|\, \mathcal{F}_n]$ (P-a.s.) が成り立つ. ■

注意 A.77 Lebesgue の収束定理の記述によく見られる一様可積分性:

$$\exists X \geqq 0, \quad E[X] < \infty, \qquad |Z_n| \leqq X \ (\forall n \in \mathbb{N})$$

に比べて (A.6.8) は弱い. 一般に, Q が有界測度ならば, 2 つの条件:

$$\forall \varepsilon > 0, \quad \lim_{n\to\infty} Q(|Z_n - Z| \geqq \varepsilon) = 0 \qquad (Z_n \text{ が } Z \text{ に測度収束}),$$
$$\lim_{r\to\infty} \sup_{n\in\mathbb{N}} \int_{\{|Z_n| \geqq r\}} |Z_n(\omega)| Q(d\omega) = 0 \qquad (\{Z_n\} \text{ が一様可積分})$$

から $\lim_{n\to\infty} Z_n = Z$ in $L^1(Q)$ がしたがう. 示すのはそれほど難しくない.

マルチンゲールは確率論の基本的なコースの中でもひときわ美しい素材である. [15], [29] 等で理解を深められたい.

A.7　自由な確率変数の実現

独立な確率変数の族を構成することや確率変数の独立なコピーを生成することは, 確率論における基本的な作業である. やや制限された状況にはなるものの, 定

義 4.43 に述べたような代数的な意味での独立な確率変数をつくり出すには, $*$-代数のテンソル積を考えればよい. $*$-確率空間の族 $\{(A_i,\phi_i)\}_{i\in I}$ が与えられたとき, $A=\bigotimes_{i\in I}A_i$, $\phi=\bigotimes_{i\in I}\phi_i$ とおいて, 自然なうめ込み $\iota_i : A_i \longrightarrow A$ によって A_i を A の $*$-部分代数とみなす. ただし, (無限) テンソル積をつくる際, 参照ベクトルとして各 A_i の単位元 1_{A_i} をとっている. つまり, $I_1\subset I_2\subset I$, $|I_1|<|I_2|<\infty$ に対し, $\bigotimes_{i\in I_1}A_i$ から $\bigotimes_{i\in I_2}A_i$ への写像として $x \longmapsto x\otimes\bigotimes_{i\in I_2\setminus I_1}1_{A_i}$ を考えて帰納系をつくる. そうすると, $i\neq j$ ならば A_i と A_j は A の中で可換であり, 定義 4.43 の条件がみたされる.

これに対し, 4.3 節でとり扱った自由な確率変数を実際に構成するには, $*$-代数の自由積を考えればよい. $\{(A_i,\phi_i)\}_{i\in I}$ を $*$-確率空間の族とする. I からとった添字の列 $(i_1,i_2,\cdots,i_n)$ において, 隣接した文字が異なることを $i_1\neq i_2\neq\cdots\neq i_n$ と表す[57]. 基底 $\{a_1a_2\cdots a_n \,|\, n\in\mathbb{N},\ a_j\in A_{i_j},\ i_1\neq i_2\neq\cdots\neq i_n\}$ で張られる (大きな) $\mathbb{C}$ 上の線型空間 $\mathcal{B}$ を考える. $\mathcal{B}$ の中で A_i の線型構造が保たれるように, そして A_i の単位元 1_{A_i} が共通の単位元 1 として統合されるように, 関係式

$$
\begin{aligned}
&a_1\cdots a_{i-1}(\alpha a_i+\beta b_i)a_{i+1}\cdots a_n\\
&\quad=\alpha a_1\cdots a_{i-1}a_ia_{i+1}\cdots a_n+\beta a_1\cdots a_{i-1}b_ia_{i+1}\cdots a_n, \qquad \alpha,\beta\in\mathbb{C}\\
&a_1\cdots a_{i-1}1_{A_i}a_{i+1}\cdots a_n=a_1\cdots a_{i-1}a_{i+1}\cdots a_n
\end{aligned}
$$

たちで $\mathcal{B}$ を割ったものが, 線型空間としての A_i の自由積である. あるいは

$$A_i=\mathbb{C}1_{A_i}\oplus A_i^\circ \tag{A.7.1}$$

と直和分解し,

$$A=\mathbb{C}1\oplus\bigoplus_n\bigoplus_{i_1\neq i_2\neq\cdots\neq i_n}A_{i_1}^\circ\otimes A_{i_2}^\circ\otimes\cdots\otimes A_{i_n}^\circ \tag{A.7.2}$$

とおくと, A は線型空間として A_i の自由積と同型である. 本書では確率空間 (A_i,ϕ_i) の自由積を扱うので, (A.7.1), (A.7.2) において

$$
\begin{aligned}
&A_i^\circ=\{a\in A_i \,|\, \phi_i(a)=0\},\\
&A_i\ni a=\phi_i(a)1_{A_i}+(a-\phi_i(a)1_{A_i})\in\mathbb{C}1_{A_i}\oplus A_i^\circ
\end{aligned} \tag{A.7.3}
$$

という分解をとることにする. また, 紛れのないときは $\phi_i(a)1_{A_i}$ を単に $\phi_i(a)$ と略記する. $a_1\in A_{i_1}^\circ,\cdots,a_n\in A_{i_n}^\circ$ に対しても, $a_1\otimes\cdots\otimes a_n$ と書かずに A での

---

57) 定義 4.33 と同じである.

積だとみなして単に $a_1\cdots a_n$ と書く．そうすると，各 A_i の対合 * を用いて

$$(a_1\cdots a_n)^* = a_n^*\cdots a_1^*$$

を共役線型に拡張することによって，A の中で対合 * が定まる．A の積は次のように定義される．A の 2 つの元

$$\begin{aligned} a &= a_1\cdots a_m \in A_{i_1}^\circ\otimes\cdots\otimes A_{i_m}^\circ, && i_1\neq\cdots\neq i_m,\\ b &= b_1\cdots b_n \in A_{j_1}^\circ\otimes\cdots\otimes A_{j_n}^\circ, && j_1\neq\cdots\neq j_n \end{aligned} \tag{A.7.4}$$

において，$i_m\neq j_1$ ならば，$ab = a_1\cdots a_m b_1\cdots b_n\in A$ と定める．$i_m = j_1$ ならば，(A.7.3) のように $a_m b_1 = \phi_{j_1}(a_m b_1) + (a_m b_1 - \phi_{j_1}(a_m b_1))$ と分解し，

$$\begin{aligned} &a_1\cdots a_{m-1}(\phi_{j_1}(a_m b_1) + (a_m b_1 - \phi_{j_1}(a_m b_1)))b_2\cdots b_n\\ &= \phi_{j_1}(a_m b_1)a_1\cdots a_{m-1}b_2\cdots b_n + a_1\cdots a_{m-1}(a_m b_1 - \phi_{j_1}(a_m b_1))b_2\cdots b_n \end{aligned}$$

と計算できるようにしたい．$i_{m-1}\neq j_2$ ならば，右辺第 1 項がそのまま意味をもつので，A の元として定まる．$i_{m-1} = j_2$ ならば，再び $a_{m-1}b_2 = \phi_{j_2}(a_{m-1}b_2) + (a_{m-1}b_2 - \phi_{j_2}(a_{m-1}b_2))$ と分解し，

$$a_1\cdots(\phi_{j_2}(a_{m-1}b_2) + (a_{m-1}b_2 - \phi_{j_2}(a_{m-1}b_2)))\cdots b_n$$

を展開してみる．そうするとまた，$i_{m-2}\neq j_3$ と $i_{m-2} = j_3$ とで場合分けして云々というふうな操作を続けることになるが，この操作は有限回で終了する．こうして定められた積のもとで，(A.7.2) の A は 1 を単位元とする $*$-代数になる．この A を A_i たちの自由積と呼び，$*_{i\in I}A_i$ で表す．また，$a\in A$ に対して $\mathbb{C}1$ 成分をとり出す線型汎関数を ϕ とおくと，$\phi|_{A_i} = \phi_i$ となる．ϕ を $*_{i\in I}\phi_i$ で表す．

補題 A.78　ϕ は正値である：$a\in A$ に対し，$\phi(a^*a)\geqq 0$.

証明　(A.7.2) に基づいて A の任意の元を

$$a = \sum_{n=0}^{N}\sum_{i_1\neq i_2\neq\cdots\neq i_n} a_{i_1 i_2\cdots i_n}, \qquad a_{i_1 i_2\cdots i_n}\in A_{i_1}^\circ\otimes A_{i_2}^\circ\otimes\cdots\otimes A_{i_n}^\circ$$

と表記する．ただし，$n=0$ の項 (添字列 $(i_1,\cdots,i_n)$ が空集合) は $\mathbb{C}1$ 成分を表すものとする．a^*a に ϕ を施した

$$\phi(a^*a) = \sum_{m=0}^{N}\sum_{n=0}^{N}\sum_{i_1\neq i_2\neq\cdots\neq i_m}\sum_{j_1\neq j_2\neq\cdots\neq j_n}\phi(a_{i_1 i_2\cdots i_m}^* a_{j_1 j_2\cdots j_n}) \tag{A.7.5}$$

において，右辺の $\phi(\cdots)$ の部分を見る．(A.7.4) の形の a, b に対しては，

$$\phi(a^*b) = \phi(a_m^* \cdots a_2^* a_1^* b_1 b_2 \cdots b_n).$$

$i_1 \neq j_1$ ならば, $\phi(a^*b) = 0$ である. $i_1 = j_1$ ならば,

$$\begin{aligned}\phi(a^*b) &= \phi(a_m^* \cdots a_2^*(\phi_{i_1}(a_1^*b_1) + (a_1^*b_1 - \phi_{i_1}(a_1^*b_1)))b_2 \cdots b_n) \\ &= \phi_{i_1}(a_1^*b_1)\phi(a_m^* \cdots a_2^* b_2 \cdots b_n).\end{aligned}$$

$i_2 \neq j_2$ ならば, これは 0 になる. $i_2 = j_2$ ならば, 同様の計算によって

$$\phi(a^*b) = \phi_{i_1}(a_1^*b_1)\phi_{i_2}(a_2^*b_2)\phi(a_m^* \cdots a_3^* b_3 \cdots b_n).$$

この計算をくり返すことにより, (A.7.4) の a, b に対して

$$\phi(a^*b) = \begin{cases} \phi_{i_1}(a_1^*b_1) \cdots \phi_{i_n}(a_n^*b_n), & m = n,\, i_1 = j_1, \cdots, i_n = j_n, \\ 0, & \text{それ以外} \end{cases} \tag{A.7.6}$$

を得る. (A.7.5) において, $a_{i_1 i_2 \cdots i_m}$, $a_{j_1 j_2 \cdots j_n}$ はそれぞれ (A.7.4) の形の元の線型結合であるから, (A.7.6) の 0 になる部分により,

$$\phi(a^*a) = \sum_{n=0}^{N} \sum_{i_1 \neq i_2 \neq \cdots \neq i_n} \phi(a_{i_1 i_2 \cdots i_n}^* a_{i_1 i_2 \cdots i_n}). \tag{A.7.7}$$

(A.7.7) の和の中の各項が $\geqq 0$ であることを示そう. $i_1 \neq i_2 \neq \cdots \neq i_n$ を固定して

$$a_{i_1 i_2 \cdots i_n} = \sum_{k=1}^{r} a_1^{(k)} a_2^{(k)} \cdots a_n^{(k)}, \qquad a_j^{(k)} \in A_{i_j}^{\circ}$$

と表すと, (A.7.6) を適用することにより,

$$\begin{aligned}\phi(a_{i_1 i_2 \cdots i_n}^* a_{i_1 i_2 \cdots i_n}) &= \sum_{k,l=1}^{r} \phi(a_n^{(k)*} \cdots a_1^{(k)*} a_1^{(l)} \cdots a_n^{(l)}) \\ &= \sum_{k,l=1}^{r} \phi_{i_1}(a_1^{(k)*} a_1^{(l)}) \cdots \phi_{i_n}(a_n^{(k)*} a_n^{(l)}).\end{aligned} \tag{A.7.8}$$

ここで, 補題 5.26 (正定値行列の Schur 積がまた正定値) を用いて, 補題 5.27 の証明と同じようにする. すべての成分が 1 のベクトルを $\boldsymbol{j} \in \mathbb{C}^r$ とおくと,

$$(\text{A.7.8}) = \langle \boldsymbol{j}, [\phi_{i_1}(a_1^{(k)*} a_1^{(l)})]_{k,l} \circ \cdots \circ [\phi_{i_n}(a_n^{(k)*} a_n^{(l)})]_{k,l}\, \boldsymbol{j} \rangle_{\mathbb{C}^r} \geqq 0.$$

これで, (A.7.7) において $\phi(a^*a) \geqq 0$ であることが示された. ■

こうしてできた $*$-確率空間

$$(A, \phi) = (*_{i \in I} A_i, *_{i \in I} \phi_i) \quad (= *_{i \in I}(A_i, \phi_i)) \tag{A.7.9}$$

が $*$-確率空間 (A_i, ϕ_i) たちの自由積である.

定義 4.33 と $*$-確率空間の自由積の構成の仕方から, 次のことがしたがう.

命題 A.79　自由積 (A.7.9) において, 部分代数族 $\{A_i\}_{i\in I}$ は自由である. ■

注意 A.80　ここでは, $*$-確率空間としての自由積を述べた. $*$-構造なしの単なる代数としての自由積を導入しても自由な確率変数の議論はある程度できるし, その場合は補題 A.78 の正値性の議論は要らなくなる. 補題 A.78 の証明には [47] の Lecture 6 を参考にした. また, GNS 表現を援用して C^*-確率空間としての自由積を導入することもできる. 解析的な面では, 応用上その方が便利なことが多いが, 本書では準備事項も考慮して割愛した. [47] の Lecture 7 を参照されたい.

補題 A.81　$\mu, \nu \in \mathcal{P}(\mathbb{R})$ が任意次数のモーメントをもつとすると, $*$-確率空間 (A, ϕ) と自己共役かつ自由な $a, b \in A$ をとって, 次式が成り立つようにできる:

$$\phi(a^n) = M_n(\mu), \qquad \phi(b^n) = M_n(\nu), \qquad n \in \mathbb{N}. \tag{A.7.10}$$

証明　多項式環 $\mathbb{C}[x]$ 上に

$$\phi_1(\sum_j \alpha_j x^j) = \sum_j \alpha_j M_j(\mu) \tag{A.7.11}$$

によって線型汎関数を定める. ϕ_1 は正値である. $\mathbb{C}[x]$ にこの状態 ϕ_1 をあわせた $*$-確率空間を (B_1, ϕ_1) とする. 同様にして, (A.7.11) において μ のかわりに ν をとって $\mathbb{C}[x]$ 上の線型汎関数 ϕ_2 を定め, $*$-確率空間 (B_2, ϕ_2) を得る. この 2 つの自由積 $(A, \phi) = (B_1 * B_2, \phi_1 * \phi_2)$ を考えれば, 命題 A.79 によって A の中で B_1 と B_2 が自由である. 多項式 x を $B_1 \subset B_1 * B_2$, $B_2 \subset B_1 * B_2$ の元とみなしたものをそれぞれ x_1, x_2 とおくと, 任意の $n \in \mathbb{N}$ に対して

$$\phi(x_1^n) = \phi_1(x_1^n) = \phi_1(x^n) = M_n(\mu), \quad \phi(x_2^n) = \phi_2(x_2^n) = \phi_2(x^n) = M_n(\nu)$$

となる. これで主張が示された. ■

定理 4.48 の証明　$\mu, \nu \in \mathcal{P}(\mathbb{R})$ に対し, (A.7.10) をみたすような $*$-確率空間 (A, ϕ) と自己共役かつ自由な $a, b \in A$ をとる. (A.7.10) は

$$R_n(a) = R_n(\mu), \quad R_n(b) = R_n(\nu), \qquad n \in \mathbb{N}$$

を意味し, a, b の自由性から, (4.3.14) により,

$$R_n(a+b) = R_n(a) + R_n(b), \qquad n \in \mathbb{N}$$

が成り立つ. ゆえに, (4.3.15) により,

$$\phi((a+b)^k) = \sum_{\pi=\{v_1,\cdots,v_{b(\pi)}\}\in\mathcal{NC}(k)} \prod_{i=1}^{b(\pi)} (R_{|v_i|}(\mu)+R_{|v_i|}(\nu)), \qquad k\in\mathbb{N} \quad \text{(A.7.12)}$$

となる. $m_k=\phi((a+b)^k)$ とおくと, (4.3.19) と同様に Hankel 行列の正定値性がただちに確認されるので, 定理 A.37 により, $\xi\in\mathcal{P}(\mathbb{R})$ が存在して

$$M_k(\xi)=\phi((a+b)^k), \qquad k\in\mathbb{N}\sqcup\{0\} \quad \text{(A.7.13)}$$

が成り立つ. $|M_k(\xi)|$ を上から評価しよう. $\operatorname{supp}\mu$, $\operatorname{supp}\nu$ をともに包含する区間 $(-c,c)$ をとる. 自由キュムラントの積分表示 (4.3.31) により,

$$|R_n(\mu)| \leqq \frac{1}{2\pi(n-1)}\int_{|z|=c}\left|\frac{1}{G_\mu(z)}\right|^{n-1}|dz| \leqq \frac{c}{n-1}\left(\sup_{|z|=c}\left|\frac{1}{G_\mu(z)}\right|\right)^{n-1}$$

を得る[58]. ν についても同様. ゆえに, (A.7.13), (A.7.12) とあわせて,

$$|M_k(\xi)| \leqq \sum_{\pi\in\mathcal{NC}(k)} C^k = C^k|\mathcal{NC}(k)|, \qquad k\in\mathbb{N}$$

をみたす $C>0$ が存在する. (4.3.40) を用いれば, $|M_k(\xi)|\leqq(4C)^k$ $(\forall k\in\mathbb{N})$ となり, 命題 4.13 によって $\operatorname{supp}\xi\subset[-4C,4C]$. そうすると, (A.7.13) をみたす $\xi\in\mathcal{P}(\mathbb{R})$ の一意性も Weierstrass の多項式近似定理からしたがう. (A.7.12) と (A.7.13) をあわせて反転すれば $R_n(\xi)=R_n(\mu)+R_n(\nu)$ が得られるので, (4.3.20) が示された. ■

58) 念のための注意であるが, (4.3.31) は, 定理 4.48 で証明しようとしている測度の自由合成積からは独立, いや自由, いや無関係である. したがって循環論法の心配はない.

おわりに

漸近的表現論や漸近的組合せ論という語を使い，そう呼ぶにふさわしい数学の研究を提唱したのは，A. Vershik である．ICM94 での彼の講演録 [65] には，今読んでも新鮮で興味深い方向性が示されている．その漸近的表現論への序説のつもりで本書を綴った訳であるが，当然ながら筆者の行動範囲で得られる情報しかお届けできなかったので，ずいぶん偏った案内になったかと恐れている．多くの場面で，もっとすっきりとした証明をつけることができれば，全体のボリュームも節約できたであろう．日頃の活動の中で細部を詰めるのを怠っていたところを逐一埋めてゆく作業は，予想外に多大の時間を要した．もたもたしている感じの箇所も少なからずあるが，現在の筆者の力量によるものは如何ともし難い．本書の限定的な性格として，たとえば次のようなことが挙げられよう．

- Young 図形の極限形状にまつわる確率論の極限定理としては，ほとんど大数の法則までしか扱っていない．(10.3 節でほんの少しゆらぎに言及したが.)
- 統計力学の観点からは，静的モデルのみであって動的モデルを扱っていない．
- 表現としては，複素数体上の線型表現のみである．射影表現やモジュラー表現は扱っていない．
- Young 図形は 2 次元に限られている．プロファイルや点配置としての座標は 3 次元でも考えられるが．
- ほとんど A 型の話のみである．(10.2 節に環積が現れるが.)

それでも，本書が幾ばくかの興味をもつきっかけになったならば，ご自身の嗜好にしたがって関連する学術論文に積極的に当ってみることをお勧めする．不十分ではあるものの，そのような次なる行動の一助にもなるようにと考えながら執筆したつもりである．また，上に挙げたような限定性を越える方向に勉強を進めるのもよい．実際，「はじめに」に掲げた 2 つの問題は，1970 年代後半から 1980 年代前半にかけて解かれたものである．しかしながら，本書に記したアプローチは，もっと時代が下ってから開発された道具に基づいている．たとえば，Kerov–Olshanski 代数は 1990 年代，Kerov 多項式は 2000 年近くに世に出た[1]．これらは，対称群

[1] ちなみに，S. Kerov は 2000 年に亡くなっている．文献 [35] は彼の (ロシアでの意味の) Doctoral Thesis であり，亡くなった後に英訳が出版された．

の表現の漸近理論においてもある程度の段階までは非漸近的な exact な道を辿ることを可能にしてくれて, 議論を透明にするのにたいへん役立っていると思う. Kerov–Olshanski 代数が活躍する場は広いであろうというのが, 筆者のもつ印象である. 「はじめに」の冒頭に, 分野で言えば表現論と確率論にまたがる旨のことを書いたが, 分野ということばにあまりとらわれない方がよい. あの分野にもこの分野にも関係すると言うと, 重装備 (=広範囲の予備知識) が必要であるような錯覚を与えかねない.

本書にある内容を筆者が自分で納得できるように自分用に一から整理し始めたのは, 2003 年に九州大学で集中講義をさせていただいたのがきっかけであった. その後, 東北大学, 名古屋大学, Wrocław 大学, 佐賀大学, 神戸大学, 北海道大学, 愛知教育大学, 再び九州大学において関連する話題の集中講義や連続講義をさせていただいたおかげで, ようやく 1 冊の書物の形にまとめることができた. 植田好道さん, 尾畑伸明さん, 岡田聡一さん, Marek Bożejko さん, 故 三苫至さん, 矢野孝次さん, 淺井暢宏さん, 稲濱譲さん他, お世話になった皆様に心から感謝する. また, 出版前の原稿について白井朋之さんが寄せてくれたご指摘と励ましもたいへんありがたかった.

同好の方々の活動の健やかなるを祈る.

文　献

[1] N. I. Akhiezer: *The Classical Moment Problem and Some Related Questions in Analysis*, Oliver & Boyd, 1965.

[2] E. Bannai, T. Ito: *Algebraic Combinatorics I. Association Schemes*, The Benjamin/Cummings Publishing Co., Inc., 1984.

[3] P. Biane: Representations of symmetric groups and free probability, Adv. Math. **138** (1998), 126–181.

[4] P. Biane: Approximate factorization and concentration for characters of symmetric groups, IMRN 2001 (2001), 179–192.

[5] P. Biane: Characters of symmetric groups and free cumulants, In: *Asymptotic Combinatorics with Applications to Mathematical Physics*, Lect. Notes in Math. Vol. 1815, ed by A. M. Vershik, Springer, 2003, pp 185–200.

[6] T. Ceccherini-Silberstein, F. Scarabotti, F. Tolli: *Representation Theory of the Symmetric Groups*, Cambridge University Press, 2010.

[7] K. Chandrasekharan: *Arithmetical Functions*, Springer-Verlag, 1970.

[8] P. Diaconis: Applications of non-commutative Fourier analysis to probability problems, In: *École d'Été de Probabilités de Saint-Flour XV-XVII, 1985-87*, Lect. Notes in Math. Vol. 1362, Springer, 1988, pp 51–100.

[9] P. Diaconis: *Group Representations in Probability and Statistics*, IMS Lecture Notes–Monograph Series **11**, Institute of Mathematical Statistics, 1988.

[10] J. Dixmier: *C^*-algebras*, North-Holland Publishing Company, 1977.

[11] E. G. Effros: *Dimensions and C^*-algebras*, CBMS Regional Conference Series in Math. **46**, Amer. Math. Soc., 1980.

[12] T. Enomoto, M. Izumi: Indecomposable characters of infinite dimensional groups associated with operator algebras, J. Math. Soc. Japan **68** (2016), 1231–1270.

[13] V. Féray: Combinatorial interpretation and positivity of Kerov's character polynomials, J. Algebr. Comb. **29** (2009), 473–507.

[14] G. B. Folland: *A Course in Abstract Harmonic Analysis*, CRC Press, 1995,

2nd Edition, 2016.

[15] 舟木直久: 確率論, 講座〈数学の考え方〉20, 朝倉書店, 2004.

[16] 平井武: 群のスピン表現（射影表現）入門 – 初歩から対称群のスピン表現を越えて –, 数学書房, 近刊予定.

[17] T. Hirai, E. Hirai, A. Hora: Limits of characters of wreath products $\mathfrak{S}_n(T)$ of a compact group T with the symmetric groups and characters of $\mathfrak{S}_\infty(T)$, I, Nagoya Math. J. **193** (2009), 1–93.

[18] A. Hora: Central limit theorem for the adjacency operators on the infinite symmetric group, Comm. Math. Phys. **195** (1998), 405–416.

[19] A. Hora: A noncommutative version of Kerov's Gaussian limit for the Plancherel measure of the symmetric group, In: [5] と同巻, 2003, pp 77–88.

[20] 洞彰人: 対称群の表現と漸近的組合せ論, 数学 第 **57** 巻 第 3 号 (2005), 242–254.

[21] A. Hora: Lecture note on introduction to asymptotic theory for representations and characters of symmetric groups, Wrocław University, Apr–Jun 2007.

[22] A. Hora: *The Limit Shape Problem for Ensembles of Young Diagrams*, SpringerBriefs in Mathematical Physics **17**, Springer, 2016.

[23] A. Hora, T. Hirai: Harmonic functions on the branching graph associated with the infinite wreath product of a compact group, Kyoto J. Math. **54** (2014), 775–817.

[24] A. Hora, T. Hirai, E. Hirai: Limits of characters of wreath products $\mathfrak{S}_n(T)$ of a compact group T with the symmetric groups and characters of $\mathfrak{S}_\infty(T)$, II. From a viewpoint of probability theory, J. Math. Soc. Japan **60** (2008), 1187–1217.

[25] A. Hora, N. Obata: *Quantum Probability and Spectral Analysis of Graphs*, Theoretical and Mathematical Physics, Springer, 2007.

[26] R. A. Horn, C. R. Johnson: *Matrix Analysis*, Cambridge University Press, 1985.

[27] 生西明夫, 中神祥臣: 作用素環入門 I, 関数解析とフォン・ノイマン環, 岩波書店, 2007.

[28] 池田信行, 小倉幸雄, 高橋陽一郎, 眞鍋昭治郎: 確率論入門 II, 培風館, 2015.

[29] 伊藤清: 確率論 I, II, III, 岩波講座基礎数学, 岩波書店, 1978.

[30] V. Ivanov, S. Kerov: The algebra of conjugacy classes in symmetric groups and partial permutations, J. Math. Sci. **107** (2001), 4212–4230.

[31] V. Ivanov, G. Olshanski: Kerov's central limit theorem for the Plancherel measure on Young diagrams, In: *Symmetric Functions 2001: Surveys of Developments and Perspectives*, NATO Sci. Ser. II, Math. Phys. Chem. **74**, ed by S. Fomin, Kluwer Academic Publishers, 2002, pp 93–151.

[32] S. Kerov: Gaussian limit for the Plancherel measure of the symmetric group, C. R. Acad. Sci. Paris Sér. I Math. **316** (1993), 303–308.

[33] S. Kerov: The boundary of Young lattice and random Young tableaux, In: *Formal Power Series and Algebraic Combinatorics*, DIMACS Ser. Discrete Math. Theoret. Comput. Sci. Vol. 24, Amer. Math. Soc., 1996, pp 133–158.

[34] S. Kerov: Interlacing measures, Amer. Math. Soc. Transl. (2) **181** (1998), 35–83.

[35] S. V. Kerov: *Asymptotic Representation Theory of the Symmetric Group and Its Applications in Analysis*, Translations of Mathematical Monographs Vol. 219, Amer. Math. Soc., 2003.

[36] S. Kerov, A. Okounkov, G. Olshanski: The boundary of the Young graph with Jack edge multiplicities, Internat. Math. Res. Notices **1998** (1998), 173–199.

[37] S. Kerov, G. Olshanski: Polynomial functions on the set of Young diagrams, C. R. Acad. Sci. Paris Sér. I Math. **319** (1994), 121–126.

[38] A. Kleshchev: *Linear and Projective Representations of Symmetric Groups*, Cambridge University Press, Cambridge, 2005.

[39] 小林俊行, 大島利雄: Lie 群と Lie 環 1,2, 岩波講座現代数学の基礎, 岩波書店, 1999.

[40] 小谷眞一: 測度と確率 1,2, 岩波講座現代数学の基礎, 岩波書店, 1997.

[41] 国田寛, 渡辺毅: Markoff chain と Martin 境界, 数学 **13** (1961), 12–30; — II, 数学 **14** (1962), 81–94.

[42] B. F. Logan, L. A. Shepp: A variational problem for random Young tableaux, Adv. Math. **26** (1977), 206–222.

[43] L. Lovász (成嶋弘・土屋守正訳): 数え上げの手法, 東海大学出版会, 1988.

[44] I. G. Macdonald: *Symmetric Functions and Hall Polynomials*, 2nd Edition, Oxford Mathematical Monographs, Oxford University Press, 1995.

[45] G. W. Mackey: *The Theory of Unitary Group Representations*, The University of Chicago Press, 1976.

[46] 宮島静雄: 関数解析, 横浜図書, 2005.

[47] A. Nica, R. Speicher: *Lectures on the Combinatorics of Free Probability*, LMS **335**, Cambridge University Press, 2006.

[48] 岡田聡一: 古典群の表現論と組合せ論（上, 下）, 培風館, 2006.

[49] A. Okounkov: Random matrices and random permutations, IMRN 2000 (2000), 1043–1095.

[50] A. Okounkov, A. Vershik: A new approach to representation theory of symmetric groups, Selecta Math. (N.S.) **2** (1996), 581–605.

[51] G. Olshanski: An introduction to harmonic analysis on the infinite symmetric group, In: [5] と同巻, 2003, pp 127–160.

[52] G. Olshanski: The problem of harmonic analysis on the infinite-dimensional unitary group, J. Func. Anal. **205** (2003), 464–524.

[53] G. Olshanski, A. Regev, A. Vershik: Frobenius–Schur functions, with an appendix by V. Ivanov, In: *Studies in Memory of Issai Schur*, PM **210**, ed by A. Joseph et al., Birkhäuser, 2003, pp 251–299.

[54] R. R. Phelps: *Lectures on Choquet's theorem*, Lecture Notes in Mathematics 1757, Springer, 2001.

[55] M. Reed, B. Simon: *Methods of Modern Mathematical Physics II: Fourier Analysis, Self-Adjointness*, Academic Press, 1975.

[56] B. E. Sagan: *The Symmetric Group: Representations, Combinatorial Algorithms, and Symmetric Functions*, 2nd Ed., Graduate Texts in Mathematics Vol. 203, Springer, 2001.

[57] S. A. Sawyer: Martin boundaries and random walks, In *Harmonic Functions on Trees and Buildings*, ed by D. Cartwright et al., Contemporary Math. **206**, Amer. Math. Soc., 1997, pp 17–44.

[58] L. Schwartz (岩村聯・石垣春夫・鈴木文夫訳): 超函数の理論, 原書第 3 版, 岩波書店, 1971.

[59] B. Simon: *Representations of Finite and Compact Groups*, Graduate Studies in Mathematics, Vol. 10, Amer. Math. Soc., 1996.

[60] B. Simon: The classical moment problem as a self-adjoint finite difference operator, Adv. Math. **137** (1998), 82–203.

[61] R. Speicher, R. Woroudi: Boolean convolution, In: *Free Probability Theory*, ed by D. Voiculescu, Fields Inst. Commun. Vol. 12, Amer. Math. Soc., 1997, pp 267–279.

[62] F. Spitzer: *Principles of Random Walk*, 2nd Ed., Graduate Texts in Mathematics Vol. 34, Springer, 2001.

[63] 辰馬伸彦: 位相群の双対定理, 紀伊國屋数学叢書 32, 紀伊國屋書店, 1994.

[64] E. Thoma: Die unzerlegbaren positiv-definiten Klassenfunktionen der abzählbar unendlichen, symmetrischen Gruppe, Math. Z. **85** (1964), 40–61.

[65] A. M. Vershik: Asymptotic combinatorics and algebraic analysis, Proceedings of ICM Zürich 1994, Birkhäuser, 1995, pp 1384–1394.

[66] A. M. Vershik: Statistical mechanics of combinatorial partitions, and their limit shapes, Funct. Anal. Appl. **30** (1996), 90–105.

[67] A. M. Vershik, S. V. Kerov: Asymptotics of the Plancherel measure of the symmetric group and the limiting form of Young tables, Soviet Math. Dokl. **18** (1977), 527–531.

[68] A. M. Vershik, S. V. Kerov: Asymptotic theory of characters of the symmetric group, Funct. Anal. Appl. **15** (1981), 246–255.

[69] A. M. Vershik, S. V. Kerov: Asymptotic of the largest and the typical dimensions of irreducible representations of a symmetric group, Funct. Anal. Appl. **19** (1985), 21–31.

[70] A. M. Vershik, A. Yu. Okounkov: A new approach to the representation theory of the symmetric groups. II, J. Math. Sci. **131** (2005), 5471–5494.

[71] D. Voiculescu: Sur les représentations factorielles finies de $U(\infty)$ et autres groupes semblables, C. R. Acad. Sci. Paris, Série A **279** (1974), 945–946.

[72] D. V. Voiculescu, K. J. Dykema, A. Nica: *Free Random Variables*, CRM Monograph Series Vol. 1, Amer. Math. Soc., 1992.

[73] 山崎泰郎: 無限次元空間の測度 (上, 下), 紀伊國屋数学叢書 13, 紀伊國屋書店, 1978.

索　引

英数字

あ　行

か　行

さ　行

ま 行

や 行

ら 行

洞　彰人

ほら・あきひと

略歴

1961年　和歌山県生まれ

1989年　京都大学大学院理学研究科数理解析専攻博士課程修了

九州大学助手，岡山大学講師・助教授，名古屋大学教授を経て

現　在　北海道大学教授 (大学院理学研究院数学部門)

理学博士

著書に「The Limit Shape Problem for Ensembles of Young Diagrams」(Springer)

「Quantum Probability and Spectral Analysis of Graphs」(Springer，共著) がある．

数学の杜 4

対称群の表現とヤング図形集団の解析学

— 漸近的表現論への序説

2017年 4 月 25 日　第1版第1刷発行

著者　洞 彰人

発行者　横山 伸

発行　有限会社　数学書房

〒101-0051　東京都千代田区神田神保町1-32-2

TEL　03-5281-1777

FAX　03-5281-1778

mathmath@sugakushobo.co.jp

振替口座　00100-0-372475

印刷
製本　精文堂印刷 (株)

組版　アベリー

装幀　岩崎寿文

ISBN 978-4-903342-54-2

数学の杜　関口次郎・西山 享・山下 博 編集

1. 藤原英徳◆著　指数型可解リー群のユニタリ表現
——軌道の方法——

2. 髙瀬幸一◆著　保型形式とユニタリ表現

3. 太田琢也・西山 享◆著　代数群と軌道

4. 洞 彰人◆著　対称群の表現とヤング図形集団の解析学
——漸近的表現論序説——

以下続巻

有木 進◆著　有限体上の一般線形群の非等標数モジュラー表現論

金行壮二◆著　等質空間の幾何学

今野拓也◆著　p進簡約群の表現論入門

関口次郎◆著　冪零行列の幾何学

寺尾宏明◆著　超平面配置の数学

平井 武◆著　群のスピン表現入門
——初歩から対称群のスピン表現を越えて——

松木敏彦◆著　コンパクトリー群と対称空間

松本久義◆著　ルート系とワイル群
——半単純Lie代数の表現論入門——